实例操作：使用标准基本体制作石膏模型

实例操作：使用切角长方体制作沙发

实例操作：制作螺旋楼梯

实例操作：使用网格选择修改器和弯曲修改器制作图书

实例操作：使用多个修改器制作排球模型

实例操作：使用布尔命令制作烟灰缸

实例操作：使用放样命令制作花瓶模型

实例操作：使用“星形”按钮制作盘子模型

实例操作：使用“文本”按钮制作立体文字

实例操作：使用“线”按钮制作柜子模型

实例操作：使用“线”按钮制作酒杯模型

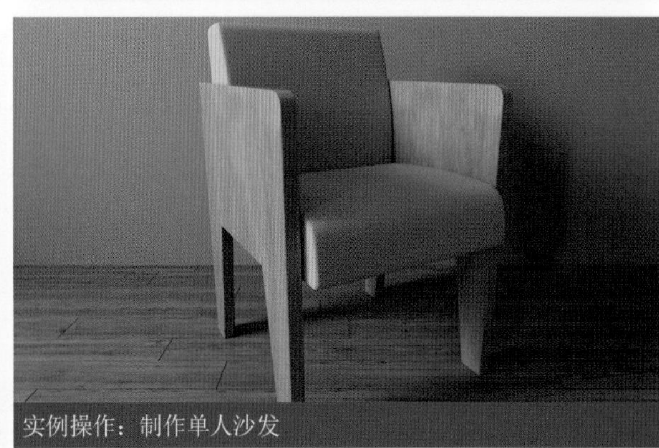

实例操作：制作单人沙发

实例操作：制作矮凳模型

实例操作：制作圆桌模型

实例操作：制作摇摇椅模型

实例操作：制作高脚椅子模型

实例操作：制作玻璃材质

实例操作：制作金属材质

实例操作：制作木纹材质

实例操作：制作陶瓷材质

实例操作：制作室内天光照明效果

实例操作：制作室内日光照明效果

实例操作：制作景深渲染效果

实例操作：制作地毯毛发效果

实例操作：使用“ 曲线编辑器 ”制作翻滚的积木动画

实例操作：使用“ 路径约束 ”制作玩具导弹运动动画

实例操作：使用“ 注视约束 ”制作气缸动画

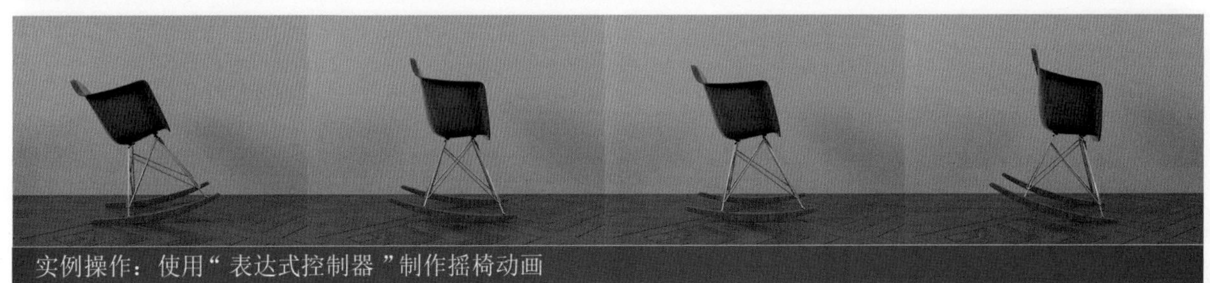
实例操作：使用“ 表达式控制器 ”制作摇椅动画

实例操作：使用“ 噪波控制器 ”制作植物摆动动画

实例操作：制作落叶动画

天气预报　天气预报　TIANQIYUBAO　TIANQIYUBAO

实例操作：使用“曲线编辑器”制作文字变换动画

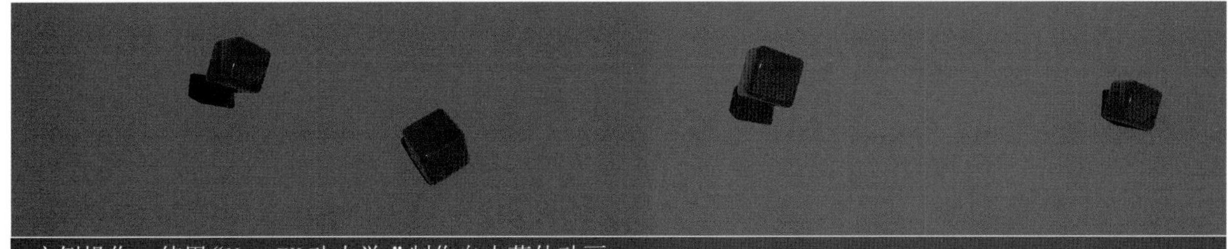

实例操作：使用“MassFX 动力学”制作自由落体动画

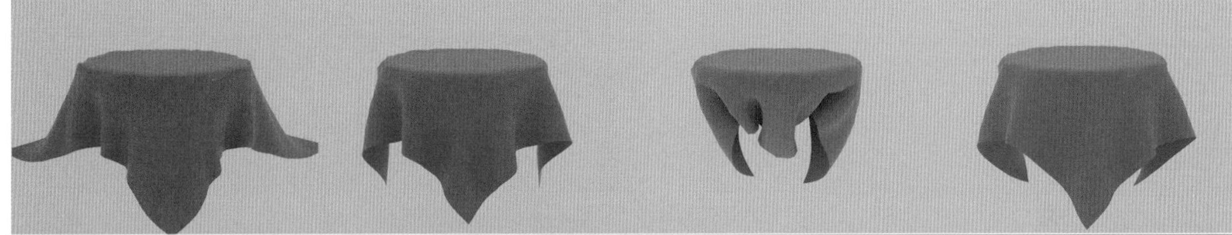

实例操作：使用“MassFX 动力学”制作桌布下落动画

实例操作：使用“流体”制作液体流动动画

实例操作：使用“流体”制作果酱动画

实例操作：制作香烟燃烧动画

综合实例：卫生间灯光照明表现

综合实例：客厅天光照明表现

VRay 综合实例：客厅日光照明表现

VRay 综合实例：餐厅夜景照明表现

VRay 综合实例：客厅天光照明表现

VRay 综合实例：建筑日景照明表现

从 新 手 到 高 手

3ds Max 2020 从新手到高手

来阳 / 编著

清华大学出版社

北京

内容简介

本书是主讲如何使用中文版3ds Max 2020的技术手册。全书共分为15章，包含初识3ds Max 2020、几何体建模、修改器建模、图形建模、多边形建模、材质与贴图、灯光技术、摄影机技术、动画技术、粒子系统与空间扭曲动力学技术、毛发制作、渲染器技术以及VRay渲染器等内容。

本书结构清晰、内容全面、通俗易懂，而且设计了大量的实用案例，并详细阐述了制作原理及操作步骤，旨在提升读者的软件实际操作能力。另外，本书附带的教学资源内容丰富，包括本书所有案例的工程文件、贴图文件和教学视频，本书所有内容均采用中文版3ds Max 2020进行制作，便于读者学以致用。

本书适合作为高校和培训机构动画专业相关课程的教材，也可以作为广大三维设计爱好者的自学参考用书。

本书封面贴有清华大学出版社防伪标签，无标签者不得销售。

版权所有，侵权必究。侵权举报电话：010-62782989 13701121933

图书在版编目(CIP)数据

3ds Max 2020 从新手到高手 / 来阳编著 . —北京：清华大学出版社，2020.6
（从新手到高手）
ISBN 978-7-302-55452-3

Ⅰ . ① 3…　Ⅱ . ①来…　Ⅲ . ①三维动画软件　Ⅳ . ① TP391.414

中国版本图书馆 CIP 数据核字 (2020) 第 083955 号

责任编辑：陈绿春
封面设计：潘国文
版式设计：方加青
责任校对：胡伟民
责任印制：沈　露

出版发行：清华大学出版社
网　　址：http://www.tup.com.cn，http://www.wqbook.com
地　　址：北京清华大学学研大厦 A 座　　**邮　　编：**100084
社 总 机：010-62770175　　**邮　　购：**010-62786544
投稿与读者服务：010-62776969，c-service@tup.tsinghua.edu.cn
质 量 反 馈：010-62772015，zhiliang@tup.tsinghua.edu.cn
印 装 者：三河市龙大印装有限公司
经　　销：全国新华书店
开　　本：188mm×260mm　　**印　张：**21　　**插　页：**4　　**字　数：**625 千字
版　　次：2020 年 7 月第 1 版　　**印　次：**2020 年 7 月第 1 次印刷
定　　价：99.00 元

产品编号：085502-01

前言

在成为一名高校教师之前，我是动画公司的一线动画师，不同的职业让我对三维技术有了全新的认知与思考。我认为，最重要的并不是为学生解决技术问题，而是让学生对三维技术有一个全面的认知与了解。

很多人认为，学习三维技术仅仅是学习软件技术，这种想法并不全面。三维技术不可能脱离了其他技术，例如建模、材质、灯光、摄影机这几项技术分别对造型能力、色彩认知、光影关系和审美构图等方面有一定的要求。如果对艺用人体解剖及人物的运动规律很了解，那么对学习三维角色骨骼装配及角色动画会有帮助；如果逻辑性思维很强且有一定的计算机语言基础，那么对动画进行脚本编程或对3ds Max软件的功能进行二次开发将会非常轻松。所以，想学好用好3ds Max，对基础知识要求是非常高的。

本书系统地介绍了3ds Max 2020的基础知识、多种建模方式材质与贴图、灯光技术、摄影机技术、动画技术、粒子系统与空间扭曲、动力学技术、毛发技术、渲染技术及VRay渲染器等内容。本书结构以软件的命令参数为基础，以实例操作为重点，力求通过大量实战操作使得读者快速掌握每个章节的知识要点。

本书的配套素材和视频教学文件请扫描下面的二维码进行下载。如果在下载过程中碰到问题，请联系陈老师，联系邮箱chenlch@tup.tsinghua.edu.cn

由于作者时间精力有限，本书难免有不妥之处，还请读者朋友雅正。最后，非常感谢读者朋友选择本书，希望您能在阅读本书之后有所收获。

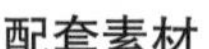
配套素材

视频教学

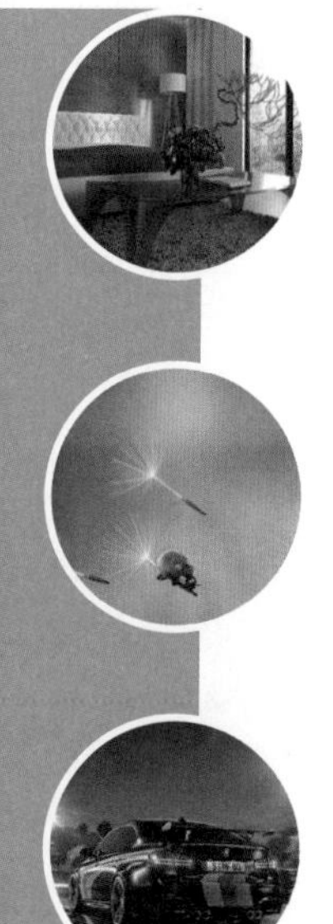

来阳

2020年5月

目录

第1章 初识3ds Max 2020

第2章 几何体建模

第3章 修改器建模

第4章 复合对象建模

第5章 图形建模

第6章 多边形建模

第7章 材质与贴图

第8章 灯光技术

第9章 摄影机技术

第10章 动画技术

第11章 粒子系统与空间扭曲

第12章 动力学技术

第13章 毛发技术

第14章 渲染技术

第15章 VRay渲染器

1.1 3ds Max 2020概述

当前，科技发展迅猛，计算机的软硬件在逐年更新，其用途早已不仅仅局限于办公，而是越来越多地融入日常生活。家用电脑不但可用于游戏娱乐，还可以完成以往只能在高端配置的工作站上才能制作出来的数字媒体产品。

3ds Max 2020是Autodesk公司生产的旗舰级别动画软件，该软件为从事工业产品、建筑表现、室内设计、风景园林、三维游戏及电影特效等视觉设计的人提供了全面的3D建模、动画、渲染以及合成的解决方案，如图1-1~图1-4所示。如图1-5所示为3ds Max 2020的软件启动界面。

图1-1

图1-2

图1-3

图1-4

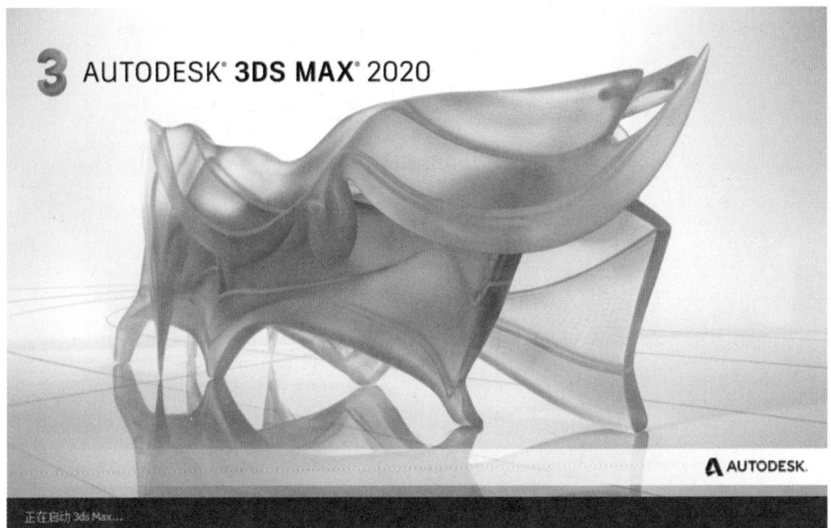

图1-5

1.2　3ds Max 2020的工作界面

安装3ds Max 2020软件后，可以通过双击桌面上的图标来启动软件。3ds Max 2020提供了不同语言的版本，在“开始”菜单中执行Autodesk/3ds Max 2020-Simplified Chinese命令，可以启动中文版的3ds Max 2020，如图1-6所示。首次打开该软件时，会弹出“选择初始3ds Max体验”对话框，让用户选择适合自己的界面，如图1-7所示。本书以默认的“标准”界面为例进行讲解。

图1-6

图1-7

学习3ds Max 2020之前，应熟悉软件的操作界面与布局，为以后的学习奠定基础。3ds Max 2020的界面包括标题栏、菜单栏、工具栏、工作视图区、命令面板、时间滑块、轨迹栏、动画控制区和Maxscript迷你脚本听侦器等部分。如图1-8所示为3ds Max 2020的工作界面。

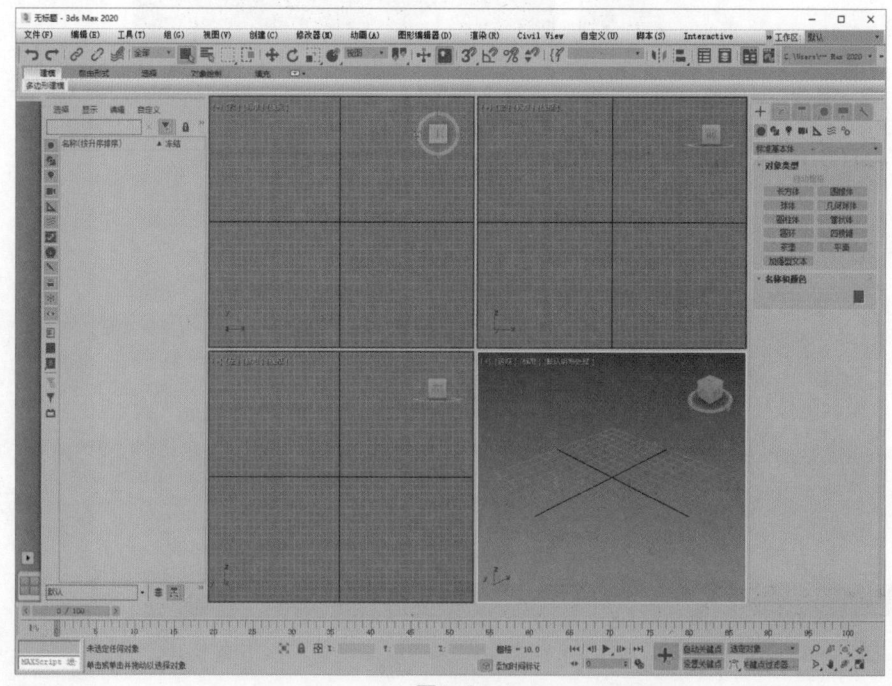

图1-8

1.2.1　欢迎屏幕

打开3ds Max 2020时，系统会自动弹出“欢迎屏幕”，其中包含有软件概述、欢迎使用3ds Max、在视口中导航、资源库等6个选项卡，以帮助新用户更好地了解及使用该软件。

1. “软件概述”选项卡

在“软件概述”选项卡中显示的是3ds Max的软件概述，在选项卡的右上方还可以设置显示语言，如图1-9所示。

图1-9

2. “欢迎使用3ds Max”选项卡

在“欢迎使用3ds Max”选项卡中，介绍了3ds Max的界面组成结构，如在此处登录、控制摄影机和视口显示、场景资源管理器、时间和导航等，如图1-10所示。

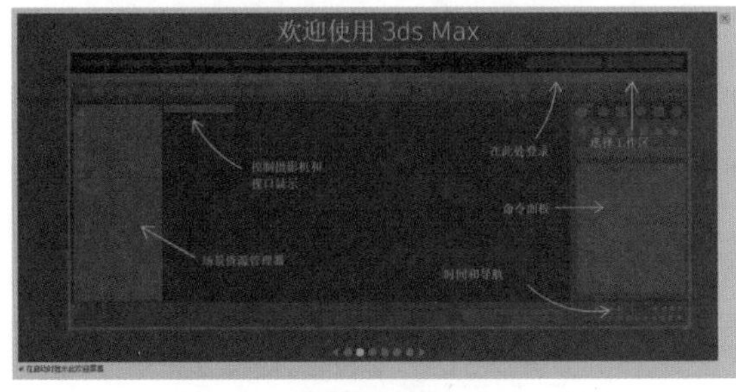

图1-10

3. “在视口中导航”选项卡

在“在视口中导航”选项卡中，提示习惯Maya软件操作的用户使用“Maya模式”来进行3ds Max视图操作，如图1-11所示。

4. “资源库”选项卡

在“资源库”选项卡中，提示可以通过网络在线获取一些3ds Max文件资源，如图1-12所示。单击该选项卡下方的“在Autodesk App Store上免费提供”链接，便可通过浏览器自动打开Autodesk App Store的官网。

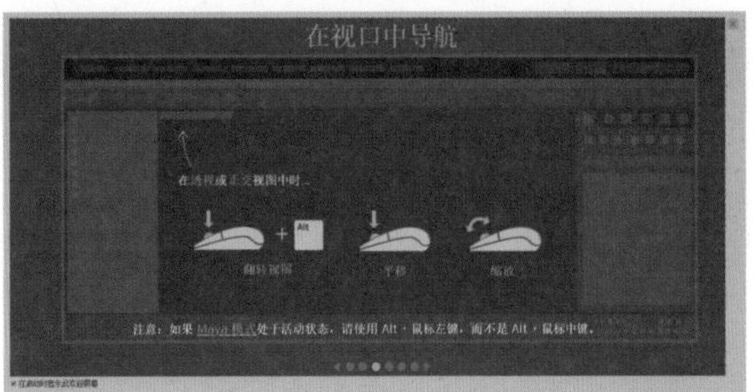

图1-11

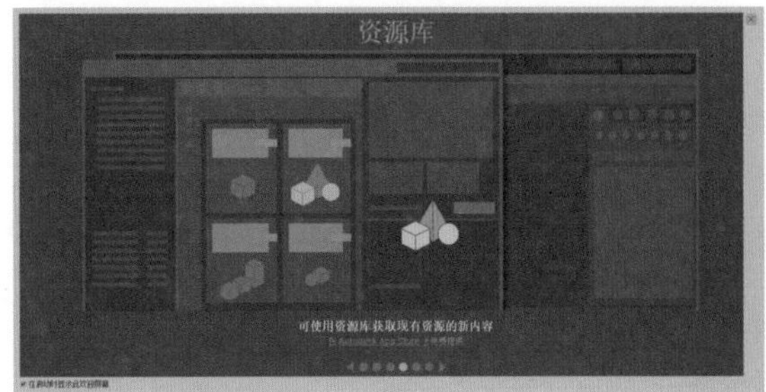

图1-12

5. “3ds Max交互”选项卡

在“3ds Max 交互”选项卡中，提示用户可以通过下载并安装3ds Max Interactive，使用“交互式”菜单将3ds Max场景连接到实时引擎，如图1-13所示。

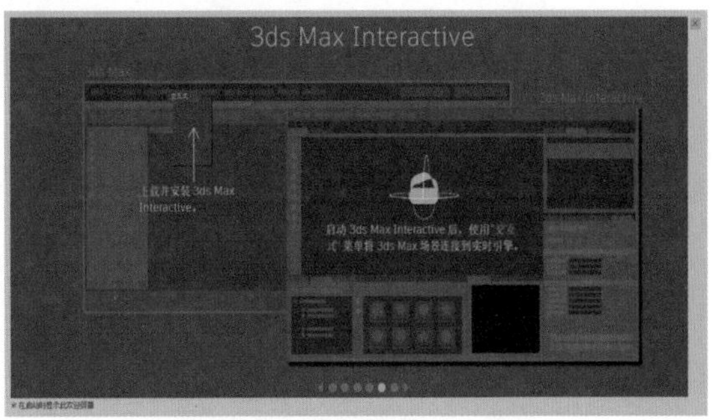

图1-13

6. “后续步骤”选项卡

在“后续步骤”选项卡中，3ds Max 2020为用户提供了新增功能和帮助、样例文件、诚挚邀请您、教程和学习文字以及1分钟启动影片5个步骤，如图1-14所示。需要注意的是，需要连接网络才可以进行后续操作。

关闭该选项卡后，还可以通过执行菜单栏中的“帮助/欢迎屏幕”命令再次打开“欢迎屏幕”对话框，如图1-15所示。

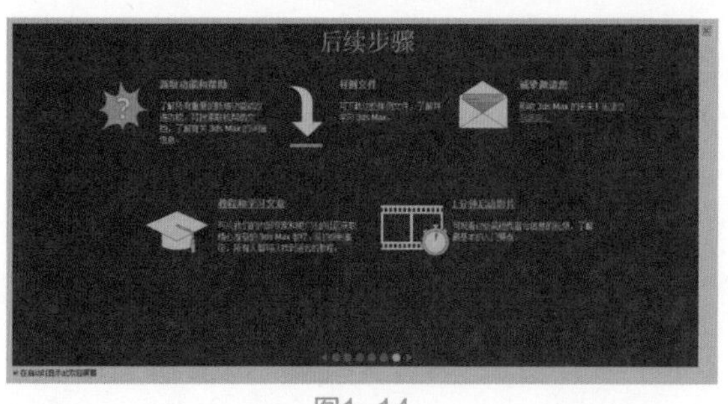

图1-14

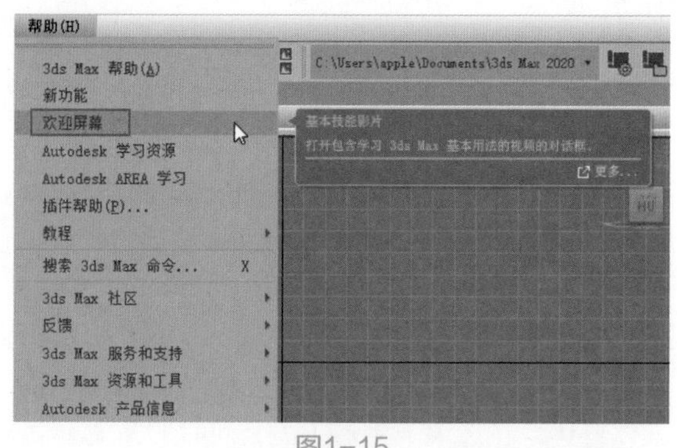

图1-15

1.2.2 菜单栏

菜单栏位于标题栏的下方，包含3ds Max软件中的所有命令，分别是文件、编辑、工具、组、视图、创建、修改器、动画、图形编辑器、渲染、Civil View、自定义、脚本、Interactive、内容和帮助这几个分类，如图1-16所示。

图1-16

1. 菜单命令介绍

“文件”菜单中包括新建、重置、保存等命令，如图1-17所示。

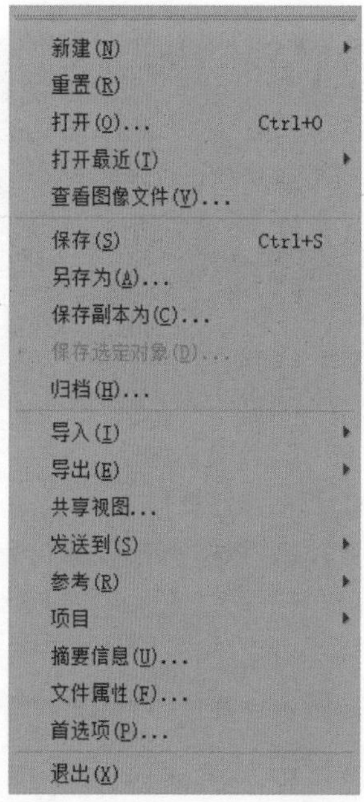

图1-17

“编辑”菜单中的命令用于场景基本操作，如撤销、重做、暂存、取回、删除等常用命令，如图1-18所示。

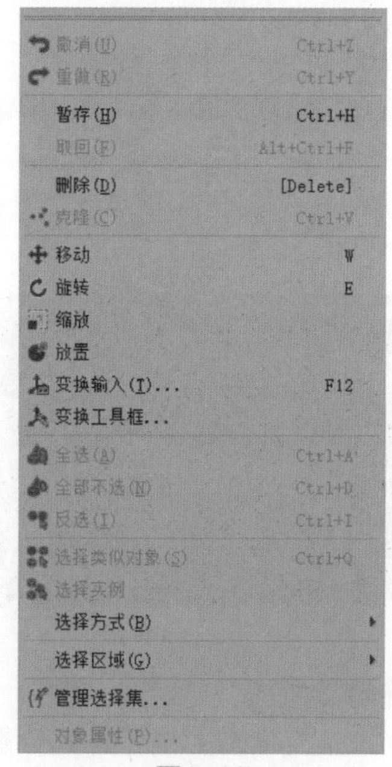

图1-18

“工具”菜单中的命令用于管理场景及对物体进行基础操作，如图1-19所示。

“组”菜单中的命令用于将场景中的物体设置为一个组合，并进行组的编辑，如图1-20所示。

“视图”菜单中的命令用于控制视图的显示方式及视图相关参数设置，如图1-21所示。

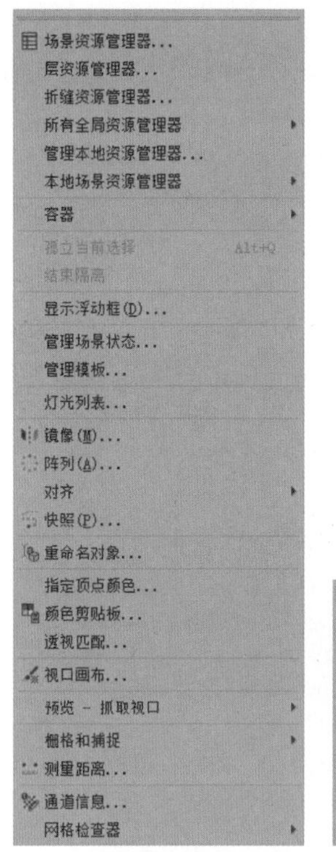

图1-19

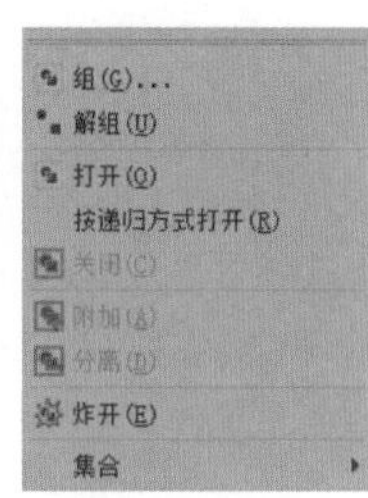

图1-20

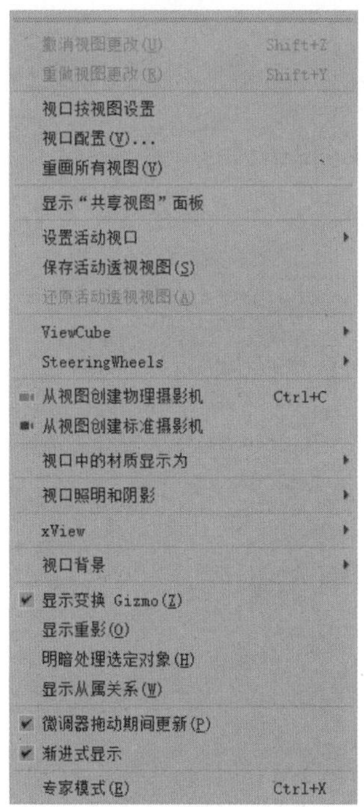

图1-21

“创建”菜单中的命令用于在视口中创建各种类型的对象，如图1-22所示。

“修改器”菜单包括所有修改器列表中的命令，如图1-23所示。

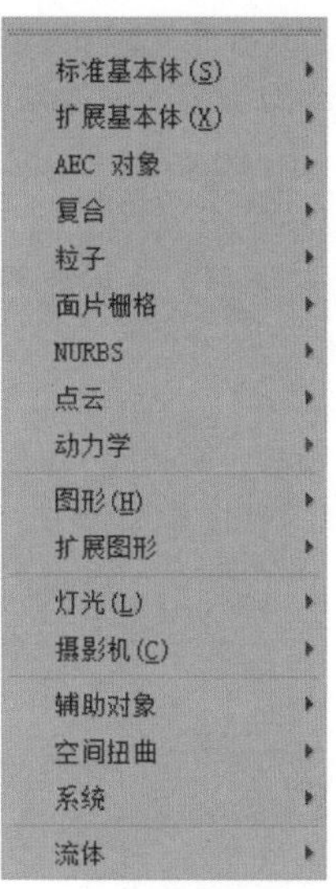

图1-22

图1-23

“动画”菜单中的命令主要用于设置动画，其中包括正向动力学、反向动力学及骨骼等，如图1-24所示。

“图形编辑器”菜单中的命令用于以图形化视图的方式来表达场景中各个对象之间的关系，如图1-25所示。

图1-24

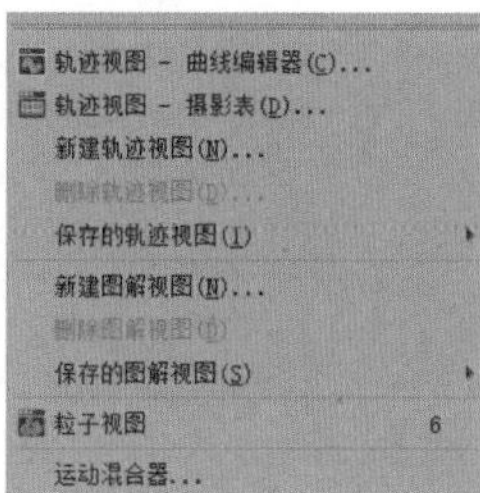

图1-25

“渲染”菜单中的命令用于设置渲染参数，包括渲染、环境和效果等命令，如图1-26所示。

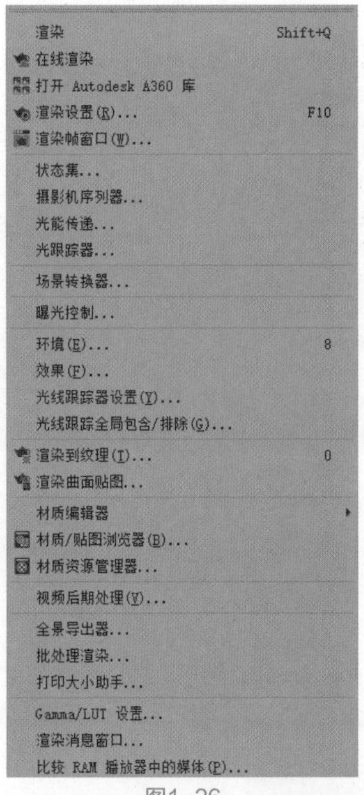

图1-26

Civil View菜单只有初始化Civil View命令，如图1-27所示。

图1-27

“自定义”菜单中的命令用于更改一些设置，包括制定个人爱好的工作界面及3ds Max系统设置，如图1-28所示。

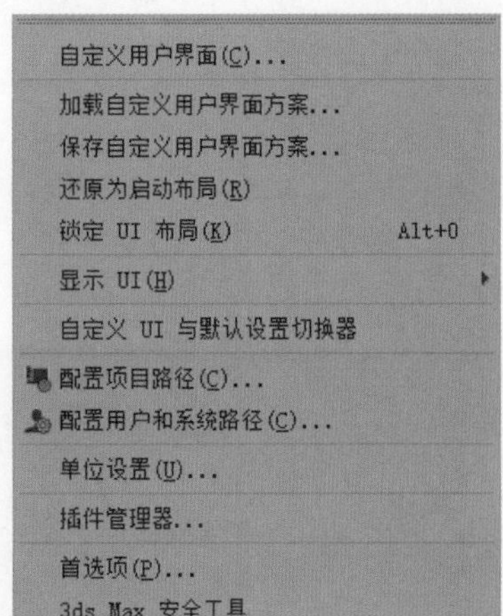

图1-28

“脚本”菜单中的命令用于设置程序开发人员的工作环境，可以新建、测试及运行自己编写的脚本语言，如图1-29所示。

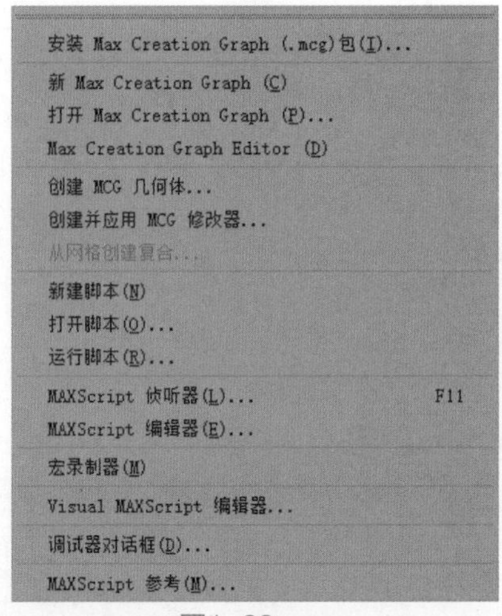

图1-29

Interactive菜单中的命令用于获取3ds Max交互功能的网页链接，如图1-30所示。

“内容”菜单中的命令用于获取3ds Max资源的App Store网页链接，如图1-31所示。

图1-30　图1-31

Arnold菜单中的命令用于Arnold渲染器，如图1-32所示。

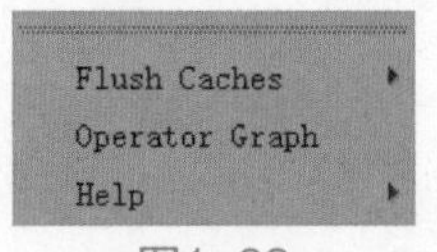

图1-32

“帮助”菜单中命令用于查看3ds Max的帮助信息，供用户参考学习，如图1-33所示。

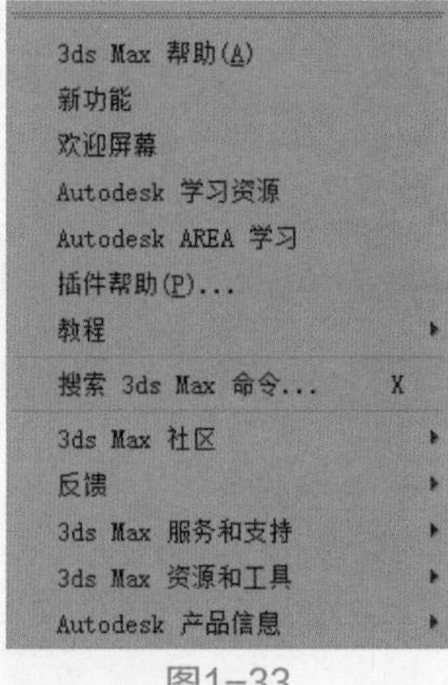

图1-33

2. 菜单栏命令的基础知识

3ds Max 2020设置了大量的快捷键以简化操作方式并提高工作效率。在菜单中，可以看到一些常用命令的后面有对应的快捷键提示，如图1-34所示。

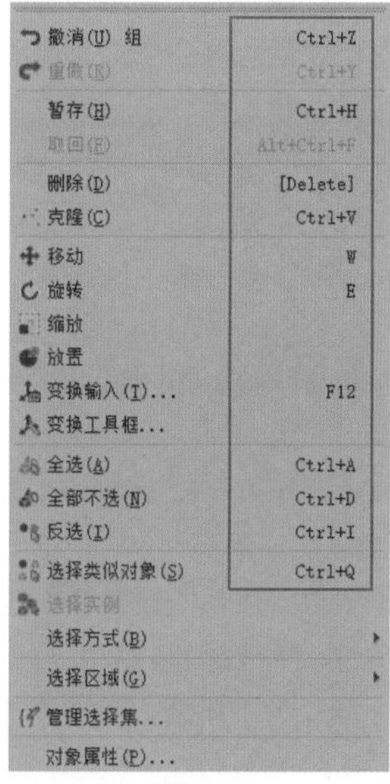

图1-34

有些命令后面带有省略号，表示执行该命令后会弹出窗口，如图1-35所示。

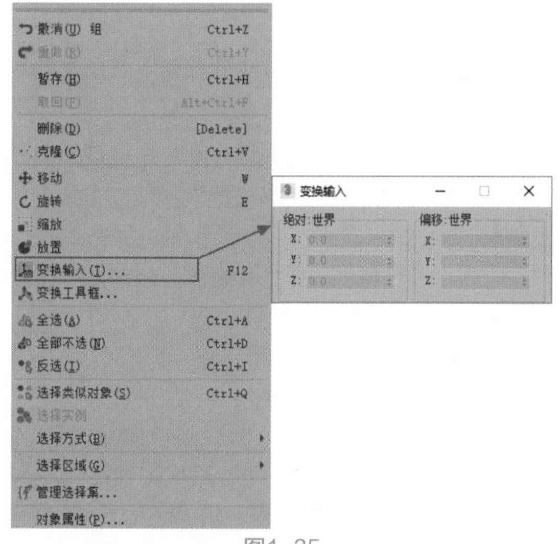

图1-35

有些命令后面带有黑色的小三角图标，表示该命令还有子命令，如图1-36所示。

部分命令为灰色不可使用状态，表示在当前操作中，没有合适的对象时可以使用该命令。例如，场景中没有选择任何对象时，就无法激活“对象属性”命令，如图1-37所示。

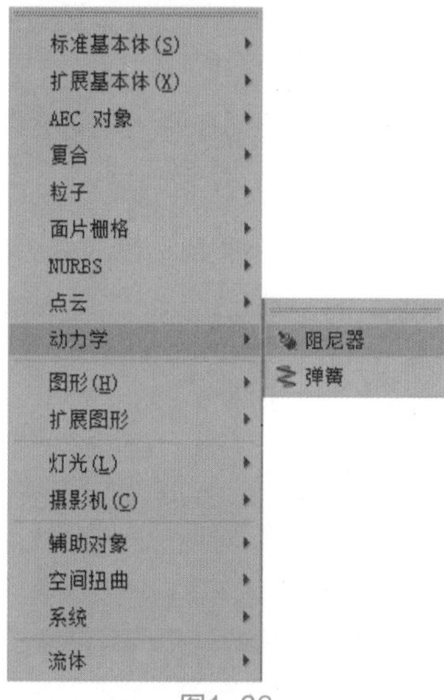

图1-36

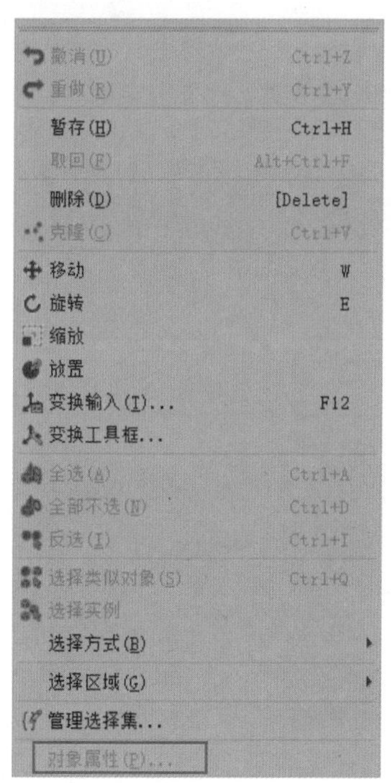

图1-37

1.2.3　工具栏

1. 主工具栏

3ds Max 2020为用户提供了许多工具栏，在默认状态下，菜单栏的下方会显示“主工具栏”和“项目”工具栏。其中，主工具栏由一系列按钮组成，如果显示器分辨率过低，主工具栏上的图标会显示不全。这时可以将光标移动至工具栏上，待光标变成抓手工具时，可左右移动主工具栏来查看其他未显示的工具，如图1-38所示为3ds Max 2020的主工具栏。

图1-38

仔细观察主工具栏上的按钮，可以看到有些按钮的右下角有黑色的三角形标志，表示当前工具包含多个类似工具。长按当前按钮，就可以将其他工具显示出来，如图1-39所示。

图1-39

解析

- “撤销”按钮：可取消上一次的操作。
- “重做”按钮：可取消上一次的“撤销”操作。
- “选择并链接”按钮：用于将两个或多个对象链接成为父子层次关系。
- “断开当前选择链接”按钮：用于解除两个对象之间的父子层次关系。
- “绑定到空间扭曲”按钮：将当前选择附加到空间扭曲。
- “选择过滤器”下拉列表 全部 ：可以通过此列表来限制选择工具选择的对象类型。
- “选择对象”按钮：可用于选择场景中的对象。
- “按名称选择”按钮：单击此按钮可打开“从场景选择”对话框，通过对话框中的对象名称来选择物体。
- “矩形选择区域”按钮：在矩形选区内选择对象。
- “圆形选择区域”按钮：在圆形选区内选择对象。
- “围栏选择区域”按钮：在不规则的围栏形状内选择对象。
- “套索选择区域”按钮：通过鼠标操作在不规则的区域内选择对象。
- “绘制选择区域”按钮：在对象上方以绘制的方式来选择对象。
- “窗口/交叉”按钮：单击此按钮，可在“窗口”和“交叉”模式之间进行切换。
- “选择并移动”按钮：选择并移动所选择的对象。
- “选择并旋转”按钮：选择并旋转所选择的对象。
- “选择并均匀缩放”按钮：选择并均匀缩放所选择的对象。
- “选择并非均匀缩放”按钮：选择并以非均匀的方式缩放所选择的对象。
- “选择并挤压”按钮：选择并以挤压的方式缩放所选择的对象。
- “选择并放置”按钮：将对象准确地定位到另一个对象的表面上。
- “参考坐标系”下拉列表 视图 ：可以指定变换所用的坐标系。
- “使用轴点中心”按钮：可以围绕对象各自的轴点旋转或缩放一个或多个对象。
- “使用选择中心”按钮：可以围绕所选择对象共同的几何中心进行选择或缩放一个或多个对象。
- “使用变换坐标中心”按钮：围绕当前坐标系中心旋转或缩放对象。
- “选择并操纵”按钮：通过在视口中拖动“操纵器”来编辑对象的控制参数。
- “键盘快捷键覆盖切换”按钮：可以在“主用户界面”快捷键和组快捷键之间进行切换。
- “捕捉开关”按钮：提供捕捉处于活动状态位置的3D空间的控制范围。
- “角度捕捉开关”按钮：设置旋转操作时进行预设角度旋转。
- “百分比捕捉开关”按钮：按指定的百分比增加对象的缩放。

- “微调器捕捉开关”按钮：设置3ds Max中微调器的一次单击时增加或减少值。
- “编辑命名选择集”按钮：打开“命名选择集”对话框。
- “命名选择集”下拉列表：使用此列表可以调用选择集合。
- “镜像”按钮：打开“镜像”对话框，详细设置镜像场景中的物体。
- “对齐”按钮：将当前选择与目标选择进行对齐。
- “快速对齐”按钮：将当前选择的位置与目标对象的位置进行对齐。
- “法线对齐”按钮：使用“法线对齐”对话框设置物体表面基于另一个物体表面的法线方向进行对齐。
- “放置高光”按钮：将灯光或对象对齐到另一个对象上以精确定位其高光或反射。
- “对齐摄影机”按钮：将摄影机与选定的面法线进行对齐。
- “对齐到视图”按钮：通过“对齐到视图”对话框将对象或子对象选择的局部轴与当前视口进行对齐。
- “切换场景资源管理器”按钮：打开“场景资源管理器-场景资源管理器”对话框。
- “切换层资源管理器”按钮：打开“场景资源管理器-层资源管理器”对话框。
- “切换功能区”按钮：显示或隐藏Ribbon工具栏。
- “曲线编辑器”按钮：打开“轨迹视图-曲线编辑器”面板。
- “图解视图”按钮：打开“图解视图”面板。
- “材质编辑器”按钮：打开“材质编辑器”面板。
- “渲染设置”按钮：打开“渲染设置”面板。
- “渲染帧窗口”按钮：打开“渲染帧”窗口。
- “渲染产品”按钮：渲染当前激活的视图。
- “在Autodesk A360中渲染”按钮：打开“渲染设置：A360云渲染”面板。
- “打开Autodesk A360库”按钮：直接在浏览器中打开Autodesk A360网站主页。

通过组合键Alt+6可以显示与隐藏主工具栏。

在主工具栏的空白处单击鼠标右键，在弹出的快捷菜单中可以看到3ds Max 2020在默认状态下未显示的其他工具栏，包括MassFX工具栏、“动画层”工具栏、“容器”工具栏、“层”工具栏、“捕捉”工具栏、“渲染快捷方式”工具栏、“状态集”工具栏、“笔刷预设”工具栏、“轴约束”工具栏、“附加”工具栏和“项目”工具栏，如图1-40所示。

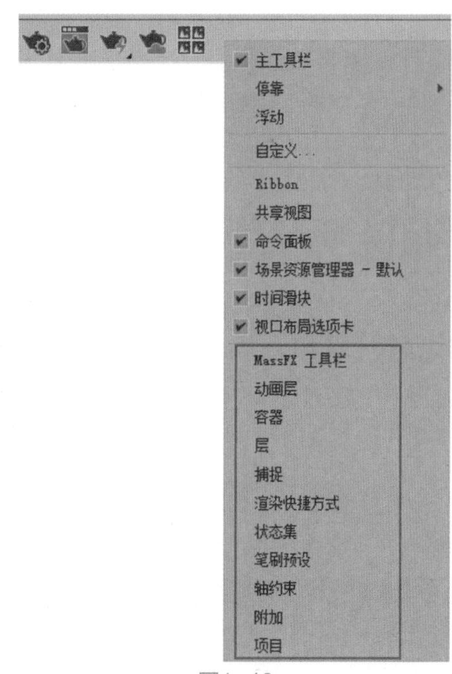

图1-40

2. MassFX工具栏

3ds Max 2020的MassFX工具栏提供为项目添加真实物理模拟的工具集，使用此工具栏可以快速访问“MassFX工具”面板，对场景中的物体设置动画模拟，如图1-41所示。

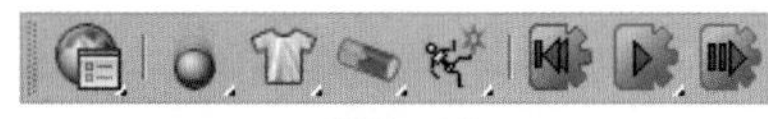

图1-41

解析

- 世界参数：打开“MassFX 工具”对话框并定位到“世界参数”面板。

- 模拟工具：打开“MassFX 工具”对话框并定位到“模拟工具”面板。
- 多对象编辑器：打开“MassFX 工具”对话框并定位到“多对象编辑器”面板。
- 显示选项：打开“MassFX 工具”对话框并定位到“显示选项”面板。
- 将选定项设置为动力学刚体：将未实例化的MassFX 刚体修改器应用到每个选定对象，并将“刚体类型”设置为“动力学”，然后为对象创建单个凸面物理图形。如果选定对象已经具有 MassFX 刚体修改器，则现有修改器将更改为动力学，而不重新应用。
- 将选定项设置为运动学刚体：将未实例化的MassFX 刚体修改器应用到每个选定对象，并将“刚体类型”设置为“运动学”，然后为每个对象创建一个凸面物理图形。如果选定对象已经具有 MassFX 刚体修改器，则现有修改器将更改为运动学，而不重新应用。
- 将选定项设置为静态刚体：将未实例化的MassFX 刚体修改器应用到每个选定对象，并将“刚体类型”设置为“静态”。为对象创建单个凸面物理图形。如果选定对象已经具有MassFX 刚体修改器，则现有修改器将更改为静态，而不重新应用。
- 将选定对象设置为mCloth对象：将未实例化的mCloth修改器应用到每个选定对象，然后切换到“修改”面板来调整修改器的参数。
- 从选定对象中移除mCloth：从每个选定对象移除mCloth修改器。
- 创建刚体约束：将新MassFX约束辅助对象添加到带有适合于刚体约束的设置的项目中。刚体约束使平移、摆动和扭曲全部锁定，尝试在开始模拟时保持两个刚体在相同的相对变换中。
- 创建滑块约束：将新MassFX约束辅助对象添加到带有适合滑块约束的项目中。滑块约束类似于刚体约束，但是启用受限的Y变换。
- 创建转枢约束：将新MassFX约束辅助对象添加到带有适合于转枢约束的设置的项目中。转枢约束类似于刚体约束，但是“摆动1”限制为100°。
- 创建扭曲约束：将新MassFX约束辅助对象添加到带有适合于扭曲约束的设置的项目中。扭曲约束类似于刚体约束，但是“扭曲”设置为无限制。
- 创建通用约束：将新MassFX约束辅助对象添加到带有适合于通用约束的设置的项目中。通用约束类似于刚体约束，但“摆动 1”和“摆动 2”限制为45°。
- 建立球和套管约束：将新MassFX约束辅助对象添加到带有适合于球和套管约束的设置的项目中。球和套管约束类似于刚体约束，但“摆动 1”和“摆动 2”限制为 80°，且“扭曲”设置为无限制。
- 创建动力学碎布玩偶：设置选定角色作为动力学碎布玩偶。其运动可以影响模拟中的其他对象，同时也受这些对象影响。
- 创建运动学碎布玩偶：设置选定角色作为运动学碎布玩偶。其运动可以影响模拟中的其他对象，但不会受这些对象的影响。
- 移除碎布玩偶：通过删除刚体修改器、约束和碎布玩偶辅助对象，从模拟中移除选定的角色。
- 将模拟实体重置为其原始状态：停止模拟，将时间滑块移动到第一帧，并将任意动力学刚体的变换设置为其初始变换。
- 开始模拟：从当前模拟帧运行模拟。默认情况下，该帧是动画的第一帧，它不一定是当前的动画帧。如果模拟正在运行，会使按钮显示为已激活，单击此按钮将在当前模拟帧处暂停模拟。
- 开始没有动画的模拟：与“开始模拟”类似，只是模拟运行时时间滑块不会前进。
- 将模拟前进一帧：运行一个帧的模拟并使时间滑块前进相同量。

3.“动画层”工具栏

“动画层”工具栏提供进行动画层相关设置的按钮，如图1-42所示。

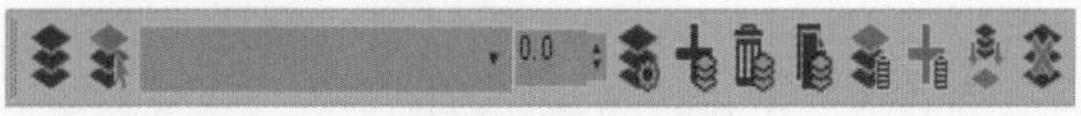

图1-42

解析

- 启用动画层：打开“启用动画层”对话框。
- 选择活动层对象：选择场景中属于活动层的所有对象。
- 动画层列表：为选定对象列出所有现有层。列表中的每个层都含有切换图标，用于启用和禁用层以及从控制器输出轨迹包含或排除层。通过从列表中选择层来设置活动层。
- 动画层属性：打开“层属性”对话框，该对话框可为层提供全局选项。
- 添加动画层：打开“创建新动画层”对话框，可以指定与新层相关的设置。执行此操作将为具有层控制器的各个轨迹添加新层。
- 删除动画层：移除活动层以及它所包含的数据。删除前将会出现提示对话框。
- 复制动画层：复制活动层的数据，并启用“粘贴活动动画层”和“粘贴新层”。
- 粘贴活动动画层：用复制的数据覆盖活动层控制器类型和动画关键点。
- 粘贴新建层：使用复制层的控制器类型和动画关键点创建新层。
- 塌陷动画层：只要活动层尚未禁用，则可以将它塌陷至其下一层。如果活动层已禁用，则已塌陷的层将在整个列表中循环，直到找到可用层为止。
- 禁用动画层：从所选对象移除层控制器。基础层上的动画关键点还原为原始控制器。

4.“容器”工具栏

“容器”工具栏提供有关容器处理的工具，如图1-43所示。

图1-43

解析

- 继承容器：将磁盘上存储的源容器加载到场景中。
- 利用所选内容创建容器：创建容器并将选定对象放入其中。
- 将选定项添加到容器中：单击该按钮，可以在打开的对话框中将场景中选定的对象添加到容器中。
- 从容器中移除选定对象：将选定的对象从其所属容器中移除。
- 加载容器：将容器定义加载到场景中并显示容器的内容。
- 卸载容器：保存容器并将其内容从场景中移除。
- 打开容器：使容器内容可编辑。
- 关闭容器：将容器保存到磁盘并防止对其内容进行任何编辑或添加操作。
- 保存容器：保存对打开的容器所做的任何编辑。
- 更新容器：从所选容器的MAXC源文件中重新加载其内容。
- 重新加载容器：将本地容器重置到最新保存的版本。
- 使所有内容唯一：选中“源定义”框中显示的容器并将其与内部嵌套的任何其他容器转换为唯一容器。
- 合并容器源：将最新保存的源容器版本加载到场景中，但不会打开任何可能嵌套在内部的容器。
- 编辑容器：允许编辑来源于其他用户的容器。
- 覆盖对象属性：忽略容器中各对象的显示设置，并改用容器辅助对象的显示设置。
- 覆盖所有锁定：仅对本地容器“轨迹视图”“层次”列表中的所有轨迹暂时禁用锁定。

5.“层”工具栏

“层”工具栏提供对当前场景中的对象进行设置层操作的工具，如图1-44所示。把场景中的对象设置为不同的层后，就可以通过选择层名称来快速选择物体，还可以通过“场景资源管理器-层资源管理器”窗口快速对层内的对象进行隐藏、冻结等操作，如图1-45所示。

图1-44

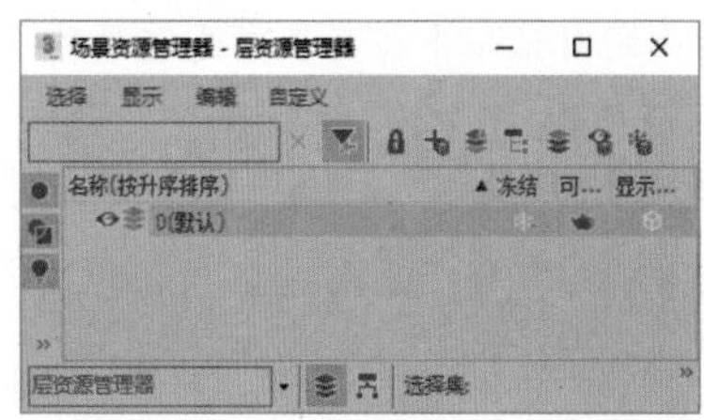
图1-45

解析

- 层管理器：打开“层管理器”对话框。
- 图层列表：可以通过“层”工具栏使用层列表，该列表显示层的名称及属性。单击属性图标即可控制层的属性。从列表中选中层可使其成为当前层。
- 新建层：创建一个新层，该层包含当前选定的对象。
- 将当前选择添加到当前层：可以将当前对象选择移动至当前层。
- 选择当前层中的对象：将选择当前层中包含的所有对象。
- 设置当前层为选择的层：可将当前层更改为包含当前选定对象的层。

6. “捕捉”工具栏

“捕捉”工具栏提供各种设置精准捕捉的方式，如图1-46所示。

图1-46

解析

- 捕捉到栅格点切换：捕捉到栅格交点。默认情况下，此捕捉类型处于启用状态。
- 捕捉到轴切换：允许捕捉对象的轴。
- 捕捉到顶点切换：捕捉到对象的顶点。
- 捕捉到端点切换：捕捉到网格边的端点或样条线的顶点。
- 捕捉到中点切换：捕捉到网格边的中点和样条线分段的中点。
- 捕捉到边/线段切换：捕捉沿着边（可见或不可见）或样条线分段的任何位置。
- 捕捉到面切换：在面的曲面上捕捉任何位置。
- 捕捉到冻结对象切换：可以捕捉到冻结对象上。
- 在捕捉中启用轴约束切换：启用此选项并通过“移动 Gizmo”或“轴约束”工具栏使用轴约束移动对象时，会将选定的对象约束为仅沿指定的轴或平面移动。

7. “渲染快捷方式”工具栏

“渲染快捷方式”工具栏用于进行渲染预设窗口设置，如图1-47所示。

图1-47

解析

- 渲染预设窗口A：单击此按钮，可以激活预设窗口A，需提前将预设指定给该按钮。
- 渲染预设窗口B：单击此按钮，可以激活预设窗口B，需提前将预设指定给该按钮。
- 渲染预设窗口C：单击此按钮，可以激活预设窗口C，需提前将预设指定给该按钮。
- 渲染预设：用于从预设渲染参数集中进行选择，或加载或保存渲染参数设置。

8. “状态集”工具栏

“状态集”工具栏用于对“状态集”功能的快速访问，如图1-48所示。

图1-48

解析

- 状态集：打开“状态集”窗口，如图1-49所示。

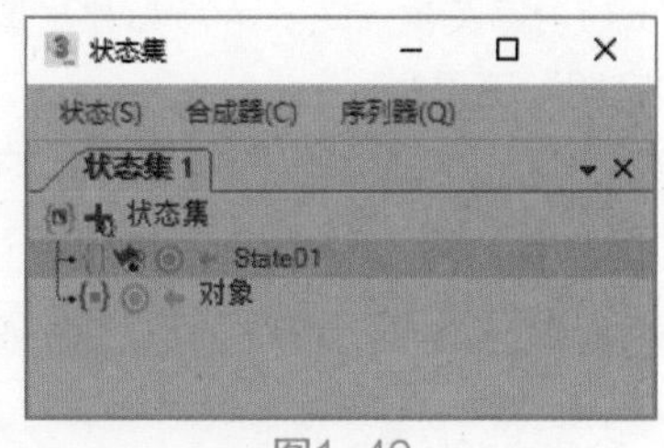
图1-49

- 切换状态集的活动状态：切换状态定义，即为该状态和所有嵌套其中的状态的录制的所有属性更改。
- 切换状态集的可渲染状态：切换状态的渲染输出。
- 显示或隐藏状态集列表：此下拉列

表将显示与“状态集”对话框相同的层次。使用它可以激活状态，也可以访问其他状态集控件。

- 将当前选择导出至合成器链接：指定使用SOF格式的链接文件的路径和文件名。如果选择现有链接文件，“状态集”将使用现有数据，而不是覆盖该文件。

9. “笔刷预设”工具栏

当用户对“可编辑多边形”进行“绘制变形”时，即可激活“笔刷预设”工具栏来设置笔刷的效果，如图1-50所示。

图1-50

解析

- 笔刷预设管理器：打开“笔刷预设管理器”对话框，可添加、复制、重命名、删除、保存和加载笔刷预设。
- 添加新建预设：通过当前笔刷设置将新预设添加到工具栏，在第一次添加时系统会提示输入笔刷的名称。如果尝试超出笔刷预设（50）的最大数，则会出现警告对话框。该按钮后面提供了默认的5种大小不同的笔刷。

10. “轴约束”工具栏

移动工具时，可通过该工具栏设置需要进行操作的坐标轴，如图1-51所示。

图1-51

解析

- 变换Gizmo X轴约束X：限制到X轴。
- 变换Gizmo Y轴约束Y：限制到Y轴。
- 变换Gizmo Z轴约束Z：限制到Z轴。
- 变换Gizmo XY平面约束XY：限制到XY平面。
- 在捕捉中启用轴约束切换：启用此选项并通过“移动 Gizmo”或“轴约束”工具栏使用轴约束移动对象时，会将选定的对象约束为仅沿指定的轴或平面移动。禁用此选项后，将忽略约束，并且可以将捕捉的对象平移任何尺寸。

11. “附加”工具栏

“附加”工具栏提供处理3ds Max场景的工具，如图1-52所示。

图1-52

解析

- 自动栅格：开启自动栅格有助于在一个对象上创建另一个对象。
- 测量距离：测量场景中两个对象之间的距离。
- 阵列：打开“阵列”对话框，使用该对话框可以基于当前选择创建对象阵列。
- 快照：快照会随时间克隆设置了动画的对象。
- 间隔工具：基于当前选择沿样条线或一对点定义的路径分布对象。
- 克隆并对齐工具：基于当前选择将源对象分布到目标对象的第二选择上。

12. “项目”工具栏

“项目”工具栏提供进行项目设置的工具，如图1-53所示。

C:\Users\apple\Documents\3ds Max 2020

图1-53

解析

- 设置活动项目：将某个文件夹设置为当前项目的根文件夹。
- 创建空白：通过浏览硬盘路径来创建一个新的项目文件夹。
- 创建默认值：创建具有默认文件夹结构的新项目。
- 从当前创建：根据当前项目结果来创建新项目。

1.2.4 Ribbon工具栏

Ribbon工具栏包含建模、自由形式、选择、对象绘制和填充五大部分。在“主工具栏”后面的空白处右击，执行Ribbon命令即可显示Ribbon工具栏，如图1-54所示。

1. 建模

单击“显示完整的功能区”图标，可以将Ribbon工具栏完全展开。执行“建模”命令，Ribbon工具栏就可以显示与多边形建模相关的工具，如图1-55所示。未选择几何体时，该区域呈灰色显示。

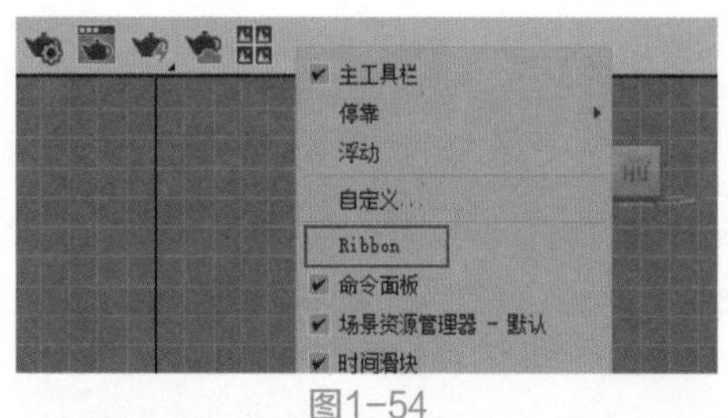

图1-54

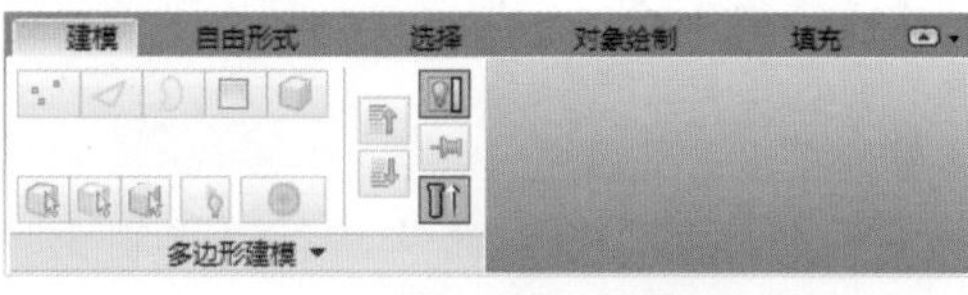

图1-55

选择几何体时，单击相应图标进入多边形的子层级后，此区域可显示相应子层级内的全部工具，并以非常直观的图标形式显示。如图1-56所示为多边形“顶点”层级内的工具。

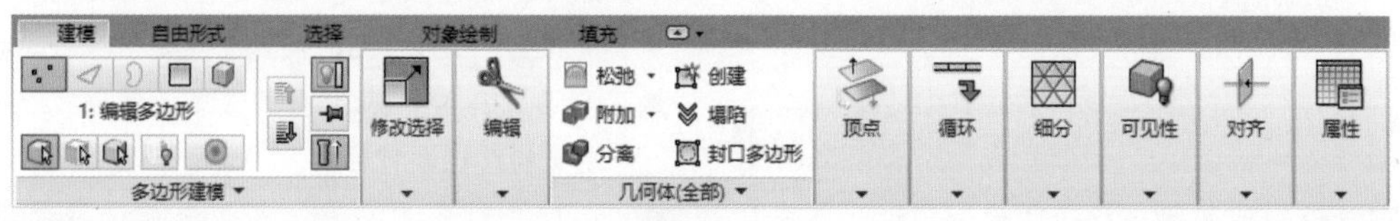

图1-56

2. 自由形式

执行“自由形式”命令，其内部的工具如图1-57所示。需选择物体才可激活相应工具。通过“自由形式”选项卡内的工具可以用绘制的方式修改几何形体的形态。

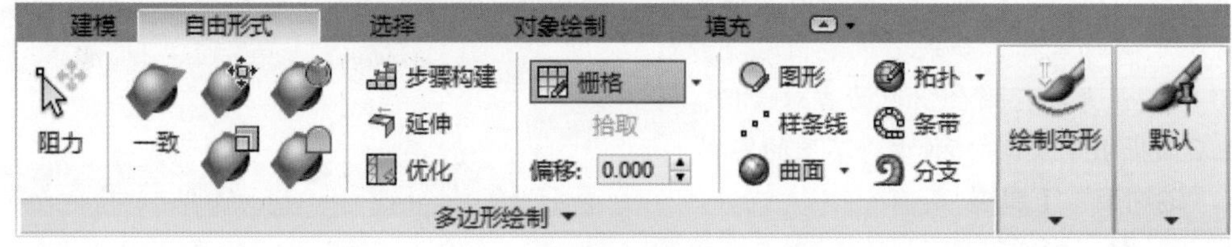

图1-57

3. 选择

执行“选择”命令，其内部的工具如图1-58所示。选择多边形物体并进入其子层级后可激活工具。未选择物体时，此区域为空。

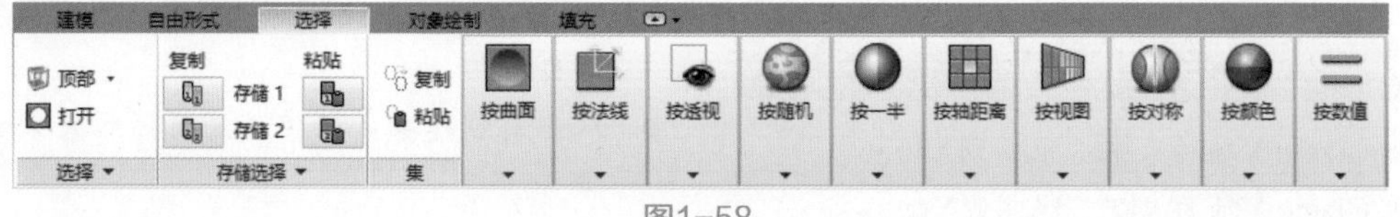

图1-58

4. 对象绘制

执行“对象绘制”命令，其内部的工具如图1-59所示。利用此区域的工具可以为鼠标设置一个模型，以绘制的方式在场景中或物体对象表面上进行复制。

图1-59

5. 填充

执行“填充”命令，其内部的工具如图1-60所示。利用此区域的工具可以快速地制作大量人群的走动和闲聊场景。在室内外建筑的动画表现中，角色不仅可以为画面添加活跃的气氛，还可以作为建筑尺寸的重要参考依据。

图1-60

1.2.5　场景资源管理器

通过停靠在软件界面左侧的“场景资源管理器”面板，不仅可以很方便地查看、排序、过滤和选择场景中的对象，还可以重命名、删除、隐藏和冻结场景中的对象，如图1-61所示。

图1-61

1.2.6　工作视图

1. 工作视图的切换

在3ds Max 2020的工作界面中，工作视图区域占据了大部分界面空间。默认状态下，工作视图分为“顶”视图、“前”视图、“左”视图和“透视”视图4种，如图1-62所示。

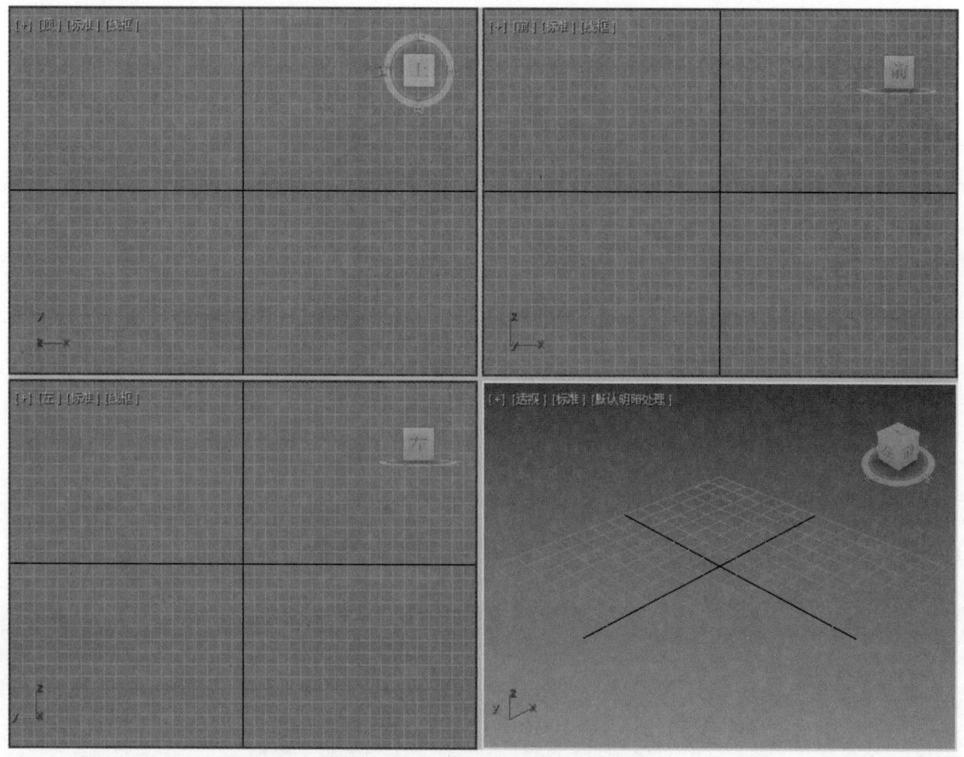

图1-62

可以单击软件界面右下角的“最大化视口切换”按钮，将默认的四视口区域切换至一个视口区域。

当视口区域为一个时，可以通过按相应的快捷键来进行各个操作视口的切换。

切换至顶视图的快捷键是T键。

切换至前视图的快捷键是F键。

切换至左视图的快捷键是L键。

切换至透视图的快捷键是P键。

选择一个视图后，可按组合键开始+Shift键，切换至下一视图。

将光标移动至视口的左上方，在相应视口名称上单击，在弹出的下拉列表中可以选择即将要切换的操作视图。从此下拉列表中可以看出“后”视图和“右”视图无快捷键设置，如图1-63所示。

单击3ds Max 2020界面左下角的“创建新的视口布局选项卡”按钮，在弹出的“标准视口布局”对话框中可以选择自己喜欢的布局视口进行工作，如图1-64所示。

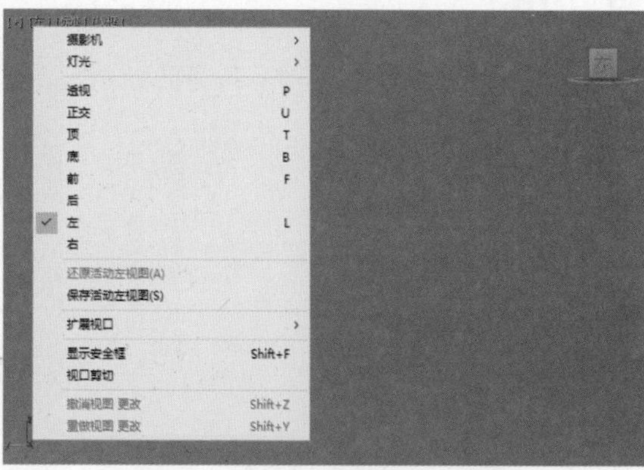

图1-63

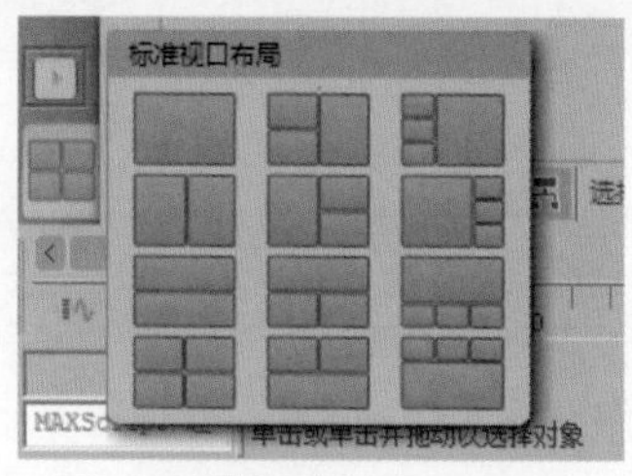

图1-64

2. 工作视图的显示样式

3ds Max 2020启动后，“透视”视图的默认显示样式为“默认明暗处理”，如图1-65所示。单击“默认明暗处理”文字，在弹出的下拉菜单中可以更换工作视图的其他显示样式，例如“线框覆盖”，如图1-66所示。

图1-65

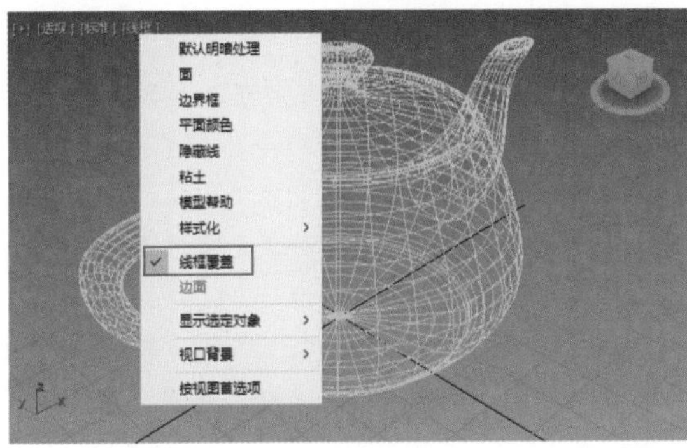

图1-66

除了上述“默认明暗处理”和“线框覆盖”这两种常用的显示方式以外，还有石墨、彩色铅笔、墨水等多种不同的风格显示方式，如图1-67所示。

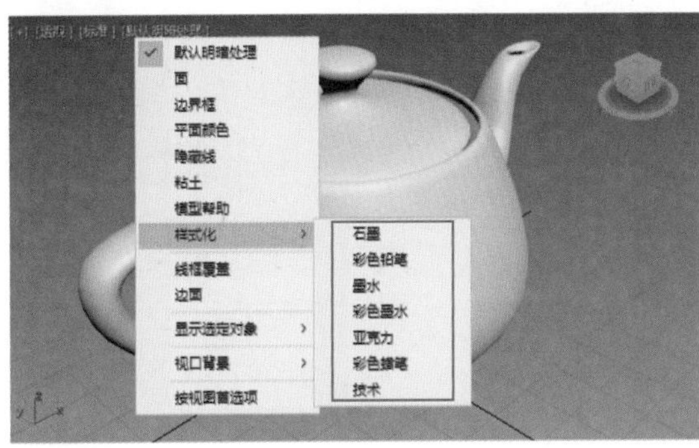

图1-67

1.2.7　命令面板

3ds Max软件界面的右侧为“命令”面板，包括“创建”面板、“修改”面板、“层次”面板、“运动”面板、“显示”面板和“实用”程序面板这6个面板。

1.“创建”面板

如图1-68所示为“创建”面板，可以创建7种对象，分别是几何体、图形、灯光、摄影机、辅助对象、空间扭曲和系统。

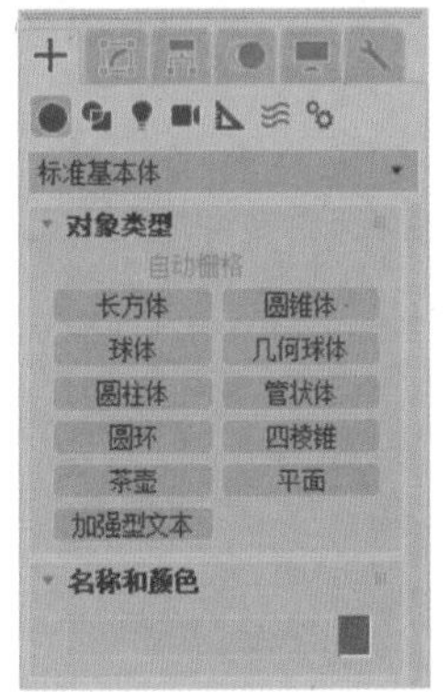

图1-68

解析

- “几何体”按钮●：不仅可以用来创建长方体、圆锥体、球体、圆柱体等基本几何体，也可以创建一些建筑模型，如门、窗、楼梯、栏杆、植物等模型。
- “图形”按钮：用来创建样条线和NURBS曲线。
- “灯光”按钮：用来创建场景中的灯光。
- “摄影机”按钮：用来创建场景中摄影机。
- “辅助对象”按钮：用来创建有助于场景制作的辅助对象，如对模型进行定位、测量等功能。
- “空间扭曲”按钮：用于在围绕其他对象的空间中产生各种不同的扭曲方式。
- “系统”按钮：系统将对象、链接和控制器组合在一起，以生成拥有行为的对象及几何体，包含骨骼、环形阵列、太阳光、日光和Biped这五个按钮。

2.“修改”面板

如图1-69所示为“修改”面板，用来调整所选择对象的修改参数。未选择任何对象时，此面板为空。

3.“层次”面板

如图1-70所示为“层次”面板，可以在这里访问调整对象间的层次链接关系，如父子关系。

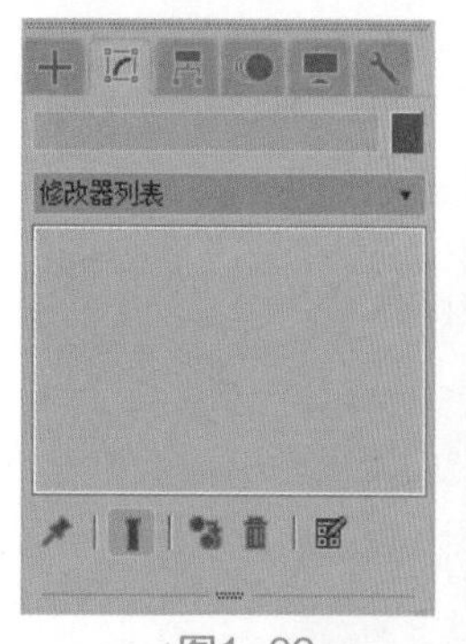

图1-69

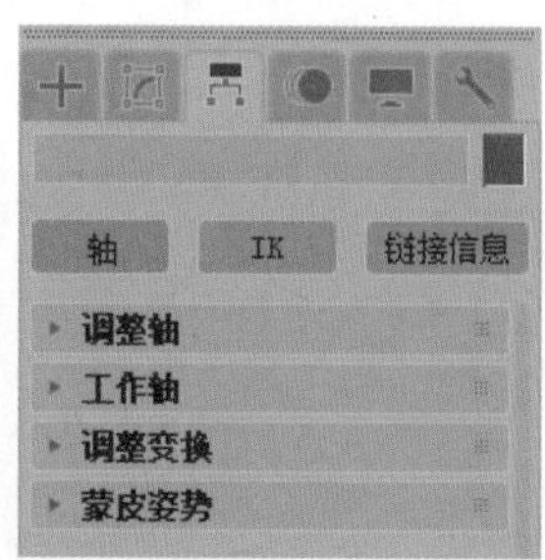

图1-70

解析

- “轴”按钮：用来调整对象和修改器中心位置，以及定义对象之间的父子关系和反向动力学IK的关节位置等。
- “IK”按钮：用来设置动画的相关属性。
- “链接信息”按钮：用来限制对象在特定轴中的变换关系。

4. “运动”面板

如图1-71所示为“运动”面板，用于调整选定对象的运动属性。

5. “显示”面板

如图1-72所示为“显示”面板，可以控制场景中对象的显示、隐藏、冻结等属性。

图1-71

图1-72

6. “实用程序”面板

如图1-73所示为“实用程序”面板，这里包含有很多工具程序。单击“更多...”按钮更多...，可以查看更多程序。

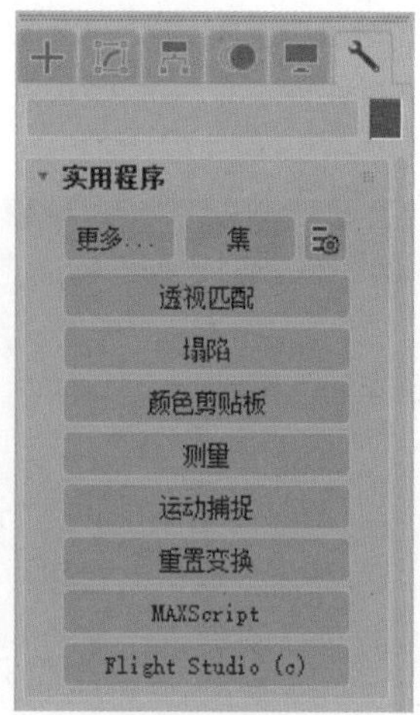

图1-73

技巧与提示

面板显示不全时，可以上下拖动“命令”面板以显示其他命令，也可以将光标放置于“命令”面板的边缘处以拖曳的方式将“命令”面板的显示方式更改为显示两排或者更多，如图1-74所示。

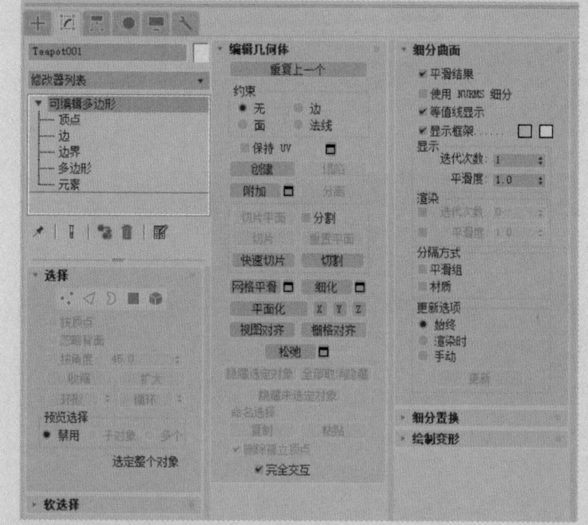
图1-74

1.2.8 时间滑块和轨迹栏

时间滑块位于视口区域的下方，用来显示不同时间段内场景中物体对象的动画状态。默认状态下，场景中的时间帧数为100帧，帧数值可根据动画制作需要随意更改。按住滑块时，可以在轨迹栏上迅速拖动以查看动画的设置，轨迹栏内的动画关键帧可以进行复制、移动及删除操作，如图1-75所示。

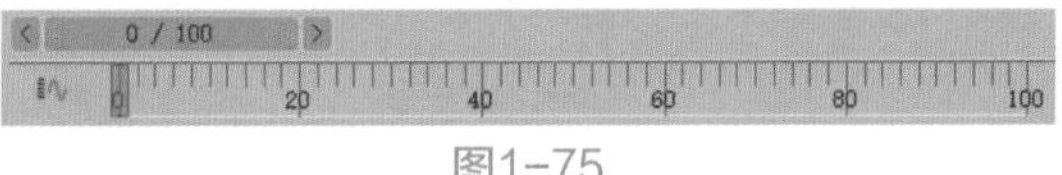

图1-75

技巧与提示

按组合键Ctrl+Alt+鼠标左键，可以保证时间轨迹右侧的帧位置不变而更改左侧的时间帧位置。

按组合键Ctrl+Alt+鼠标中键，可以保证时间轨迹的长度不变而改变两端的时间帧位置。

按组合键Ctrl+Alt+鼠标右键，可以保证时间轨迹左侧的帧位置不变而更改右侧的时间帧位置。

1.2.9　提示行和状态栏

提示行和状态栏可以显示当前有关场景和命令的提示、操作状态。它们位于时间滑块和轨迹栏的下方，如图1-76所示。

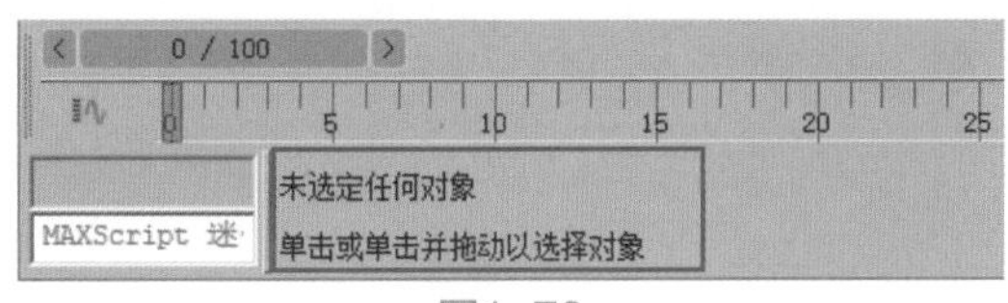

图1-76

1.2.10　动画控制区

动画控制区包含用于在视口中进行动画播放的时间控件。使用这些控制可随时调整场景文件中的时间，如图1-77所示。

图1-77

解析

- ：设置动画的模式，有自动关键点动画模式与设置关键点动画模式两种模式可选。
- “新建关键点的默认入/出切线”按钮：设置新建动画关键点的默认内/外切线类型。
- “关键点过滤器”按钮：设置所选择物体的哪些属性可以设置关键帧。
- “转至开头”按钮：转至动画的初始位置。
- “上一帧”按钮：转至动画的上一帧。
- “播放动画”按钮：激活后会变成停止动画的按钮。
- “下一帧”按钮：转至动画的下一帧。
- “转至结尾”按钮：转至动画的结尾。
- 帧显示：当前动画的时间帧位置。
- “时间配置”按钮：打开“时间配置”对话框，可以进行当前场景内动画帧数的设定等操作。

1.2.11　视口导航

视口导航区域提供在活动的视口中导航场景的按钮，位于整个3ds Max界面的右下方，如图1-78所示。

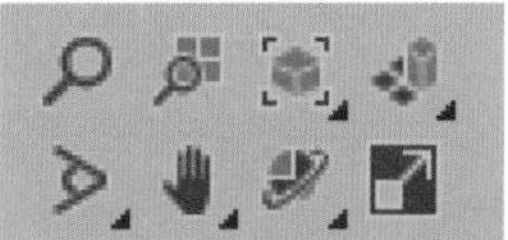

图1-78

参数解析

- “缩放”按钮：控制视口的缩放，使用该工具可以在透视图或正交视图中通过拖曳鼠标的方式来调整对象的显示比例。
- “缩放所有视图”按钮：使用该工具可以同时调整所有视图中对象的显示比例。
- “最大化显示选定对象”按钮：最大化显示选定的对象，快捷键为Z。
- “所有视图最大化显示选定对象”按钮：在所有视口中最大化显示选定的对象。
- “视野”按钮：控制在视口中观察的“视野”。
- “平移视图”按钮：用于平移视图，快捷键为鼠标中键。
- “环绕子对象”按钮：用于进行环绕视图操作。
- “最大化视口切换”按钮：控制一个视口与多个视口的切换。

1.3 创建文件

3ds Max 2020提供了多种新建空白文档的创建方式，以确保用户可以随时使用一个空的场景来操作。双击桌面的3ds Max图标，即可创建一个新的3ds Max工程文件，如图1-79所示。

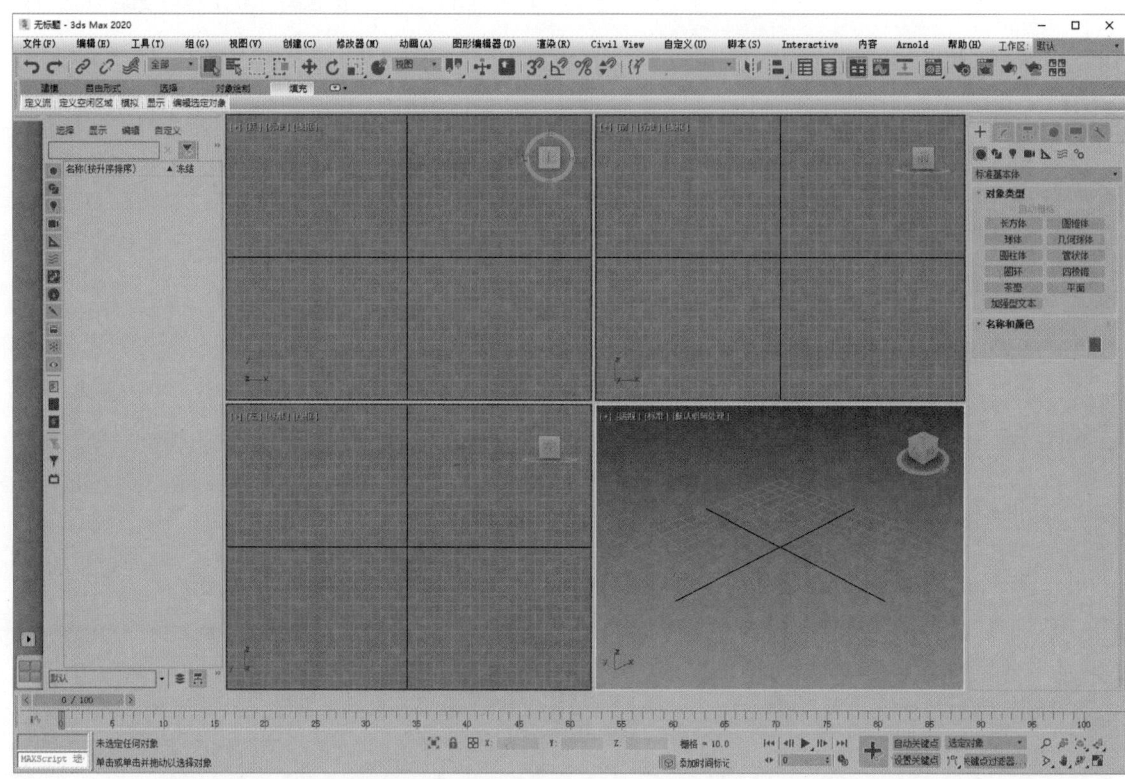

图1-79

1.3.1 新建场景

开始在3ds Max中制作项目后，想要重新创建一个新的场景时，则可以使用“新建”命令。

01 执行菜单栏中的“文件/新建/新建全部”命令，即可创建一个空白的场景文件，如图1-80所示。

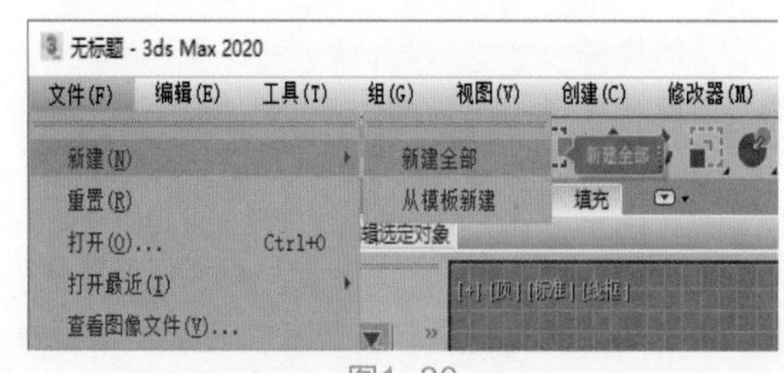

图1-80

02 系统会自动弹出“3ds Max 2020即将退出”对话框，询问用户是否保留之前的场景，如图1-81所示。

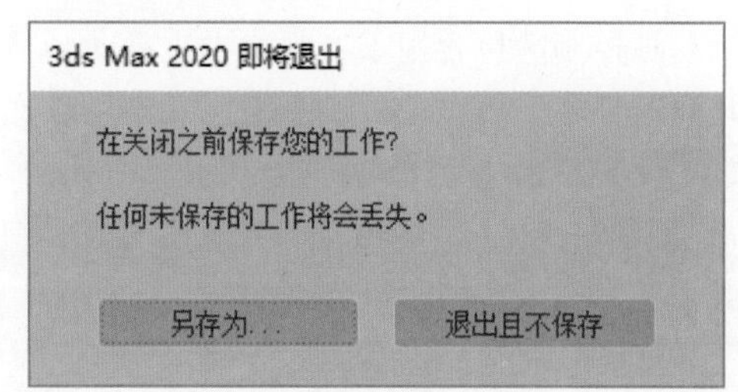

图1-81

03 如果希望保存现有工程文件，单击“另存为”按钮即可；如果无须保存现有工程文件，那么单击“退出且不保存”按钮即可新建一个空白的场景文件。

1.3.2 从模板创建场景

3ds Max 2020提供了一些场景模板文件，如要使用这些模板，可按下面的具体步骤操作。

01 执行菜单栏中的“文件/新建/从模板创建”命令，如图1-82所示。

图1-82

02 在系统自动弹出的“创建新场景”对话框中，可以先选择自己喜欢的场景，然后单击“创建新场景”按钮，如图1-83所示。这样，一个带有模板信息的新文件就创建完成了，如图1-84所示。

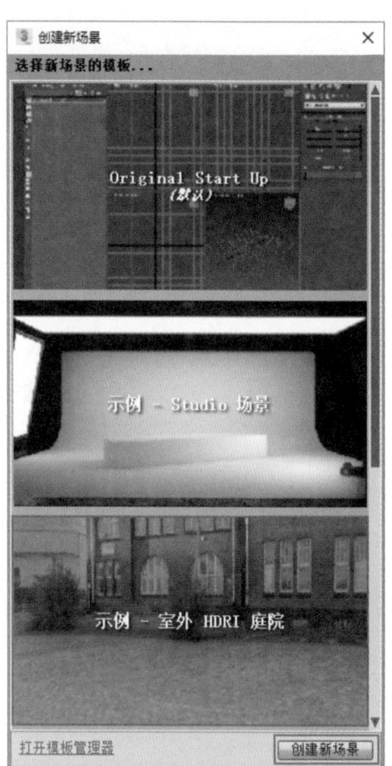

图1-83

图1-84

1.3.3 重置场景

除了新建场景外，在3ds Max中还可以重置场景。

01 执行菜单栏中的“文件/重置”命令，如图1-85所示。

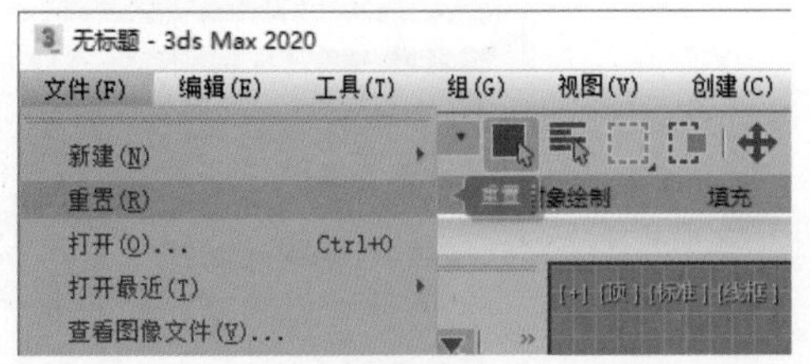

图1-85

02 这时，系统会自动弹出“3ds Max 2020即将退出”对话框，询问用户是否保留之前的场景，如图1-86所示。

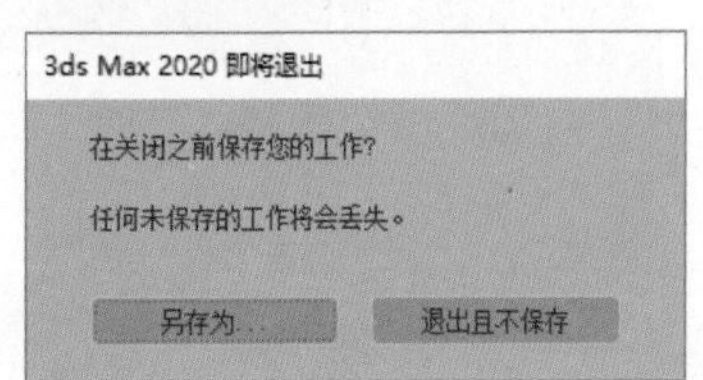

图1-86

03 如果用户希望保存现有工程文件，单击“另存为”按钮即可；如果无须保存现有工程文件，那么单击“退出且不保存”按钮，系统接下来会自动弹出3ds Max对话框，询问用户是否确实要重置，如图1-87所示。单击“是”按钮后，3ds Max 2020则会重置为一个空白场景。

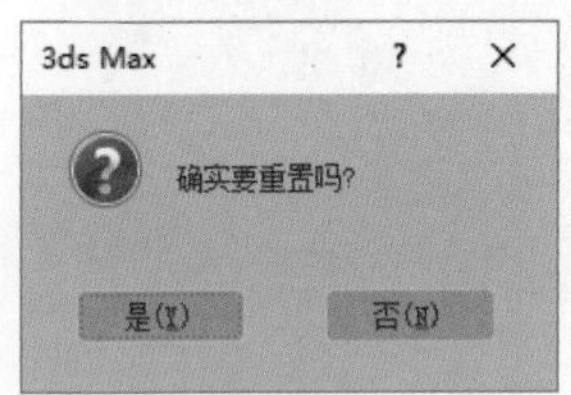

图1-87

1.4 对象选择

3ds Max是一种面向操作对象的程序，正确快速地选择物体、对象在整个3ds Max操作中显得尤为重要。

1.4.1 选择对象工具

选择对象工具是3ds Max 2020的重要工具之一，方便在复杂的场景中选择单一或者多个对象。想要选择一个对象且又不想移动它时，可使用这个工具。选择对象工具位于主工具栏上，如图1-88所示。

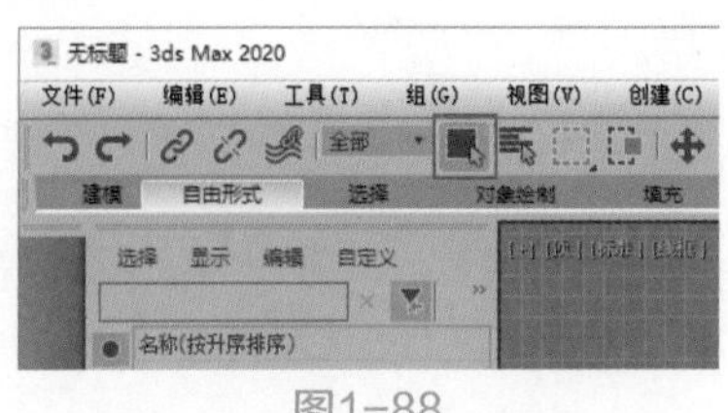

图1-88

1.4.2 区域选择

3ds Max 2020提供了多种区域选择的工具，以便于快速地选择一个区域内的所有对象。区域选择包括矩形选择区域工具、圆形选择区域工具、围栏选择区域工具、套索选择区域工具和绘制选择区域工具，如图1-89所示。

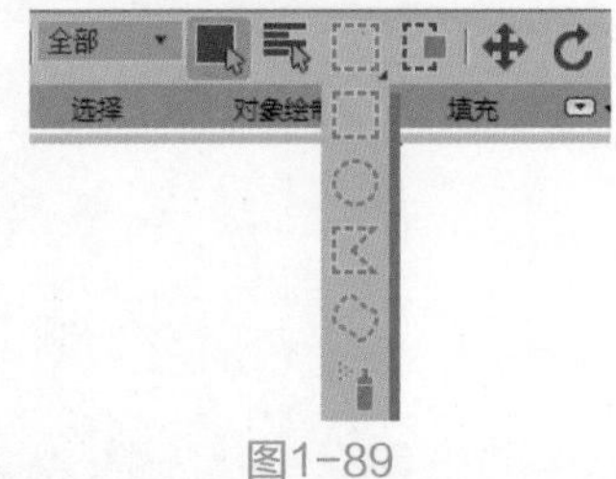

图1-89

当场景中的物体过多而需要批量选择时，可以单击并拖动鼠标以选择多个对象。默认状态下，主工具栏上选择的区域选择工具为矩形选择区域工具，如图1-90所示。

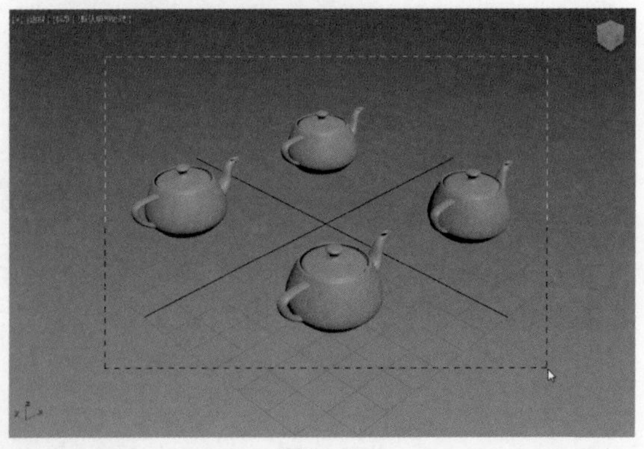

图1-90

在主工具栏上选择“圆形选择区域”工具时，单击并拖动鼠标即可在视口中选择圆形区域内的对象，如图1-91所示。

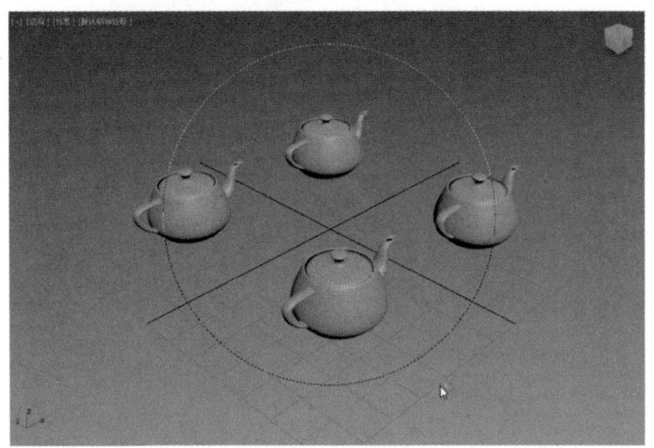

图1-91

在主工具栏上选择“围栏选择区域”工具时，单击并拖动鼠标即可在视口中以绘制直线选区的方式来选择对象，如图1-92所示。

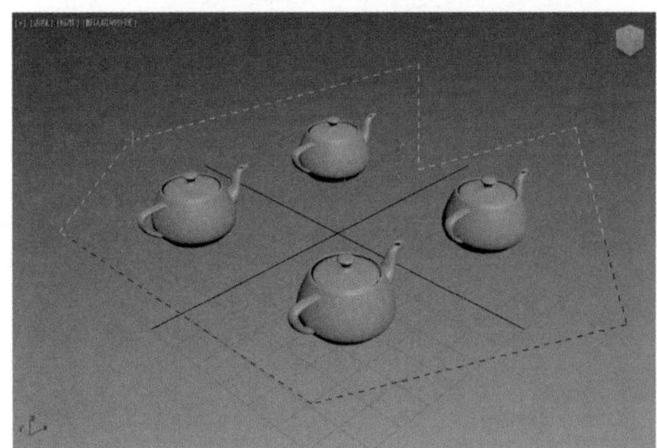

图1-92

在主工具栏上选择“套索选择区域”工具时，单击并拖动鼠标即可在视口中以绘制曲线选区的方式来选择对象，如图1-93所示。

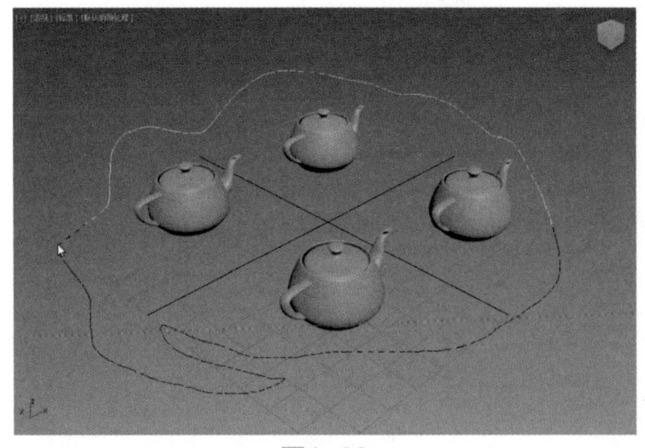

图1-93

在主工具栏上选择“绘制选择区域”工具时，单击并拖动鼠标即可在视口中以笔刷绘制选区的方式来选择对象，如图1-94所示。

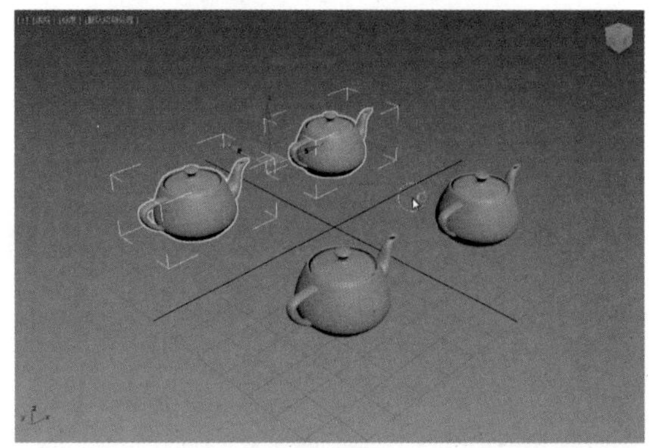

图1-94

使用绘制选择区域工具选择对象时，笔刷的大小在默认情况下可能较小，这时需要对笔刷的大小进行合理的设置。在主工具栏“绘制选择区域”工具上单击鼠标右键，可以打开“首选项设置”面板。在“常规”选项卡内，找到“场景选择”选项组中的“绘制选择笔刷大小”参数即可进行调整，如图1-95所示。

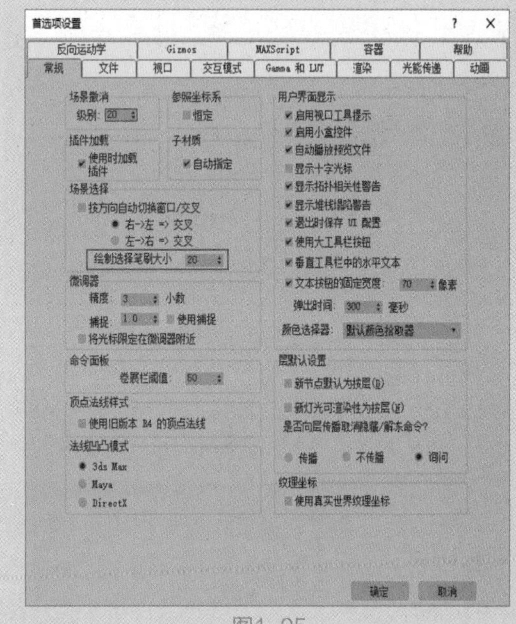

图1-95

1.4.3 窗口与交叉模式选择

在3ds Max 2020中选择多个物体对象时，有“窗口”与“交叉”两种模式。

默认状态下，3ds Max的“窗口/交叉”图标为“交叉”状态，在视口中通过单击并拖动鼠标的方式选择对象时，仅仅需要框住所要选择对象的一部分，即可选中场景中的对象，如图1-96所示。

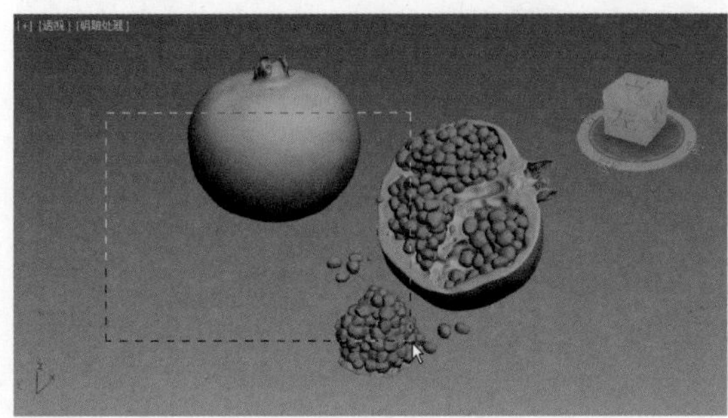

图1-96

单击“窗口/交叉”图标，可将选择的方式切换至“窗口”状态。再次在视口中通过单击并拖动鼠标的方式来选择对象，这时只能选中完全在选区内部的对象，如图1-97所示。

图1-97

除了在主工具栏上切换“窗口”与“交叉”选择的模式，也可以根据鼠标的选择方向自动在“窗口”与“交叉”之间进行切换。在菜单栏中执行“自定义/首选项”命令，如图1-98所示。

在弹出的“首选项设置”对话框中，在“常规”选项卡中的“场景选择”选项组中选中“按方向自动切换窗口/交叉”复选框，即可根据选择方向自动切换如图1-99所示。

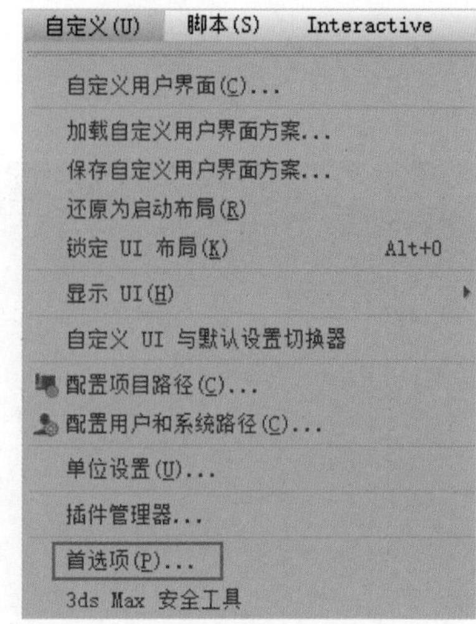

图1-98

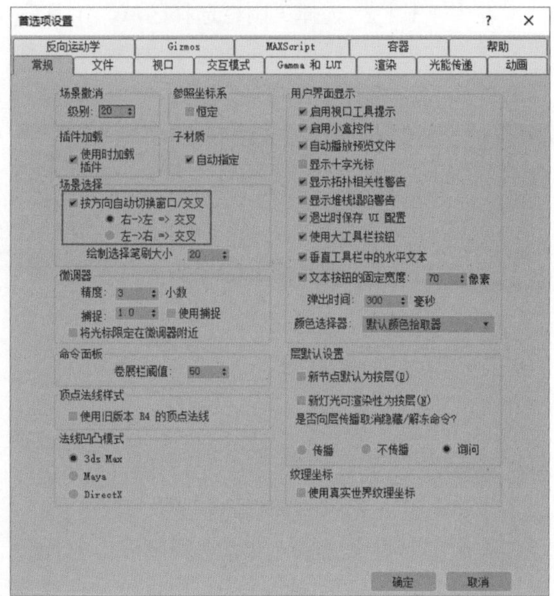

图1-99

1.4.4 按名称选择

在3ds Max 2020中可以使用“按名称选择”命令打开“从场景选择”对话框，无须单击视口便可以按对象的名称来选择对象。具体操作步骤如下。

01 在主工具栏上单击“按名称选择”按钮进行对象的选择，这时会打开“从场景选择”对话框，如图1-100所示。

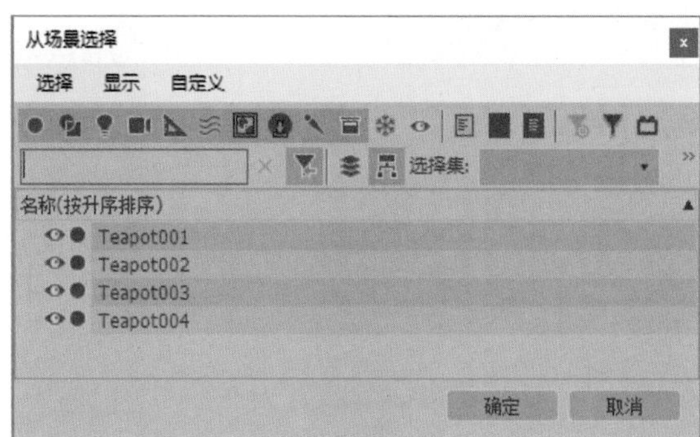

图1-100

02 默认状态下，当场景中有隐藏的对象时，“从场景选择”对话框内不会出现隐藏对象的名称，但是可以从“场景资源管理器”中查看被隐藏的对象。在3ds Max 2020中，更方便的名称选择方式为直接在“场景资源管理器”中选择对象的名称，如图1-101所示。

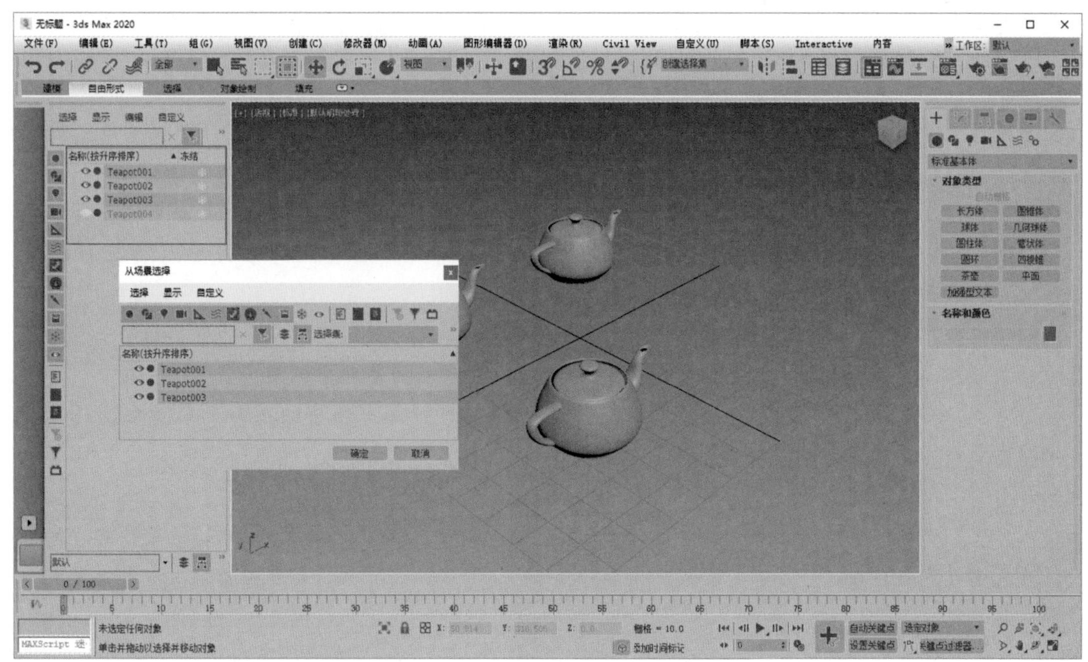

图1-101

03 在“从场景选择”对话框的文本框中输入所要查找对象的名称时，只需要输入首字符并单击“确认”按钮，即可将场景中所有与此首字符相同的名称对象同时选中，如图1-102所示。

04 在“显示对象类型”区域，还可以通过单击相应图标来隐藏指定的对象类型，如图1-103所示。

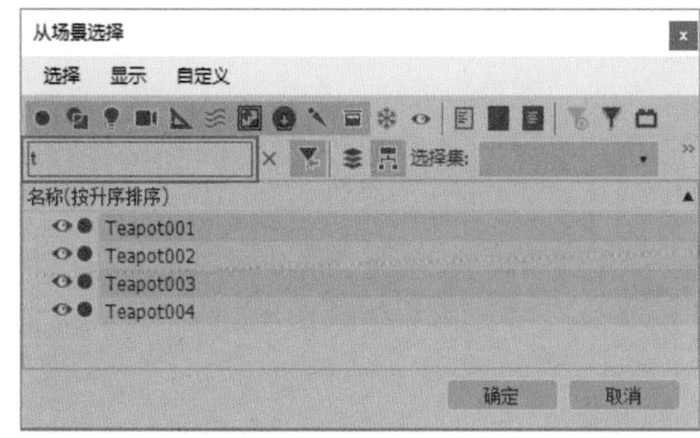

图1-102

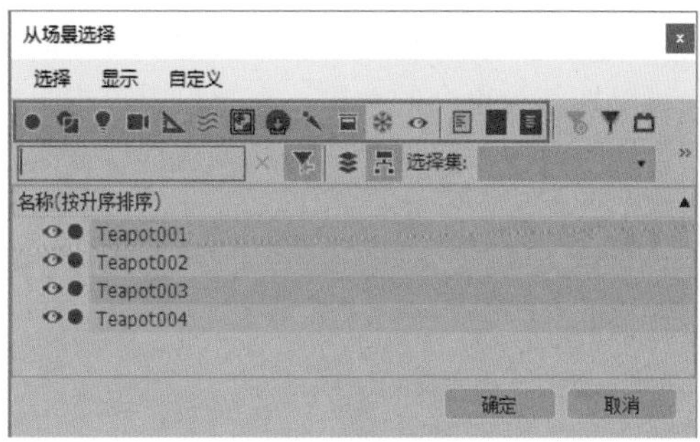

图1-103

解析

- “显示几何体”按钮：显示场景中的几何体对象名称。
- “显示图形”按钮：显示场景中的图形对象名称。
- “显示灯光”按钮：显示场景中的灯光对象名称。
- “显示摄影机”按钮：显示场景中的摄影机对象名称。
- “显示辅助对象”按钮：显示场景中的辅助对象名称。
- “显示空间扭曲”按钮：显示场景中的空间扭曲对象名称。
- “显示组”按钮：显示场景中的组名称。
- “显示对象外部参考”按钮：显示场景中的对象外部参考名称。
- “显示骨骼”按钮：显示场景中的骨骼对象名称。
- “显示容器”按钮：显示场景中的容器名称。
- “显示冻结对象”按钮：显示场景中被冻结的对象名称。
- “显示隐藏对象”按钮：显示场景中被隐藏的对象名称。
- “显示所有”按钮：显示场景中所有对象的名称。
- “不显示”按钮：不显示场景中的对象名称。
- “反转显示”按钮：显示当前场景中未显示的对象名称。

1.4.5 对象组合

在制作项目时，如果场景中对象数量过多时，选择会非常困难。这时，可以将一系列同类的模型或者有关联的模型组合在一起。对象成组后，可以视其为单个的对象，在视口中单击组中的任意一个对象即可选择整个组，这样就大大方便了操作，有关组的命令如图1-104所示。

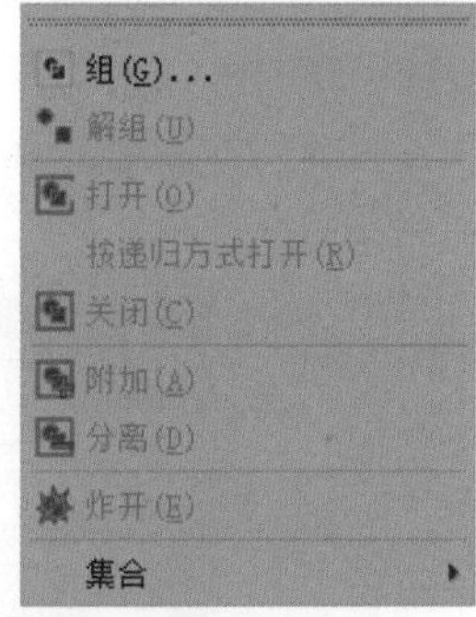

图1-104

解析

- 组：可将对象或组的选择集组成为一个组。
- 解组：可将当前组分离为其组件对象或组。
- 打开：可以暂时对组进行解组，并访问组内的对象。
- 按递归方式打开：可以打开分组中所有级别的组，以选择组内的任意对象。
- 关闭：可重新组合打开的组。对于嵌套组，关闭最外层的组对象将关闭所有打开的内部组。
- 附加：可使选定对象成为现有组的一部分。
- 分离：可从对象的组中分离选定对象。
- 炸开：解组组中的所有对象，无论嵌套组的数量如何；与“解组”不同，后者只解组一个层级。
- 集合：用来将选定的组设置为集合，其中包含集合、分解、打开等多个子命令。

1.4.6 选择类似对象

在3ds Max 2020中，可以快速选择场景里复制得到的或使用同一命令创建的多个物体，具体操作步骤如下。

01 启动3ds Max 2020软件，在“创建”面板中单击“茶壶”按钮，在场景中任意位置创建5个茶壶对象，创建完成后，单击鼠标右键结束创建，如图1-105所示。

02 选择场景中任意一个茶壶对象，单击鼠标右键，在弹出的快捷菜单中执行“选择类似对象”命令，如图1-106所示。

图1-105

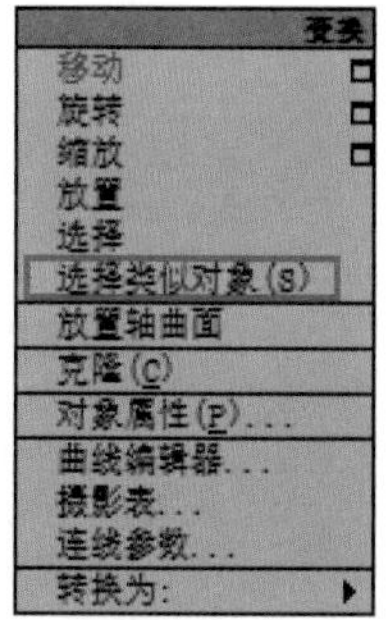

图1-106

03 场景中的所有茶壶对象将被快速选中，如图1-107所示。

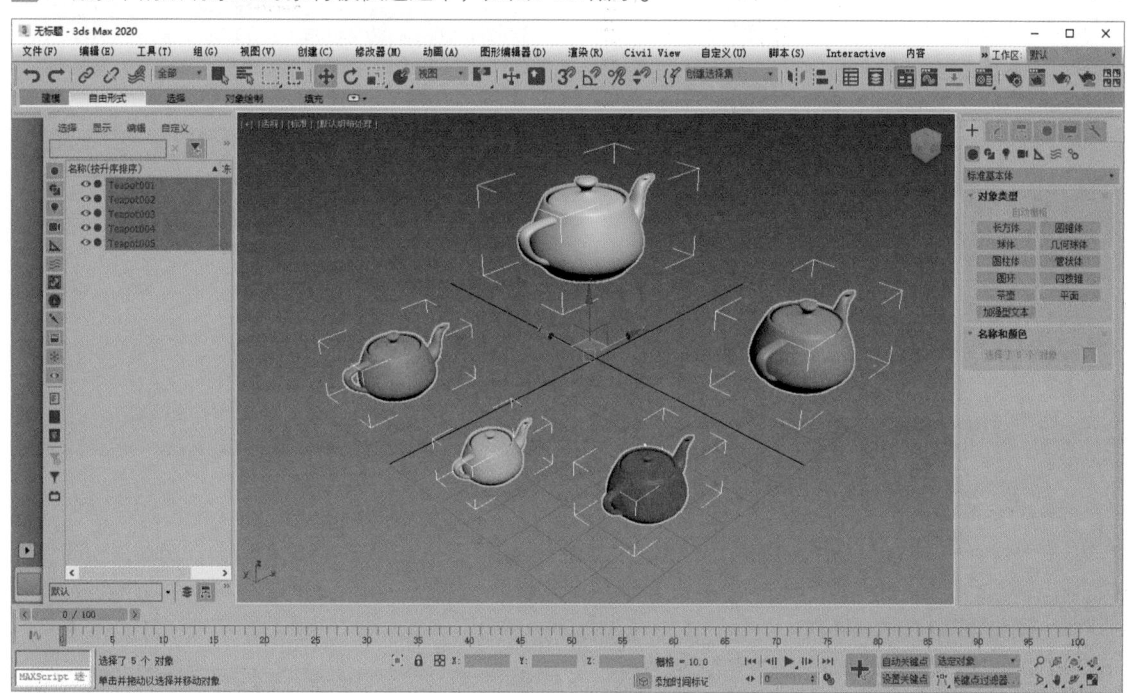

图1-107

1.5　变换操作

3ds Max 2020提供了多种对场景中的对象进行变换操作的工具，分别为选择并移动工具、选择并旋转工具、选择并均匀缩放工具、选择并非均匀缩放工具、选择并挤压工具、选择并放置工具和选择并旋转工具，如图1-108所示。使用这些工具可以很方便地改变对象在场景中的位置、方向及大小。

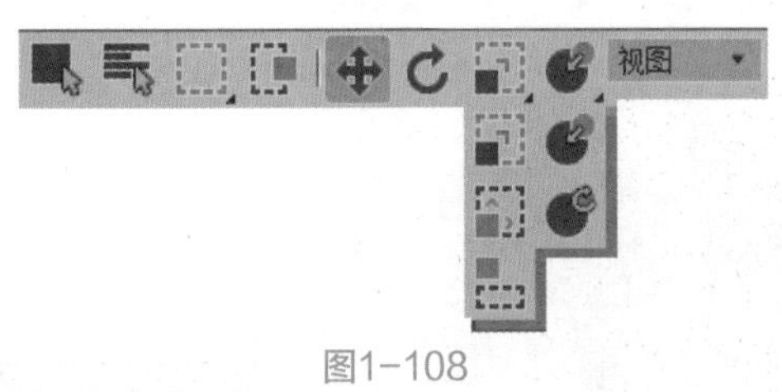

图1-108

1.5.1 变换操作切换

3ds Max 2020提供了多种变换操作的切换方式。

第一种：通过单击主工具栏上所对应的按钮就可以直接切换变换操作。

第二种：通过单击鼠标右键，在弹出的快捷菜单中执行相应的命令进行变换操作切换，如图1-109所示。

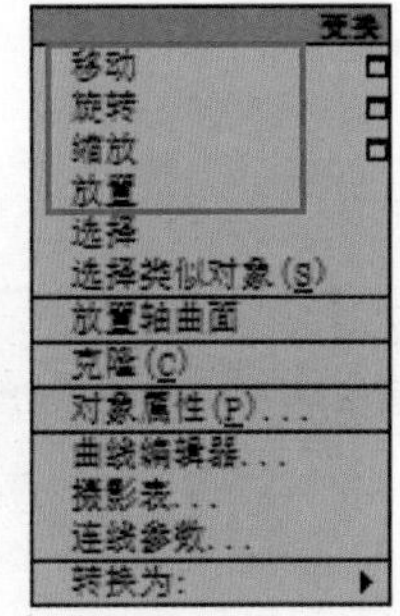

图1-109

第三种：通过快捷键来进行变换操作的切换。选择并移动工具的快捷键是W键；选择并旋转工具的快捷键是E键；选择并缩放工具的快捷键是R键；选择并放置工具的快捷键是Y键。

1.5.2 控制柄的更改

在3ds Max 2020中，使用不同的变换操作，其控制柄显示也有明显区别，如图1-110~图1-113所示分别为移动、旋转、缩放和放置状态下的控制柄显示状态。

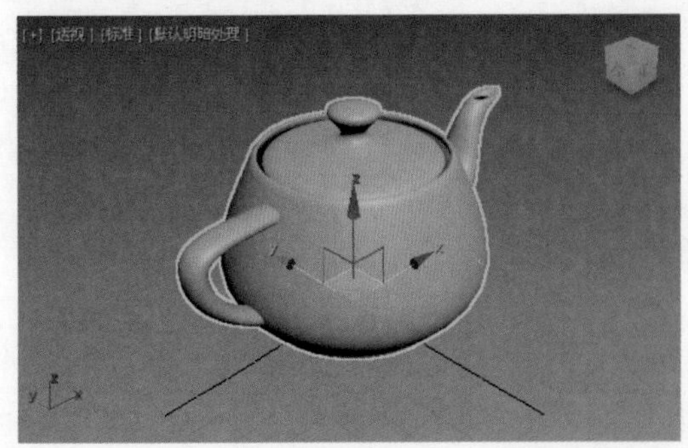

图1-110

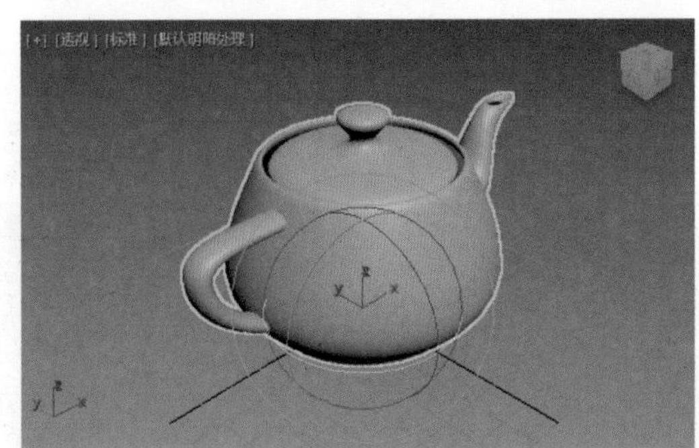

图1-111

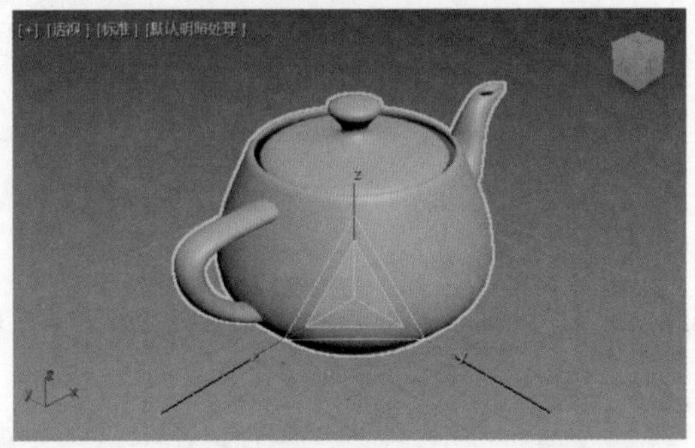

图1-112

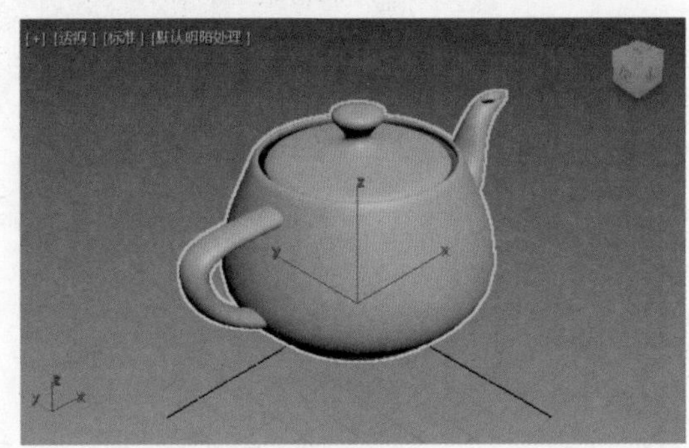

图1-113

对场景中的对象进行变换操作时，可以通过按快捷键加号（+）放大控制柄；同样，按快捷键减号（-）可以缩小控制柄，如图1-114和图1-115所示。

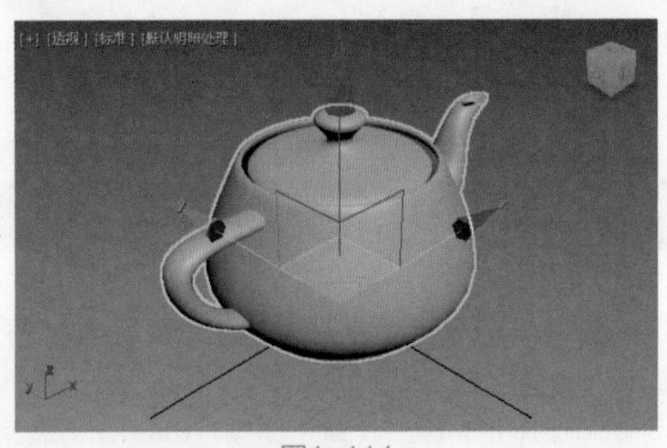

图1-114

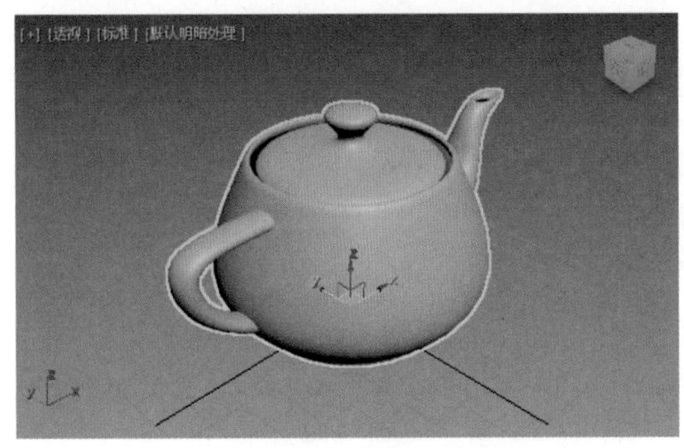
图1-115

1.5.3　精确变换操作

通过变换控制柄可以方便地对场景中的物体进行变换操作，但是不容易控制精确性。3ds Max 2020为用户提供了多种精确控制变换操作的方式，例如数值输入、对象捕捉等。通过使用这些方式可以更加精确地完成模型项目的制作。

1. 数值输入

在3ds Max 2020中，可以通过数值输入的方式来对场景中的物体进行变换操作，具体操作步骤如下。

01 启动3ds Max 2020软件，在“创建”面板中，单击“球体”按钮，在场景中创建一个球体模型，如图1-116所示。

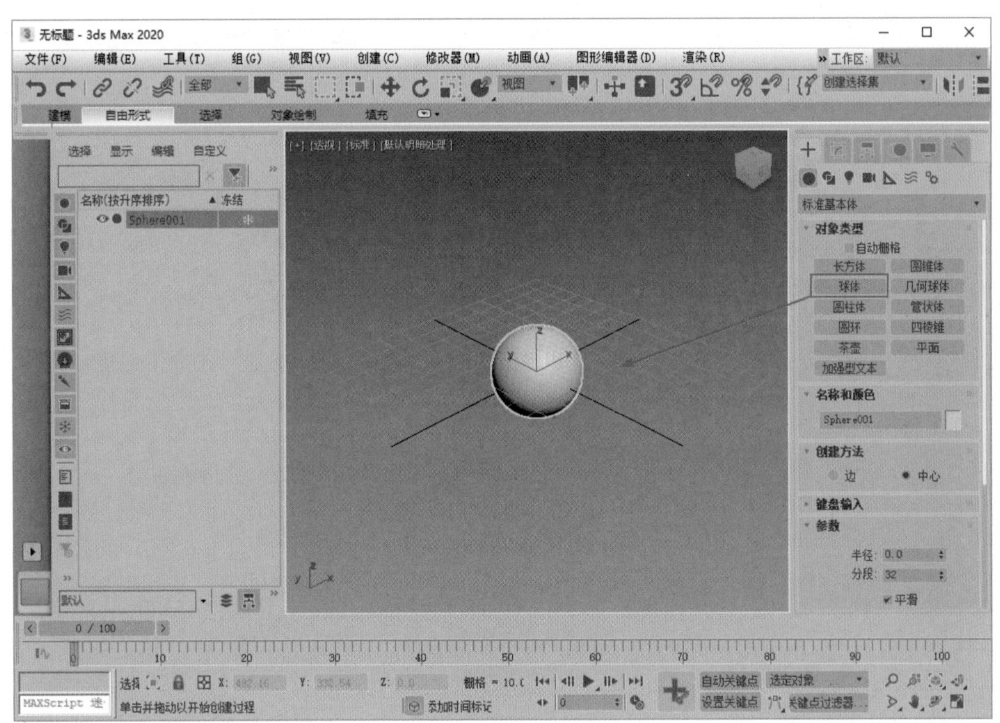
图1-116

02 创建完成后，按快捷键W键，切换为选择并移动工具，这时，可以在软件界面下方的“状态栏”上观察球体在场景中的坐标位置，如图1-117所示。

03 通过更改“状态栏”后方的坐标数值，可精确移动当前所选择球体对象的位置，如图1-118所示。

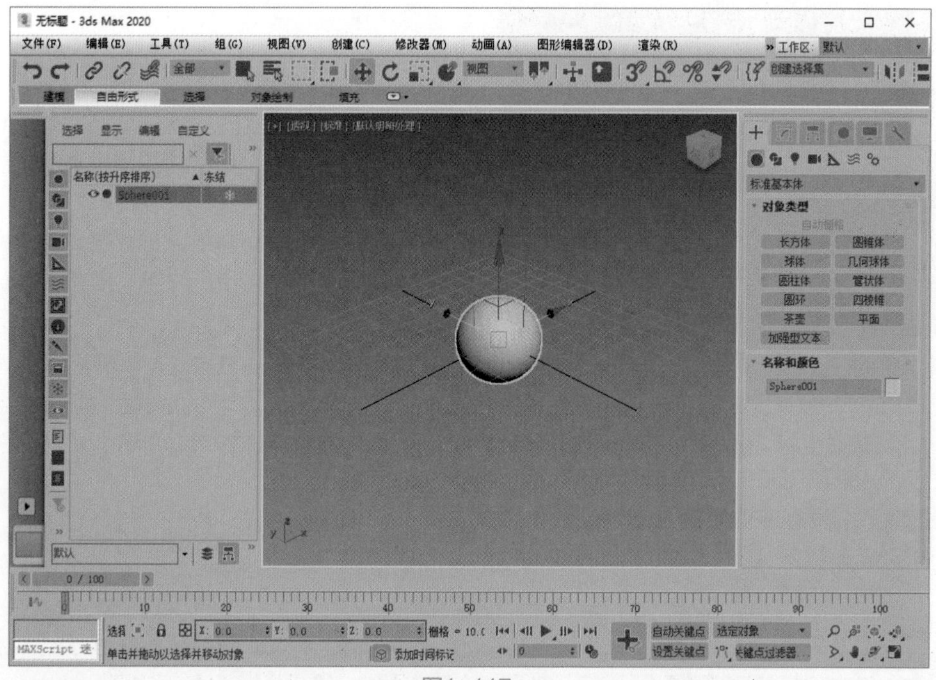

图1-117

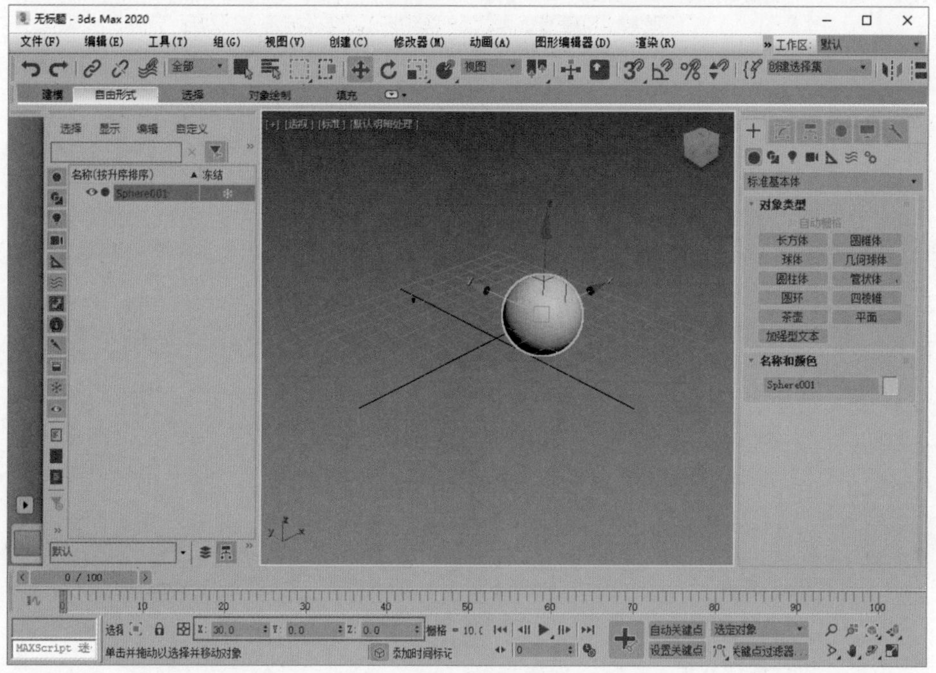

图1-118

2. 对象捕捉

使用捕捉工具也可以精准地创建、移动、旋转和缩放对象。3ds Max 2020提供了2D捕捉工具、2.5D捕捉工具、3D捕捉工具、角度捕捉工具、百分比捕捉工具和微调器捕捉工具等，如图1-119所示。

图1-119

1.6　复制对象

在进行三维项目的制作时，常常需要使用一些相同的模型来构建场景，这就需要用复制对象操作。在3ds Max 2020中，复制对象有多种方式可以实现。

1.6.1　克隆

“克隆”命令的使用率极高，并且非常方便，3ds Max提供了多种克隆的方式。

1. 使用菜单栏命令克隆对象

选择场景中的物体，执行“编辑/克隆”命令，如图1-120所示。系统会自动弹出“克隆选项”对话框，设置相关参数后即可对所选择的对象进行克隆操作，如图1-121所示。

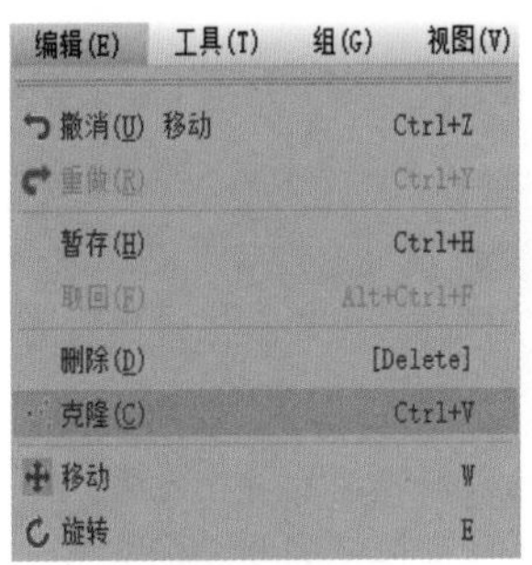

图1-120

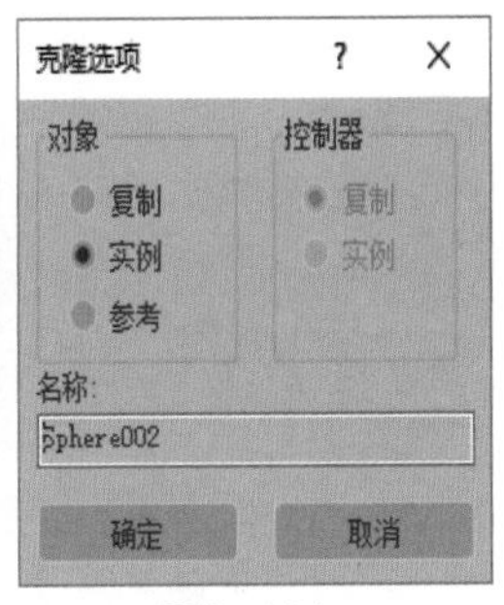

图1-121

2. 使用快捷菜单命令克隆对象

在右键快捷菜单中同样提供了“克隆”命令。选择场景中的对象，单击鼠标右键并在“变换”组中执行“克隆”命令，对所选择的对象进行复制操作，如图1-122所示。

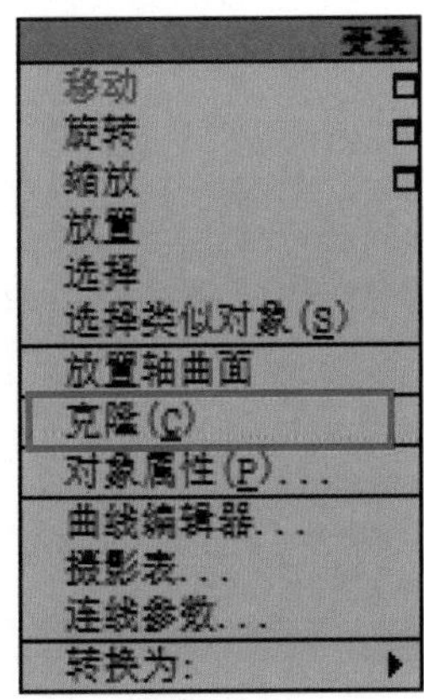

图1-122

3. 使用快捷键克隆对象

3ds Max 2020为用户提供了两种克隆对象的快捷键。

第一种：使用组合键Ctrl+V键原地克隆对象。

第二种：按住Shift键，配合拖曳、旋转或缩放操作克隆对象。

使用这两种方式克隆对象时，系统弹出的“克隆选项”对话框有少许差别，如图1-123所示。

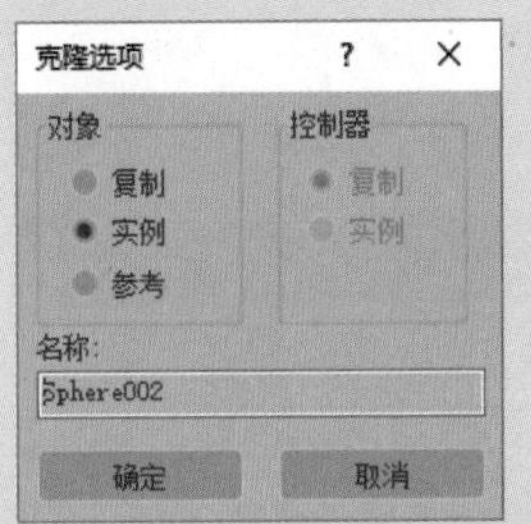

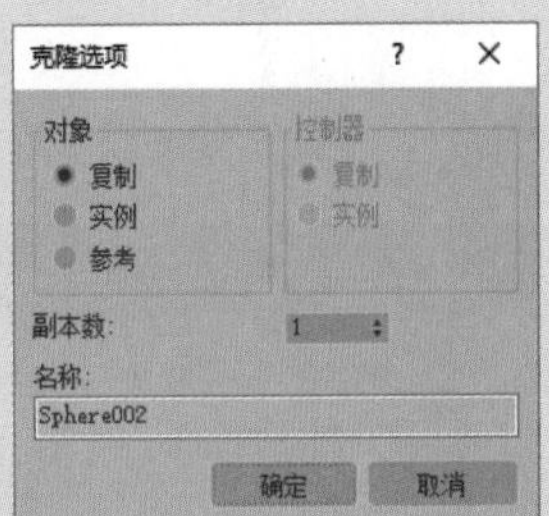

图1-123

解析

- 复制：创建一个与原始对象完全无关的克隆对象，修改任意对象时，均不会影响另一个对象。
- 实例：创建与原始对象完全可以交互影响的克隆对象，修改实例对象会直接相应地改变另一个对象。
- 参考：克隆对象时，创建与原始对象有关的克隆对象。参考基于原始对象，但是它们可以拥有自身特有的修改器。
- 副本数：设置对象的克隆数量。

1.6.2　快照

执行“快照”命令，可以随时间克隆动画对象。可在任一帧上创建单个克隆，或沿动画路径为多个克隆设置间隔。间隔是均匀的时间，也可以是均匀的距离。在菜单栏中执行“工具/快照”命令，如图1-124所示，可以打开“快照”对话框，如图1-125所示。

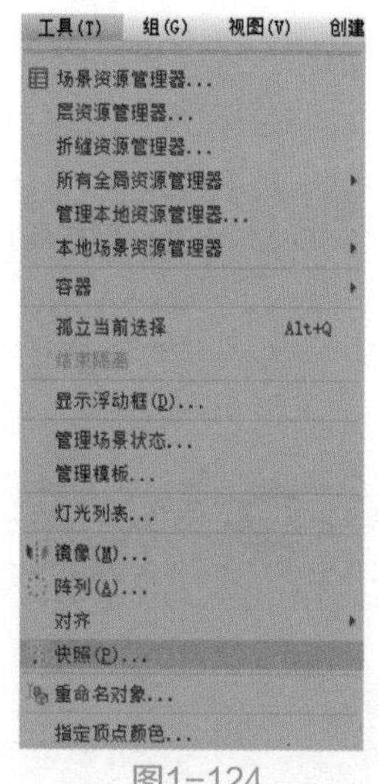

图1-124

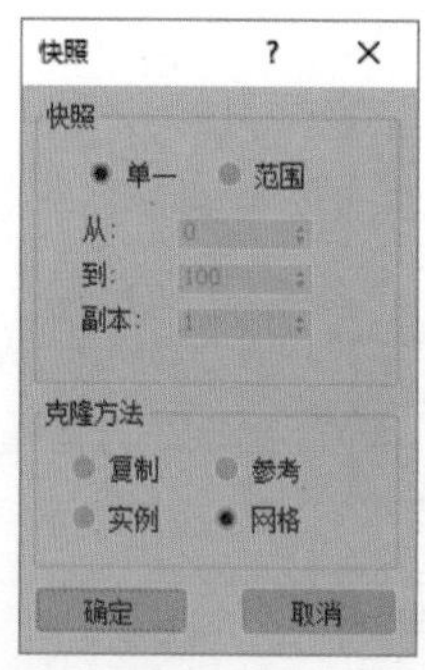

图1-125

解析

“快照”选项组

- 单一：在当前帧克隆对象的几何体。
- 范围：沿着帧的范围的轨迹克隆对象的几何体。使用“从”/“到”设置指定范围，并使用“副本”设置指定克隆数。
- 从/到：指定帧的范围以沿该轨迹放置克隆对象。
- 副本：指定要沿轨迹放置的克隆数。这些克隆对象将均匀地分布在该时间段内，但不一定沿路径跨越空间距离。

“克隆方法”选项组

- 复制：克隆选定对象的副本。
- 实例：克隆选定对象的实例，不适用于粒子系统。
- 参考：克隆选定对象的参考，不适用于粒子系统。
- 网格：在粒子系统之外创建网格几何体，适用于所有类型的粒子。

1.6.3 镜像

通过“镜像”命令可以将对象根据任意轴来产生对称的复制。

“镜像”对话框为交互式对话框，如图1-126所示。更改设置时，可以在活动视口中看到效果，也就是说会看到镜像显示的预览。

图1-126

解析

“镜像轴”选项组

- X/Y/Z/XY/YZ/ZX：选择其一可指定镜像的方向。
- 偏移：指定镜像对象轴点距原始对象轴点之间的距离。

“克隆当前选择”选项组

- 不克隆：在不制作副本的情况下，镜像选定对象。
- 复制：将选定对象的副本镜像到指定位置。
- 实例：将选定对象的实例镜像到指定位置。
- 参考：将选定对象的参考镜像到指定位置。

1.6.4 阵列

执行“阵列”命令，可以在视口中创建重复的对象，而且可以实现3个变换和3个维度上的精确控制，包括沿着一个或多个轴缩放，“阵列”对话框如图1-127所示。

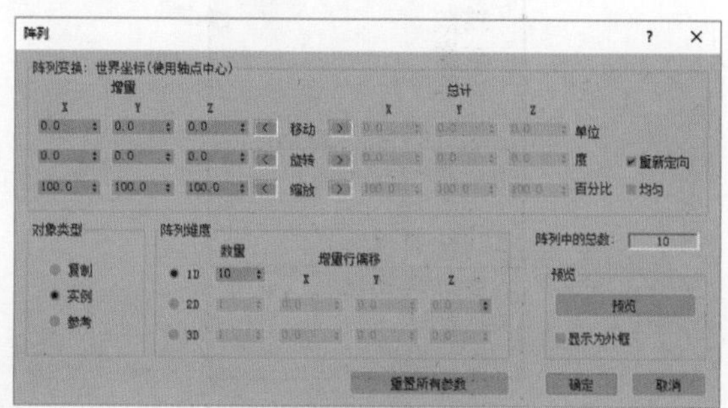

图1-127

解析

“阵列变换”选项组

- 增量 X/Y/Z 微调器：设置的参数可以应用于阵列中的各个对象。
- 总计 X/Y/Z 微调器：设置的参数可以应用于阵列中的总距、度数或百分比缩放。

“对象类型”选项组

- 复制：将选定对象的副本阵列化到指定位置。
- 实例：将选定对象的实例阵列化到指定位置。
- 参考：将选定对象的参考阵列化到指定位置。

“阵列维度”选项组

- 1D：根据“阵列变换”选项组中的设置，创建一维阵列。
- 2D：创建二维阵列。
- 3D：创建三维阵列。
- 阵列中的总数：显示将创建阵列操作的实体总数，包含当前选定对象。

“预览”选项组

- “预览”按钮：单击该按钮，视口将显示当前阵列设置的预览。更改设置将立即更新视口。如果更新减慢拥有大量复杂对象阵列的反馈速度，则启用“显示为外框”复选框。
- 显示为外框：将阵列预览对象显示为边界框而不是几何体。
- “重置所有参数”按钮：将所有参数重置为默认设置。

1.6.5　间隔工具

执行“间隔工具”命令，可以沿着路径进行复制对象，路径可以由样条线或者两个点定义。“间隔工具”对话框如图1-128所示。

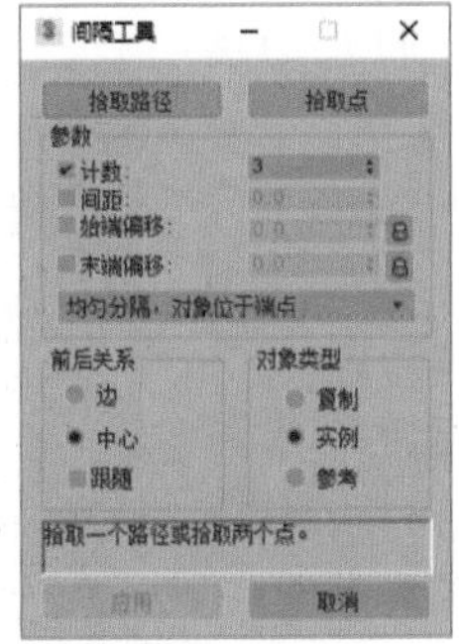

图1-128

解析

- “拾取路径”按钮：单击该按钮，然后单击视口中的样条线以作为路径使用。3ds Max 会将此样条线用作分布对象所沿循的路径。
- “拾取点”按钮：单击该按钮，然后单击起始点和结束点以在构造栅格上定义路径。也可以使用对象捕捉指定空间中的点。3ds Max 使用这些点创建作为分布对象所沿循的路径的样条线。

“参数”选项组

- 计数：指定要分布的对象的数量。
- 间距：指定对象之间的间距。
- 始端偏移：指定距路径始端偏移的单位数量。
- 末端偏移：指定距路径末端偏移的单位数量。

“前后关系”选项组

- 边：指定通过各对象边界框的相对边确定间隔。
- 中心：指定通过各对象边界框的中心确定间隔。
- 跟随：将分布对象的轴点与样条线的切线对齐。

“对象类型”选项组

- 复制：将选定对象的副本分布到指定位置。
- 实例：将选定对象的实例分布到指定位置。
- 参考：将选定对象的参考分布到指定位置。

1.7　文件存储

1.7.1　文件保存

3ds Max 2020提供了多种保存文件的方法。

第1种：执行菜单栏中的“文件/保存”命令，如图1-129所示。

第2种：按组合键Ctrl+S键，完成当前文件的存储。

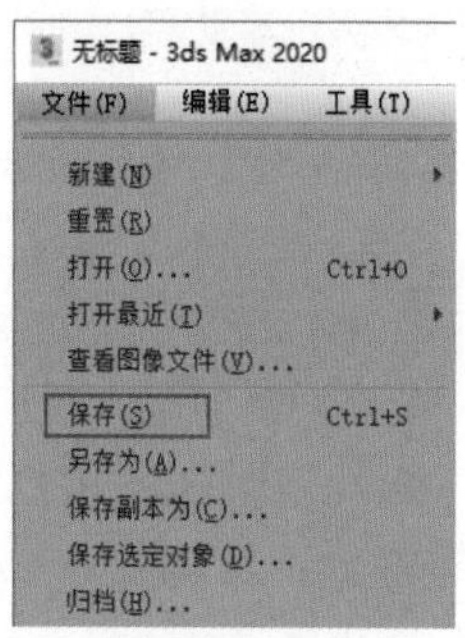

图1-129

1.7.2 另存为

“另存为”是3ds Max中常用的存储文件方式之一。使用这一功能，可以在确保不更改原文件的状态下，将新修改的文件另存为一份新的文件，以供下次使用。执行菜单栏中的“文件/另存为”命令即可另存为文件，如图1-130所示。

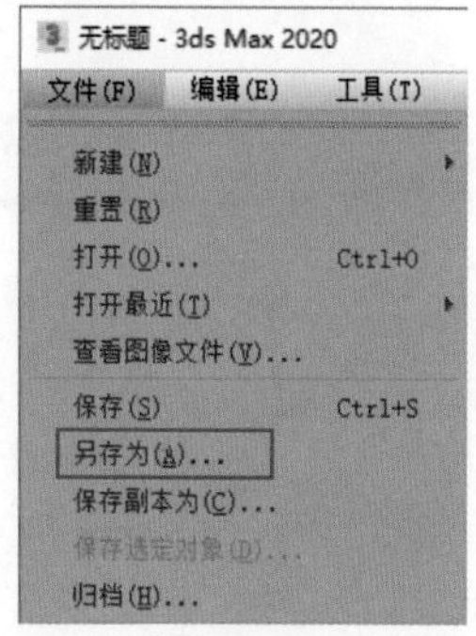

图1-130

执行“另存为”命令后，3ds Max会弹出“文件另存为”对话框，如图1-131所示。

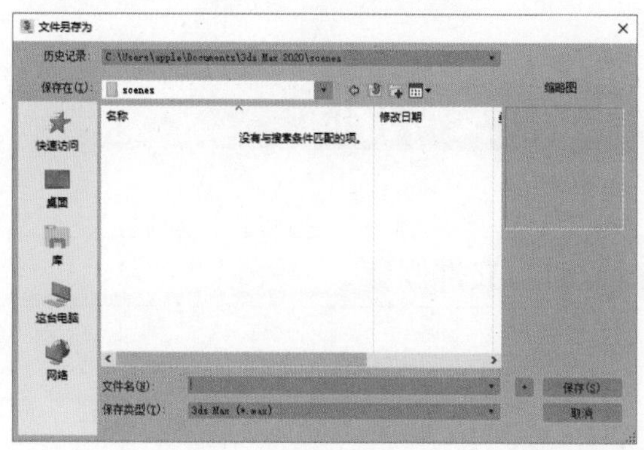

图1-131

在“保存类型”下拉列表中，3ds Max 2020提供了多种不同的文件保存类型，可根据需要将文件另存为当前版本文件、3ds Max 2017文件、3ds Max 2018文件、3ds Max 2019文件或3ds Max 角色文件，如图1-132所示。

图1-132

1.7.3 保存选定对象

执行“保存选定对象”命令，可以将一个复杂场景中的某个模型或者某几个模型单独保存为一个独立文件，如图1-133所示。

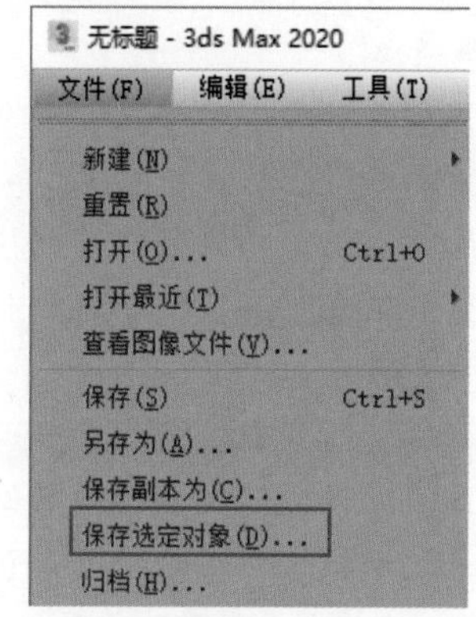

图1-133

在场景中先选择要单独保存的对象，才可激活该命令。

1.7.4 归档

使用“归档”命令可以将当前文件、文件中所使用的贴图文件及其路径名称整理并保存为ZIP压缩文件。执行菜单栏中的“文件/归档”命令，即可完成文件的归档操作，如图1-134所示。在归档处理期间，3ds Max还会显示日志窗口，使用外部程序来创建压缩的归档文件。处理完成后，3ds Max会将生成的ZIP文件存储在指定路径的文件夹内。

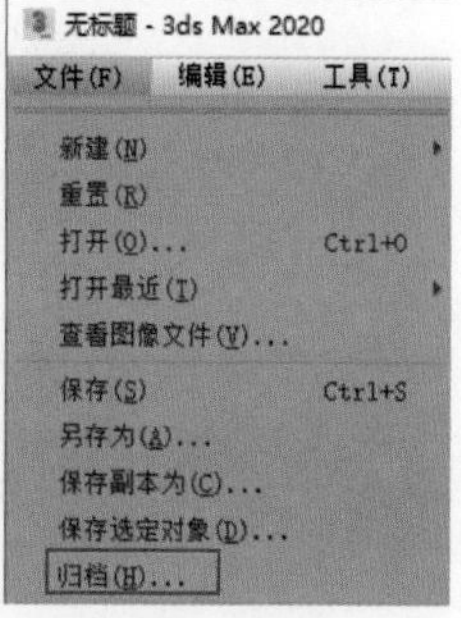

图1-134

1.7.5 自动备份

3ds Max在默认状态下提供"自动备份"的文件存储功能，备份文件的时间间隔为5分钟，存储的文件为3份。当3ds Max程序因意外而关闭时，这一功能尤为重要。执行菜单栏中的"自定义/首选项"命令，如图1-135所示。在打开的"首选项设置"对话框中可以设置文件备份的相关参数。切换至"文件"选项卡，在"自动备份"选项组中可对自动备份的相关设置进行修改，如图1-136所示。自动备份所保存的文件通常位于"文档/3ds Max 2020/autoback"文件夹内。

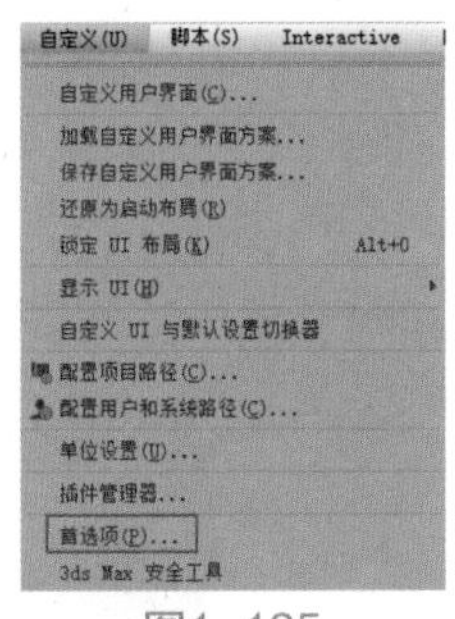

图1-135

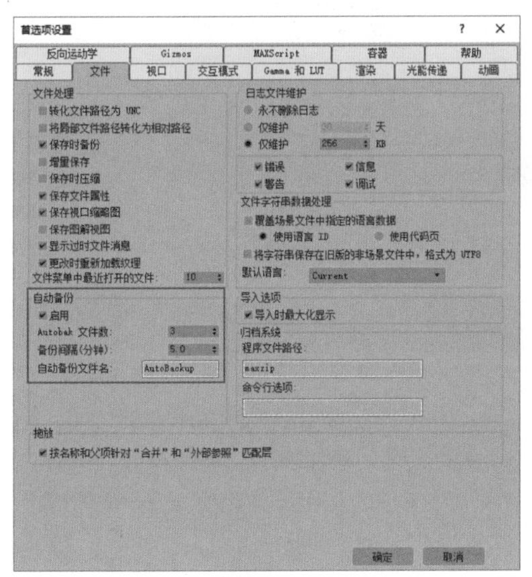

图1-136

1.7.6 资源收集器

在制作复杂的场景文件时，常常需要大量的贴图，这些贴图在硬盘中的位置可能极为分散，不易查找。使用3ds Max的"资源收集器"命令，可以非常方便地将当前文件使用的所有贴图及IES光度学文件以复制或移动的方式放置于指定的文件夹内。在"实用程序"面板中，单击"实用程序"卷展栏内的"更多"按钮，即可在弹出的"实用程序"对话框中选择"资源收集器"命令，如图1-137所示。

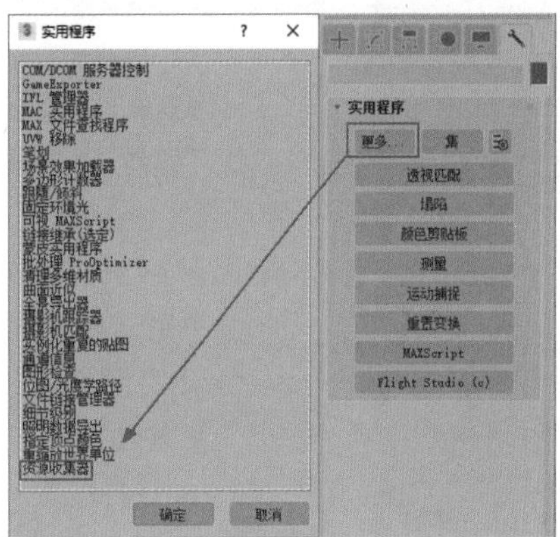

图1-137

"资源收集器"面板中的参数如图1-138所示。

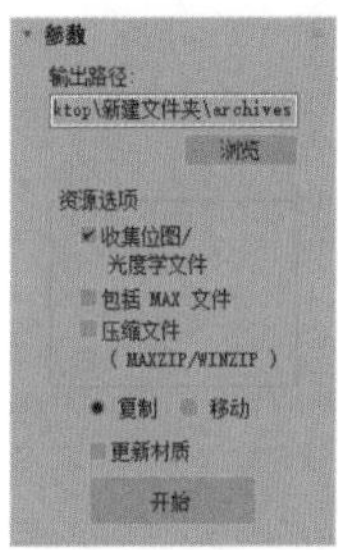

图1-138

解析

- 输出路径：显示当前输出路径。使用"浏览"按钮可以更改此选项。
- "浏览"按钮：单击该按钮可显示选择输出路径的 Windows 文件对话框。

"资源选项"选项组

- 收集位图/光度学文件：启用时，"资源收集器"将场景位图和光度学文件放置到输出目录中。默认设置为启用。
- 包括 MAX 文件：启用时，"资源收集器"将场景自身（.max 文件）放置到输出目录中。
- 压缩文件：启用时，将文件压缩到 ZIP 文件中，并将其保存在输出目录中。
- 复制/移动：选择"复制"，可在输出目录中制作文件的副本。选择"移动"，可移动文件（该文件将从保存的原始目录中删除）。默认设置为"复制"。
- 更新材质：启用时，更新材质路径。
- "开始"按钮：单击该按钮，可根据当前设置收集资源文件。

几何体建模

2.1 几何体概述

3ds Max 2020提供了大量在建模初期使用的几何体。

在“创建”面板中提供了7种不同类型的对象，分别为几何体、图形、灯光、摄影机、辅助对象、空间扭曲和系统，如图2-1所示。其中，几何体的下拉菜单中包括多种选项，如图2-2所示，熟练掌握这些选项有助于创建更多的复杂模型。

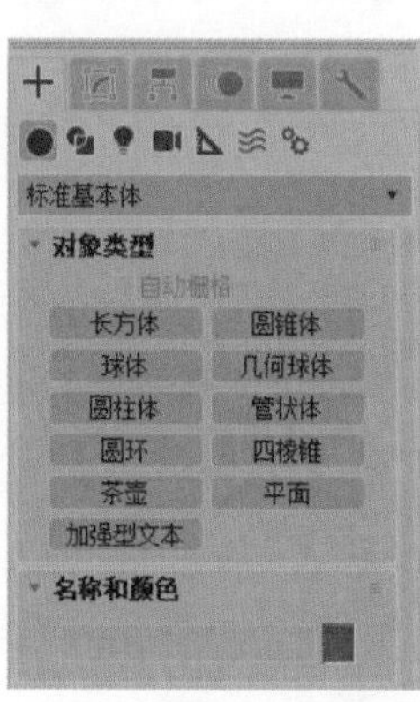

图2-1

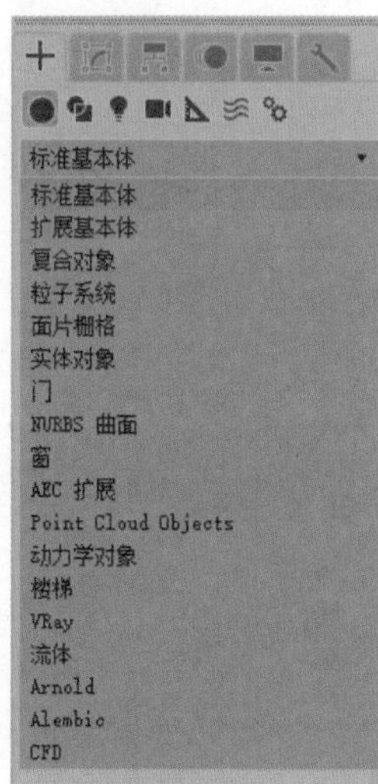

图2-2

2.2 标准基本体

3ds Max为用户提供了一整套标准的几何体造型以解决简单形体的构建。利用这一系列基础形体，在场景中可以拖曳的方式创建简单的几何体，如长方体、圆锥体、球体、圆柱体等。这是3ds Max中最简单的几何形体建模方式，是非常易于学习和操作的。

在3ds Max 2020中，“创建”面板内的“标准基本体”包括11种不同的对象，分别为长方体 长方体 、圆锥体 圆锥体 、球体 球体 、几何球体 几何球体 、圆柱体 圆柱体 、管状体 管状体 、圆环 圆环 、四棱锥 四棱锥 、茶壶 茶壶 、平面 平面 和加强型文本 加强型文本 ，如图2-3所示。

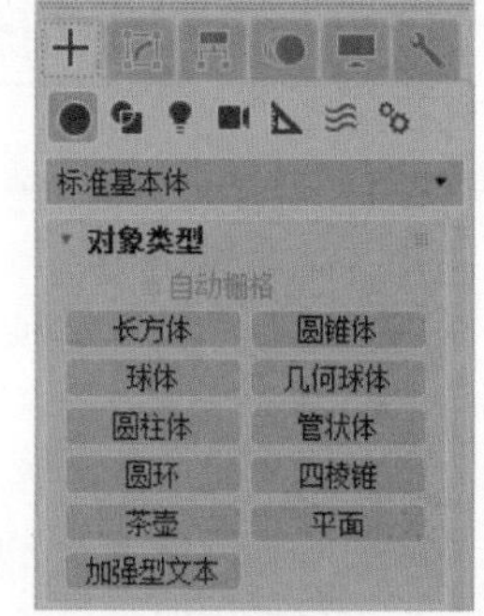

图2-3

2.2.1 长方体

在“创建”面板中，单击“长方体”按钮 长方体 ，即可在场景中绘制长方体的模型，如图2-4所示。

图2-4

长方体的参数如图2-5所示。

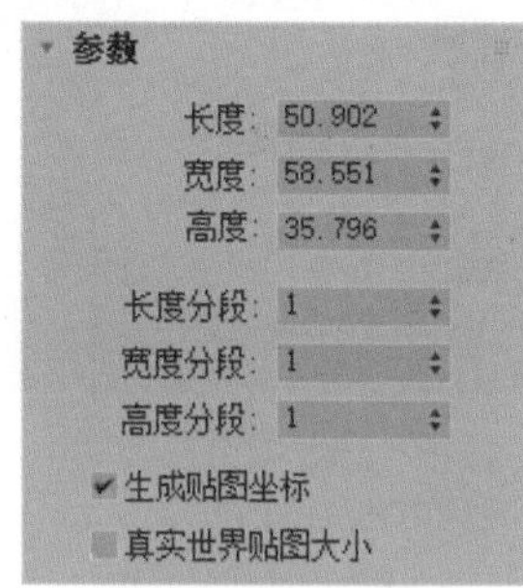

图2-5

解析

- 长度/宽度/高度：设置长方体对象的长度、宽度和高度。
- 长度分段/宽度分段/高度分段：设置沿着对象每个轴的分段数量。

2.2.2 圆锥体

在“创建”面板中，单击“圆锥体”按钮 圆锥体 ，即可在场景中绘制圆锥体的模型，如图2-6所示。

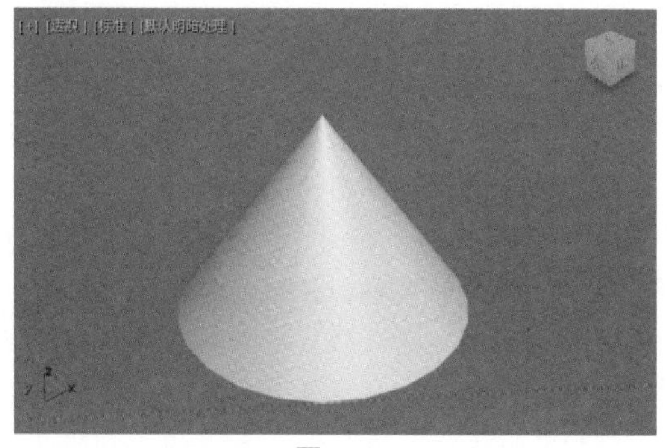

图2-6

圆锥体的参数如图2-7所示。

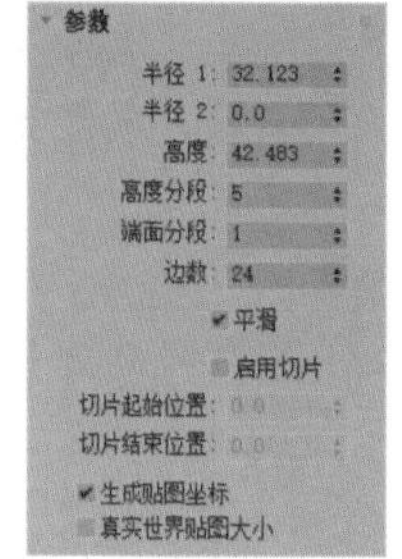

图2-7

解析

- 半径1/半径2：设置圆锥体的第一个半径和第二个半径。
- 高度：设置沿着中心轴的维度。
- 高度分段：设置沿着圆锥体主轴的分段数。
- 端面分段：设置围绕圆锥体顶部和底部的中心的同心分段数。
- 边数：设置圆锥体周围边数。
- 启用切片：启用“切片”功能。
- 切片起始位置/切片结束位置：分别用来设置从局部X轴的零点开始围绕局部Z轴的度数。

2.2.3 球体

在“创建”面板中，单击“球体”按钮 球体 ，即可在场景中绘制球体的模型，如图2-8所示。

图2-8

球体的参数如图2-9所示。

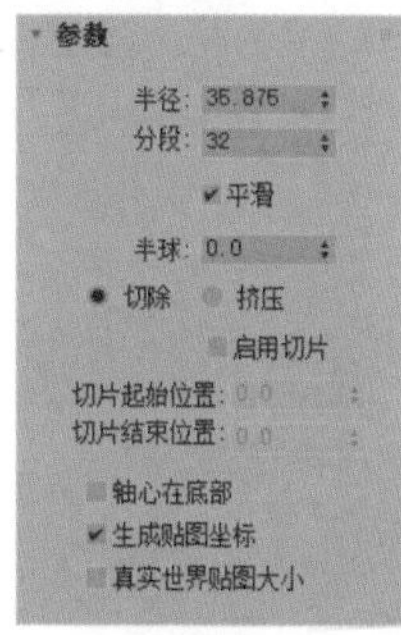

图2-9

解析

- 半径：指定球体的半径。

- 分段：设置球体多边形分段的数目。
- 平滑：混合球体的面，从而在渲染视图中创建平滑的外观。
- 半球：过分增大该值，将“切断”球体，如果从底部开始，将创建部分球体。值的范围可以为0~1。默认值为0，可以生成完整的球体。设置为0.5，可以生成半球，设置为1，会使球体消失。默认值为0。
- 切除：通过在半球断开时将球体中的顶点和面“切除”来减少它们的数量。默认设置为启用。
- 挤压：保持原始球体中的顶点数和面数，将几何体向着球体的顶部“挤压”，直到体积越来越小。

2.2.4 圆柱体

在“创建”面板中，单击“圆柱体”按钮 圆柱体，即可在场景中绘制圆柱体的模型，如图2-10所示。

图2-10

圆柱体的参数如图2-11所示。

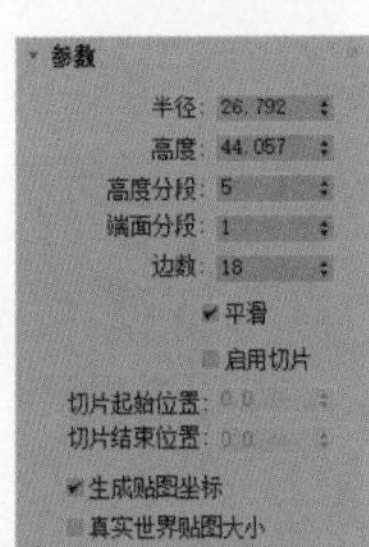

图2-11

解析

- 半径：设置圆柱体的半径。
- 高度：设置圆柱体的高度。
- 高度分段：设置沿着圆柱体主轴的分段数量。
- 端面分段：设置围绕圆柱体顶部和底部的中心的同心分段数量。
- 边数：设置圆柱体周围的边数。

2.2.5 圆环

在“创建”面板中，单击“圆环”按钮 圆环，即可在场景中绘制圆环的模型，如图2-12所示。

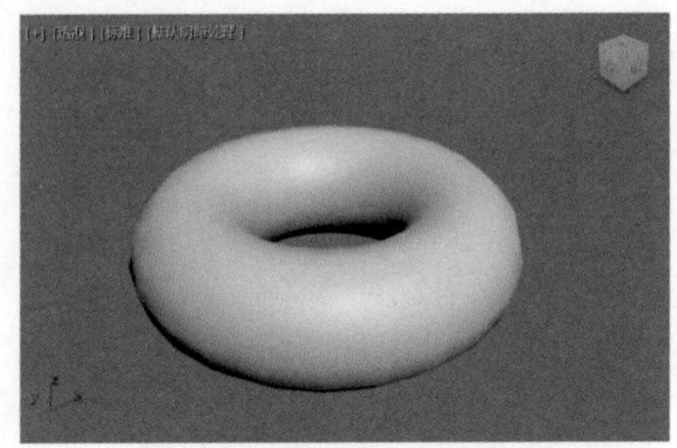

图2-12

圆环的参数如图2-13所示。

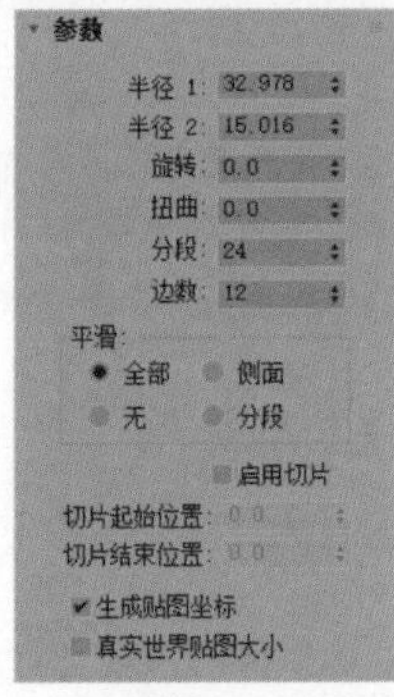

图2-13

解析

- 半径1：从环形的中心到横截面圆形的中心的距离，也就是环形环的半径。
- 半径2：横截面圆形的半径。
- 旋转：旋转的度数，顶点将围绕通过环形环中心的圆形非均匀旋转。此选项的正数值和负数值将实现在环形曲面上的任意方向“滚动”顶点。
- 扭曲：扭曲的度数，横截面将围绕通过环形中心的圆形逐渐旋转。从扭曲开始，每个后续横截面都将旋转，直至最后一个横截面具有指定的度数。
- 分段：围绕环形的径向分割数。
- 边数：环形横截面圆形的边数。

"平滑"选项组

- 全部：将在环形的所有曲面上生成完整平滑，如图2-14所示。

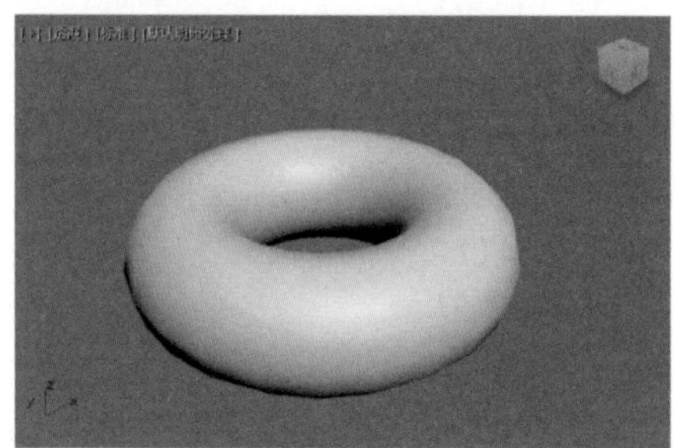

图2-14

- 侧面：平滑相邻分段之间的边，从而生成围绕环形运行的平滑带，如图2-15所示。

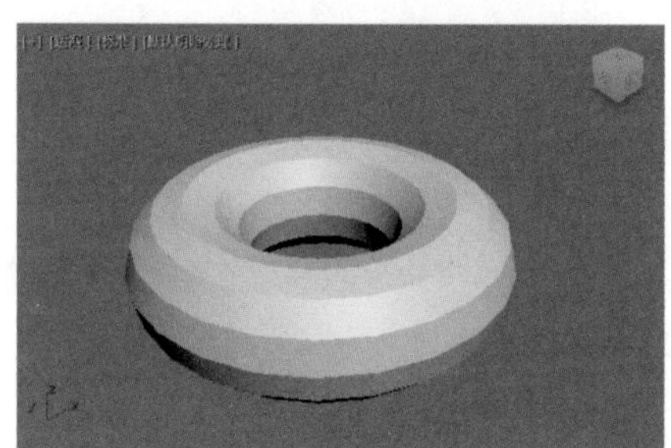

图2-15

- 无：完全禁用平滑，从而在环形上生成类似棱锥的面，如图2-16所示。

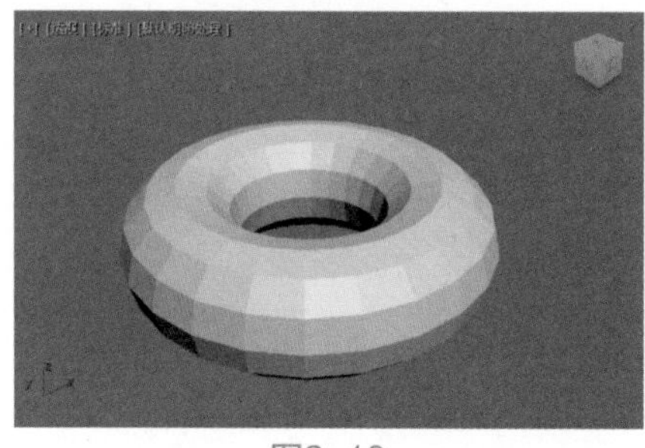

图2-16

- 分段：分别平滑每个分段，从而沿着环形生成类似环的分段，如图2-17所示。

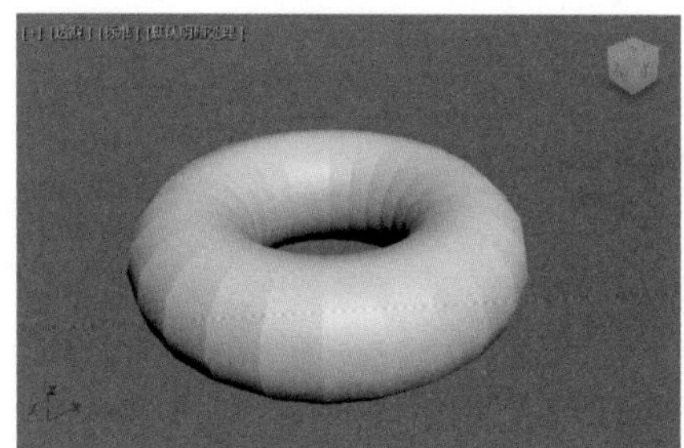

图2-17

2.2.6　四棱锥

在"创建"面板中，单击"四棱锥"按钮 四棱锥 ，即可在场景中绘制四棱锥的模型，如图2-18所示。

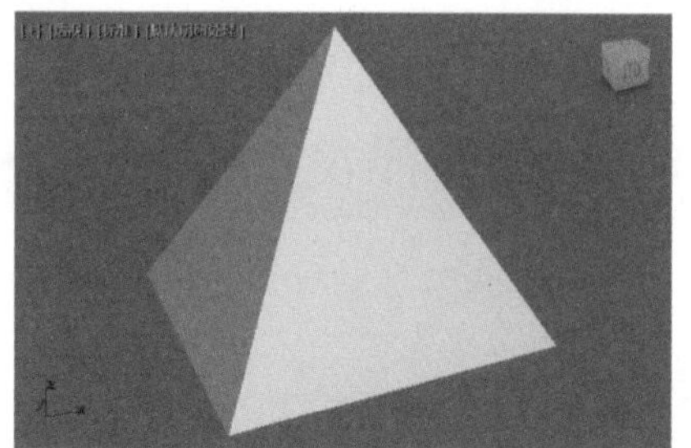

图2-18

四棱锥的参数如图2-19所示。

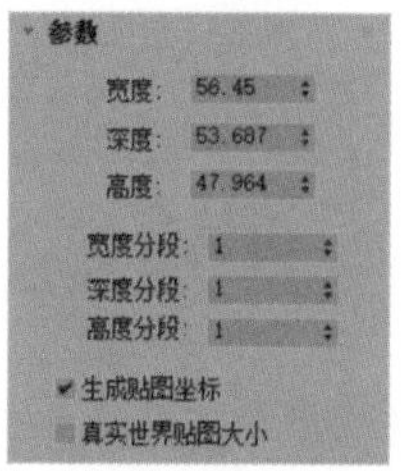

图2-19

解析

- 宽度/深度/高度：设置四棱锥对应面的维度。
- 宽度分段/深度分段/高度分段：设置四棱锥对应面的分段数。

2.2.7　茶壶

在"创建"面板中，单击"茶壶"按钮 茶壶 ，即可在场景中绘制茶壶的模型，如图2-20所示。

图2-20

茶壶的参数如图2-21所示。

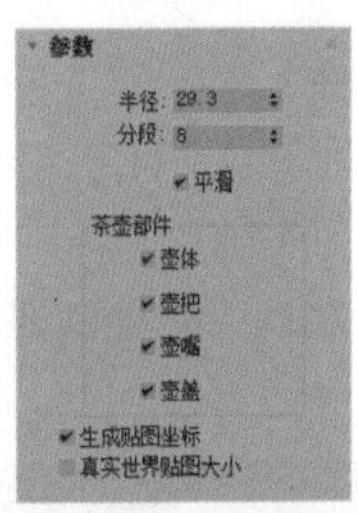
图2-21

解析

- 半径：从茶壶的中心到壶身周界的距离，可确定总体大小。
- 分段：茶壶零件的分段数。
- 平滑：启用后，混合茶壶的面，从而在渲染视图中创建平滑的外观。

2.2.8 加强型文本

加强型文本提供了内置文本对象，可以创建样条线轮廓或实心、挤出、倒角几何体。通过其他选项可以根据每个角色应用不同的字体和样式并添加动画和特殊效果。在“创建”面板中单击“加强型文本”按钮 加强型文本 ，即可在场景中以绘制方式创建文本对象，如图2-22所示。

图2-22

加强型文本的参数如图2-23所示。

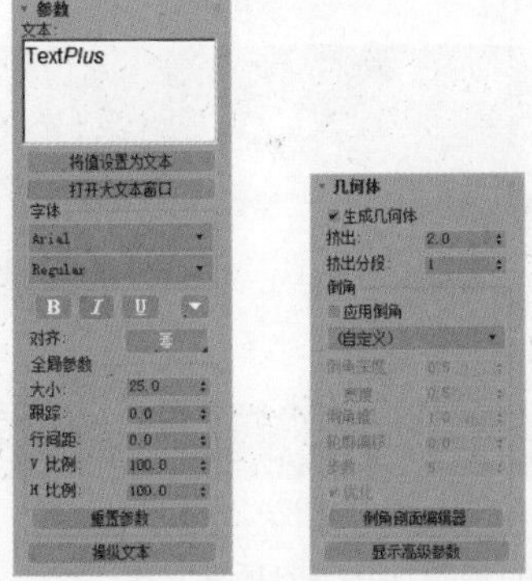
图2-23

解析

- “文本”文本框：可以输入多行文本。按Enter键开始新的一行。默认文本是TextPlus。
- “将值设置为文本”按钮 将值设置为文本 ：单击该按钮，可以打开“将值编辑为文本”对话框，以将文本链接到要显示的值。该值可以是对象值（如半径），或者是从脚本或表达式返回的任何其他值，如图2-24所示。

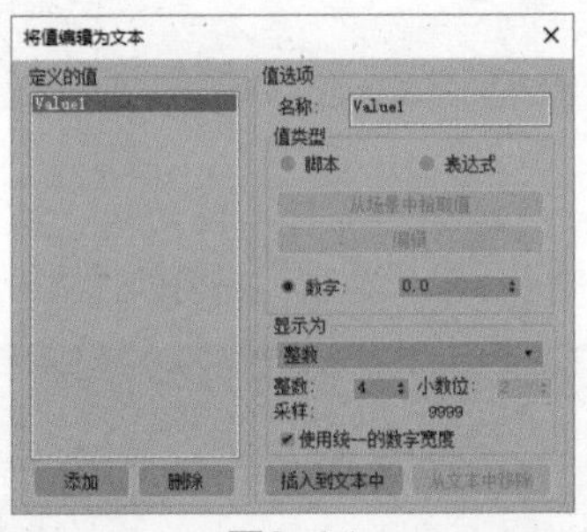
图2-24

- “打开大文本窗口”按钮 打开大文本窗口 ：切换大文本窗口，以便更好地查看大量文本，如图2-25所示。

图2-25

“字体”选项组

- 字体列表 Arial ：从可用字体列表中选择字体，如图2-26所示。
- “字体类型”列表 Regular ：可以将字体设置为Regular（常规）、Bold Italic（粗斜体）、Bold（粗体）和Italic（斜体）字体类型，如图2-27所示。
- “粗体样式”按钮 B ：切换加粗文本。
- “斜体样式”按钮 I ：切换斜体文本。
- “下画线样式”按钮 U ：切换下画线文本。
- “删除线”按钮 Ŧ ：切换删除线文本。
- “全部大写”按钮 TT ：切换大写文本。

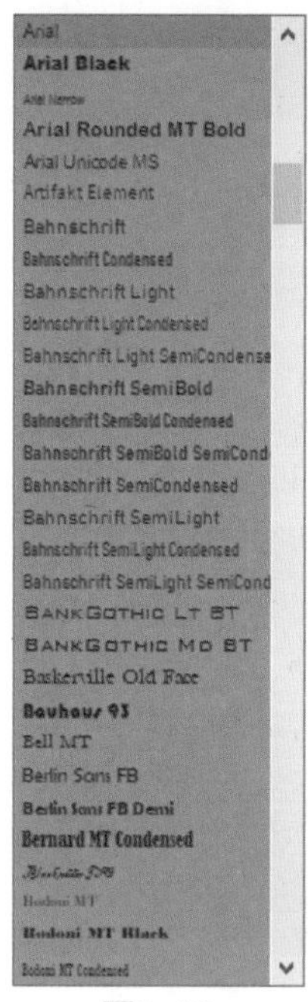

图2-26

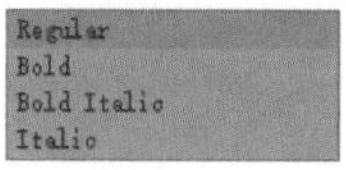

Regular
Bold
Bold Italic
Italic

图2-27

- “小写”按钮：将使用相同高度和宽度的大写文本切换为小写。
- “上标”按钮：切换是否减少字母的高度和粗细并将它们放置在常规文本行的上方。
- “下标”按钮：切换是否减少字母的高度和粗细并将它们放置在常规文本行的下方。
- 对齐：设置文本对齐方式。对齐选项包括左对齐、中心对齐、右对齐、最后一个左对齐、最后一个中心对齐、最后一个右对齐和全部对齐，如图2-28所示。

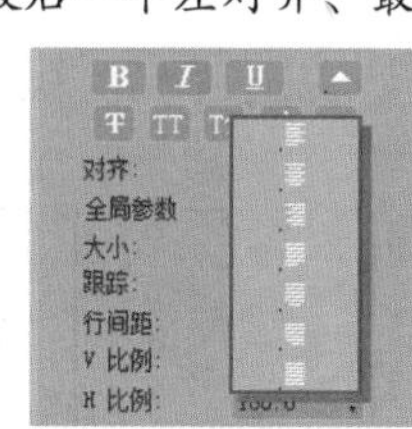

图2-28

“全局参数”选项组

- 大小：设置文本高度，其中测量方法由活动字体定义。
- 跟踪：设置字母间距。
- 行间距：设置行间距，需要有多行文本。
- V 比例：设置垂直缩放。
- H 比例：设置水平缩放。
- “重置参数”按钮 重置参数 ：单击该按钮，将打开“重置文本”对话框。对于选定文本，将其参数重置为其默认值。参数包括全局V比例、全局H比例、跟踪、行间距、基线转移、字间距、局部V比例和局部H比例，如图2-29所示。

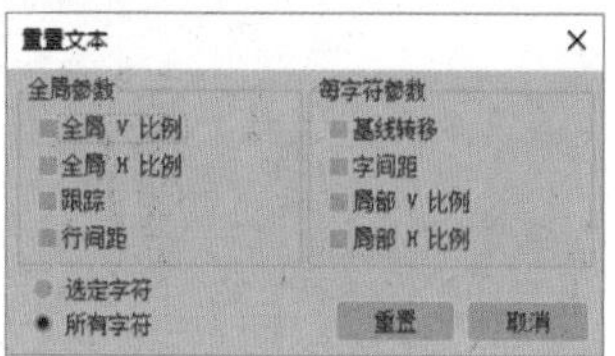

图2-29

- “操纵文本”按钮 操纵文本 ：切换功能以均匀或非均匀手动操纵文本。可以调整文本大小、字体、追踪、字间距和基线。
- 生成几何体：将 2D 的几何效果切换为 3D 的几何效果，如图2-30和图2-31所示为该复选框选中前后的效果对比。

图2-30

图2-31

- 挤出：设置几何体挤出深度，如图2-32为该值分别是5和30的模型生成结果对比。

图2-32

图2-32（续）

- 挤出分段：指定在挤出文本中创建的分段数。

"倒角"选项组

- 应用倒角：切换对文本执行倒角，如图2-33所示分别为该选项选中前后的效果对比。

图2-33

- 预设列表：从下拉列表中选择一个预设倒角类型，或选择"自定义"以使用通过倒角剖面编辑器创建的倒角。预设包括凹面、凸面、凹雕、半圆、壁架、线性、S 形区域、三步和两步，如图2-34所示。如图2-35~图2-43所示分别为这9种不同预设的文本倒角形态。

图2-34

- 倒角深度：设置倒角区域的深度，如图2-44所示分别为该值是0.5和1.5的文字模型结果对比。

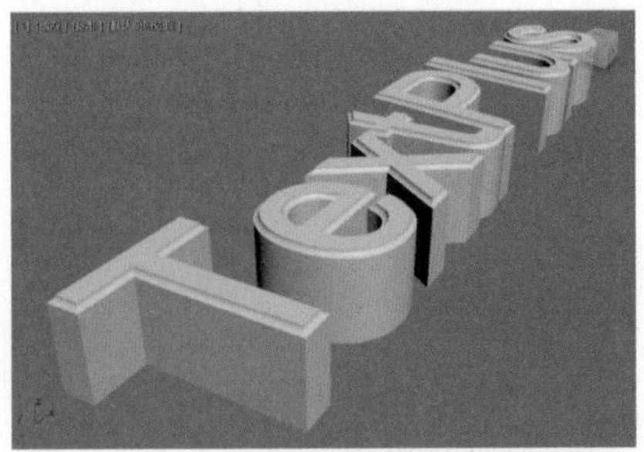

图2-35

图2-36

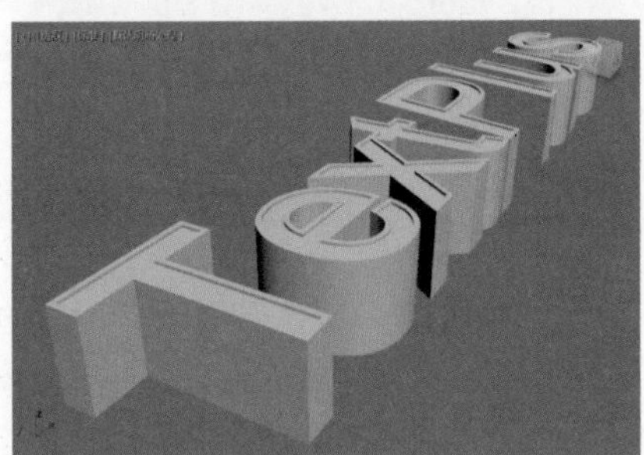

图2-37

图2-38

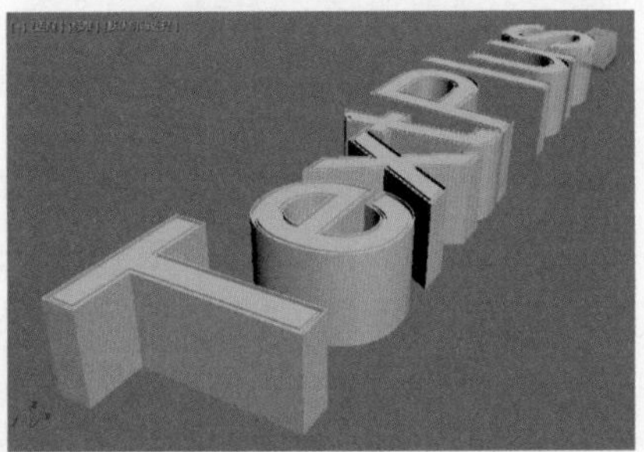

图2-39

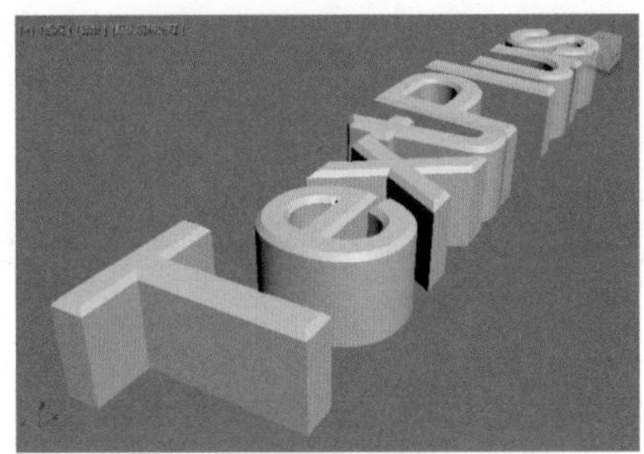

图2-40

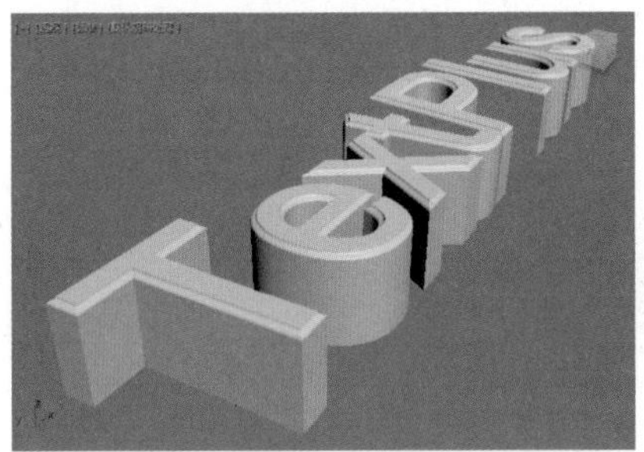

图2-41

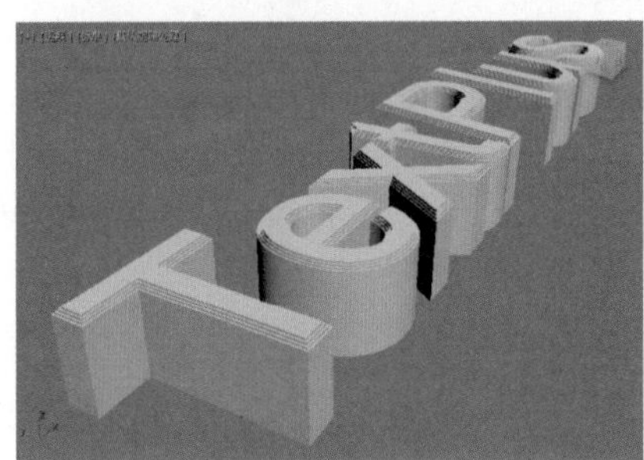

图2-42

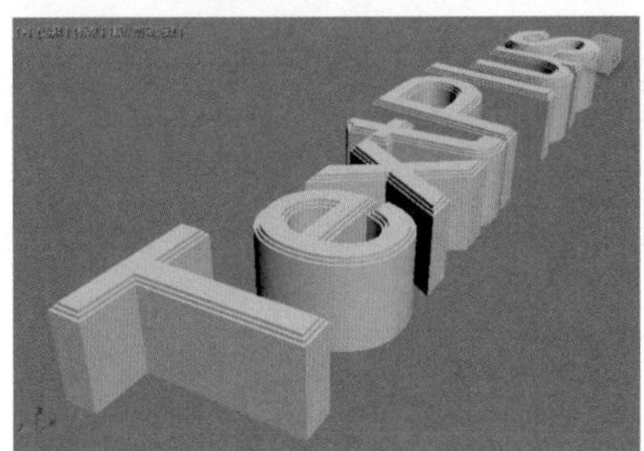

图2-43

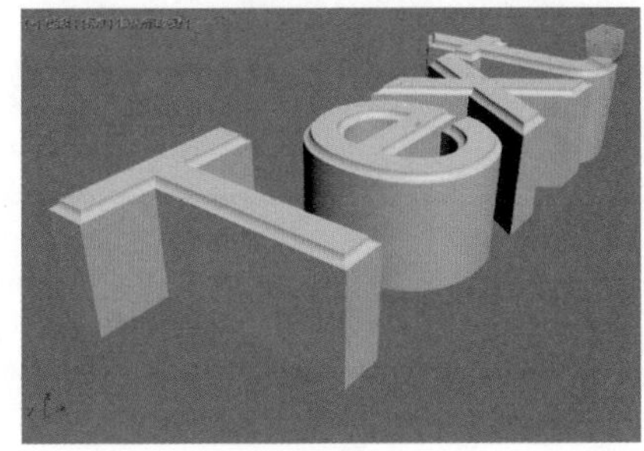

图2-44

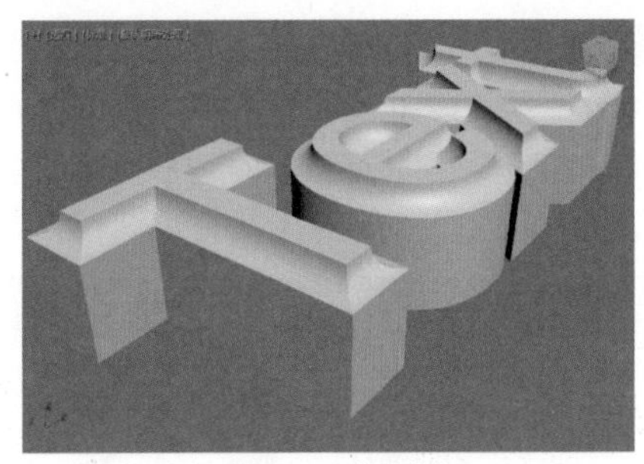

图2-44（续）

- 宽度：该复选框用于切换功能以修改宽度参数。默认设置为未选中状态，并受限于深度参数。选中以从默认值更改宽度，并在宽度字段中输入数量。
- 倒角推力：设置倒角曲线的强度。
- 轮廓偏移：设置轮廓的偏移距离。
- 步数：设置用于分割曲线的顶点数。步数越多，曲线越平滑。
- 优化：从倒角的直线段移除不必要的步数。默认设置为启用。
- “倒角剖面编辑器”按钮 倒角剖面编辑器 ：单击该按钮，可以打开“倒角剖面编辑器”窗口，在该窗口中可以创建自定义剖面，如图2-45所示。
- “显示高级参数”按钮 显示高级参数 ：单击该按钮，可以切换高级参数的显示。

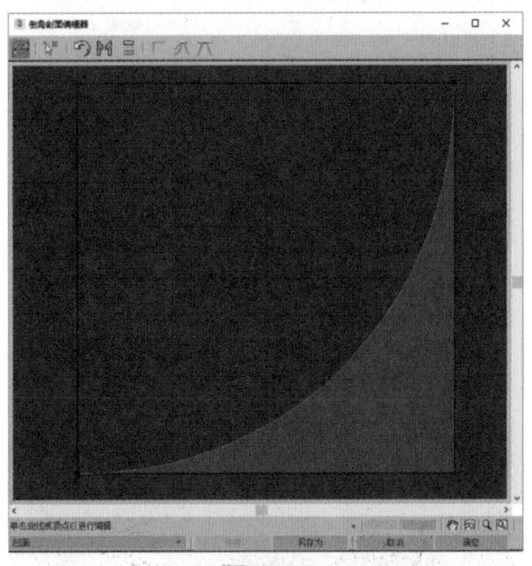

图2-45

2.2.9　其他标准基本体

在“标准基本体”中，3ds Max 2020除了上述8种几何体，还有几何球体 几何球体 、管状体管状体、和平面 平面 。这些对象的创建方法及参数设置与前面所讲的几何体基本相同，故不再重复讲解，这3种标准基本体所对应的模型形态如图2-46所示。

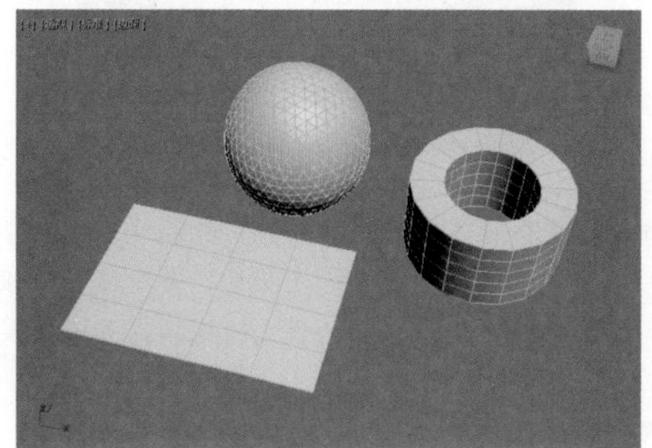

图2-46

实例操作：使用标准基本体制作石膏模型

在本实例中，主要学习如何使用“标准基本体”的多个几何体快速地制作一组石膏模型。石膏模型的渲染效果如图2-47所示。

图2-47

01 启动3ds Max 2020，在“创建”面板中，单击“四棱锥”按钮，在场景中绘制一个四棱锥模型，如图2-48所示。

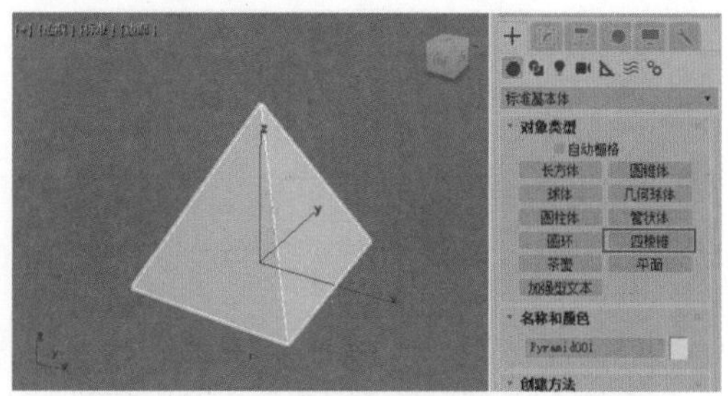

图2-48

02 在“修改”面板中，设置四棱锥的“宽度”值为50，“深度”值为50，“高度”值为60，如图2-49所示。

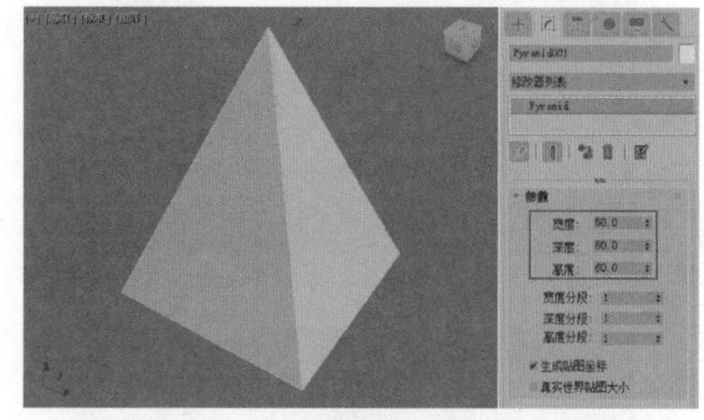

图2-49

03 在“创建”面板中，单击“长方体”按钮，在场景中创建一个长方体，如图2-50所示。

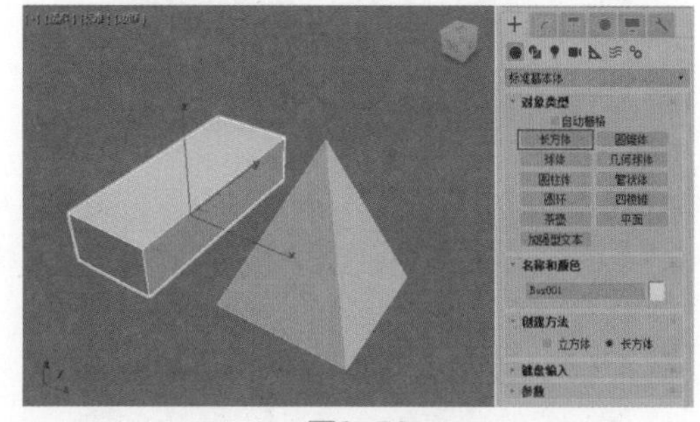

图2-50

04 在“修改”面板中，设置长方体的“长度”值为70，“宽度”值为20，“高度”值为20，如图2-51所示。

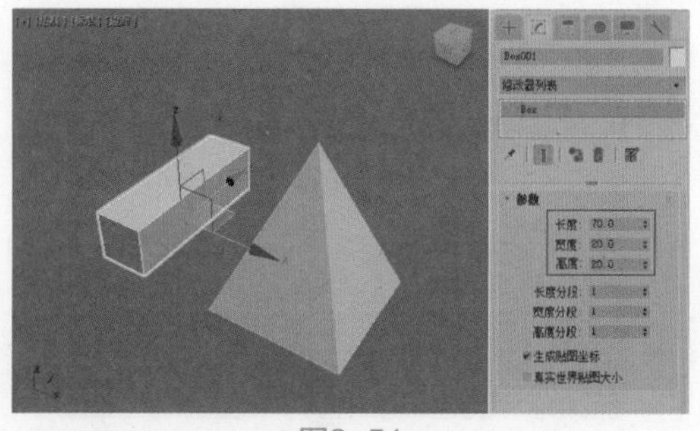

图2-51

05 设置完成后，按快捷键A键，打开“角度捕捉切换”功能，旋转长方体的Y轴为-45°，并调整长方体至如图2-52所示的位置，制作出石膏单体。

图2-52

06 在“创建”面板中，单击“圆柱体”按钮，在场景中创建一个圆柱体，如图2-53所示。

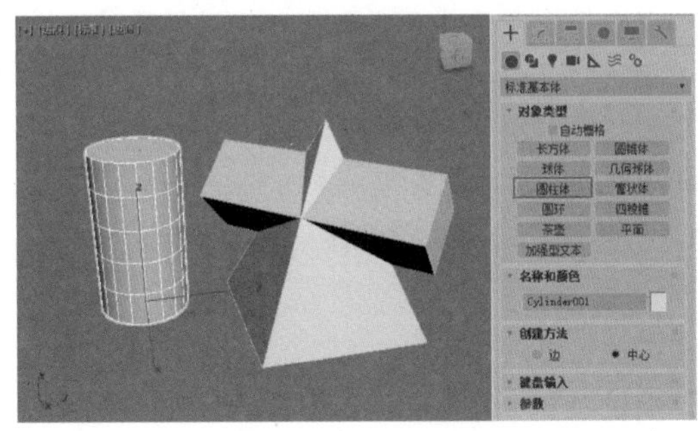
图2-53

07 在“修改”面板中，设置圆柱体的“半径”值为15，“高度”值为60，“高度分段”值为1，“边数”值为6，并取消选中“平滑”复选框，如图2-54所示。

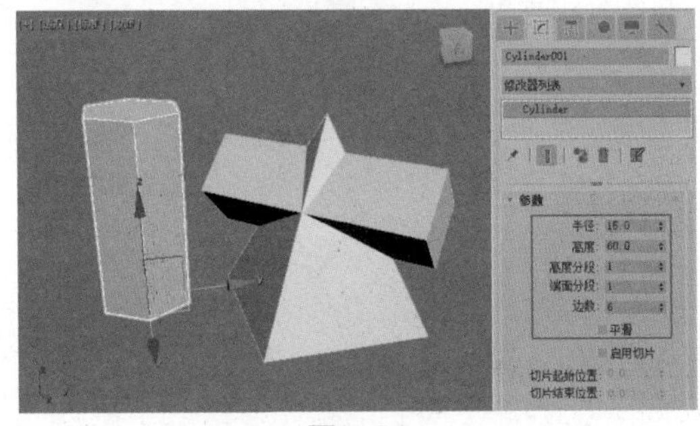
图2-54

08 设置完成后，调整圆柱体的位置及旋转角度至如图2-55所示的效果。

09 在“创建”面板中，单击“球体”按钮，在场景中创建一个球体模型，如图2-56所示。

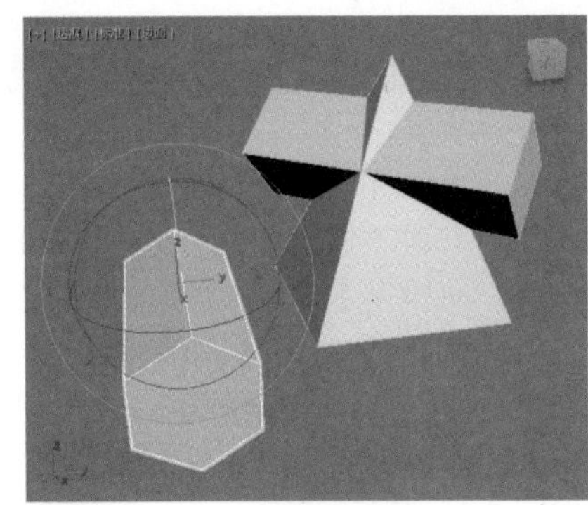
图2-55

图2-56

10 在“修改”面板中，设置球体的“半径”值为12，设置“分段”值为60，并选中“轴心在底部”复选框，如图2-57所示。

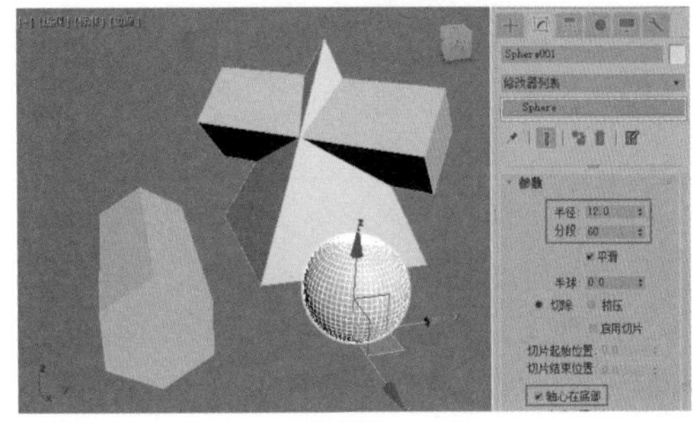
图2-57

11 制作完成的石膏组合模型效果如图2-58所示。

图2-58

2.3 扩展基本体

3ds Max 2020中“创建”面板内的“扩展基本体”提供了13种不同的对象，这些按钮的使用频率相较于“标准基本体”的按钮要略低一些。“扩展基本体”包括异面体 异面体 、环形结 环形结 、切角长方体 切角长方体 、切角圆柱体 切角圆柱体 、油罐 油罐 、胶囊 胶囊 、纺锤 纺锤 、L-Ext L-Ext 、球棱柱 球棱柱 、C-Ext C-Ext 、环形波 环形波 、软管 软管 和棱柱 棱柱 ，如图2-59所示。

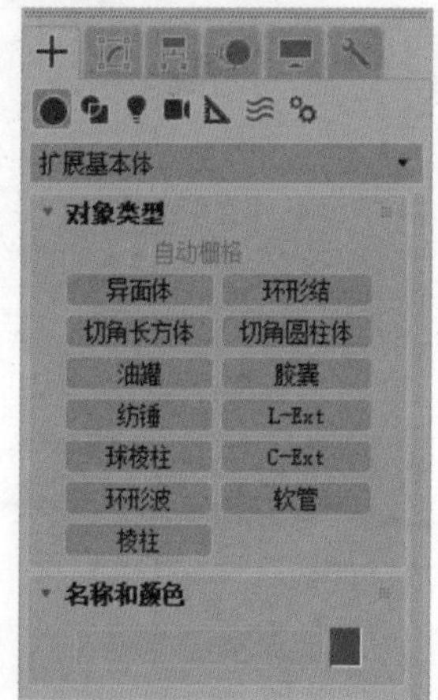

图2-59

2.3.1 异面体

在“创建”面板中，单击“异面体”按钮 异面体 ，即可在场景中绘制异面体的模型，如图2-60所示。

图2-60

使用“异面体”按钮可以在场景中创建一些表面结构看起来很特殊的三维模型，其参数如图2-61所示。

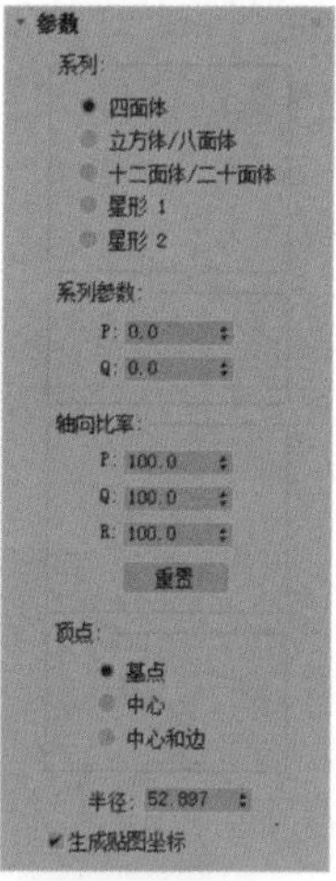

图2-61

解析

“系列”选项组

- 四面体：创建一个四面体。
- 立方体/八面体：创建一个立方体或八面多面体。
- 十二面体/二十面体：创建一个十二面体或二十面体。
- 星形 1/星形 2：创建两个不同的类似星形的多面体。

“系列参数”选项组

- P/Q：为多面体顶点和面之间提供两种方式变换的关联参数。

“轴向比率”选项组

- P/Q/R：控制多面体一个面反射的轴。
- “重置”按钮 重置 ：将轴返回为其默认设置。

2.3.2 环形结

在“创建”面板中，单击“环形结”按钮 环形结 ，即可在场景中绘制环形结的模型，如图2-62所示。

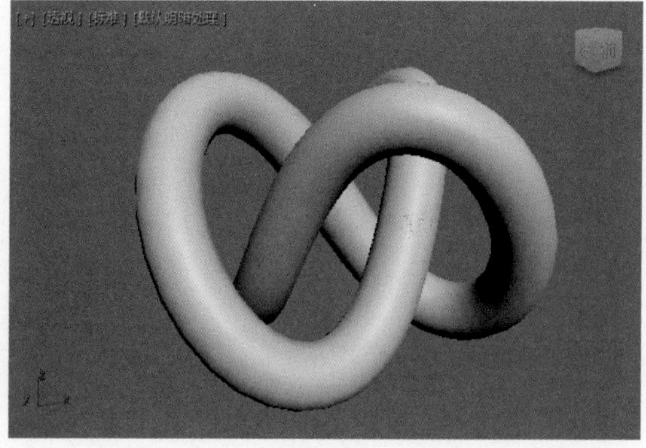

图2-62

使用“异面体”按钮创建的对象可以用来模拟制作绳子打结的形态，其参数如图2-63所示。

解析

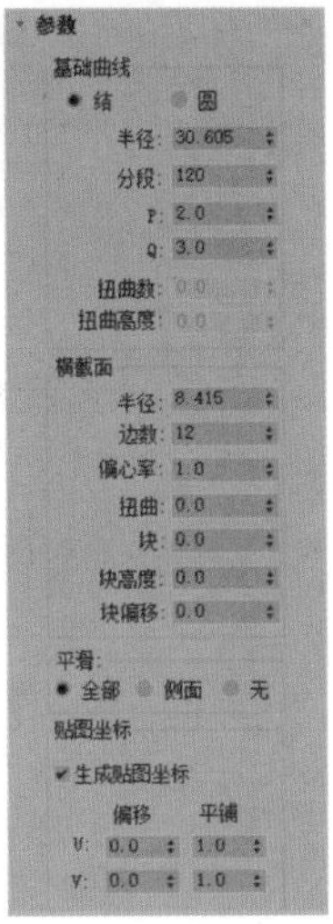

“基础曲线”选项组

- 结/圆：使用“结”时，环形将基于其他各种参数自身交织。如果使用“圆”，基础曲线是圆形，如果在其默认设置中保留“扭曲”和“偏心率”这样的参数，则会产生标准环形。
- 半径：设置基础曲线的半径。
- 分段：设置围绕环形周界的分段数。

图2-63

- P/Q：描述上下（P）和围绕中心（Q）的缠绕数值。
- 扭曲数：设置曲线周围的星形中的“点”数。
- 扭曲高度：设置指定为基础曲线半径百分比的“点”的高度。

“横截面”选项组

- 半径：设置横截面的半径。
- 边数：设置横截面周围的边数。
- 偏心率：设置横截面主轴与副轴的比率。值为 1 时，将提供圆形横截面；为其他值时，将创建椭圆形横截面。
- 扭曲：设置横截面围绕基础曲线扭曲的次数。
- 块：设置环形结中的凸出数量。
- 块高度：设置块的高度，作为横截面半径的百分比。
- 块偏移：设置块起点的偏移，以度数来测量。

2.3.3 切角长方体

在“创建”面板中，单击“切角长方体”按钮 切角长方体 ，即可在场景中绘制切角长方体的模型，如图2-64所示。

使用“切角长方体”按钮创建的对象可用于快速制作具有倒角效果或圆形边的长方体模型，其参数如图2-65所示。

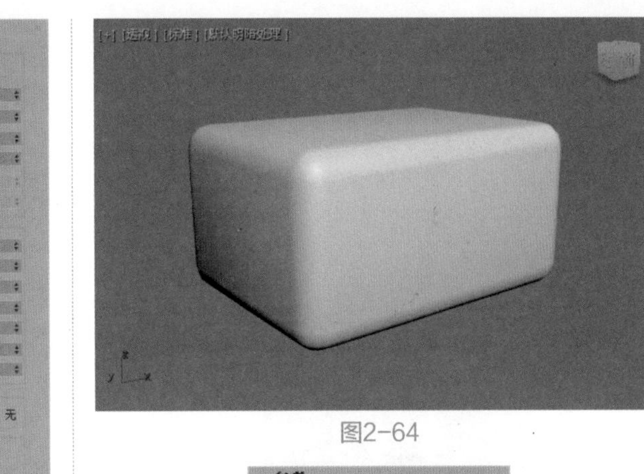

图2-64

图2-65

解析

- 长度/宽度/高度：设置切角长方体的相应维度。
- 圆角：切开切角长方体的边，值越高，切角长方体边上的圆角越精细。
- 长度分段/宽度分段/高度分段：设置沿相应轴的分段数量。
- 圆角分段：设置长方体圆角边时的分段数。添加圆角分段将增加圆形边。
- 平滑：混合切角长方体的面的显示，从而在渲染视图中创建平滑的外观。

2.3.4 胶囊

在“创建”面板中，单击“胶囊”按钮 胶囊 ，即可在场景中绘制胶囊的模型，如图2-66所示。

使用“胶囊”按钮可以在场景中快速创建形似胶囊的三维模型，其参数如图2-67所示。

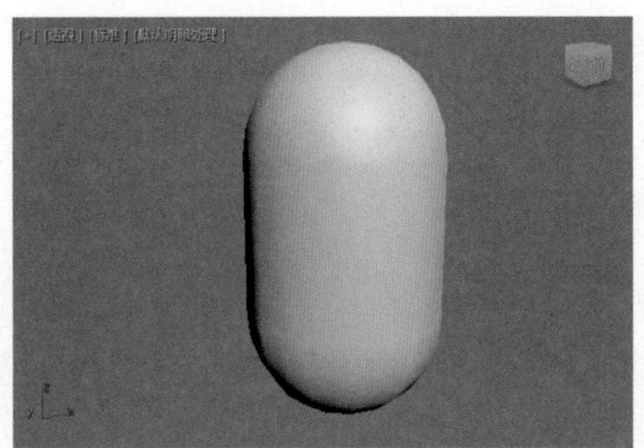

图2-66

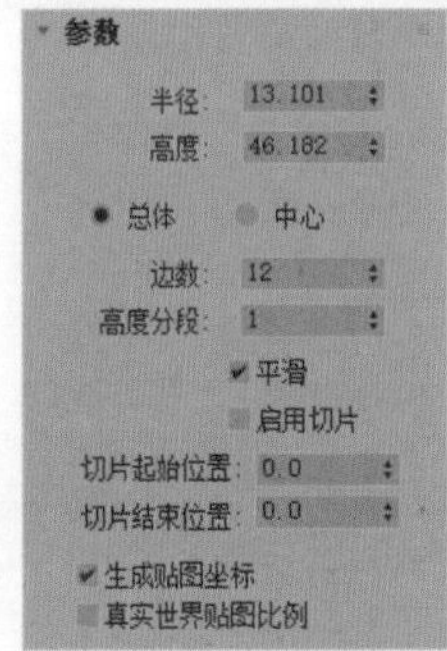

图2-67

解析

- 半径：设置胶囊的半径。
- 高度：设置沿着中心轴的高度。值为负数时，将在构造平面下面创建胶囊。
- 总体/中心：决定“高度”值指定的内容。“总体”指定对象的总体高度，“中心”指定圆柱体中部的高度，不包括其圆顶封口。
- 边数：设置胶囊周围的边数。
- 高度分段：设置沿胶囊主轴的分段数量。
- 平滑：混合胶囊的面，从而在渲染视图中创建平滑的外观。
- 启用切片：启用“切片”功能。
- 切片起始位置/切片结束位置：设置从局部X轴的零点开始围绕局部Z轴的度数。

2.3.5 纺锤

在“创建”面板中，单击“纺锤”按钮 纺锤 ，即可在场景中绘制纺锤的模型，如图2-68所示。

使用“纺锤”按钮可以在场景中快速创建形似纺锤的三维模型，其参数如图2-69所示。

图2-68

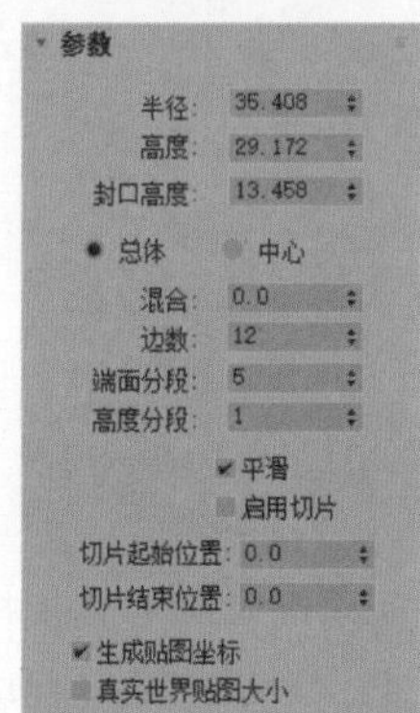

图2-69

解析

- 半径：设置纺锤的半径。
- 高度：设置沿中心轴的维度。值为负数时，将在构造平面下面创建纺锤。
- 封口高度：设置圆锥形封口的高度。最小值是0.1；最大值是“高度”设置绝对值的一半。
- 总体/中心：决定“高度”值指定的内容。“总体”指定对象的总体高度。“中心”指定圆柱体中部的高度，不包括其圆锥形封口。
- 混合：大于0时，将在纺锤主体与封口的会合处创建圆角。
- 边数：设置纺锤周围边数。启用“平滑”时，较大的数值将着色和渲染为真正的圆。禁用“平滑”时，较小的数值将创建规则的多边形对象。
- 端面分段：设置沿着纺锤顶部和底部的中心同心分段的数量。
- 高度分段：设置沿着纺锤主轴的分段数量。
- 平滑：混合纺锤的面，从而在渲染视图中创建平滑的外观。

2.3.6 其他扩展基本体

在“扩展基本体”中，3ds Max 2020除了上述5种，还有切角圆柱体 切角圆柱体 、油罐 油罐 、L-Ext L-Ext 、球棱柱 球棱柱 、C-Ext C-Ext 、环形波 环形波 、软管 软管 和棱柱 棱柱 这8种。这些对象的创建方法及参数设置与前面所讲的对象基本相同，故不再讲解，这8个对象创建完成后的效果如图2-70所示。

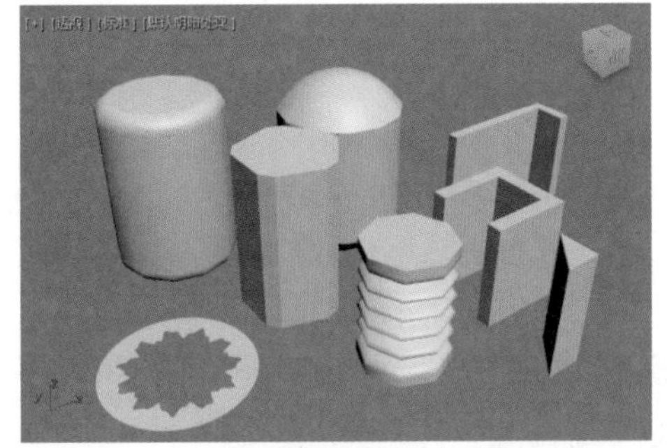

图2-70

实例操作：使用切角长方体制作沙发模型

在本实例中，讲解如何使用切角长方体快速地制作一个沙发模型，沙发模型的渲染效果如图2-71所示。

图2-71

01 启动3ds Max 2020，在“创建”面板中，选择“扩展基本体”，单击“切角长方体”按钮，在“顶”视图中绘制一个切角长方体模型，如图2-72所示。

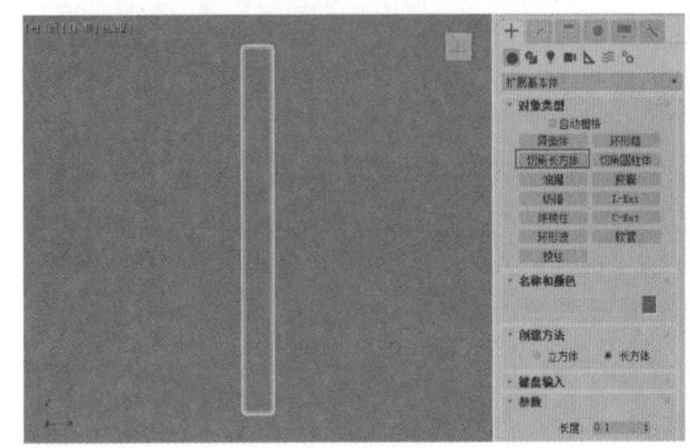

图2-72

02 在“修改”面板中，设置切角长方体的“长度”值为100，“宽度”值为9，“高度”值为62，“圆角”值为1，“圆角分段”的值为3，如图2-73所示。

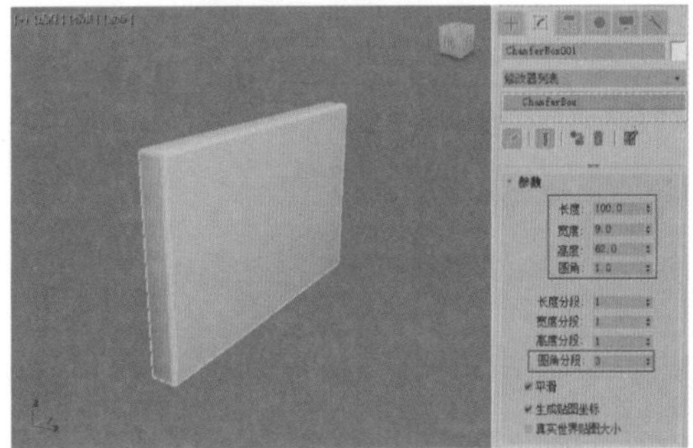

图2-73

03 按住Shift键，以拖曳的方式复制得到另一个切角长方体，制作沙发另一侧的扶手结构，如图2-74所示。

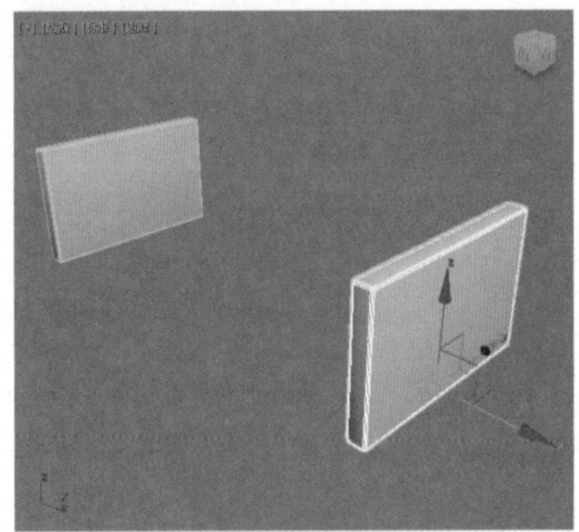

图2-74

04 在“创建”面板中，单击“切角长方体体”按钮，在场景中绘制一个切角长方体模型，如图2-75所示。

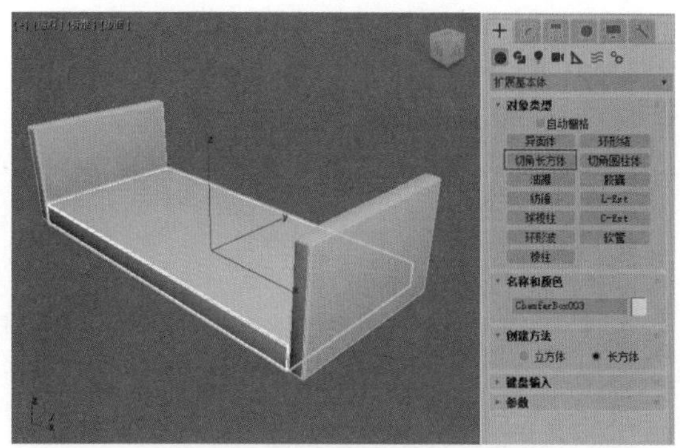

图2-75

05 在“修改”面板中设置切角长方体的参数，如图2-76所示。

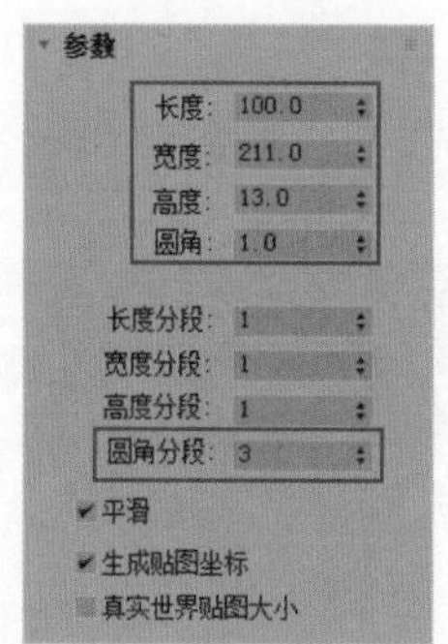

图2-76

06 按快捷键F键，在“前”视图中，调整切角长方体至如图2-77所示的位置。

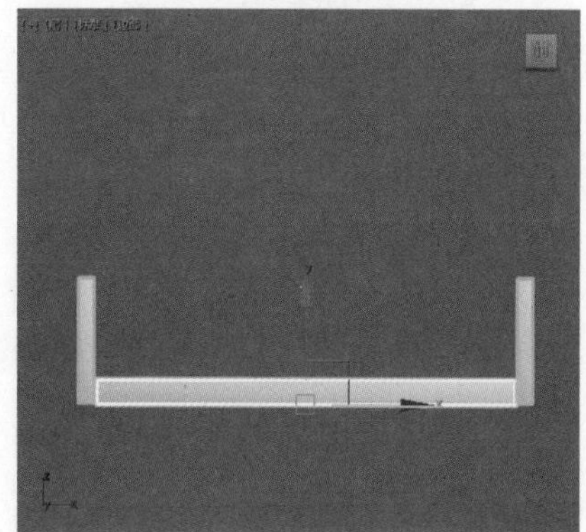

图2-77

07 按住Shift键，以拖曳的方式向上复制得到一个切角长方体，在“修改”面板中调整“长度”值为80，“宽度”值为70，“高度”值为23，“圆角”值为2，“圆角分段”值为3，并调整其至如图2-78所示的位置，制作沙发的坐垫结构。

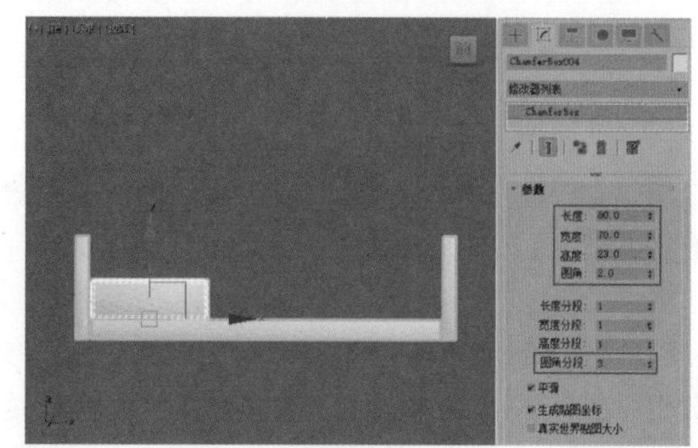

图2-78

08 在“顶”视图中，再次创建一个切角长方体，在“修改”面板中调整“长度”值为57，“宽度”值为70，“高度”值为9，“圆角”值为2，“圆角分段”值为3，并调整其位置和旋转角度至如图2-79所示的效果，制作沙发的靠背结构。

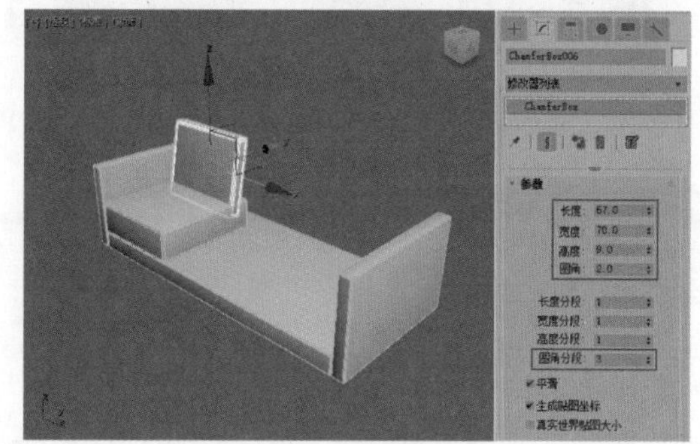

图2-79

09 选择场景中的沙发坐垫和沙发靠背模型，按住Shift键，复制得到另外两组坐垫结构，如图2-80所示。

图2-80

10 以相似的操作再次创建一个切角长方体，并调整其参数和位置，如图2-81所示，丰富沙发的靠背模型细节。

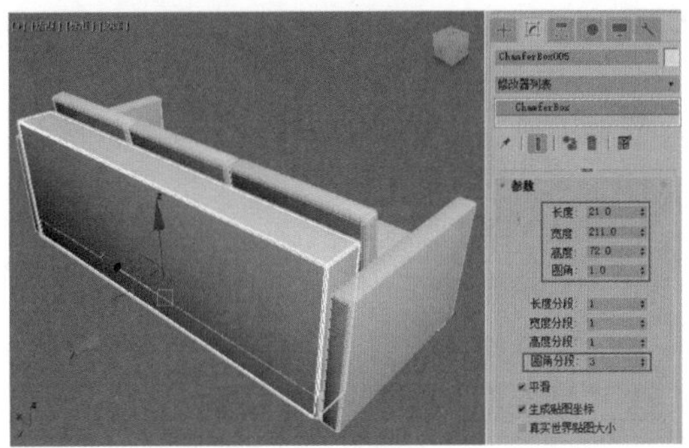

图2-81

11 在“顶”视图中，创建一个切角长方体，并调整其参数和位置，如图2-82所示，制作沙发的支撑结构。

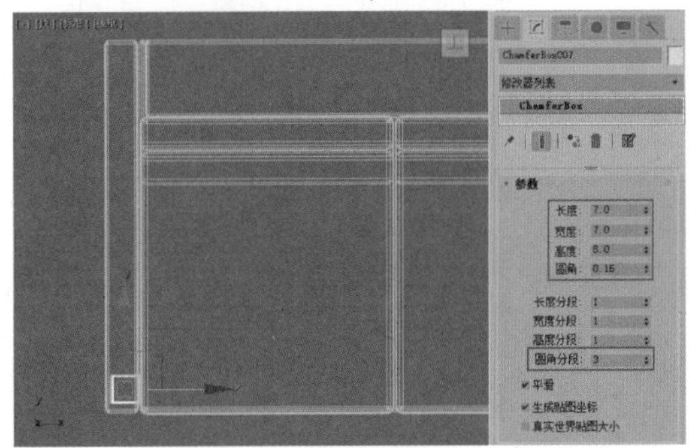

图2-82

12 按住Shift键，复制得到其他3个切角长方体并调整其位置，如图2-83所示。

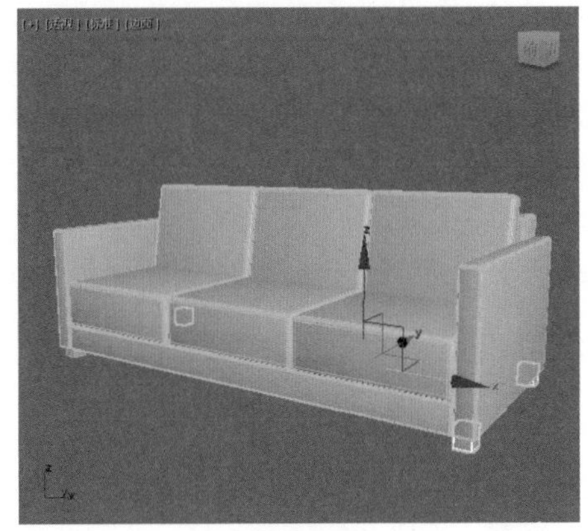

图2-83

13 在“前”视图中创建一个切角圆柱体，制作沙发的圆形靠枕模型，如图2-84所示。

14 在“修改”面板中，调整切角圆柱体的“半径”值为10，“高度”值为52，“圆角”值为1，“圆角分段”值为9，“边数”值为30，并调整其位置，如图2-85所示。

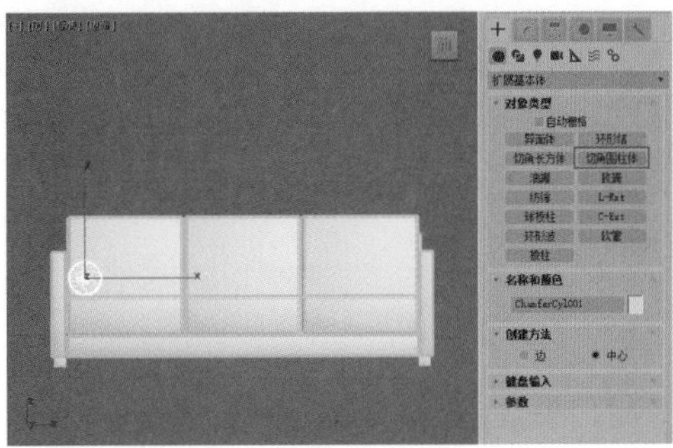

图2-84

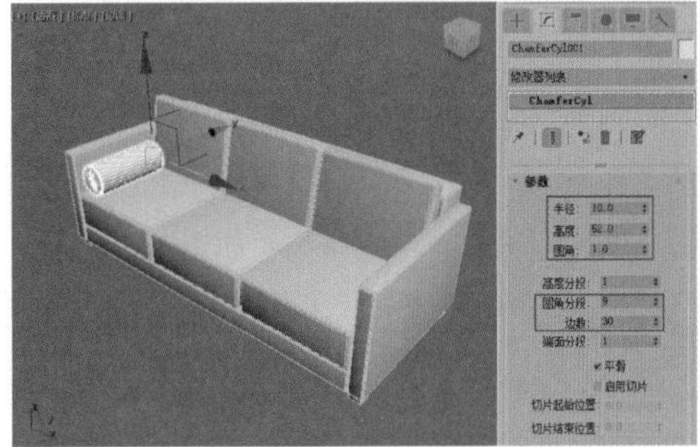

图2-85

15 按住Shift键，以拖曳的方式复制得到沙发另一侧的圆形靠枕模型，如图2-86所示。

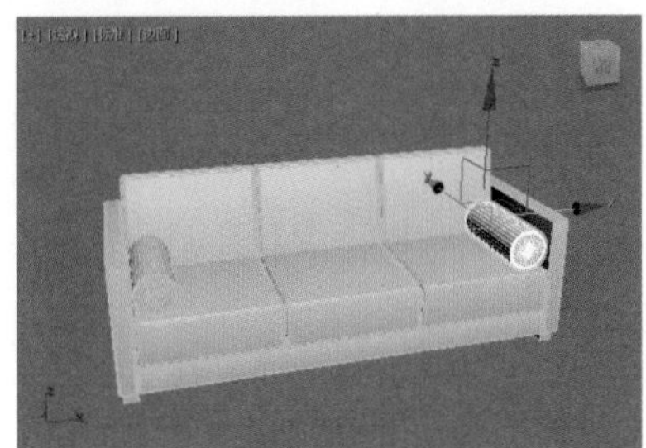

图2-86

16 沙发模型的最终完成效果如图2-87所示。

图2-87

2.4　门、窗和楼梯

3ds Max 2020不仅提供了一些简单的几何形

体，还提供了一些用于工程建模的标准建筑模型，如门、窗户、楼梯、栏杆、墙以及植物模型，使用这些模型设计时，通过调节少量的参数即可快速制作符合行业标准的建筑模型。

2.4.1 门

3ds Max 2020提供了枢轴门 枢轴门 、推拉门 推拉门 和折叠门 折叠门 这3种门，如图2-88所示。

1. 门对象公共参数

3ds Max 2020提供的这3种门模型对应的“修改”面板内的参数基本相同，在此以“枢轴门”为例，讲解门对象的公共参数，如图2-89所示。

图2-88

图2-89

打开“参数”卷展栏，如图2-90所示。

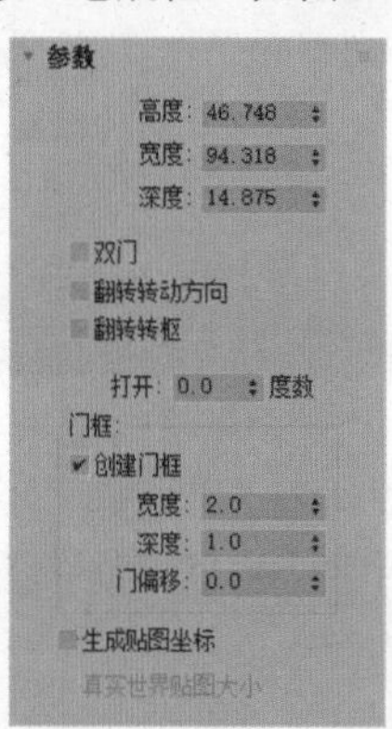

图2-90

解析

- 高度：设置门装置的总体高度。
- 宽度：设置门装置的总体宽度。
- 深度：设置门装置的总体深度。
- 打开：设置门的打开程度。

“门框”选项组

- 创建门框：默认是启用的，以显示门框。禁用此复选框可以禁用门框的显示。
- 宽度：设置门框与墙平行的宽度。仅当启用“创建门框”时可用。
- 深度：设置门框从墙投影的深度。仅当启用“创建门框”时可用。
- 门偏移：设置门相对于门框的位置。
- 生成贴图坐标：为门指定贴图坐标。
- 真实世界贴图大小：控制应用于该对象的纹理贴图材质所使用的缩放方法。

“页扇参数”卷展栏如图2-91所示。

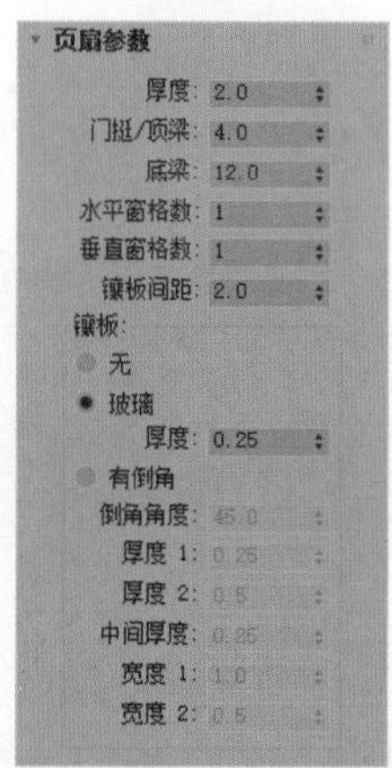

图2-91

解析

- 厚度：设置门的厚度。
- 门挺/顶梁：设置顶部和两侧的面板框的宽度。仅当门是面板类型时，才会显示此设置。
- 底梁：设置门脚处的面板框的宽度。仅当门是面板类型时，才会显示此设置。
- 水平窗格数：设置面板沿水平轴划分的数量。
- 垂直窗格数：设置面板沿垂直轴划分的数量。
- 镶板间距：设置面板之间的间隔宽度。

“镶板”选项组

- 无：门没有面板。
- 玻璃：创建不带倒角的玻璃面板。
- 厚度：设置玻璃面板的厚度。
- 有倒角：选择此选项，可以具有倒角面板。
- 倒角角度：指定门的外部平面和面板平面之间的倒角角度。
- 厚度1：设置面板的外部厚度。

- 厚度 2：设置倒角从该处开始的厚度。
- 中间厚度：设置面板内面部分的厚度。
- 宽度 1：设置倒角从该处开始的宽度。
- 宽度 2：设置面板的内面部分的宽度。

2. 枢轴门

“枢轴门”非常适合模拟住宅里安装在卧室的门。枢轴门对象的“修改”面板中提供了3个特定的复选框，如图2-92所示。

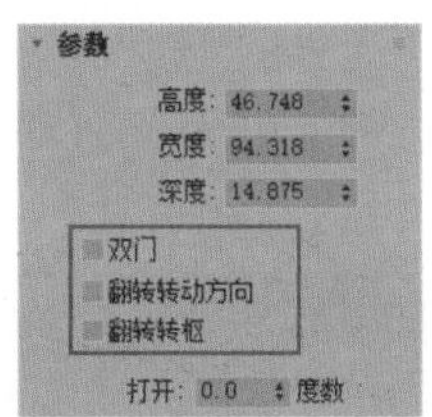

图2-92

解析

- 双门：制作一个双门。
- 翻转转动方向：更改门转动的方向。
- 翻转转枢：在与门面相对的位置上放置门转枢。此复选框不可用于双门。

3. 推拉门

“推拉门”常见于厨房或者阳台，可以在固定的轨道上来回滑动。推拉门一般由两个或两个以上的门页扇组成，其中一个为保持固定的门页扇，另外的则为可以移动的门页扇。推拉门对象的“修改”面板中提供了两个特定的复选框，如图2-93所示。

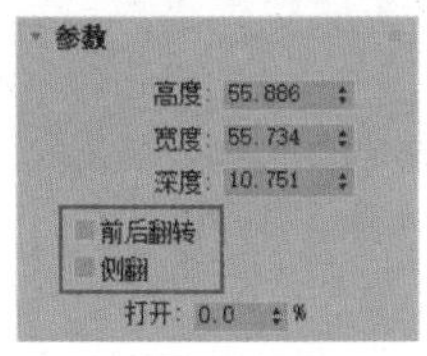

图2-93

解析

- 前后翻转：更改哪个元素位于前面，与默认设置相比较而言。
- 侧翻：将当前滑动元素更改为固定元素，反之亦然。

4. 折叠门

“折叠门”在开启时需要的空间较小，所以在家装设计中“折叠门”比较适合作为卫生间的门。该类型的门有两个门页扇，两个门页扇之间设有转枢，用来控制门的折叠，并且可以通过“双门”参数调整“折叠门”为4个门页扇。折叠门对象的“修改”面板中提供了3个特定的复选框，如图2-94所示。

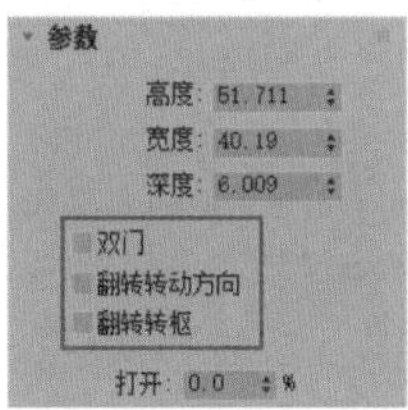

图2-94

解析

- 双门：将该门制作成有4个门元素的双门，从而在中心处汇合。
- 翻转转动方向：默认情况下，以相反的方向转动门。
- 翻转转枢：默认情况下，在相反的侧面转枢门。当“双门”复选框处于启用状态时，“翻转转枢”复选框不可用。

2.4.2　窗

使用“窗”系列工具可以快速地在场景中创建具有大量细节的窗户模型，这些窗户模型的主要区别在于打开的方式。窗的类型分为6种，分别是遮篷式窗、平开窗、固定窗、旋开窗、伸出式窗和推拉窗。这6种窗除了“固定窗”无法打开，其他5种类型的窗户均可设置为打开，如图2-95所示。

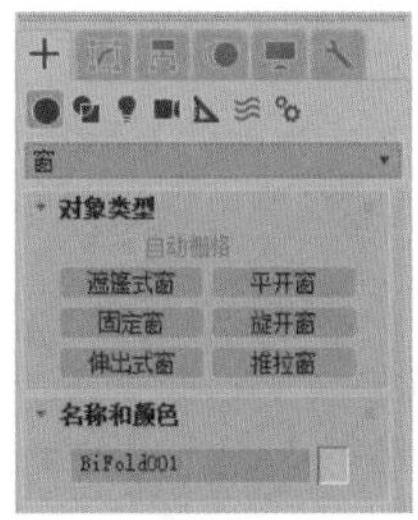

图2-95

1. 遮篷式窗

3ds Max 2020提供的6种窗户对象对应的“修改”面板中的参数也大多相同，在此以“遮篷式窗”为例，讲解窗对象的参数。如图2-96所示为

“遮篷式窗”的参数。

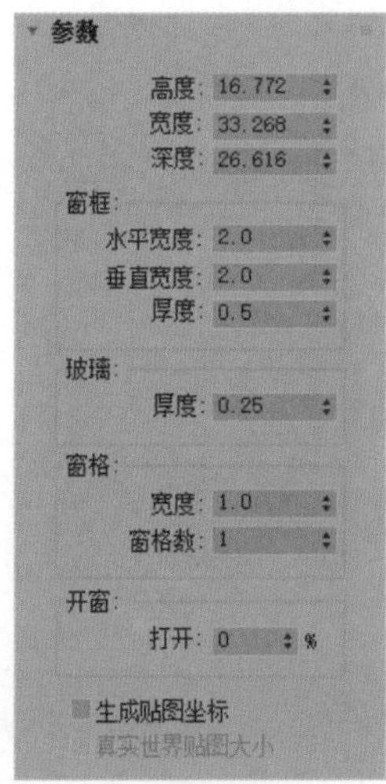

图2-96

解析

- 高度/宽度/深度：分别控制窗户的高度/宽度/深度。

“窗框”选项组

- 水平宽度：设置窗口框架水平部分的宽度。该设置也会影响窗宽度的玻璃部分。
- 垂直宽度：设置窗口框架垂直部分的宽度。该设置也会影响窗高度的玻璃部分。
- 厚度：设置框架的厚度。该选项还可以控制窗框中遮蓬或栏杆的厚度。

“玻璃”选项组

- 厚度：指定玻璃的厚度。

“窗格”选项组

- 宽度：设置窗格的宽度。
- 窗格数：设置窗格的数量。

“开窗”选项组

- 打开：设置窗户打开的百分比。
- 生成贴图坐标：使用已经应用的相应贴图坐标创建对象。
- 真实世界贴图大小：控制应用于该对象的纹理贴图材质所使用的缩放方法。

2. 其他窗户

“平开窗”有一到两扇像门一样的窗框，它们可以向内或向外转动。与“遮篷式窗”不同，“平开窗”可以设置为对开的两扇窗，如图2-97所示。

图2-97

“固定窗”无法打开。其特点为可以在水平和垂直两个方向上任意设置格数，如图2-98所示。

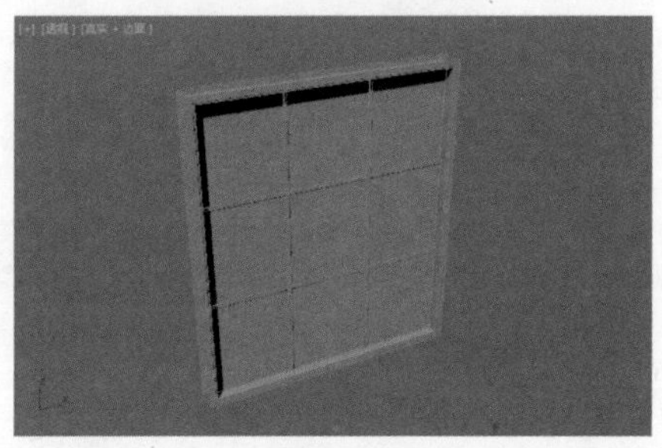

图2-98

“旋开窗”的轴垂直或水平位于其窗框的中心，其特点是无法设置窗格数量，只能设置窗格的宽度及轴的方向，如图2-99所示。

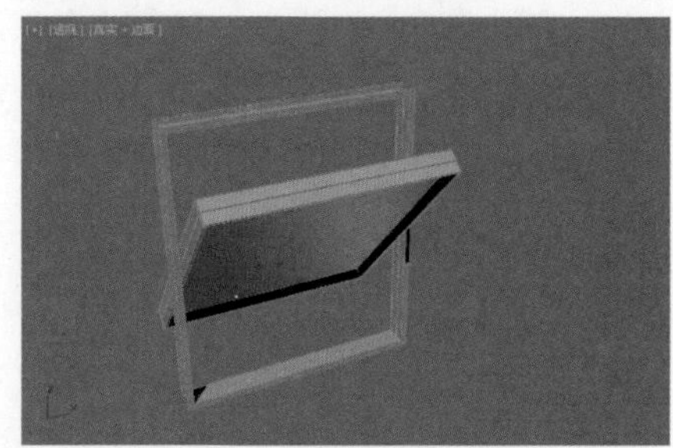

图2-99

“伸出式窗”有三扇窗框，其中两扇窗框打开时像反向的遮蓬，其窗格数无法设置，如图2-100所示。

图2-100

“推拉窗”有两扇窗框，其中一扇窗框可以沿着垂直或水平方向滑动，类似于火车上的上下推动打开式窗户。其窗格数允许在水平和垂直两个方向上任意设置数量，如图2-101所示。

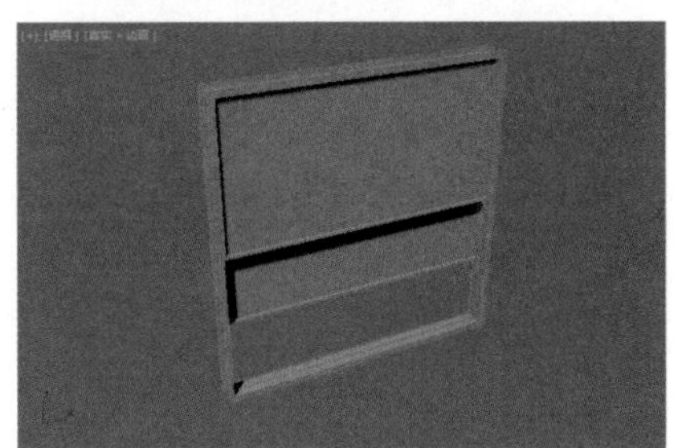

图2-101

2.4.3　楼梯

在3ds Max 2020中，可以创建4种不同类型的楼梯。在“创建”面板中的“楼梯”卷展栏中可以看到多种楼梯对象，包括直线楼梯 直线楼梯 、L 型楼梯 L 型楼梯 、U 型楼梯 U 型楼梯 和“螺旋楼梯”按钮 螺旋楼梯 ，如图2-102所示。

图2-102

1. L型楼梯

4种楼梯对应的“修改”面板中的参数非常相似，并且比较简单。下面以常用的“L型楼梯”为例详细讲解楼梯对象的参数设置及创建方法。L型楼梯的参数如图2-103所示，共有参数、支撑梁、栏杆和侧弦4个卷展栏。

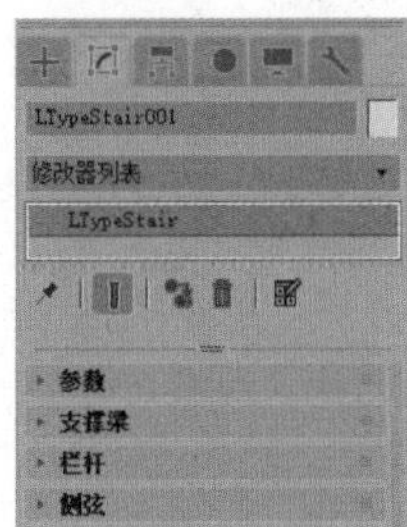

图2-103

“参数”卷展栏如图2-104所示。

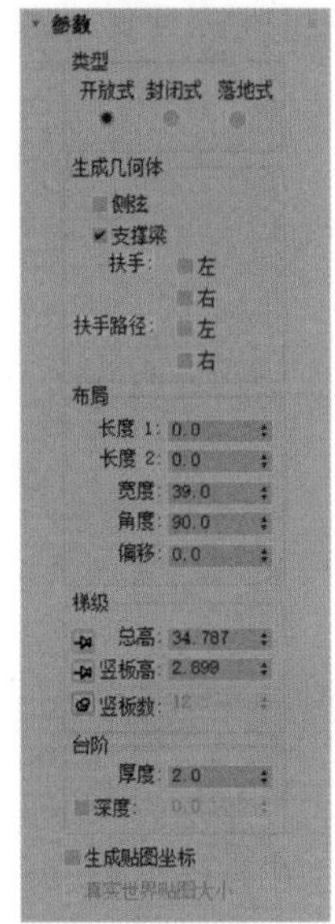

图2-104

解析

“类型”选项组

- 开放式：设置当前楼梯为开放式踏步楼梯。
- 封闭式：设置当前楼梯为封闭式踏步楼梯。
- 落地式：设置当前楼梯为落地式踏步楼梯。

“生成几何体”选项组

- 侧弦：沿着楼梯的梯级的端点创建侧弦。
- 支撑梁：在梯级下创建一个倾斜的切口梁，该梁支撑台阶或添加楼梯侧弦之间的支撑。
- 扶手：为楼梯创建左扶手和右扶手。
- 扶手路径：创建楼梯上用于安装栏杆的左路径和右路径。

“布局”选项组

- 长度1：控制第一段楼梯的长度。
- 长度2：控制第二段楼梯的长度。
- 宽度：控制楼梯的宽度，包括台阶和平台。
- 角度：控制平台与第二段楼梯的角度。范围为 -90°～90°。
- 偏移：控制平台与第二段楼梯的距离。相应调整平台的长度。

“梯级”选项组

- 总高：控制楼梯段的高度。
- 竖板高：控制梯级竖板的高度。
- 竖板数：控制梯级竖板数。

"台阶"选项组

- 厚度：控制台阶的厚度。
- 深度：控制台阶的深度。

"支撑梁"卷展栏如图2-105所示。

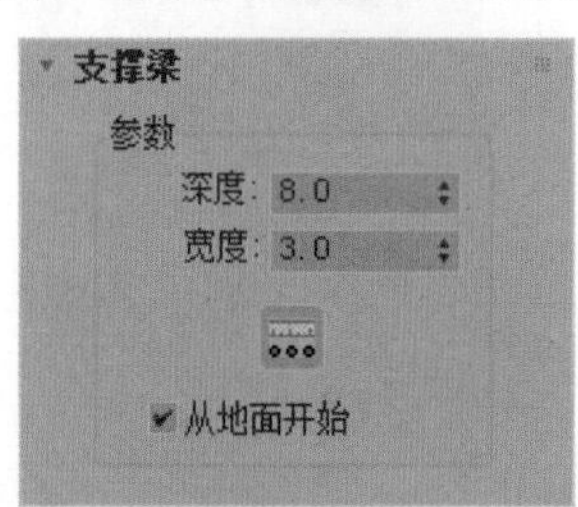

图2-105

解析

- 深度：控制支撑梁离地面的深度。
- 宽度：控制支撑梁的宽度。
- "支撑梁间距"按钮：单击该按钮，在弹出的"支撑梁间距"对话框中可以设置支撑梁的间距。
- 从地面开始：控制支撑梁是否从地面开始。

"栏杆"卷展栏如图2-106所示。

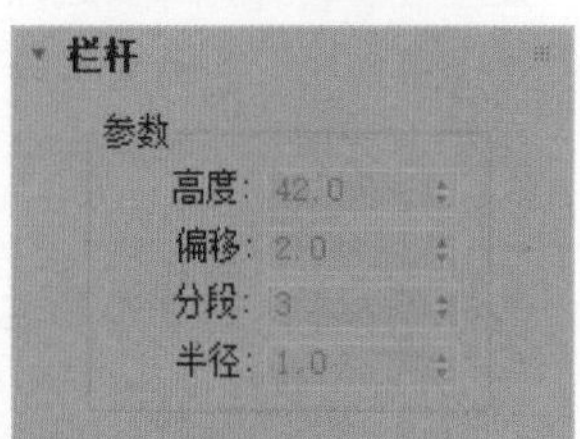

图2-106

解析

- 高度：控制栏杆离台阶的高度。
- 偏移：控制栏杆离台阶端点的偏移。
- 分段：指定栏杆中的分段数目。值越高，栏杆显示得越平滑。
- 半径：控制栏杆的厚度。

"侧弦"卷展栏如图2-107所示。

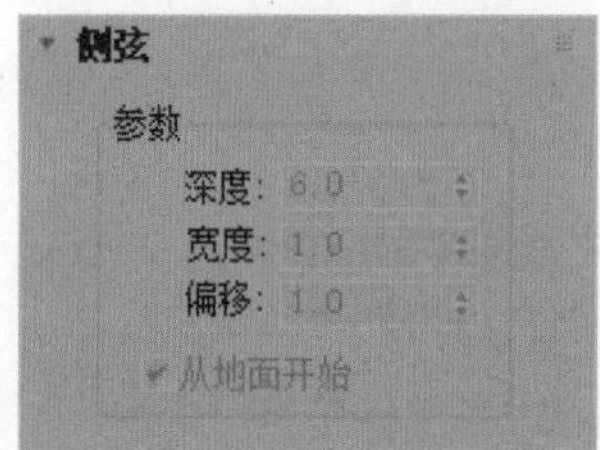

图2-107

解析

- 深度：设置侧弦离地板的深度。
- 宽度：设置侧弦的宽度。
- 偏移：设置地板与侧弦的垂直距离。
- 从地面开始：设置侧弦是否从地面开始。

2. 其他楼梯

3ds Max 2020除了提供常用的L 型楼梯，还提供了直线楼梯、U 型楼梯和螺旋楼梯。其他3种楼梯的造型非常简单直观，参数与"L 型楼梯"对象的参数基本相同，创建效果如图2-108所示。

图2-108

实例操作：制作螺旋楼梯模型

在本实例中，讲解如何使用"螺旋楼梯"对象快速地制作螺旋楼梯模型，楼梯模型的渲染效果如图2-109所示。

图2-109

01 启动3ds Max 2020，在“创建”面板中选择“楼梯”，单击“螺旋楼梯”按钮 螺旋楼梯 ，即可在场景中创建一段螺旋楼梯的模型，如图2-110所示。

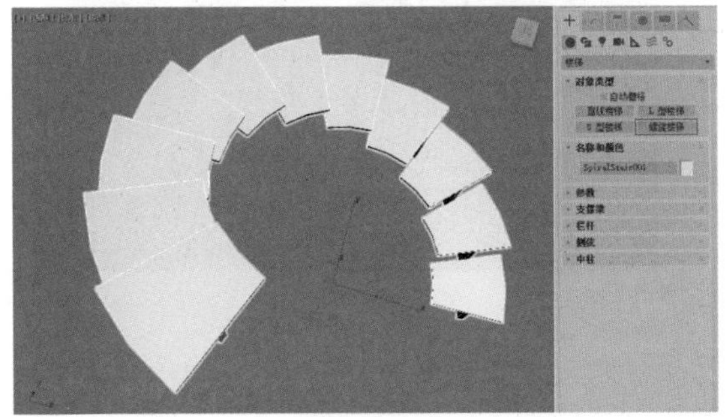

图2-110

02 在“修改”面板中，展开“参数”卷展栏，在“类型”选项组中设置楼梯的类型为“封闭式”，如图2-111所示。

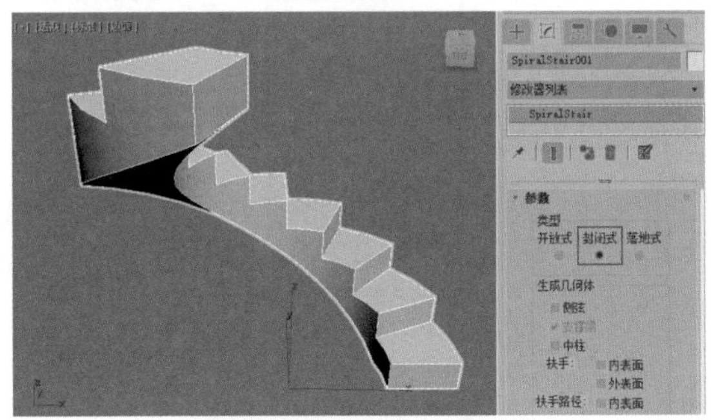

图2-111

03 在“梯级”选项组中，设置楼梯的“总高”值为400，提高楼梯的高度。在“布局”选项组中，设置“旋转”值为1，如图2-112所示。

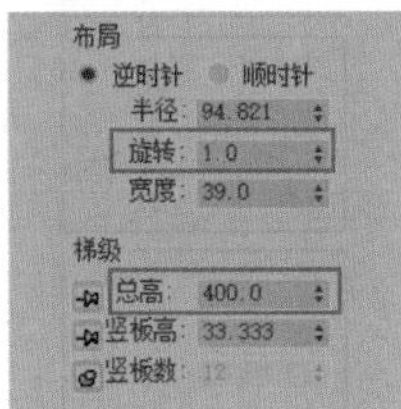

图2-112

04 在“梯级”选项组中，设置“竖板数”值为20，增加楼梯的台阶数量，如图2-113所示。

05 在“布局”选项组中，设置楼梯的“半径”值为160，“宽度”值为90，如图2-114所示。

06 在“生成几何体”选项组中，选中“侧弦”复选框，可以在“透视”视图中观察到楼梯的侧弦结构，如图2-115所示。

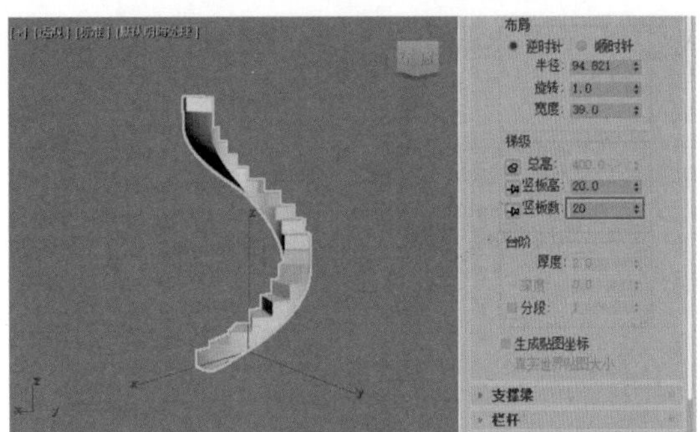

图2-113

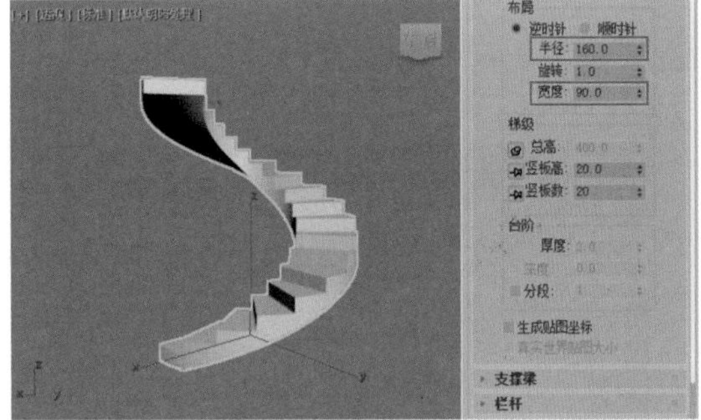

图2-114

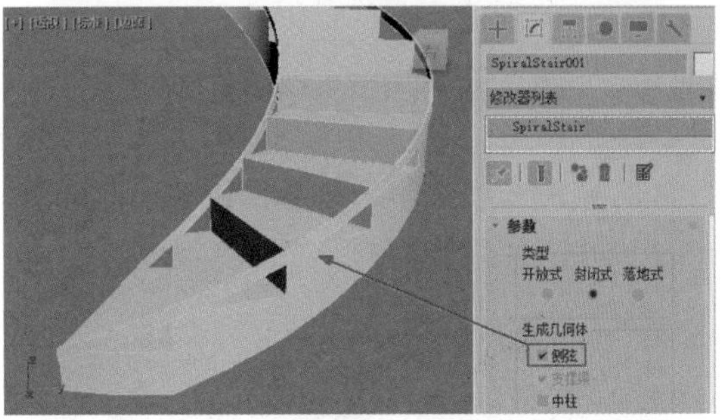

图2-115

07 展开“侧弦”卷展栏，设置侧弦的“深度”值为40，“宽度”值为6，“偏移”值为0，调整侧弦结构的细节，如图2-116所示。

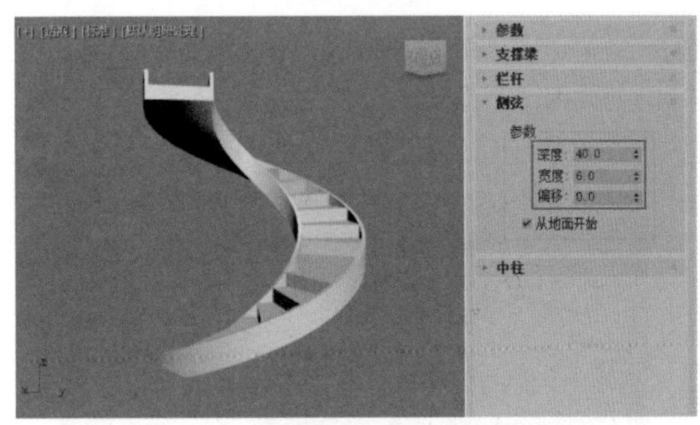

图2-116

08 展开“参数”卷展栏，在“生成几何体”选项组中选中“中柱”复选框，可以看到螺旋楼梯的中心部分会自动生成圆柱结构，如图2-117所示。

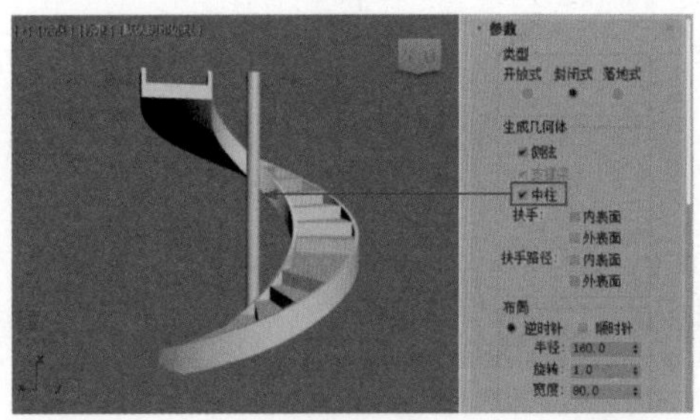

图2-117

09 展开“中柱”卷展栏，设置中柱的“半径”值为20，“分段”值为30，如图2-118所示。

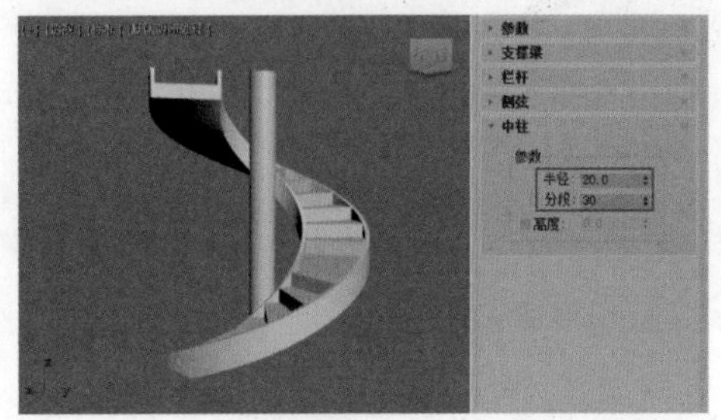

图2-118

10 在“参数”卷展栏中，选中“生成几何体”选项组中的“内表面”和“外表面”复选框，这样螺旋楼梯可以生成扶手结构，如图2-119所示。

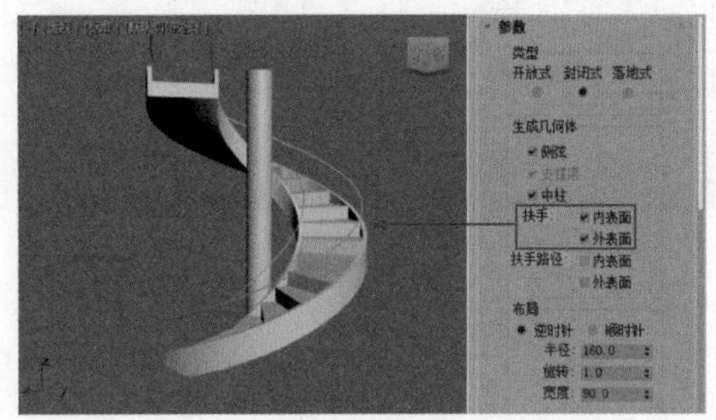

图2-119

11 展开“栏杆”卷展栏，调整扶手的“高度”值为45，“偏移”值为0，“分段”值为8，“半径”值为2，如图2-120所示。

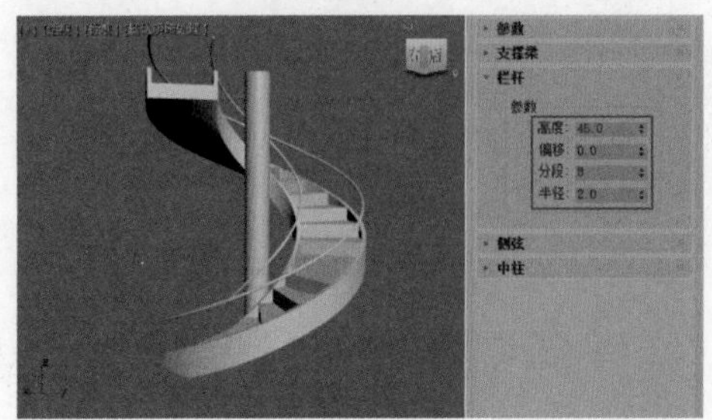

图2-120

螺旋楼梯的最终模型效果如图2-121所示。

图2-121

2.5 AEC扩展

“AEC扩展”提供的对象主要用于建筑、工程等领域，包含植物 植物 、栏杆 栏杆 和墙 墙 ，如图2-122所示。其中的植物可作为室内设计中窗外植物的表现，而栏杆则可以用来模拟室内落地式窗前的护栏。

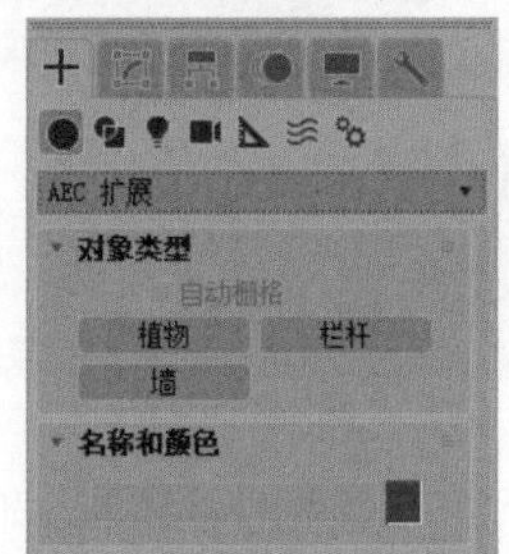

图2-122

2.5.1 植物

“植物”对象 植物 提供了一个小型的植物模型库，使用非常方便，并且效果逼真。使用“植物”对象可以快速地在场景中创建高质量的地表植物，这些被创建的植物在默认状态下形态一致，但是可通过“修改”面板更改为自然的三维效果。3ds Max 2020提供了孟加拉菩提树、棕榈、苏格兰松树、丝兰、针松、美洲榆、垂柳、大戟属植物、芳香蒜、大丝兰、樱花和橡树共12种不同类型的植物。单击“植物”按钮，就可以在下方的“收藏的植物”卷展栏内选择不同的植物图标来创建植物模型，如图2-123所示。

图2-123

此外，单击“收藏的植物”卷展栏内的“植物库”按钮 植物库... ，则可查看各种类型植物的学名、类型、简单描述及构成模型的面数，如图2-124所示。

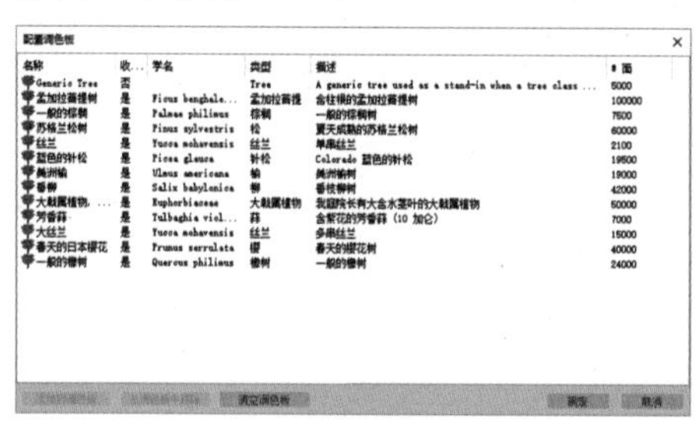

配置调色板

名称	收...	学名	类型	描述	# 面
Generic Tree	否		Tree	A generic tree used as a stand-in when a tree class ...	5000
孟加拉菩提树	是	Ficus benghale...	孟加拉菩提	含柱根的孟加拉菩提树	100000
一般的棕榈	是	Palmae philieus	棕榈	一般的棕榈树	7500
苏格兰松树	是	Pinus sylvestris	松	夏天成熟的苏格兰松树	60000
丝兰	是	Yucca mohavensis	丝兰	单株丝兰	2100
蓝色的针松	是	Picea glauca	针松	Colorado 蓝色的针松	19500
美洲榆	是	Ulmus americana	榆	美洲榆树	19000
垂柳	是	Salix babylonica	柳	垂枝柳树	42000
大戟属植物, ...	是	Euphorbiaceae	大戟属植物	沙漠中长有大含水茎叶的大戟属植物	50000
芳香蒜	是	Tulbaghia viol...	蒜	含紫花的芳香蒜（10 加仑）	7000
大丝兰	是	Yucca mohavensis	丝兰	多株丝兰	15000
春天的日本樱花	是	Prunus serrulata	樱	春天的樱花树	40000
一般的橡树	是	Quercus philieus	橡树	一般的橡树	24000

清空调色板 确定 取消

图2-124

植物的“参数”卷展栏如图2-125所示。

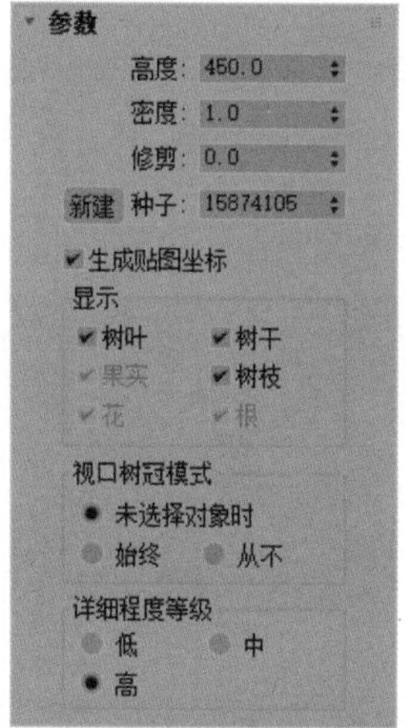

图2-125

解析

- 高度：控制植物的近似高度。3ds Max 将对所有植物的高度应用随机的噪波系数。因此，在视口中所测量的植物实际高度并不一定等于“高度”参数的值。
- 密度：控制植物上叶子和花朵的数量。值为 1 时，表示植物具有全部的叶子和花；值为0.5时，表示植物具有一半的叶子和花；值为0时，表示植物没有叶子和花。如图2-126～图2-127所示为“密度”值分别是1和0.2的植物的结果对比。

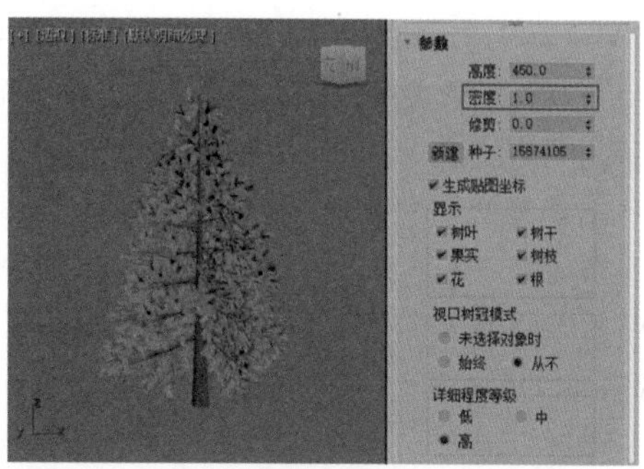

图2-126

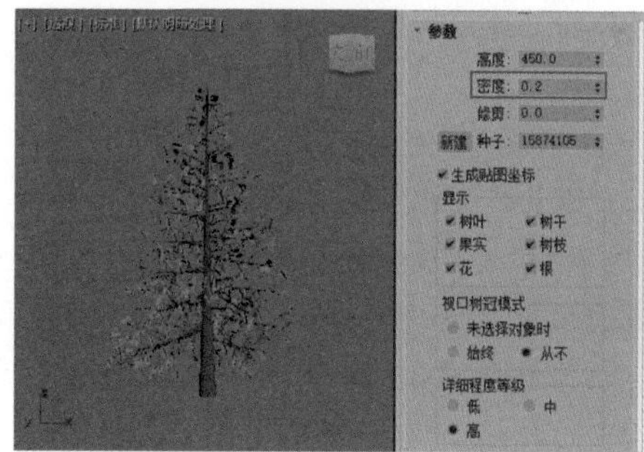

图2-127

- 修剪：只适用于有树枝的植物。删除位于一个与构造平面平行的不可见平面之下的树枝。值为 0 时，表示不进行修剪；值为 0.5 时，表示根据一个比构造平面高出一半高度的平面进行修剪；值为 1 时，表示尽可能修剪植物上的所有树枝。3ds Max 从植物上修剪何物取决于植物的种类。如果是树干，则永不会进行修剪。如图2-128所示为该值分别是0和0.7的结果。

图2-128

- “新建”按钮 新建 ：随机产生一个种子值，改变当前植物的形态。

- 种子：介于 0 ~ 16，777，215 的值，表示当前植物可能的树枝变体、叶子位置以及树干的形状与角度。
- 生成贴图坐标：对植物应用默认的贴图坐标。默认设置为启用。

"显示"选项组

- 树叶/树干/果实/树枝/花/根：控制植物的叶子、果实、花、树干、树枝和根的显示。选项是否可用取决于所选的植物种类。例如，如果植物没有果实，则 3ds Max 将禁用选项。禁用选项会减少所显示的顶点和面的数量。

"视口树冠模式"选项组

- 未选择对象时：未选择植物时以树冠模式显示植物。
- 始终：始终以树冠模式显示植物。
- 从不：从不以树冠模式显示植物。

"详细程度等级"选项组

- 低：以最低的细节级别渲染植物树冠。
- 中：对减少了面数的植物进行渲染。3ds Max 减少面数的方式因植物而异，但通常的做法是删除植物中较小的元素，或减少树枝和树干中的面数。
- 高：以最高的细节级别渲染植物的所有面。

2.5.2 栏杆

使用"栏杆"按钮 栏杆 可以在场景中以拖曳的方式创建任意大小的栏杆，并且允许通过拾取栏杆路径的方式创建不规则路径的栏杆，在制作花园的围栏、落地式窗户前的防护栏时非常方便。

栏杆的参数如图2-129所示，包含有栏杆、立柱和栅栏3个卷展栏。

图2-129

1. "栏杆"卷展栏

"栏杆"卷展栏如图2-130所示。

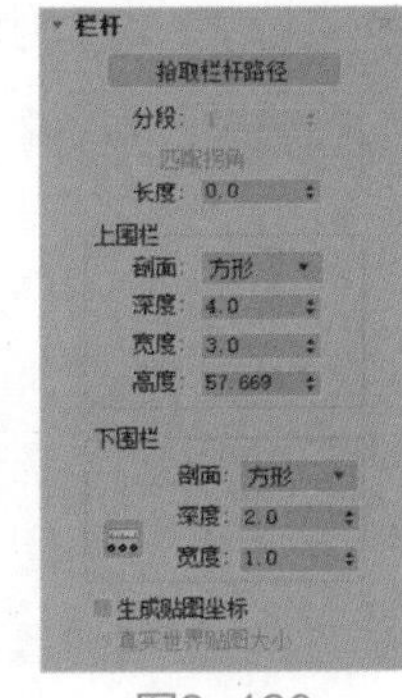

图2-130

解析

- "拾取栏杆路径"按钮 拾取栏杆路径 ：单击该按钮，然后单击视口中的样条线，将其用作栏杆路径。
- 分段：设置栏杆对象的分段数。只有使用栏杆路径时，才能使用该选项。
- 匹配拐角：在栏杆中放置拐角，以便与栏杆路径的拐角相符。
- 长度：设置栏杆对象的长度。

"上围栏"选项组

- 剖面：设置上围栏的横截剖面，有无、方形和圆形3个选项可选。
- 深度/宽度/高度：分别设置上围栏的深度/宽度/高度。

"下围栏"选项组

- 剖面：设置下围栏的横截剖面，有无、方形和圆形3个选项可选。
- 深度/宽度：分别设置下围栏的深度/宽度。
- "下围栏间距"按钮：设置下围栏的间距。

2. "立柱"卷展栏

"立柱"卷展栏如图2-131所示。

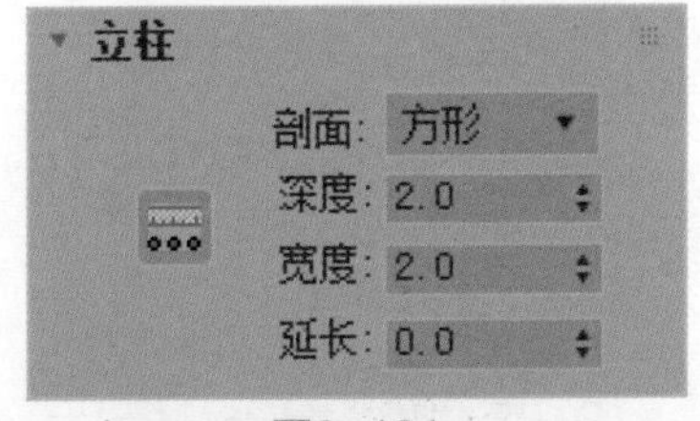

图2-131

解析

- 剖面：设置立柱的横截剖面，有无、方形和圆形3个选项可选。
- 深度/宽度：分别设置立柱的深度/宽度。
- 延长：设置立柱在上栏杆底部的延长。

3. "栅栏"卷展栏

"栅栏"卷展栏如图2-132所示。

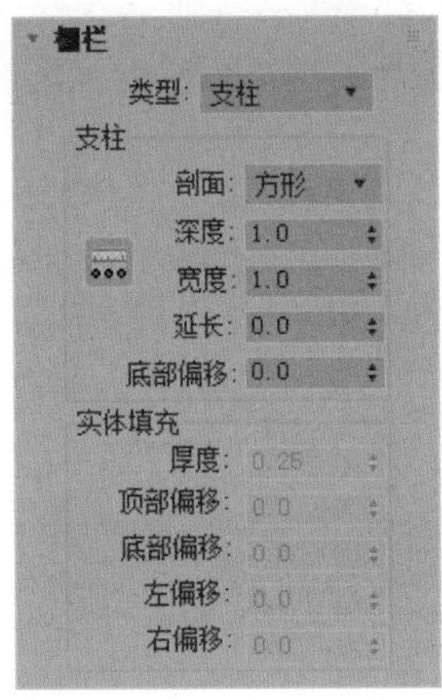

图2-132

解析

- 类型：设置立柱之间的栅栏类型，包括无、支柱或实体填充。

  “支柱”选项组

- 剖面：设置立柱的横截剖面，有“方形”和“圆形”两个选项可选。
- 深度/宽度：分别设置立柱的深度/宽度。
- 延长：设置立柱在上栏杆底部的延长。
- 底部偏移：设置支柱与栏杆对象底部的偏移量。

  “实体填充”选项组

- 厚度：设置实体填充的厚度。
- 顶部偏移：设置实体填充与上栏杆底部的偏移量。
- 底部偏移：设置实体填充与栏杆对象底部的偏移量。
- 左偏移：设置实体填充与相邻左侧立柱之间的偏移量。
- 右偏移：设置实体填充与相邻右侧立柱之间的偏移量。

2.5.3 墙

使用“墙”按钮 墙 可以事先设置所要创建墙体的宽度和高度，之后就可以在场景中通过单击的方式不断创建连成一片的墙体模型。单击“墙”按钮，即可看到下方的“键盘输入”卷展栏和“参数”卷展栏，如图2-133所示。

1.“键盘输入”卷展栏

“键盘输入”卷展栏如图2-134所示。

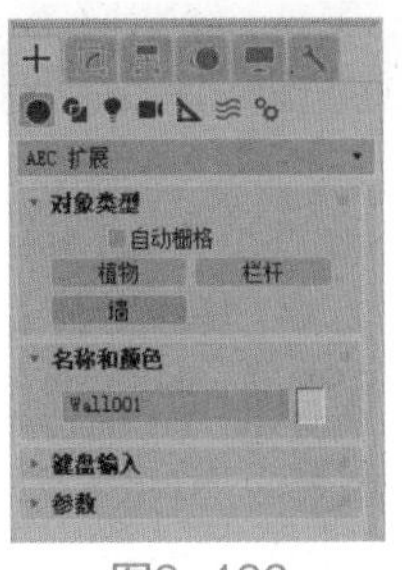

图2-133

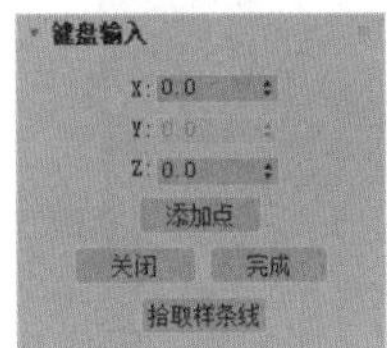

图2-134

解析

- X/Y/Z：设置墙分段在活动构造平面中的起点的X轴/Y轴/Z轴坐标位置。
- “添加点”按钮 添加点 ：根据输入的X轴、Y轴和Z轴坐标值添加点。
- “关闭”按钮 关闭 ：结束墙对象的创建，并在最后一个分段的端点与第一个分段的起点之间创建分段，以形成闭合的墙。
- “完成”按钮 完成 ：结束墙对象的创建，使之呈端点开放状态。
- “拾取样条线”按钮 拾取样条线 ：将样条线用作墙路径。单击该按钮，然后单击视口中的样条线作为墙路径。

2.“参数”卷展栏

“参数”卷展栏如图2-135所示。

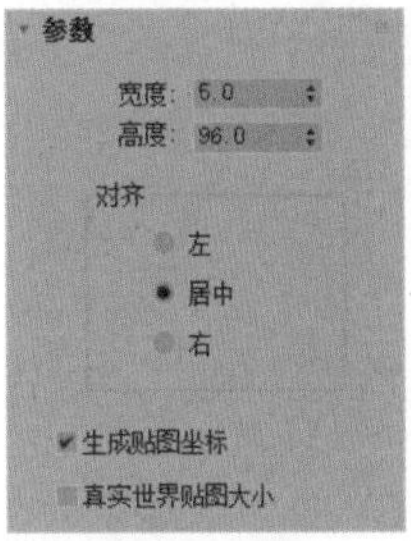

图2-135

解析

- 宽度：设置墙的厚度。
- 高度：设置墙的高度。

  “对齐”选项组

- 左：根据墙基线（墙的前边与后边之间的线，即墙的厚度）的左侧边对齐墙。
- 居中：根据墙基线的中心对齐墙。
- 右：根据墙基线的右侧边对齐墙。
- 生成贴图坐标：对墙应用贴图坐标。默认设置为启用。
- 真实世界贴图大小：控制应用于该对象的纹理贴图材质所使用的缩放方法。

3.1 修改器的基本知识

3ds Max 2020为用户提供了功能丰富的各种修改器。这些修改器有的可以为几何形体重新塑形，有的可以为几何体设置特殊的动画效果，还有的可以为当前选择对象添加力学绑定。修改器的应用有先后顺序之分，同样的一组修改器如果用不同的顺序添加在物体上，可能会得到不同的模型效果。修改器的添加操作在“命令”面板中的“修改”面板中完成，也就是创建物体后，修改其参数的地方。

在操作视口中选择的对象类型不同，修改器的命令也会有所不同。比如，有的修改器仅对图形起作用，如果在场景中选择了几何体，那么相应的修改器命令就无法在“修改器列表”中找到。再如当我们对图形应用了修改器后，图形就转变成了几何体，这样即使仍然选择的是最初的图形对象，也无法再次添加仅对图形起作用的修改器了。

3.1.1 修改器堆栈

在修改器堆栈中，可以查看选定的对象及应用于对象上的所有修改器，并包含累积的历史操作记录。我们可以对对象应用任意数目的修改器，包括重复应用同一个修改器。当开始对对象应用对象修改器时，修改器会以应用时的顺序“入栈”。第一个修改器会出现在堆栈底部，对象类型出现在它上方。

使用修改器堆栈时，单击堆栈中的项目，就可以返回到进行修改的那个点；然后可以暂时禁用修改器，或者删除修改器。也可以在堆栈中相应的位置插入新的修改器，更改对象的当前状态。

当场景中的物体添加了多个修改器后，若希望更改某个修改器的参数，就必须在修改器堆栈中查找。修改器堆栈里的修改器可以在不同的对象上应用复制、剪切和粘贴。修改器名称前面的眼睛图标还可以控制是否取消所添加修改器的效果，当眼睛图标显示为白色时，修改器将应用于其下面的堆栈。当眼睛图标显示为灰色时，将禁用修改器。单击即可切换修改器的启用/禁用状态。对不需要的修改器也可以在堆栈中将其删除。如图3-1所示为一个添加了多个修改器的修改器堆栈。

图3-1

在修改器堆栈的底部，第一个条目显示场景中选择物体的名称，并包含自身的属性参数。单击此条目可以修改原始对象的创建参数，如果没有加添新的修改器，那么这就是修改器堆栈中唯一的条目。

当所添加的修改器名称前有一个黑色的三角形符号时，说明此修改器内包含子层级。子层级的数目最少为1个，最多不超过5个，如图3-2所示。

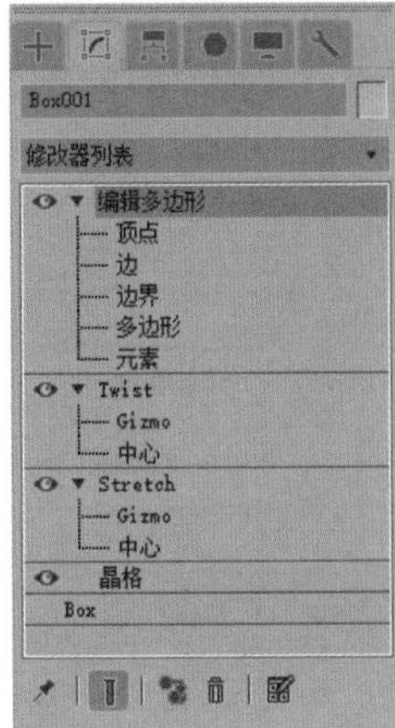

图3-2

所有修改器子层级的快捷键都是数字键，如1、2、3、4、5。

解析

- “锁定堆栈”按钮：用于将堆栈锁定到当前选定的对象，无论之后是否选择该物体对象或者其他对象，“修改”面板始终显示被锁定对象的修改命令。
- “显示最终结果”按钮：当对象应用了多个修改器时，激活显示最终结果后，即使选择的不是最上方的修改器，但是视口中显示的仍然是应用了所有修改器的最终结果。
- “使唯一”按钮：当此按钮可激活时，说明场景中可能至少有一个对象与当前所选择对象为实例化关系，或者场景中至少有一个对象应用了与当前选择对象相同的修改器。
- “移除修改器”按钮：用于删除当前所选择的修改器。
- “配置修改器集”按钮：单击该按钮，可弹出“修改器集”菜单。

删除修改器时，不可以在选中修改器名称后按Delete键，这样会删除选择的对象本身而不是修改器。正确的做法应该是通过单击修改器列表下方的“移除修改器”按钮删除修改器，或者在修改器名称上单击鼠标右键并执行“删除”命令。

3.1.2　修改器的顺序

在“修改”面板中添加的修改器按添加的顺序依次排列，顺序不同，结果也不同。如图3-3和图3-4所示，同一对象使用两个相同的修改器，但修改器的添加顺序不同，所以结果不同。

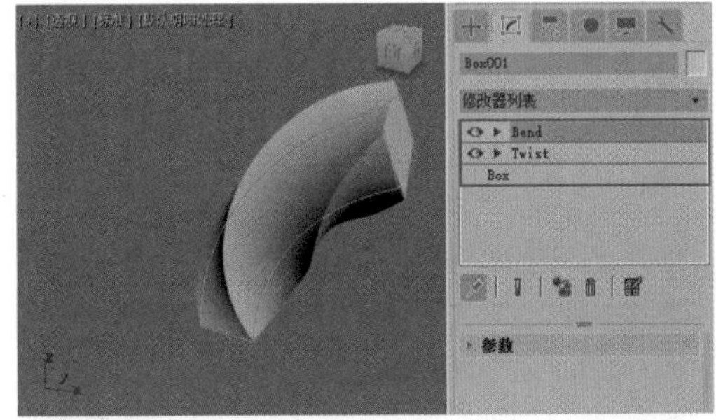

图3-3

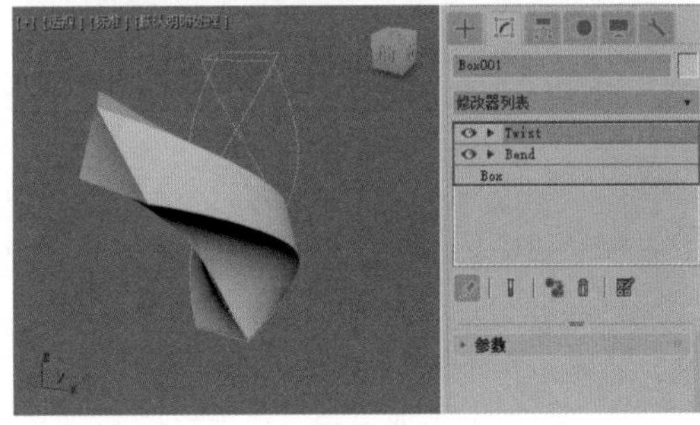

图3-4

在3ds Max中，应用某些类型的修改器后，会对当前对象产生“拓扑”行为。即有的修改器会对物体的每个顶点或者面指定一个编号，这个编号是当前修改器内部使用的，这种数值型的结构称作拓扑。单击产生拓扑行为修改器下方的其他修改器时，如果可能对物体的顶点数或者面数产生影响，导致物体内部的编号混乱，则非常有可能在最终模型上出现错误的结果。因此，试图执行类似的操作时，3ds Max会弹出“警告”对话框来提示用户，如图3-5所示。

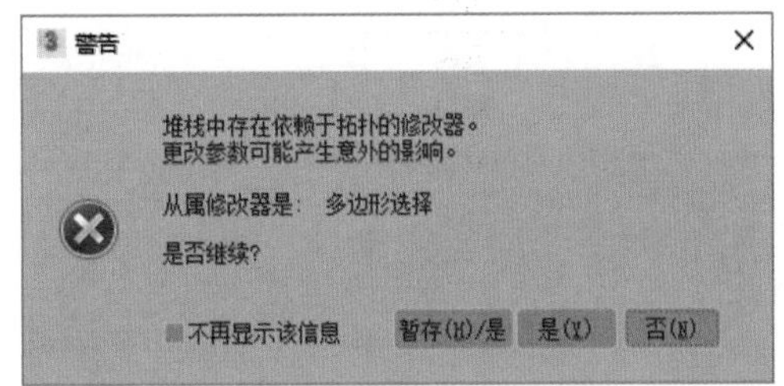

图3-5

3.1.3 加载及删除修改器

单击“修改器列表”后面的▼按钮，在弹出的下拉列表中可以选择并添加新的修改器，如图3-6所示。

在“修改器堆栈”中单击选择要删除的修改器，再单击“从堆栈中移除修改器”按钮，可以删除所选择的修改器，如图3-7所示。

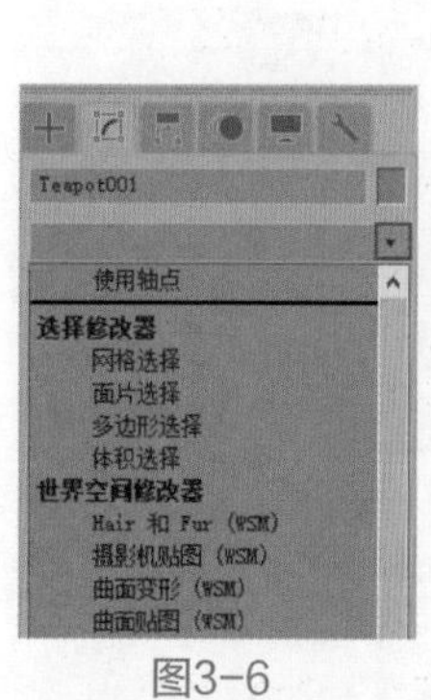

图3-6

图3-7

3.1.4 复制、粘贴修改器

修改器是可以复制的，并可以在多个不同的对象上粘贴，具体操作有以下两种方式。

方式一：在修改器名称上单击鼠标右键，然后在弹出的菜单中执行“复制”命令，如图3-8所示。在场景中选择其他物体，在“修改”面板上单击鼠标右键并执行“粘贴”命令，如图3-9所示。

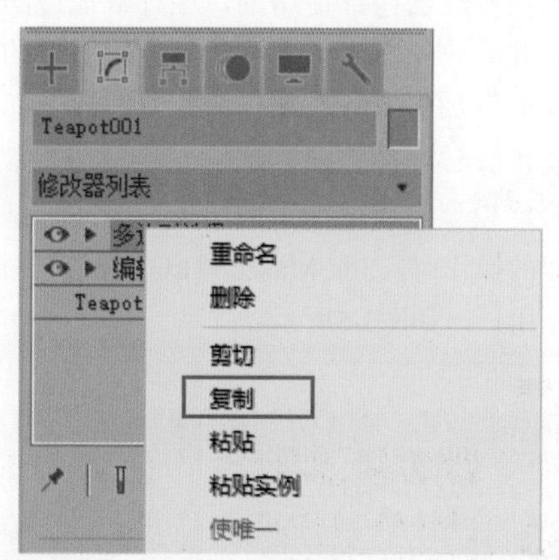

图3-8

方式二：直接将修改器拖曳到视口中的其他对象上，如图3-10所示。

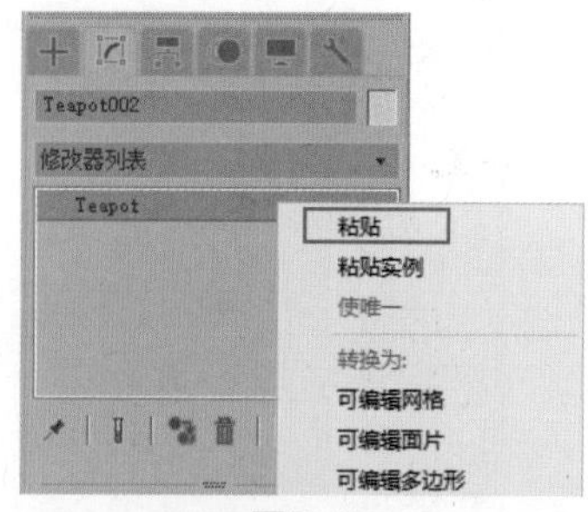

图3-9

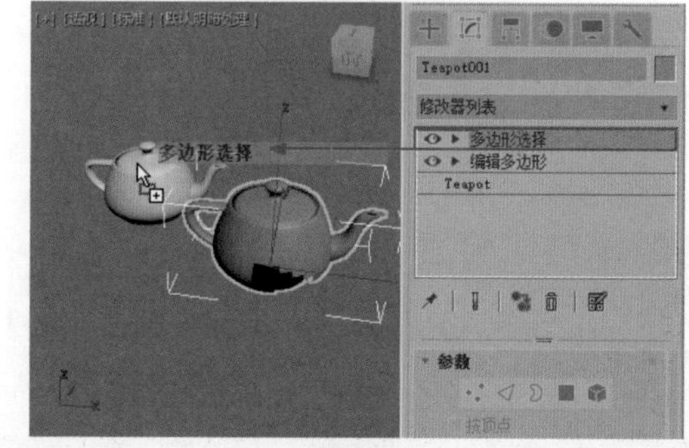

图3-10

在选中某一个修改器时，如果按住Ctrl键将其拖曳到其他对象上，可以将这个修改器作为“实例”粘贴到此对象上；如果按住Shift键将其拖曳到其他对象上，则是相当于将修改器“剪切”并粘贴到新的对象上。

3.1.5 可编辑对象

在3ds Max 2020中进行复杂模型的创建时，可以将对象直接转换为可编辑对象，并在其子对象层级中进行编辑。根据转换为可编辑对象类型的不同，其子对象层级的命令也各不相同。在视口中选择对象，单击鼠标右键并执行“转换为”命令可以进行不同对象类型的转换，如图3-11所示。

当对象转换为可编辑网格时，其“修改”面板中的子对象层级为顶点、边、面、多边形和元素，如图3-12所示。

当对象转换为可编辑多边形时，其“修改”面板中的子对象层级为顶点、边、边界、多边形和元素，如图3-13所示。

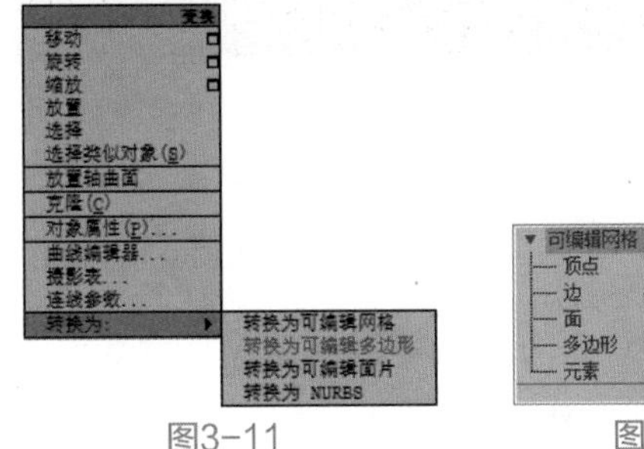

图3-11

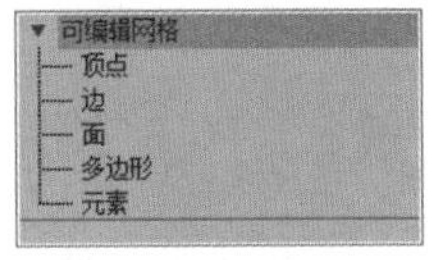

图3-12

当对象转换为可编辑面片时，其“修改”面板中的子对象层级为顶点、边、面片、元素和控制柄，如图3-14所示。

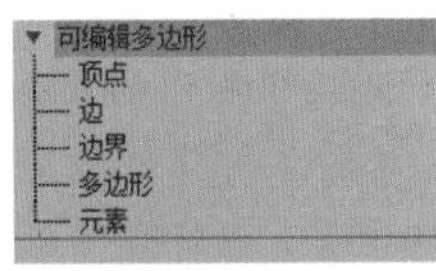

图3-13

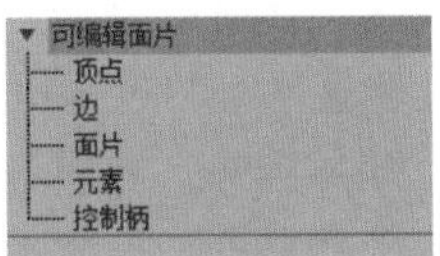

图3-14

当对象转换为可编辑样条线时，其“修改”面板中的子对象层级为顶点、线段和样条线，如图3-15所示。

当对象转换为NURBS曲面时，其“修改”面板中的子对象层级为曲面CV、曲面、曲线CV和曲线，如图3-16所示。

当对象转换为可编辑对象时，可以在视口操作中获取更有效的操作命令，缺点为丢失了对象的初始创建参数；当对象使用修改器时，优点为保留了创建参数，但是因命令受限使工作效率难以提高。

在多个对象一同选中的情况下，也可以为它们添加统一的修改器。单击选择任意对象，观察其“修改”面板中的修改器堆栈，发现修改器名称为斜体字，如图3-17所示。

图3-15

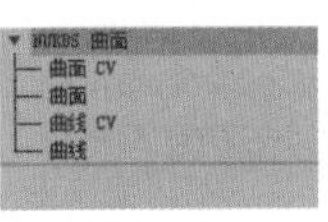

图3-16

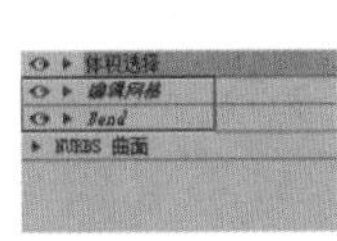

图3-17

3.1.6 塌陷修改器堆栈

当制作完成模型并确定应用的所有修改器均不再需要进行改动时，就可以将修改器的堆栈塌陷。塌陷之后的对象，会失去所有修改器及调整参数而仅仅保留模型的最终结果。此操作的优点是简化了模型的多余数据，使得模型更加稳定，同时节省了系统的资源。

塌陷修改器堆栈有两种方式，分别为“塌陷到”和“塌陷全部”，如图3-18所示。

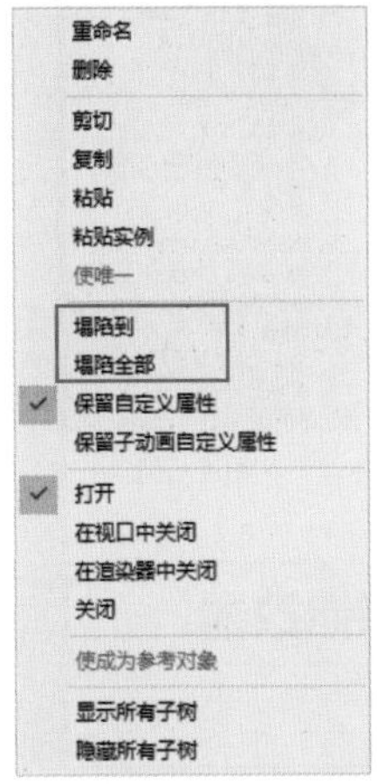

图3-18

如果只是希望在众多修改器中的某一个修改器上塌陷，则可以在当前修改器上单击鼠标右键，在弹出的快捷菜单中执行“塌陷到”命令，这时系统会自动弹出“警告：塌陷到”对话框，如图3-19所示。

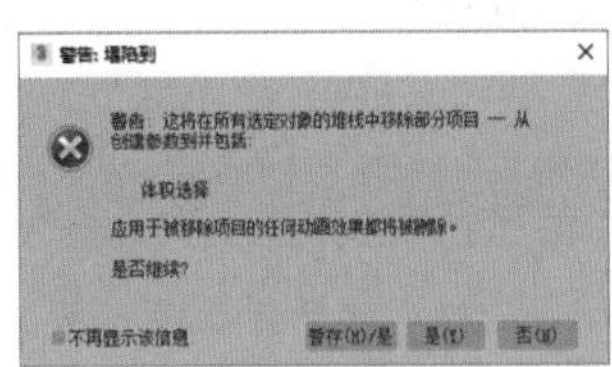

图3-19

如果希望塌陷所有的修改器，则可以在修改器名称上单击鼠标右键并执行“塌陷全部”命令，这时系统会自动弹出“警告：塌陷全部”对话框，如图3-20所示。

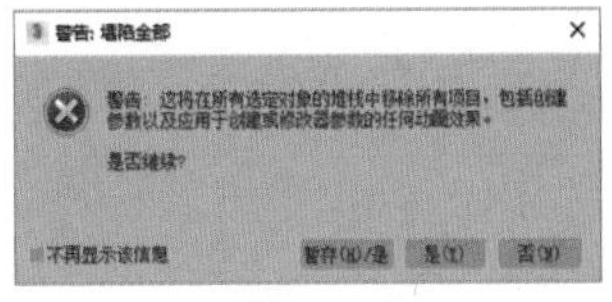

图3-20

3.2 修改器分类

修改器有很多种，在“修改”面板中的“修改器列表”中默认分为选择修改器、世界空间修改器和对象空间修改器三部分，如图3-21所示。

图3-21

3.2.1 选择修改器

“选择修改器”集合中包含网格选择、面片选择、多边形选择和体积选择4种修改器，如图3-22所示。

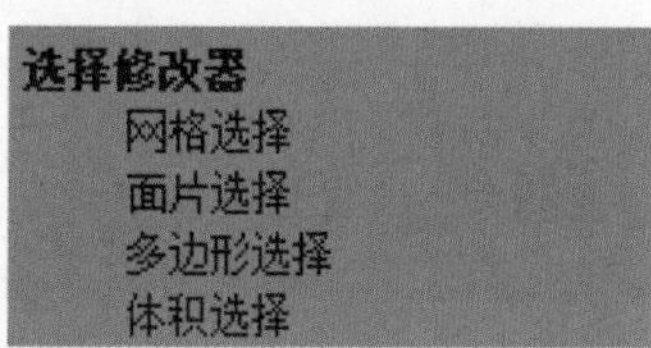

图3-22

解析

- 网格选择：选择网格物体的子层级对象。
- 面片选择：选择面片子对象。
- 多边形选择：选择多边形物体的子层级对象。
- 体积选择：可以选择一个对象或多个对象选定体积内的所有子对象。

3.2.2 世界空间修改器

在“世界空间修改器”集合中，修改器的行为与特定对象空间扭曲一样。它们携带对象，但像空间扭曲一样对其效果使用世界空间而不使用对象空间。世界空间修改器不需要绑定到单独的空间扭曲Gizmo，从而使它们便于修改单个对象或选择集，如图3-23所示。

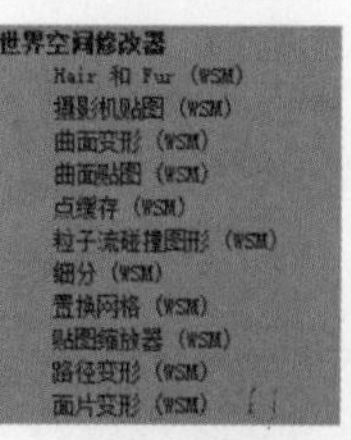

图3-23

解析

- Hair和Fur（WSM）：用于为物体添加毛发并编辑，该修改器可应用于要生长毛发的任何对象，既可以应用于网格对象，也可以应用于样条线对象。
- 摄影机贴图（WSM）：使摄影机将UVW贴图坐标应用于对象。
- 曲面变形（WSM）：该修改器的工作方式与路径变形（WSM）相似。
- 曲面贴图（WSM）：将贴图指定给NURBS曲面，并将其投影到修改的对象上。将单个贴图无缝地应用到同一NURBS模型内的曲面子对象组时，曲面贴图显得尤其有用。它也可以用于其他类型的几何体。
- 点缓存（WSM）：该修改器可以将修改器动画存储到硬盘文件中，然后再次从硬盘读取播放动画。
- 粒子流碰撞图形（WSM）：用于使标准网格对象作为粒子导向器来参与动力学计算模拟。
- 细分（WSM）：提供用于光能传递处理创建网格的一种算法。
- 置换网格（WSM）：用于查看置换贴图的效果。
- 贴图缩放器（WSM）：用于调整贴图的大小，并保持贴图的比例不变。
- 路径变形（WSM）：以图形为路径，将几何形体沿所选择的路径产生形变。
- 面片变形（WSM）：可以根据面片将对象变形。

3.2.3 对象空间修改器

对象空间修改器直接影响对象空间中对象的几何体，如图3-24所示。这个集合中的修改器主要应用于单独的对象，使用的是对象的局部坐标系，因此移动对象的时候，修改器也会跟着移动。

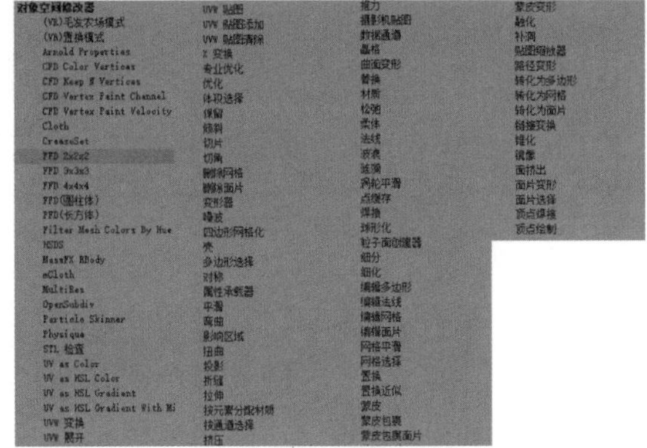
图3-24

3.3 常用修改器

3.3.1 “弯曲”修改器

“弯曲”修改器是对模型进行弯曲变形的一种修改器。“弯曲”修改器的参数如图3-25所示。

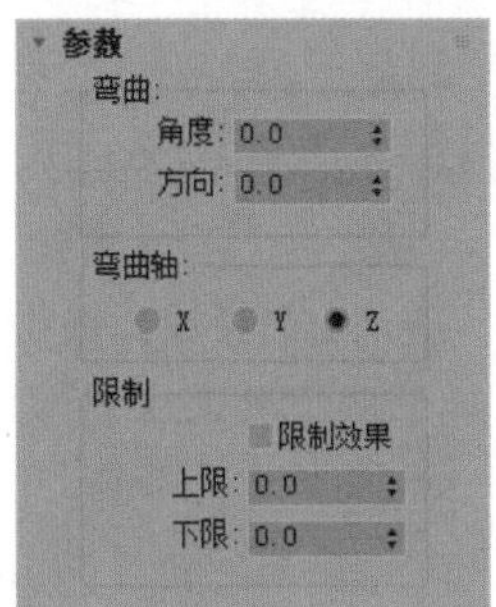

图3-25

解析

“弯曲”选项组

- 角度：从顶点平面设置要弯曲的角度。范围为-999,999～999,999。
- 方向：设置弯曲相对于水平面的方向。范围为-999,999～999,999。

“弯曲轴”选项组

- X/Y/Z：指定要弯曲的轴。注意此轴位于弯曲Gizmo并与选择项不相关。默认值为Z轴。

“限制”选项组

- 限制效果：将限制约束应用于弯曲效果。默认设置为禁用状态。
- 上限：以世界单位设置上部边界，此边界位于弯曲中心点上方，超出此边界弯曲不再影响几何体。默认值为0。范围为0～999,999。
- 下限：以世界单位设置下部边界，此边界位于弯曲中心点下方，超出此边界弯曲不再影响几何体。默认值为0。范围为-999,999～0。

3.3.2 “拉伸”修改器

使用“拉伸”修改器可以对模型产生拉伸效果的同时产生挤压效果。“拉伸”修改器的参数如图3-26所示。

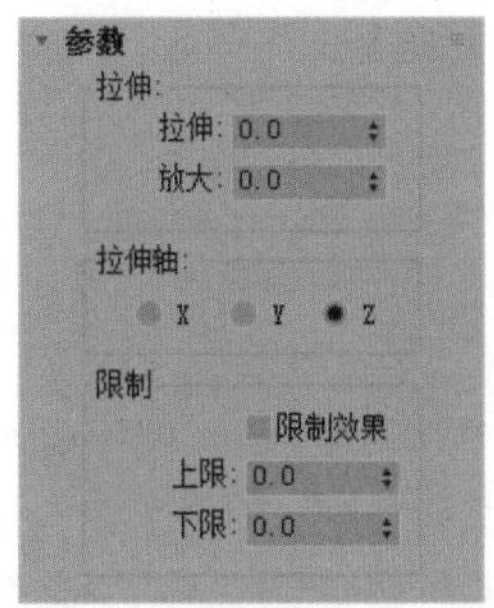

图3-26

解析

“拉伸”选项组

- 拉伸：为对象的3个轴设置基本缩放数值。
- 放大：更改应用到副轴的缩放因子。

“拉伸轴”选项组

- X/Y/Z：可以使用“参数”卷展栏的“拉伸轴”选项组中的选项设置将哪个对象局部轴作为“拉伸轴”。默认值为Z轴。

“限制”选项组

- 限制效果：限制拉伸效果。不启用“限制效果”复选框时，就会忽略“上限”和“下限”中的值。
- 上限：沿着“拉伸轴”的正向限制拉伸效果的边界。“上限”值可以是0，也可以是任意正数。
- 下限：沿着“拉伸轴”的负向限制拉伸效果的边界。“下限”值可以是0，也可以是任意负数。

"拉伸"修改器和"弯曲"修改器内的参数非常相似，与这两个修改器的参数相似的修改器还有"锥化"修改器、"扭曲"修改器和"倾斜"修改器。可以自行尝试并学习这几个修改器的使用方法。

3.3.3 "切片"修改器

使用"切片"修改器可以对模型产生剪切效果，常用于制作表现工业产品的剖面结构。"切片"修改器的参数如图3-27所示。

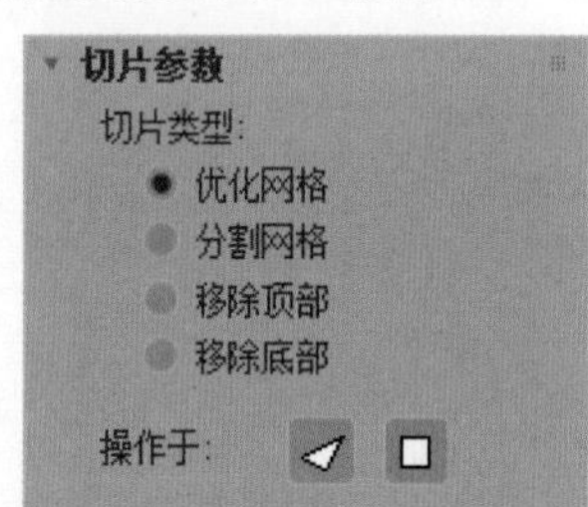

图3-27

解析

- 优化网格：沿着几何体相交处，使用切片平面添加新的顶点和边。平面切割的面可细分为新的面。
- 分割网格：沿着平面边界添加双组顶点和边，产生两个分离的网格，这样可以根据需要进行不同的修改。使用此选项可将网格分为两个。
- 移除顶部：删除"切片平面"上所有的面和顶点。
- 移除底部：删除"切片平面"下所有的面和顶点。

3.3.4 "噪波"修改器

使用"噪波"修改器可以对对象从3个不同的轴向来施加强度，使物体对象产生随机性较强的噪波起伏效果。这个修改器常用于制作起伏的水面、高山或飘扬的小旗等效果。"噪波"修改器的参数如图3-28所示。

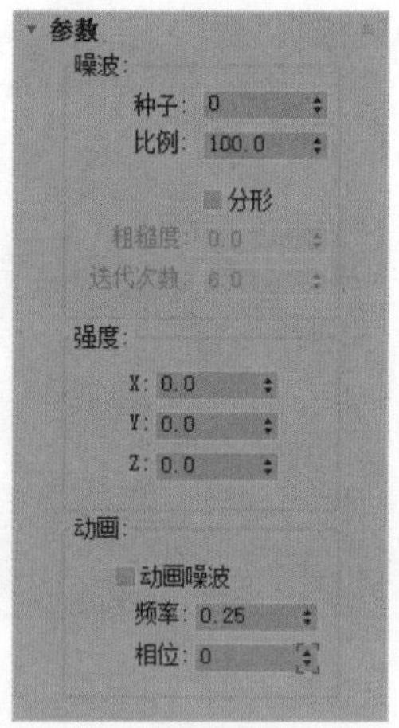

图3-28

解析

"噪波"选项组

该选项组控制噪波的出现，及由此引起的在对象的物理变形上的影响。默认情况下，控制处于非活动状态，直到更改设置。

- 种子：从设置的数中生成一个随机起始点。在创建地形时尤其有用，因为每种设置都可以生成不同的配置。
- 比例：设置噪波影响（不是强度）的大小。较大的值产生更为平滑的噪波，较小的值产生锯齿现象更严重的噪波。默认值为100。
- 分形：根据当前设置产生分形效果。默认设置为禁用。如果启用"分形"复选框，那么就可以设置"粗糙度"和"迭代次数"。
- 粗糙度：决定分形变化的程度。较低的值比较高的值更精细。范围为 0～1。默认值为 0。
- 迭代次数：控制分形功能所使用的迭代（或是八度音阶）的数目。较小的迭代次数使用较少的分形能量并生成更平滑的效果。迭代次数为 1时，与禁用"分形"效果一致。范围为 1～10。默认值为 6。

"强度"选项组

该选项组控制噪波效果的大小。只有应用强度后，噪波效果才会起作用。

- X、Y、Z：沿着三条轴设置噪波效果的强度。至少为这些轴中的一个设置参数，才产生噪波效果。默认值为 0、0、0。

"动画"选项组

该选项组通过为噪波图案叠加一个要遵循的正弦波形，可以控制噪波效果的形状。这使得噪波位于边界内，并加上完全随机的阻尼值。启用"动画噪波"复选框后，这些参数影响整体噪波效果。但是，可以分别设置"噪波"和"强度"参数；这并不需要在设置动画或播放过程中启用"动画噪波"复选框。

- 动画噪波：调节"噪波"和"强度"参数的组合效果。
- 频率：设置正弦波的周期。调节噪波效果的速度。较高的频率使得噪波振动得更快。较低的频率产生较为平滑和更温和的噪波。
- 相位：移动基本波形的开始和结束点。默认情况下，动画关键点设置在活动帧范围的任意一端。通过在"轨迹视图"中编辑这些位置，可以更清楚地看到"相位"的效果。启用"动画噪波"复选框后可以启用动画播放。

3.3.5 "晶格"修改器

使用"晶格"修改器可以将模型的边转化为圆柱形结构，并在顶点上产生可选的关节多面体。使用它可基于网格拓扑创建可渲染的几何体结构，或作为获得线框渲染效果的一种方法。"晶格"修改器的参数如图3-29所示。

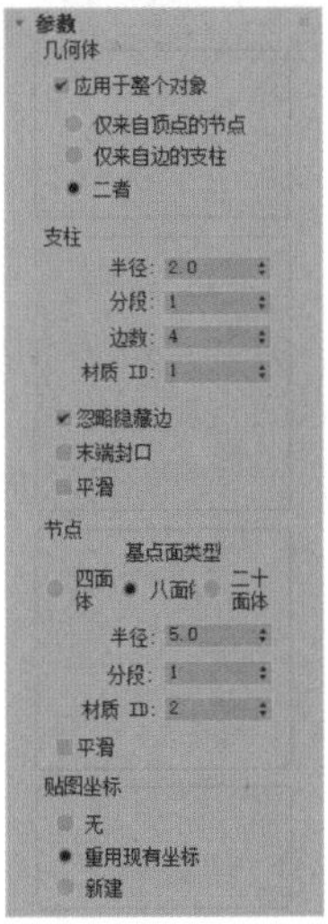

图3-29

解析

"几何体"选项组

- 几何体：指定是否使用整个对象或选中的子对象，并显示它们的结构和关节这两个组件。

"支柱"选项组

- 支柱：提供影响几何体结构的控件。
- 半径：指定结构半径。
- 分段：指定沿结构的分段数目。当需要使用后续修改器将结构或变形或扭曲时，增加此值。
- 边数：指定结构周界的边数目。
- 材质 ID：指定用于结构的材质 ID。使结构和关节具有不同的材质 ID，这会很容易地将它们指定给不同的材质。
- 忽略隐藏边：启用时，仅生成可视边的结构。禁用时，将生成所有边的结构，包括不可见边。默认设置为启用。
- 末端封口：将末端封口应用于支柱。
- 平滑：将平滑应用于支柱。

"节点"选项组

- 节点：提供影响关节几何体的控件。
- 基点面类型：指定用于关节的多面体类型，包括四面体、八面体、二十面体。
- 半径：设置关节的半径。
- 分段：指定关节中的分段数目。分段越多，关节形状越像球形。
- 材质 ID：指定用于结构的材质 ID。
- 平滑：将平滑应用于节点。

3.3.6 "专业优化"修改器

"专业优化"修改器可用于选择对象并以交互方式对其进行优化，在减少模型顶点数量的同时保持模型的外观，使得优化模型减少场景的内存要求，提高视口显示的速度，缩短渲染的时间。"专业优化"修改器的参数如图3-30所示，有优化级别、优化选项、对称选项和高级选项4个卷展栏。

1. "优化级别"卷展栏

"优化级别"卷展栏如图3-31所示。

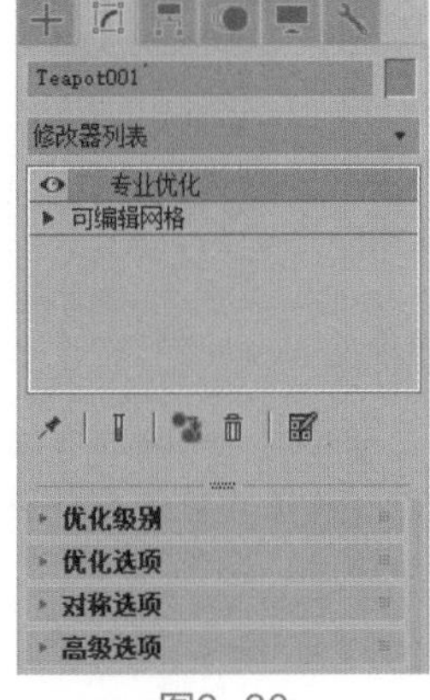

图3-30

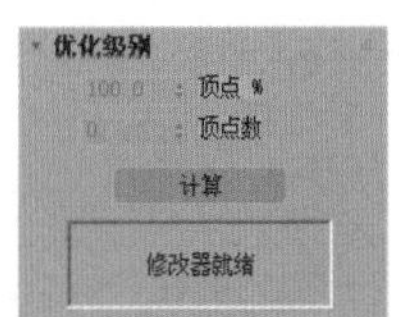

图3-31

解析

- 顶点 %：将优化对象中的顶点数设置为原始对象中顶点数的百分比，默认设置为100.0%。单击“计算”按钮之前，此选项不可用。单击“计算”按钮后，可以交互方式调整“顶点 %”值。
- 顶点数：直接设置优化对象中的顶点数。单击“计算”按钮之前，此选项不可用。单击“计算”按钮后，此值设置为原始对象中的顶点数（因为“顶点 %”默认设置为 100）。此选项可用后，即可以交互方式调整“顶点数”值。
- “计算”按钮 计算 ：单击该按钮，可以应用优化。
- “状态”窗口：此文本窗口显示 “专业优化”状态。单击“计算”按钮之前，此窗口显示“修改器就绪”。单击“计算”按钮并调整优化级别后，此窗口显示说明操作效果的统计信息，即“之前”和“之后”的顶点数和面数。

2. “优化选项”卷展栏

“优化选项”卷展栏如图3-32所示。

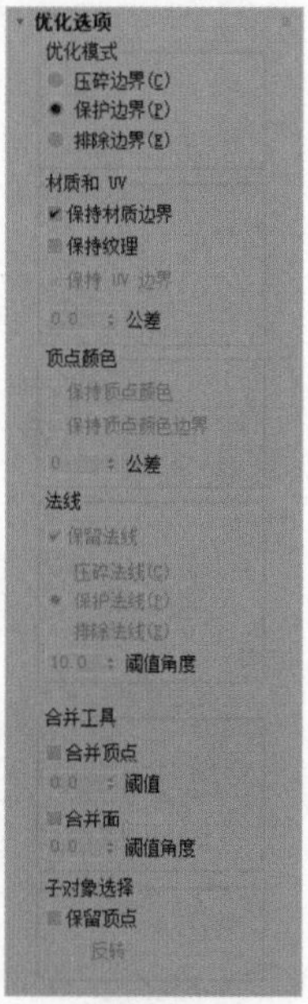

图3-32

解析

“优化模式”选项组

- 压碎边界：在进行优化对象时，不考虑边缘或面是否位于边界上。
- 保护边界：在进行优化对象时，将保护那些边缘位于对象边界上的面。不过，高优化级别仍然可能导致边界面被移除。如果对多个相连对象进行优化，则这些对象之间可能出现间隙。
- 排除边界：在进行优化对象时，从不移除带边界边缘的面。这会减少能够从模型移除的面数，但可确保在优化多个互连对象时不会出现间隙。

“材质和UV”选项组

- 保持材质边界：启用时，“专业优化”修改器将保留材质之间的边界。属于具有不同材质的面的点将被冻结，并且在优化过程中不会被移除。默认设置为启用。
- 保持纹理：启用时，优化过程中将保留纹理贴图坐标。
- 保持 UV 边界：仅当启用“保持纹理”复选框时，此复选框才可用。启用时，优化过程中将保留 UV 贴图值之间的边界。

“顶点颜色”选项组

- 保持顶点颜色：启用时，优化将保留顶点颜色数据。
- 保持顶点颜色边界：仅当启用“保持顶点颜色”复选框时，此复选框才可用。启用时，优化将保留顶点颜色之间的边界。

3. “对称选项”卷展栏

“对称选项”卷展栏如图3-33所示。

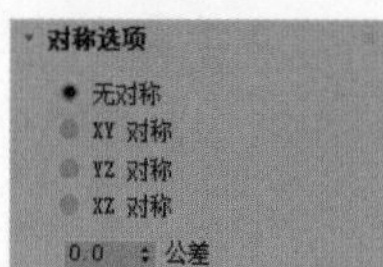

图3-33

解析

- 无对称：“专业优化”修改器不会尝试进行对称优化。
- XY 对称：“专业优化”修改器尝试进行围绕 XY 平面对称的优化。
- YZ 对称：“专业优化”修改器尝试进行围绕 YZ 平面对称的优化。
- XZ 对称：“专业优化”修改器尝试进行围绕 XZ 平面对称的优化。
- 公差：指定用于检测对称边缘的公差值。

4. “高级选项”卷展栏

“高级选项”卷展栏如图3-34所示。

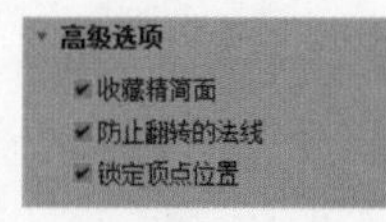

图3-34

解析

- 收藏精简面：当一个面所形成的三角形是等边三角形或接近等边三角形时，该面就是

“精简”的。启用“收藏精简面”复选框时，优化时将验证移除一个面不会产生尖锐的面。经过此测试后，所优化的模型会更均匀一致。默认设置为启用。

- 防止翻转的法线：启用时，“专业优化”修改器将验证移除一个顶点不会导致面法线翻转。禁用时，则不执行此测试，默认设置为启用。
- 锁定顶点位置：启用后，优化不会改变从网格移除的顶点的位置。

3.3.7　“融化”修改器

“融化”修改器是对模型进行融化变形的一种修改器。常常用于制作冰块、冰激凌、巧克力等食品受热融化的动画效果，“融化”修改器的参数如图3-35所示。

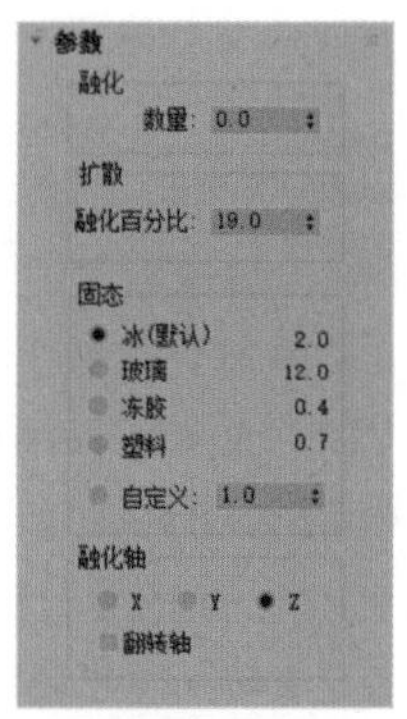

图3-35

解析

“融化”选项组

- 数量：指定“衰退”程度，或者应用于Gizmo上的融化效果，从而影响对象。

“扩散”选项组

- 融化百分比：指定随着“数量”值增加多少对象和融化会扩展。

“固态”选项组

- 冰：模拟冰的固态效果。
- 玻璃：模拟玻璃的固态效果。
- 冻胶：模拟冻胶的固态效果。
- 塑料：模拟塑料的固态效果。
- 自定义：允许用户选择0.2~30.0的自定义固态值。

“融化轴”选项组

- X/Y/Z：选择会产生融化的轴。
- 翻转轴：融化沿着给定的轴从正向朝着负向发生，启用“翻转轴”复选框可以反转这一方向。

3.3.8　“对称”修改器

“对称”修改器用于构建模型的另一半，“对称”修改器的参数如图3-36所示。

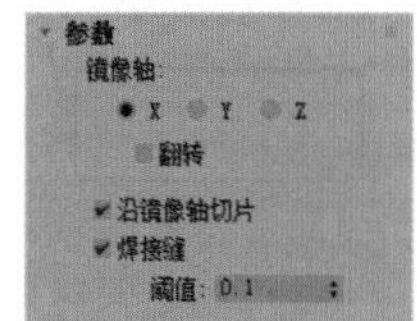

图3-36

解析

“镜像轴”选项组

- X/Y/Z：指定执行对称所围绕的轴。可以在选中轴的同时在视口中观察效果。
- 翻转：如果要翻转对称效果的方向，可启用“翻转”复选框。
- 沿镜像轴切片：启用“沿镜像轴切片”复选框，可以使镜像Gizmo在定位于网格边界内部时作为一个切片平面。当Gizmo位于网格边界外部时，对称反射仍然作为原始网格的一部分来处理。如果禁用“沿镜像轴切片”复选框，对称反射会作为原始网格的单独元素进行处理。默认设置为启用。
- 焊接缝：启用“焊接缝”复选框，可以确保沿镜像轴的顶点在阈值以内时会自动焊接。
- 阈值：阈值设置的值代表顶点在自动焊接起来之前的接近程度。默认设置是0.1。

3.3.9　“平滑”修改器

“平滑”修改器用于对模型产生一定的平滑作用，通过将面组成平滑组，平滑消除几何体的面。“平滑”修改器的参数如图3-37所示。

图3-37

解析

- 自动平滑：如果选中“自动平滑”复选框，则使用“阈值”指定的阈值自动平滑对象。“自动平滑”基于面之间的角设置平滑组。如果法线之间的角小于阈值的角，则可以将任何两个相接表面输入相同的平滑组。
- 禁止间接平滑：如果将“自动平滑”应用到对象上，不应该被平滑的对象部分会变得平滑，然后启用“禁止间接平滑”复选框，可以查看是否纠正了该问题。
- 阈值：以度数为单位指定阈值角度。如果法线之间的角小于阈值的角，则可以将任何两个相接表面输入相同的平滑组。
- “平滑组”选项组：32个按钮的栅格表示选定面所使用的平滑组，并用来为选定面手动指定平滑组。

3.3.10 “涡轮平滑”修改器

“涡轮平滑”修改器允许模型在边角交错时将几何体细分，以添加面数的方式得到较为光滑的模型效果。“涡轮平滑”修改器的参数如图3-38所示。

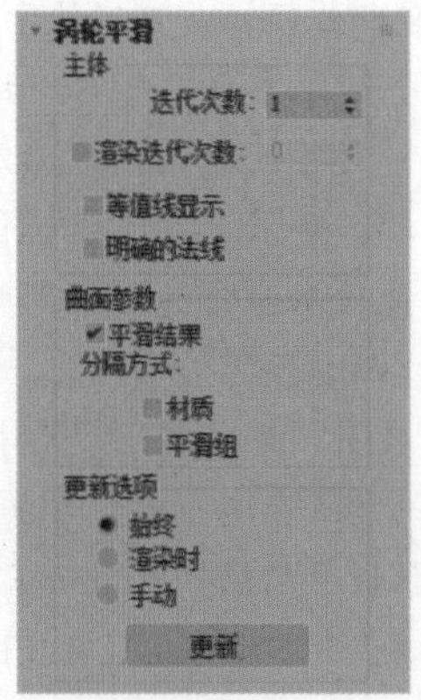

图3-38

解析

“主体”选项组

- 迭代次数：设置网格细分的次数。增加该值时，每次新的迭代会通过在迭代之前对顶点、边和曲面创建平滑差补顶点来细分网格。修改器会细分曲面来使用这些新的顶点。默认值为1。范围为0~10。
- 渲染迭代次数：允许在渲染时选择一个不同数量的平滑迭代次数应用于对象。启用“渲染迭代次数”复选框后，可以使用右边的字段来设置渲染迭代次数。
- 等值线显示：启用该复选框后，3ds Max仅显示等值线，即对象在进行光滑处理之前的原始边缘。启用此复选框，可以减少混乱的显示。
- 明确的法线：启用时，允许涡轮平滑修改器为输出计算法线，此方法要比从网格对象的平滑组计算法线的标准方法更快速。

“曲面参数”选项组

- 平滑结果：对所有曲面应用相同的平滑组。
- 材质：防止在不共享材质ID的曲面之间的边创建新曲面。
- 平滑组：防止在不共享至少一个平滑组的曲面之间的边上创建新曲面。

“更新选项”选项组

- 始终：更改任意“涡轮平滑”设置时自动更新对象。
- 渲染时：只在渲染时更新对象的视口显示。
- 手动：仅在单击“更新”按钮后更新对象。
- “更新”按钮 更新 ：更新视口中的对象，使其与当前的“网格平滑”设置。仅在选择“渲染时”或“手动”时才起作用。

3.3.11 FFD修改器

使用FFD修改器可以对模型进行变形修改，以较少的控制点来调整复杂的模型。在3ds Max 2020中，FFD修改器包含5种类型，分别为FFD2×2×2修改器、FFD3×3×3修改器、FFD4×4×4修改器、FFD（长方体）修改器和FFD（圆柱体）修改器，如图3-39所示。

FFD修改器的基本参数几乎相同，这里以FFD（长方体）修改器中的参数为例进行讲解。FFD（长方体）修改器的参数如图3-40所示。

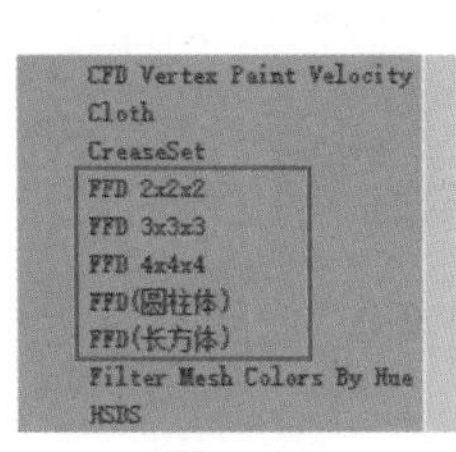

图3-39

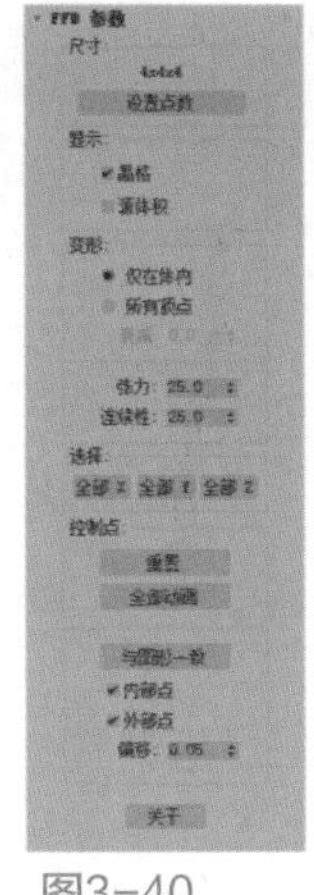

图3-40

解析

"尺寸"选项组

- "设置点数"按钮 设置点数 ：单击该按钮，会弹出"设置FFD尺寸"对话框，如图3-41所示。在该对话框中，可以指定晶格中所需控制点数目。

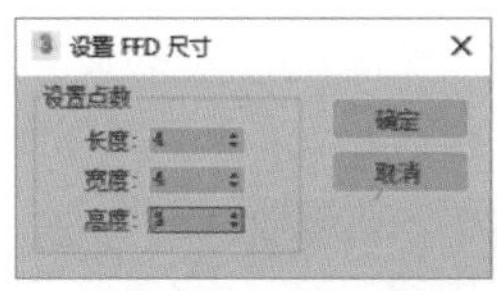

图3-41

"显示"选项组

- 晶格：绘制连接控制点的线条以形成栅格。
- 源体积：控制点和晶格会以未修改的状态显示。

"变形"选项组

- 仅在体内：只变形位于源体积内的顶点。
- 所有顶点：变形所有顶点，不管它们位于源体积的内部还是外部。
- 衰减：决定着 FFD 效果减为零时离晶格的距离。
- 张力/连续性：调整变形样条线的张力和连续性。

"选择"选项组

- "全部X"按钮 全部 X /"全部Y"按钮 全部 Y /"全部Z"按钮 全部 Z ：选中沿着由该按钮指定的局部维度的所有控制点。通过激活两个按钮，可以选择两个维度中的所有控制点。

"控制点"选项组

- "重置"按钮：将所有控制点返回到它们的原始位置。
- "全部动画"按钮：默认情况下，FFD 晶格控制点将不在"轨迹视图"中显示出来，因为没有给它们指定控制器。但是在设置控制点动画时，给它指定了控制器，则它在"轨迹视图"中可见。
- "与图形一致"按钮：在对象中心控制点位置之间沿直线延长线，将每一个 FFD 控制点移到修改对象的交叉点上，这将增加由"补偿"微调器指定的偏移距离。
- 内部点：仅控制受"与图形一致"影响的对象内部点。
- 外部点：仅控制受"与图形一致"影响的对象外部点。
- 偏移：受"与图形一致"影响的控制点偏移对象曲面的距离。
- "关于"按钮 关于 ：单击此按钮，可以弹出显示版权和许可信息的About FFD对话框，如图3-42所示。

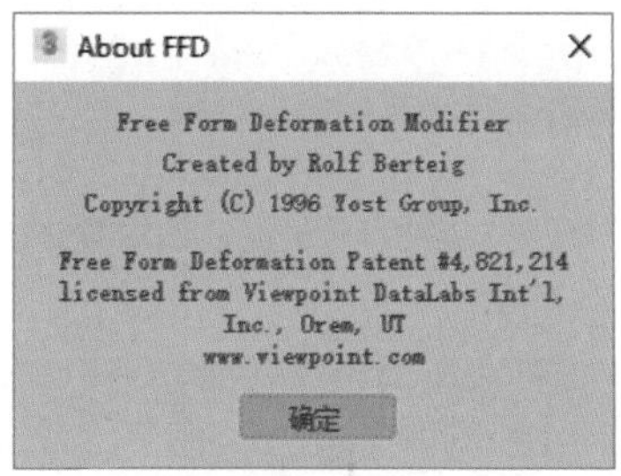

图3-42

实例操作：使用"网格选择"修改器和"弯曲"修改器制作图书模型

本例将使用多种修改器来制作一本书的模型，如图3-43所示为最终渲染效果。

图3-43

图3-43（续）

01 启动3ds Max 2020软件，在“创建”面板中切换至“扩展基本体”，单击C-Ext按钮，在场景中创建一个C形对象，如图3-44所示。

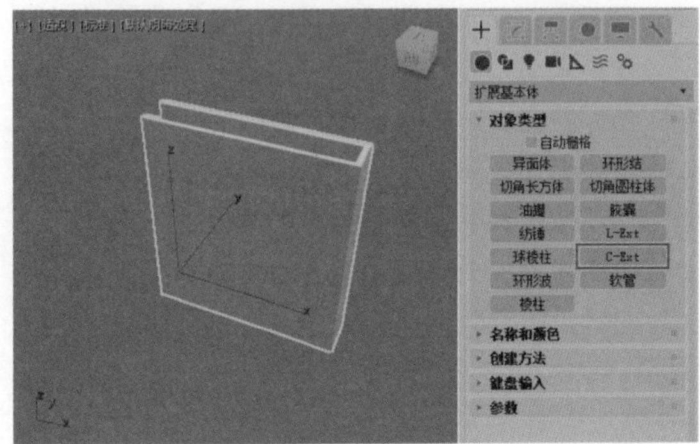

图3-44

02 在“修改”面板中设置C形对象的参数，如图3-45所示。

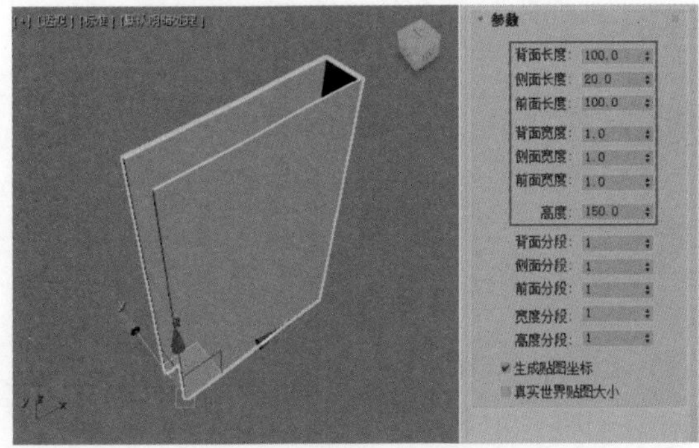

图3-45

03 在“创建”面板中单击“长方体”按钮，绘制一个长方体，作为书的内页，如图3-46所示。

04 在“修改”面板中设置长方体的参数，如图3-47所示。

05 在“修改器列表”中，为长方体添加一个“网格选择”修改器，如图3-48所示。

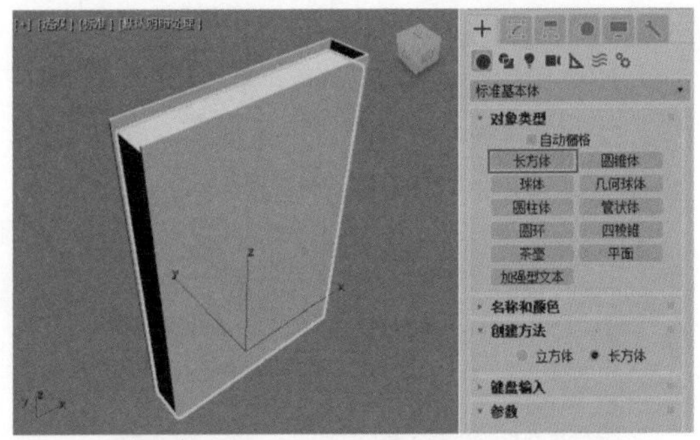

图3-46

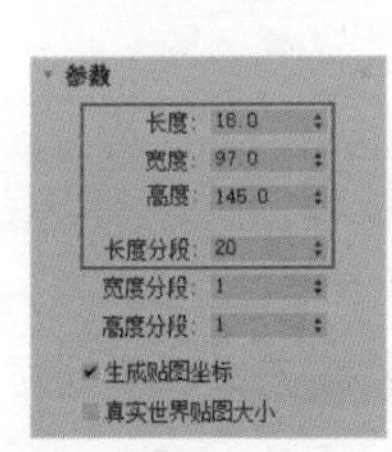

图3-47　图3-48

06 进入“网格选择”修改器的“多边形”子层级，选择如图3-49所示的面，为其添加一个“弯曲”修改器，如图3-50所示。

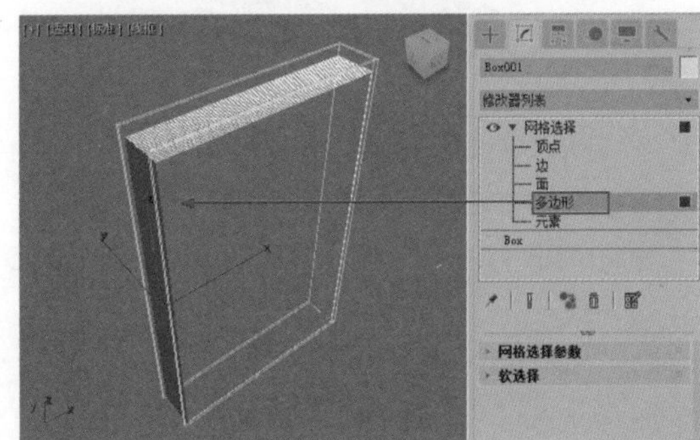

图3-49

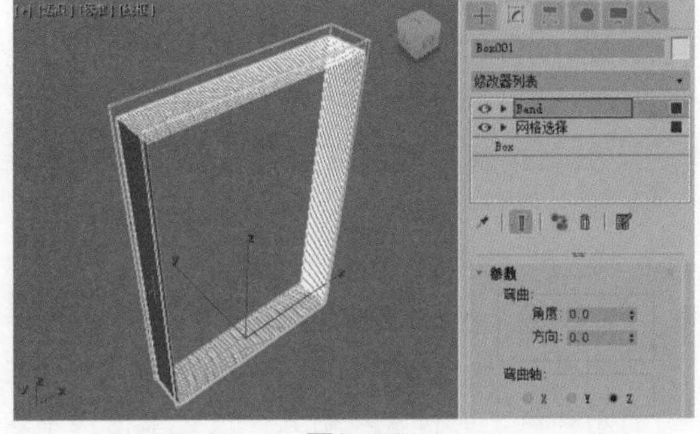

图3-50

07 在“修改”面板中设置“弯曲”修改器的“角度”值为-35，“弯曲轴”为Y轴，如图3-51所示，制作出书籍内页的细节效果。

08 制作完成后的书籍模型效果如图3-52所示。

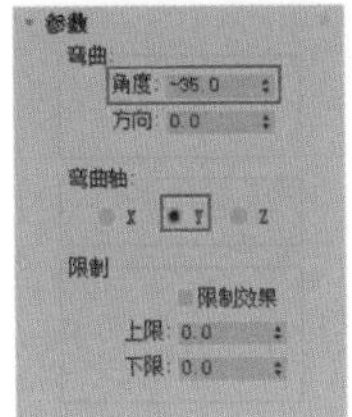

图3-51

图3-52

实例操作：使用多个修改器制作排球模型

在本实例中，使用多种修改器制作排球的三维模型。排球模型的渲染效果如图3-53所示。

图3-53

01 启动3ds Max 2020软件，单击“长方体”按钮，在“创建方法”卷展栏中选择“立方体”单选按钮，在场景中创建一个立方体对象，如图3-54所示。

02 在“修改”面板中，将立方体模型的“长度分段”“宽度分段”和“高度分段”的值分别设置为3，如图3-55所示。

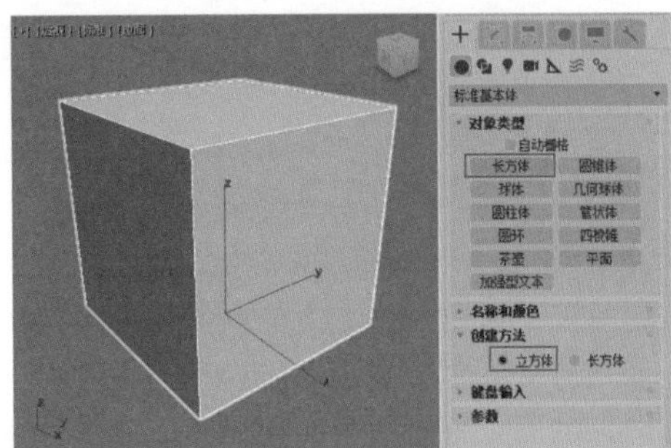

图3-54

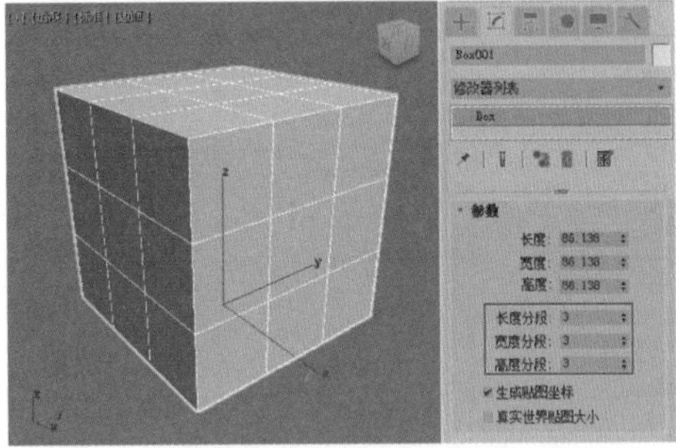

图3-55

03 选择立方体模型并右击，在弹出的快捷菜单中执行“转换为/转换为可编辑网格”命令，如图3-56所示。

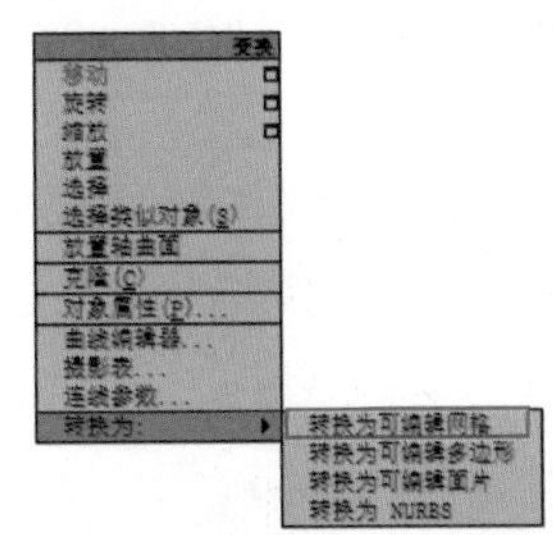

图3-56

04 在“修改”面板中，进入“多边形”子层级，选择如图3-57所示的面。右击并执行“分离”命令，在系统自动弹出的“分离”对话框中单击“确定”按钮，将所选择的3个面单独分离出来，如图3-58所示。

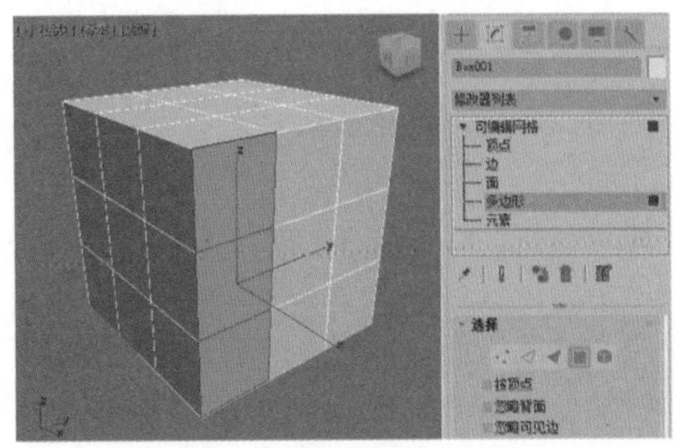

图3-57

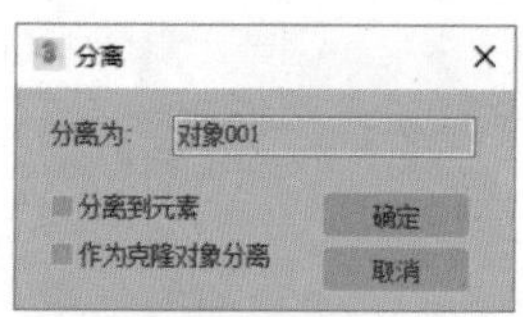

图3-58

05 重复以上步骤，将立方体模型相同朝向的另外两行平面也分离出来。为了方便区别分离出来的面片模型，将刚刚分离出来的对象更改为另外的颜色，如图3-59所示。

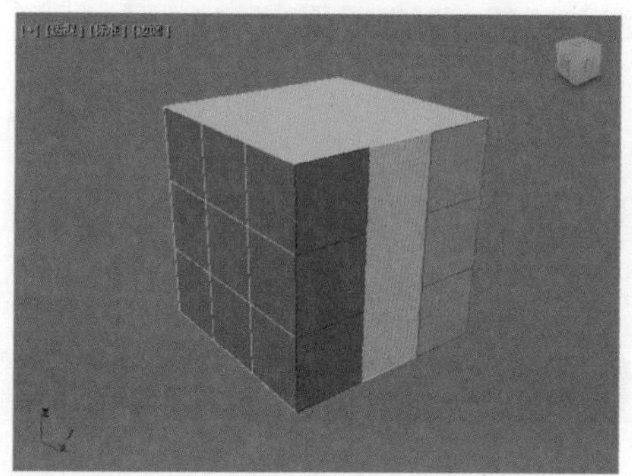
图3-59

06 重新选择立方体模型，进入其“多边形”子层级，选择与刚刚分离出来的平面模型垂直的3个面，将其“分离”出来，如图3-60所示。

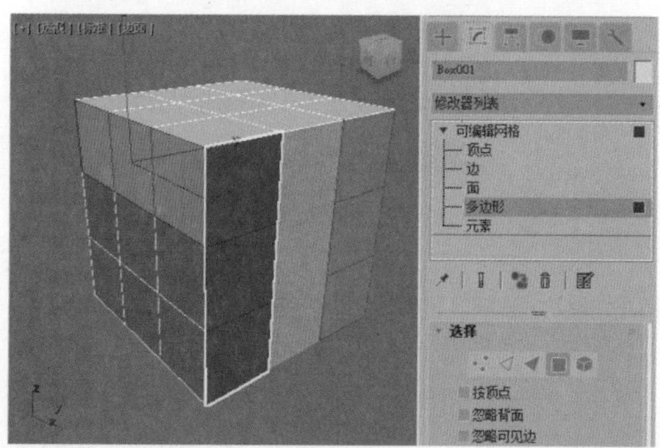

图3-60

07 重复以上操作，最终将立方体模型6个方向的面“分离”为18个平面对象。

08 退出“多边形”子层级，选择场景中的所有平面模型，添加“涡轮平滑”修改器，并设置“主体”的“迭代次数”值为2，如图3-61所示。

09 在“修改”面板中，为所有选择的对象添加“球形化”修改器，这时模型看起来像球体一样光滑，如图3-62所示。

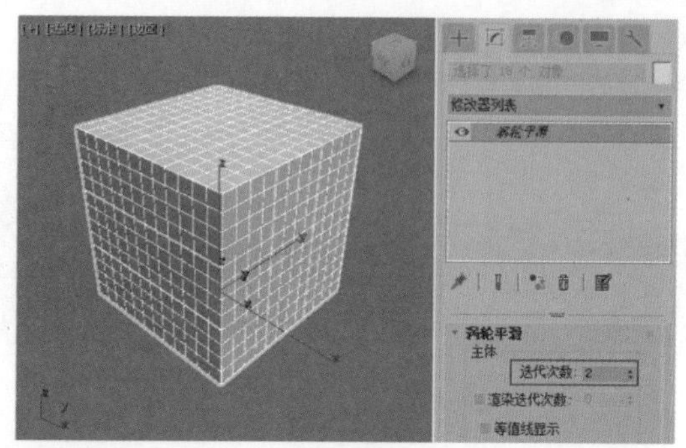

图3-61

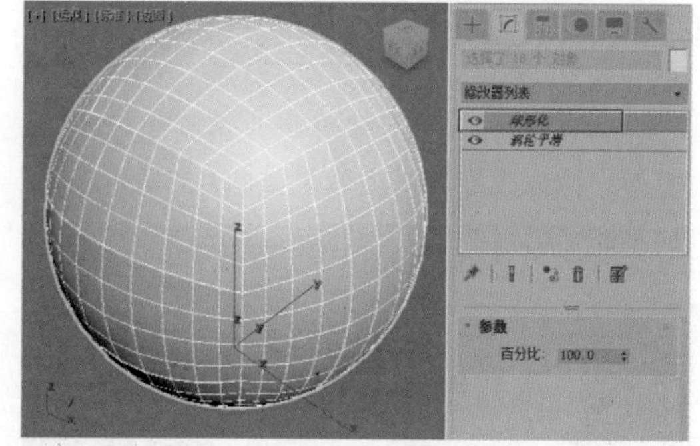

图3-62

10 在“修改”面板中，为所有选择的对象添加“网格选择”修改器，如图3-63所示。

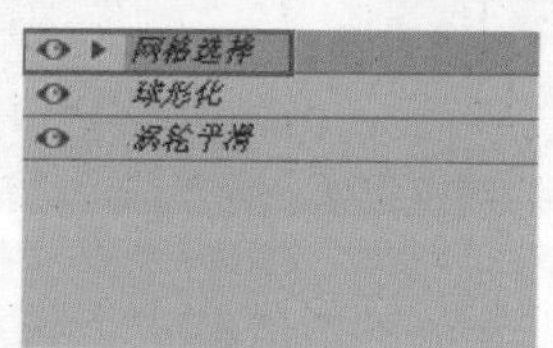

图3-63

11 进入“网格选择”修改器的“多边形”子层级，按下组合键Ctrl+A键，选择所有面，如图3-64所示。

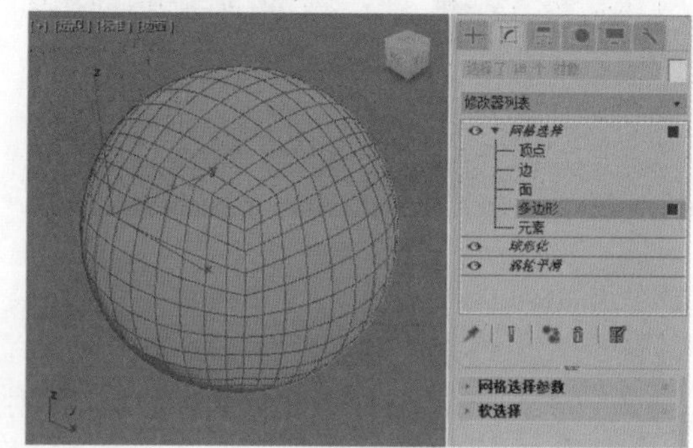

图3-64

12 在“修改”面板中，为所有选择的对象添加“面挤出”修改器，并调整“数量”值为1，“比例”值为95，如图3-65所示。

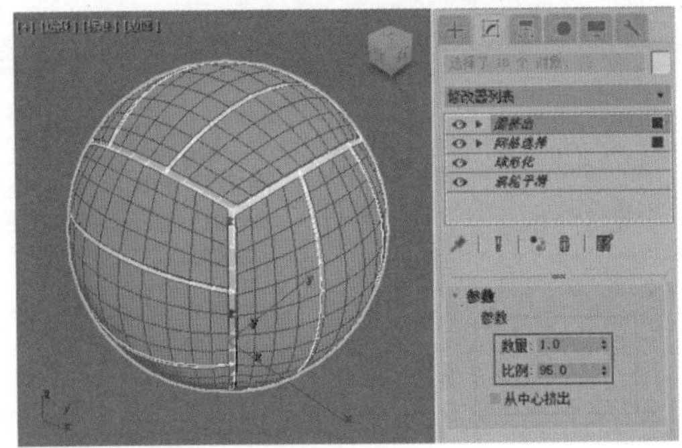

图3-65

13 在“修改”面板中，为所有选择的对象添加“网格平滑”修改器，如图3-66所示。

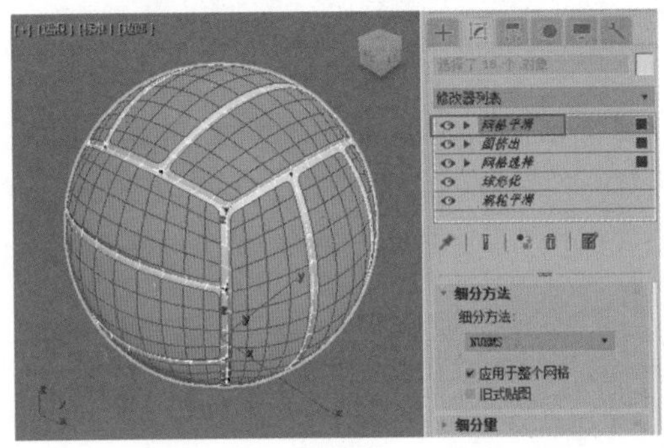

图3-66

14 在“细分方法”卷展栏中，设置“细分方法”为“四边形输出”；在“细分量”卷展栏中，设置“迭代次数”值为2，如图3-67所示。这样会使排球模型看起来更加光滑一些。

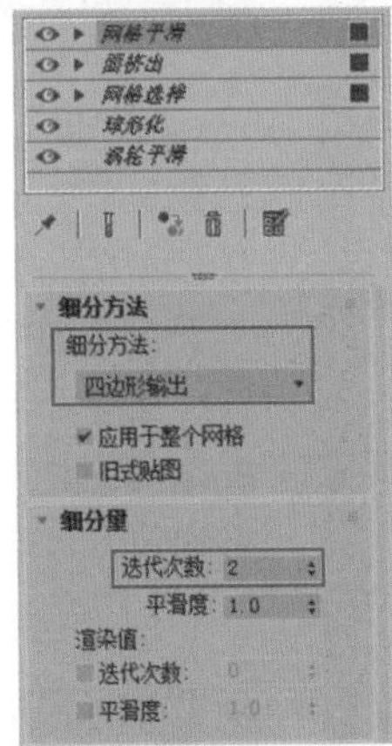

图3-67

15 本实例的最终模型制作结果如图3-68所示。

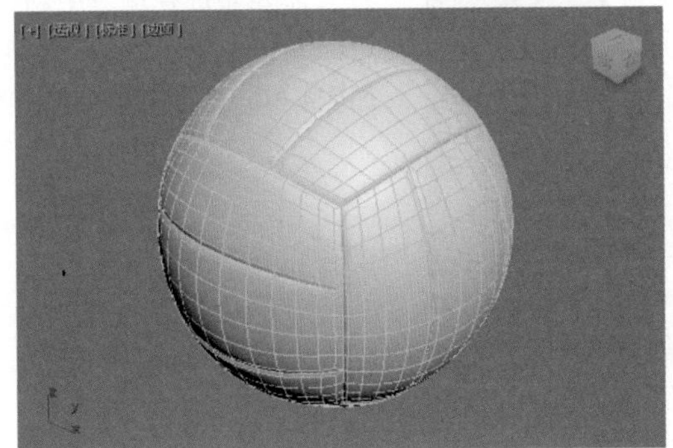

图3-68

第4章 复合对象建模

4.1 复合对象概述

在3ds Max 2020中，可以将两个或两个以上的现有对象进行组合计算，从而生成一个单独的模型，这种创建模型的方式就是复合对象建模。在“创建”面板中，可看到“复合对象”共有10种，分别是变形、散布、一致、连接、水滴网格、图形合并、地形、放样、网格化、ProBoolean、ProCutter和布尔，如图4-1所示。本章将主要讲解较为常用的复合对象。

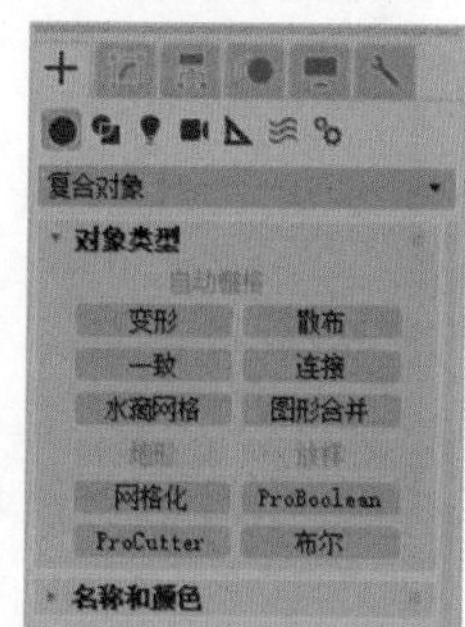

图4-1

4.2 变形

需要先选择场景中的一个几何体对象“变形”按钮才能激活，单击该按钮，可以制作一个对象从一种形态向另外一种形态产生形变的过渡动画。变形的参数如图4-2所示，分为“拾取目标”卷展栏和“当前对象”卷展栏两个部分。

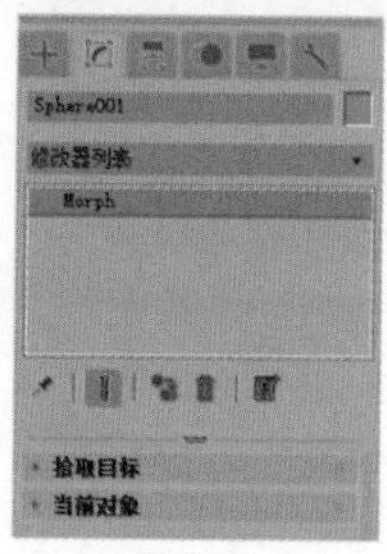

图4-2

4.2.1 “拾取目标”卷展栏

“拾取目标”卷展栏如图4-3所示。

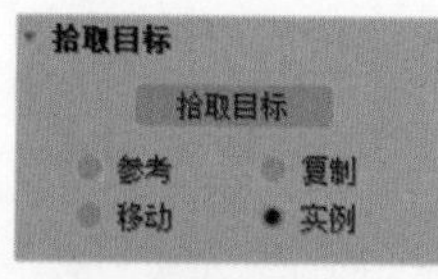

图4-3

解析

- “拾取目标”按钮 拾取目标 ：单击该按钮，可以将场景中的其他对象设置为指定目标对象。
- 参考/复制/移动/实例：用于指定目标对象传输至复合对象的方式。

4.2.2 “当前对象”卷展栏

“当前对象”卷展栏如图4-4所示。

图4-4

解析

- 变形目标：通过下方的文本框显示当前的变形目标。
- 变形目标名称：通过在下方的文本框内输入文字来更改在“变形目标”列表中选定变形目标的名称。
- “创建变形关键点”按钮 创建变形关键点 ：在当前帧添加选定目标的变形关键点。
- “删除变形目标”按钮 删除变形目标 ：删除当前高亮显示的变形目标。如果变形关键点参考的是删除的目标，也会删除这些关键点。

4.3　散布

单击“散布”按钮,可以将所选对象随机散布于另一个对象的表面，用于快速地在一片起伏不平的区域随机放置树木、石头或小草等模型。散布的参数如图4-5所示，分为“拾取分布对象”卷展栏、“散布对象”卷展栏、“变换”卷展栏、“显示”卷展栏和“加载/保存预设”卷展栏。

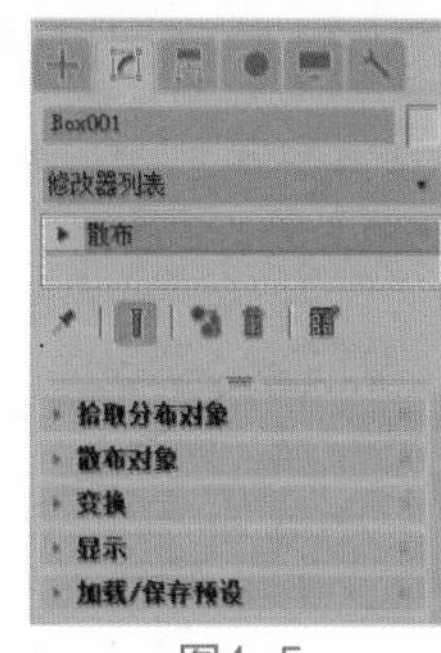

图4-5

4.3.1　“拾取分布对象”卷展栏

“拾取分布对象”卷展栏如图4-6所示。

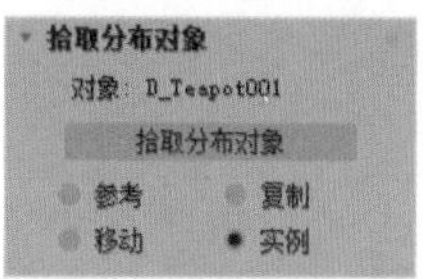

图4-6

解析

- “拾取分布对象”按钮 拾取分布对象 ：单击该按钮，可以将场景中的其他对象设置为分布对象。
- 参考/复制/移动/实例：用于指定目标对象传输至复合对象的方式。

4.3.2　“散布对象”卷展栏

“散布对象”卷展栏如图4-7所示。

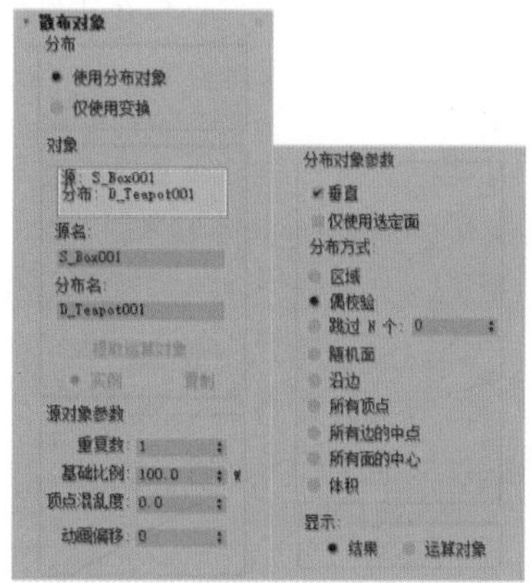

图4-7

解析

“分布”选项组

- 使用分布对象：根据分布对象的几何体来散布源对象。
- 仅使用变换：此选项无须分布对象，而是使用“变换”卷展栏上的偏移值来定位源对象的重复项。

“对象”选项组

- 源名：用于重命名散布复合对象中的源对象。
- 分布名：用于重命名分布对象。
- “提取运算对象”按钮 提取运算对象 ：提取所选操作对象的副本或实例。
- 实例/复制：用于指定提取操作对象的方式。

“源对象参数”选项组

- 重复数：指定散布的源对象的重复项数目。
- 基础比例：改变源对象的比例，同样也影响到每个重复项。
- 顶点混乱度：对源对象的顶点应用随机扰动。
- 动画偏移：用于指定每个源对象重复项的动画随机偏移原点的帧数。

“分布对象参数”选项组

- 垂直：如果启用，则每个重复对象垂直于分布对象中的关联面、顶点或边。
- 仅使用选定面：如果启用，则将分布限制在所选的面内。
- 分布方式：指定分布对象几何体确定源对象分布的方式，有区域、偶校验、跳过N个、随机面等9种方式。如果不使用分布对象，则这些选项将被忽略。

“显示”选项组

- 结果/运算对象：选择是否显示散布操作的结果或散布之前的运算操作对象。

4.3.3 “变换”卷展栏

“变换”卷展栏如图4-8所示。

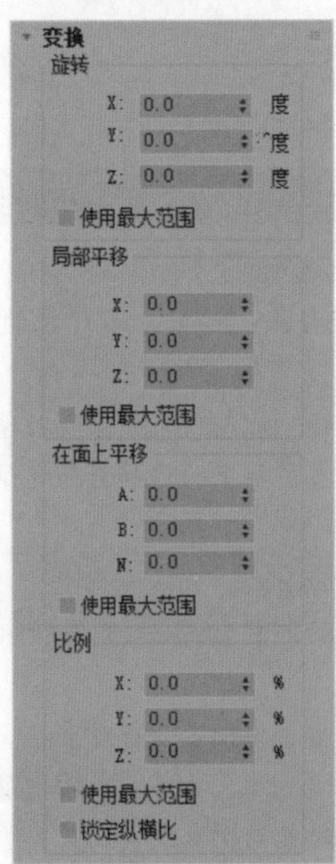

图4-8

解析

“旋转”选项组

- X/Y/Z：设置围绕每个重复项的局部X、Y或Z轴旋转的最大随机旋转偏移。
- 使用最大范围：如果启用，则强制3个设置匹配最大值。

“局部平移”选项组

- X/Y/Z：设置沿每个重复项的X、Y或Z轴平移的最大随机移动量。
- 使用最大范围：如果启用，则强制3个设置匹配最大值。其他两个设置将被禁用，只启用包含最大值的设置。

“在面上平移”选项组

- A/B/N：A/B指定面的表面上的重心坐标，而N指定沿面法线的偏移。
- 使用最大范围：如果启用，则强制3个设置匹配最大值。

“比例”选项组

- X/Y/Z：指定沿每个重复项的X、Y或Z轴的随机缩放百分比。
- 使用最大范围：如果启用，则强制3个设置匹配最大值。

4.3.4 “显示”卷展栏

“显示”卷展栏如图4-9所示。

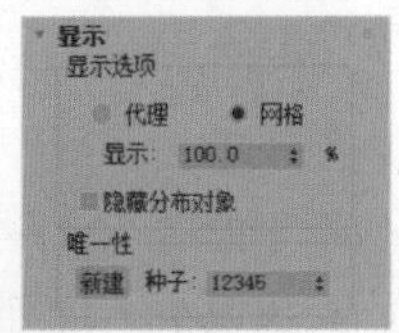

图4-9

解析

“显示选项”选项组

- 代理：将散布对象显示为简单的楔子图形，在处理复杂的散布对象时可加速视口的显示。
- 网格：将散布对象显示为完整几何体。
- 显示：指定视口中所显示的所有重复对象的百分比。
- 隐藏分布对象：选中该复选框，可以隐藏分布对象。

“唯一性”选项组

- “新建”按钮：单击该按钮，可以生成新的随机种子数值。
- 种子：可使用该微调器设置种子数目。

4.3.5 “加载/保存预设”卷展栏

“加载/保存预设”卷展栏如图4-10所示。

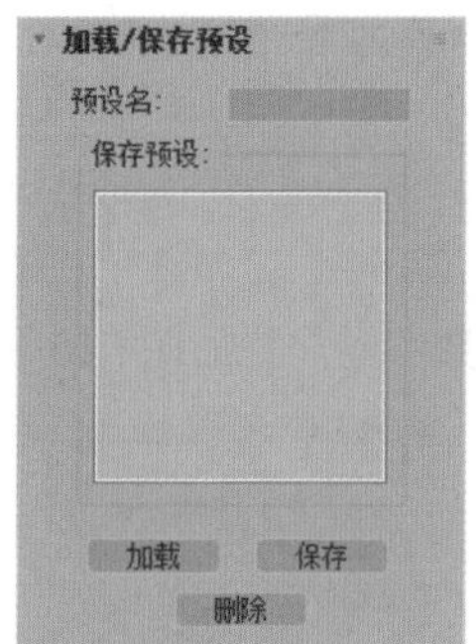

图4-10

解析

- 预设名：用于定义设置的名称。
- “加载”按钮 加载：加载“保存预设”列表中当前高亮显示的预设。
- “保存”按钮 保存：保存“预设名”字段中的当前名称并放入“保存预设”窗。
- “删除”按钮 删除：删除“保存预设”窗中的选定项。

4.4 放样

默认状态下，“放样”按钮的颜色呈灰色，不可使用，只有选择了场景中的样条线对象时，才可以激活该按钮。古代造船时，以船的龙骨为路径，在不同的位置放入大小形状不同的木板来制作船体。如今，三维软件借鉴了同样的原理，以一条线作路径，通过在路径的不同位置添加其他作为横截面的曲线来生成模型，这就是放样。放样的参数如图4-11所示，分为“创建方法”卷展栏、“曲面参数”卷展栏、“路径参数”卷展栏、“蒙皮参数”卷展栏和“变形”卷展栏。

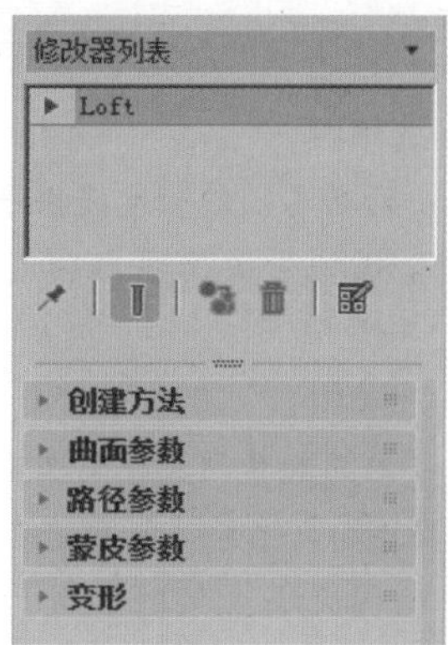

图4-11

4.4.1 “创建方法”卷展栏

“创建方法”卷展栏如图4-12所示。

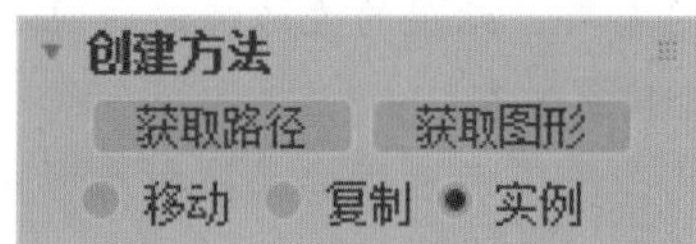

图4-12

解析

- “获取路径”按钮 获取路径：将路径指定给选定图形或更改当前指定的路径。
- “获取图形”按钮 获取图形：将图形指定给选定路径或更改当前指定的图形。
- 移动/复制/实例：用于指定路径或图形转换为放样对象的方式。

4.4.2 “曲面参数”卷展栏

“曲面参数”卷展栏如图4-13所示。

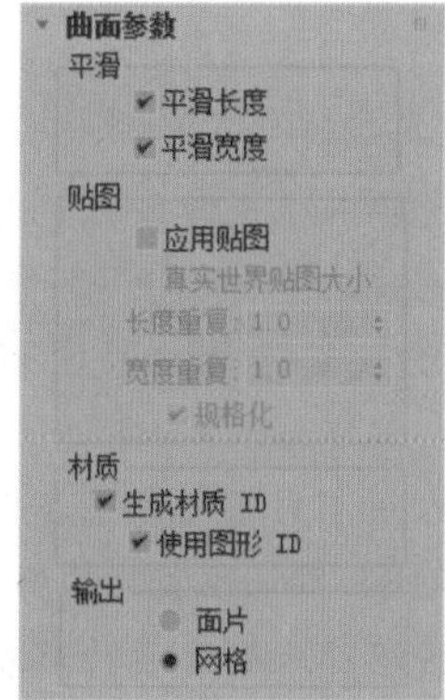

图4-13

解析

“平滑”选项组

- 平滑长度：沿着路径的长度提供平滑曲面。
- 平滑宽度：围绕横截面图形的周界提供平滑曲面。

“贴图”选项组

- 应用贴图：启用和禁用放样贴图坐标，必须启用“应用贴图”复选框才能访问其余的项目。
- 真实世界贴图大小：控制应用于该对象的纹理贴图材质所使用的缩放方法。
- 长度重复：设置沿着路径的长度重复贴图的次数，贴图的底部放置在路径的第一个顶点处。
- 宽度重复：设置围绕横截面图形的周界重复贴图的次数，贴图的左边缘将与每个图形的第一个顶点对齐。
- 规格化：决定沿着路径长度和图形宽度路径顶点间距如何影响贴图。

“材质”选项组

- 生成材质 ID：在放样期间生成材质ID。
- 使用图形 ID：提供使用样条线材质ID来定义材质ID的选择。

4.4.3 “路径参数”卷展栏

“路径参数”卷展栏如图4-14所示。

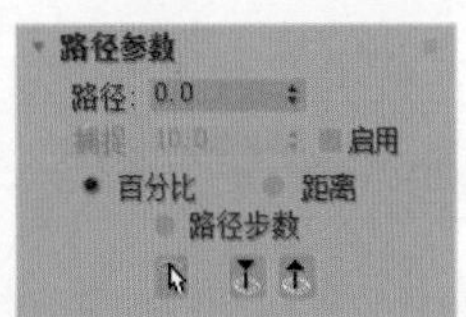

图4-14

解析

- 路径：通过输入值或单击微调按钮来设置路径的级别。
- 捕捉：用于设置沿着路径图形之间的恒定距离。
- 启用：当启用“启用”复选框时，“捕捉”处于活动状态，默认设置为禁用状态。
- 百分比：将路径级别表示为路径总长度的百分比。
- 距离：将路径级别表示为路径第一个顶点的绝对距离。
- 路径步数：将图形置于路径步数和顶点上，而不是作为沿着路径的一个百分比或距离。
- “拾取图形”按钮：将路径上的所有图形设置为当前级别。
- “上一个图形”按钮：从路径级别的当前位置上沿路径跳至上一个图形上。
- “下一个图形”按钮：从路径层级的当前位置上沿路径跳至下一个图形上。

4.4.4 “蒙皮参数”卷展栏

“蒙皮参数”卷展栏如图4-15所示。

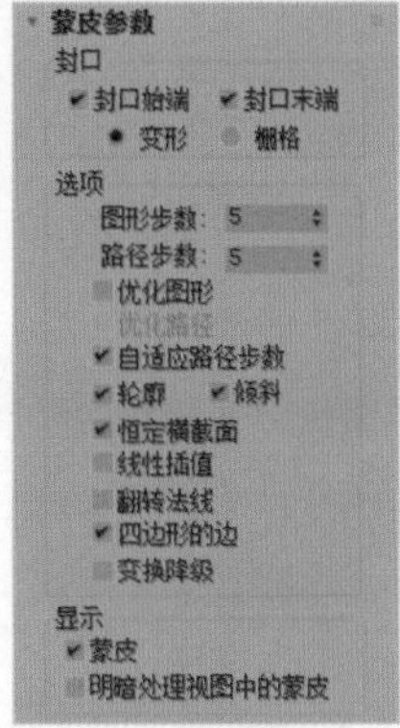

图4-15

解析

“封口”选项组

- 封口始端：如果启用，则路径第一个顶点处的放样端被封口。如果禁用，则放样端为打开或不封口状态。默认设置为启用。
- 封口末端：如果启用，则路径最后一个顶点处的放样端被封口。如果禁用，则放样端为打开或不封口状态。默认设置为启用。
- 变形：按照创建变形目标所需的可预见且可重复的模式排列封口面。变形封口能产生细长的面，与那些采用栅格封口创建的面一样，这些面也不进行渲染或变形。
- 栅格：在图形边界处修剪的矩形栅格中排列封口面。

“选项”选项组

- 图形步数：设置横截面图形的每个顶点之间

的步数，该值会影响围绕放样周界的边的数目。

- 路径步数：设置路径的每个主分段之间的步数，该值会影响沿放样长度方向的分段的数目。
- 自适应路径步数：如果启用，则自动调整路径上的分段数目，以生成最佳蒙皮。主分段将沿路径出现在路径顶点、图形位置和变形曲线顶点处。如果禁用，则主分段将沿路径只出现在路径顶点处。默认设置为启用。
- 轮廓：如果启用，则每个图形都将遵循路径的曲率。
- 倾斜：如果启用，则只要路径弯曲并改变其局部Z轴的高度，图形便围绕路径旋转。
- 恒定横截面：如果启用，则在路径中的角处缩放横截面，以保持路径宽度一致。
- 线性插值：如果启用，则使用每个图形之间的直边生成放样蒙皮；如果禁用，则使用每个图形之间的平滑曲线生成放样蒙皮。
- 翻转法线：如果启用，则可以将法线翻转180°，可使用此复选框来修正内部外翻的对象。
- 四边形的边：如果启用，且放样对象的两部分具有相同数目的边，则将两部分缝合到一起的面将显示为四方形。具有不同边数的两部分之间的边将不受影响，仍与三角形连接。
- 变换降级：使放样蒙皮在子对象图形/路径变换过程中消失。

4.4.5 “变形”卷展栏

“变形”卷展栏如图4-16所示。

图4-16

解析

- “缩放”按钮 缩放 ：可以从单个图形中放样对象，该图形在其沿着路径移动时只改变其缩放。
- “扭曲”按钮 扭曲 ：可以沿着对象的长度创建盘旋或扭曲的对象，“扭曲”将沿着路径指定旋转量。
- “倾斜”按钮 倾斜 ：围绕局部X轴和Y轴旋转图形。
- “倒角”按钮 倒角 ：可以制作出具有倒角效果的对象。
- “拟合”按钮 拟合 ：可以使用两条“拟合”曲线来定义对象的顶部和侧剖面。

实例操作：使用放样制作花瓶模型

在本实例中，使用放样制作一个花瓶模型。花瓶模型的渲染效果如图4-17所示。

图4-17

01 启动3ds Max 2020软件，在“创建”面板中单击“圆”按钮，在场景中分别创建两个圆图形，如图4-18所示。

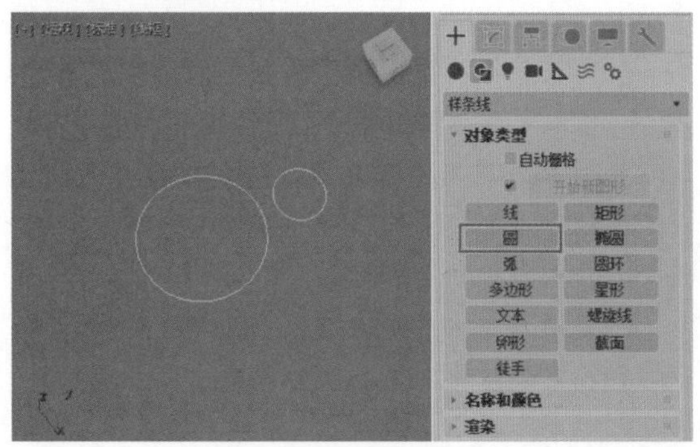

图4-18

02 在“修改”面板中，将其中一个圆图形的“半径”值设置为7，另一个圆图形的“半径”值设置为16。

03 在场景中创建一个星形图形，并在“修改”面板中设置“半径1”的值为15，“半径2”的值为13，“圆角半径1”的值为2.5，如图4-19所示。

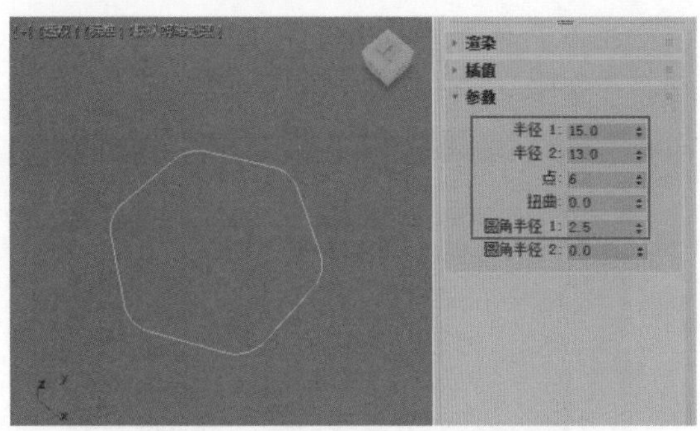

图4-19

04 在场景中再次创建一个较大的星形图形，并在“修改”面板中设置“半径1”的值为38，“半径2”的值为32，“圆角半径1”的值为4，如图4-20所示。

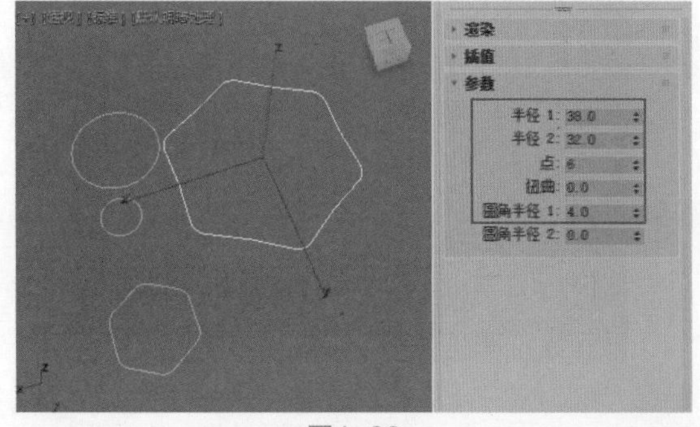

图4-20

05 在“前”视图中，单击“线”按钮，在场景中绘制一条直线，如图4-21所示。

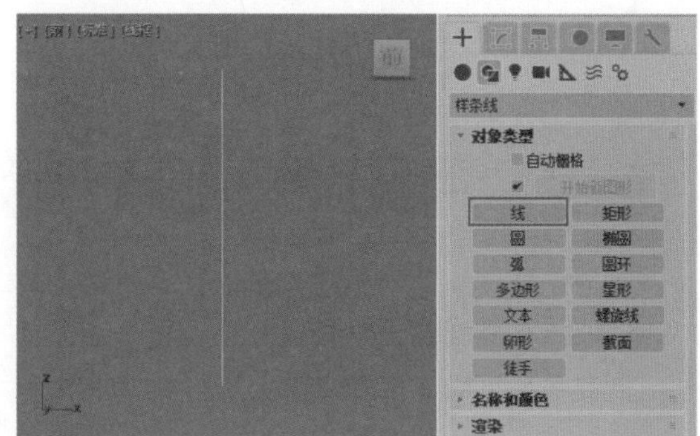

图4-21

06 在“创建”面板的下拉列表中选择“复合对象”，如图4-22所示。

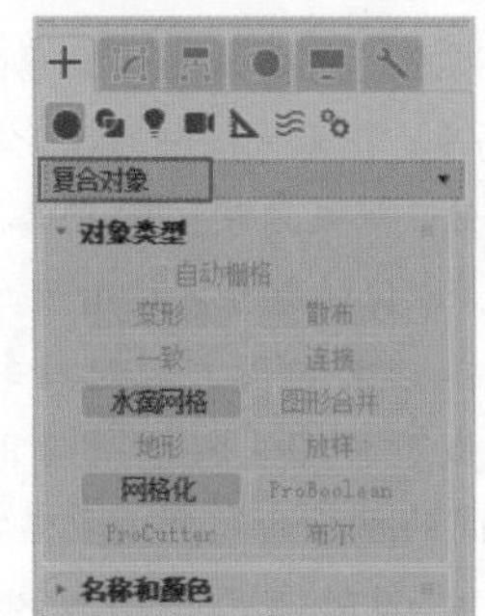

图4-22

07 选择场景中的直线，单击“放样”按钮，拾取场景中名称为Star001的星形，如图4-23所示。

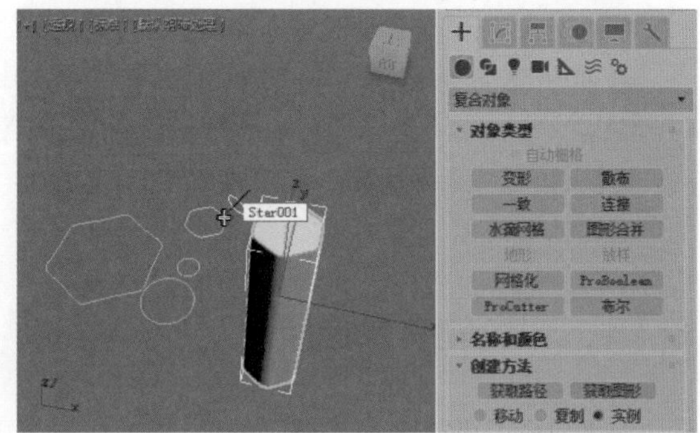

图4-23

08 在“路径参数”卷展栏中，将“路径”的值设置为40，再次单击“获取图形”按钮，拾取场景中名称为Circle001的圆形，如图4-24所示。

09 在“路径参数”卷展栏中，将“路径”的值设置为75，再次单击“获取图形”按钮，拾取场景中名称为Star002的星形，如图4-25所示。

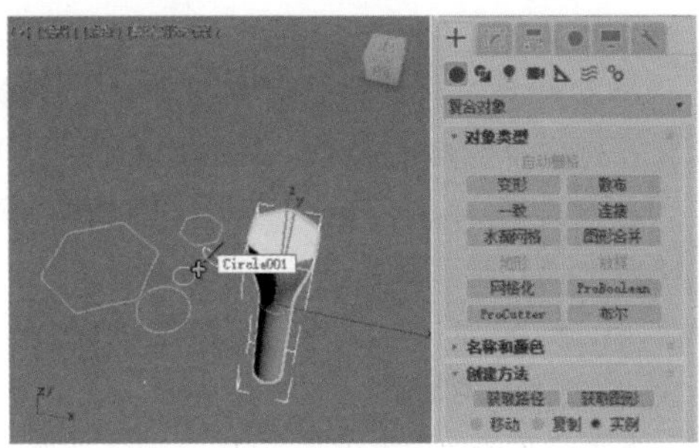
图4-24

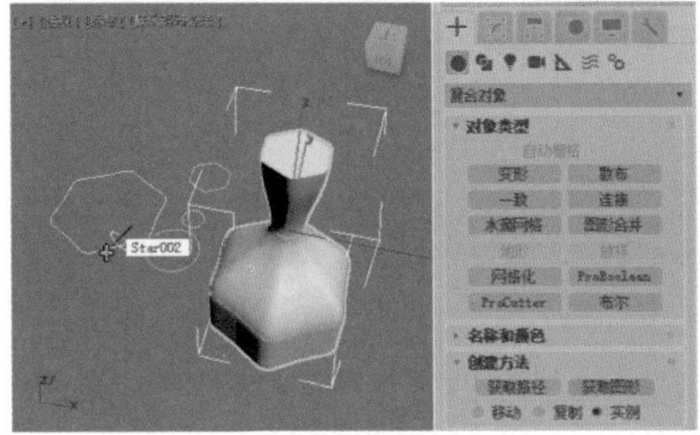
图4-25

10 在“路径参数”卷展栏中，将“路径”的值设置为95，再次单击“获取图形”按钮，拾取场景中名称为Circle002的圆形，如图4-26所示。

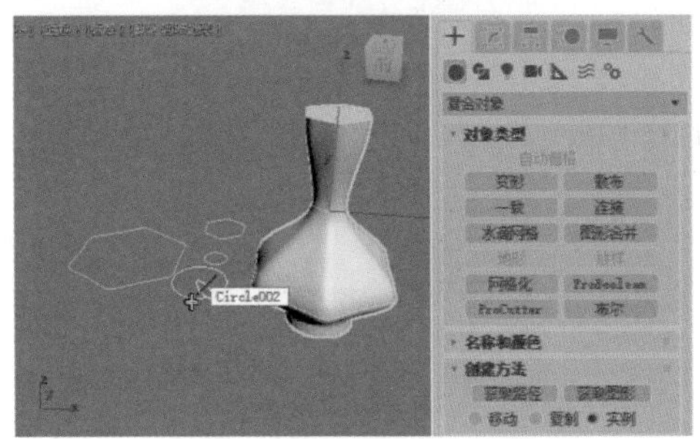
图4-26

11 在“修改”面板中，展开“蒙皮参数”卷展栏，取消选中“封口始端”复选框，并设置“图形步数”的值为15，“路径步数”的值为15，提高放样生成对象的分段数，如图4-27所示。

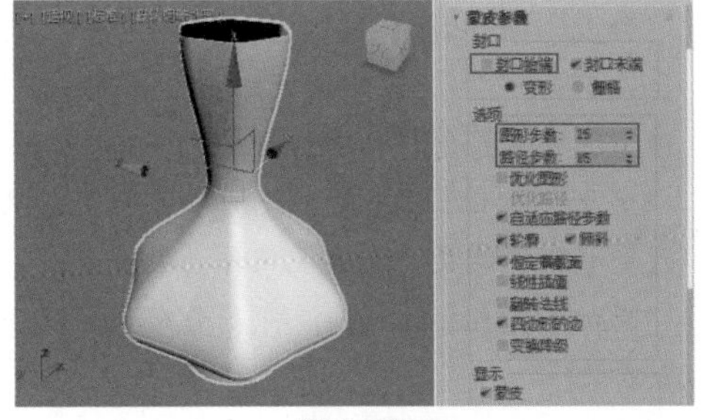
图4-27

12 展开“变形”卷展栏，单击“缩放”按钮，系统会自动弹出“缩放变形”窗口，如图4-28所示。

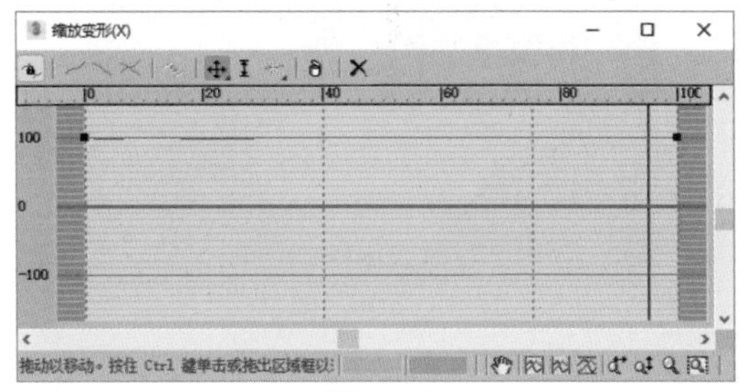
图4-28

13 在“缩放变形”窗口中，选择如图4-29所示的点，单击鼠标右键将其设置为“Bezier-角点”。

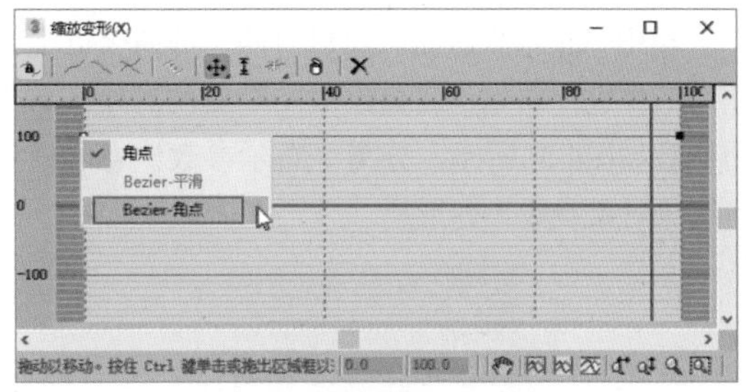
图4-29

14 设置完成后，调整曲线顶点的控制手柄，将曲线设置成如图4-30所示的效果。

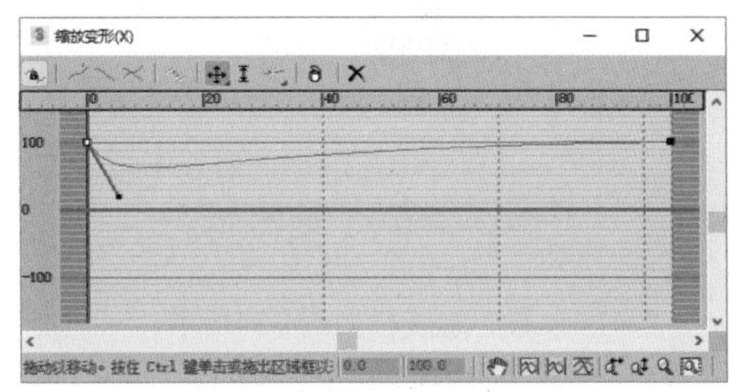
图4-30

15 选择花瓶，在“修改”面板中为其添加“壳”修改器，并调整其“外部量”的值为0.6，制作出花瓶的厚度，如图4-31所示。

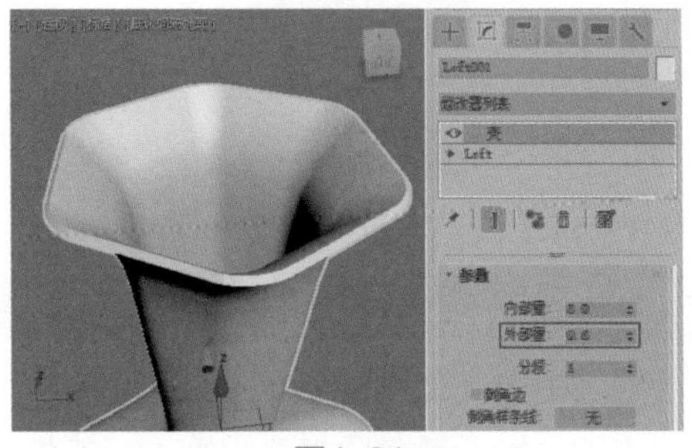
图4-31

16 本实例的最终模型效果如图4-32所示。

图4-32

4.5 布尔

单击“布尔”按钮，可以对两个或两个以上的几何形体进行布尔运算以组成一个新的对象。布尔的参数如图4-33所示，分为“布尔参数”卷展栏和“运算对象参数”卷展栏。

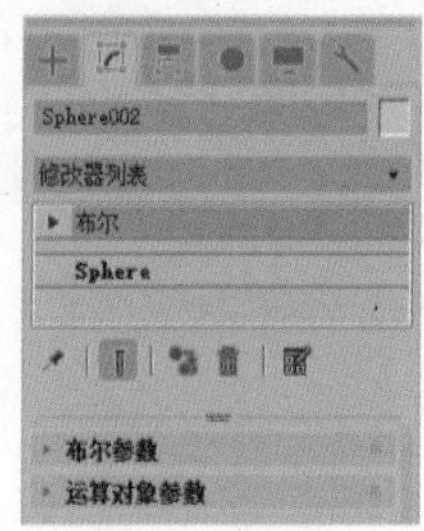

图4-33

4.5.1 “布尔参数”卷展栏

“布尔参数”卷展栏如图4-34所示。

图4-34

解析

- “添加运算对象”按钮 添加运算对象 ：从视口或场景资源管理器中单击，可将操作对象添加到复合对象。
- “运算对象”列表：用彩色图标的方式显示复合对象中应用了不同运算的操作对象。
- “移除运算对象”按钮 移除运算对象 ：将所选操作对象从复合对象中移除。
- “打开布尔操作资源管理器”按钮 打开布尔操作资源管理器 ：单击该按钮，可以打开“布尔操作资源管理器”窗口，如图4-35所示。

图4-35

4.5.2 “运算对象参数”卷展栏

“运算对象参数”卷展栏如图4-36所示。

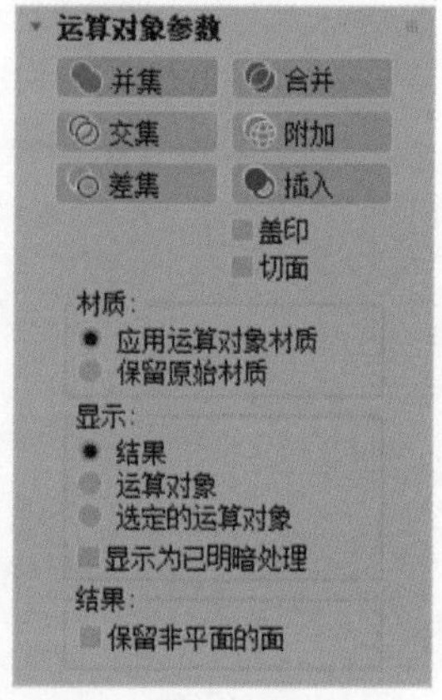

图4-36

解析

- “并集”按钮 并集 ：可以将两个对象的体积结合到一起。
- “合并”按钮 合并 ：使两个网格相交并组合，与“并集”按钮不同的是，“合并”按钮不会移除任何原始多边形。
- “交集”按钮 交集 ：使两个原始对象共同的重叠体积相交，剩余几何体会被丢弃。
- “附加”按钮 附加 ：将多个对象合并成一个对象。
- “差集”按钮 差集 ：从最开始选择的对象

上移除与另一个对象相交的部分。

- “插入”按钮 插入 ：从操作对象 A减去操作对象 B的边界图形，而操作对象 B 的图形不受此操作的影响。
- 盖印：启用时，可在操作对象与原始网格之间插入相交边，而不移除或添加面。
- 切面：启用时，可执行指定的布尔操作，但不会将操作对象的面添加到原始网格中。

“材质”选项组

- 应用运算对象材质：将已添加操作对象的材质应用于整个复合对象。
- 保留原始材质：保留应用到复合对象的现有材质。

“显示”选项组

- 结果：显示布尔操作的最终结果，如图4-37所示。

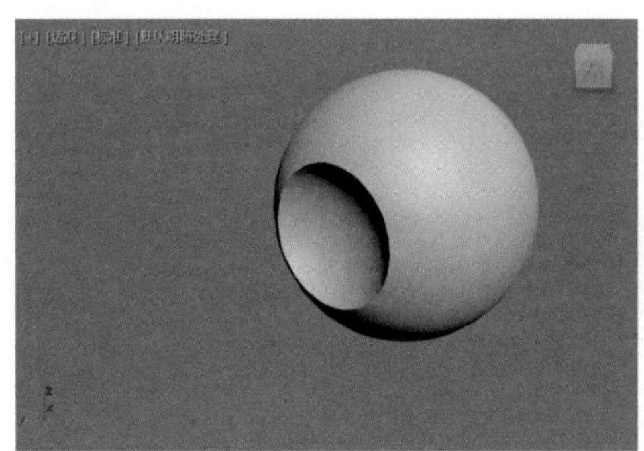

图4-37

- 运算对象：显示没有执行布尔操作的操作对象。操作对象的轮廓会以显示当前所执行布尔操作的颜色标出，如图4-38所示。

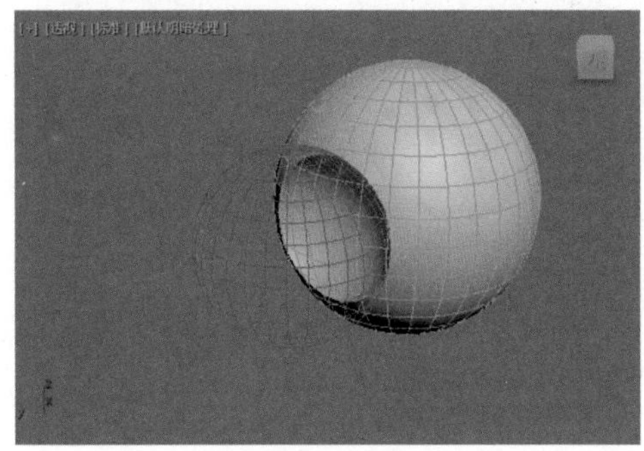

图4-38

- 选定的运算对象：显示选定的操作对象。操作对象的轮廓会以显示当前所执行布尔操作的颜色标出，如图4-39所示。
- 显示为已明暗处理：如果启用，则在视口中会显示已明暗处理的操作对象，且会关闭颜色编码显示。

图4-39

实例操作：使用布尔运算制作烟灰缸模型

在本实例中，使用布尔运算制作烟灰缸的模型。烟灰缸模型的渲染效果如图4-40所示。

图4-40

01 启动3ds Max 2020软件，单击“创建”面板中的“切角圆柱体”按钮，在场景中绘制一个切角圆柱体模型，如图4-41所示。

02 在“修改”面板中，设置切角圆柱体的“半径”值为30，“高度”值为18，“圆角”值为3，“高度分段”值为1，“圆角分段”值为4，“边数”值为40，如图4-42所示。

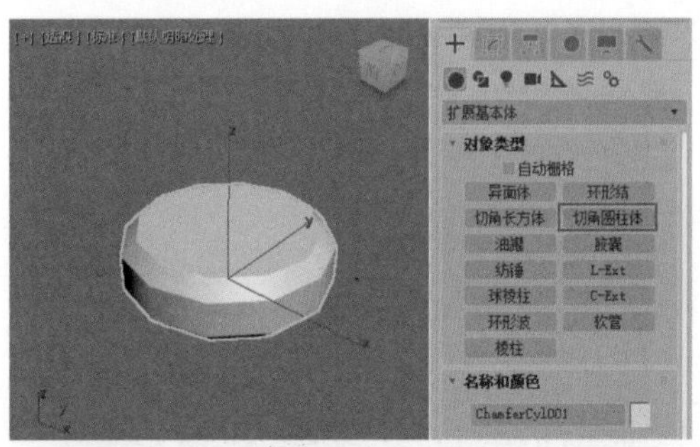

图4-41

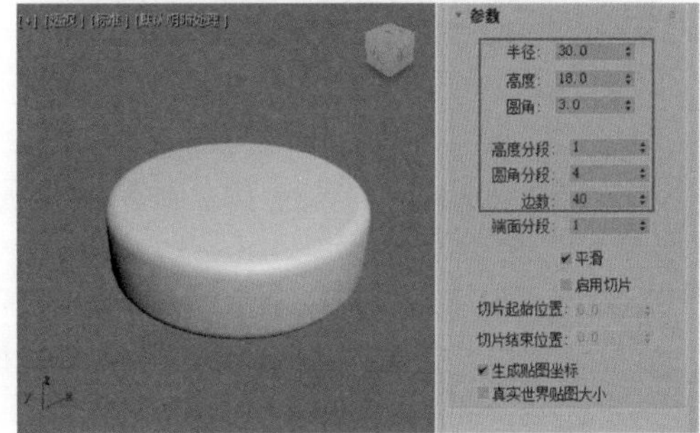

图4-42

03 选择切角圆柱体模型，右击并执行“克隆”命令，原地复制得到一个切角圆柱体，在“修改”面板中调整其“半径”值为25，并调整其至如图4-43所示的位置。

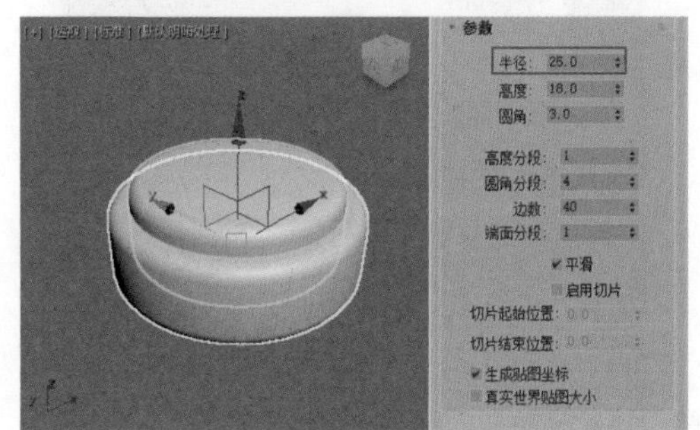

图4-43

04 选择较大的切角圆柱体，在“创建”面板的下拉列表中选择“复合对象”，再单击“布尔”按钮，如图4-44所示。

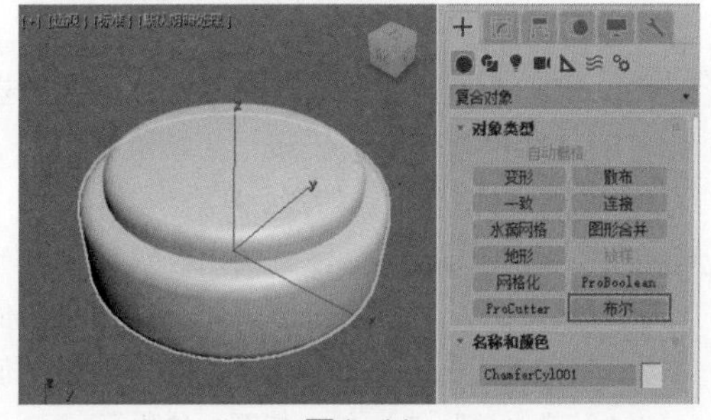

图4-44

05 在“布尔参数”卷展栏中，单击“添加运算对象”按钮，拾取场景中复制得到的切角圆柱体，如图4-45所示。

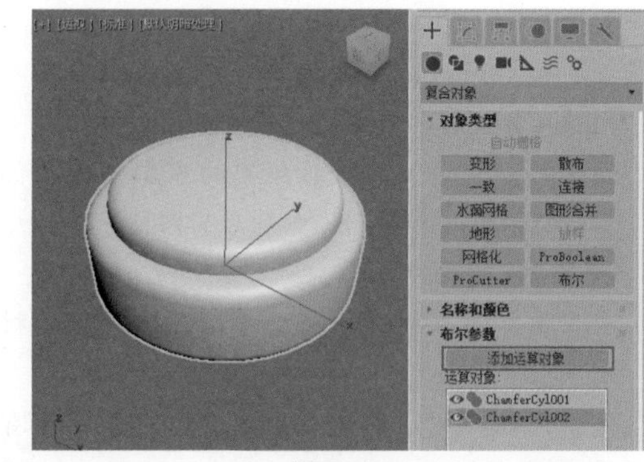

图4-45

06 在“修改”面板中，展开“运算对象参数”卷展栏，单击“差集”按钮，即可在“透视”视图中看到两个切角圆柱体模型执行“差集”计算后的模型效果，如图4-46所示。

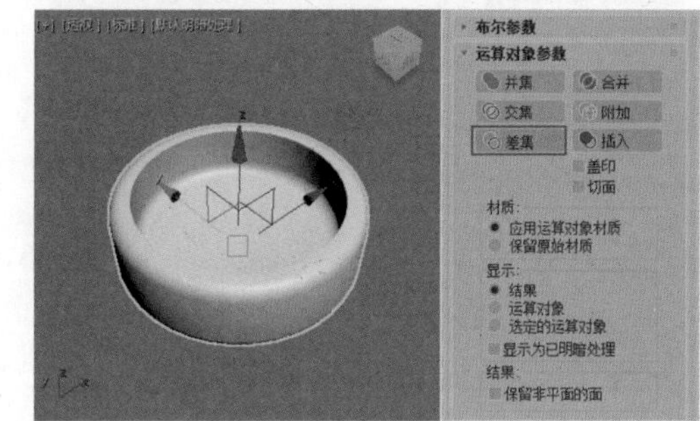

图4-46

07 单击“圆柱体”按钮，在“前”视图中创建一个圆柱体模型，如图4-47所示。

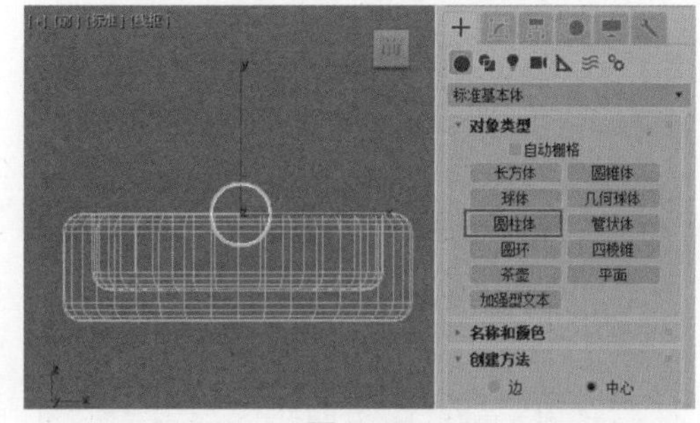

图4-47

08 在“修改”面板中，设置圆柱体的“半径”值为5，“高度”值为40，如图4-48所示。

09 按快捷键A键，打开“角度捕捉”功能，按住Shift键，每隔120°复制得到一个圆柱体，如图4-49所示。

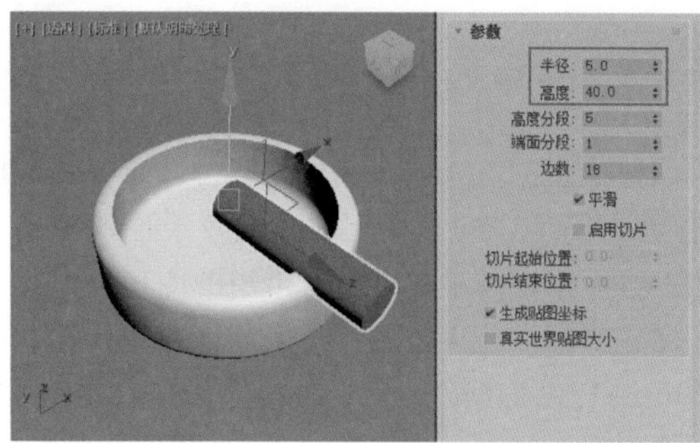

图4-48

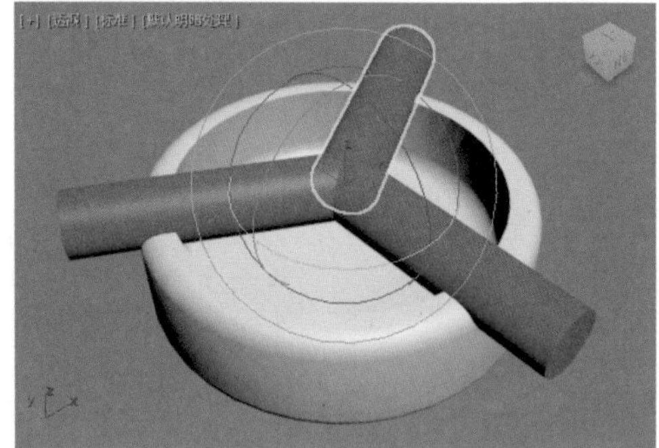

图4-49

10 选择场景中的所有圆柱体模型，在“实用程序”面板中单击“塌陷”按钮，在下方的“塌陷”卷展栏中单击“塌陷选定对象”按钮，将这3个圆柱体模型合并为一个模型对象，如图4-50所示。

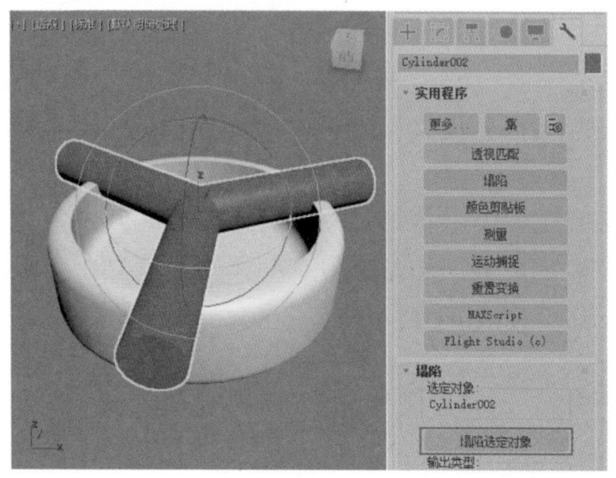

图4-50

11 选择之前布尔运算得到的烟灰缸模型，再次单击“布尔”按钮，使用相同的步骤减去由3个圆柱体合并得到的几何形体，如图4-51所示。

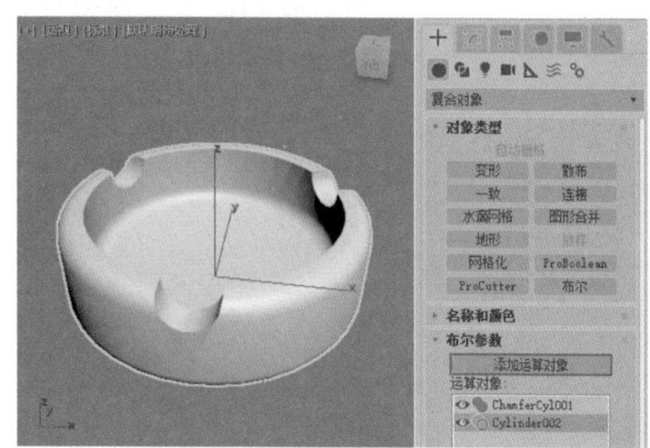

图4-51

12 制作完成的烟灰缸模型的最终效果如图4-52所示。

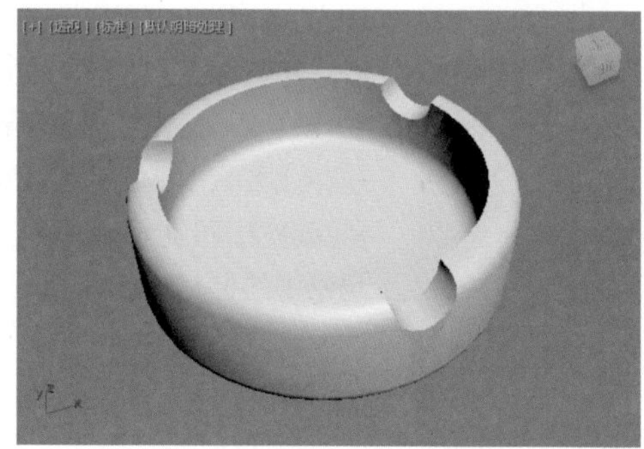

图4-52

图形建模

5.1 图形概述

3ds Max 2020提供了使用图形创建模型的方式。在制作某些特殊造型的模型时，使用图形建模会使建模的过程非常简便，而且模型的完成效果也很理想。在3ds Max 2020中，有多种预设的二维图形，几乎包含所有常用的图形类型。如果觉得在3ds Max 2020中绘制曲线比较麻烦，还可以选择使用其他绘图软件（如Illustrator、CorelDraw、AutoCAD等）进行图形创作，然后直接导入3ds Max 2020中使用。

5.2 样条线

单击“创建”面板中的“图形”按钮，即可打开图形的“创建”面板，如图5-1所示。

“图形”面板内“样条线”类型提供了多达13种样条线，分别为线、矩形、圆、椭圆、弧、圆环、多边形、星形、文本、螺旋线、卵形、截面和徒手。单击这些按钮后，即可在场景中绘制相应的图形。

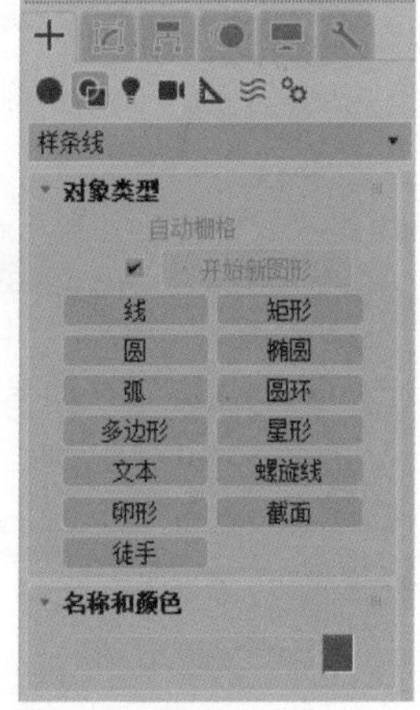

图5-1

5.2.1 线

可以使用“线”按钮绘制任意造型的图形，如Logo、电线、灯丝等，是使用频率最高的二维图形。在“创建”面板中单击“线”按钮，即可在场景中以绘制方式创建线对象，创建结果如图5-2所示。

绘制线时，在“创建方法”卷展栏中可以看到有两种创建类型，分别为“初始类型”和“拖动类型”，其中“初始类型”分为“角点”和“平滑”，“拖动类型”分为“角点”“平滑”和Bezier，如图5-3所示。

图5-2

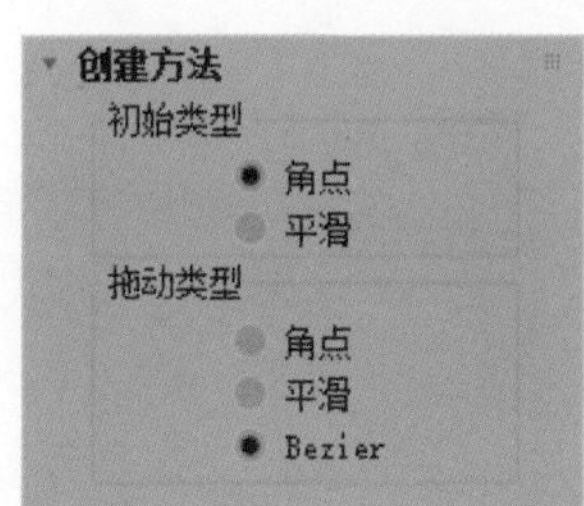

图5-3

解析

“初始类型”选项组

- 角点：使用该选项创建的线将产生一个尖端，且样条线在顶点的任意一边都是线性的。
- 平滑：使用该选项创建的线，其顶点产生一条平滑、不可调整的曲线，由顶点的间距来设置曲率的数量。

“拖动类型”选项组

- 角点：使用该选项创建的线将产生一个尖端，且样条线在顶点的任意一边都是线性的。
- 平滑：使用该选项创建的线，其顶点产生一条平滑、不可调整的曲线，由顶点的间距来设置曲率的数量。
- Bezier：通过顶点产生一条平滑、可调整的曲线。在每个顶点通过拖动设置曲率的值和曲线的方向。

技巧与提示 “线”属于非参数化类型的图形，其“修改”面板中的参数设置可以参考“5.3编辑样条线”。

5.2.2 矩形

在“创建”面板中单击“矩形”按钮 矩形 ，即可在场景中以绘制方式创建矩形样条线对象，创建结果如图5-4所示。

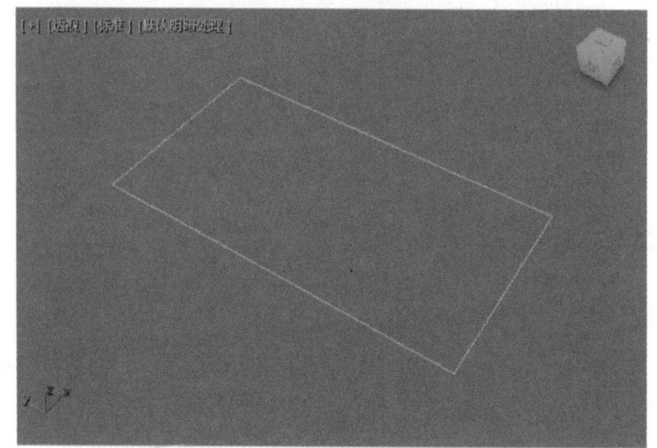

图5-4

矩形的参数如图5-5所示。

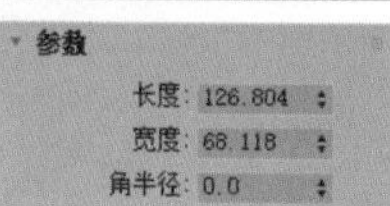

图5-5

解析

- 长度/宽度：设置矩形对象的长度和宽度。
- 角半径：设置矩形对象的圆角效果。

5.2.3 圆

在“创建”面板中单击“圆”按钮 圆 ，即可在场景中以绘制方式创建圆形样条线对象，创建结果如图5-6所示。

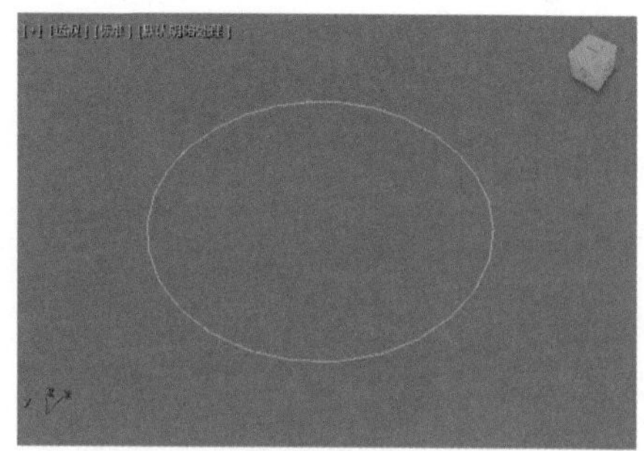

图5-6

圆的参数如图5-7所示。

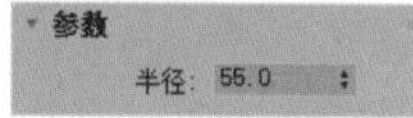

图5-7

解析

- 半径：设置圆的半径大小。

5.2.4 弧

在“创建”面板中单击“弧”按钮 弧 ，即可在场景中以绘制方式创建弧形样条线对象，创建结果如图5-8所示。

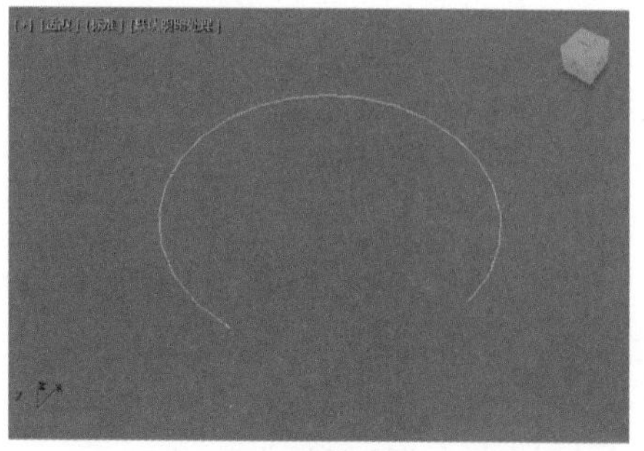

图5-8

弧的参数如图5-9所示。

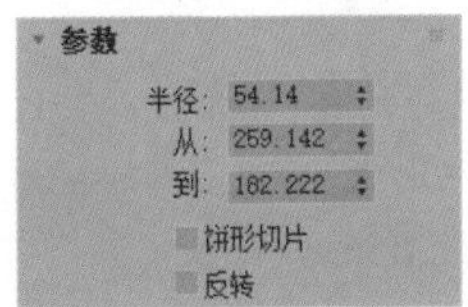

图5-9

解析

- 半径：设置圆弧的半径大小。
- 从/到：从局部正X轴测量角度时起点/结束点的位置。
- 饼形切片：启用后，添加从端点到半径圆心的直线段，从而创建一个闭合样条线。如图5-10所示分别为启用“饼形切片”前后的圆弧效果对比。

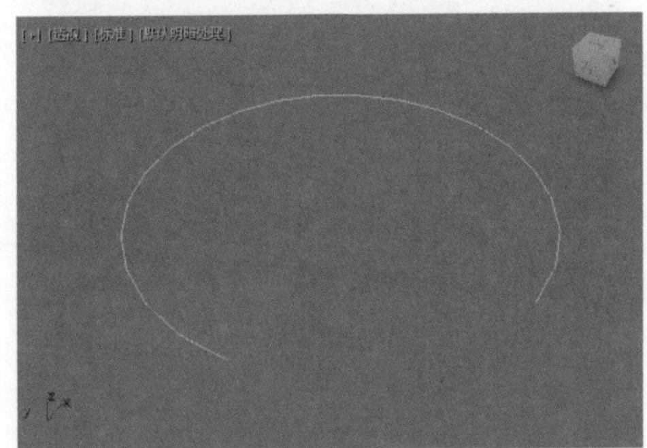

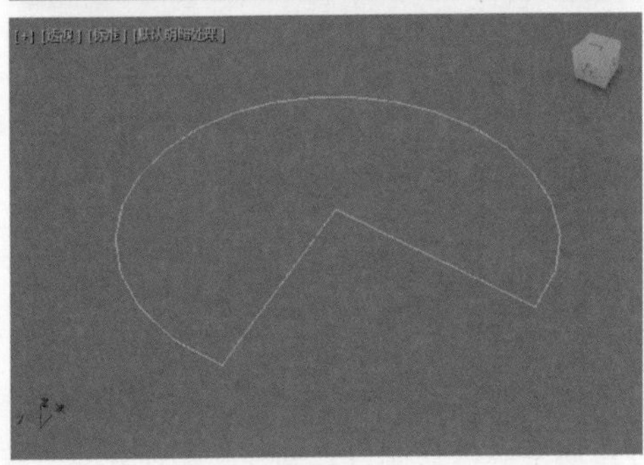

图5-10

- 反转：启用后，反转弧形样条线的方向，并将第一个顶点放置在打开弧形的相反末端。

5.2.5 文本

在“创建”面板中单击“文本”按钮 文本 ，即可在场景中以绘制方式创建文字效果的样条线对象，创建结果如图5-11所示。

文本的参数如图5-12所示。

图5-11

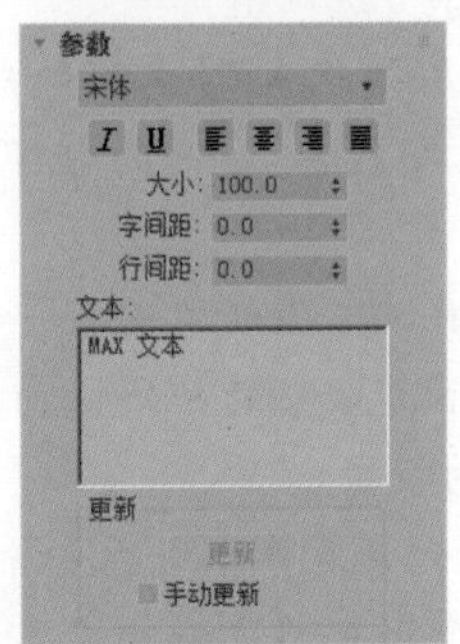

图5-12

解析

- 字体列表：可以从所有可用字体的列表中进行选择。
- “斜体样式”按钮 I ：切换斜体文本，如图5-13所示分别为单击该按钮前后的字体效果对比。

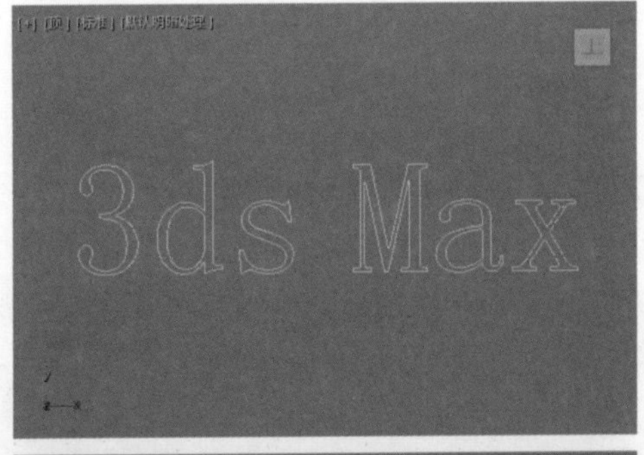

图5-13

- “下画线样式”按钮U：切换下画线文本，如图5-14所示分别为单击该按钮前后的字体效果对比。

图5-14

- “左侧对齐”按钮：将文本与边界框左侧对齐。
- “居中”按钮：将文本与边界框的中心对齐。
- “右侧对齐”按钮：将文本与边界框右侧对齐。
- “对正”按钮：分隔所有文本行以填充边界框的范围。
- 大小：设置文本高度，其中测量高度的方法由活动字体定义。
- 字间距：调整字间距（字母间的距离）。
- 行间距：调整行间距（行间的距离）。只有图形中包含多行文本时，此选项可用。
- 文本编辑框：可以输入多行文本。在每行文本之后按 Enter 键可以开始下一行。
- “更新”按钮 更新 ：更新视口中的文本以匹配编辑框中的当前设置。
- 手动更新：启用后，输入编辑框中的文本未在视口中显示，直到单击“更新”按钮时才会显示。

5.2.6　截面

在“创建”面板中单击“截面”按钮 截面 ，即可在场景中以绘制方式创建截面对象，创建结果如图5-15所示。需要特别注意的是，需要配合几何体对象才能产生截面图形。

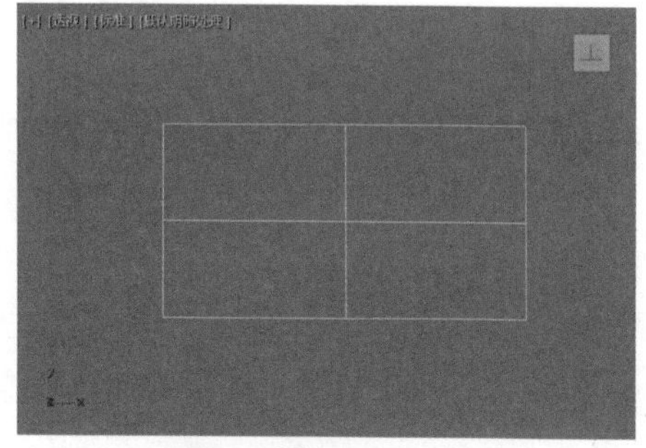

图5-15

截面的参数如图5-16所示。

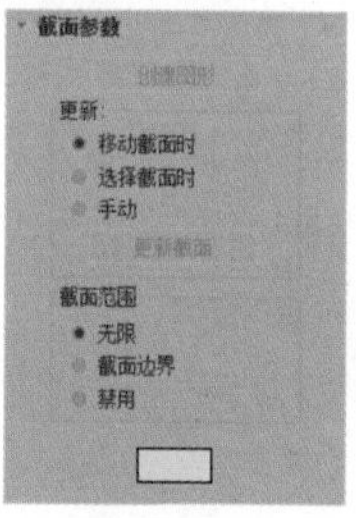

图5-16

解析

- “创建图形”按钮 创建图形 ：基于当前显示的相交线创建图形。

“更新”选项组

- 移动截面时：在移动或调整截面图形时更新相交线。
- 选择截面时：在选择截面图形但未移动时，更新相交线。
- 手动：仅在单击“更新截面”按钮时更新相交线。
- “更新截面”按钮 更新截面 ：单击该按钮，可以更新相交点，以便与截面对象的当前位置匹配。

“截面范围”选项组

- 无限：截面平面在所有方向上都是无限的，从而使横截面位于其平面中的任意网格几何体上。

- 截面边界：仅在截面图形边界内或与其接触的对象中生成横截面。
- 禁用：不显示或生成横截面。

5.2.7 徒手

单击“徒手”按钮，可以使用手绘板或鼠标直接绘制曲线，如图5-17所示。

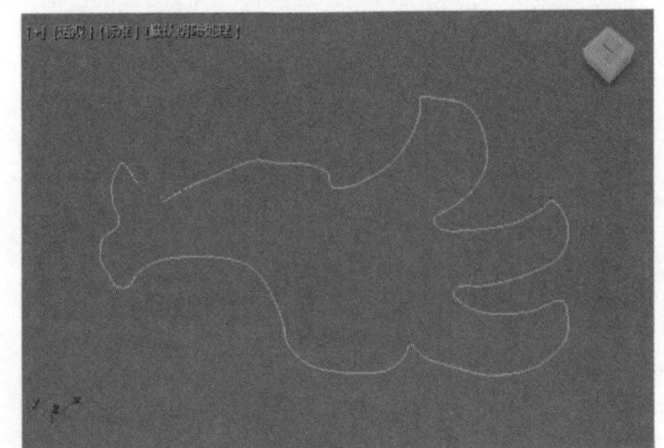

图5-17

徒手的参数如图5-18所示。

图5-18

解析

- 显示结：显示样条线上的结。

“创建”选项组

- 粒度：创建结之前获取的光标位置采样数。
- 阈值：设置创建新结之前光标必须移动的距离。值越大，距离越远。
- 约束：将样条线约束到场景中的选定对象，如图5-19所示为启用“约束”复选框后在茶壶模型上绘制的曲线。

图5-19

- “拾取对象”按钮：启用对象选择模式，用于约束对象。完成了对象拾取时，再次单击以完成操作。
- “清除”按钮：清除选定对象列表。
- 释放按钮时结束创建：如果启用，在释放鼠标按键时创建徒手样条线。如果禁用，再次按下鼠标按键时继续绘制图形，并自动连接样条线的开口端；要完成绘制，必须按Esc键或在视口中单击鼠标右键。

“选项”选项组

- 弯曲/变直：设置结之间的线段是弯曲的还是直的。
- 闭合：在样条线的起点和终点之间绘制一条线以将其闭合。
- 法线：在视口中显示受约束样条线的结果法线。
- 偏移：使手绘制样条线的位置向远离约束对象曲面的方向偏移。

“统计信息”选项组

- 样条线数：显示图形中样条线的数量。
- 原始结数：显示绘制样条线时自动创建的结数。
- 新结数：显示新结数。

5.2.8 其他样条线

除了上述7种样条线，还有椭圆 椭圆 、圆环 圆环 、多边形 多边形 、星形 星形 、螺旋线 螺旋线 和卵形 卵形 这6种。这些样条线的创建方法及参数设置与前面7种样条线基本相同，故不在此重复讲解。这6种样条线的形态如图5-20所示。

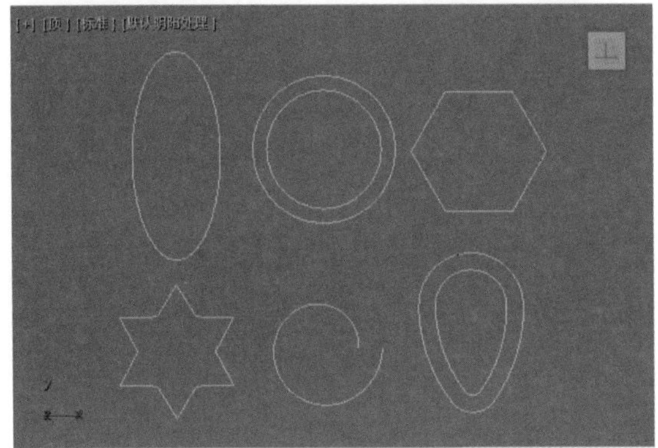

图5-20

5.3 编辑样条线

3ds Max 2020提供的样条线对象，不管是规则图形还是不规则图形，都可以被塌陷成可编辑样条线对象。在执行塌陷操作之后，参数化的图形将不能再访问之前的创建参数，其属性名称在堆栈中会变为“可编辑样条线”，并拥有3个子对象层级，分别是顶点、线段和样条线，如图5-21所示。另外，在使用“线”按钮创建线后，在“修改”面板中可以直接查看这3个层级。

图5-21

5.3.1 转换可编辑样条线

将一个图形转换为可编辑的样条线的方法有3种。

方法一：选择图形，然后单击鼠标右键，在弹出的快捷菜单中执行“转换为/转换为可编辑样条线”命令，如图5-22所示。

方法二：选择图形，然后为其添加“编辑样条线”修改器进行曲线编辑，如图5-23所示。

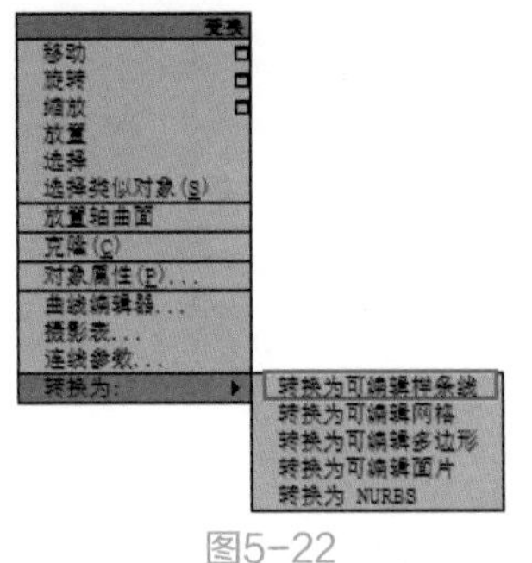

图5-22

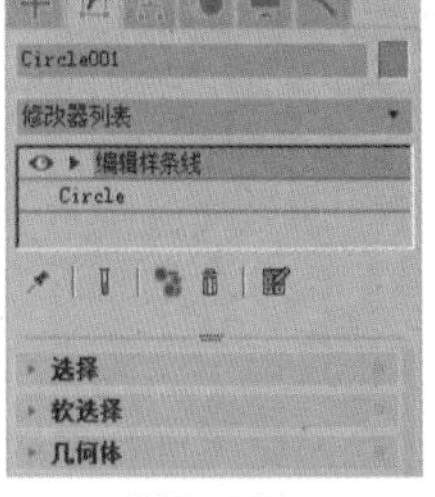

图5-23

方法三：选择图形，直接在“修改”面板中的对象名称上单击鼠标右键，在弹出的快捷菜单中执行“可编辑样条线”命令即可，如图5-24所示。

可编辑样条线的“修改”面板有5个卷展栏，分别是“渲染”“插值”“选择”“软选择”和“几何体”，如图5-25所示。

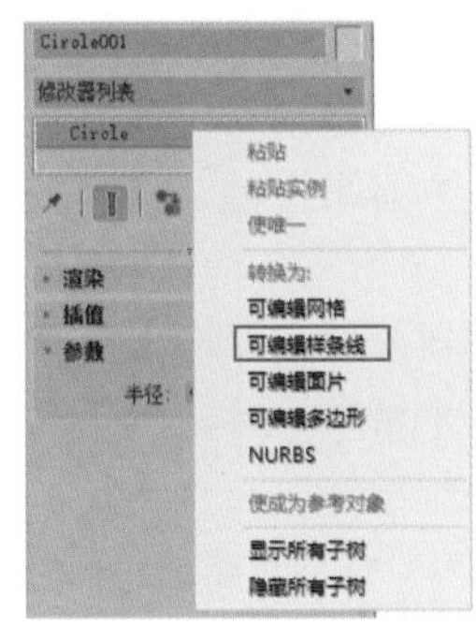

图5-24

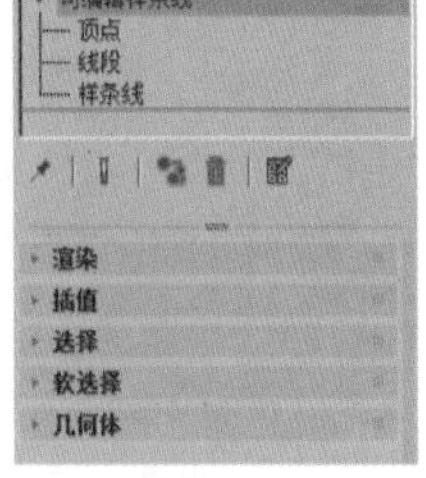

图5-25

5.3.2 “渲染”卷展栏

“渲染”卷展栏如图5-26所示。

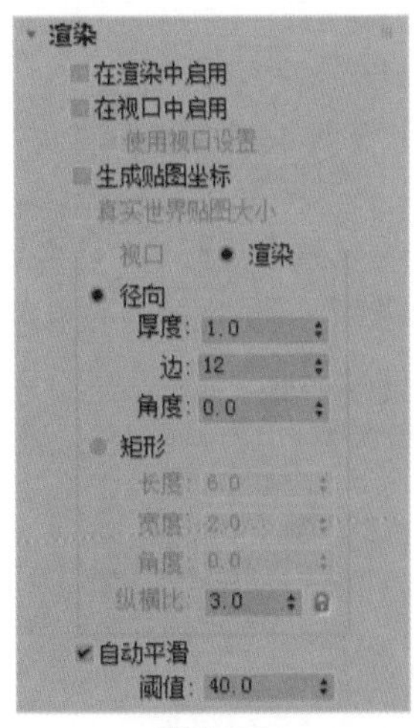

图5-26

解析

- 在渲染中启用：启用后，使用为渲染器设置的径向或矩形参数将图形渲染为3D网格。
- 在视口中启用：启用后，使用为渲染器设置的径向或矩形参数将图形作为3D网格显示在视图中，在该程序的以前版本中，“显示渲染网格”执行相同的操作。
- 使用视口设置：用于设置不同的渲染参数，并显示“视图”设置所生成的网格，只有选中“在视口中启用”复选框时，此选项才可用。
- 生成贴图坐标：启用后，可应用贴图坐标。
- 真实世界贴图大小：控制应用于该对象的纹理贴图材质所使用的缩放方法，缩放值由位于应用材质的“坐标”卷展栏中的“使用真实世界比例”选项设置。
- 视口：启用后，为该图形指定径向或矩形参数，当启用“在视口中启用”时，它将显示在视图中。
- 渲染：启用后，为该图形指定径向或矩形参数，当启用“在视口中启用”时，渲染或查看后它将显示在视图中。
- 径向：将3D网格显示为圆柱形对象。
- 厚度：指定视图或渲染样条线网格的直径。默认设置为1，范围为0～100,000,000，如图5-27所示分别为“厚度”值是0.5和3的图形显示结果对比。
- 边：设置样条线网格在视图或渲染器中的边（面）数，如图5-28所示分别为“边”值是3和8的图形显示结果对比。
- 角度：调整视图或渲染器中横截面的旋转位置。
- 矩形：将样条线网格图形显示为矩形。
- 长度：指定沿着局部Y轴的横截面大小。
- 宽度：指定沿着X轴横截面的大小。
- 角度：调整视图或渲染器中横截面的旋转位置。
- 纵横比：长度到宽度的比率。

图5-27

图5-28

- “锁定”按钮：可以锁定纵横比，激活“锁定”按钮之后，将宽度锁定为宽度与深度之比为恒定比率的深度。
- 自动平滑：选中“自动平滑”复选框后，可使用“阈值”指定的阈值自动平滑样条线。
- 阈值：以度数为单位指定阈值角度，如果它们之间的角度小于阈值角度，则可以将任何两个相接的样条线分段放到相同的平滑组中。

5.3.3 “插值”卷展栏

“插值”卷展栏如图5-29所示。

图5-29

解析

- 步数：设置程序在每个顶点之间使用的划分的数量，如图5-30所示分别为“步数”值是1和6的图形显示结果对比。
- 优化：启用后，可以从样条线的直线线段中删除不需要的步数。
- 自适应：可以自动设置每个样条线的步长数，以生成平滑曲线。

图5-30

5.3.4 “选择”卷展栏

“选择”卷展栏如图5-31所示。

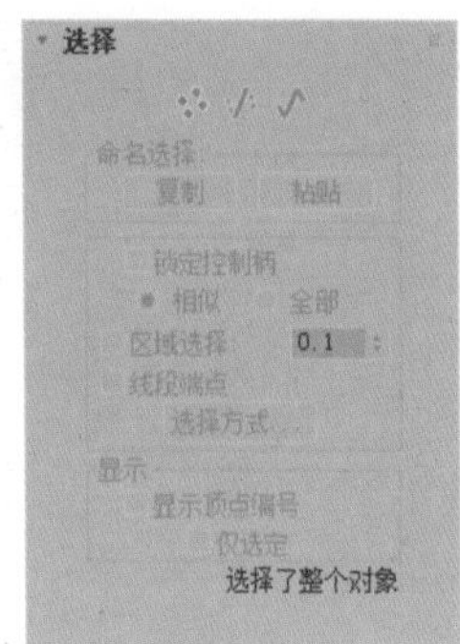

图5-31

解析

- “顶点”按钮：定义点的位置。
- “线段”按钮：连接两个顶点中间的线段。
- “样条线”按钮：一个或多个相连线段的组合。

“命名选择”选项组

- “复制”按钮：将命名选择放置到复制缓冲区。
- “粘贴”按钮：从复制缓冲区中粘贴命名选择。
- 锁定控制柄：通常每次只能变换一个顶点的切线控制柄，使用“锁定控制柄”控件可以同时变换多个Bezier和Bezier角点控制柄。
- 相似：拖曳传入向量的控制柄时，所选顶点的所有传入向量将同时移动。同样，移动某个顶点上的传出切线控制柄时，将移动所有所选顶点的传出切线控制柄。
- 全部：移动的任何控制柄将影响选择中的所有控制柄，无论它们是否已断裂。处理单个Bezier角点顶点并且想要移动两个控制柄时，可以使用此选项。
- 区域选择：允许用户自动选择所单击顶点的特定半径中的所有顶点。
- 线段端点：通过单击线段选择顶点。
- “选择方式”按钮 选择方式... ：选择所选样条线或线段上的顶点。

“显示”选项组

- 显示顶点编号：启用后，程序将在任何子对象层级的所选样条线的顶点旁边显示顶点编号，如图5-32所示。

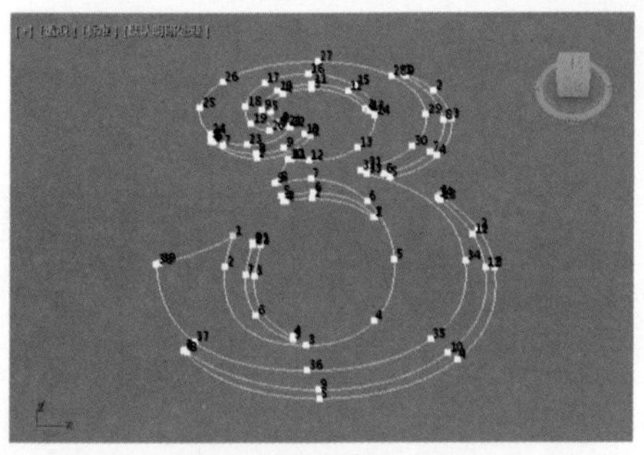
图5-32

- 仅选定：启用后，仅在所选顶点旁边显示顶点编号，如图5-33所示。

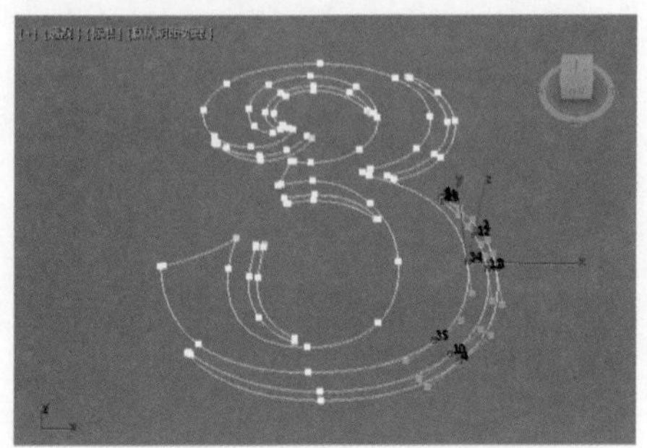
图5-33

5.3.5 “软选择”卷展栏

“软选择”卷展栏如图5-34所示。

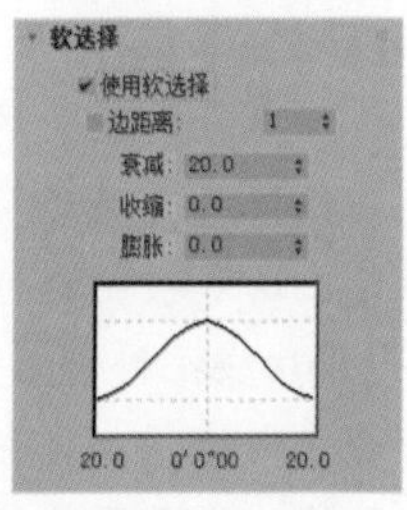

图5-34

解析

- 使用软选择：在可编辑对象或“编辑”修改器的子对象层级上影响移动、旋转和缩放功能的操作。
- 边距离：启用后，将软选择限制到指定的面数，该选择在进行选择的区域和软选择的最大范围之间。影响区域根据“边距离”空间沿着曲面进行测量，而不是真实空间。
- 衰减：用于定义影响区域的距离，它是用当前单位表示的从中心到球体的边的距离。
- 收缩：沿着垂直轴提高并降低曲线的顶点。
- 膨胀：沿着垂直轴展开和收缩曲线。

5.3.6 “几何体”卷展栏

“几何体”卷展栏如图5-35所示。

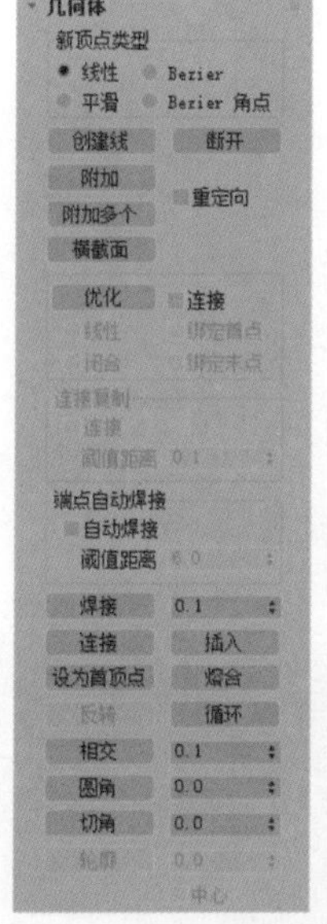
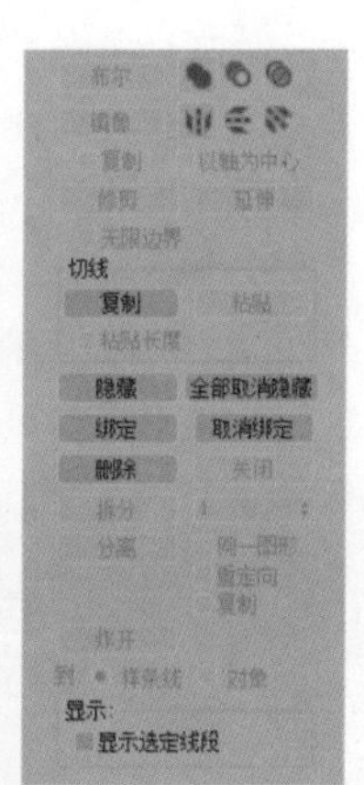
图5-35

解析

“新顶点类型”选项组

- 线性：新顶点将具有线性切线。
- 平滑：新顶点将具有平滑切线。
- Bezier：新顶点将具有Bezier切线。
- Bezier角点：新顶点将具有Bezier角点切线。
- “创建线”按钮 创建线 ：将更多样条线添加到所选样条线。
- “断开”按钮 断开 ：在选定的一个或多个顶点拆分样条线。
- “附加”按钮 附加 ：允许用户将场景中的另一个样条线附加到所选样条线。
- “附加多个”按钮 附加多个 ：单击此按钮，会弹出“附加多个”对话框，其中包含场景中所有其他图形的列表，选择要附加到当前可编辑样条线的形状，然后单击“确定”即可完成操作。
- “横截面”按钮 横截面 ：在横截面形状外面创建样条线框架。

"端点自动焊接"选项组

- 自动焊接：启用"自动焊接"后，会自动焊接在与同一样条线的另一个端点的阈值距离内放置和移动的端点顶点，此功能可以在对象层级和所有子对象层级使用。
- 阈值距离：这是一个近似设置，用于控制在自动焊接顶点之前，顶点可以与另一个顶点接近的程度，默认设置为6.0。
- "焊接"按钮 焊接 ：将两个端点顶点或同一样条线中的两个相邻顶点转化为一个顶点。
- "连接"按钮 连接 ：连接两个端点顶点以生成一个线性线段，而无论端点顶点的切线值是多少。
- "插入"按钮 插入 ：插入一个或多个顶点，以创建其他线段。
- "设为首顶点"按钮 设为首顶点 ：指定所选形状中的哪个顶点是第一个顶点。
- "熔合"按钮 熔合 ：将所有选定顶点移至它们的平均中心位置，如图5-36所示。

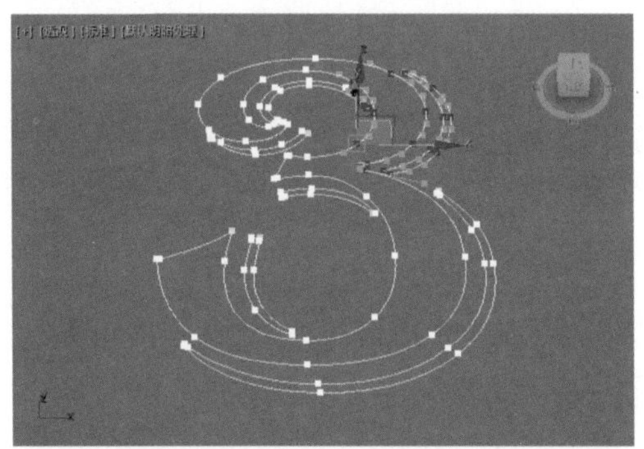

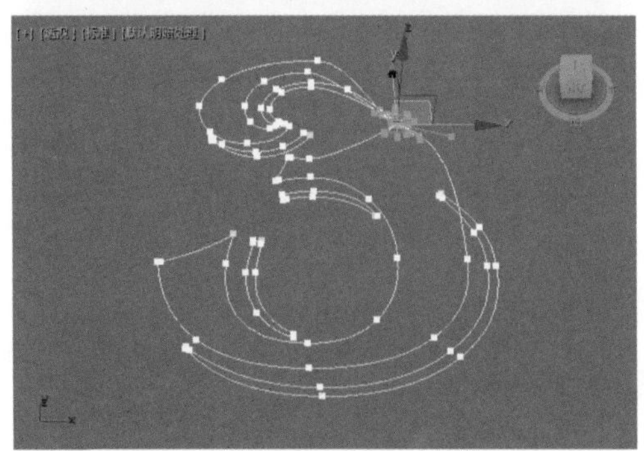

图5-36

- "反转"按钮 反转 ：反转所选样条线的方向，如图5-37所示，可以看到反转曲线后，每个点的ID发生了变化。

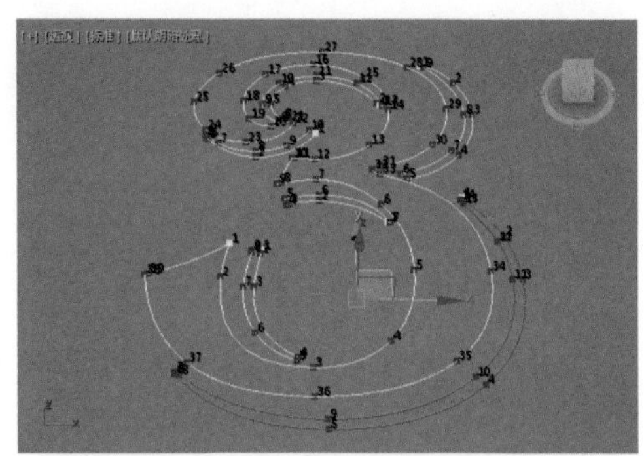

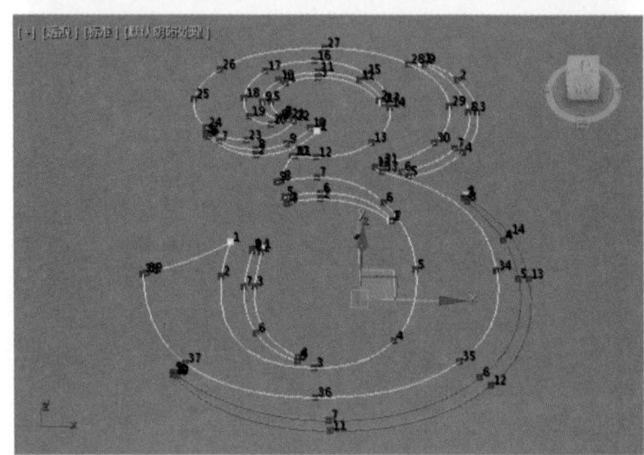

图5-37

- "圆角"按钮 圆角 ：在线段会合的地方设置圆角并添加新的控制点，如图5-38所示。

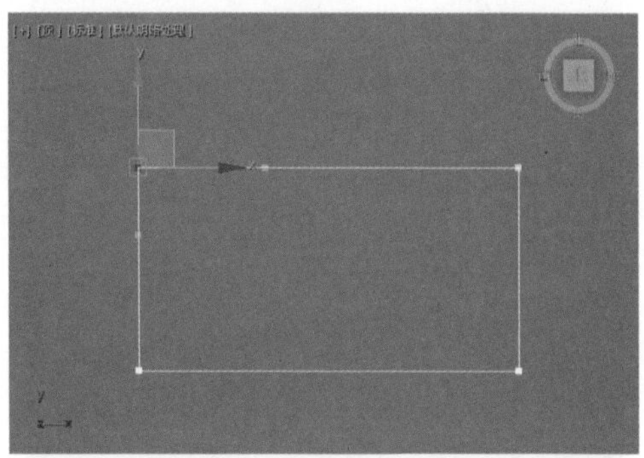

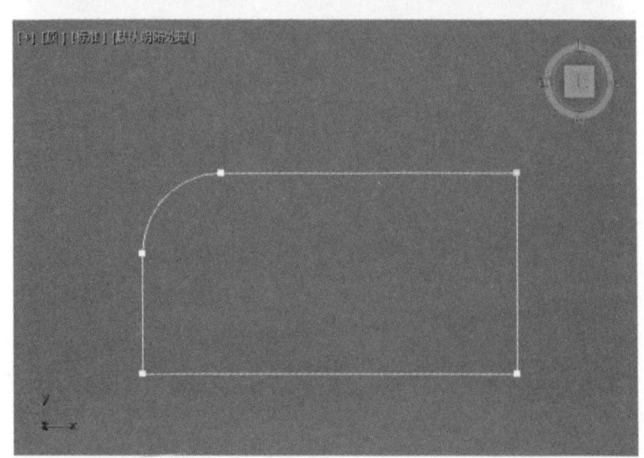

图5-38

- "切角"按钮 切角 ：在线段会合的地方设置直角并添加新的控制点，如图5-39所示。

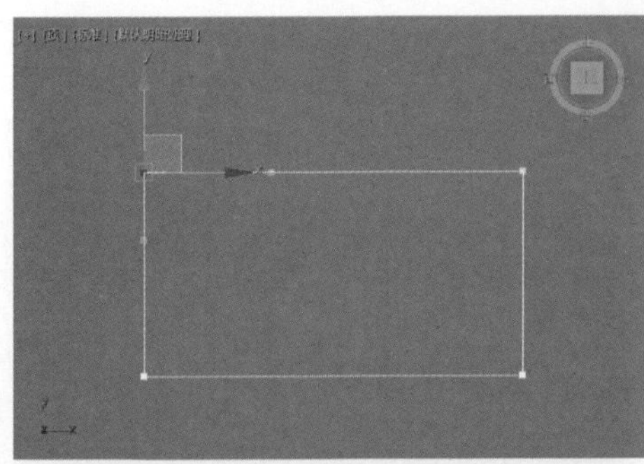

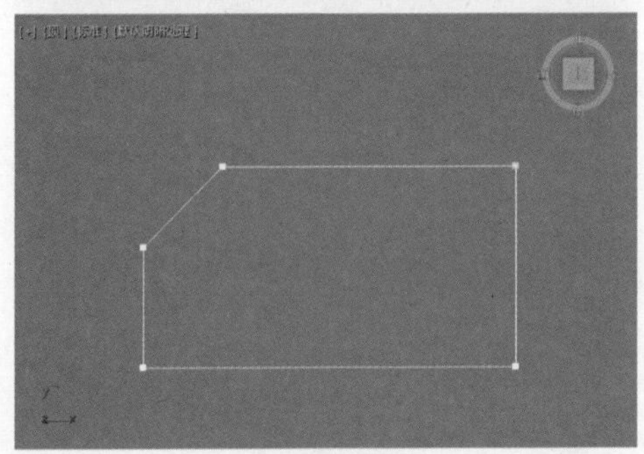

图5-39

- “轮廓”按钮 轮廓 ：制作样条线的副本，所有侧边上的距离偏移量由“轮廓宽度”指定，如图5-40所示。

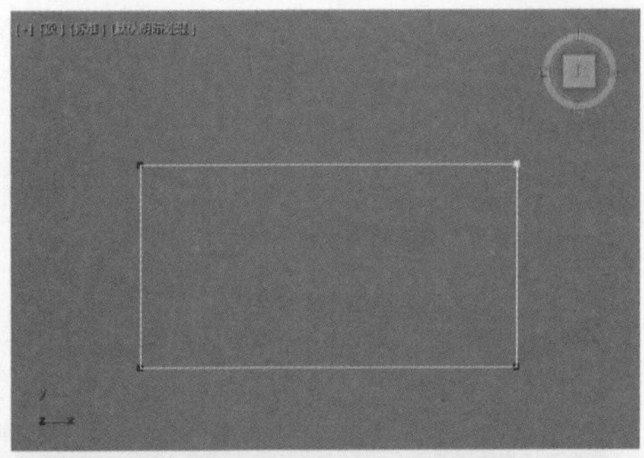

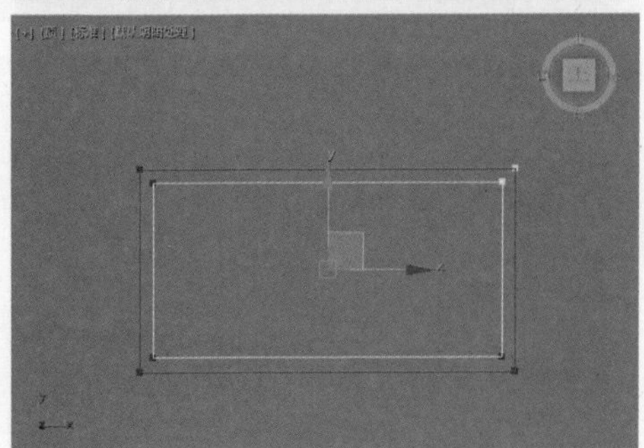

图5-40

- “布尔”按钮 布尔 ：通过执行更改用户选择的第一个样条线并删除第二个样条线的2D布尔操作，将两个闭合多边形组合在一起。有“并集”按钮、“交集”按钮和“差集”按钮3种可选。
- “镜像”按钮 镜像 ：沿长、宽或对角方向镜像样条线。有“水平镜像”按钮、“垂直镜像”按钮和“双向镜像”按钮3种可选。
- “修剪”按钮 修剪 ：清理形状中的重叠部分，使端点接合在一个点上。
- “延伸”按钮 延伸 ：清理形状中的开口部分，使端点接合在一个点上。
- 无限边界：为了计算相交，启用此选项将开口样条线视为无穷长。
- “隐藏”按钮 隐藏 ：隐藏选定的样条线。
- “全部取消隐藏”按钮 全部取消隐藏 ：显示任何隐藏的子对象。
- “删除”按钮 删除 ：删除选定的样条线。
- “关闭”按钮 关闭 ：通过将所选样条线的端点顶点与新线段相连来闭合该样条线。
- “拆分”按钮 拆分 ：通过添加由微调器指定的顶点数来细分所选线段。
- “分离”按钮 分离 ：将所选样条线复制到新的样条线对象，并从当前所选样条线中删除复制的样条线。
- “炸开”按钮 炸开 ：通过将每个线段转化为一个独立的样条线或对象来分裂任何所选样条线。

实例操作：使用“文本”样条线制作立体文字模型

在本实例中，使用“文本”样条线制作立体文字的模型。文字模型的渲染效果如图5-41所示。

图5-41

图5-41（续）

01 启动3ds Max 2020软件，单击“文本”按钮，在“前”视图中创建一个文本图形，如图5-42所示。

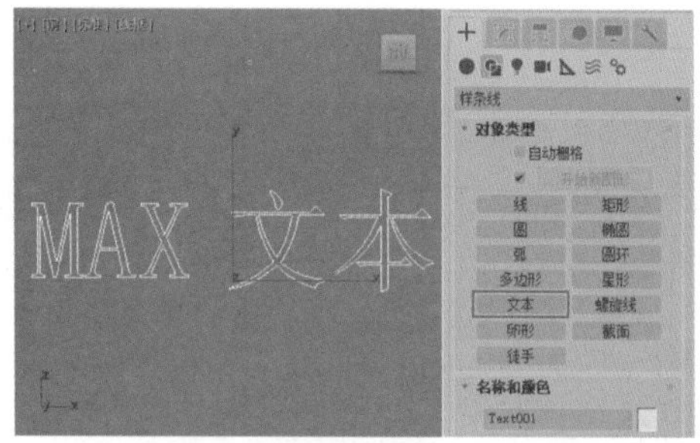

图5-42

02 在“修改”面板中，展开“参数”卷展栏，在“文本”文本框内输入“立体文字”，并更改文字的字体为“隶书”，如图5-43所示。

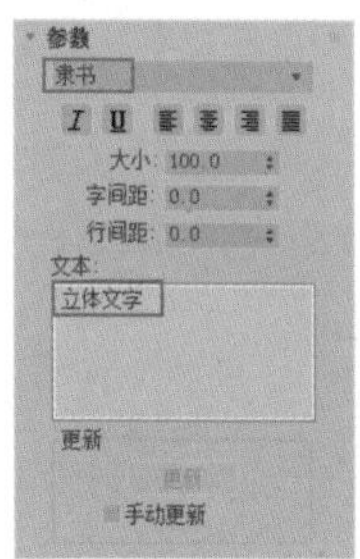

图5-43

03 选择文本图形，为其添加“倒角”修改器，如图5-44所示。

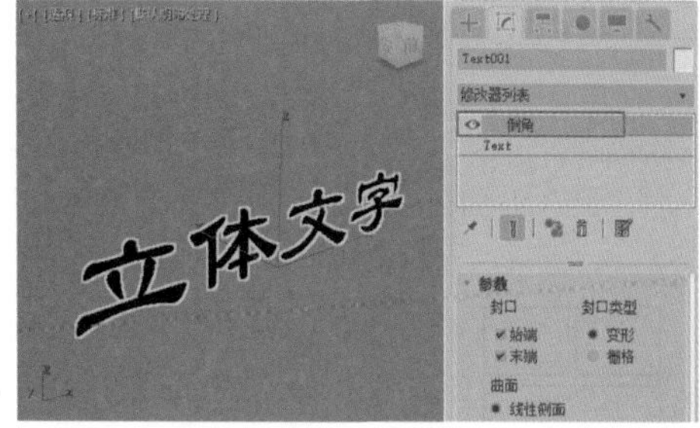

图5-44

04 在“修改”面板中，展开“倒角值”卷展栏，设置“倒角”修改器的参数如图5-45所示，可得到边缘带有倒角效果的立体文字模型。

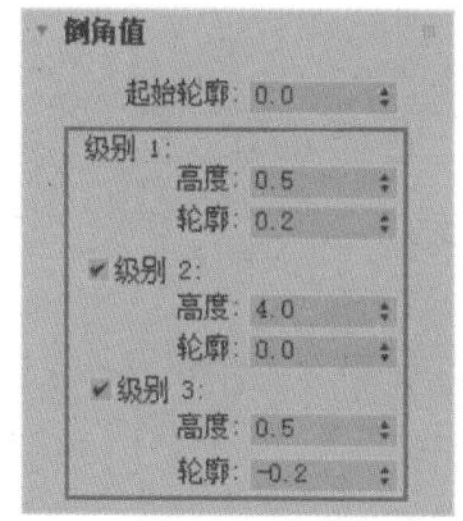

图5-45

05 本实例的最终模型效果如图5-46所示。

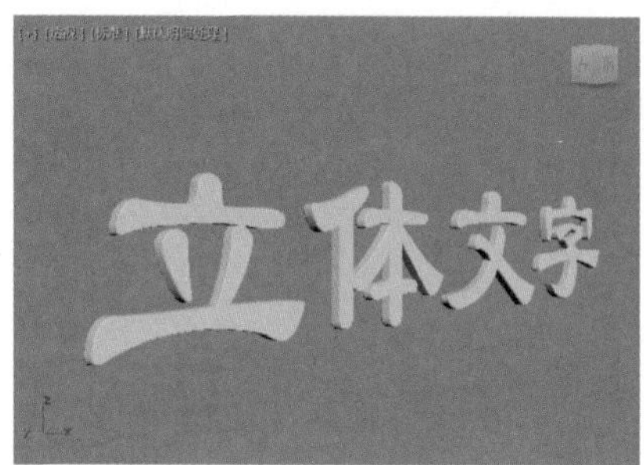

图5-46

实例操作：使用“星形”样条线制作盘子模型

在本实例中，使用“星形”样条线制作盘子模型。盘子模型的渲染效果如图5-47所示。

图5-47

01 启动3ds Max 2020软件，单击“星形”按钮，在场景中绘制一个星形图形，如图5-48所示。

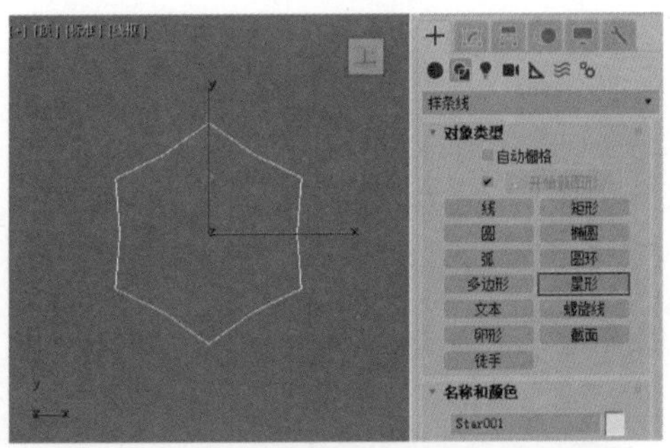

图5-48

02 在“修改”面板中，展开“参数”卷展栏，设置其中的参数值如图5-49所示。

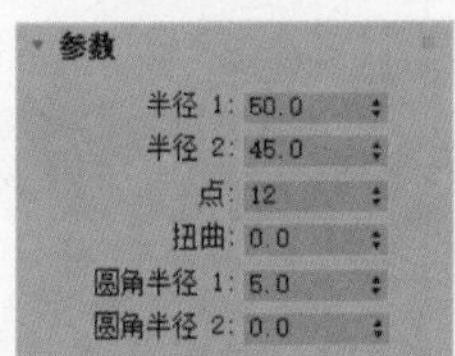

图5-49

03 单击“线”按钮，在“左”视图中绘制如图5-50所示的直线。

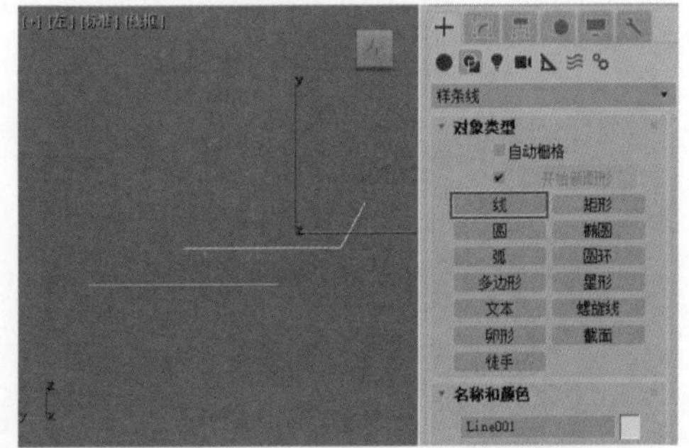

图5-50

04 在“修改”面板中，进入“样条线”子层级，并选择该曲线，如图5-51所示。

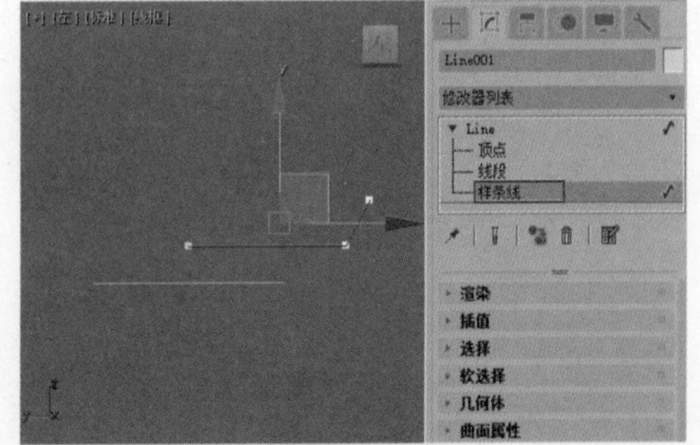

图5-51

05 展开“几何体”卷展栏，单击“轮廓”按钮，以拖曳的方式调整曲线至如图5-52所示的效果。

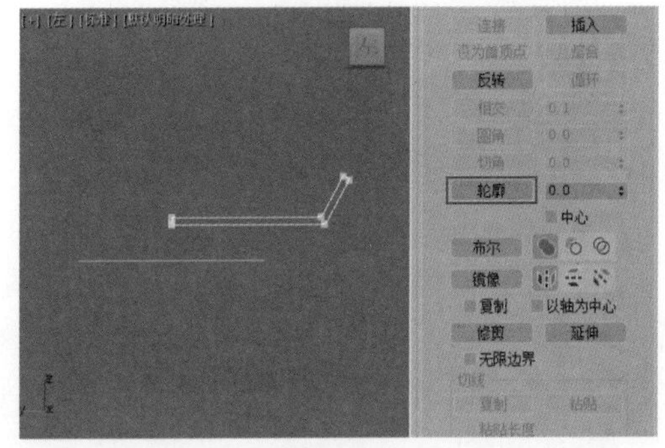

图5-52

06 在“顶点”子层级中，选择如图5-53所示的点。

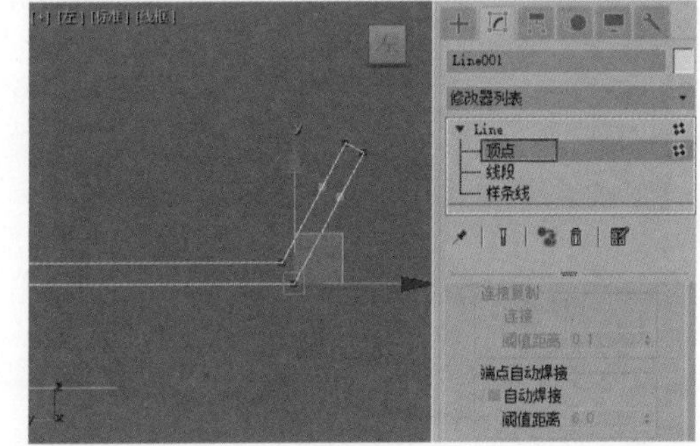

图5-53

07 展开“几何体”卷展栏，单击“圆角”按钮，调整曲线的形态至如图5-54所示的效果。

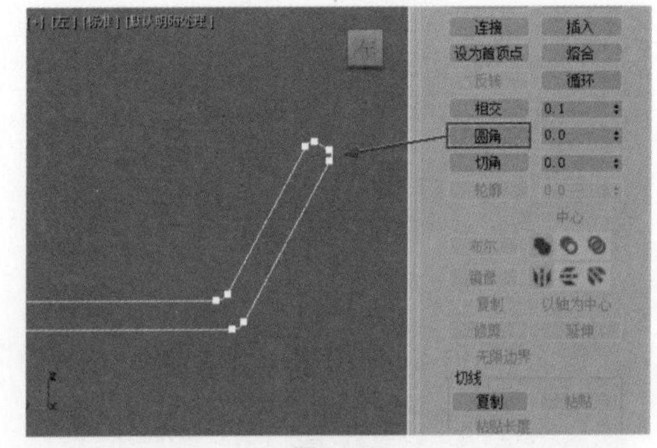

图5-54

08 在场景中选择之前绘制的星形图形，为其添加“倒角剖面”修改器，如图5-55所示。

09 展开“参数”卷展栏，设置“倒角剖面”为“经典”。在“经典”卷展栏中，单击“拾取剖面”按钮，拾取场景中的后绘制的曲线，得到如图5-56所示的模型。

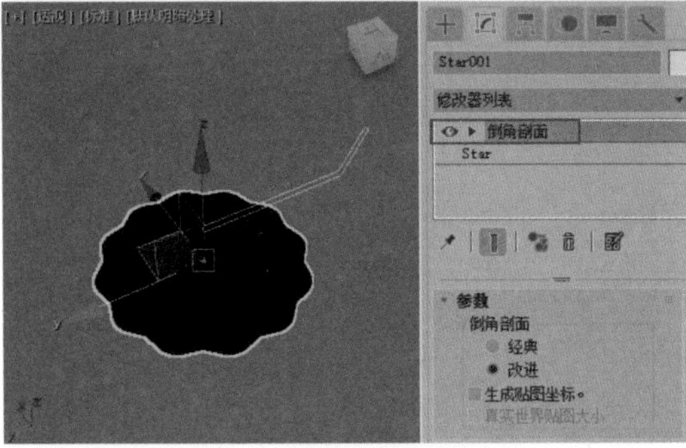
图5-55

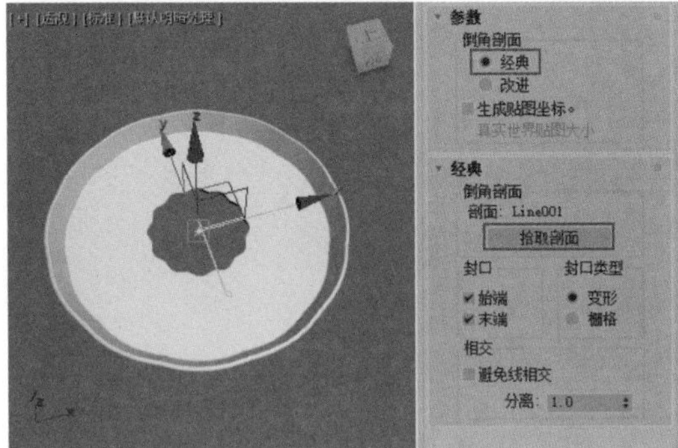
图5-56

10 在“剖面Gizmo”子层级中，选择黄色的剖面线，调整其至如图5-57所示的位置，即可修复盘子中间的空洞部分。

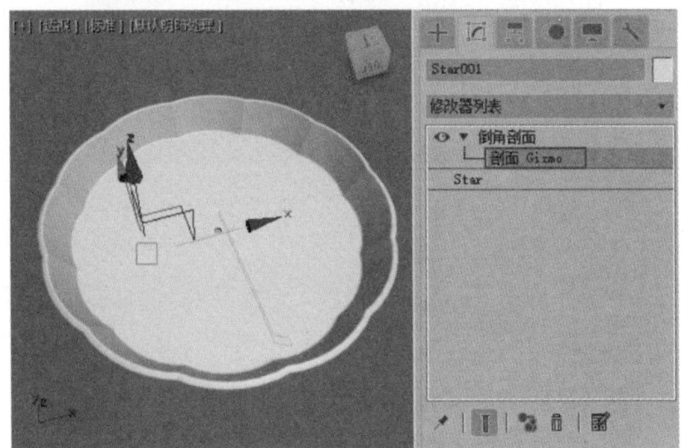
图5-57

11 本实例的最终模型效果如图5-58所示。

图5-58

实例操作：使用“线”样条线制作酒杯模型

在本实例中，使用“线”样条线制作酒杯的三维模型。酒杯模型的渲染效果如图5-59所示。

图5-59

01 启动3ds Max 2020软件，在“创建”面板中单击“线”按钮，在“前”视图中绘制酒杯的大概轮廓，如图5-60所示。

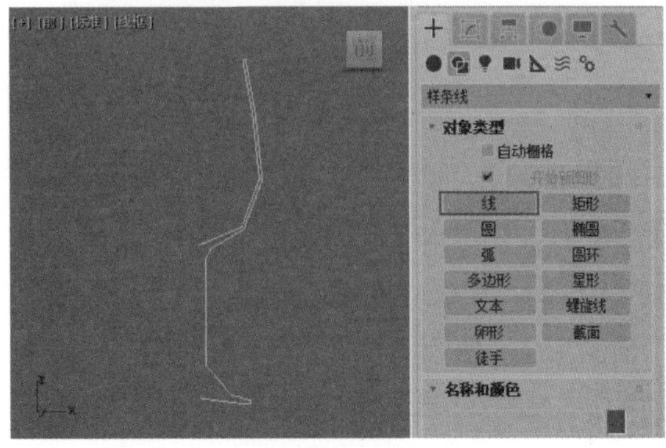
图5-60

02 在“修改”面板中，进入“顶点”子层级，选择如图5-61所示的顶点，单击鼠标右键，在弹出的快捷菜单中执行“平滑”命令，将所选择的点由默认的“角点”转换为“平滑”。转换完成后，这些被选中的顶点所构成的线段将会自动形成平滑的弧度，如图5-62所示。

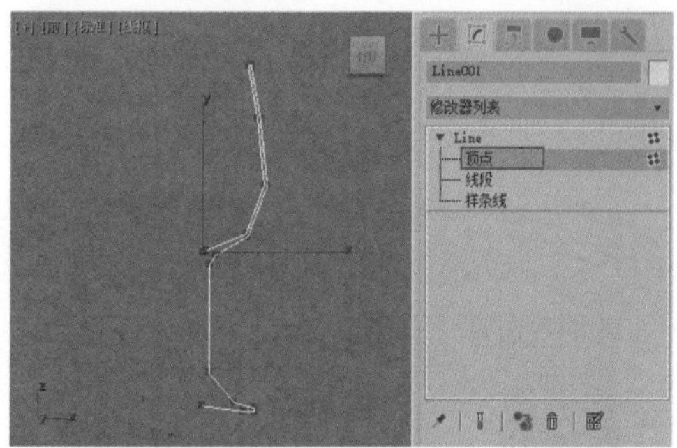

图5-61

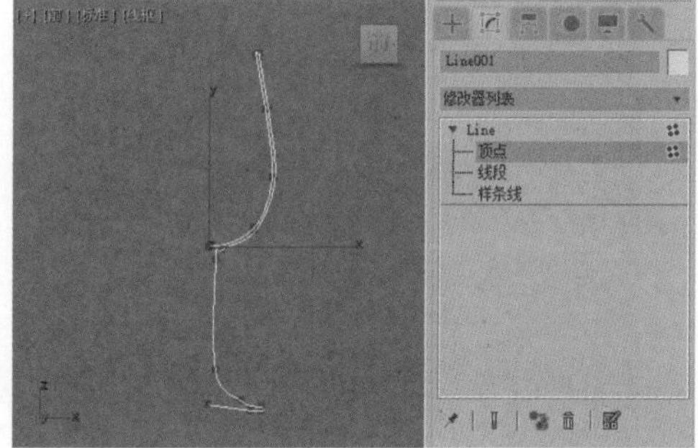

图5-62

03 仔细调整各个顶点的位置，让酒杯壁上的厚度尽可能均匀，使得构成酒杯底座部分的线条更加平滑。调整完成后，退出线的“顶点”子层级，线条的最终完成形态如图5-63所示。

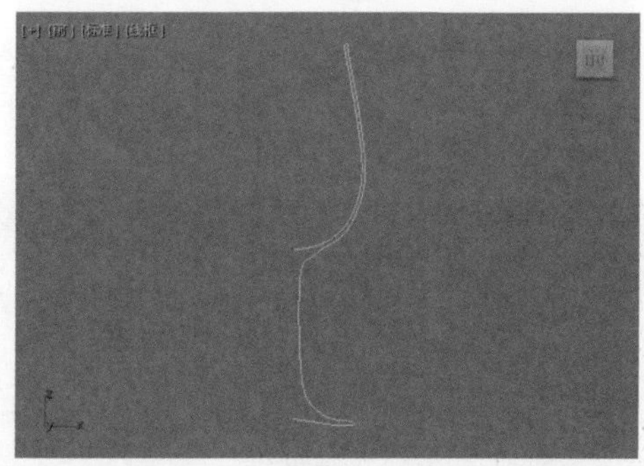

图5-63

04 选择绘制完成后的曲线，在“修改”面板中为其添加“车削”修改器，如图5-64所示。

05 在“修改”面板中展开“参数”卷展栏，将“对齐”的方式设置为“最小”，即可得到一个杯子的三维模型，如图5-65所示。

06 按快捷键F3键，将模型的显示状态由“线框”切换至“默认明暗处理”，在“透视”视图中观察杯子的模型，发现在默认状态下模型表面呈黑色状态显示，这表明模型的法线可能是反的，如图5-66所示。

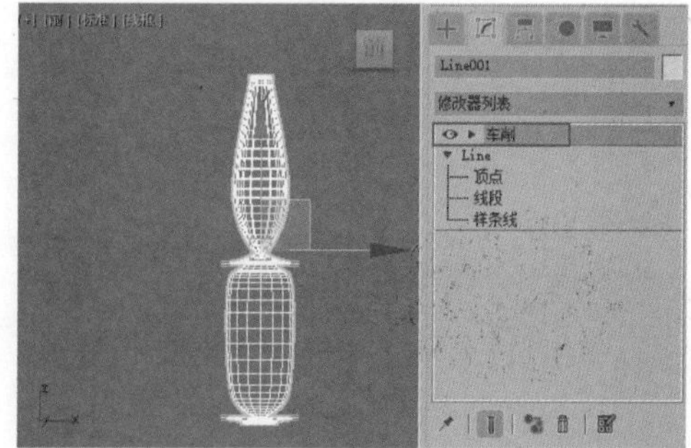

图5-64

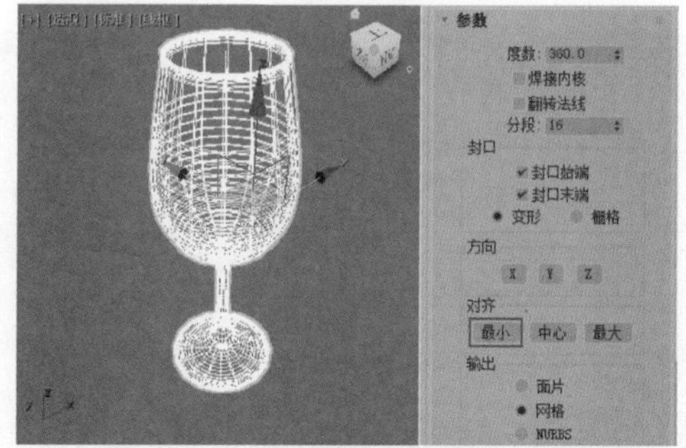

图5-65

图5-66

07 在“修改”面板中选中“翻转法线”复选框，即可更改模型的法线方向，如图5-67所示。

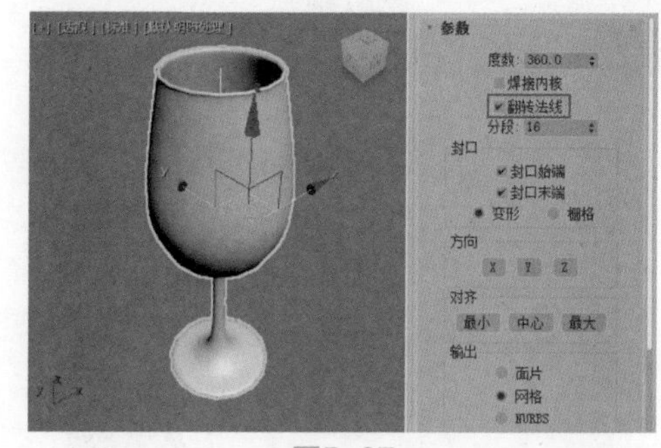

图5-67

08 设置“分段”的值为36，可以使构成模型的面数增多，从而使杯子看起来更加光滑，如图5-68所示。

图5-68

09 仔细观察杯子的内侧，可以看到在模型中心的面会呈现黑色。这时，可以通过选中“焊接内核”复选框来有效改善模型，如图5-69所示。

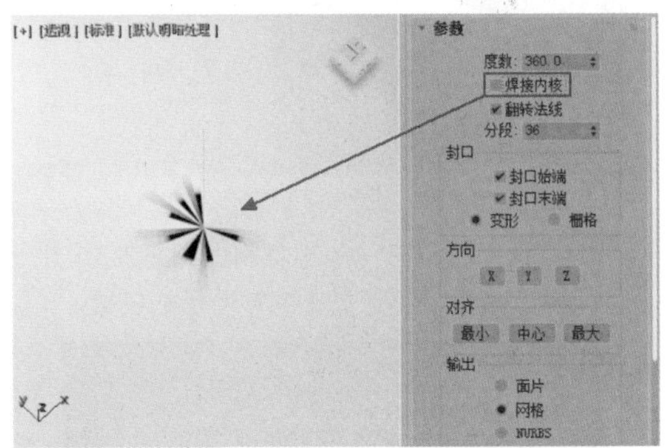
图5-69

10 制作完成后的杯子模型效果如图5-70所示。

图5-70

实例操作：使用“线”样条线制作柜子模型

在本实例中，使用“线”样条线制作柜子的三维模型。柜子模型的渲染效果如图5-71所示。

图5-71

01 启动3ds Max 2020软件，在“创建”面板中单击“线”按钮，在“前”视图中绘制柜子形体的大概轮廓，如图5-72所示。

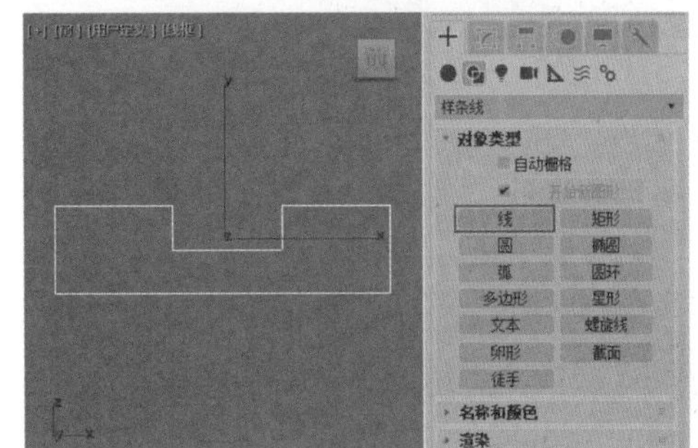
图5-72

02 在“修改”面板中，进入“顶点”子对象层级，选择如图5-73所示的顶点，对其进行“圆角”操作，得到如图5-74所示的圆角效果。

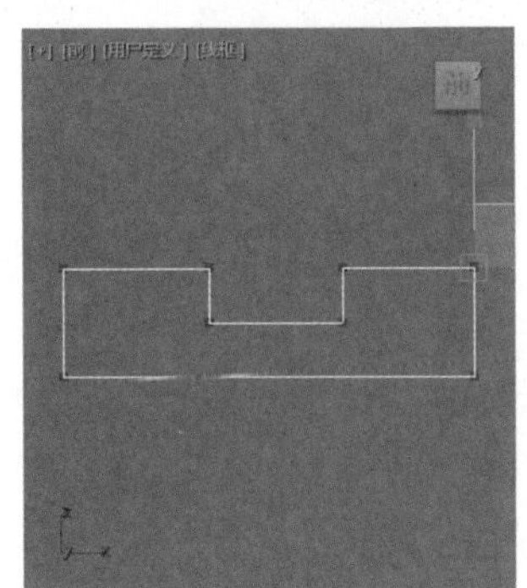
图5-73

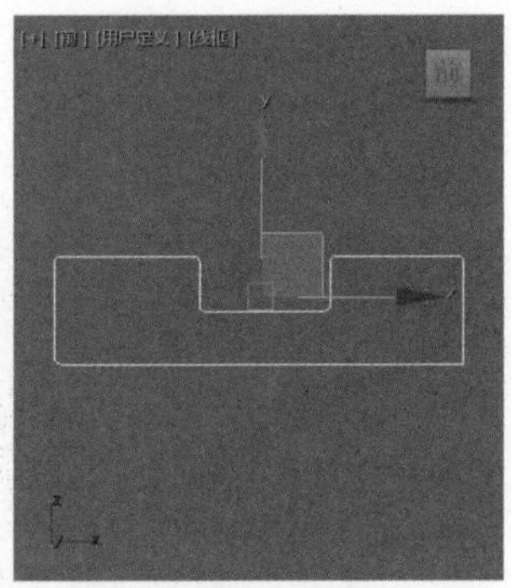

图5-74

03 为绘制好的曲线添加“挤出”修改器，在“参数”卷展栏中设置“数量”的值为45.72，如图5-75所示。

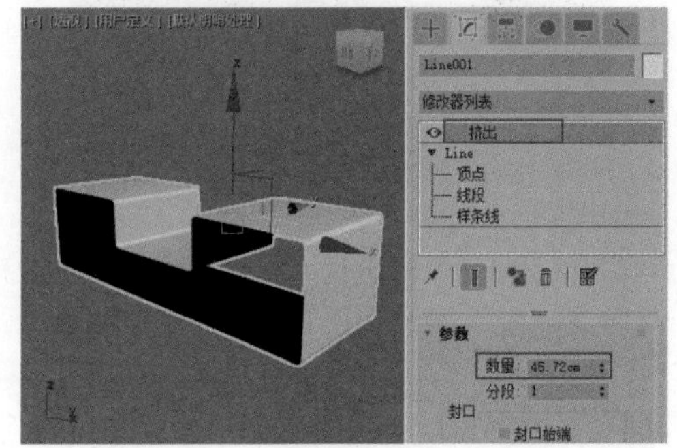

图5-75

04 为模型添加“壳”修改器，在“参数”卷展栏中设置“内部量”的值为1.473，为模型添加厚度，如图5-76所示。

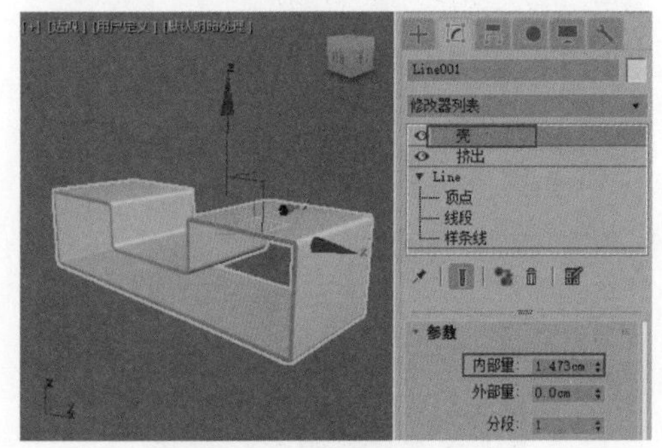

图5-76

05 单击“创建”面板中的“线”按钮，在“前”视图中绘制用来制作柜子脚的曲线，如图5-77所示。

06 为绘制的曲线添加“车削”修改器，在“参数”卷展栏中选中“翻转法线”复选框，调整“分段”值为30，并单击“对齐”选项组中的“最小”按钮，如图5-78所示。

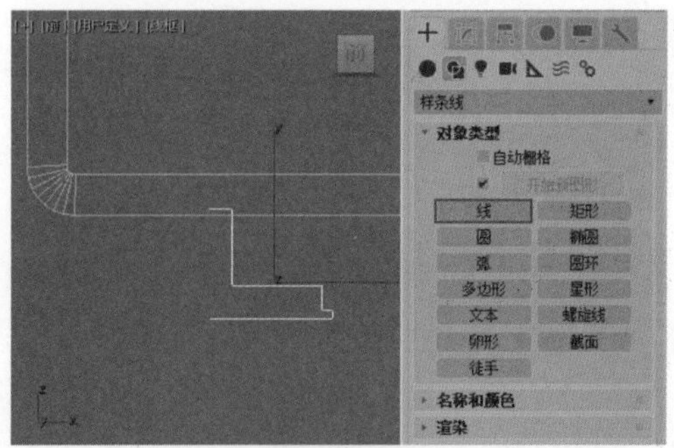

图5-77

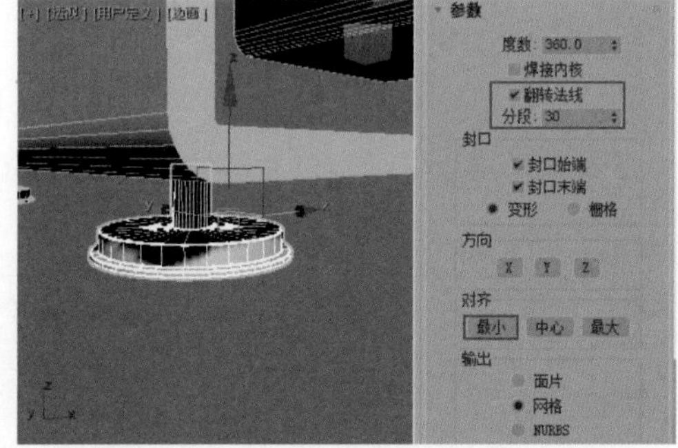

图5-78

07 在“顶”视图中，分别复制得到另外3个柜子脚模型，并调整至如图5-79所示的位置。

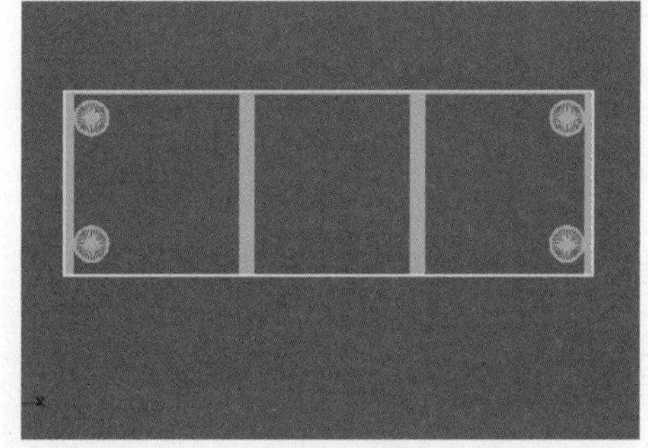

图5-79

08 制作完成的柜子模型最终效果如图5-80所示。

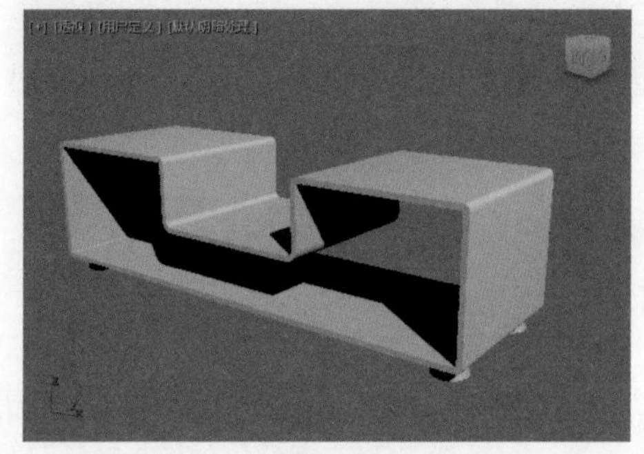

图5-80

6.1 多边形概述

多边形建模是目前流行的三维建模方式之一，无论制作复杂的工业产品、造型古朴的建筑，还是动人的人物角色，都需要深入学习并熟练掌握该技术。“可编辑多边形”修改器的子层级包含顶点、边、边界、多边形和元素这5个层级，如图6-1所示。每个子层级又分别包含不同的针对多边形及子层级的建模修改命令。

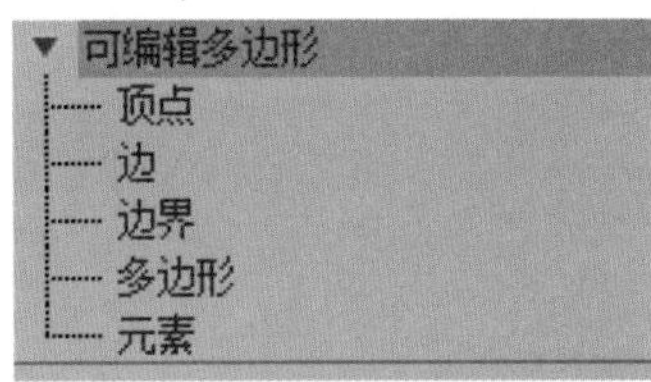

图6-1

6.2 多边形对象的创建

多边形对象的创建方法主要有两种，一种为选择要修改的对象直接塌陷转换为“可编辑的多边形”，另一种为在“修改”面板中为对象添加“编辑多边形”修改器。第一种方法有两种实现方式。

方式一：在视图中选择要塌陷的对象，右击并执行“转换为/转换为可编辑多边形”命令，该物体被快速塌陷为多边形对象，如图6-2所示。

方式二：选择视图中的物体，打开“修改”面板，光标移动至修改堆栈的命令上，单击鼠标右键，在弹出的快捷菜单中执行“可编辑多边形”命令，即可完成塌陷，如图6-3所示。

方式三：单击选择视图中的模型，在“修改器列表”中添加“编辑多边形”修改器，如图6-4所示。需要注意的是，该方式只是在对象的修改器堆栈内添加了一个修改器，与直接将对象转换为可编辑多边形不同。

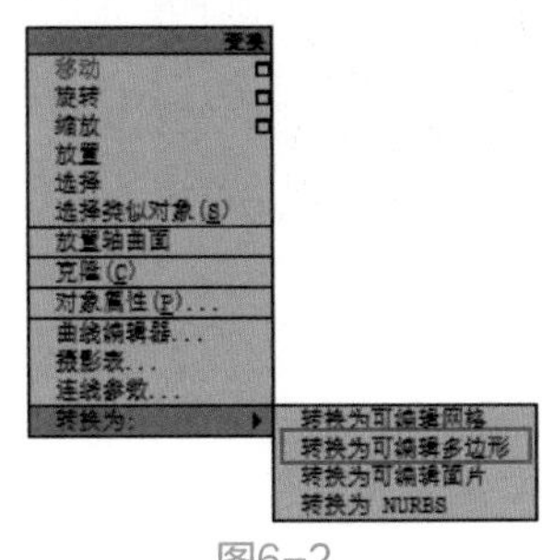

图6-2

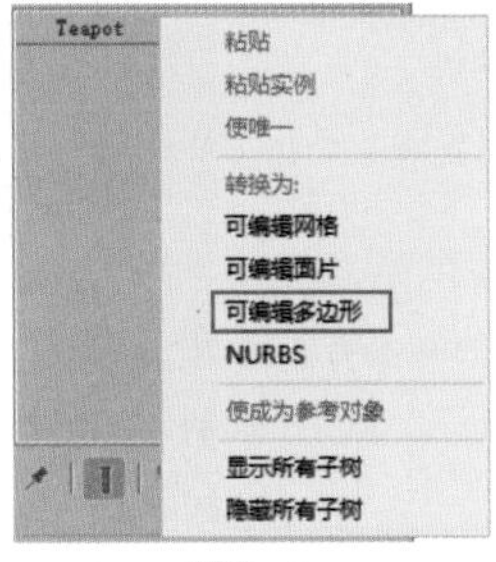

图6-3

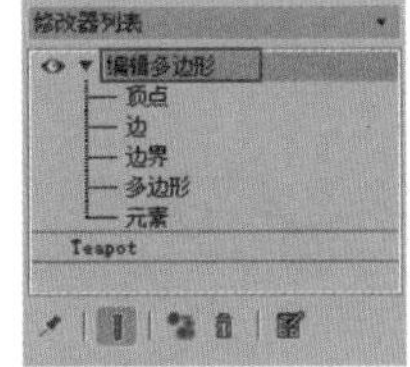

图6-4

6.3 多边形的子对象层级

可编辑多边形包含子对象，通过使用不同的子对象可以更加方便、直观地进行模型的修改工作。在开始对模型进行修改之前，一定要先选择子对象，才能选择视口中模型的对应子对象。比如，要选择模型上的点，那么就一定要先进入“顶点”子对象层级。下面详细讲解多边形的5个子对象层级。

6.3.1 “顶点”子对象层级

顶点是位于相应位置的点，它们定义构成多边形对象的其他子对象的结构，如图6-5所示。当移动或编辑顶点时，它们形成的几何体也会受影响。顶点可以独立存在，也可用来构建其他几何体，但在渲染时，它们是不可见的。

在多边形对象中，每个顶点均有ID号。单击模型上的任意点，通过“修改”面板中的“选择”卷展栏下方的提示可以观察到ID号，如图6-6所示。

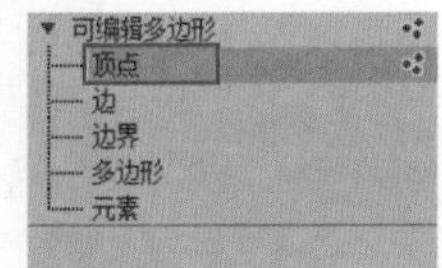

图6-5

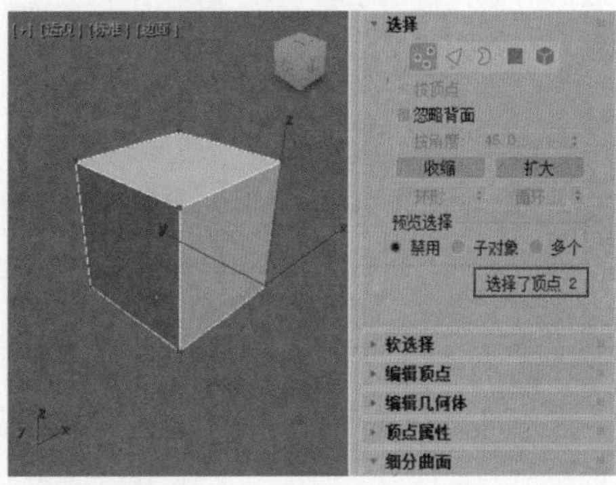

图6-6

在可编辑多边形的“顶点”子层级中，如果选择了多个顶点，则提示具体选择了多少个顶点，如图6-7所示。

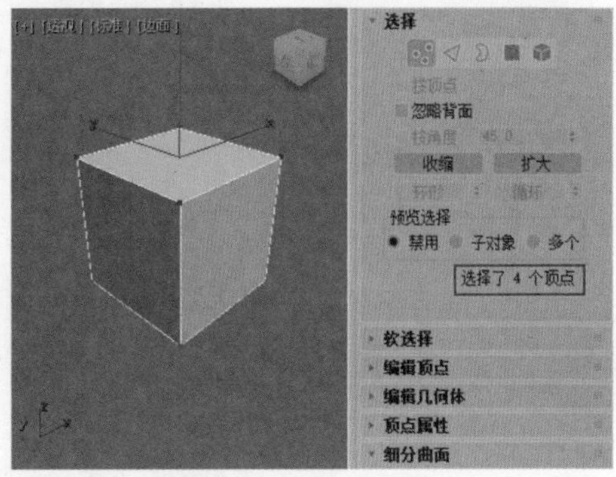

图6-7

进入“可编辑多边形”的“顶点”子层级后，在“修改”面板中会出现“编辑顶点”卷展栏，如图6-8所示。

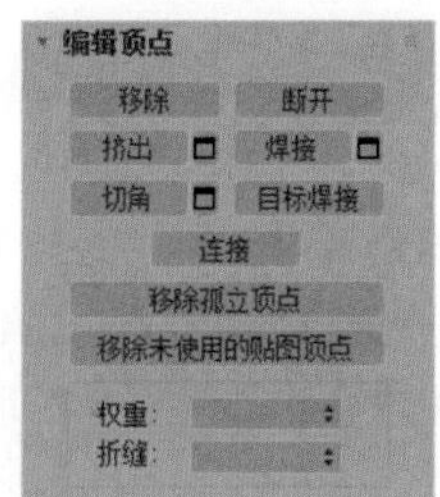

图6-8

解析

- 移除：删除选中的顶点，并接合使用它们的多边形，快捷键是Backspace键，如图6-9所示。

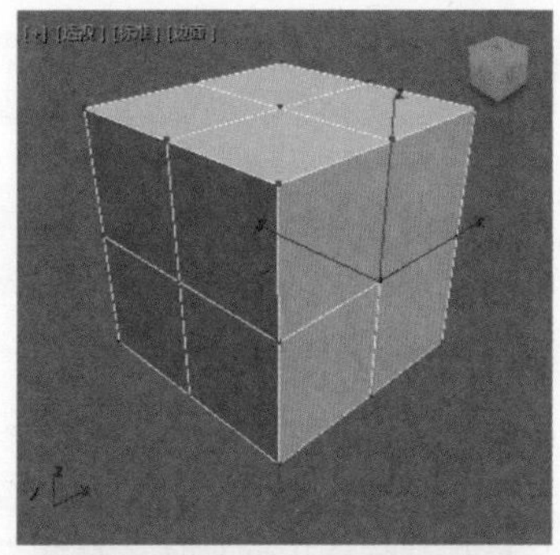

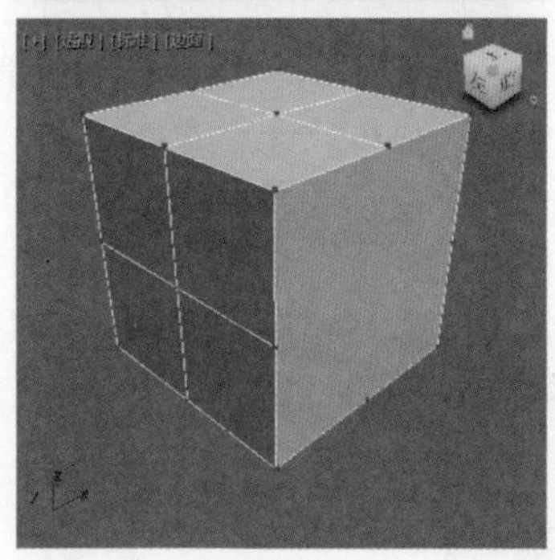

图6-9

- 断开：在与选定顶点相连的每个多边形上，都创建一个新顶点，这可以使多边形的转角相互分开，使它们不再相连于原来的顶点上，如果顶点是孤立的或者只有一个多边形使用，则顶点将不受影响。
- 挤出：可以手动挤出顶点，方法是在视图中直接操作。单击此按钮，然后垂直拖曳到任何顶点上，就可以挤出此顶点。
- 焊接：对“焊接”助手中指定的公差范围内选定的连续顶点进行合并，所有边都会与产生的单个顶点连接，如图6-10所示。

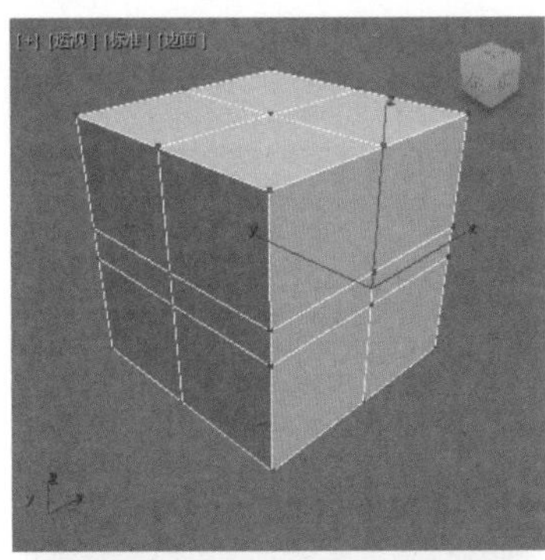

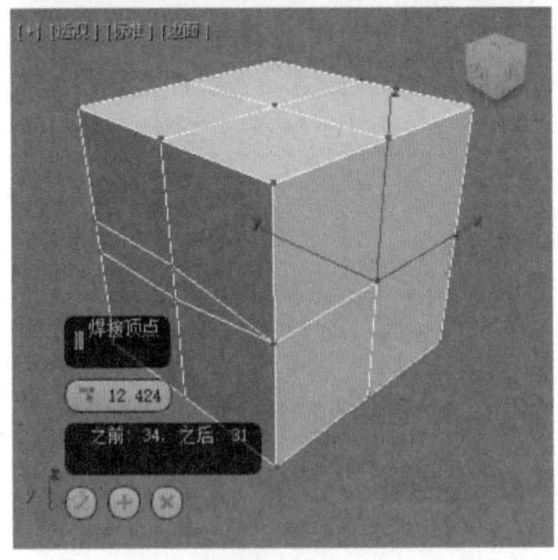

图6-10

- 切角：单击此按钮，然后在活动对象中拖动顶点。要用数字切角顶点，请单击“切角设置”按钮，然后使用“切角量”值，如图6-11所示。

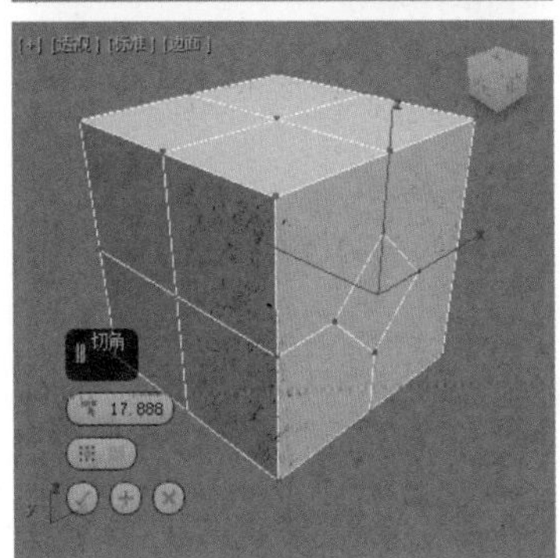

图6-11

- 目标焊接：可以选择一个顶点，并将它焊接到相邻目标顶点。目标焊接只焊接成对的连续顶点，也就是说，顶点有一个边相连。
- 连接：在选中的顶点对之间创建新的边。
- 移除孤立顶点：将不属于任何多边形的所有顶点删除。
- 移除未使用的贴图顶点：某些建模操作会留下未使用的（孤立）贴图顶点，它们会显示在“展开UVW”编辑器中，但是不能用于贴图，单击该按钮，可以自动删除这些贴图顶点。

6.3.2 “边”子对象层级

边是连接两个顶点的直线，它可以形成多边形的边，如图6-12所示。

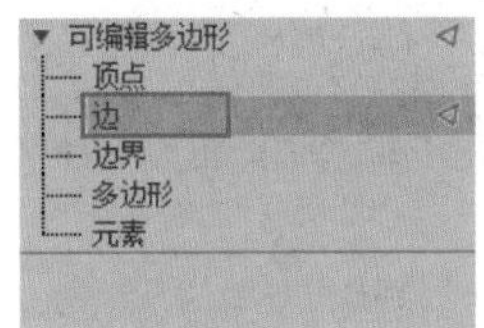

图6-12

同顶点一样，多边形的每一条边也都有唯一的ID号。单击模型上的任意边，通过“修改”面板中的“选择”卷展栏下方的提示可以观察到ID号，如图6-13所示。

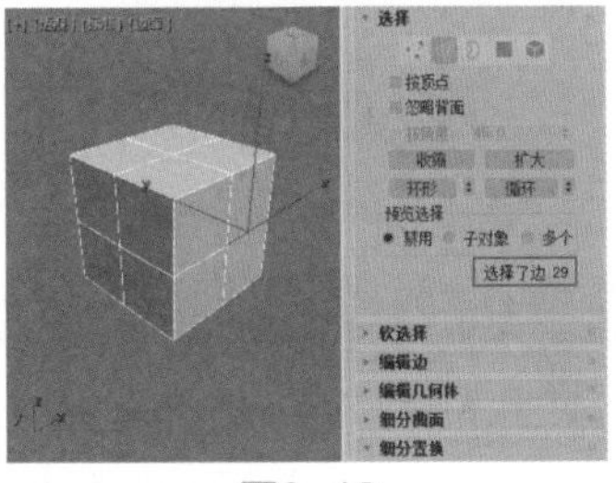

图6-13

在“可编辑多边形”的“边”子层级中，如果选择了多个边，则提示具体选择了多少条边，如图6-14所示。

选择边时，可以对边进行循环选择操作。在模型上双击任意一条边即可选中一圈循环结构的边，如图6-15所示。

进入“可编辑多边形”的“边”子层级后，在“修改”面板中会出现“编辑边”卷展栏，如图6-16所示。

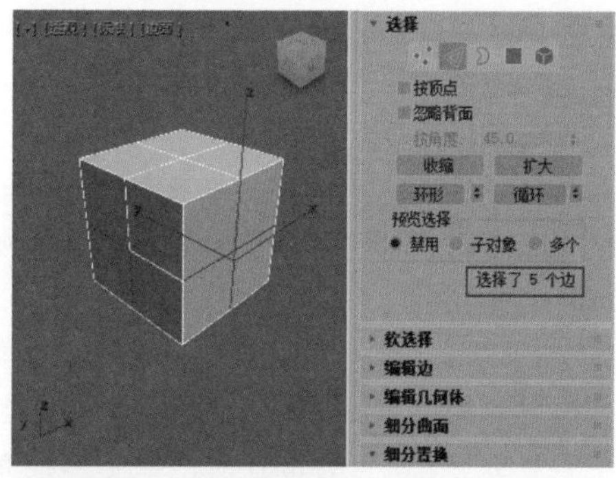

图6-14

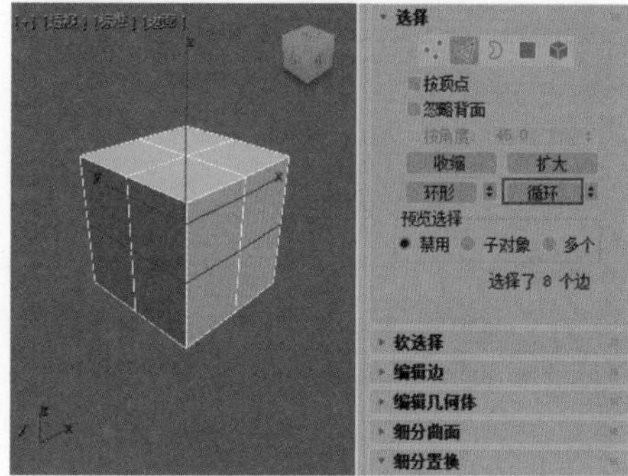

图6-15

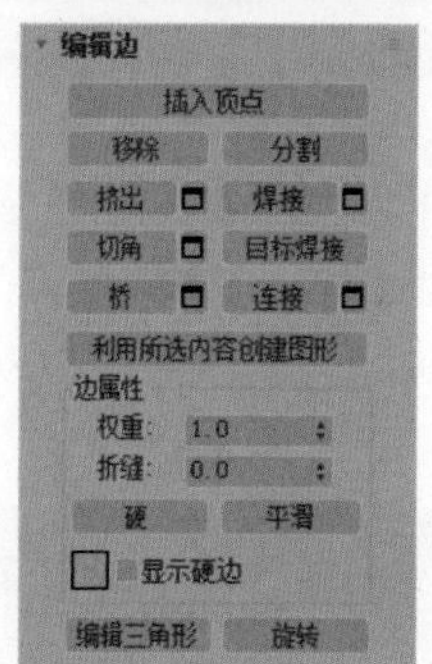

图6-16

解析

- 插入顶点：用于手动细分可视的边。
- 移除：删除选定边并组合使用这些边的多边形。
- 分割：沿着选定边分割网格。
- 挤出：直接在视图中操纵时，可以手动挤出边。单击此按钮，然后垂直拖动任何边，以便将其挤出。
- 焊接：指定的阈值范围内的选定边进行合并。
- 切角：利用边切角可以“砍掉”选定边，从而为每个切角边创建两个或更多新边。它还会创建一个或多个连接新边的多边形，如图6-17所示。

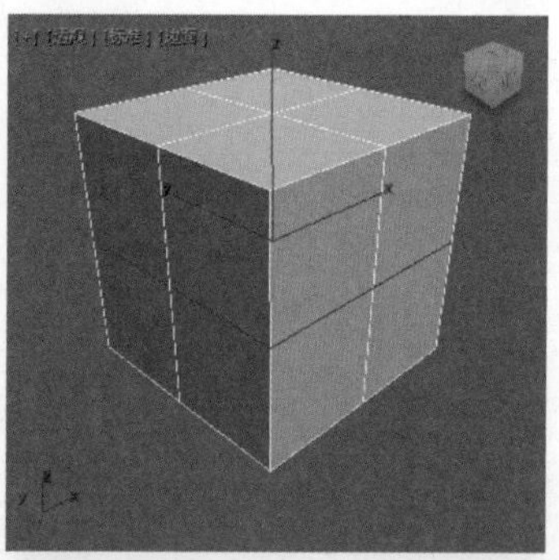

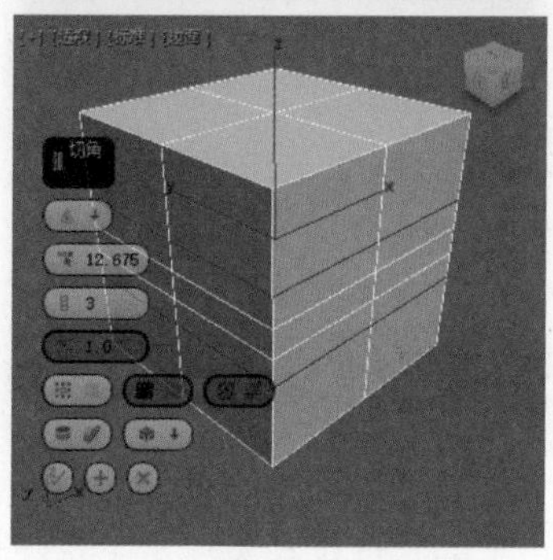

图6-17

- 目标焊接：用于选择边并将其焊接到目标边。将光标放在边上时，光标会变为十字形状。单击并拖动鼠标会出现一条虚线，虚线的一端是顶点，另一端是箭头光标。将光标放在其他边上，如果光标再次显示为十字形状，单击鼠标。此时，第一条边将会移动到第二条边的位置，从而将这两条边焊接在一起，如图6-18所示。
- 桥：使用多边形的“桥”连接对象的边，桥只连接边界边，也就是只在一侧有多边形的边。在创建边循环或剖面时，该工具特别有用，如图6-19所示。

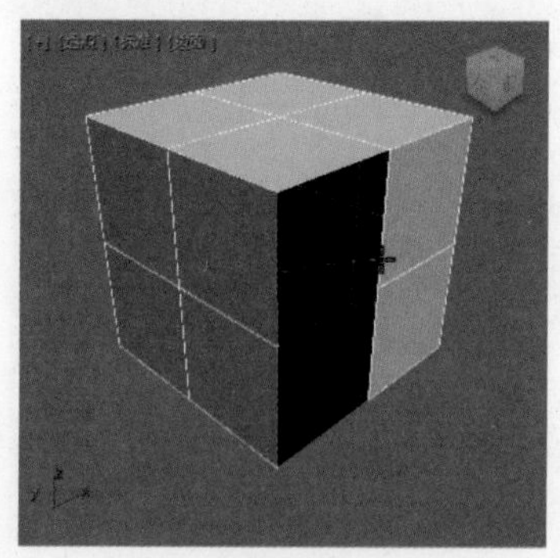

图6-18

图6-18（续）

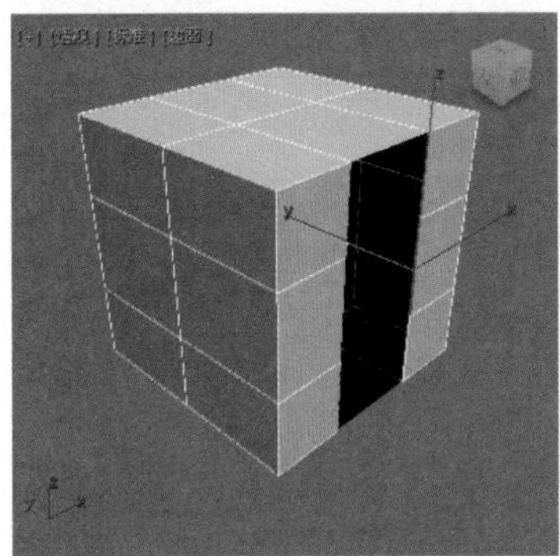

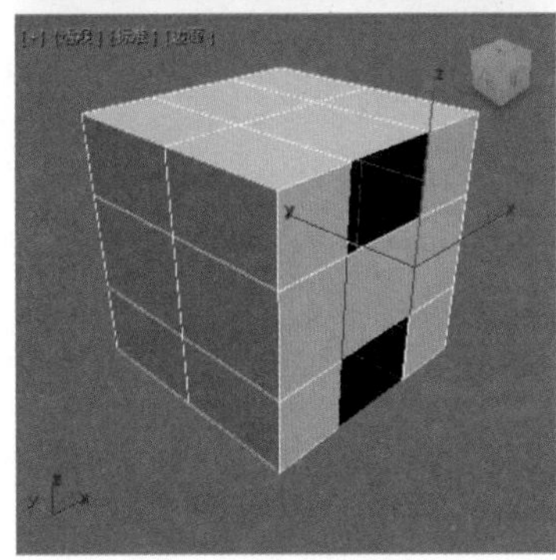

图6-19

- 连接：使用当前的“连接边”设置在选定边对之间创建新边。连接对于创建或细化边循环特别有用，如图6-20所示。

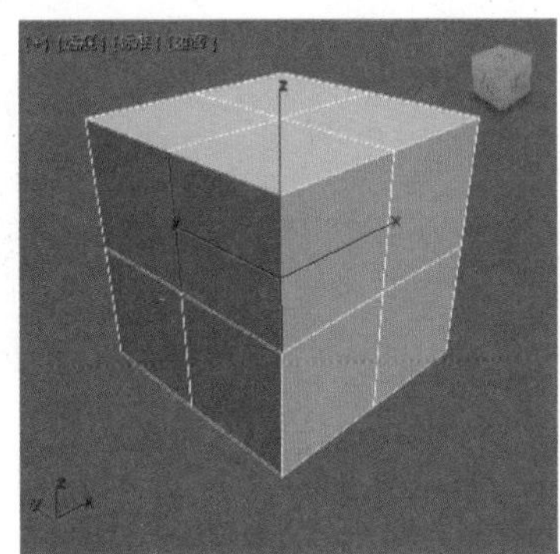

图6-20

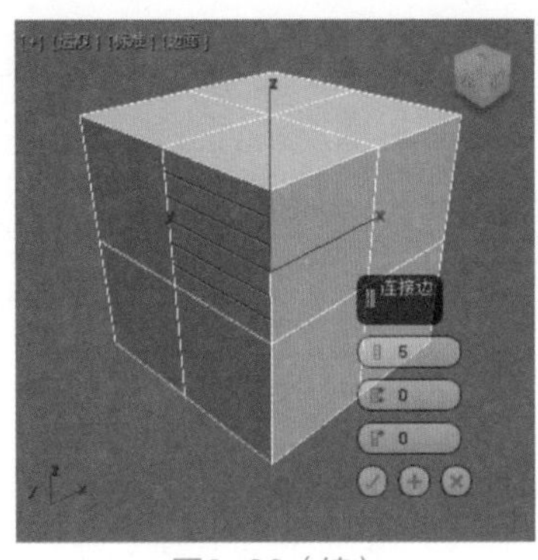

图6-20（续）

- 利用所选内容创建图形：选择一条或多条边后，单击此按钮可使用选定边，使用“创建图形设置”对话框中的当前设置，可创建一个或多个样条线形状。
- 编辑三角形：用于修改绘制内边或对角线时多边形细分为三角形的方式。
- 旋转：以单击的方式改变多边形内三角形的布局方式。激活“旋转”按钮时，对角线可以在线框和边面视图中显示为虚线，在“旋转”模式下，单击对角线可更改其位置。如果要退出“旋转”模式，可以在视图中右击或再次单击“旋转”按钮。

6.3.3　“边界”子对象层级

边界是网格的线性部分，通常可以描述为孔洞的边缘。它通常是多边形仅位于一面时的边序列，简单说来边界是指一个完整闭合的模型上因缺失了部分面而产生开口的地方，所以常常使用边界来检查模型是否有破面的情况。当进入可编辑多边形的“边界”子层级，在模型上进行框选，如果可以选中，则代表模型有破面。例如，长方体没有边界，但茶壶对象有若干边界，即壶盖、壶身和壶嘴上有边界，还有两个在壶把上，如果创建角色模型，那么眼睛的部位就会形成一个边界。

进入“可编辑多边形”的“边界”子层级后，如图6-21所示，在“修改”面板中会出现“编辑边界”卷展栏，如图6-22所示。

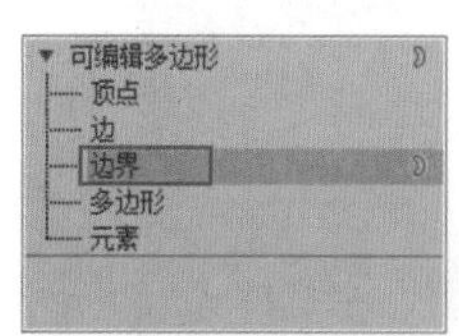

图6-21

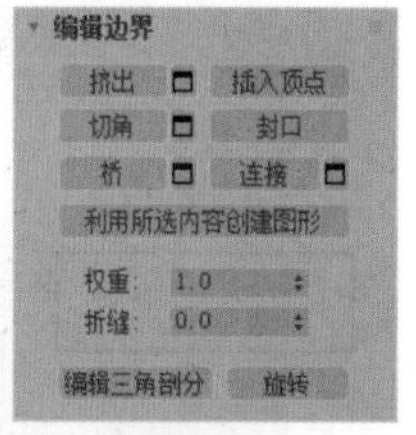

图6-22

解析

- 挤出：通过直接在视图中操纵对边界进行手动挤出处理。单击此按钮，然后垂直拖动任何边界，可以将其挤出。
- 插入顶点：用于手动细分边界边。
- 切角：单击该按钮，然后拖动活动对象中的边界即可，不需要先选中该边界。
- 封口：使用单个多边形封住整个边界环，如图6-23所示。

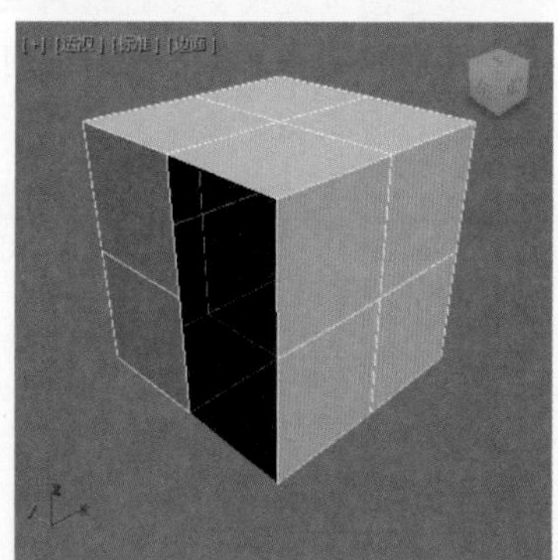

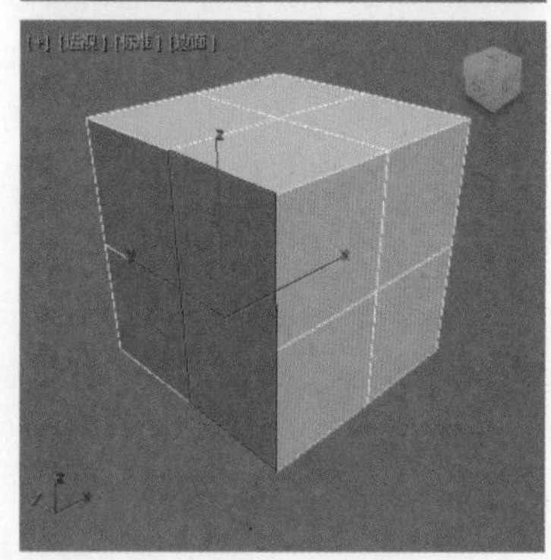

图6-23

- 桥：用“桥”多边形连接对象上的边界对，如图6-24所示。
- 连接：在选定边界边对之间创建新边，这些边可以通过其中点相连。
- 利用所选内容创建图形：选择一个或多个边界后，单击此按钮可使用选定边，使用“创建图形设置”对话框中的当前设置，可创建一个或多个样条线图形。

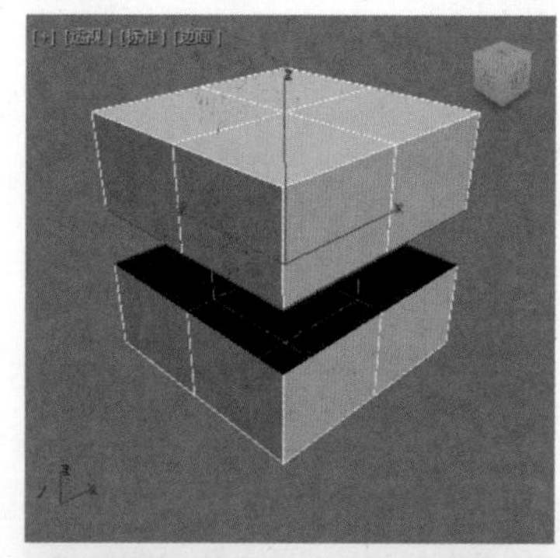

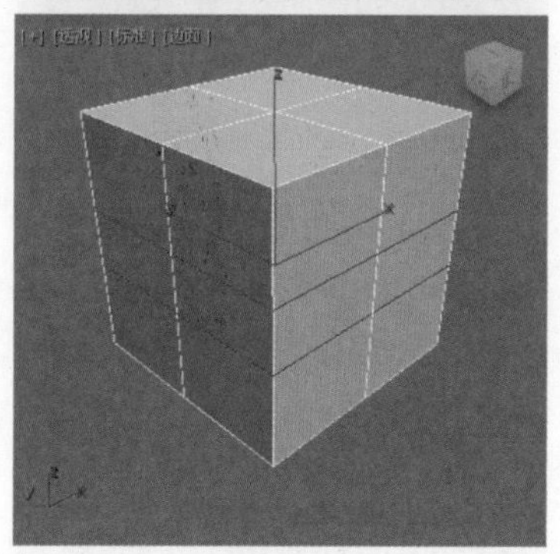

图6-24

6.3.4 “多边形”子对象层级

多边形■指模型上由3条或3条以上边构成的面。

选择多边形的一个面时，按位Shift键，单击位于已选择面的同一循环面上的其他任意面，则可以选中一圈的循环多边形，如图6-25所示。

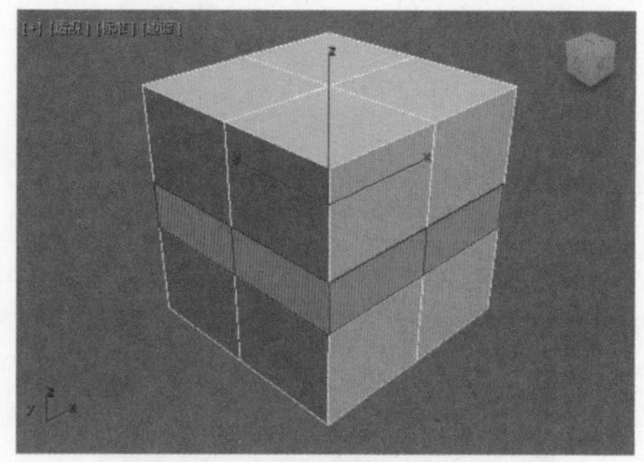

图6-25

进入“可编辑多边形”的“多边形”子层级后，如图6-26所示，在“修改”面板中会出现“编辑多边形”卷展栏，如图6-27所示。

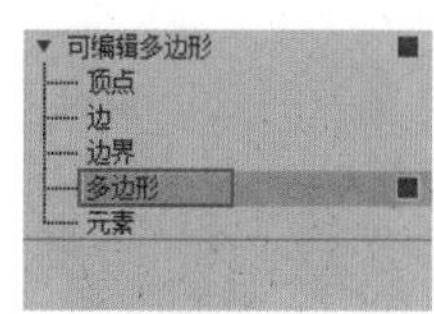

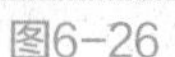
图6-26

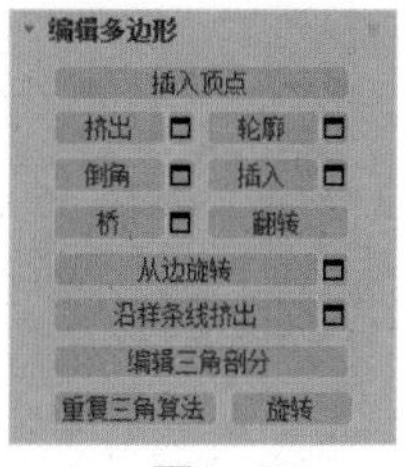

图6-27

解析

- 插入顶点：用于手动细分多边形。
- 挤出：直接在视图中操纵时，可以执行手动挤出操作。单击此按钮，然后垂直拖动任何多边形，可以将其挤出。
- 轮廓：用于增加或减小每组连续的选定多边形的外边。
- 倒角：通过直接在视图中操纵执行手动倒角操作。单击此按钮，然后垂直拖动任何多边形，可以将其挤出。释放鼠标，然后垂直移动光标，以便设置挤出轮廓。单击完成操作。
- 插入：执行没有高度的倒角操作，即在选定多边形的平面内执行该操作。单击此按钮，然后垂直拖动任何多边形，可以将其插入，如图6-28所示。

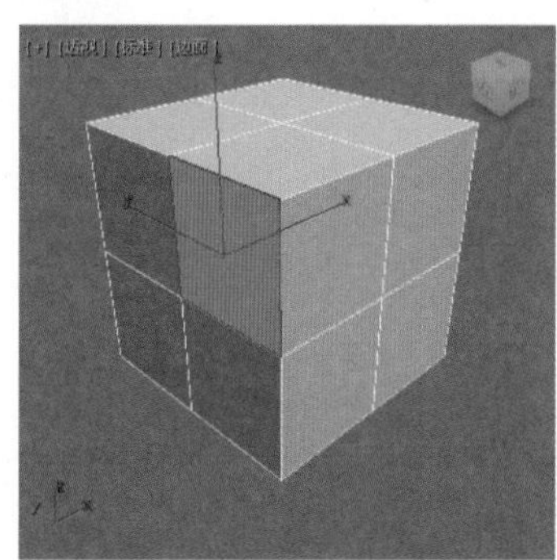

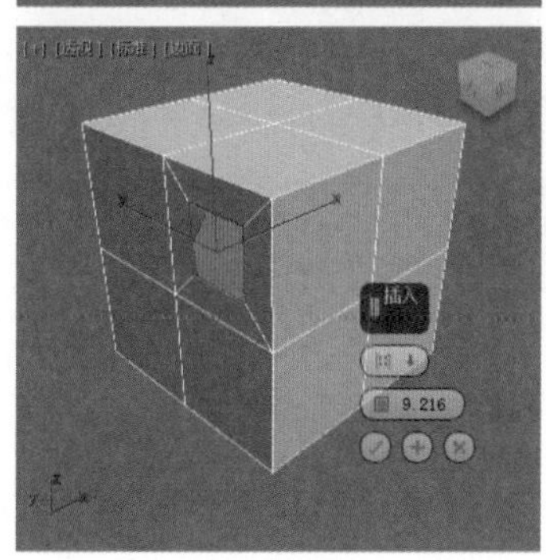

图6-28

- 桥：使用多边形的“桥”连接对象上的两个多边形或选定多边形。
- 翻转：反转选定多边形的法线方向。
- 从边旋转：通过在视图中直接操纵执行手动旋转操作。选择多边形，并单击该按钮，然后沿着垂直方向拖动任何边，可以旋转选定多边形，如果光标在某条边上，将会显示为十字形状。
- 沿样条线挤出：沿样条线挤出当前的选定内容，如图6-29所示。

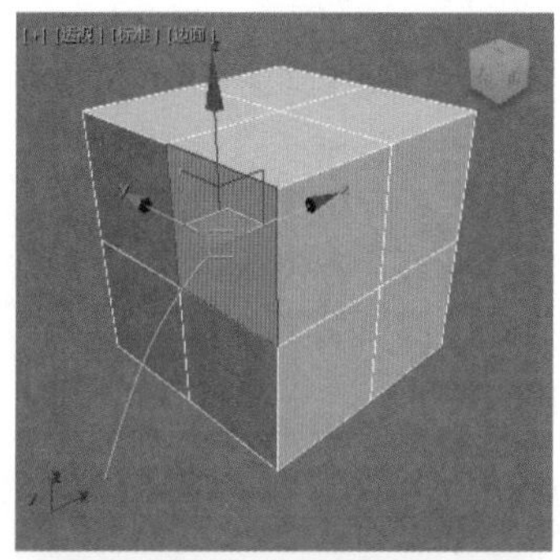

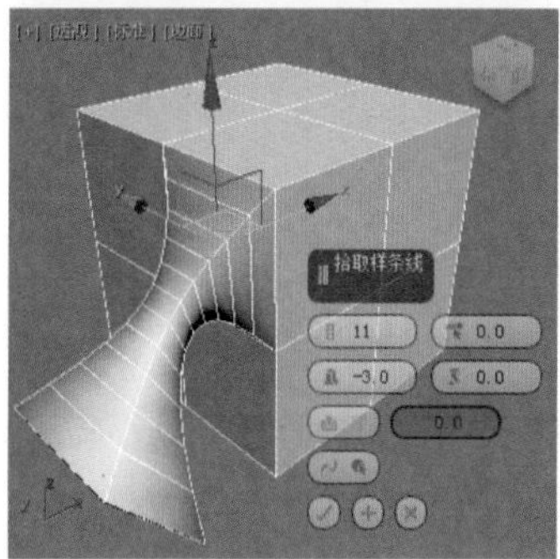

图6-29

- 编辑三角剖分：可以通过绘制内边修改多边形细分为三角形的方式。
- 重复三角算法：允许3ds Max对当前选定的多边形自动执行最佳三角剖分操作。
- 旋转：通过单击对角线修改多边形细分为三角形的方式。

6.3.5　“元素”子对象层级

进入“可编辑多边形”中的“元素”子层级，可以选中多边形内部的整个几何体，如图6-30所示。

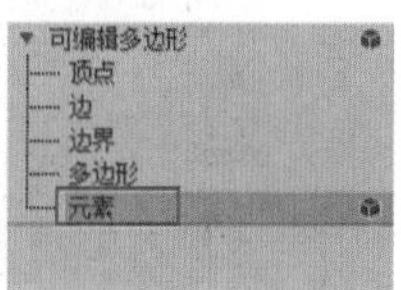

图6-30

进入“元素”子层级，并选中任意元素时，在“选择”卷展栏下方会显示选择了多少个多边形，如图6-31所示。

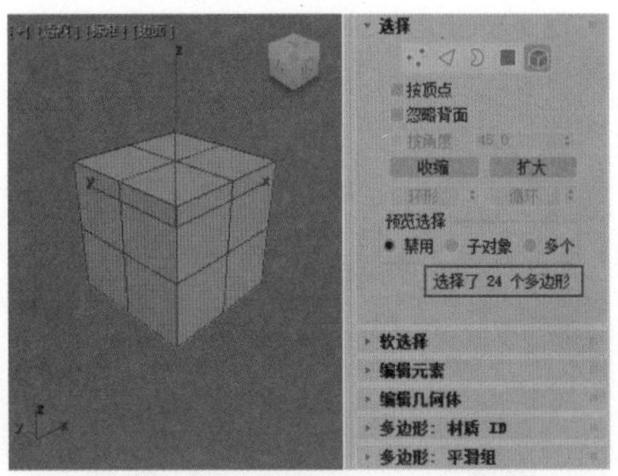

图6-31

进入“可编辑多边形”的“元素”子层级后，在修改器面板中会出现“编辑元素”卷展栏，如图6-32所示。

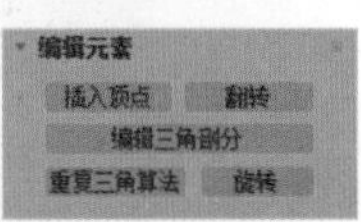

图6-32

解析

- 插入顶点：用于手动细分多边形。
- 翻转：反转选定多边形的法线方向。
- 编辑三角剖分：可以通过绘制内边修改多边形细分为三角形的方式。
- 重复三角算法：允许3ds Max对当前选定的多边形自动执行最佳三角剖分操作。
- 旋转：通过单击对角线修改多边形细分为三角形的方式。

实例操作：制作圆桌模型

在本实例中，使用多边形建模技术来制作圆桌的三维模型。圆桌模型的渲染效果如图6-33所示。

图6-33

图6-33（续）

01 启动3ds Max 2020软件，单击“创建”面板中的“圆柱体”按钮，在场景中绘制一个圆柱体模型，如图6-34所示。

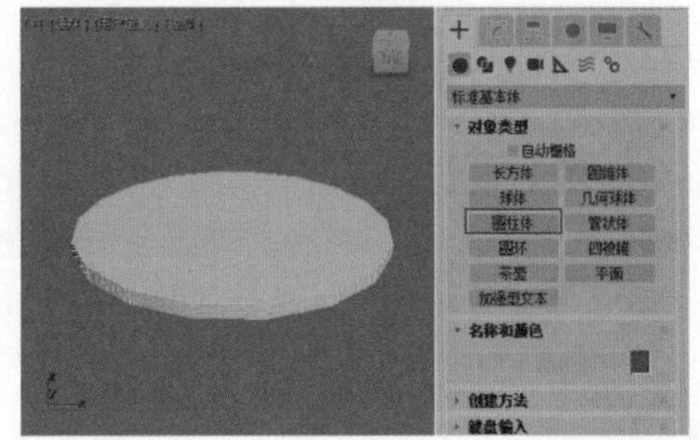

图6-34

02 在“修改”面板中，调整圆柱体模型的“半径”值为34，“高度”值为1.6，“高度分段”值为1，“端面分段”值为1，“边数”值为50，如图6-35所示。

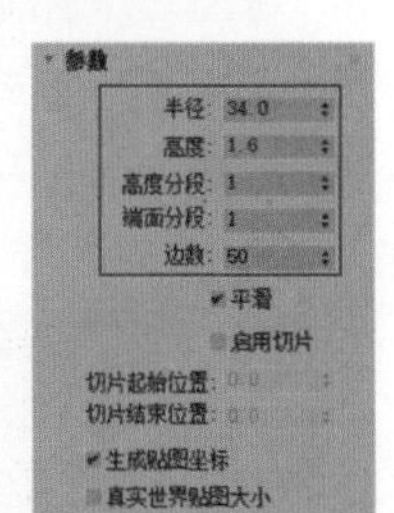

图6-35

03 单击“圆柱体”按钮，在“顶”视图中再次创建一个圆柱体模型，如图6-36所示。

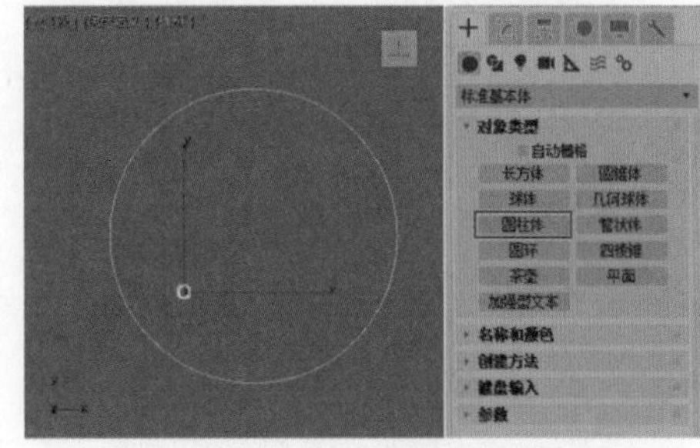

图6-36

04 在“修改”面板中，调整圆柱体模型的“半径”值为1.2，“高度”值为0.15，“高度分段”值为1，“端面分段”值为1，“边数”值为24，如图6-37所示。

05 选择刚刚创建的圆柱体模型，右击并执行“转换为/转换为可编辑多边形”命令，将其转换成可编辑状态，如图6-38所示。

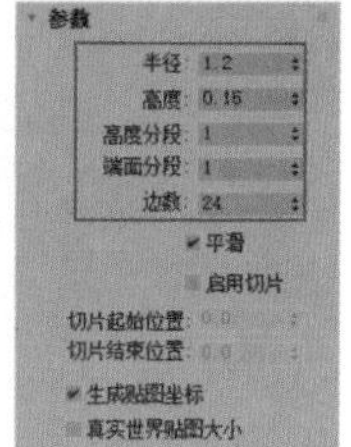

图6-37

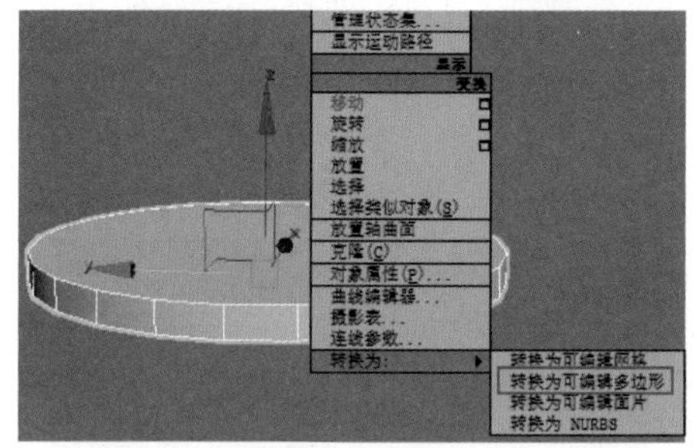

图6-38

06 在“修改”面板中，进入“多边形”子对象层级，选择如图6-39所示的面，右击并执行“挤出”命令，得到如图6-40所示的模型。

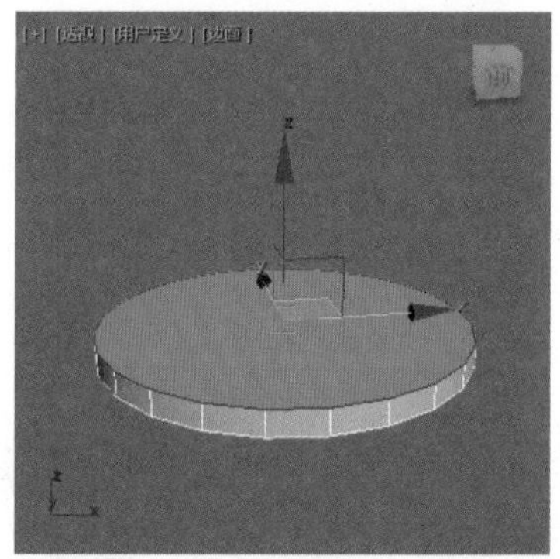
图6-39

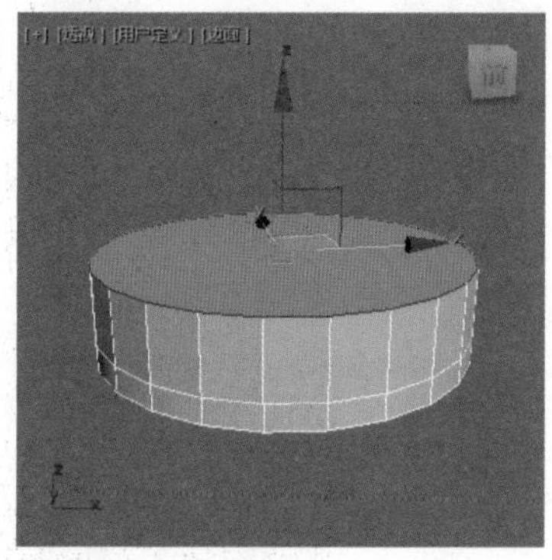
图6-40

07 轻微调整面的位置后按快捷键R键，对所选择的面进行缩放操作，得到如图6-41所示的模型效果。

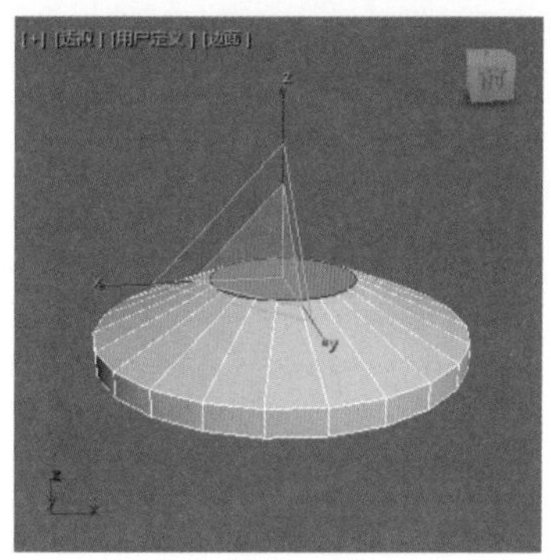
图6-41

08 右击并执行“挤出”命令，对所选择的面进行挤出操作，得到如图6-42所示的模型效果。

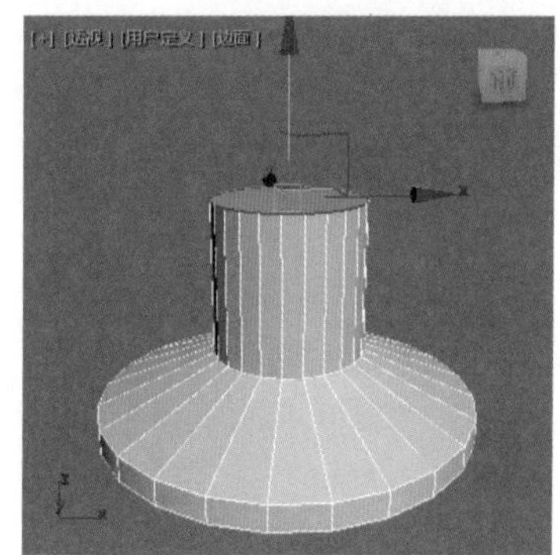
图6-42

09 再次右击并执行“挤出”命令，对所选择的面进行挤出操作并调整面的位置，得到如图6-43所示的模型效果。

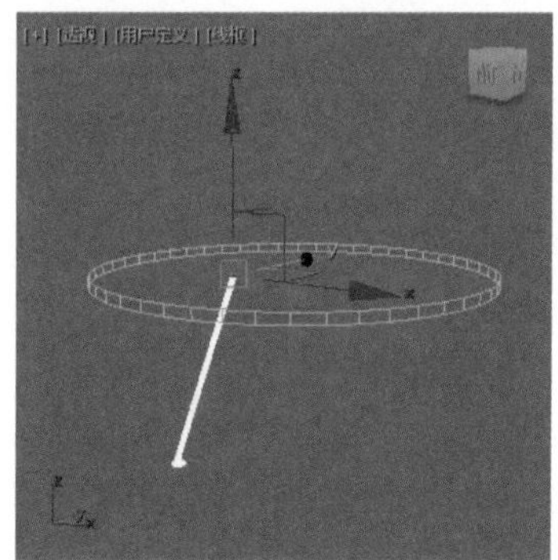
图6-43

10 在“顶”视图中，按住Shift键，复制得到另外两个桌子腿模型，并调整旋转角度和位置至如图6-44所示的效果。

11 在“创建”面板中，单击“多边形”按钮，在“顶”视图中绘制一个多边形图形，如图6-45所示。

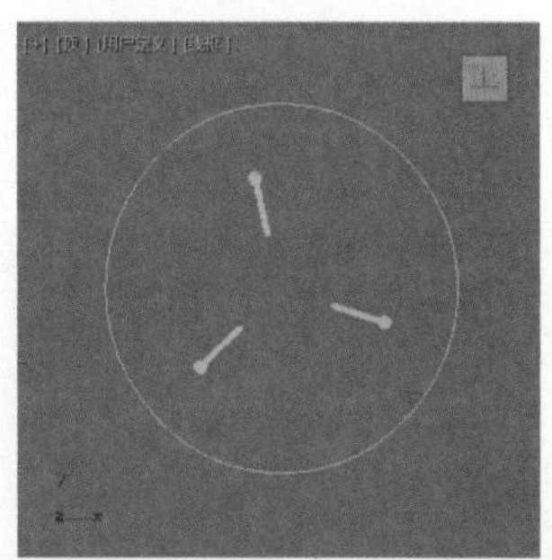

图6-44

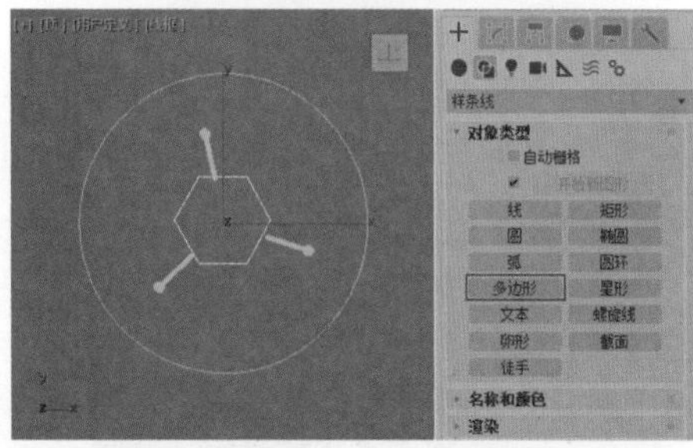

图6-45

12 在“修改”面板中，展开“参数”卷展栏，设置多边形图形的“半径”值为12，“边数”值为3，如图6-46所示。

13 展开“渲染”卷展栏，选中“在渲染中启用”选复选框和“在视口中启用”复选框，并调整图形的“厚度”值为0.7，如图6-47所示。

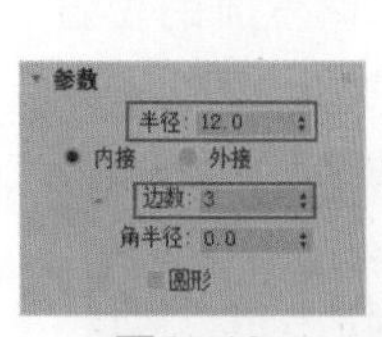

图6-46

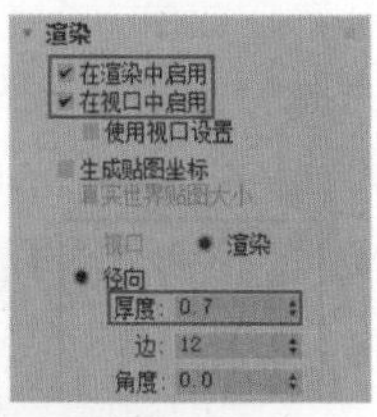

图6-47

14 按快捷键E键，使用“旋转”命令调整多边形图形的旋转角度至如图6-48所示的效果。

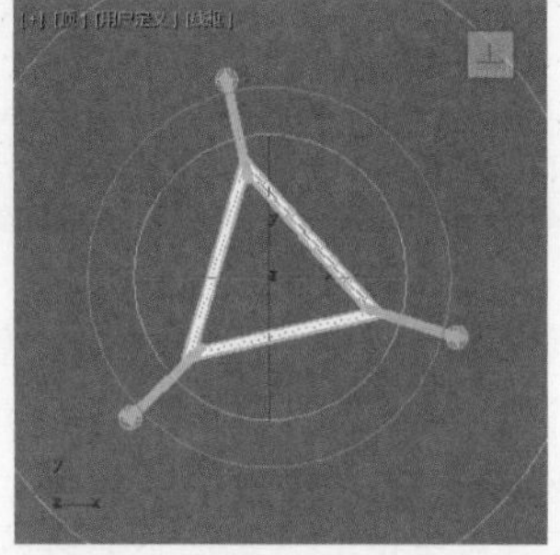

图6-48

15 按快捷键W键，使用“移动”命令在“前”视图中调整多边形图形的位置至如图6-49所示的效果，完成圆桌支撑结构的制作。

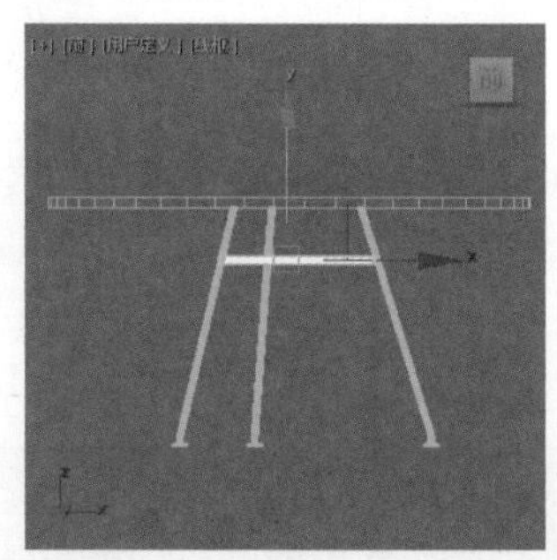

图6-49

16 本实例的最终模型效果如图6-50所示。

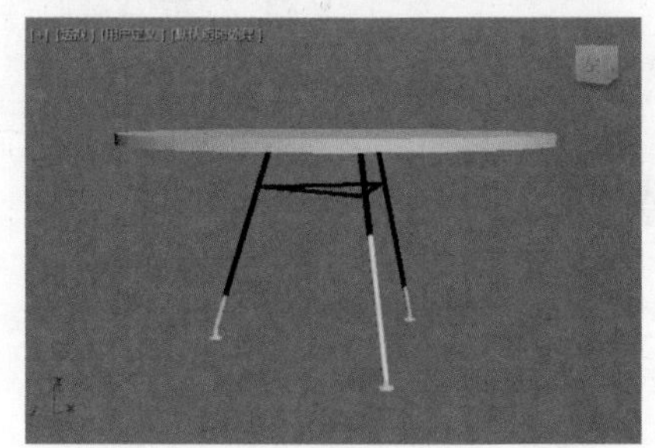

图6-50

实例操作：制作单人沙发模型

在本实例中，使用多边形建模技术制作单人沙发的三维模型。沙发模型的渲染效果如图6-51所示。

图6-51

01 启动3ds Max 2020软件，单击“创建”面板中的“长方体”按钮，在“透视”视图中创建一个长方体模型，如图6-52所示。

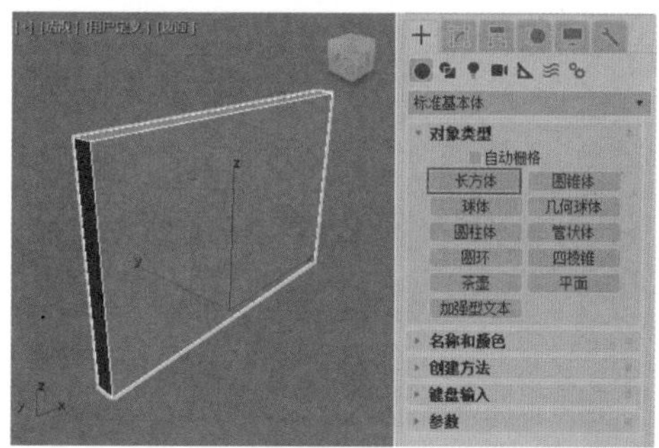

图6-52

02 在“修改”面板中，设置长方体的“长度”值为3，“宽度”值为52，“高度”值为33，“宽度分段”值为3，如图6-53所示。

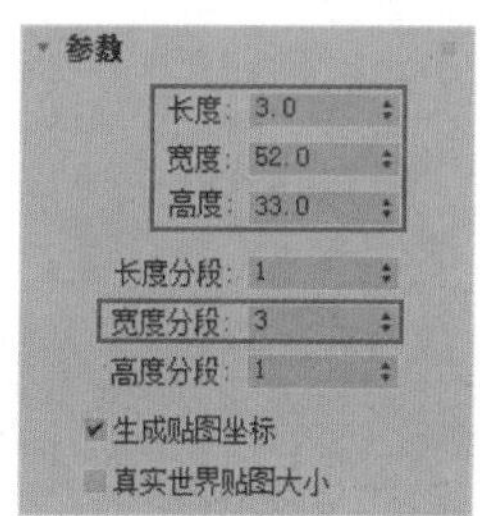

图6-53

03 选择长方体模型，右击并执行“转换为/转换为可编辑多边形”命令，将其转换成可编辑状态，如图6-54所示。

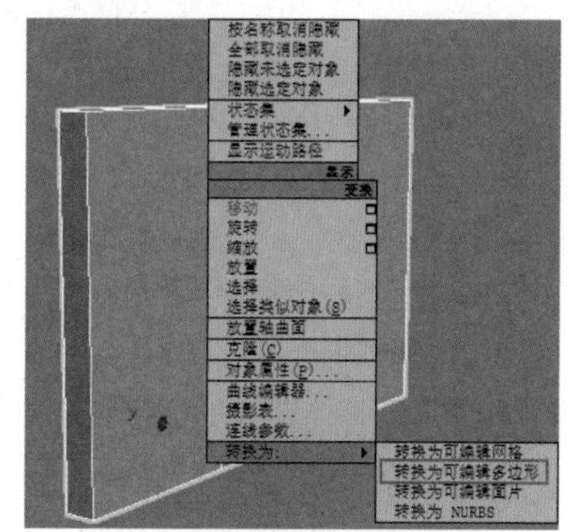

图6-54

04 在“边”子对象层级中，选择如图6-55所示的边，右击并执行“切角”命令，调整模型的形态至如图6-56所示的效果。

05 在“多边形”子对象层级中，选择如图6-57所示的面，右击并执行“挤出”命令，调整模型的形态至如图6-58所示效果。

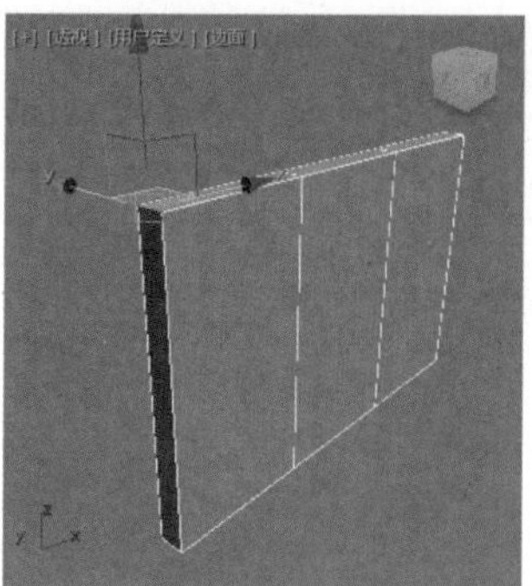

图6-55

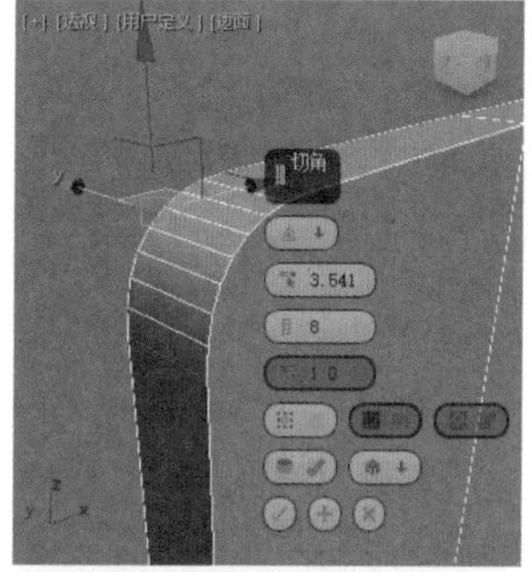

图6-56

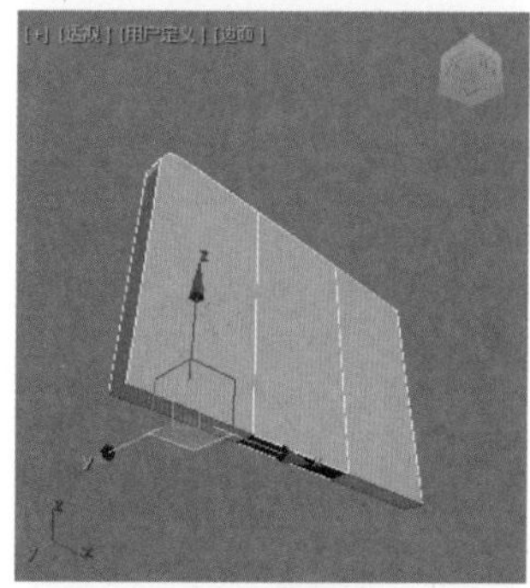

图6-57

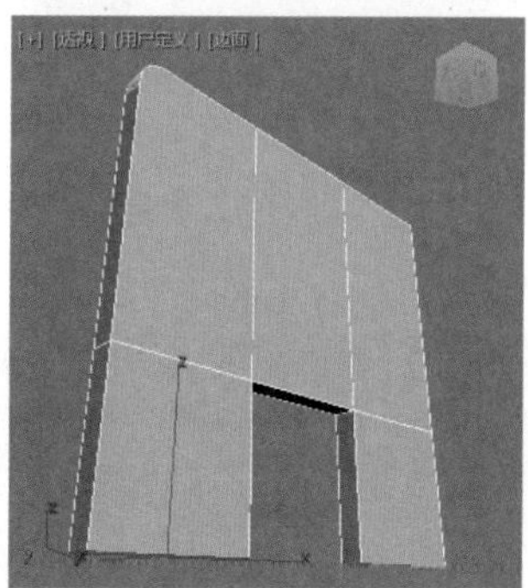

图6-58

06 在“顶点”子对象层级，通过对选择顶点进行位移操作，调整模型的形态至如图6-59所示的效果。

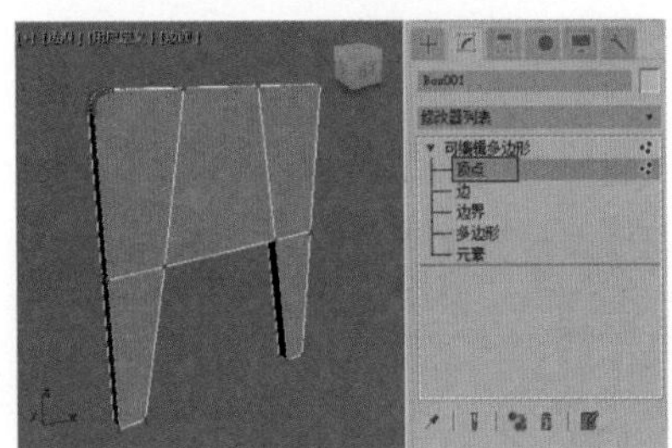
图6-59

07 在“边”子对象层级，选择如图6-60所示的边线，右击并执行“切角”命令，对所选择的边进行切角操作，调整完成的模型效果如图6-61所示。

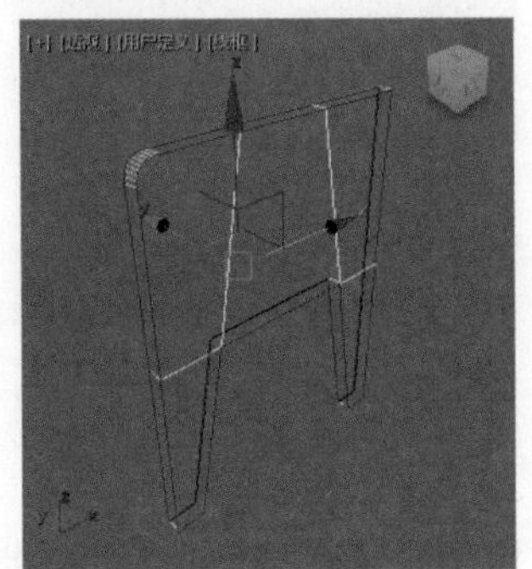
图6-60

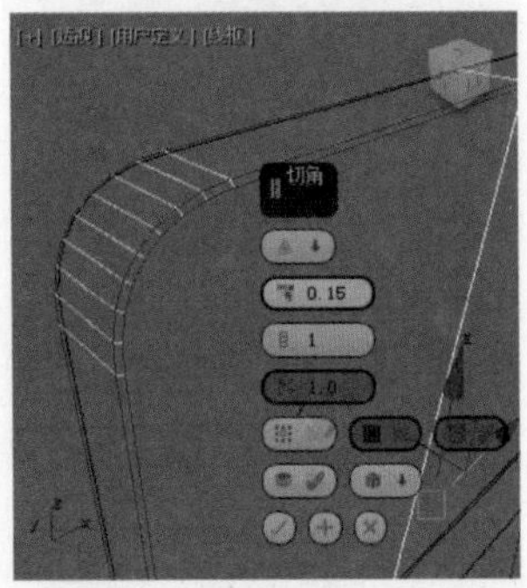

图6-61

08 按住Shift键，以拖曳的方式复制得到另一个沙发扶手模型并调整其位置至如图6-62所示的效果。

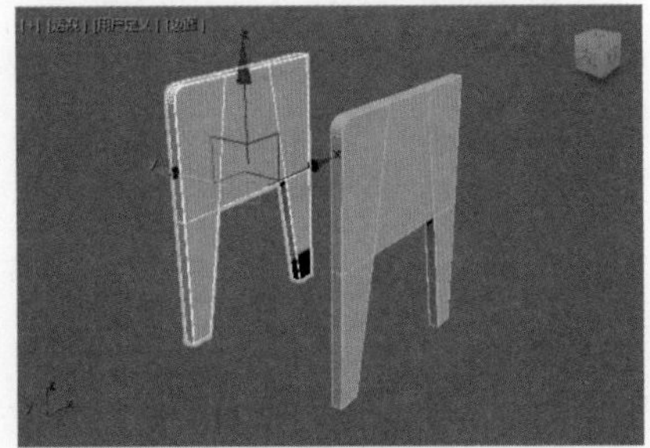
图6-62

09 在“创建”面板中，单击“长方体”按钮，在“透视”视图中创建一个长方体模型，如图6-63所示。

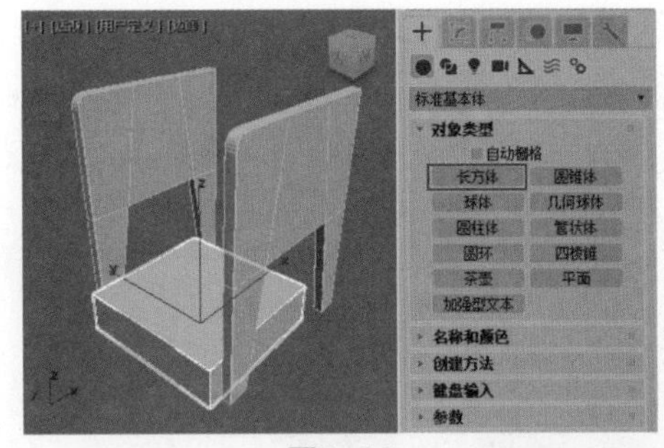

图6-63

10 在“修改”面板中，调整长方体模型的参数，如图6-64所示。

11 在“前”视图中，调整长方体的位置，如图6-65所示，右击并执行“转换为/转换为可编辑多边形”命令。

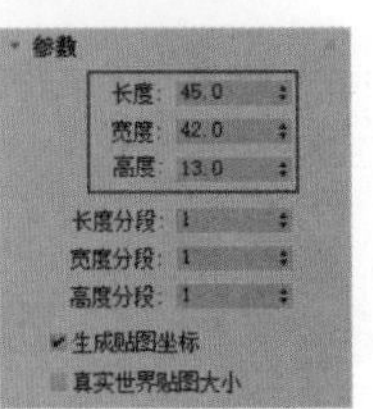

图6-64

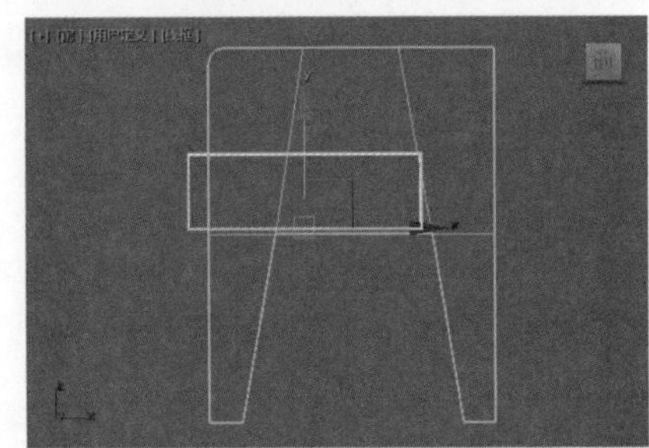
图6-65

12 将之前制作的沙发扶手模型隐藏起来。选择长方体模型，在“边”子对象层级中选择如图6-66所示的边线，右击并执行“连接”命令，在所选择的边线中心位置连接一条新的边线，如图6-67所示。

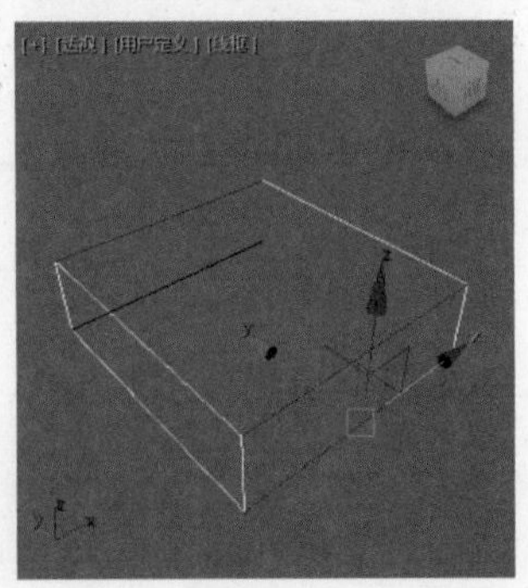
图6-66

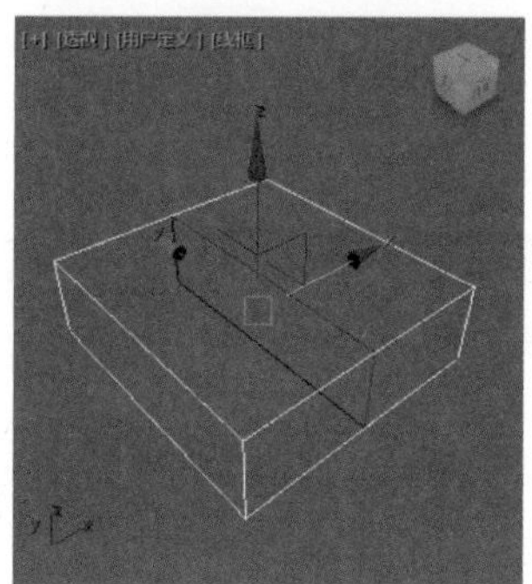

图6-67

13 在“前”视图中，调整模型的顶点至如图6-68所示的效果。

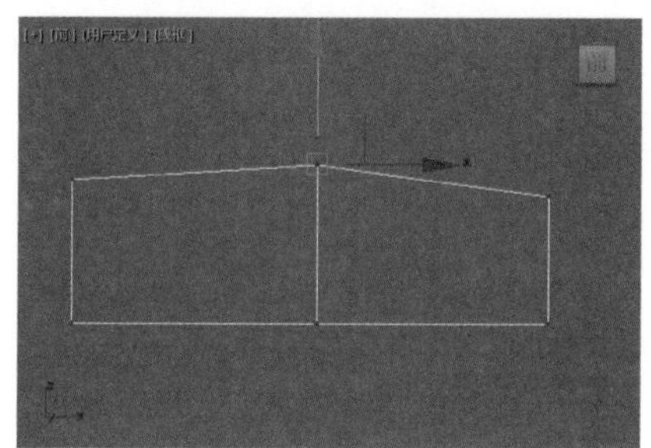

图6-68

14 进入“边”子对象层级，选择如图6-69所示的边，右击并执行“切角”命令，调整模型的形态至如图6-70所示的效果。

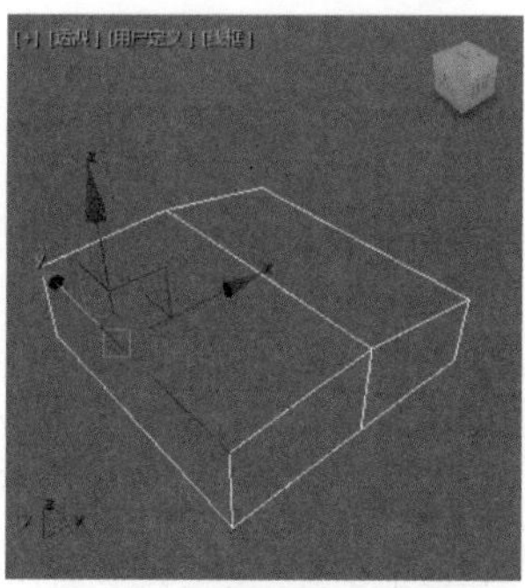

图6-69

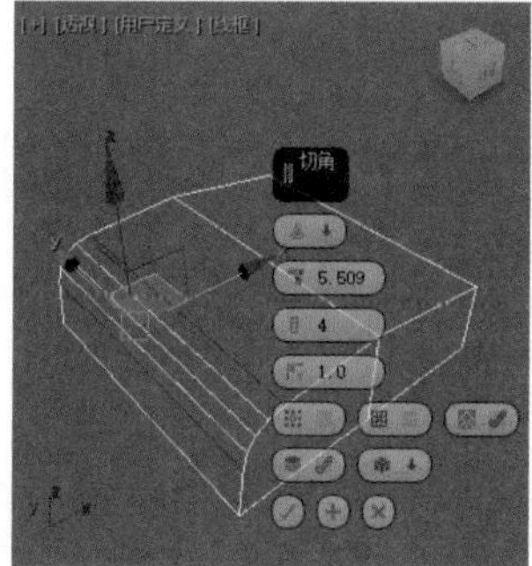

图6-70

15 以同样的步骤调整沙发坐垫的其他边角细节，如图6-71所示。

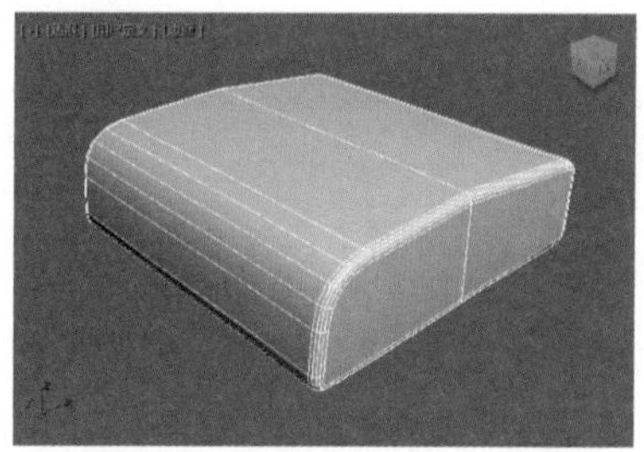

图6-71

16 为沙发坐垫模型添加“涡轮平滑”修改器，并调整“迭代次数”的值为2，丰富沙发坐垫模型的细节，如图6-72所示。

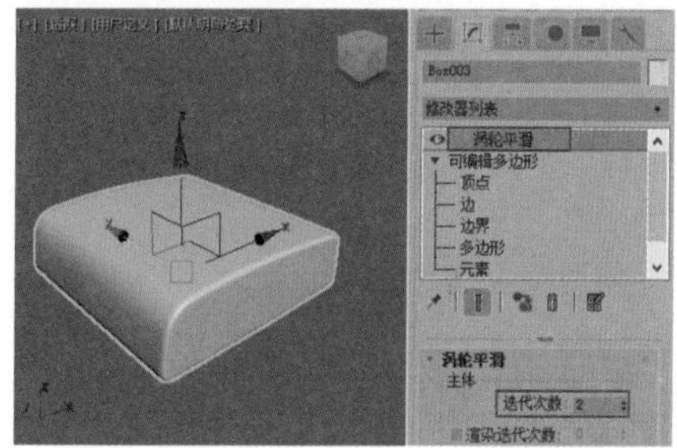

图6-72

17 在“前”视图中，复制得到一个沙发坐垫模型，并调整其旋转角度，如图6-73所示，用来制作沙发的靠背结构。

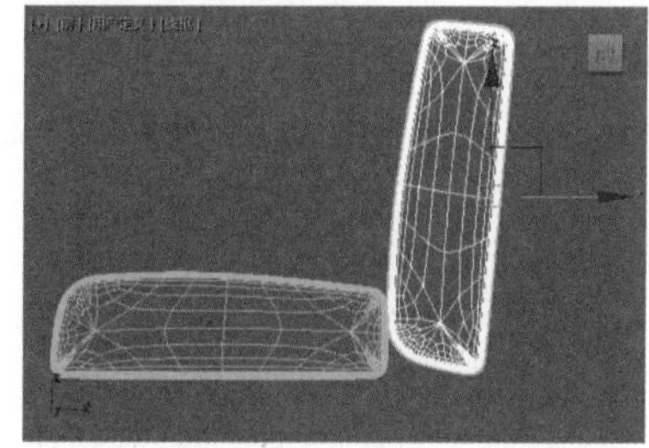

图6-73

18 在“修改器列表”中，为沙发靠背模型添加FFD3×3×3修改器，如图6-74所示。

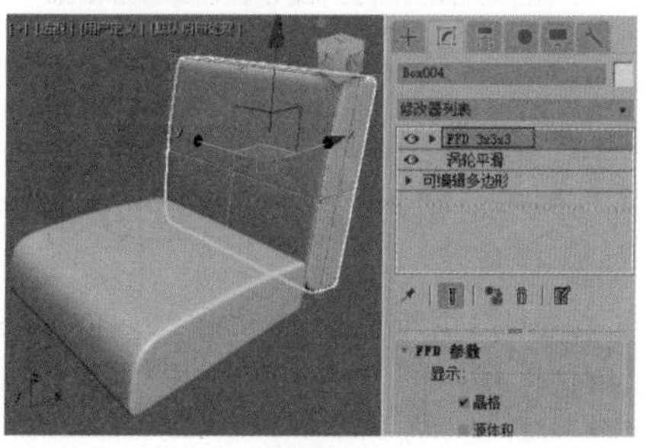

图6-74

19 进入“控制点”子层级，调整沙发靠背模型上FFD3×3×3修改器的各个控制点的位置，如图6-75所示，以调整沙发靠背模型的形态。

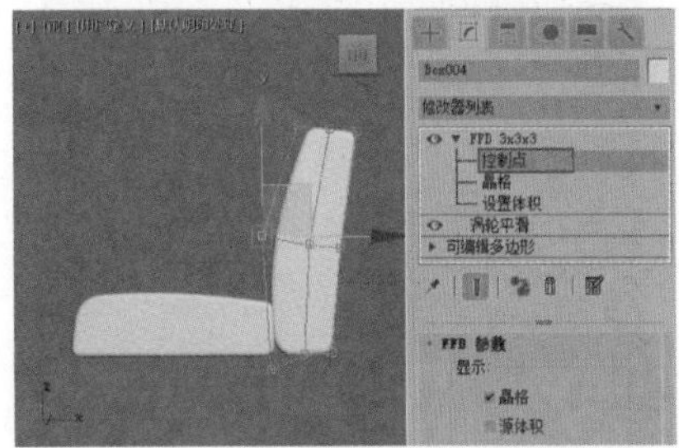

图6-75

20 调整完成后，显示之前制作完成的沙发扶手模型，本实例的最终模型效果如图6-76所示。

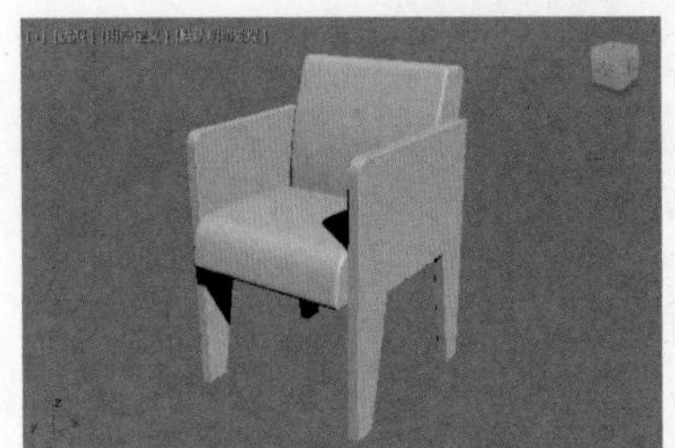

图6-76

实例操作：制作高脚椅子模型

在本实例中，使用多边形建模技术来制作高脚椅子的三维模型。高脚椅子模型的渲染效果如图6-77所示。

图6-77

01 在“创建”面板中，单击“长方体”按钮，在“透视”视图中绘制一个长方体模型，如图6-78所示。

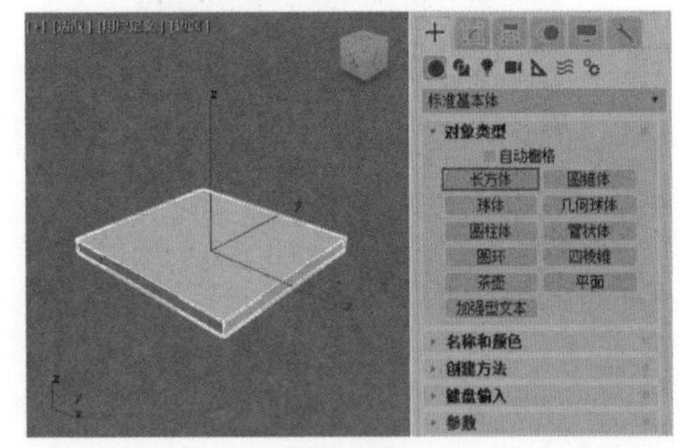

图6-78

02 在“修改”面板中，设置长方体模型的“长度”为14，“宽度”为15，“高度”为1，如图6-79所示。

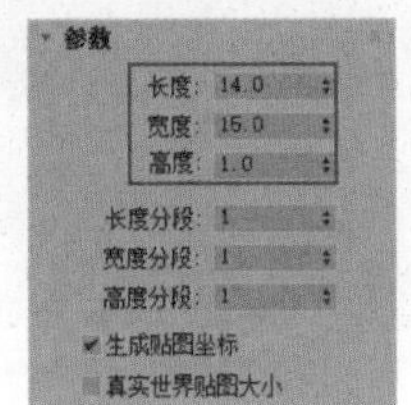

图6-79

03 选择长方体模型，右击并执行“转换为/转换为可编辑多边形”命令，将其转换成可编辑状态，如图6-80所示。

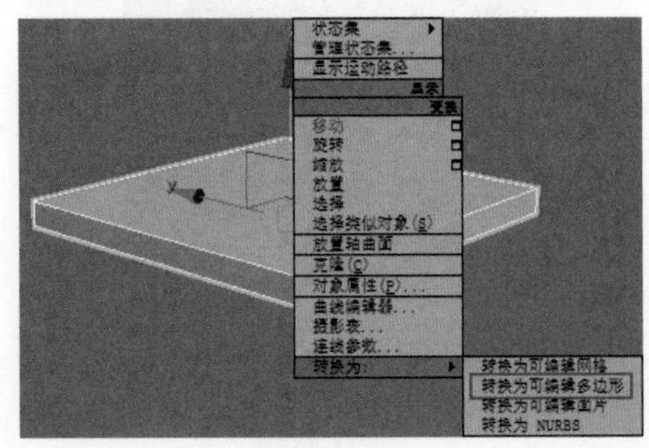

图6-80

04 进入“边”子对象层级，选择如图6-81所示的边线，右击并执行“连接”命令，在所选择的边线上以连接的方式增加两条边线，如图6-82所示。

05 以相同的步骤再次增加两条边线，如图6-83所示。

06 在“多边形”子对象层级，选择如图6-84所示的面，右击并执行“挤出”命令，对所选择的面进行挤出，如图6-85所示。

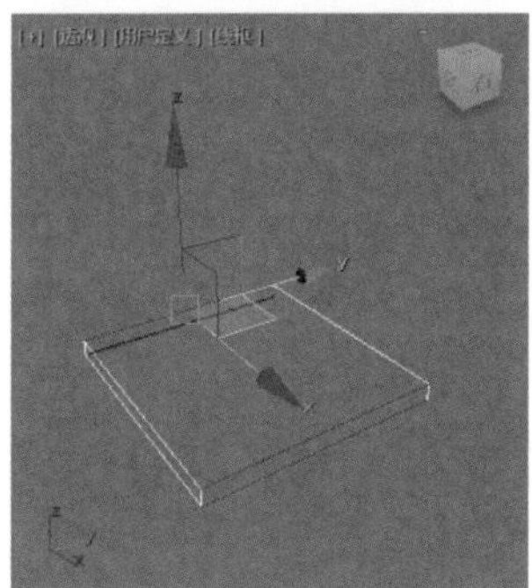

图6-81

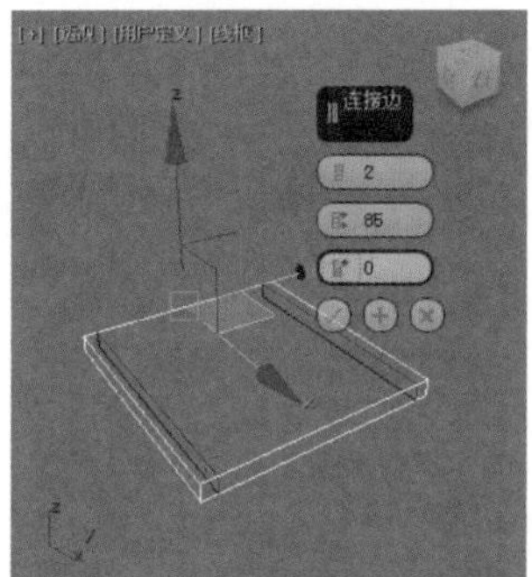

图6-82

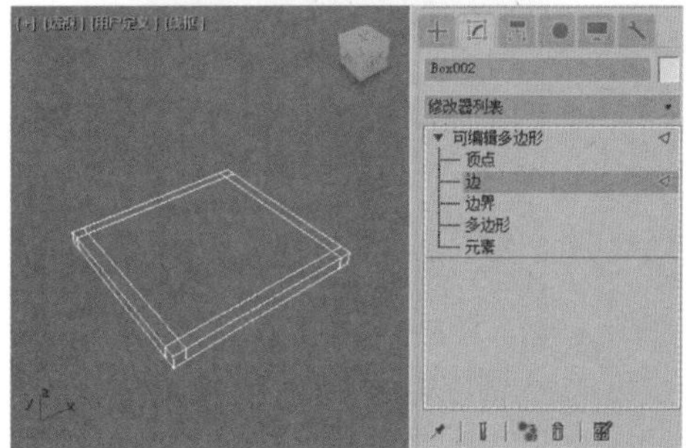

图6-83

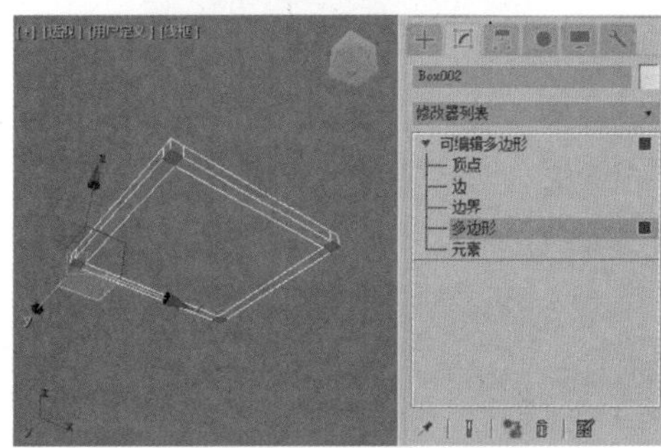

图6-84

07 进入“顶点”子对象层级，在“前”视图中调整模型的形态，如图6-86所示。

08 进入“边”子对象层级，选择如图6-87所示的边线，右击并执行“连接”命令，在所选择的边上增加边线结构，如图6-88所示。

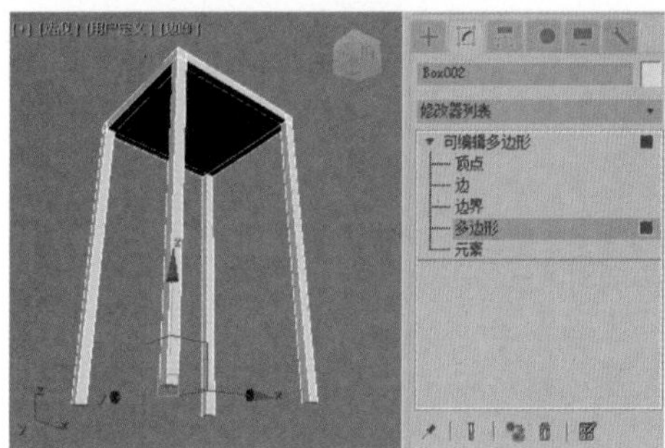

图6-85

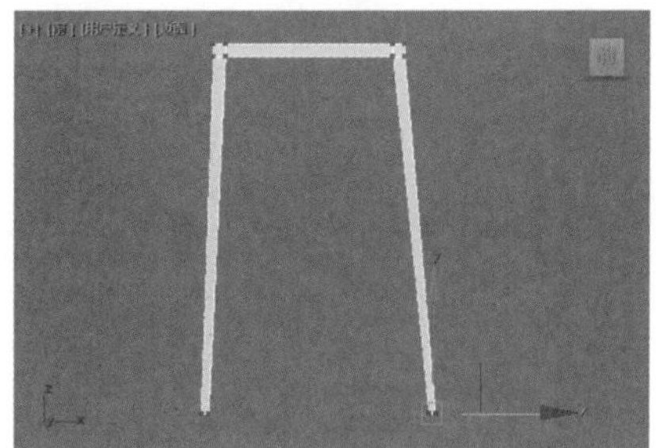

图6-86

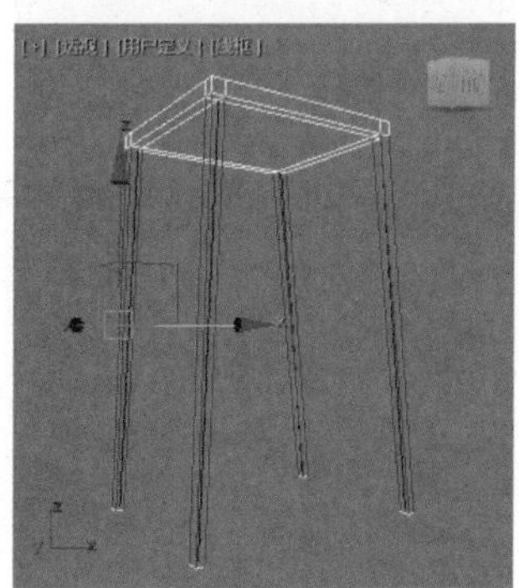

图6-87

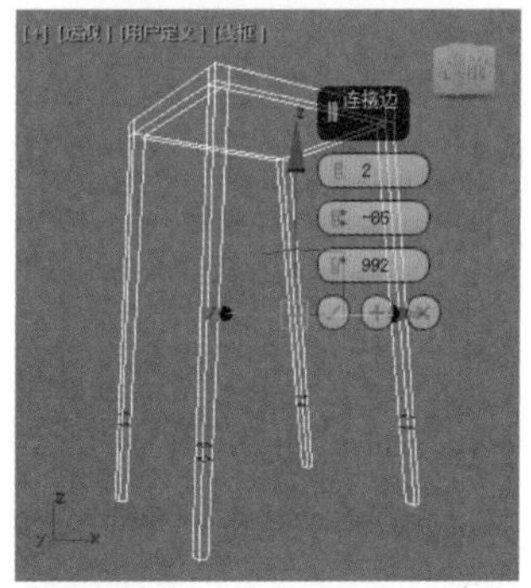

图6-88

09 在“多边形”子对象层级，选择如图6-89所示的面，单击“桥”按钮，得到如图6-90所示的模型。

10 以相同的步骤继续完善椅子的支撑结构，模型制作完成后的效果如图6-91所示。

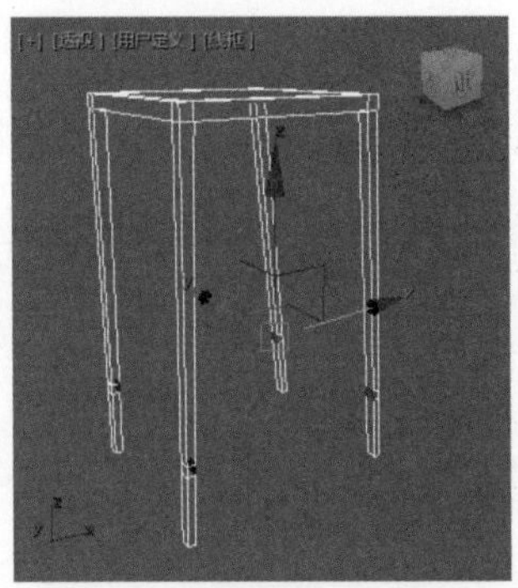
图6-89

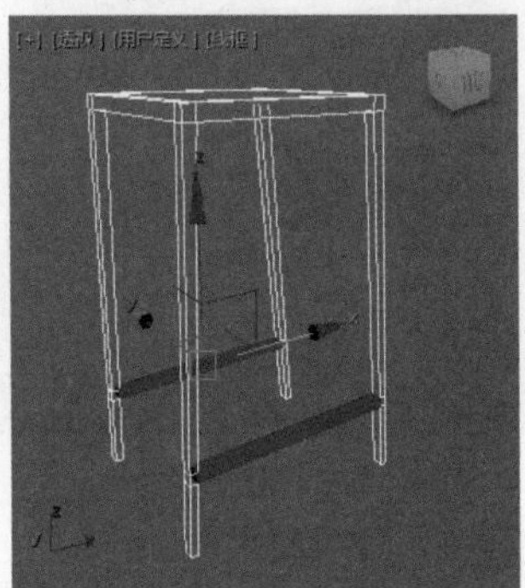
图6-90

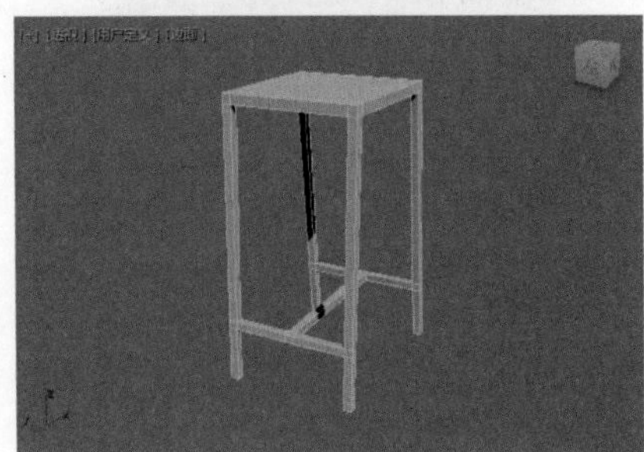
图6-91

11 在“多边形”子对象层级，选择如图6-92所示的面，右击并执行“挤出”命令，对所选择的面进行挤出，得到如图6-93所示的模型效果。

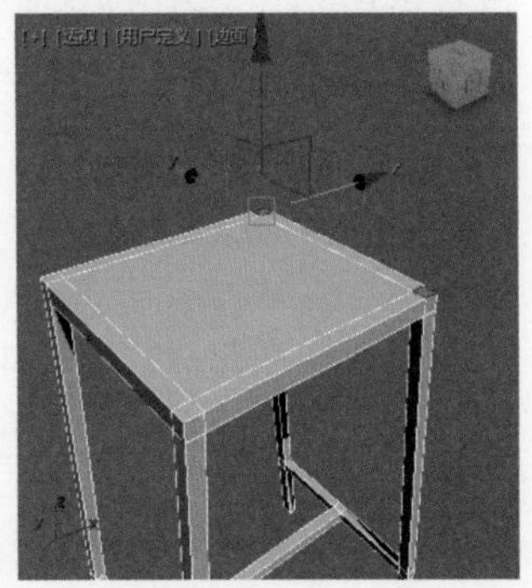
图6-92

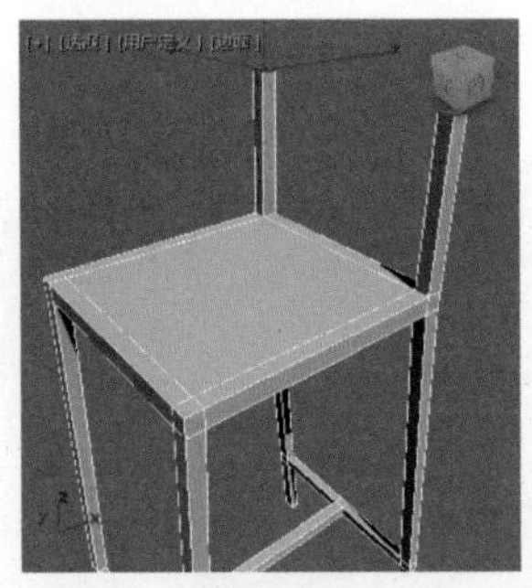
图6-93

12 在“边”子对象层级，选择如图6-94所示的边，右击并执行“连接”命令，在所选择的边上增加边线，如图6-95所示。

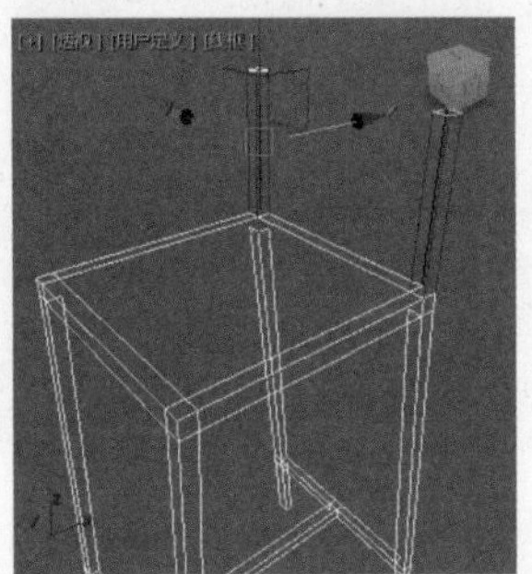
图6-94

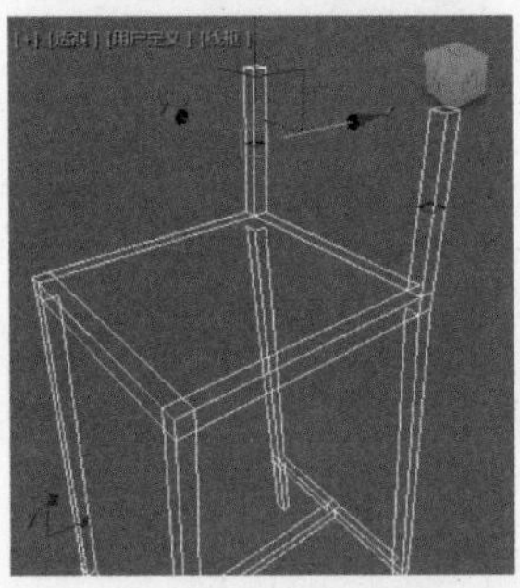
图6-95

13 在“多边形”子对象层级，选择如图6-96所示的面，单击“桥”按钮，得到如图6-97所示的模型结果，以制作椅子的靠背结构。

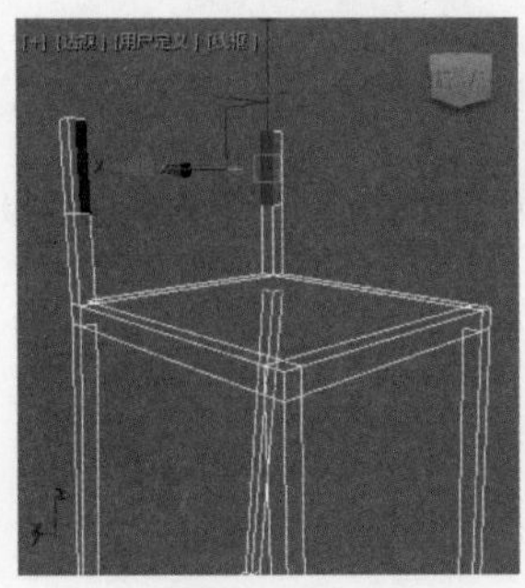
图6-96

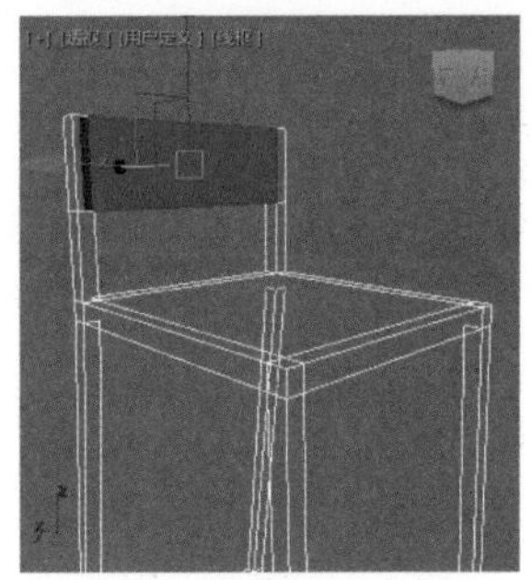
图6-97

14 进入“顶点”子对象层级，调整椅子靠背结构上的顶点位置，如图6-98所示。

图6-98

15 本实例的最终模型效果如图6-99所示。

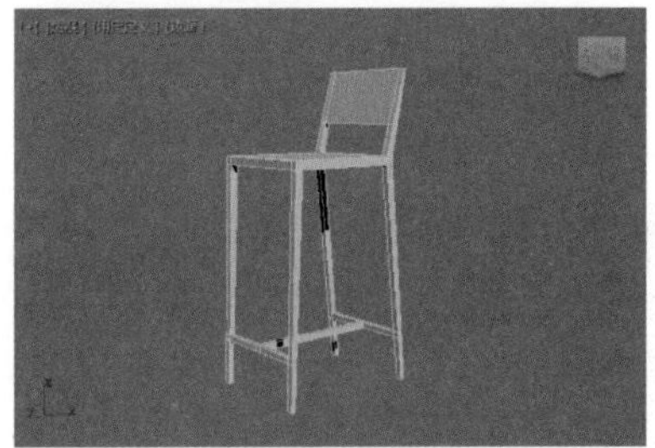
图6-99

实例操作：制作摇摇椅模型

在本实例中，使用多边形建模技术制作摇摇椅的三维模型。椅子模型的渲染效果如图6-100所示。

图6-100

图6-100（续）

01 启动3ds Max 2020软件，单击“切角长方体”按钮，在“透视”视图中创建一个切角长方体模型，如图6-101所示。

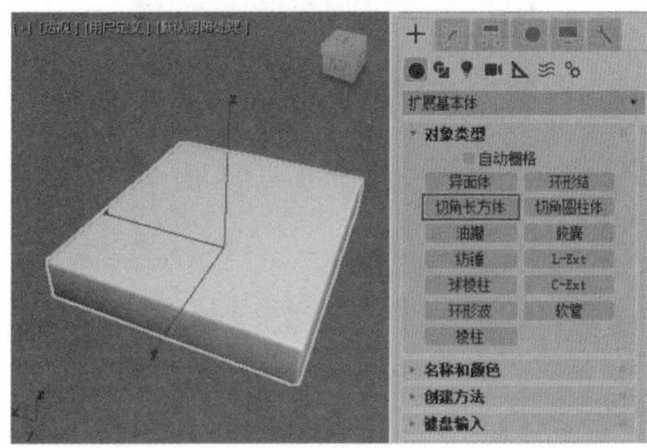

图6-101

02 在“修改”面板中，调整切角长方体的“长度”值为73，“宽度”值为63，“高度”值为11，“圆角”值为1，“圆角分段”值为3，如图6-102所示。

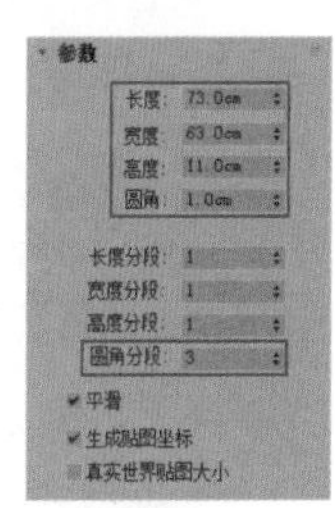

图6-102

03 选择切角长方体模型，右击并执行“转换为/转换为可编辑多边形”命令，将其转换成可编辑状态，如图6-103所示。

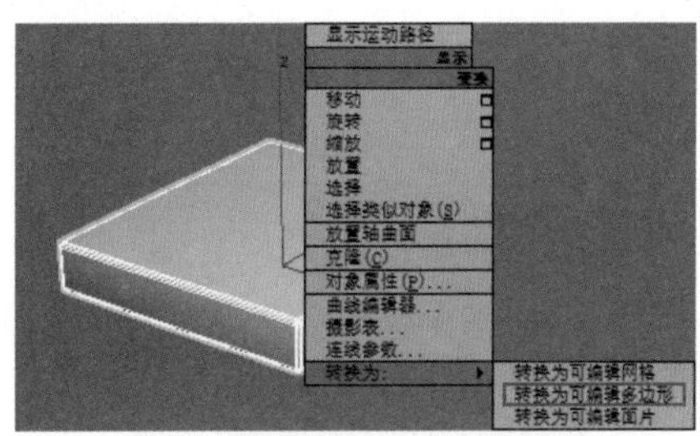

图6-103

04 进入“边”子对象层级，选择如图6-104所示的边线，右击并执行“连接”命令，在所选择的边线中间增加一条线，如图6-105所示。

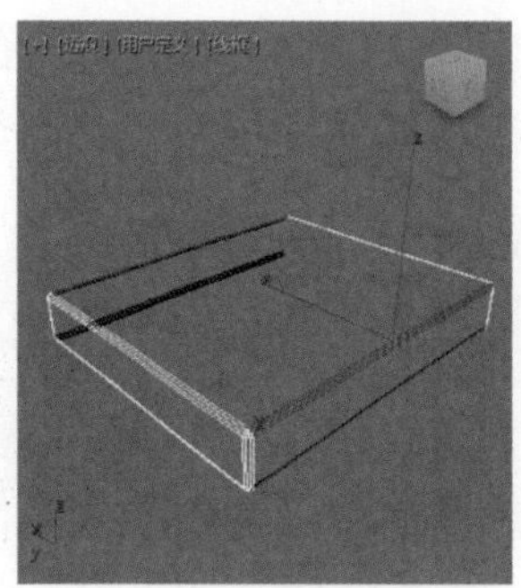
图6-104

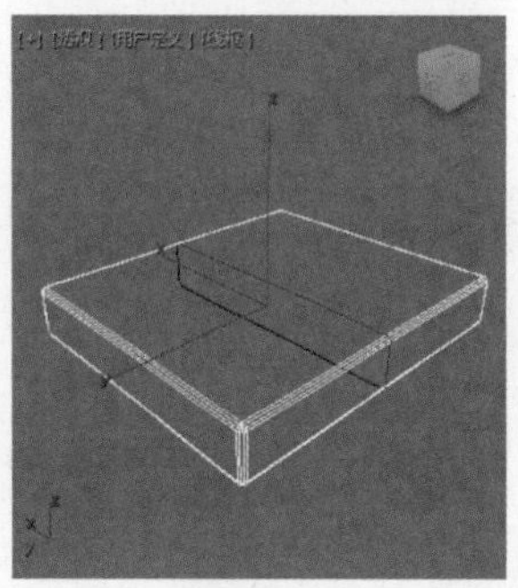
图6-105

05 进入“顶点”子对象层级，在“左”视图中调整模型的顶点位置，如图6-106所示，制作椅子的基本形态。

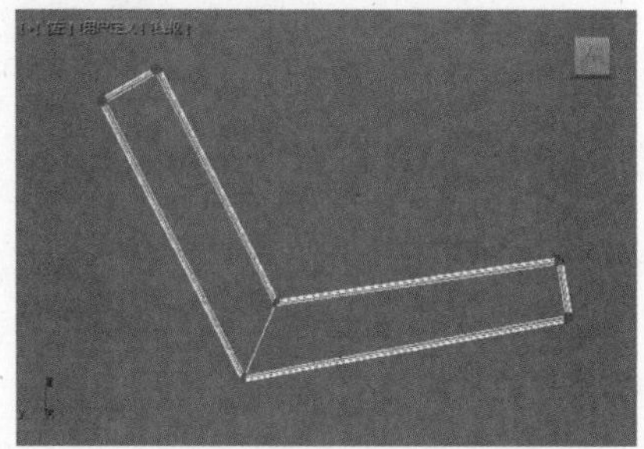
图6-106

06 进入“边”子对象层级，选择如图6-107所示的边线，右击并执行“连接”命令，为所选择的边线增加连线，如图6-108所示。

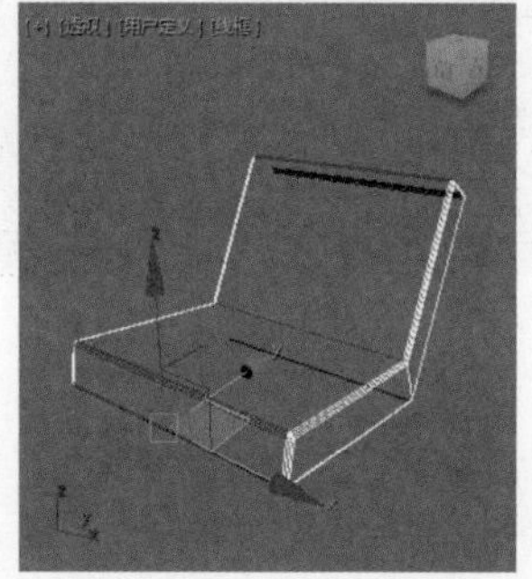
图6-107

图6-108

07 为模型添加FFD3×3×3修改器，如图6-109所示。

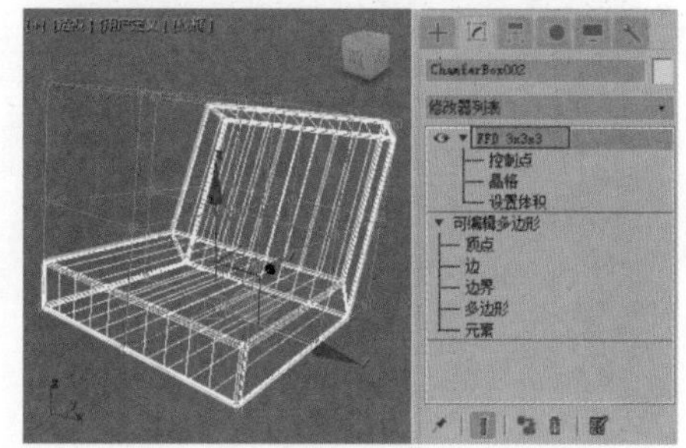
图6-109

08 进入“控制点”子对象层级，调整FFD3×3×3修改器的控制点位置，丰富椅子模型的细节结构，如图6-110所示。

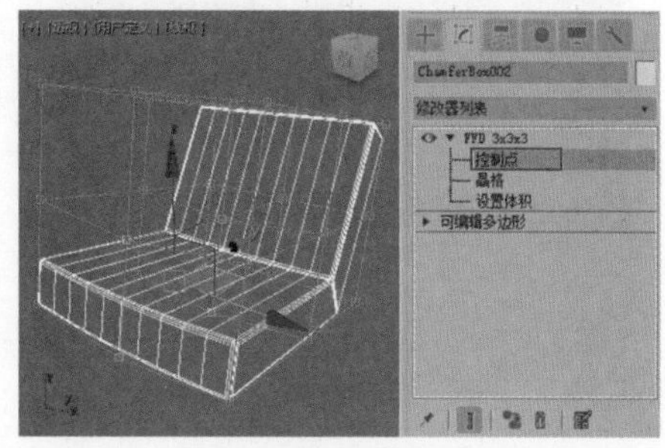
图6-110

09 单击“线”按钮，在“左”视图中绘制一条如图6-111所示的曲线，用来制作摇摇椅的扶手结构。

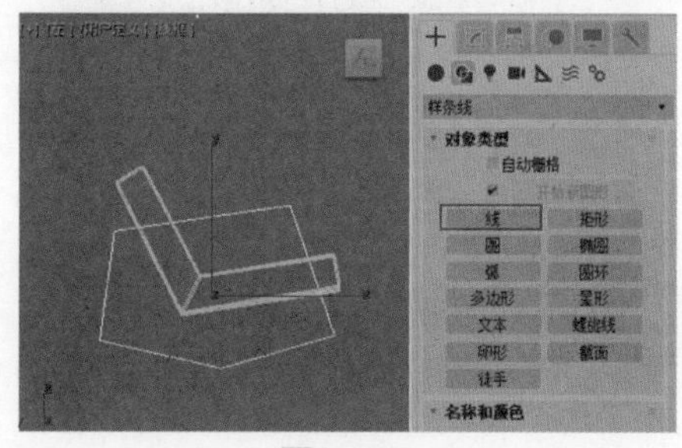
图6-111

10 进入曲线的“顶点”子对象层级，分别对曲线的各个顶点进行“圆角”操作，得到如图6-112所示的曲线。

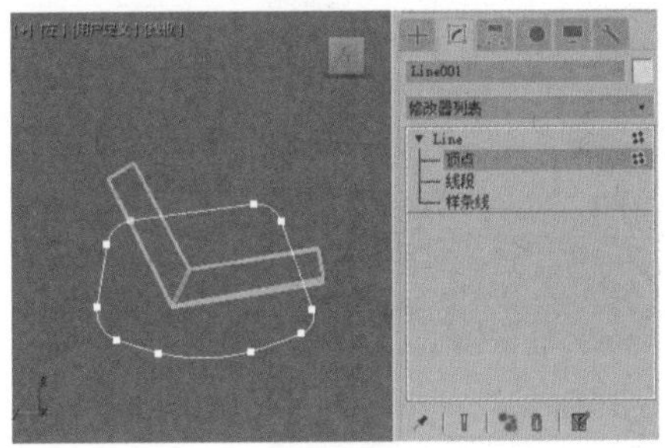

图6-112

11 展开“渲染”卷展栏，选中“在渲染中启用”复选框和“在视口中启用”复选框，并设置“厚度”值为2.54，调整扶手的半径大小，如图6-113所示。

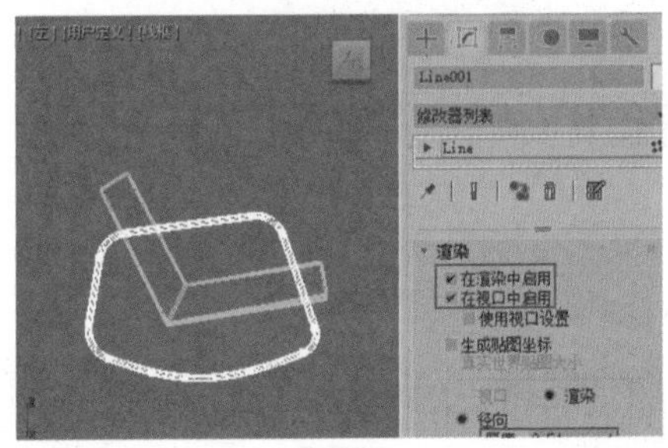

图6-113

12 按住Shift键，以拖曳的方式复制得到一个新的扶手模型，并调整其位置，如图6-114所示。

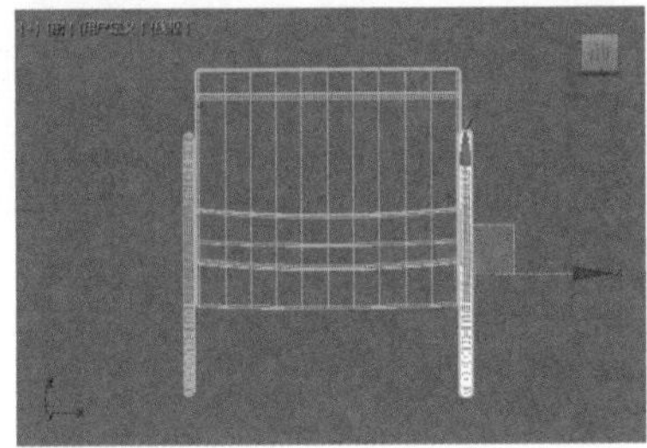

图6-114

13 本实例的模型最终效果如图6-115所示。

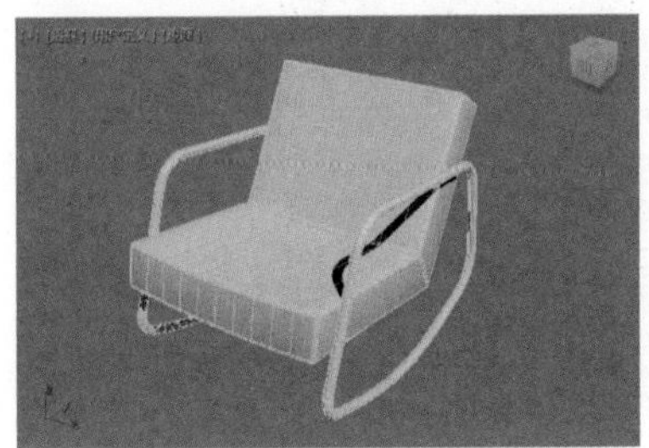

图6-115

实例操作：制作矮凳模型

在本实例中，使用多边形建模技术制作圆形矮凳的三维模型。凳子模型的渲染效果如图6-116所示。

图6-116

01 启动3ds Max 2020软件，单击“创建”面板中的“圆柱体”按钮，在场景中绘制一个圆柱体模型，如图6-117所示。

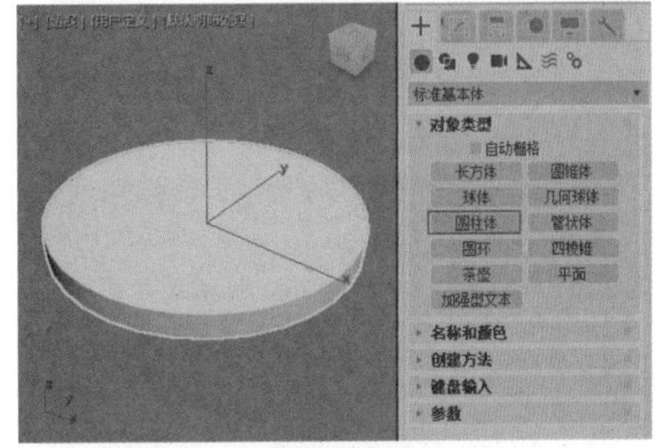

图6-117

02 在“修改”面板中，调整圆柱体模型的“半径”值为21，“高度”值为3，“高度分段”值为1，“端面分段”值为2，“边数”值为36，如图6-118所示。

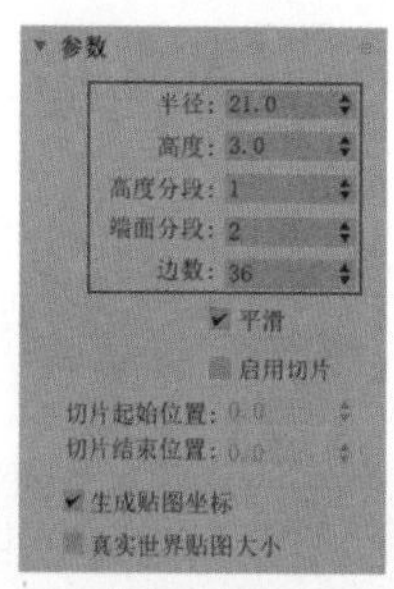
图6-118

03 选择圆柱体模型，右击并执行“转换为/转换为可编辑多边形”命令，将其转换成可编辑状态，如图6-119所示。

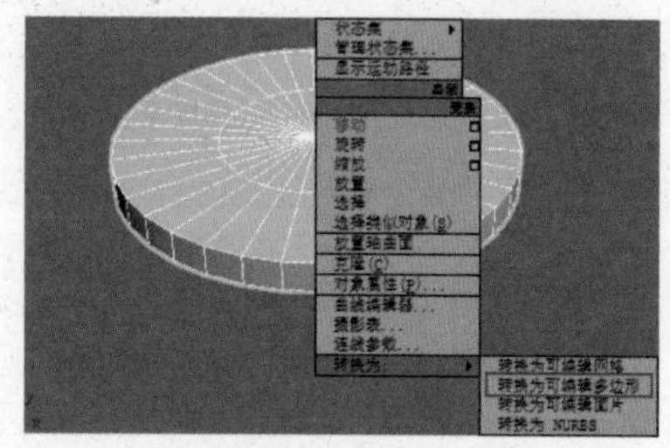
图6-119

04 在“边”子对象层级，选择如图6-120所示的边线，按快捷键R键，使用“缩放”命令调整其位置，如图6-121所示。

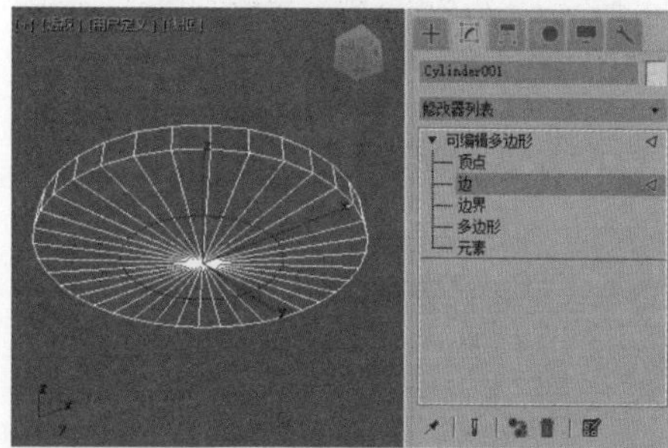
图6-120

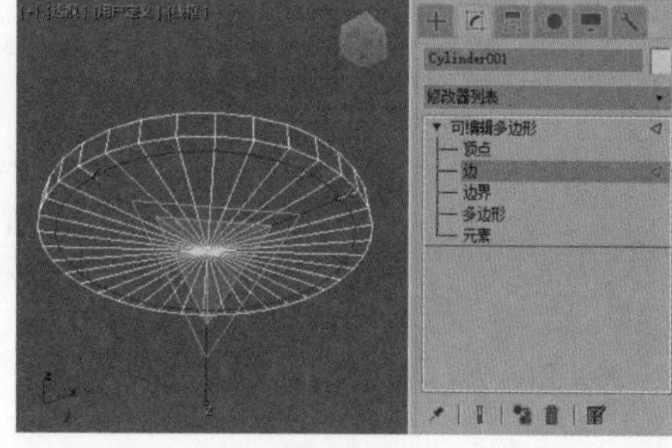
图6-121

05 在“多边形”子对象层级，选择如图6-122所示的面，按住Shift键，以拖曳的方式向下方复制所选择的面，得到如图6-123所示的模型结果。

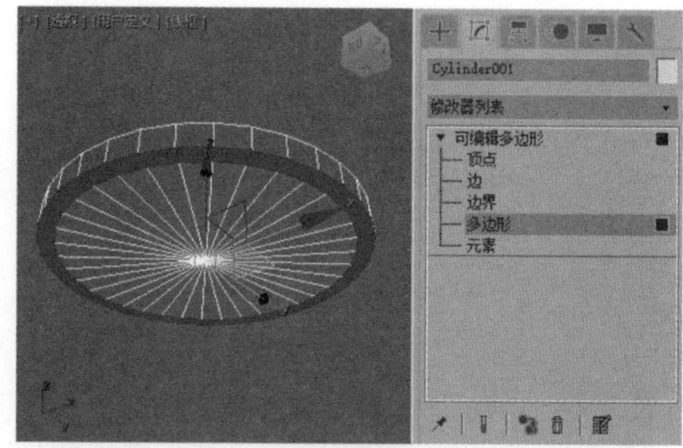
图6-122

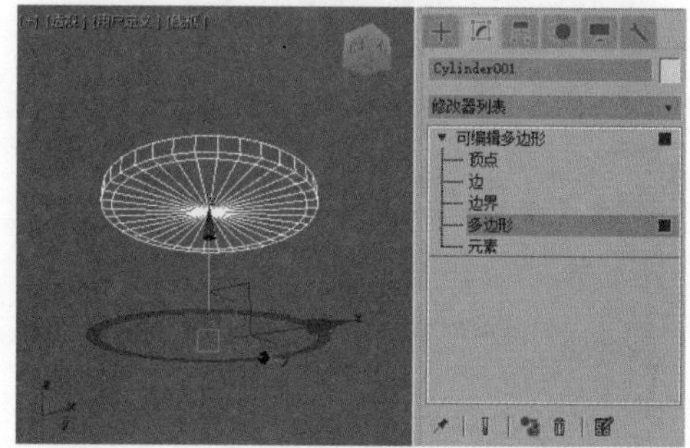
图6-123

06 右击并执行“挤出”命令，对所选择的面进行挤出操作，如图6-124所示。

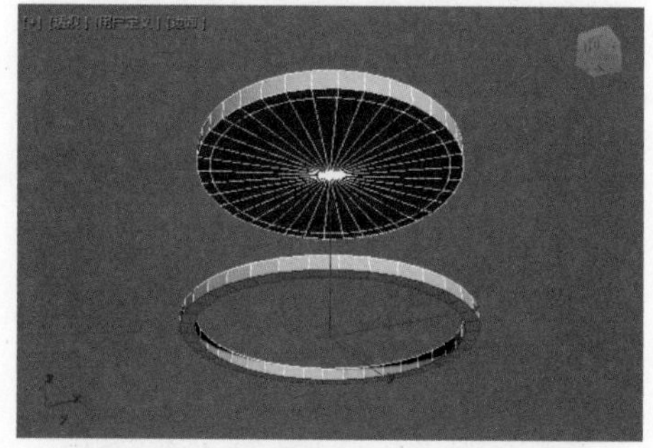
图6-124

07 在“边界”子对象层级，选择如图6-125所示的边线，单击“桥”按钮，得到如图6-126所示的模型效果。

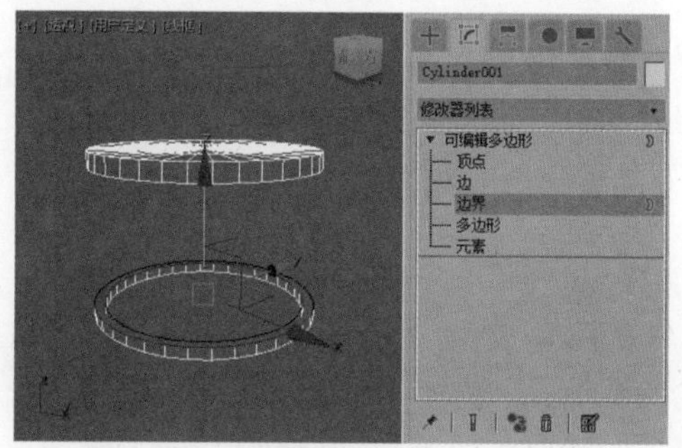
图6-125

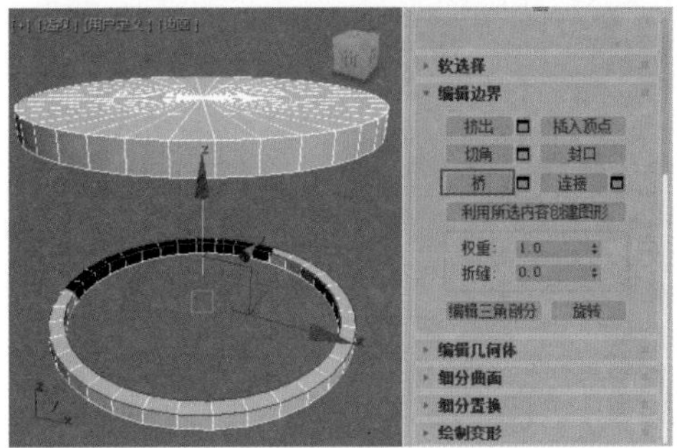

图6-126

08 在“多边形”子对象层级，选择如图6-127所示的面，单击“桥”按钮，得到如图6-128所示的模型结果。

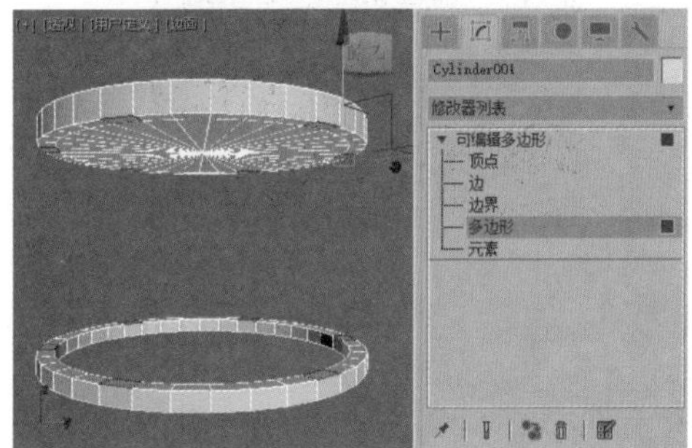

图6-127

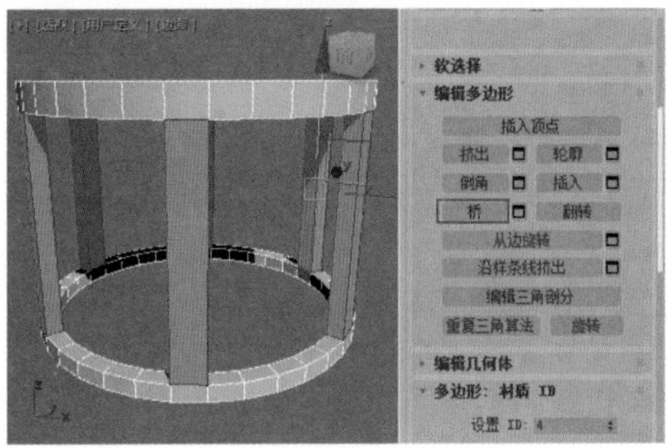

图6-128

09 在“边”子对象层级中，选择如图6-129所示的边线，右击并执行“切角”命令，如图6-130所示。

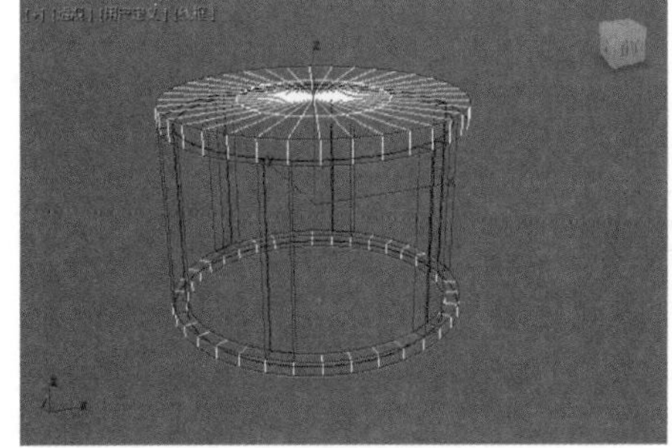

图6-129

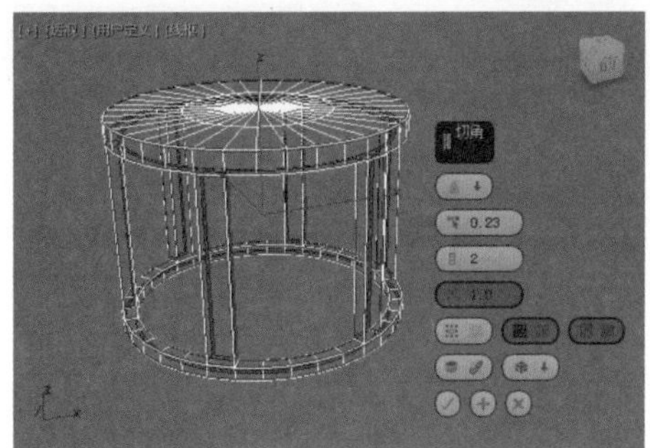

图6-130

10 为凳子模型添加“涡轮平滑”修改器，为模型整体添加平滑效果，如图6-131所示。

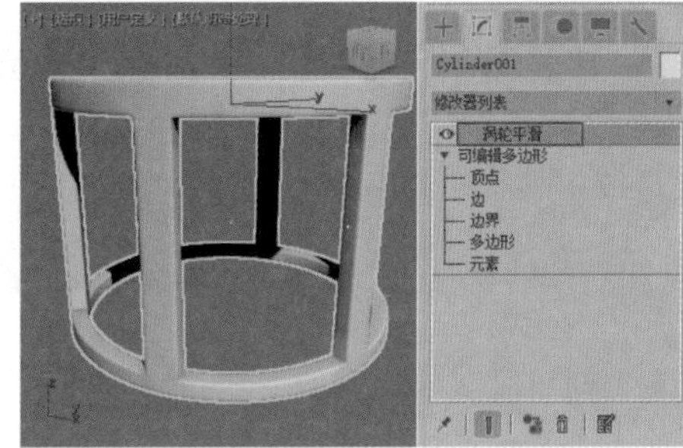

图6-131

11 在“涡轮平滑”卷展栏中，设置“迭代次数”值为2，如图6-132所示。

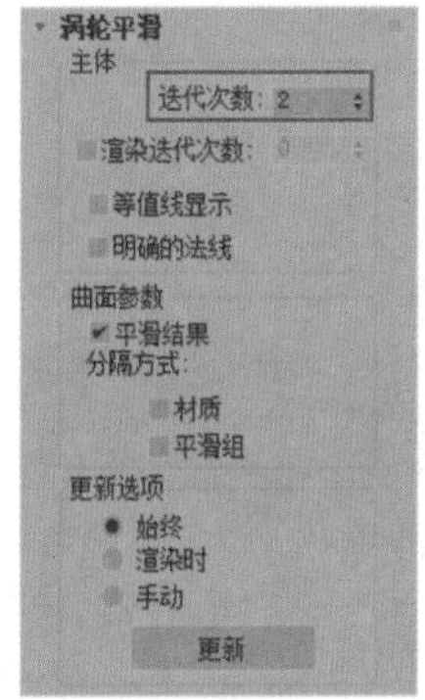

图6-132

12 本实例的最终模型效果如图6-133所示。

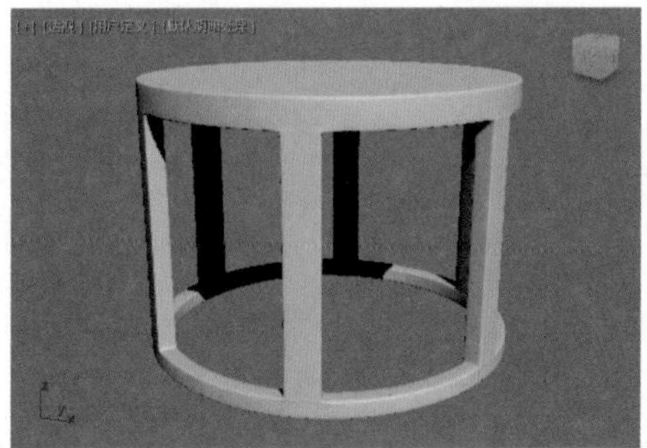

图6-133

7.1 材质概述

材质就像颜料一样，可以给三维模型添加色彩及质感，为作品注入活力。材质可以反映对象的纹理、光泽、通透程度、反射及折射属性等特性，使得三维模型看起来不再色彩单一，而且更真实和自然，如图7-1所示场景添加了材质前后的渲染对比效果。

图7-1

7.2 材质编辑器

3ds Max的“材质编辑器”不但包含所有的材质及贴图，还提供大量预设的材质。打开“材质编辑器”有以下几种方法。

方法一：执行“渲染/材质编辑器”命令，可以看到级联菜单中的“精简材质编辑器”命令和“Slate材质编辑器”命令，如图7-2所示。

方法二：在主工具栏上单击“精简材质编辑器”按钮，在打开的列表中单击“Slate材质编辑器”按钮，也可以打开对应类型的材质编辑器，如图7-3所示。

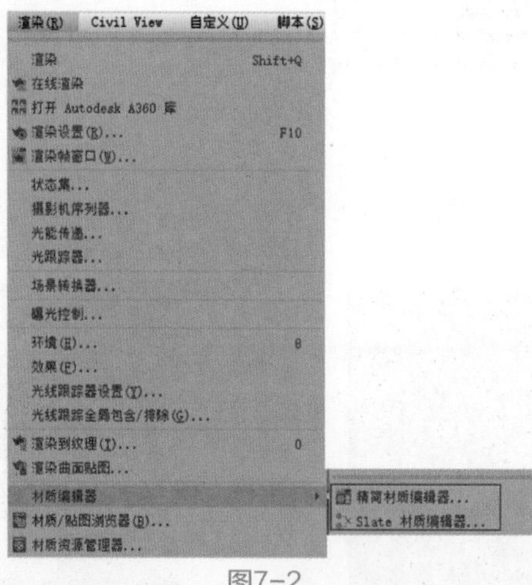

图7-2

图7-3

方法三：按快捷键M键，可以显示上次打开的“材质编辑器”版本（“精简材质编辑器”/“Slate材质编辑器”）。

7.2.1　精简材质编辑器

“精简材质编辑器”的界面是3ds Max软件从早期一直延续下来的，深受广大资深用户的喜爱，其界面如图7-4所示。

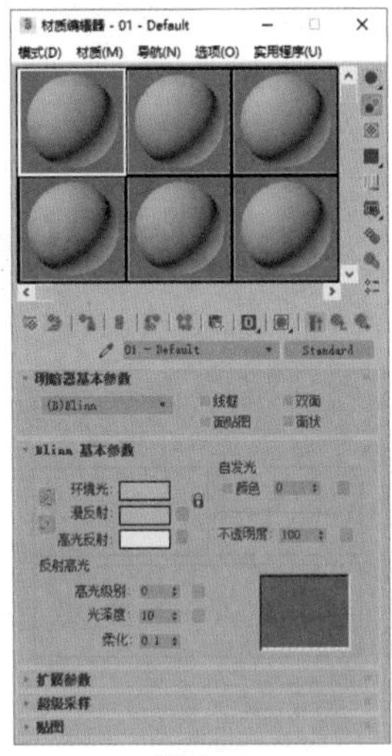

图7-4

在实际的工作中，精简材质编辑器更为常用，下面以“精简材质编辑器”为例进行讲解。

7.2.2　Slate材质编辑器

“Slate材质编辑器”的界面允许用户通过直观的节点式命令操作来调试材质，其界面如图7-5所示。

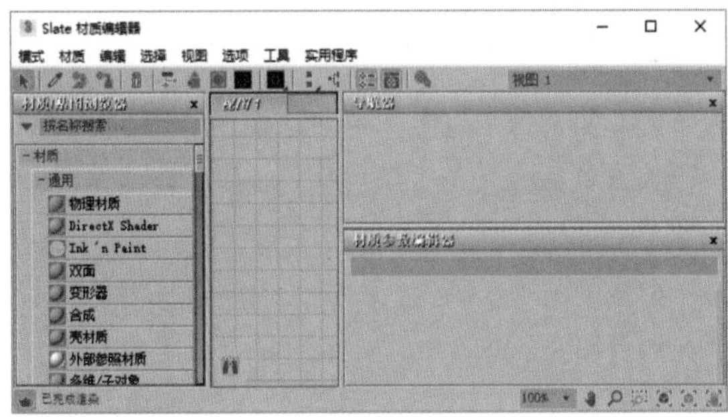

图7-5

7.2.3　菜单栏

“材质编辑器”的菜单栏中包含模式、材质、导航、选项和实用程序这5个菜单，如图7-6所示。

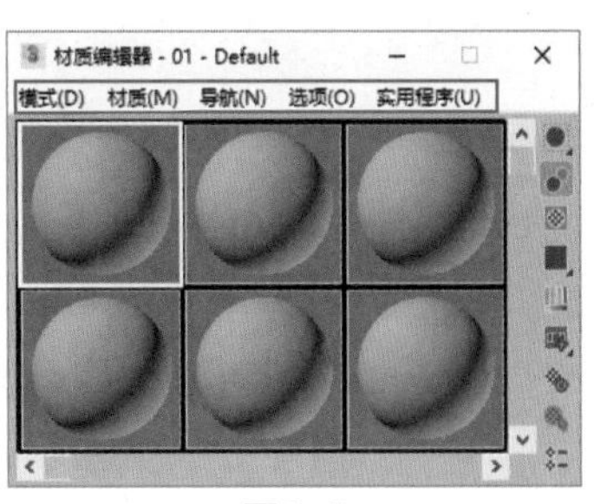

图7-6

1. 模式

“模式”内仅有两个命令，用于快速切换“Slate材质编辑器”与“精简材质编辑器”，如图7-7所示。

图7-7

解析

- 精简材质编辑器：它是一个相当小的窗口，其中包含各种材质的快速预览。如果要指定已经设计好的材质，那么“精简材质编辑器”仍是一个实用的界面。
- Slate 材质编辑器：这是一个较大的窗口，其中的材质和贴图显示为可以关联在一起以创建材质树的节点，包括 MetaSL明暗器产生的现象。如果要设计新材质，则“Slate 材质编辑器”尤其有用，其中的搜索工具有助于管理使用大量材质的场景。

2. 材质

“材质”菜单中的命令用于获取材质、从对象选取材质等，如图7-8所示。

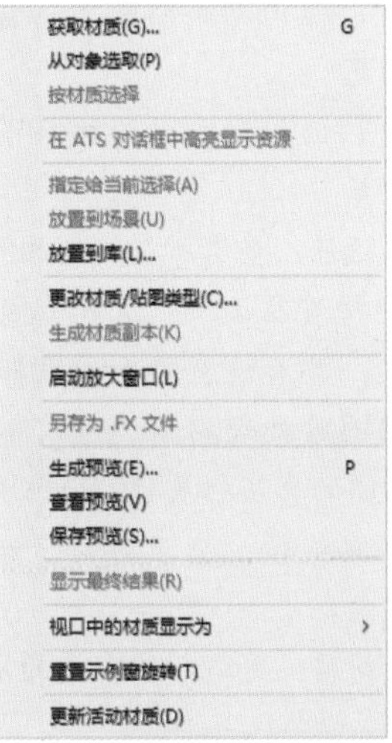

图7-8

解析

- 获取材质：执行该命令，可以打开“材质/贴图浏览器”对话框，在该对话框中可以选择材质或者贴图。
- 从对象选取：可以从场景中的对象上选择材质。
- 按材质选择：根据所选材质球选择被赋予该材质球的物体。
- 在ATS对话框中高亮显示资源：如果材质使用的是已跟踪资源的贴图，那么执行该命令可以打开“资源跟踪”对话框，同时资源会高亮显示。
- 指定给当前选择：执行该命令，可以将当前材质应用于场景中的选定对象。
- 放置到场景：在完成编辑材质后，执行该命令可以更新场景中的材质效果。
- 放置到库：执行该命令，可以将选定的材质添加到材质库中。
- 更改材质/贴图类型：执行该命令，可以更改材质或贴图的类型。
- 生成材质副本：通过复制自身的材质，生成一个材质副本。
- 启动放大窗口：将材质实例窗口放大，并在单独的窗口中进行显示。
- 另存为FX文件：将材质另存为FX文件。
- 生成预览：使用动画贴图为场景添加运动，并生成预览。
- 查看预览：使用动画贴图为场景添加运动，并查看预览。
- 保存预览：使用动画贴图为场景添加运动，并保存预览。
- 显示最终结果：查看所在级别的材质。
- 视口中的材质显示为：选择在视图中显示材质的方式，共有没有贴图的明暗处理材质、有贴图的明暗处理材质、没有贴图的真实材质和有贴图的真实材质4种可选。
- 重置示例窗旋转：使活动的示例窗对象恢复到默认方向。
- 更新活动材质：更新示例窗中的活动材质。

3. 导航

“导航”菜单中的命令用于切换材质或贴图的层级，如图7-9所示。

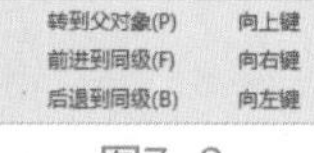

图7-9

解析

- 转到父对象：在当前材质中向上移动一个层级，快捷键为向上键。
- 前进到同级：移动到当前材质中的相同层级的下一个贴图或材质，快捷键为向右键。
- 后退到同级：与“前进到同级”类似，只是导航到前一个同级贴图，而不是导航到后一个同级贴图，快捷键为向左键。

4. 选项

“选项”菜单中的命令用于更换材质球的显示背景等，如图7-10所示。

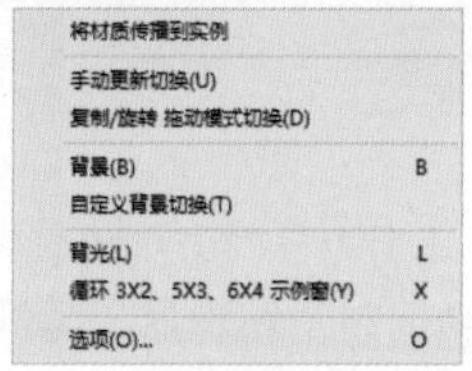

图7-10

解析

- 将材质传播到实例：将指定的任何材质传播到场景中对象的所有实例。
- 手动更新切换：使用手动的方式进行更新切换。
- 复制/旋转 拖动模式切换：切换复制/旋转拖动的模式。
- 背景：将多颜色的方格背景添加到活动示例窗中。
- 自定义背景切换：如果已经指定了自定义背景，该命令可以用来切换自定义背景的显示效果。
- 背光：将背光添加到活动示例窗中。
- 循环3×2、5×3、6×4示例窗：用来切换材质球的显示方式。
- 选项：打开“材质编辑器选项”对话框，如图7-11所示，在该对话框中可以启用材质动画、加载自定义背景、定义灯光亮度等命令。

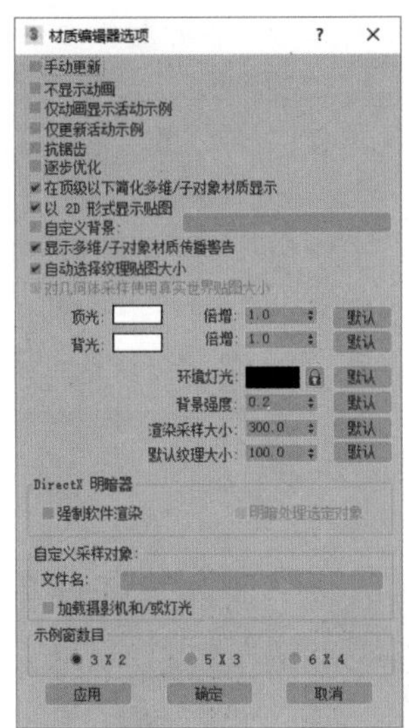

图7-11

5. 实用程序

“实用程序”菜单中的命令用于执行清理多维材质、重置“材质编辑器”等操作，如图7-12所示。

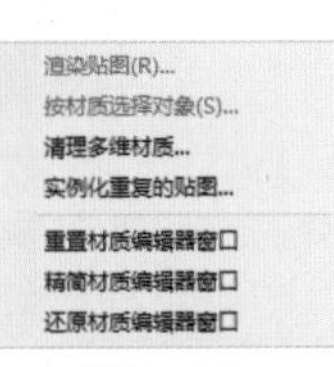

图7-12

解析

- 渲染贴图：对贴图进行渲染。
- 按材质选择对象：可以基于“材质编辑器”窗口中的活动材质来选择对象。
- 清理多维材质：对“多维/子对象”材质进行分析，然后在场景中显示所有包含未分配任何材质ID的材质。
- 实例化重复的贴图：在整个场景中查找具有重复位图贴图的材质，并提供将它们实例化的选项。
- 重置材质编辑器窗口：用默认的材质类型替换“材质编辑器”窗口中的所有材质球。
- 精简材质编辑器窗口：将“材质编辑器”窗口中所有未使用的材质设置为默认类型。
- 还原材质编辑器窗口：利用缓冲区的内容还原编辑器的状态。

7.2.4　材质球示例窗

材质球示例窗用于显示材质的预览效果，通过观察示例窗口中的材质球可以很方便地查看调整相应参数对材质的影响，如图7-13所示。

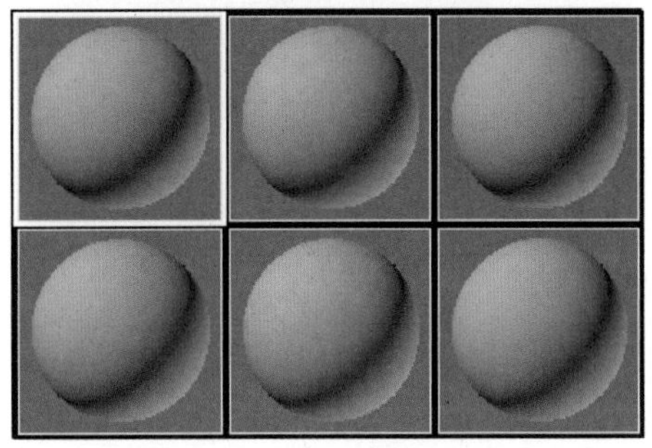
图7-13

在材质球示例窗中，选择任意材质球，可以通过双击的方式打开独立的材质球显示窗，并可以随意调整大小以便观察，如图7-14所示。

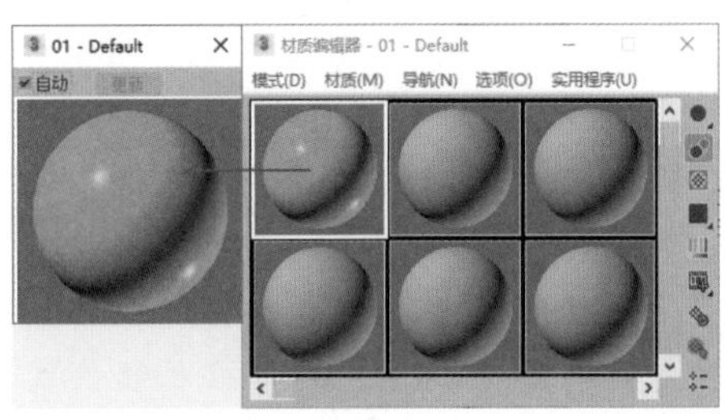

图7-14

在默认情况下，材质球示例窗内共有12个材质球，通过拖曳滚动条的方式可以显示其他材质球，在材质球上单击鼠标右键并执行相关命令，也可以选择材质球显示为不同数目，如图7-15所示。

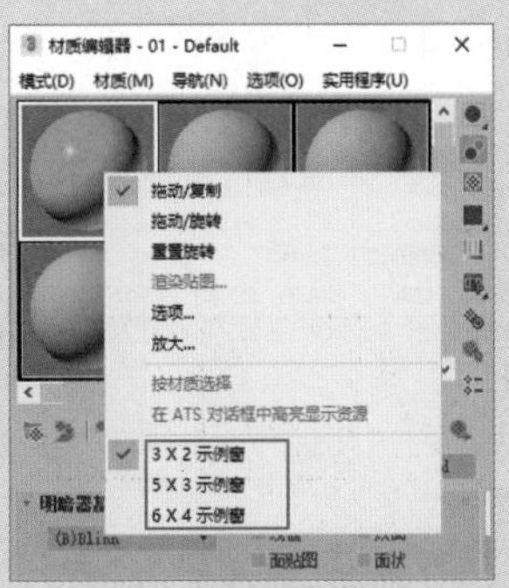

图7-15

7.2.5　工具栏

材质编辑器中有两个工具栏，如图7-16所示。

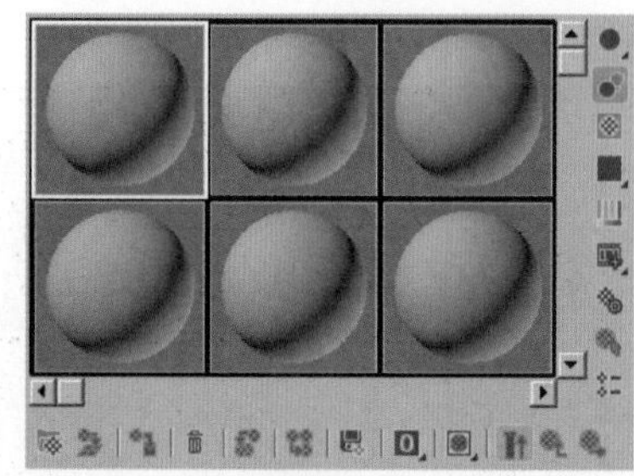

图7-16

解析

- “获取材质”按钮：为选定的材质打开“材质/贴图浏览器”对话框。
- “将材质放入场景”按钮：在编辑好材质后，单击该按钮，可以更新已应用于对象的材质。
- “将材质指定给选定对象”按钮：将材质指定给选定的对象。
- “重置贴图/材质为默认设置”按钮：删除修改的所有属性，将材质属性恢复到默认值。
- “生成材质副本”按钮：在选定的示例图中创建当前材质的副本。
- “使唯一”按钮：将实例化的材质设置为独立的材质。
- “放入库”按钮：重新命名材质并将其保存到当前打开的库中。
- “材质ID通道”按钮：为应用后期制作效果设置唯一的ID通道，单击该按钮，可弹出ID数字选项，如图7-17所示。

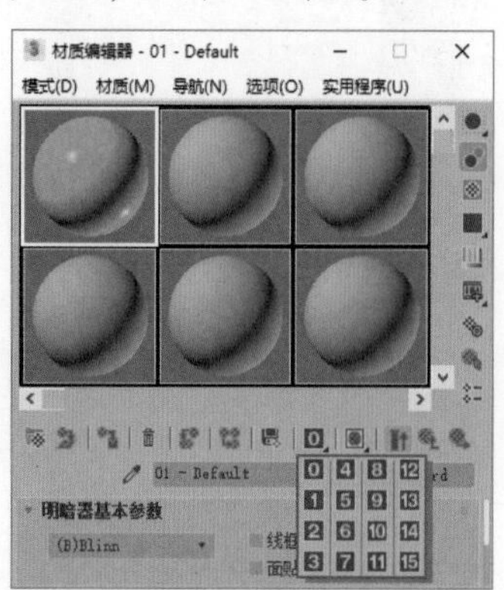

图7-17

- “在视图中显示明暗处理材质”按钮：在视图对象上显示2D材质贴图。
- “显示最终结果”按钮：在实例图中显示材质以及应用的所有层次。
- “转到父对象”按钮：将当前材质上移动一级。
- “转到下一个同级项”按钮：选定同一层级的下一贴图或材质。
- “采样类型”按钮：控制示例窗显示的对象类型，默认为球型，还有圆柱体和立方体可选，如图7-18所示。

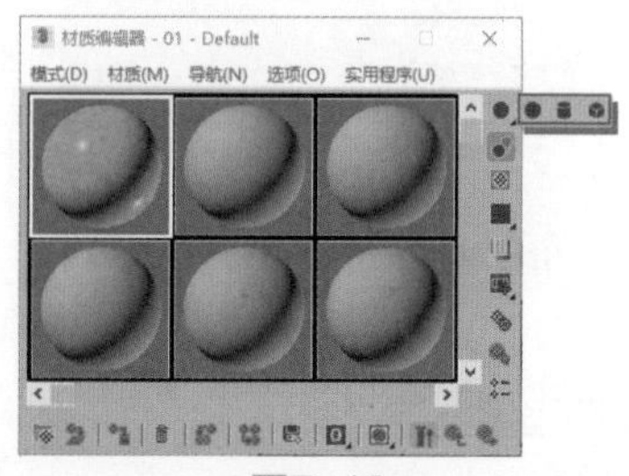

图7-18

- “背光”按钮：打开或关闭选定示例窗中的背景灯光。
- “背景”按钮：在材质后面显示方格背景图像，在观察具有透明、反射及折射属性的材质时非常有用。
- “采样UV平铺”按钮：为示例窗中的贴图设置UV平铺显示。
- “视频颜色检查”按钮：检查当前材质中NTSC制式和PAL制式的不支持颜色。
- “生成预览”按钮：用于生产、浏览和保存材质预览渲染。
- “选项”按钮：打开“材质编辑器选项”对话框，在该对话框中可以启用材质动画，加载自定义背景，定义灯光亮度及颜色。
- “按材质选择”按钮：选定使用了当前材质的所有对象。
- “材质/贴图导航器”按钮：单击此按钮，可以打开“材质/贴图导航器”窗口，在该窗口中可以显示当前材质的所有层级，如图7-19所示。

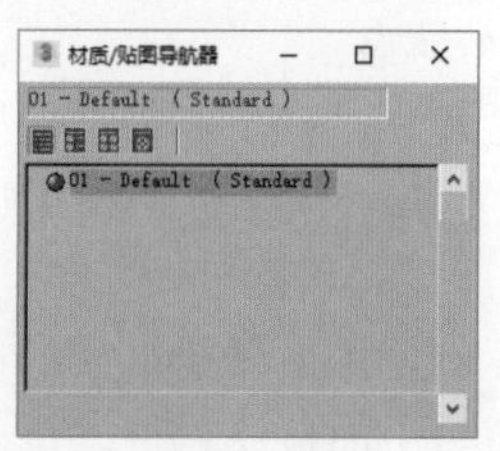

图7-19

7.2.6　参数编辑器

参数编辑器用于控制材质的参数，所有的材质参数都在这里调节。注意，当使用了不同材质时，其内部的参数也不相同。

7.3　常用材质

3ds Max 2020提供了多种类型的材质球，单击材质编辑器上的Standard按钮，在弹出的“材质/贴图浏览器”对话框中可以查看这些材质类型，如图7-20所示。

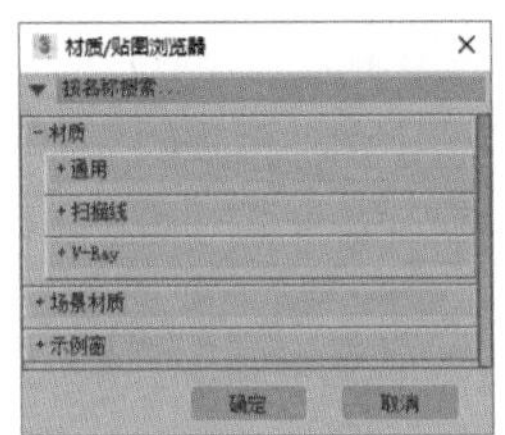

图7-20

7.3.1　“标准”材质

“标准”材质类型是3ds Max的经典材质类型，使用频率极高。调试材质的秘诀在于多参考现实世界中同样的或是类似的物体对象。在 3ds Max 中，标准材质在默认情况下是一个单一的颜色，如果希望标准材质的表面具有细节丰富的纹理，可以考虑使用高清晰度的图片来进行材质制作。

“标准”材质共有明暗器基本参数、Blinn基本参数、扩展参数、超级采样、贴图这5个卷展栏，如图7-21所示。下面将介绍较为常用的卷展栏。

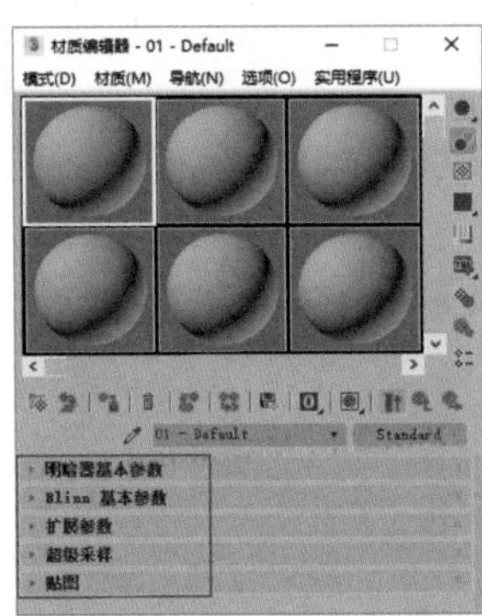

图7-21

1. “明暗器基本参数”卷展栏

在“明暗器基本参数”卷展栏中，可以设置当前材质应用明暗器的类型以及材质是否具有线框、双面、面贴图、面状属性，如图7-22所示。

图7-22

解析

- 明暗器列表：共包含8种明暗器类型，用于分别模拟不同质感的对象，如玻璃、金属、陶艺、车漆等，如图7-23所示。

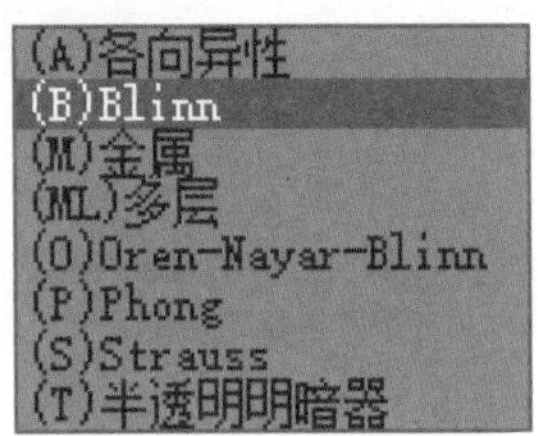

图7-23

（1）各向异性：适用于椭圆形表面，这种情况有“各向异性”高光，如果为头发、玻璃或磨砂金属建模，这些高光很有用。

（2）Blinn：默认的明暗器类型，适用于圆形物体，这种情况高光要比 Phong明暗处理柔和。

（3）金属：适用于模拟金属表面。

（4）多层：适用于比“各向异性”更复杂的高光。

（5）Oren-Nayar-Blinn：用于不光滑表面，如布料或陶土。

（6）Phong：适用于具有强度很高的、圆形高光的表面。

（7）Strauss：适用于金属和非金属表面，Strauss 明暗器的界面比其他明暗器的简单。

（8）半透明明暗器：与 Blinn 明暗处理类似，半透明明暗器也可用于指定半透明，这种情况下光线穿过材质时会散开。

- 线框：以线框模式渲染材质，当选中此复选框时，可以在“扩展参数”卷展栏内通过控制线框的“大小”值来改变渲染线框的粗细。
- 双面：使材质成为两个面。
- 面贴图：将材质应用到几何体的各面。如果材质是贴图材质，则不需要贴图坐标，贴图会自动应用到对象的每一面。

- 面状：就像表面是平面一样，渲染表面的每一面。

2. “Blinn基本参数”卷展栏

“标准”材质的“Blinn基本参数”卷展栏用来设置材质的颜色、反光度、透明度等，并指定用于材质各种组件的贴图，如图7-24所示。

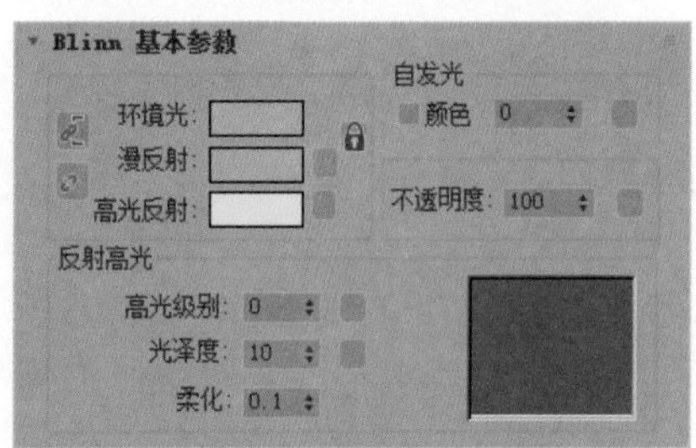

图7-24

解析

- 环境光：控制环境光颜色，环境光颜色是位于阴影中的颜色（间接灯光）。
- 漫反射：控制漫反射颜色，漫反射颜色是位于直射光中的颜色。
- 高光反射：控制高光反射颜色，高光反射颜色是发光物体高亮显示的颜色。可以在“反射高光”选项组中控制高光的大小和形状。
- 自发光：自发光使用漫反射颜色替换曲面上的阴影，从而创建白炽效果。当增加自发光时，自发光颜色将取代环境光，当设置的值为100时，材质没有阴影区域，但它可以显示反射高光。有两种方法可以指定自发光，一是选中“颜色”复选框，使用自发光颜色；二是禁用“颜色”复选框，然后使用单色这相当于使用灰度自发光颜色。
- 不透明度：控制材质是不透明的或透明的。
- 高光级别：控制“反射高光”的强度。
- 光泽度：控制镜面高亮区域的大小。
- 柔化：设置反光区和无反光区衔接的柔和度。数值为0时，表示无柔和效果；数值为1时，柔和效果最强。

3. “贴图”卷展栏

“贴图”卷展栏用于访问并为材质的各个组件指定贴图，如图7-25所示。

贴图

	数量	贴图类型
环境光颜色	100	无贴图
漫反射颜色	100	无贴图
高光颜色	100	无贴图
高光级别	100	无贴图
光泽度	100	无贴图
自发光	100	无贴图
不透明度	100	无贴图
过滤色	100	无贴图
凹凸	30	无贴图
反射	100	无贴图
折射	100	无贴图
置换	100	无贴图

图7-25

7.3.2 Standard Surface材质

Standard Surface材质球功能强大，效果逼真，几乎可以模拟周围常见的任何材质效果。Standard Surface材质主要有Base卷展栏、Specular卷展栏、Transmission卷展栏、Subsurface卷展栏、Sheen卷展栏、Coat卷展栏、Thin Film卷展栏、Emission卷展栏、Special Features卷展栏、AOVs卷展栏和Maps卷展栏这10个卷展栏，如图7-26所示。下面将介绍较为常用的卷展栏命令。

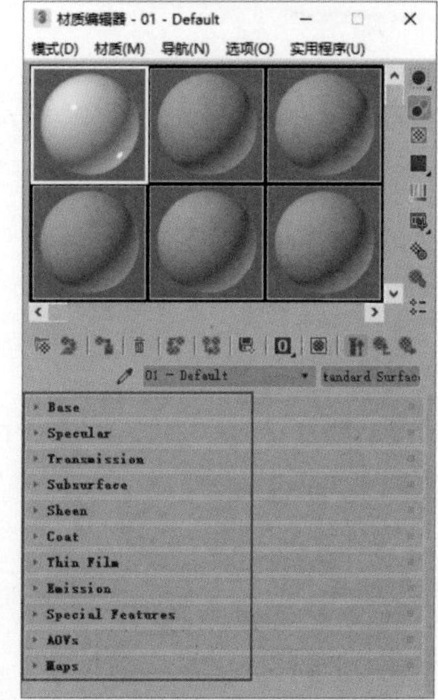

图7-26

1. Base卷展栏

Base卷展栏如图7-27所示。

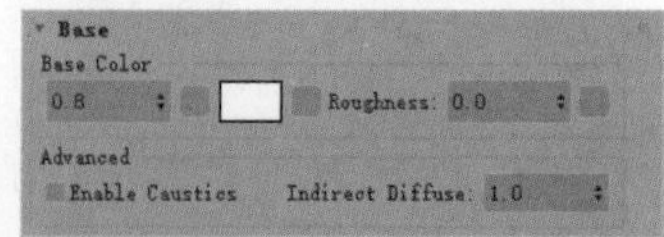

图7-27

解析

Base Color选项组

- 微调器：用来设置基本颜色的权重值。
- 颜色控件：用于设置材质的基本颜色。
- Roughness：用于设置基本颜色的粗糙度。

Advanced选项组

- Enable Caustics：启用焦散计算。
- Indirect Diffuse：用于控制间接漫反射计算效果。

2. Specular卷展栏

Specular卷展栏如图7-28所示。

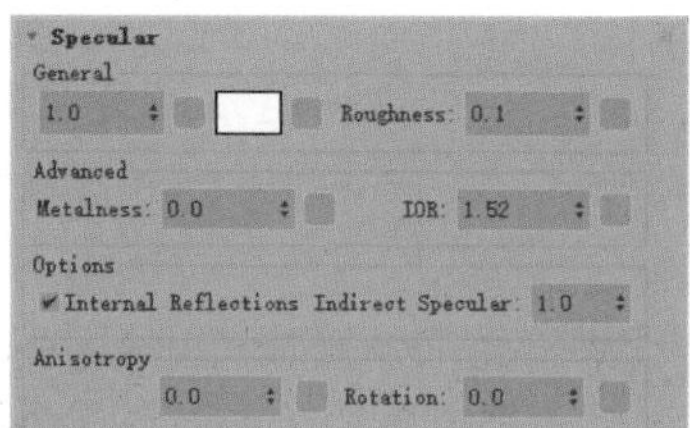

图7-28

解析

General选项组

- 微调按钮：用来设置镜面颜色的权重值，值为0时，材质无高光效果。
- 颜色控件：用于设置镜面反射的颜色。
- Roughness：控制镜面反射的光泽度，主要影响材质高光的大小及强度。值越大，高光范围越大，高光强度越低，同时，材质的镜面反射效果越不明显，如图7-29所示为该值分别是0.1和0.5的渲染结果对比。

Advanced选项组

- Metalness：用于控制材质的金属度，值越大，渲染结果的金属质感越强。如图7-30所示为该值分别是0和1的渲染结果对比。

图7-29

图7-29（续）

图7-30

- IOR：用来设置材质的折射率，如图7-31所示为IOR值分别是1.3和1.6的渲染结果对比。

图7-31

Options选项组

- Internal Reflections：选中该复选框，可以开启材质的内部反射计算。
- Indirect Specular：用来设置材质间接镜面反射的数值。

Anisotropy选项组

- 各向异性微调按钮：通过设置材质的各向异性数值来调整模型的高光形态，如图7-32所示为该值分别是0和1的渲染结果对比。

图7-32

- Rotation：用来设置高光的旋转方向，如图7-33所示为该值分别是0和0.25的渲染结果对比。

图7-33

3. Transmission卷展栏

Transmission卷展栏如图7-34所示。

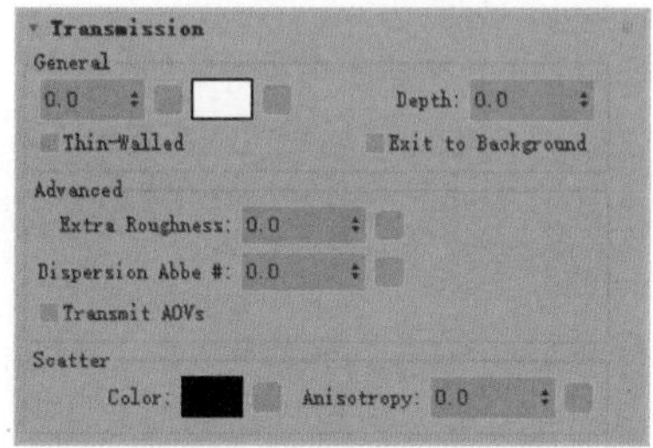

图7-34

解析

General选项组

- 微调按钮：用来控制材质的透明程度，如图7-35所示为该值分别是0和0.8的渲染结果对比。

图7-35

- 颜色控件：用来控制透明材质的过滤颜色，如图7-36所示为不同颜色的渲染结果对比。

图7-36

图7-36（续）

- Depth：用于控制透明材质颜色的通透程度，值越大，材质的色彩越淡。如图7-37所示为该值分别是0和10的渲染结果对比。

图7-37

- Thin-Walled：选中该复选框将启动模拟薄壁效果计算，如图7-38所示为选中该复选框前后的渲染结果对比。

图7-38

图7-38（续）

- Exit to Background：选中该复选框，可以使曲面根据环境光线渲染背光的模拟效果。

Advanced选项组

- Extra Roughness：设置材质的额外粗糙度。
- Dispersion Abbe：指定材质的色散程度。

Scatter选项组

- Color：设置透射散射的色彩。
- Anisotropy：设置散射方向的各向异性属性。

4. Subsurface卷展栏

Subsurface卷展栏如图7-39所示。

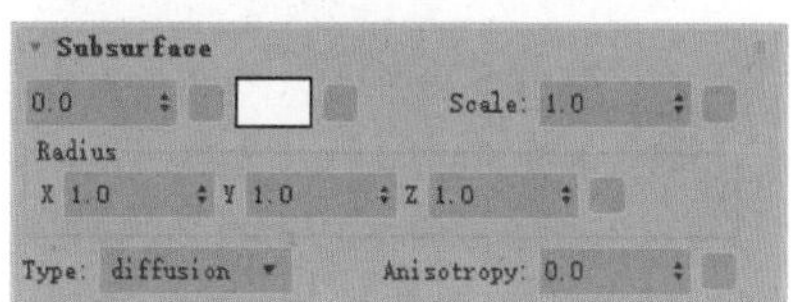

图7-39

解析

- 微调按钮：设置材质次表面散射的权重值。
- 颜色控件：设置材质次表面散射的颜色。
- Scale：控制光线在反射回来之前在材质表面下传播的距离。

Radius选项组

- X/Y/Z：控制光散射到材质表面下的近似距离。
- Type：在下拉列表中选择次表面散射的计算类型，有diffusion和randomwalk这两个选项可选，如图7-40所示。

diffusion
randomwalk

图7-40

- Anisotropy：控制次表面散射计算时的光线方向。

5. Sheen卷展栏

Sheen卷展栏如图7-41所示。

图7-41

解析

- 微调按钮：设置材质附加光泽的权重值。
- 颜色控件：设置附加光泽的色彩，如图7-42所示为该控件使用基本色为橙色（红：0.973，绿：0.125，蓝：0.012）与附加光泽颜色分别为白色（红：1，绿：1，蓝：1）和绿色（红：0.106，绿：0.89，蓝：0.345）混合计算后的渲染结果对比。

图7-42

- Roughness：调节光泽法线方向的偏移程度。

6. Coat卷展栏

Coat卷展栏如图7-43所示。

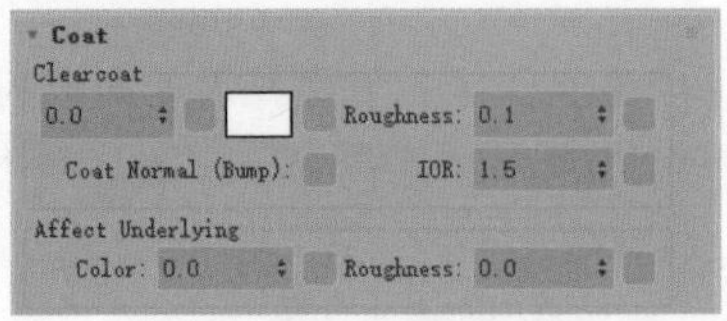

图7-43

解析

Clearcoat选项组

- 微调按钮：设置覆盖材质涂层的权重值。
- 颜色控件：设置覆盖材质涂层的颜色，如图7-44所示为该控件使用基本色为橙色（红：0.973，绿：0.125，蓝：0.012）与涂层色分别为紫红色（红：0.953，绿：0.118，蓝：0.843）和紫色（红：0.227，绿：0.118，蓝：0.882）混合后的渲染结果对比。

图7-44

- Roughness：设置覆盖材质涂层的粗糙度。
- Coat Normal：设置涂层法线的纹理贴图。
- IOR：用于定义涂层的菲涅尔反射率。

Affect Underlying选项组

- Color：用于增加涂层的颜色覆盖效果。
- Roughness：用于控制涂层粗糙度对底层粗糙度的影响。

7. Emission卷展栏

Emission卷展栏如图7-45所示。

图7-45

解析

- 微调按钮：设置材质自发光的强度。
- 颜色控件：设置材质自发光的颜色。

8. Special Features卷展栏

Special Features卷展栏如图7-46所示。

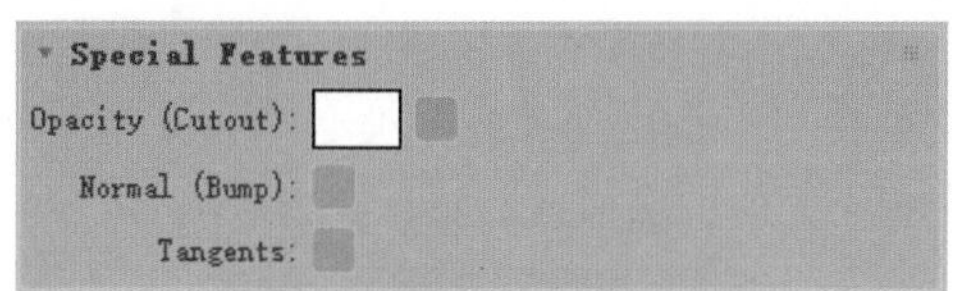

图7-46

解析

- Opacity：设置材质的不透明度。
- Normal：设置材质的凹凸属性。
- Tangents：设置材质的切线贴图。

7.3.3　Lambert材质

同Maya软件的默认材质—— Lambert材质类似，Arnold渲染器为也提供了 Lambert材质，主要用于模拟没有高光、反射、折射等效果的材质。Lambert材质的参数如图7-47所示。

图7-47

解析

- Diffuse：控制漫反射的权重强度。
- Color：设置Lambert材质的漫反射颜色。
- Opacity：控制材质的不透明程度。默认颜色为白色，代表不透明；颜色越黑，材质越透明。
- Normal：以数值的方式控制材质的法线。

7.3.4　物理材质

物理材质的参数是基于现实世界中物体的自身物理属性所设计的，可以非常便捷地用这些预置参数的材质快速模拟较为真实的塑料、金属、蜡烛等材质的质感，如图7-48所示。

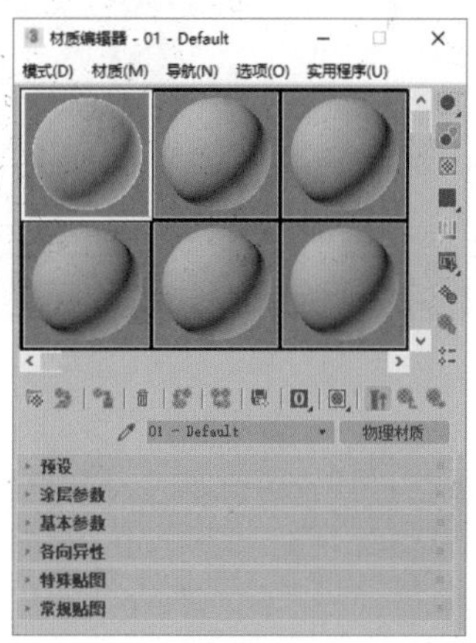

图7-48

建筑材质提供了油漆、木材、玻璃、金属等多个模板，可以在仅调整少量参数的情况下迅速制作逼真的材质效果，极大地提高了工作效率，如图7-49所示。另外，Arnold渲染器也支持物理材质的计算方法。如图7-50所示为使用物理材质中的“玻璃（实心几何体）”和“锻面金”预设材质计算的图像渲染结果。

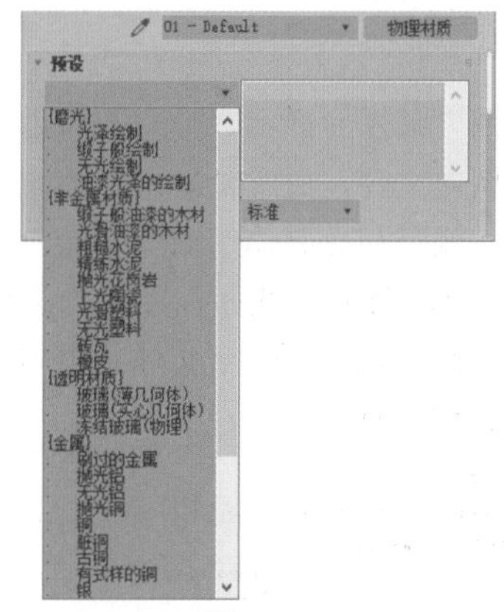

图7-49

图7-50

图7-50（续）

7.4 常用贴图

贴图反映对象表面的纹理细节。3ds Max 2020提供了大量的程序贴图，用来模拟自然界中常见对象的表面纹理，如大理石、木材、波浪、细胞等。这些程序贴图是通过计算机编程得到的仿自然的纹理，与真实世界中的纹理仍然差距很大，所以最有效的方式是使用高清晰度的照片来制作纹理。

7.4.1 位图

“位图”贴图允许用户为贴图通道指定一个硬盘中的图像文件，通常是高质量的纹理细节丰富的照片，或是精心制作的贴图。指定贴图时，3ds Max会自动打开“选择位图图像文件”对话框，使用此对话框可将一个文件或序列指定为位图图像，如图7-51所示。

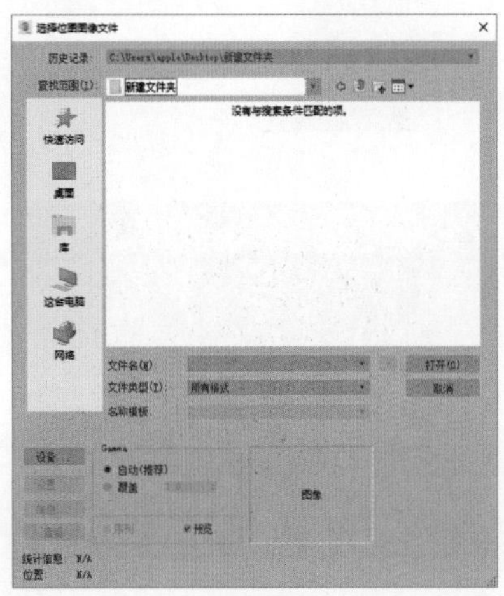

图7-51

3ds Max支持多种图像格式，在“选择位图图像文件”对话框中的“文件类型”下拉列表中可以选择不同的图像格式，如图7-52所示。

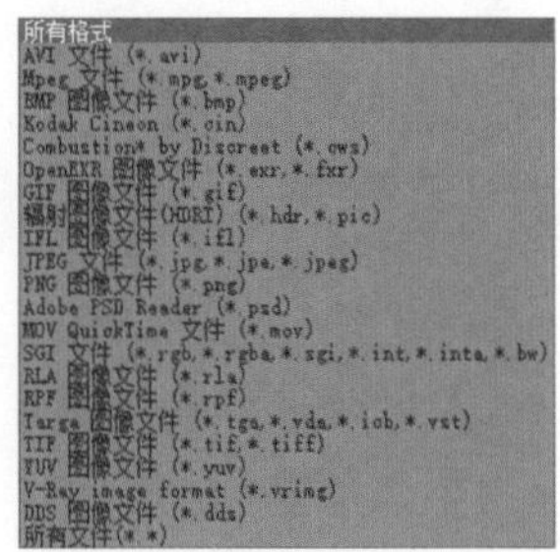

图7-52

“位图”贴图添加完成后，在“材质编辑器”窗口中可以看到“位图”贴图包含坐标、噪波、位图参数、时间和输出5个卷展栏，如图7-53所示。

图7-53

1.“坐标”卷展栏

“坐标”卷展栏如图7-54所示。

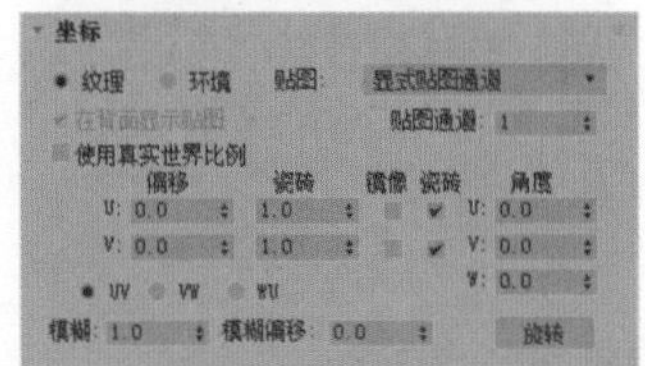

图7-54

解析

- 贴图类型：根据要使用贴图的方式（是应用于对象的表面，还是应用于环境）选择，有“纹理”和“环境”两种方式可选。其中，“纹理”指将该贴图作为纹理应用于表面，而“环境”指使用该贴图作为环境贴图。
- 贴图：列表选项因选择纹理贴图或环境贴图而异，有显式贴图通道、顶点颜色通道、对象XYZ平面和世界XYZ平面4种方式可选，如图7-55所示。

显式贴图通道
顶点颜色通道
对象 XYZ 平面
世界 XYZ 平面

图7-55

- 在背面显示贴图：启用此复选框后，平面贴图（“对象XYZ”中的平面，或者带有“UVW贴图”修改器）将被投影到对象的背面，并且能对其进行渲染。禁用此复选框后，不能在对象背面对平面贴图进行渲染，默认设置为启用。只有在两个维度中都禁用“平铺”时，才能使用此切换。只有在渲染场景时，才能看到它产生的效果。

- 使用真实世界比例：启用此复选框后，使用真实“宽度”和“高度”值而不是UV值将贴图应用于对象。对于3ds Max，默认设置为禁用状态，对于3ds Max Design，默认设置为启用状态。
- 偏移（UV）：在UV坐标中更改贴图的位置，移动贴图以符合它的大小。
- 瓷砖：确定“瓷砖”或“镜像”处于启用状态时，沿每个轴重复贴图的次数，如图7-56所示为“瓷砖”（UV）的值分别是1和4的材质球显示结果对比。

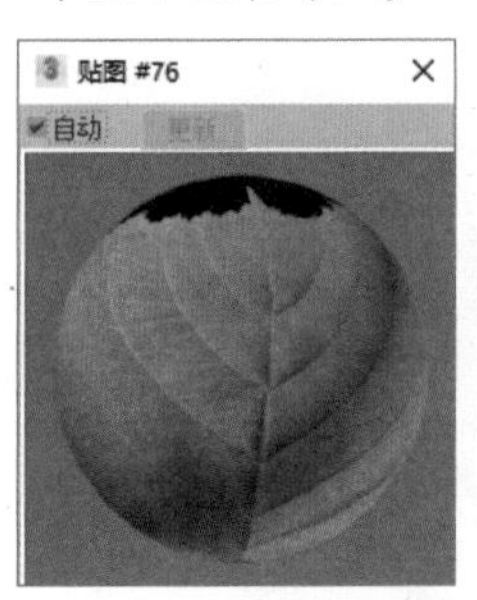

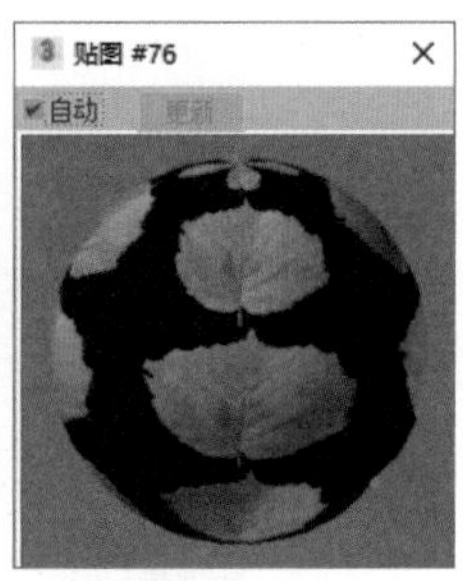

图7-56

- U/V/W 角度：绕U、V或W轴旋转贴图（以度为单位）。
- 旋转：显示“旋转贴图坐标”对话框，通过在弧形球图上拖动可以旋转贴图，如图7-57所示。

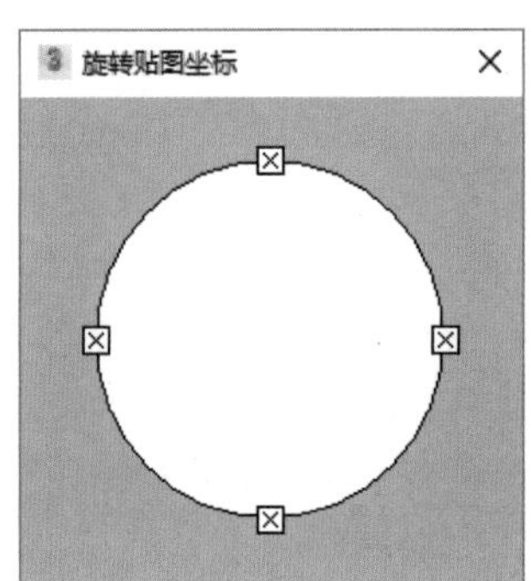

图7-57

- 模糊：基于贴图离视图的距离影响贴图的锐度或模糊度。贴图距离越远，模糊就越大，如图7-58所示为“模糊”值分别是1和10的材质球显示结果对比。

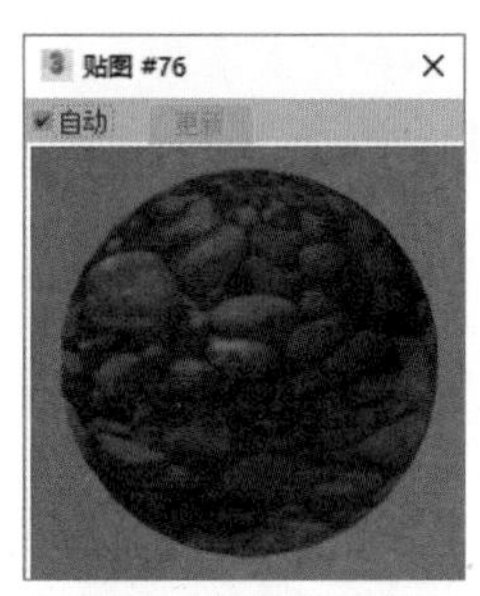

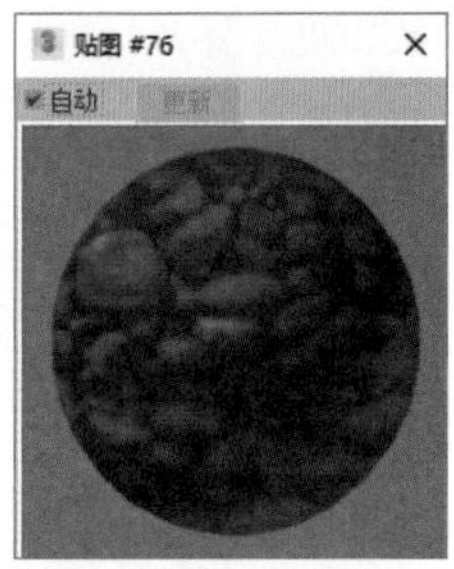

图7-58

- 模糊偏移：影响贴图的锐度或模糊度，而与贴图离视图的距离无关。“模糊偏移”模糊对象空间中自身的图像，如果需要贴图的细节进行软化处理或者散焦处理以达到模糊图像的效果，使用此选项。

2.“噪波”卷展栏

“噪波”卷展栏如图7-59所示。

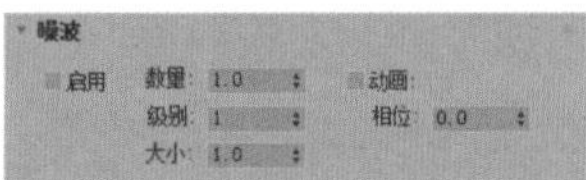

图7-59

解析

- 启用：决定“噪波”参数是否影响贴图。
- 数量：设置分形功能的强度值，以百分比表示。如果数量为0，则没有噪波；如果数量为100，贴图将变为纯噪波。默认设置为1，如图7-60所示为“数量”值分别是1和5的材质球显示结果对比。

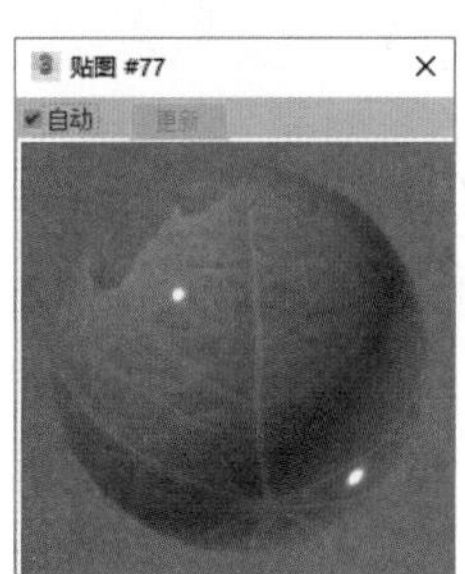

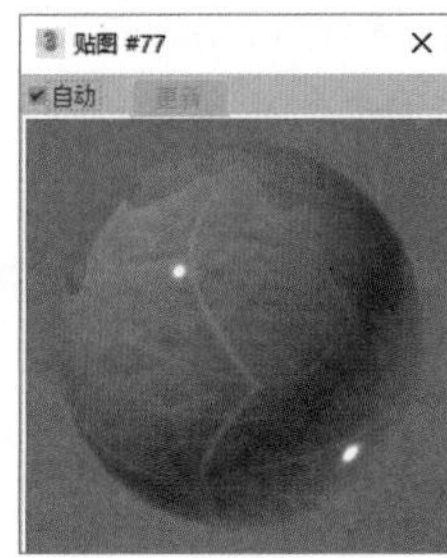

图7-60

- 级别：应用函数的次数。数量值决定了层级的效果，数量值越大，增加层级值的效果就越强。范围为1～10，默认设置为1，如图7-61所示为该值分别是1和5的材质球显示结果对比。
- 大小：设置噪波函数相对于几何体的比例。如果值很小，那么噪波效果相当于白噪声。如果值很大，噪波尺度可能超出几何体的尺度，如果出现这样的情况，将不会产生效果或者产生的效果不明显。范围为0.001 ~100，默认设置为1。

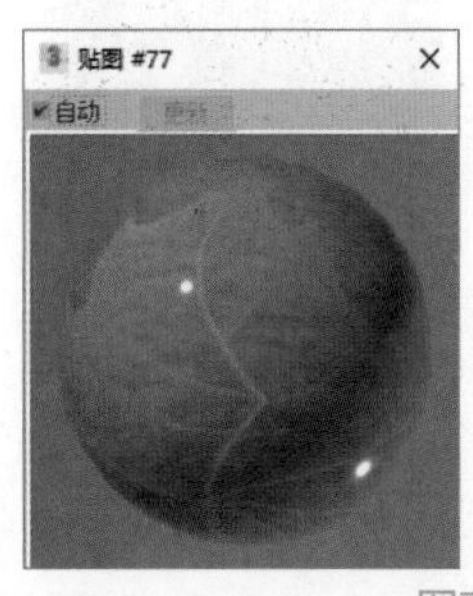

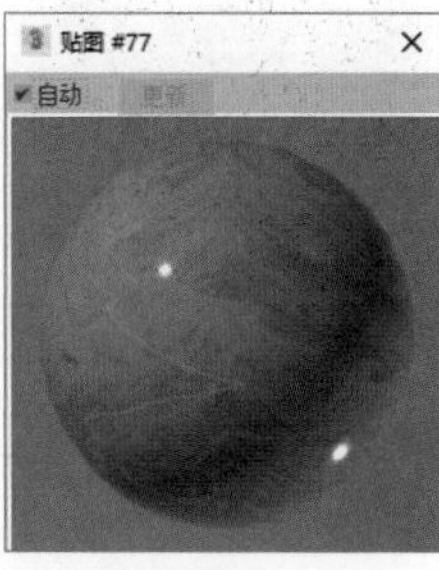

图7-61

- 动画：决定动画是否启用噪波效果。如果要将噪波设置为动画，必须启用此复选框。
- 相位：控制噪波函数的动画速度。

3.“位图参数”卷展栏

“位图参数”卷展栏如图7-62所示。

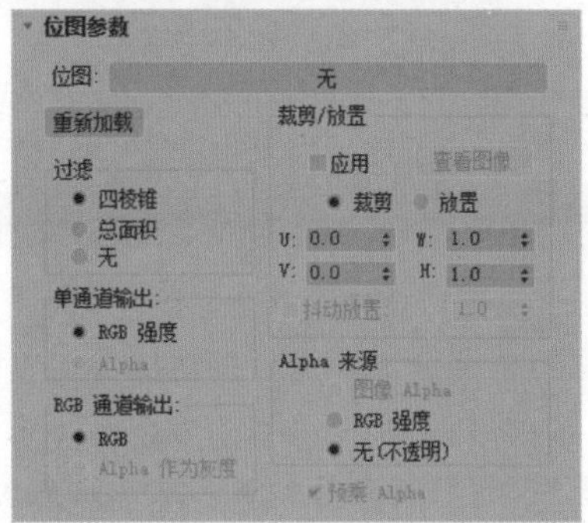

图7-62

解析

- 位图：使用标准文件浏览器选择位图。选中之后，此按钮上显示完整的路径名称。
- “重新加载”按钮 重新加载：对使用相同名称和路径的位图文件进行重新加载，在绘图程序中更新位图后，无须使用文件浏览器重新加载该位图。

“过滤”选项组

- 四棱锥：需要较少的内存并能满足大多数要求。
- 总面积：需要较多内存，但通常能产生更好的效果。
- 无：禁用过滤。

“单通道输出”选项组

- RGB强度：将红、绿、蓝通道的强度用作贴图。忽略像素的颜色，仅使用像素的值或亮度，颜色作为灰度值计算，其范围是0（黑色）~255（白色）之间。
- Alpha：将Alpha通道的强度用作贴图。

“RGB通道输出”选项组

- RGB：显示像素的全部颜色值。
- Alpha 作为灰度：基于Alpha通道级别显示灰度色调。

“裁剪/放置”选项组

- 应用：启用此复选框可使用裁剪或放置设置。
- “查看图像”按钮 查看图像：单击该按钮，打开的窗口显示由区域轮廓（各边和角上具有控制柄）包围的位图。如果要更改裁剪区域的大小，拖曳控制柄即可。如果要移动区域，可将光标定位在要移动的区域内，然后进行拖动，如图7-63所示。

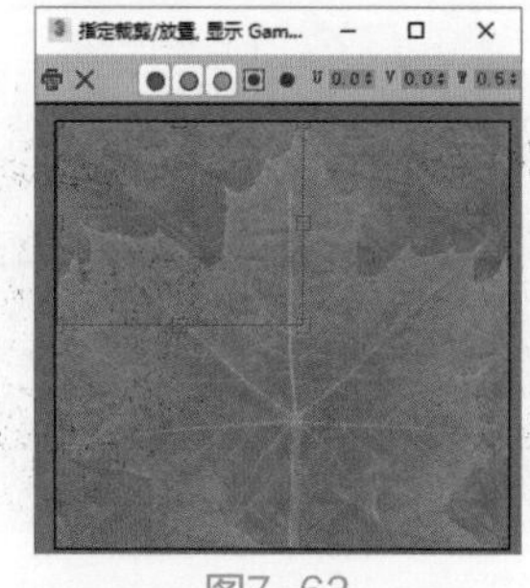

图7-63

- U/V：调整位图位置。
- W/H：调整位图或裁剪区域的宽度和高度。
- 抖动放置：指定随机偏移的量。0 表示没有随机偏移，范围为0 ~ 1。

“Alpha来源”选项组

- 图像 Alpha：使用图像的Alpha通道（如果图像没有Alpha通道，则禁用）。
- RGB 强度：将位图中的颜色转化为灰度色调值，并将它们用于透明度。黑色为透明，白色为不透明。
- 无（不透明）：不使用透明度。

4.“时间”卷展栏

“时间”卷展栏如图7-64所示。

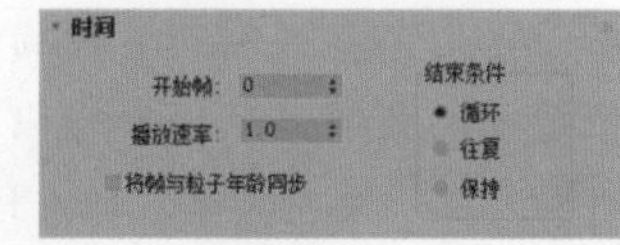

图7-64

解析

- 开始帧：指定动画贴图将开始播放的帧。
- 播放速率：允许对应用于贴图的动画速率加速或减速（例如，1.0为正常速度，2.0快两倍，0.333为正常速度的1/3）。
- 将帧与粒子年龄同步：启用此复选框后，3ds Max会将位图序列的帧与贴图应用的粒子的年龄同步。利用这种效果，每个粒子从出生开始显示该序列，而不是被指定于当前帧。
- 结束条件：如果位图动画比场景短，则确定其最后一帧后所发生的情况。

（1）循环：使动画反复循环播放。

（2）往复：反复地使动画向前播放，然后向回播放，从而使每个动画序列“平滑循环”。

（3）保持：在位图动画的最后一帧冻结。

5.“输出”卷展栏

“输出”卷展栏如图7-65所示。

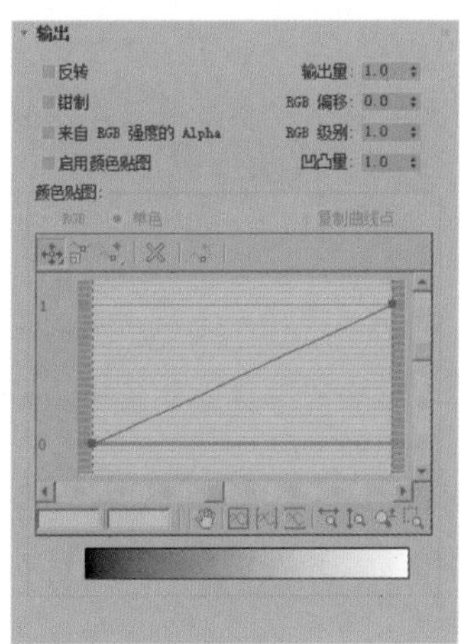

图7-65

解析

- 反转：反转贴图的色调，使之类似彩色照片的底片。默认设置为禁用状态。
- 输出量：控制要混合为合成材质的贴图数量。对贴图中的饱和度和Alpha值产生影响，默认设置为1，如图7-66所示为“输出量”分别是1和2的材质球显示效果对比。
- 钳制：启用该复选框后，此参数限制比1小的颜色值。当增加 RGB 级别时启用此复选框，但此贴图不会显示自发光，默认设置为禁用状态。

图7-66

- RGB 偏移：根据微调按钮设置的量增加贴图颜色的RGB值，此参数对色调的值产生影响，最终贴图会变成白色并有自发光效果，降低参数值，可以减少色调，使之向黑色转变，默认设置为0。
- 来自 RGB 强度的Alpha：启用此复选框后，会根据贴图中RGB通道的强度生成一个Alpha通道。黑色变得透明而白色变得不透明，中间值根据它们的强度变得半透明，默认设置为禁用状态。
- RGB 级别：根据微调按钮设置的量使贴图颜色的RGB值加倍，此参数对颜色的饱和度产生影响。最终贴图会完全饱和并产生自发光效果。降低这个参数值，可以减少饱和度，使贴图的颜色变灰。默认设置为1，如图7-67所示为“RGB 级别”分别是1和3的材质球显示效果对比。

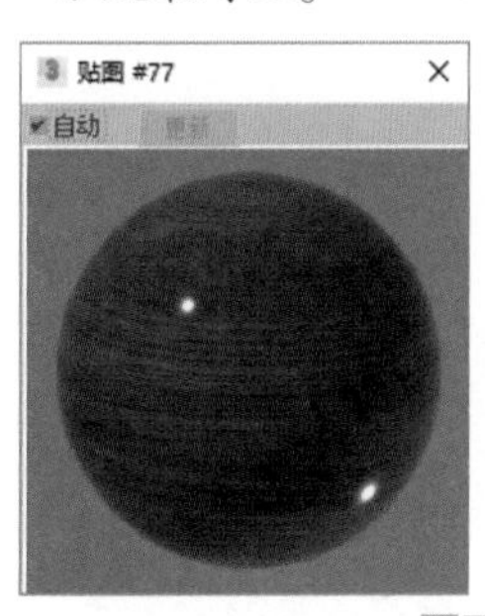

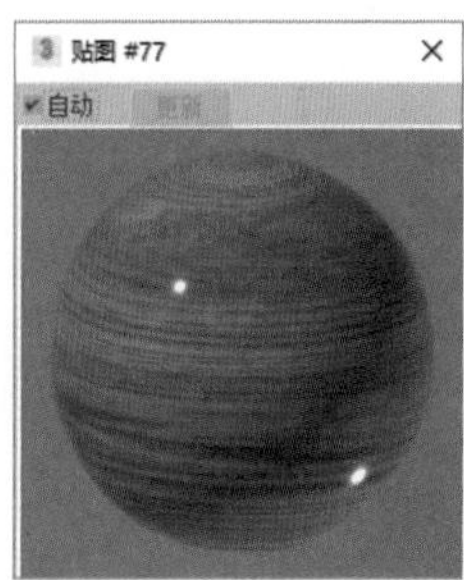

图7-67

- 启用颜色贴图：启用此复选框，可以使用颜色贴图。
- 凹凸量：调整凹凸的量，该值仅在贴图用于凹凸贴图时产生效果。

“颜色贴图”选项组

- RGB/单色：将贴图曲线分别指定给每个RGB过滤通道（RGB）或合成通道（单色）。
- 复制曲线点：启用此复选框后，当由单色图切换到 RGB 图时，系统会将单色图上的曲线复制添加到RGB图中，反之亦然。如果是对 RGB 图进行此操作，这些点会被复制到单色图中。

- 移动：将一个选中的点向任意方向移动，在每一边都会被非选中的点限制。
- 缩放点：在保持控制点相对位置的同时改变它们的输出量。在 Bezier角点上，这种控制与垂直移动一样有效。在 Bezier 平滑点上，可以缩放该点本身或任意控制柄。通过这种移动控制，缩放每一边都被非选中的点限制。
- 添加点：在图形线上的任意位置添加一个点。
- 删除点：删除选定的点。
- 重置曲线：将图返回到默认的直线状态。
- 平移：在视图窗口中向任意方向拖曳图形。
- 最大化显示：显示整个图形。
- 水平方向最大化显示：显示图形的整个水平范围，曲线的比例将发生扭曲。
- 垂直方向最大化显示：显示图形的整个垂直范围，曲线的比例将发生扭曲。
- 水平缩放：在水平方向压缩或扩展图形。
- 垂直缩放：在垂直方向压缩或扩展图形的视图。
- 缩放：围绕光标进行放大或缩小。
- 缩放区域：围绕图上任何区域绘制长方形区域，然后缩放到该视图。

为场景中的物体添加贴图时，如果现有图像的色彩不理想，可以通过“输出”卷展栏内的“颜色贴图”曲线控制添加的贴图的颜色。

7.4.2 渐变

仔细观察现实世界，可以发现很多时候单一的颜色并不能描述大自然。比如，无论何时何地天空的色彩都是极具丰富的。在3ds Max 中，可以使用“渐变”贴图模拟渐变效果，其参数如图7-68所示。

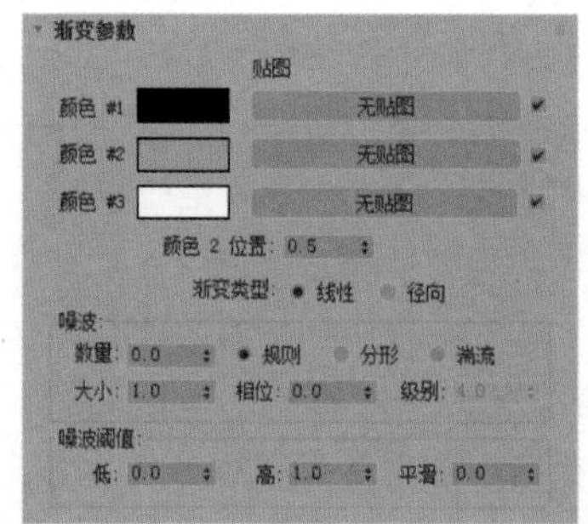

图7-68

解析

- 颜色#1/颜色#2/颜色#3：设置渐变在中间进行插值的3个颜色。显示颜色选择器，可以将颜色从一个色样中拖放到另一个色样中。
- 贴图：显示贴图而不是颜色，贴图采用混合渐变颜色相同的方式混合到渐变中。
- 渐变类型：有“线性”和“径向”两种。其中，“线性”基于垂直位置（V 坐标）插补颜色，而“径向”基于与贴图中心（中心为 U=0.5、V=0.5）的距离进行插补。

“噪波”选项组

- 数量：当该值非零时（范围为 0～1），应用噪波效果。
- 大小：缩放噪波功能。此值越小，噪波碎片也就越小。
- 相位：控制噪波函数的动画速度。3D噪波函数用于噪波，前两个参数是U 和V，第3个参数是相位。
- 级别：设置湍流（作为一个连续函数）的分形迭代次数。

“噪波阈值”选项组

- 低：设置低阈值。
- 高：设置高阈值。
- 平滑：用于生成从阈值到噪波值较为平滑的变换。当平滑为 0 时，没有应用平滑；当为1时，应用最大数量的平滑。

7.4.3 平铺

要制作纹理规则的图案时，如砖墙纹理，可以考虑使用“平铺”贴图，其参数由两部分组成，分别为“标准控制”卷展栏和“高级控制”卷展栏，如图7-69所示。

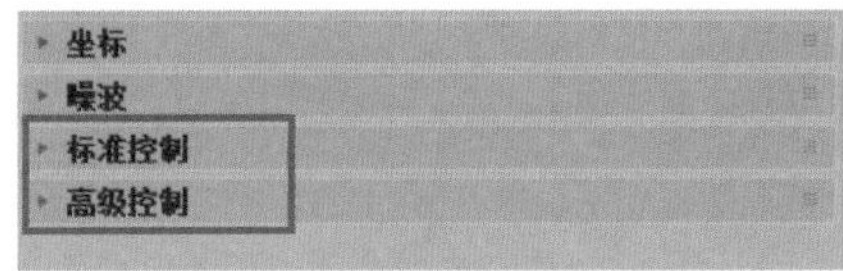

图7-69

1. “标准控制”卷展栏

“标准控制”卷展栏如图7-70所示。

图7-70

解析

- 预设类型：3ds Max 2020提供了多种不同类型的预设，如图7-71所示。

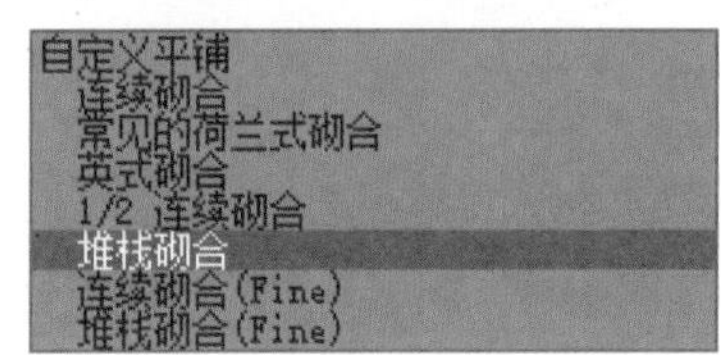

图7-71

（1）连续砌合：选择该预设后，生成的砖墙纹理如图7-72所示。

（2）常见的荷兰式砌合：选择该预设后，生成的砖墙纹理如图7-73所示。

（3）英式砌合：选择该预设后，生成的砖墙纹理如图7-74所示。

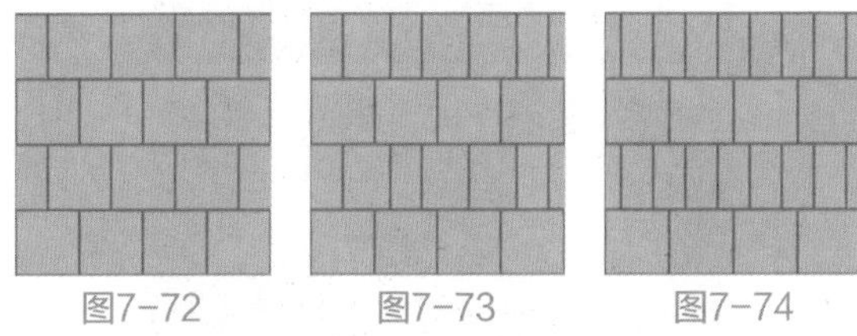

图7-72　　图7-73　　图7-74

（4）1/2连续砌合：选择该预设后，生成的砖墙纹理如图7-75所示。

（5）堆栈砌合：选择该预设后，生成的砖墙纹理如图7-76所示。

（6）连续砌合（Fine）：选择该预设后，生成的砖墙纹理如图7-77所示。

（7）堆栈砌合（Fine）：选择该预设后，生成的砖墙纹理如图7-78所示。

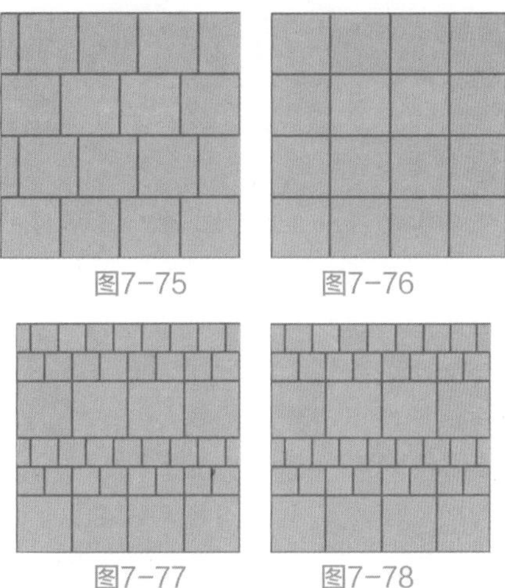

图7-75　　图7-76

图7-77　　图7-78

2. “高级控制”卷展栏

“高级控制”卷展栏如图7-79所示。

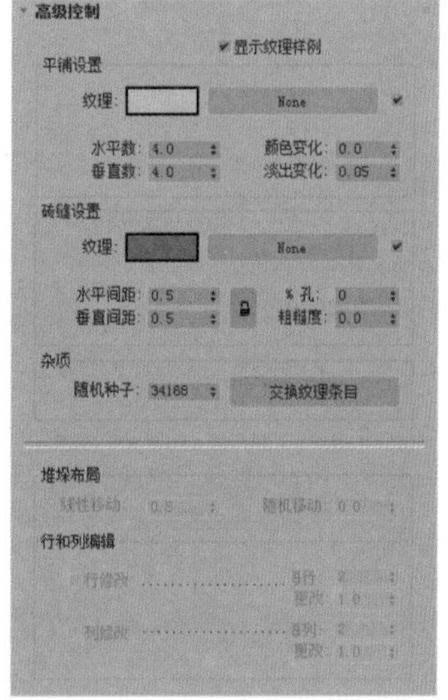

图7-79

解析

- 显示纹理样例：启用此复选框后，“平铺”或“砖缝”的纹理样例将更新为显示用户指定的贴图。

“平铺设置”选项组

- 纹理：控制用于平铺的当前纹理贴图的显示。
- 水平数：控制行的平铺数。
- 垂直数：控制列的平铺数。
- 颜色变化：该参数值越大，颜色在各个平铺的砖纹之间的变化就越大。范围在0～100，默认值为0。

"砖缝设置"选项组

- 纹理：控制砖缝的当前纹理贴图的显示。
- 水平间距：控制瓷砖间的水平砖缝的大小。在默认情况下，将此值锁定给垂直间距，因此当其中的任一值发生改变时，另外一个值也将随之改变，单击"锁定"图标，可将其解锁。
- 垂直间距：控制瓷砖间的垂直砖缝的大小。在默认情况下，将此值锁定给水平间距，因此当其中的任一值发生改变时，另外一个值也将随之改变。单击"锁定"图标，可将其解锁。
- % 孔：设置由丢失的瓷砖所形成的孔占瓷砖表面的百分比，砖缝穿过孔显示出来。
- 粗糙度：控制砖缝边缘的粗糙度。

7.4.4 混合

"混合"贴图用于制作多个材质之间的混合效果，其参数如图7-80所示。

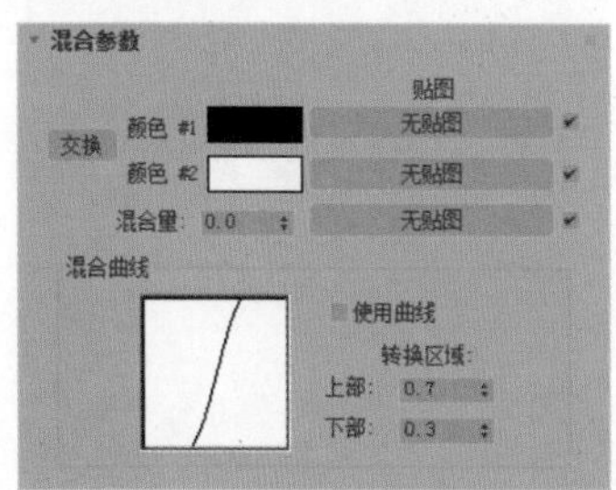

图7-80

解析

- 交换：交换两种颜色或贴图。
- 颜色#1/颜色#2：设置颜色或贴图。
- 混合量：确定混合的比例。其值为0时，只有颜色1在曲面上可见；其值为1时，只有颜色 2为可见。也可以使用贴图而不是混合值，两种颜色会根据贴图的强度以大小不同的程度混合。
- 使用曲线：确定"混合曲线"是否对混合产生影响。
- 转换区域：调整上限和下限的级别。如果两个值相等，两个材质会在一个明确的边上相接，加宽的范围提供更明显的渐变混合。

7.4.5 Wireframe

Arnold渲染器提供了一种专门用于渲染模型线框的贴图，即Wireframe（线框）贴图。其参数如图7-81所示。

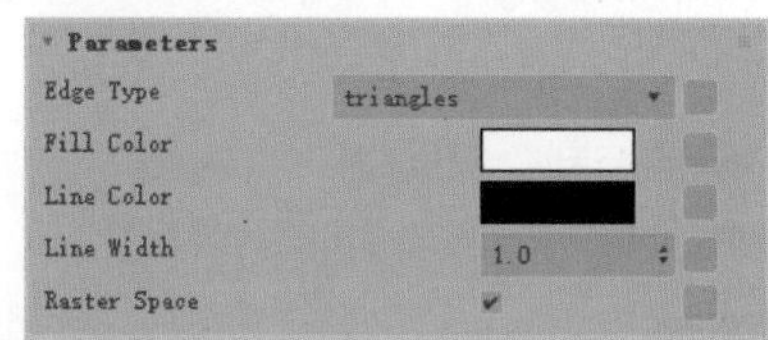

图7-81

解析

- Edge Type：用于设置线框的渲染类型，有triangles（三角边）、polygons（多边形）和patches（补丁）3种类型，如图7-82所示。

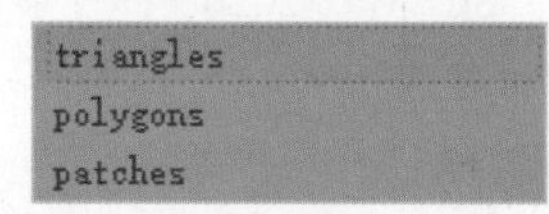

图7-82

- Fill Color：设置网格的填充颜色，如图7-83所示为该颜色分别为默认白色和黄色的渲染结果对比。

图7-83

- Line Color：设置线框线的颜色，如图7-84所示。
- Line Width：控制线框的宽度，如图7-85所示为该值分别是1和2的渲染结果对比。

图7-84

图7-85

实例操作：制作玻璃材质

在本实例中，讲解玻璃材质的制作方法。本实例的渲染效果如图7-86所示。

01 启动3ds Max 2020，打开本书配套资源“玻璃材质场景.max”文件，如图7-87所示。

图7-86

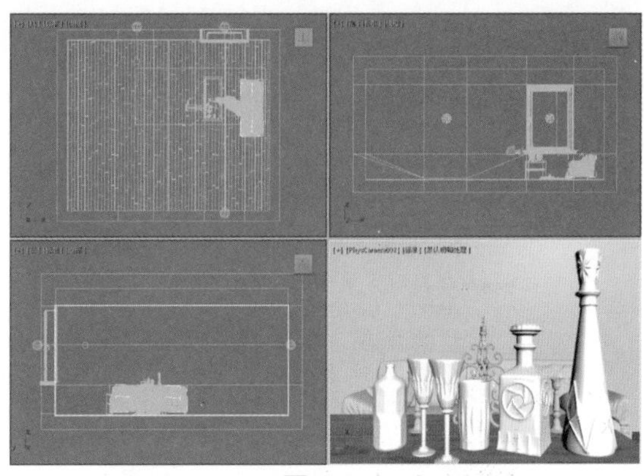

图7-87

02 本场景已经设置了灯光、摄影机及渲染基本参数。打开“材质编辑器”窗口。选择一个空白材质球，将其转换为Standard Surface材质，重新命名为“玻璃材质”，并将其赋予场景中的酒瓶模型，如图7-88所示。

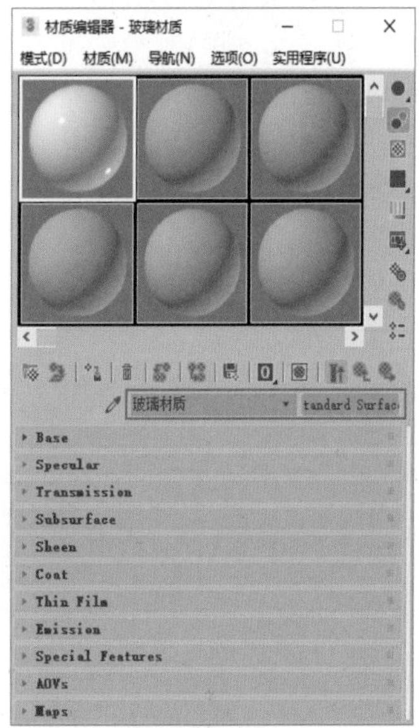

图7-88

03 展开Transmission卷展栏，调整General选项组内权重的值为1，如图7-89所示。

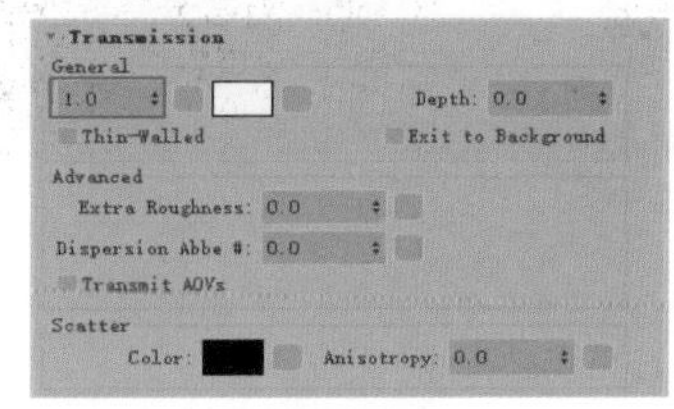

图7-89

04 展开Special Features卷展栏，单击Opacity属性后面的颜色控件，如图7-90所示。

图7-90

05 在弹出的“颜色选择器”对话框内，设置“亮度”值为0.5，如图7-91所示。

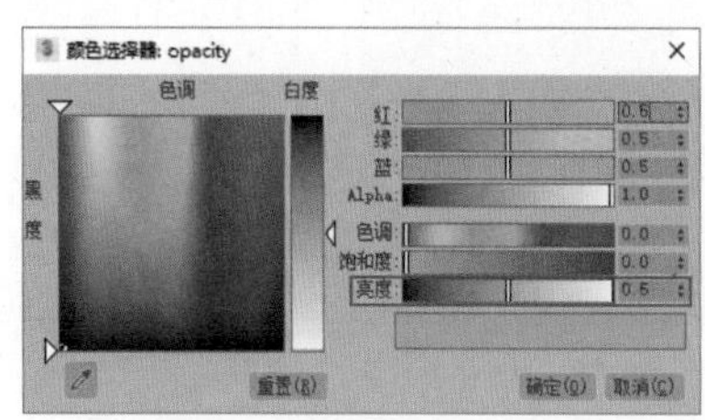

图7-91

06 制作完成的玻璃材质球如图7-92所示。

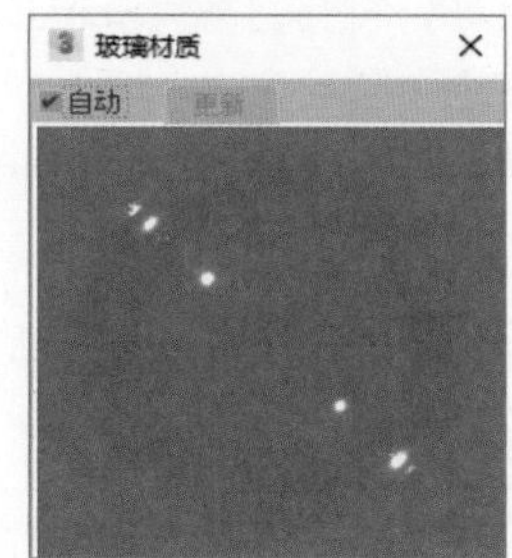

图7-92

07 渲染场景，本实例的渲染结果如图7-93所示。

图7-93

实例操作：制作金属材质

在本实例中，讲解金属材质的制作方法。本实例的渲染效果如图7-94所示。

01 启动3ds Max 2020，打开本书的配套资源“金属材质场景.max”文件。如图7-95所示，本实例场景为厨房内的一角，并且已经设置了灯光、摄影机及渲染参数。

图7-94

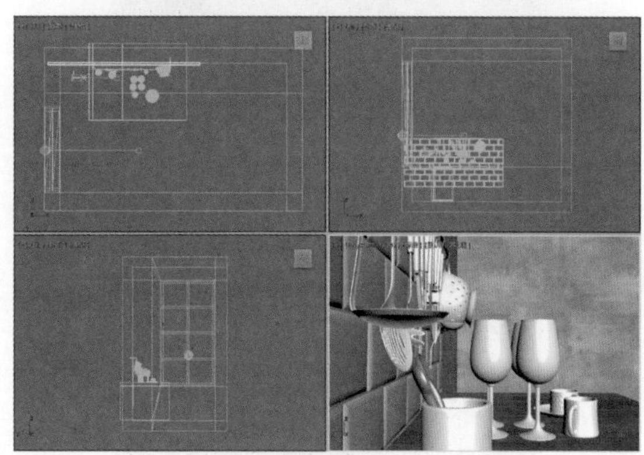

图7-95

02 打开“材质编辑器”窗口。选择一个空白材质球，将其转换为Standard Surface材质，重新命名为“金属材质”，并将其赋予场景中的厨具模型，如图7-96所示。

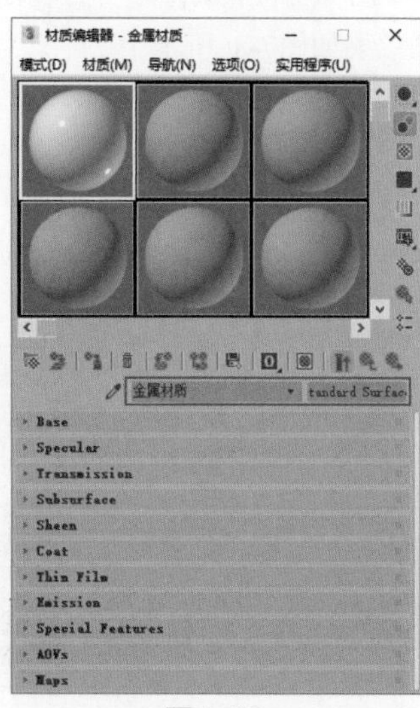

图7-96

03 展开Specular卷展栏，设置Metalness的值为1，设置Roughness的值为0.25，如图7-97所示。

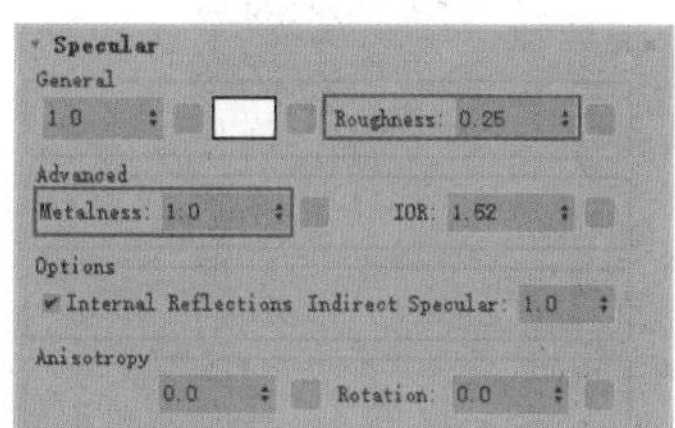

图7-97

04 制作完成的金属材质球如图7-98所示。

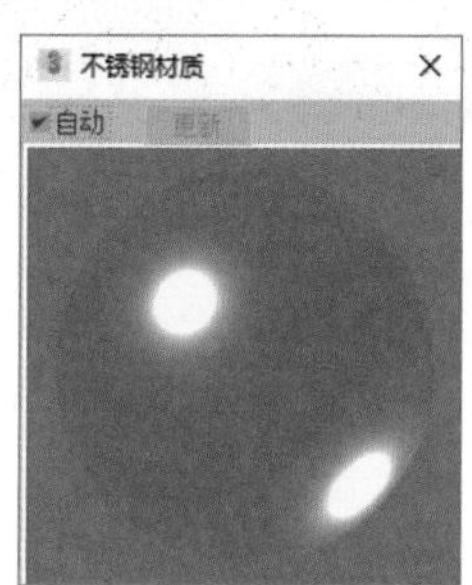

图7-98

05 渲染场景，本实例的渲染结果如图7-99所示。

图7-99

实例操作：制作木纹材质

在本实例中，讲解木纹材质的制作方法。本实例的渲染效果如图7-100所示。

01 启动3ds Max 2020，打开本书的配套资源“木纹材质场景.max”文件。如图7-101所示，本实例场景已经设置了灯光、摄影机及渲染参数。

图7-100

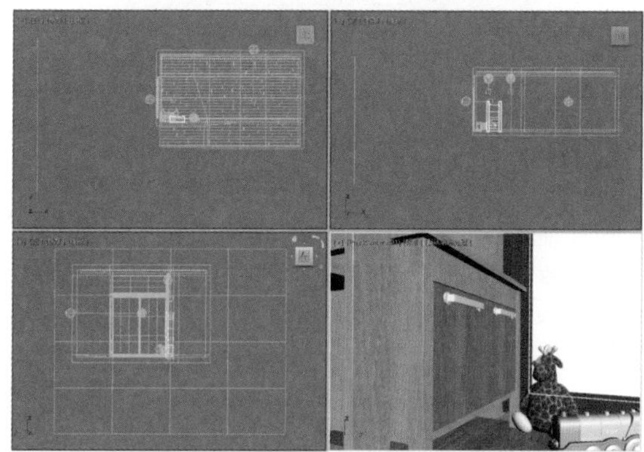

图7-101

02 打开“材质编辑器”窗口。选择一个空白材质球，将其转换为Standard Surface材质，重新命名为“木纹材质”，并将其赋予场景中的家具模型，如图7-102所示。

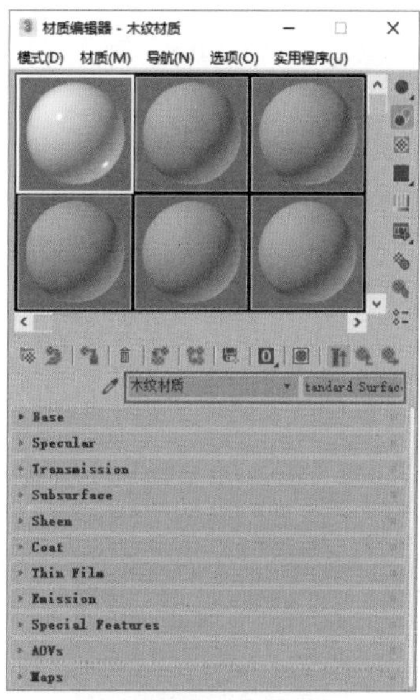

图7-102

03 展开Base卷展栏，在Base Color选项组的色彩贴图通道上指定一个“木纹.jpg”文件，制作木纹材质的表面纹理，如图7-103所示。

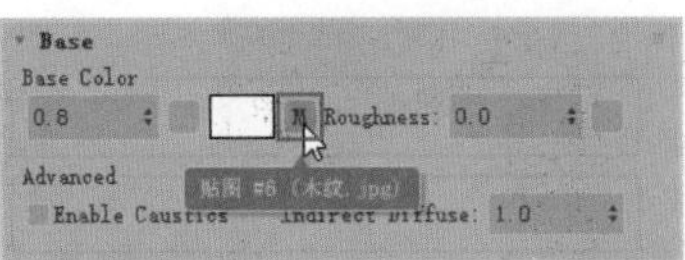

图7-103

04 展开Specular卷展栏，调整Roughness的值为0.35，调整木纹材质的镜面反射效果，如图7-104所示。

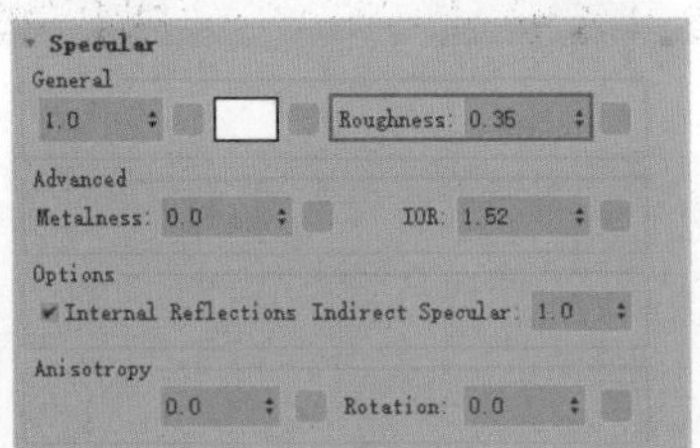

图7-104

05 展开Special Features卷展栏，在Normal的贴图通道上添加Bump 2D贴图纹理，如图7-105所示。

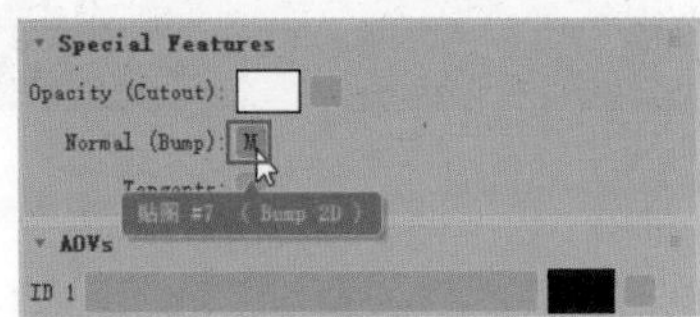

图7-105

06 展开Parameters卷展栏，在Bump Map的贴图通道上指定一个“木纹.jpg”文件，并设置Bump Height的值为0.8，制作材质的凹凸效果，如图7-106所示。

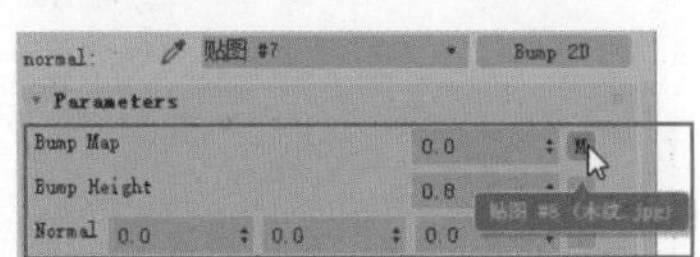

图7-106

07 制作完成的木纹材质球显示结果如图7-107所示。

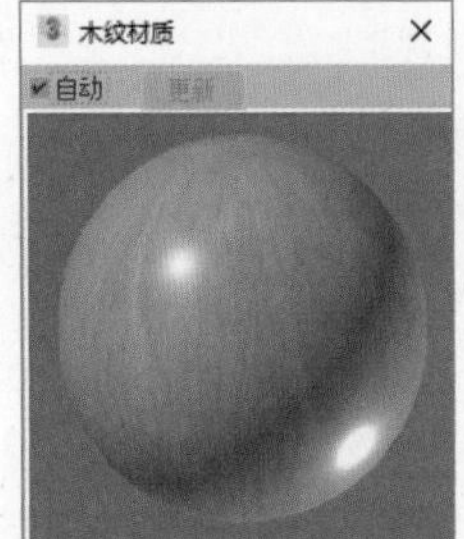

图7-107

08 渲染场景，本实例的渲染结果如图7-108所示。

图7-108

实例操作：制作陶瓷材质

在本实例中，讲解陶瓷材质的制作方法。本实例的渲染效果如图7-109所示。

图7-109

01 启动3ds Max 2020，打开本书的配套资源“陶瓷材质场景.max”文件。如图7-110所示，本实例场景已经设置了灯光、摄影机及渲染参数。

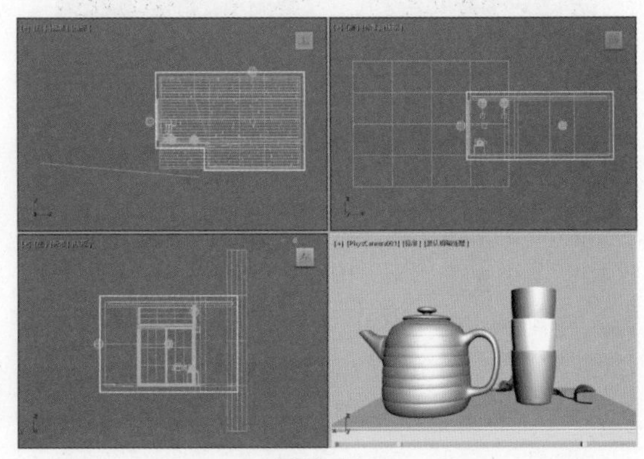
图7-110

02 打开“材质编辑器”窗口。选择一个空白材质球，将其转换为Standard Surface材质，重新命名为“陶瓷材质”，并将其赋予场景中的茶壶模型，如图7-111所示。

图7-111

03 展开Base卷展栏，更改Base Color的颜色为橙色，如图7-112所示。色彩的具体参数如图7-113所示。

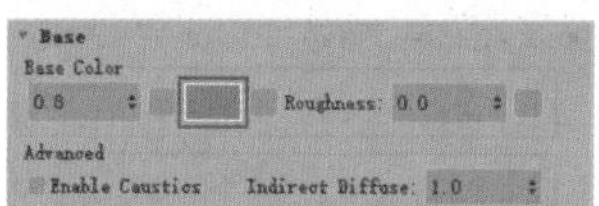

图7-112

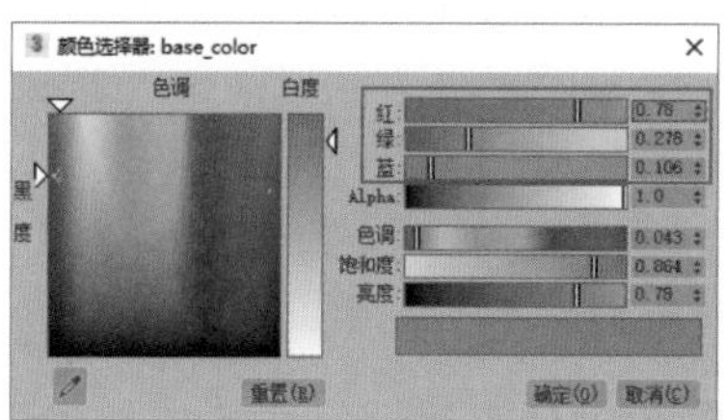

图7-113

04 制作完成的陶瓷材质球如图7-114所示。

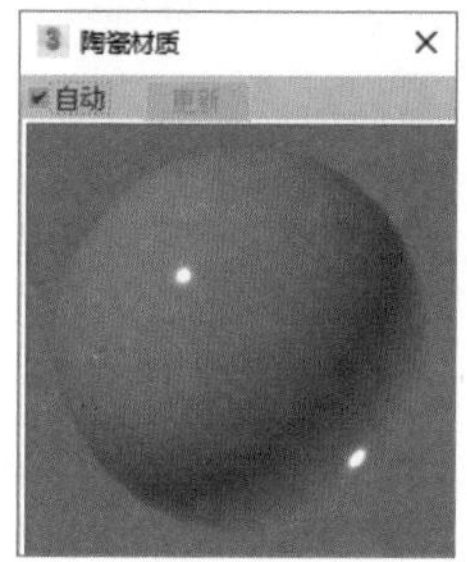

图7-114

05 渲染场景，本实例的渲染结果如图7-115所示。

图7-115

灯光技术

8.1 灯光概述

使用3ds Max 2020 的灯光工具可以轻松地为场景添加照明效果。设置灯光前，应该充分考虑作品的预期照明效果，并且最好参考大量的真实照片。只有认真并有计划地布置照明，才能渲染出令人满意的灯光效果。

设置灯光是三维建模的点睛之笔。灯光不仅可以照亮物体，还在表现场景气氛、天气效果等方面起着至关重要的作用，给人身临其境般的视觉感受。在设置灯光时，如果场景中灯光过于明亮，渲染的画面会处于曝光状态；如果场景中的灯光过于暗淡，渲染的画面有可能显得比较平淡，毫无吸引力可言，甚至导致画面中的很多细节无法体现。所以，若要制作理想的光照效果，需要不断实践，最终才能将作品渲染得尽可能真实。

设置灯光时，灯光的种类、颜色及位置应来源于生活。不可能轻松地制造一个从未见过的光照环境，所以学习灯光时需要参考现实中的不同光照环境，如图8-1和图8-2所示分别为设置灯光后渲染得到的三维图像作品。

图8-1

图8-2

灯光是3ds Max中的一种特殊对象，使用灯光不仅可以影响其周围物体表面的光泽和颜色，还可以控制物体表面的高光点和阴影的位置。灯光通常需要和环境、模型以及模型的材质共同作用，才能得到丰富的色彩和明暗对比效果，从而使三维图像具有犹如照片的真实感。

灯光是画面中的重要构成要素之一，其主要功能如下：

- 为画面提供足够的亮度；
- 通过光与影的关系表达画面的空间感；
- 为场景添加环境气氛，塑造画面表达的意境。

3ds Max 提供了多种不同类型的灯光，分别是“光度学”灯光、“标准”灯光和Arnold灯光。切换至灯光的“创建”面板，在下拉列表中可选择灯光的类型。如图8-3所示为“光度学”灯光中包含的灯光类型；如图8-4所示为“标准”灯光中包含的灯光类型；如图8-5所示为Arnold灯光包含的灯光类型。

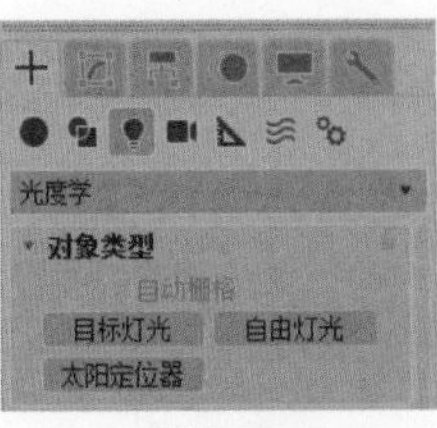

图8-3

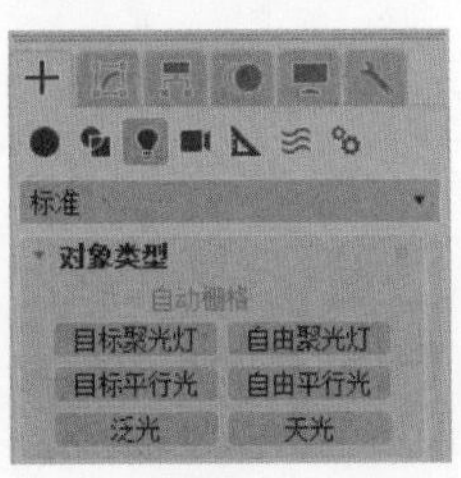

图8-4

图8-5

8.2 “光度学”灯光

在灯光的“创建”面板中可以看到系统默认的灯光类型就是“光度学”。“光度学”灯光包含3种类型，分别是目标灯光 目标灯光 、自由灯光 自由灯光 和太阳定位器 太阳定位器 。

8.2.1 目标灯光

目标灯光带有一个目标点，用来指明灯光的照射方向。通常可以用目标灯光模拟灯泡、射灯、壁灯及台灯等灯具的照明效果。首次在场景中创建该灯光时，系统会自动弹出“创建光度学灯光”对话框，询问用户是否使用对数曝光控制，如图8-6所示。如果用户对3ds Max 2020比较了解，可以忽略该对话框，在项目后续的制作过程中随时更改该设置。

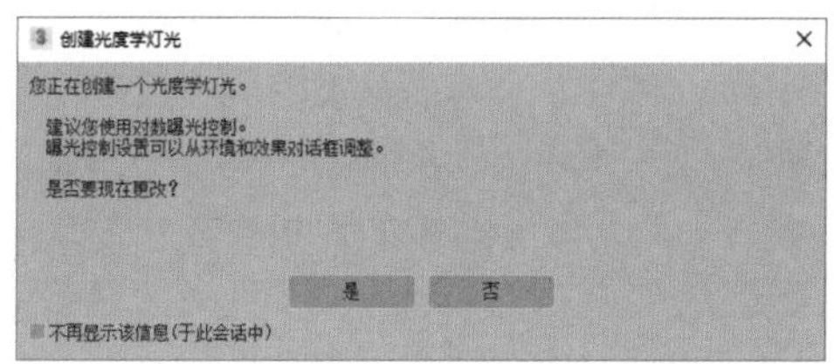

图8-6

在“修改”面板中，目标灯光有模板卷展栏、常规参数卷展栏、强度/颜色/衰减卷展栏、图形/区域阴影卷展栏、阴影参数卷展栏、阴影贴图参数卷展栏、大气和效果卷展栏以及高级效果卷展栏这8个卷展栏，如图8-7所示。

1. “模板”卷展栏

3ds Max 提供了多种“模板”。“模板”卷展栏如图8-8所示。

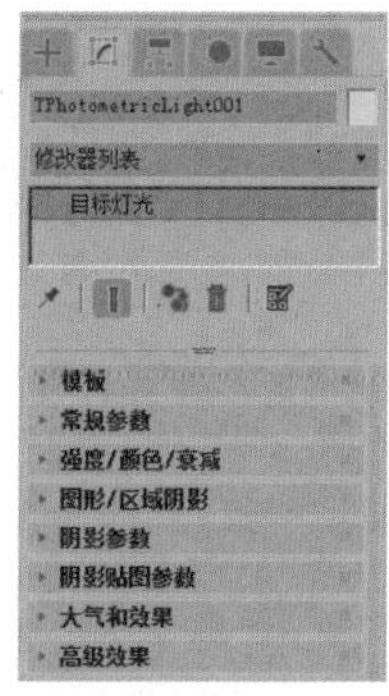

图8-7

图8-8

单击“选择模板”旁边的下拉按钮，即可看到3ds Max 2020 的目标灯光“模板”库，如图8-9所示。

选择列表中的不同灯光模板时，场景中的灯光图标以及“修改”面板中的卷展栏分布都会发生相应的变化，同时模板的文本框内会出现该模板的简单使用提示，如图8-10所示为“40W灯泡”选项的对应提示。

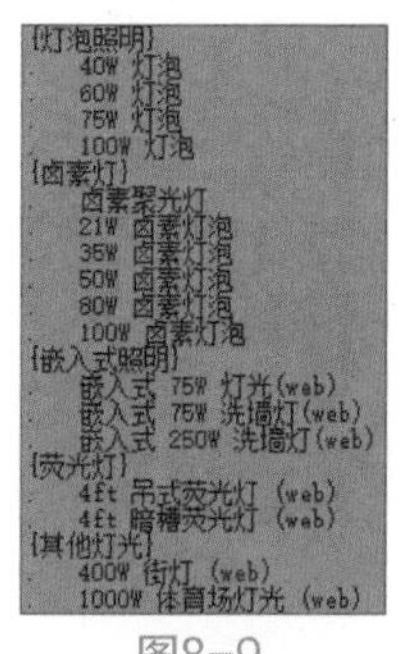

图8-9

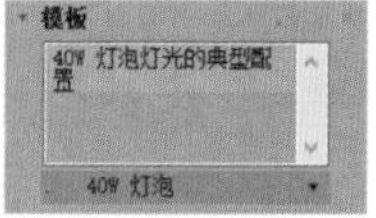

图8-10

2. “常规参数”卷展栏

“常规参数”卷展栏如图8-11所示。

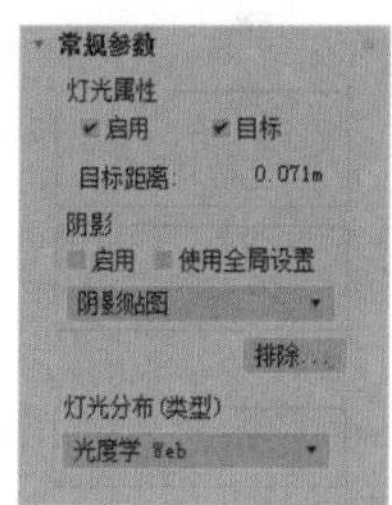

图8-11

解析

“灯光属性”选项组

- 启用：控制选择的灯光是否开启照明。
- 目标：控制所选择的灯光是否具有可控的目标点。
- 目标距离：显示灯光与目标点之间的距离。

“阴影”选项组

- 启用：决定当前灯光是否投射阴影。
- 使用全局设置：启用此复选框，可以使用该灯光投射阴影的全局设置。禁用此复选框，可以启用阴影的单个控件。如果未选择使用全局设置，则必须选择渲染器使用哪种方法来生成特定灯光的阴影。
- 阴影方法下拉列表：决定渲染器是否使用高

级光线跟踪、区域阴影、阴影贴图或光线跟踪阴影生成该灯光的阴影，如图8-12所示。

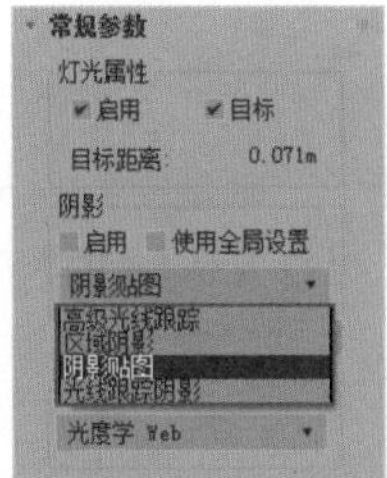

图8-12

- “排除”按钮 排除... ：将选定对象排除于灯光效果之外。单击此按钮，可以弹出“排除/包含”对话框，如图8-13所示。

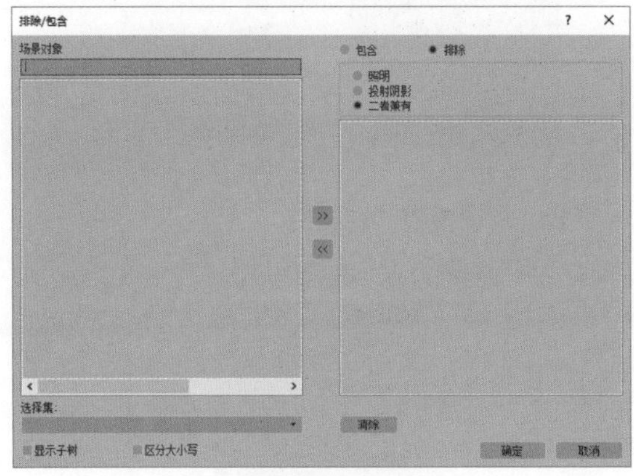

图8-13

“灯光分布（类型）”选项组

- 灯光分布类型列表：可以设置灯光的分布类型，包含光度学Web、聚光灯、统一漫反射和统一球形4种类型，如图8-14所示。

3. “强度/颜色/衰减”卷展栏

“强度/颜色/衰减”卷展栏如图8-15所示。

光度学 Web
聚光灯
统一漫反射
统一球形

图8-14

图8-15

解析

“颜色”选项组

- 灯光：取自常见的灯具照明规范，使之近似于灯光的光谱特征。3ds Max 2020中提供了多种预先设置好的选项，如图8-16所示。

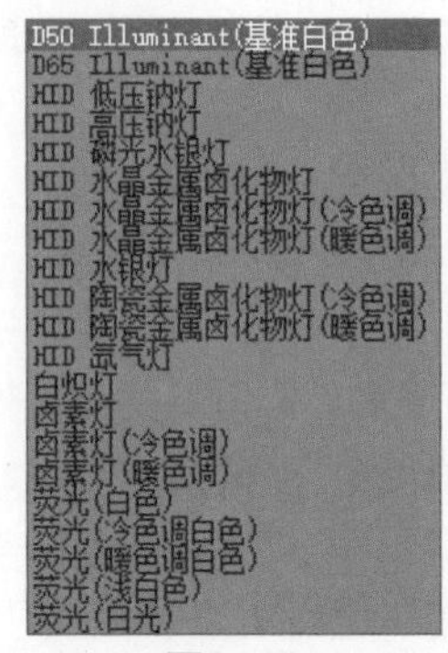

图8-16

- 开尔文：通过调整色温微调按钮设置灯光的颜色，色温以开尔文度数显示，相应的颜色在温度微调按钮旁边的色样中可见。当色温值为6500时，是国际照明委员会（CIE）所认定的白色；当色温值小于6500时，会偏向于红色；当色温值大于6500时，会偏向于蓝色。如图8-17所示为当该属性设置为不同数值后的渲染测试结果。
- 过滤颜色：使用颜色过滤器模拟置于光源上的过滤色的效果。

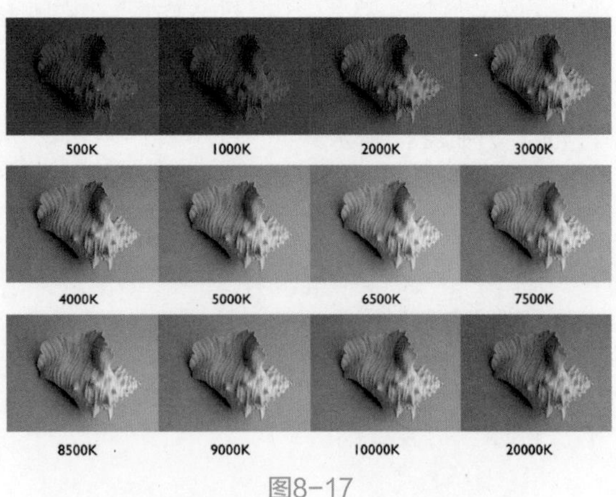

图8-17

“强度”选项组

- lm（流明）：测量灯光的总体输出功率（光通量）。100 瓦的通用灯泡约有 1750 lm 的光通量。
- cd（坎得拉）：用于测量灯光的最大发光强

度，通常沿着瞄准发射。100 瓦通用灯泡的发光强度约为 139 cd。

- lx（lux）：测量以一定距离并面向光源方向投射到表面上的灯光所带来的照射强度。

"暗淡"选项组

- 结果强度：用于显示暗淡产生的强度，并使用与"强度"选项组相同的单位。
- 暗淡百分比：启用该选项后，该值会指定用于降低灯光强度的"倍增"。如果值为100%，则灯光具有最大强度。百分比较低时，灯光较暗。
- 光线暗淡时白炽灯颜色会切换：启用此选项之后，灯光可在暗淡时通过产生更多黄色来模拟白炽灯。

"远距衰减"选项组

- 使用：启用灯光的远距衰减。
- 显示：在视口中显示远距衰减范围设置。默认情况下，"远距开始"为浅棕色，"远距结束"为深棕色。
- 开始：设置灯光开始淡出的距离。
- 结束：设置灯光减为0的距离。

4."图形/区域阴影"卷展栏

"图形/区域阴影"卷展栏如图8-18所示。

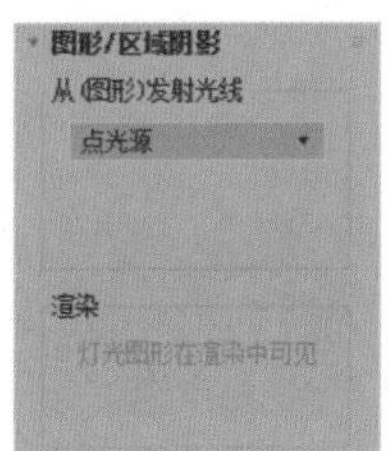

图8-18

解析

- 从（图形）发射光线：选择阴影生成的图像类型，其下拉列表中提供了点光源、线、矩形、圆形、球体和圆柱体6种方式，如图8-19所示。

图8-19

- 灯光图形在渲染中可见：启用此选项后，如果灯光对象位于视野内，则灯光图形在渲染中会显示为自供照明（发光）的图形。关闭此选项后，将无法渲染灯光图形，而只能渲染它投影的灯光。此选项默认设置为禁用。

5."阴影参数"卷展栏

"阴影参数"卷展栏如图8-20所示。

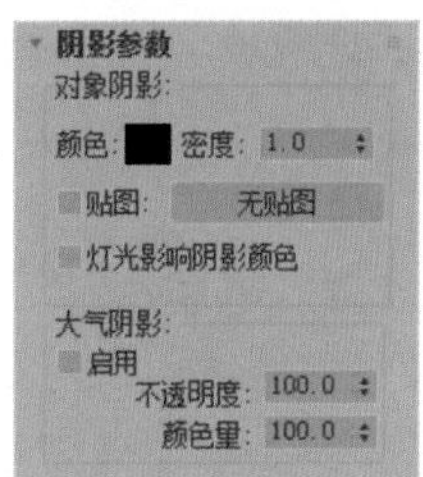

图8-20

解析

"对象阴影"选项组

- 颜色：设置灯光阴影的颜色，默认为黑色。
- 密度：设置灯光阴影的密度。
- 贴图：可以通过贴图模拟阴影。
- 灯光影响阴影颜色：可以将灯光颜色与阴影颜色混合起来。

"大气阴影"选项组

- 启用：启用该复选框后，大气效果如灯光穿过它们一样投影阴影。
- 不透明度：调整阴影的不透明度百分比。
- 颜色量：调整大气颜色与阴影颜色混合的量。

6."阴影贴图参数"卷展栏

"阴影贴图参数"卷展栏如图8-21所示。

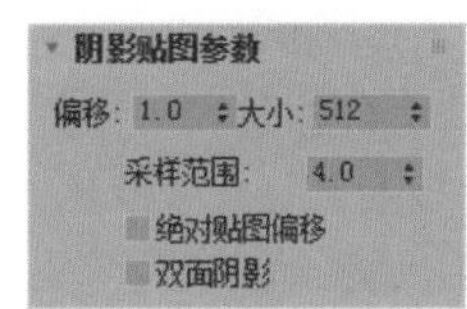

图8-21

解析

- 偏移：将阴影移向或移开投射阴影的对象。
- 大小：设置用于计算灯光的阴影贴图的大小，值越高，阴影越清晰。
- 采样范围：决定阴影的计算精度，值越高，阴影的虚化效果越好。
- 绝对贴图偏移：启用该复选框后，阴影贴图的偏移是不标准化的，但是该偏移在固定比例的基础上会以3ds Max的单位来表示。
- 双面阴影：启用该复选框后，计算阴影时，物体的背面也可以产生投影。

技巧与提示 注意，此卷展栏的名称由“常规参数”卷展栏内的阴影类型决定，不同的阴影类型将影响此卷展栏的名称及内部参数。

7.“大气和效果”卷展栏

“大气和效果”卷展栏如图8-22所示。

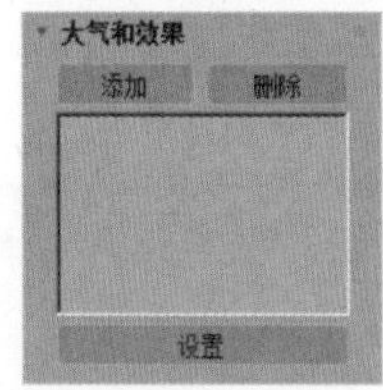

图8-22

解析

- “添加”按钮 添加 ：单击此按钮，可以打开“添加大气或效果”对话框，如图8-23所示。在该对话框中可以将大气或渲染效果添加到灯光上。

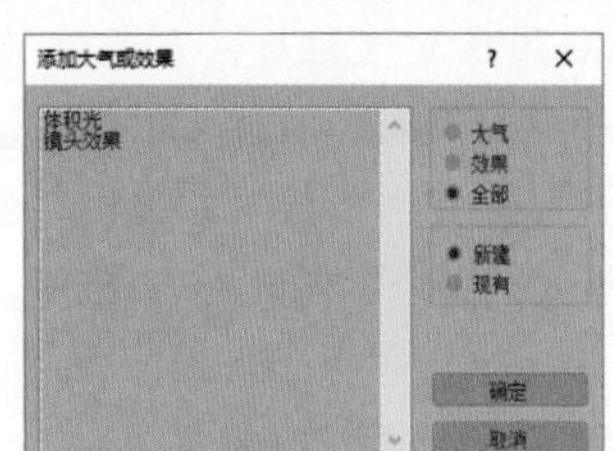

图8-23

- “删除”按钮 删除 ：添加大气或效果之后，在大气或效果列表中选择大气或效果，然后单击此按钮进行删除操作。
- “设置”按钮 设置 ：单击此按钮，可以打开“环境和效果”窗口，如图8-24所示。

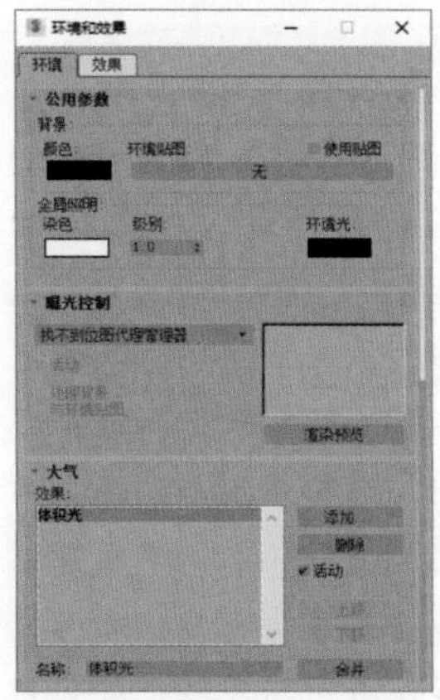

图8-24

8.2.2 自由灯光

自由灯光无目标点，在“创建”面板中单击“自由灯光”按钮 自由灯光 即可在场景中创建一个自由灯光，如图8-25所示。

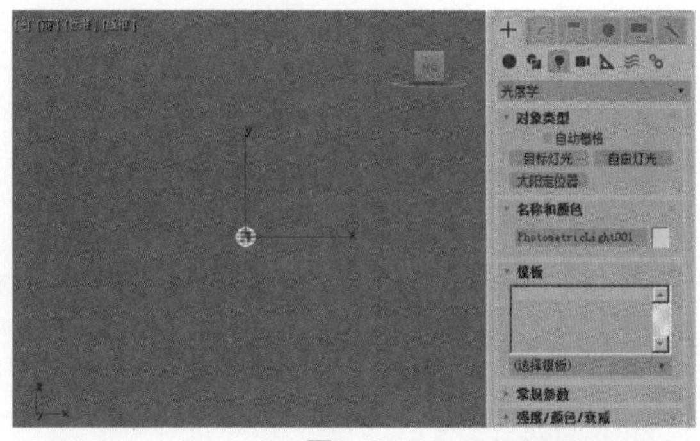

图8-25

自由灯光的参数与目标灯光的参数完全一样，它们的区别在于是否具有目标点。自由灯光创建完成后，在“修改”面板中通过“常规参数”卷展栏内是否启用“目标”复选框来切换目标点，如图8-26所示。

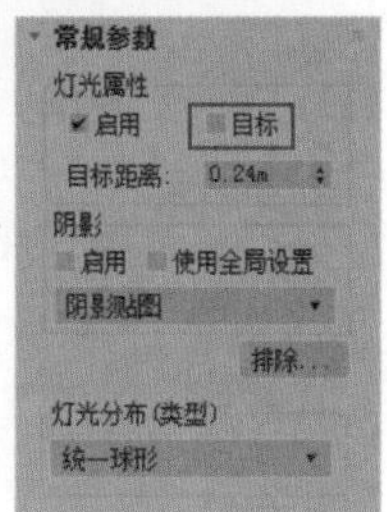

图8-26

8.2.3 太阳定位器

太阳定位器是3ds Max 2020中使用频率较高的一种灯光，配合Arnold渲染器使用，可以非常方便地模拟自然的室内及室外光线照明。在“创建”面板中单击“太阳定位器”按钮 太阳定位器 ，可在场景中创建该灯光，如图8-27所示。

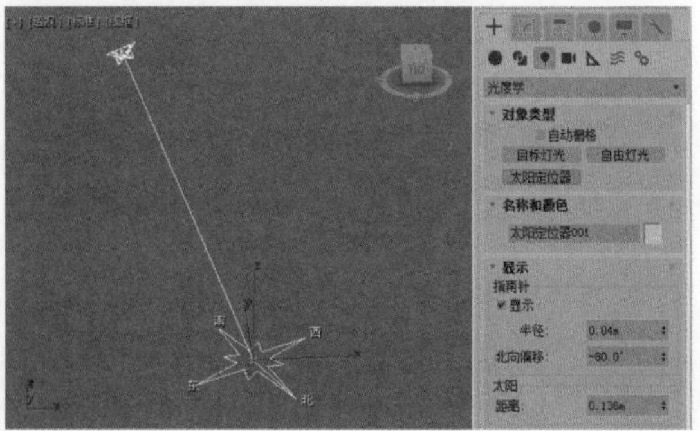

图8-27

创建完成该灯光系统后，打开“环境和效果”窗口。在“环境”选项卡中，展开“公用参数”卷展栏，可以看到系统自动为“环境贴图”贴图通道上加载了“物理太阳和天空环境”贴图，如图8-28所示。这样，渲染场景后可以看到逼真的天空环境效果。同时，在“曝光控制”卷展栏内，系统自动选择了“物理摄影机曝光控制”选项。

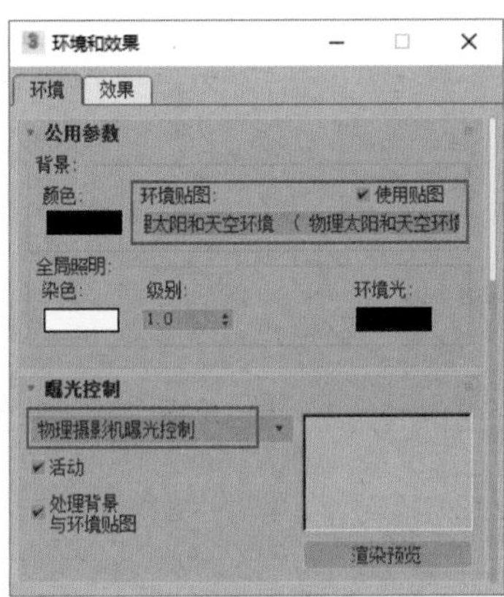

图8-28

在“修改”面板中，可以看到“太阳定位器”灯光包含“显示”卷展栏和“太阳位置”卷展栏，如图8-29所示。

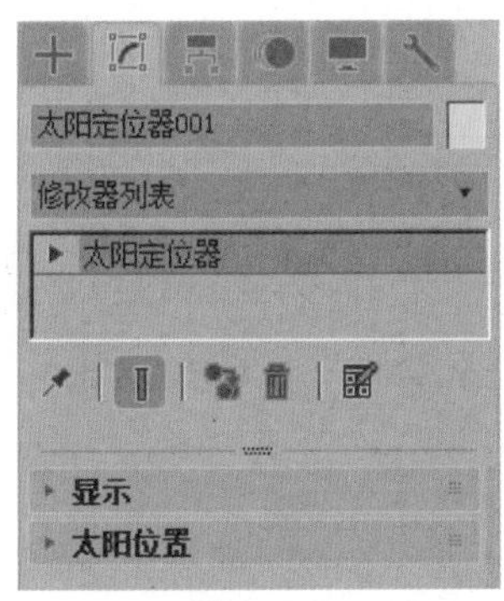

图8-29

1. “显示”卷展栏

“显示”卷展栏如图8-30所示。

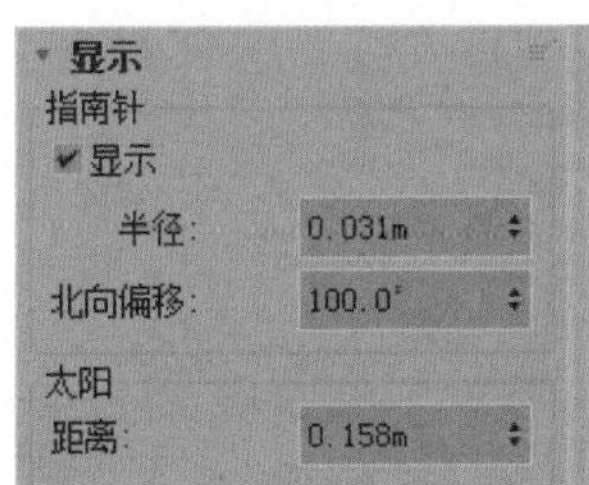

图8-30

解析

“指南针”选项组

- 显示：控制“太阳定位器”中指南针的显示。
- 半径：控制指南针图标的大小。
- 北向偏移：调整“太阳定位器”的灯光照射方向。

“太阳”选项组

- 距离：控制灯光与指南针之间的距离。

2. “太阳位置”卷展栏

“太阳位置”卷展栏如图8-31所示。

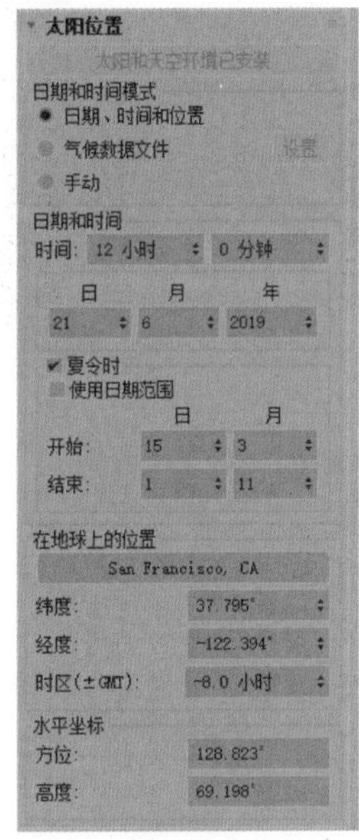

图8-31

解析

“日期和时间模式”选项组

- 日期、时间和位置：是“太阳定位器”的默认选项，用于精准地设置太阳的具体照射位置、照射时间及年月日。
- 气候数据文件：选择该选项，再单击右侧的“设置”按钮，读取“气候数据”文件，可以控制场景照明。
- 手动：激活该选项，可以手动调整太阳的方位和高度。

“日期和时间”选项组

- 时间：用于设置“太阳定位器”模拟的年、月、日以及当天的具体时间，如图8-32所示分别为建筑在不同时间的渲染结果对比。

图8-32

图8-32（续）

- 使用日期范围：用于设置“太阳定位器”模拟的时间段。

“在地球上的位置”选项组

- “选择位置”按钮：单击该按钮，在弹出的“地理位置”对话框中可以选择要模拟的地区以生成当地的光照环境，如图8-33所示。

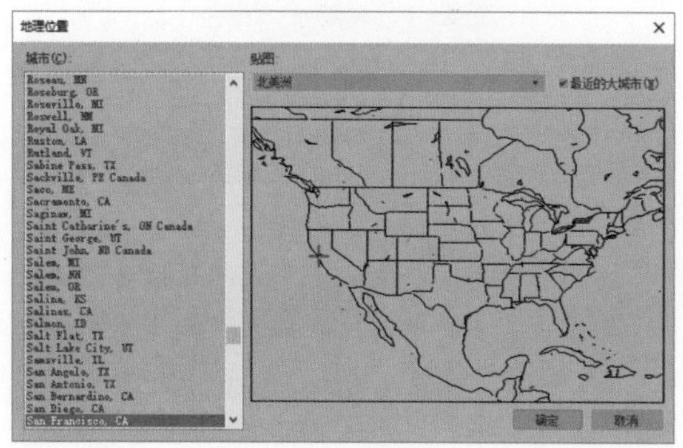

图8-33

- 纬度：用于设置太阳的维度。
- 经度：用于设置太阳的经度。
- 时区：用GMT的偏移量来表示时间。

“水平坐标”选项组

- 方位：用于设置太阳的照射方向。
- 高度：用于设置太阳的高度。

8.2.4 “物理太阳和天空环境”贴图

“物理太阳和天空环境”贴图虽然属于材质贴图，其功能却是在场景中控制天空照明环境。在场景中创建“太阳定位器”灯光时，这个贴图会自动添加到“环境和效果”窗口的“环境”选项卡中。

同时打开“环境和效果”窗口和“材质编辑器”窗口，以“实例”的方式将“环境和效果”窗口中的“物理太阳和天空环境”贴图拖曳至一个空白的材质球上，即可对其进行编辑操作，如图8-34所示。

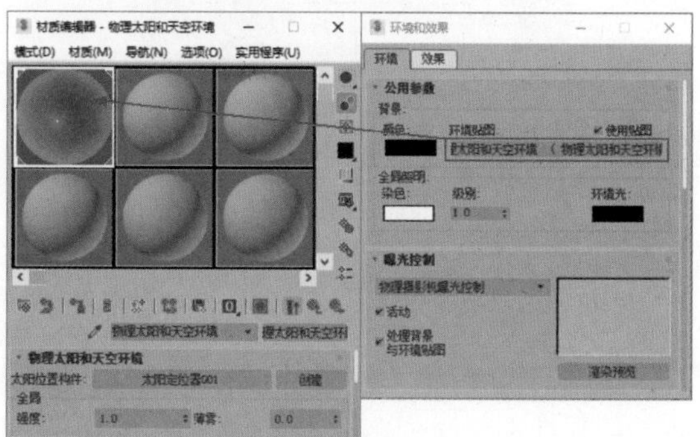

图8-34

“物理太阳和天空环境”贴图的参数如图8-35所示。

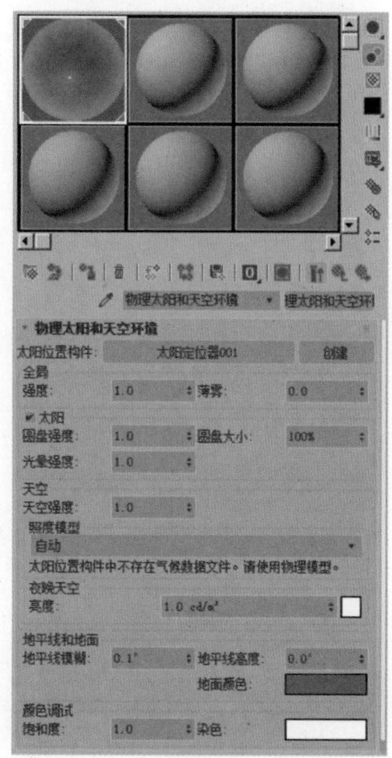

图8-35

解析

- 太阳位置构件：默认显示为当前场景已经存在的太阳定位器，如果是在“环境和效果”窗口中先添加了该贴图，可以单击右侧的“创建”按钮，在场景中创建一个太阳定位器。

“全局”选项组

- 强度：控制太阳定位器产生的整体光照强度。
- 薄雾：用于模拟大气对阳光产生的散射影响，如图8-36所示为该值分别是0.2和0.6的天空渲染结果对比。

图8-36

“太阳”选项组

- 圆盘强度：控制场景中太阳的光线强弱。较高的值可以对建筑物产生明显的投影；较小的值可以模拟阴天的环境照明效果。如图8-37所示为该值分别是1和0时的渲染结果对比。
- 圆盘大小：控制阳光对场景投影的虚化程度。
- 光晕强度：控制天空中太阳的大小，如图8-38所示为该值分别是1和50的材质球显示结果对比。

图8-37

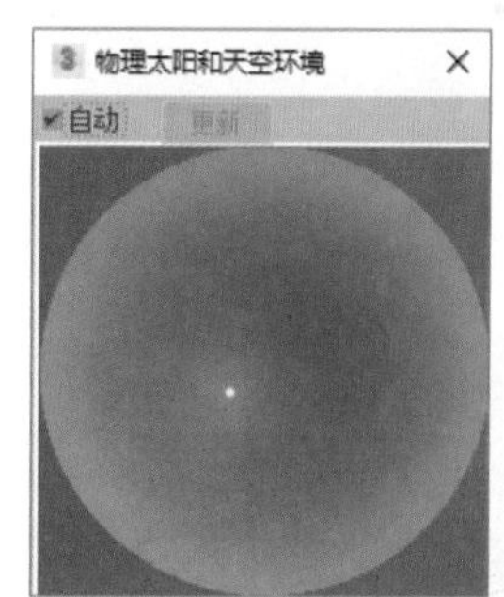

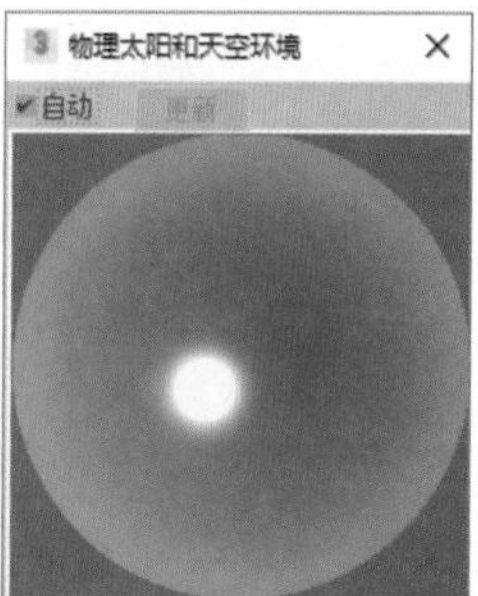

图8-38

“天空”选项组

- 天空强度：控制天空的光线强度。如图8-39所示为该值分别是1和0.5的渲染结果对比。

图8-39

图8-39（续）

- 照度模型：有自动、物理和测量3种方式，如果“太阳位置构件”中不存在气候数据文件，则使用物理模型，如图8-40所示。

图8-40

“地平线和地面”选项组

- 地平线模糊：控制地平线的模糊程度。
- 地平线高度：设置地平线的高度。
- 地面颜色：设置地平线以下的颜色。

“颜色调试”选项组

- 饱和度：通过调整太阳和天空环境的色彩饱和度，进而影响渲染的画面色彩。如图8-41所示为该值分别是0.5和1.5的渲染结果对比。

图8-41

- 染色：控制天空的环境染色。

8.3 “标准”灯光

“标准”灯光包括6种类型，分别为目标聚光灯 目标聚光灯 、自由聚光灯 自由聚光灯 、目标平行光 目标平行光 、自由平行光 自由平行光 、泛光 泛光 和天光 天光 ，如图8-42所示。

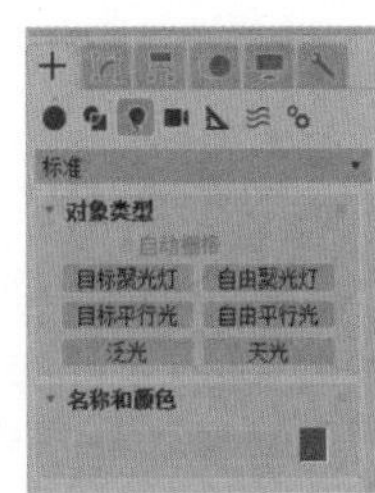

图8-42

8.3.1 目标聚光灯

目标聚光灯的光线照射方式与手电筒、舞台光束灯等非常相似，都是从一个点光源向一个方向发射光线。目标聚光灯有一个可控的目标点，无论怎样移动聚光灯的位置，光线始终照射目标所在的位置。在“修改”面板中，目标聚光灯有“常规参数”卷展栏、“强度/颜色/衰减”卷展栏、“聚光灯参数”卷展栏、“高级效果”卷展栏、“阴影参数”卷展栏、“光线跟踪阴影参数”卷展栏和“大气和效果”卷展栏这7个卷展栏，如图8-43所示。

1.“常规参数”卷展栏

“常规参数”卷展栏如图8-44所示。

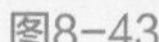

图8-43

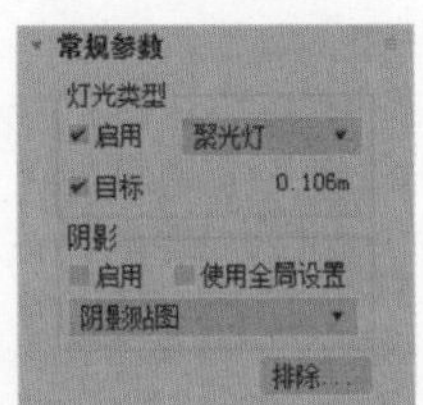

图8-44

解析

“灯光类型”选项组

- 启用：控制选择的灯光是否开启照明。在右侧的下拉列表中可以选择灯光的3种类型，分别为聚光灯、平行光和泛光。

- 目标：控制所选择的灯光是否具有可控的目标点，同时显示灯光与目标点之间的距离。

“阴影”选项组

- 启用：决定当前灯光是否投射阴影。
- 使用全局设置：启用此复选框，可以使用该灯光投射阴影的全局设置。禁用此复选框，可以启用阴影的单个控件。如果未选择使用全局设置，则必须选择渲染器使用哪种方法来生成特定灯光的阴影。
- 阴影方法下拉列表：决定渲染器是否使用高级光线跟踪、区域阴影、阴影贴图或光线跟踪阴影生成该灯光的阴影，如图8-45所示。

图8-45

- “排除”按钮 排除... ：将选定对象排除于灯光效果之外。单击此按钮，可以弹出“排除/包含”对话框，如图8-46所示。

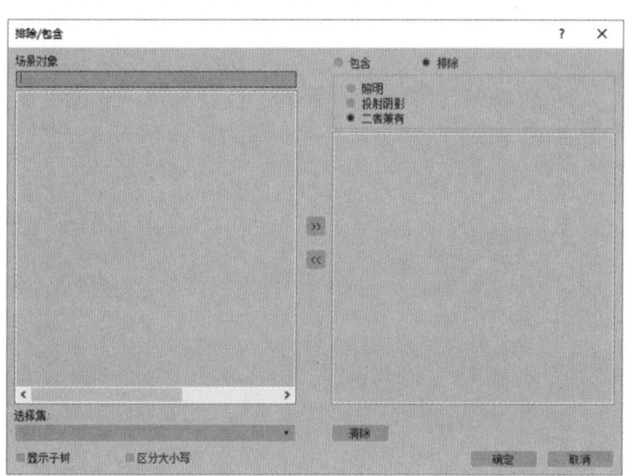

图8-46

2. “强度/颜色/衰减”卷展栏

“强度/颜色/衰减”卷展栏如图8-47所示。

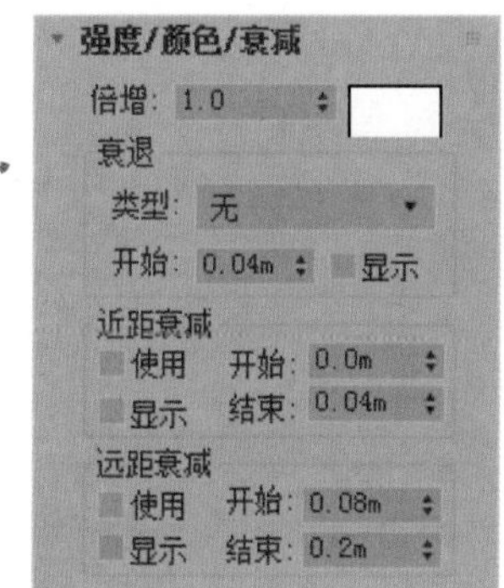

图8-47

解析

- 倍增：将灯光的功率放大或缩小。例如，将“倍增”设置为2，灯光将亮两倍。设置为负值，可以减去灯光，这对在场景中有选择地放置黑暗区域非常有用。默认值为1。

“衰退”选项组

- 类型：衰退的类型有3种，分别为无、反向和平方反比。其中，“无”指不应用衰退；“反向”指应用反向衰退；“平方反比”指应用平方反比衰退。
- 开始：如果不使用衰退，则设置灯光开始衰退的距离。
- 显示：启用该复选框，在视口中显示衰退范围。

“近距衰减”选项组

- 使用：启用灯光的近距衰减。
- 显示：在视口中显示近距衰减范围设置。如图8-48所示为显示了近距衰减的聚光灯。

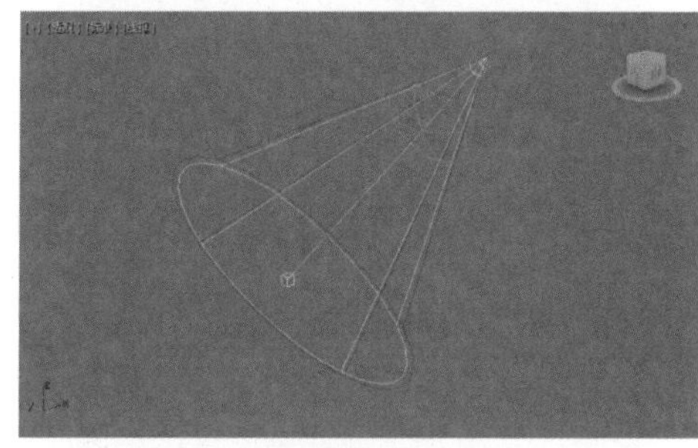
图8-48

- 开始：设置灯光开始淡入的距离。
- 结束：设置灯光达到其全值的距离。

“远距衰减”选项组

- 使用：启用灯光的远距衰减。
- 显示：在视口中显示远距衰减范围设置。如图8-49所示为显示了远距衰减的聚光灯。

图8-49

- 开始：设置灯光开始淡出的距离。
- 结束：设置灯光为0的距离。

3. “聚光灯参数”卷展栏

“聚光灯参数”卷展栏如图8-50所示。

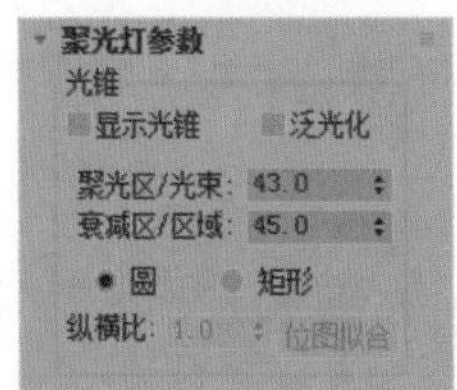

图8-50

解析

- 显示光锥：启用或禁用圆锥体的显示。当选中“显示光锥”复选框时，即使不选择该灯光，仍然可以在视口中看到其光锥效果，如图8-51所示。

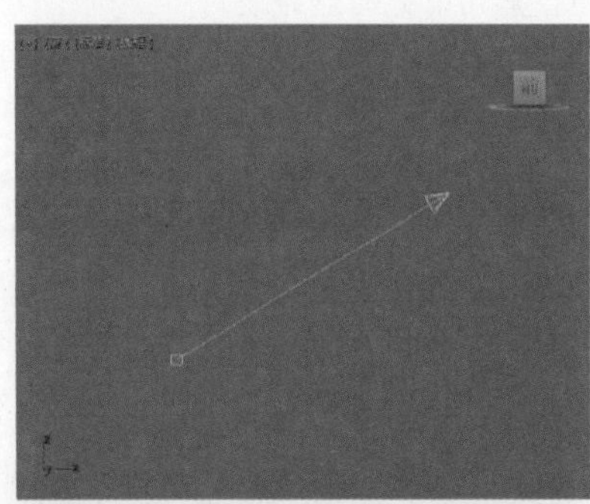

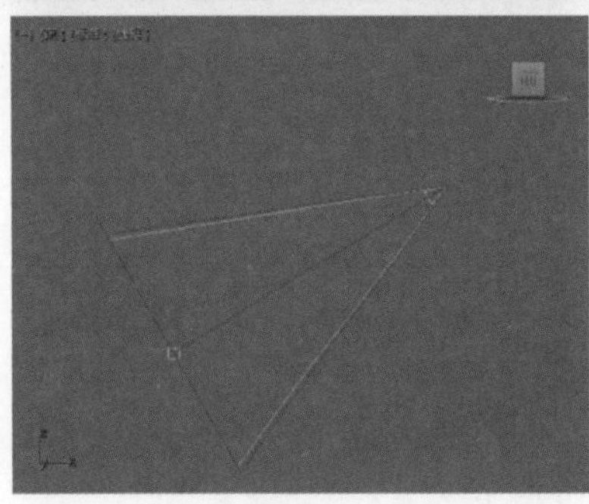

图8-51

- 泛光化：启用“泛光化”复选框后，灯光在所有方向上投影灯光。但是，投影和阴影只发生在其衰减圆锥体内。
- 聚光区/光束：调整灯光圆锥体的角度。聚光区值以度为单位进行测量。默认值为43。
- 衰减区/区域：调整灯光衰减区的角度。衰减区值以度为单位进行测量。默认值为45。
- 圆/矩形：确定聚光区和衰减区的形状。如果想要标准圆形的灯光，应设置为“圆”。如果想要矩形的光束（如灯光通过窗户或门口投影），应设置为“矩形”。
- 纵横比：设置矩形光束的纵横比。单击“位图拟合”按钮，可以使纵横比匹配特定的位图。默认值为1。
- 位图拟合：如果灯光的投影纵横比为矩形，应设置纵横比以匹配特定的位图。当灯光用作投影灯时，该按钮非常有用。

4. “高级效果”卷展栏

“高级效果”卷展栏如图8-52所示。

图8-52

解析

“影响曲面”选项组

- 对比度：调整曲面的漫反射区域和环境光区域之间的对比度。
- 柔化漫反射边：增加“柔化漫反射边”值，可以柔化曲面的漫反射部分与环境光部分之间的边缘。这样有助于消除在某些情况下曲面上出现的边缘。默认值为50。
- 漫反射：启用此复选框后，灯光将影响对象曲面的漫反射属性。禁用此复选框后，灯光在漫反射曲面上没有效果。默认设置为启用。
- 高光反射：启用此复选框后，灯光将影响对象曲面的高光属性。禁用此复选框后，灯光在高光属性上没有效果。默认设置为启用。
- 仅环境光：启用此复选框后，灯光仅影响照明的环境光组件。

“投影贴图”选项组

- 贴图：启用此复选框后，可以使用右侧的拾取按钮为投影设置贴图。

8.3.2 目标平行光

目标平行光的参数及使用方法与目标聚光灯基本一样，唯一的区别在照射的区域上。目标聚光灯的灯光是从一个点照射到一个区域范围上，而目标平行光的灯光是从一个区域平行照射到另一个区域，如图8-53所示。

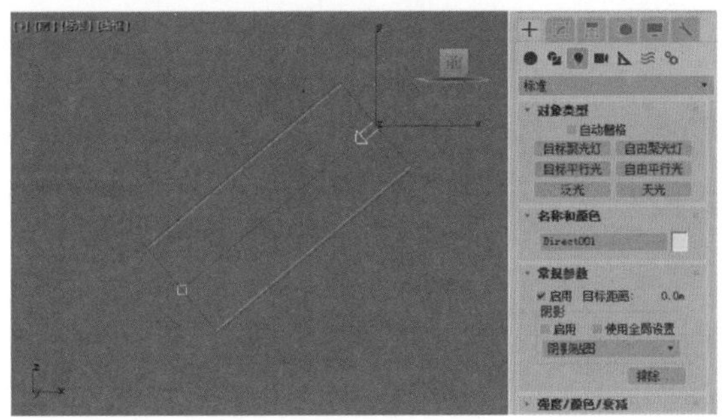

图8-53

8.3.3　泛光

泛光用于模拟单个光源向各个方向投影光线，优点在于方便创建而不必考虑照射范围。泛光灯将“辅助照明”添加到场景中，或模拟点光源，如灯泡、烛光等，如图8-54所示。

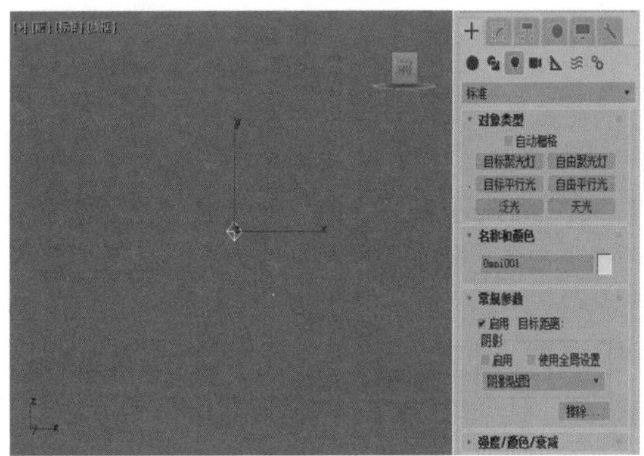

图8-54

泛光的参数及使用方法与目标聚光灯基本一样，泛光没有目标点，在其“修改”面板中“目标”选项为不可用状态。在“修改”面板中的“常规参数”卷展栏内，将灯光类型切换为“聚光灯”或者“平行光”后，才可以选中“目标”复选框。

8.3.4　天光

天光主要用来模拟天空光，常常用作环境中的补光。天光也可以作为场景中的唯一光源，这样可以模拟阴天环境下无直射阳光的光照场景，如图8-55所示。

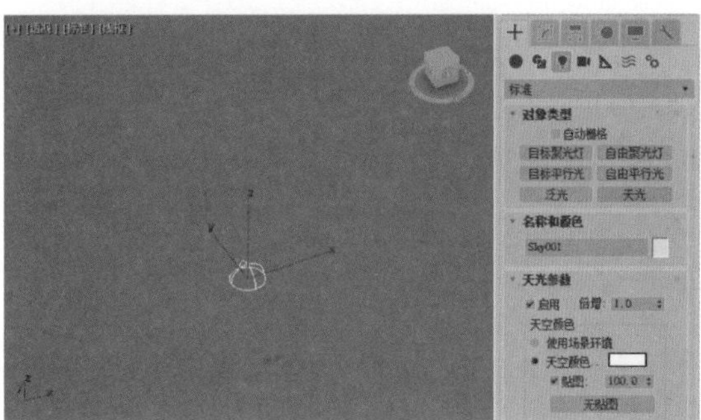

图8-55

天光的参数如图8-56所示。

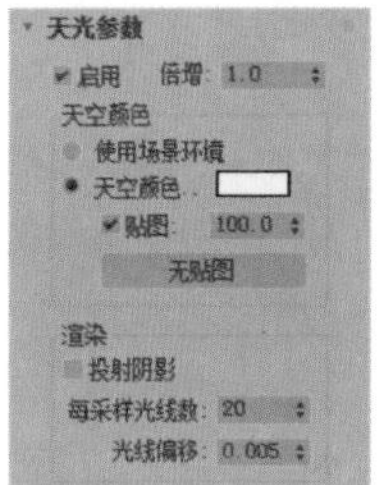

图8-56

解析

- 启用：控制是否开启天光。
- 倍增：控制天光的强弱强度。

“天空颜色”选项组

- 使用场景环境：使用“环境与特效”对话框中设置的“环境光”颜色来作为天光的颜色。
- 天空颜色：设置天光的颜色。
- 贴图：指定贴图来影响天光的颜色。

“渲染”选项组

- 投射阴影：控制天光是否投射阴影。
- 每采样光线数：计算落在场景中每个点的光子数目。
- 光线偏移：设置光线产生的偏移距离。

8.4　Arnold灯光

3ds Max 2018版本开始就整合了Arnold 5.0渲染器，同时一个新的灯光系统也被添加进来，那就是Arnold Light，如图8-57所示。如果习惯使用Arnold渲染器渲染作品，那么一定要熟练掌握该灯光的使用方法，因为仅仅使用该灯光就几乎可以模拟各种常见照明环境。另外，需要注意的是，即使是在中文版3ds Max 2020中，该灯光的命令参数仍然为英文。

在“修改”面板中，可以看到Arnold Light的卷展栏，如图8-58所示。

图8-57

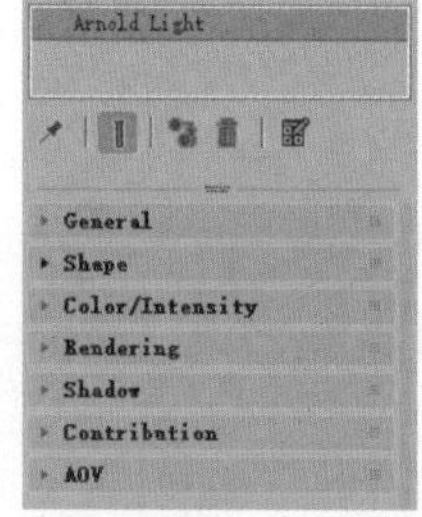
图8-58

8.4.1 General（常规）卷展栏

General（常规）卷展栏用于设置Arnold Light的开启及目标点等。General（常规）卷展栏如图8-59所示。

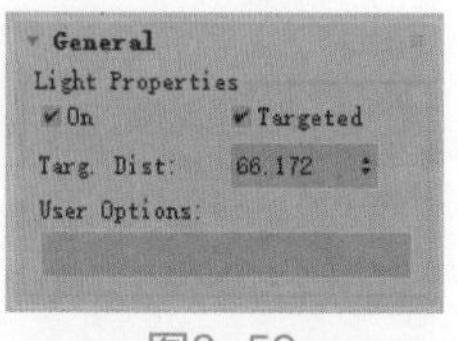
图8-59

解析

- On：控制选择的灯光是否开启照明。
- Targeted：设置灯光是否需要目标点。
- Targ Dist：设置目标点与灯光的间距。

8.4.2 Shape（形状）卷展栏

Shape（形状）卷展栏用于设置灯光的类型。Shape（形状）卷展栏如图8-60所示。

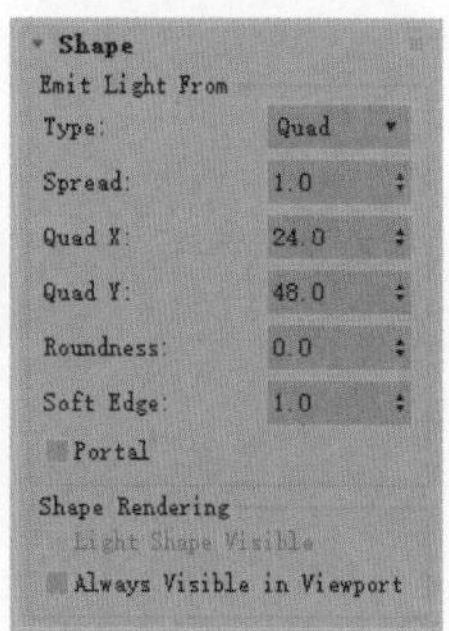
图8-60

解析

- Type：用于设置灯光的类型。3ds Max 2020提供了如图8-61所示的9种灯光类型，分别满足不同的照明环境模拟需求。Arnold Light（阿诺德灯光）可以模拟点光源、聚光灯、面光源、天空环境、光度学、网格灯光等多种不同灯光照明。

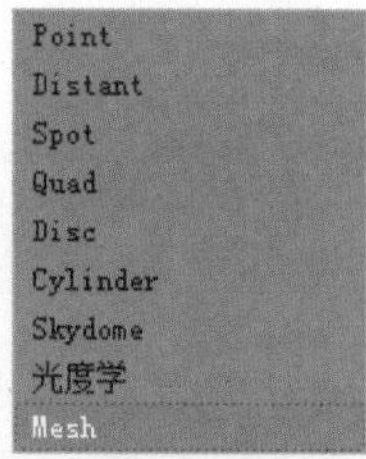
图8-61

- Spread：控制Arnold Light的扩散照明效果。当该值为默认值1时，灯光对物体的照明效果会产生散射状的投影；当该值设置为0时，灯光对物体的照明效果会产生清晰的投影。
- Quad X/Quad Y：用于设置灯光的长度或宽度。
- Soft Edge：用于设置灯光产生投影的边缘虚化程度。

8.4.3 Color/Intensity（颜色/强度）卷展栏

Color/Intensity（颜色/强度）卷展栏用于控制灯光的色彩及照明强度。Color/Intensity卷展栏如图8-62所示。

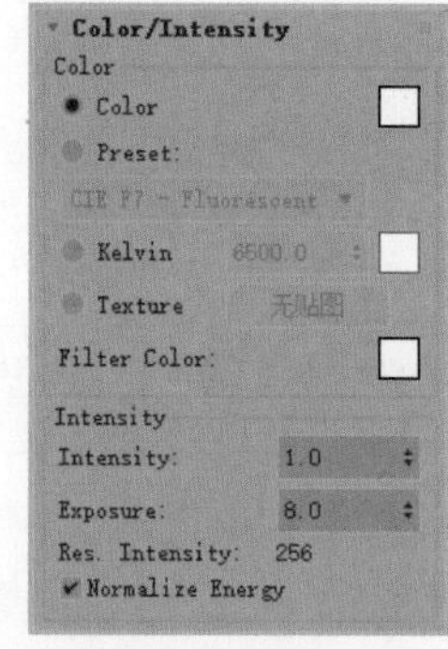
图8-62

解析

Color（颜色）选项组

- Color：用于设置灯光的颜色。
- Preset：使用系统提供的各种预设来照明场景。
- Kelvin：使用色温值来控制灯光的颜色。
- Texture：使用贴图来控制灯光的颜色。
- Filter Color：设置灯光的过滤颜色。

Intensity（强度）选项组

- Intensity：设置灯光的照明强度。
- Exposure：设置灯光的曝光值。

8.4.4　Rendering（渲染）卷展栏

Rendering（渲染）卷展栏如图8-63所示。

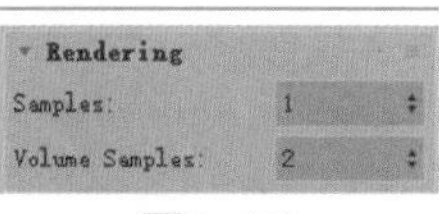

图8-63

解析

- Samples：设置灯光的采样值。
- Volume Samples：设置灯光的体积采样值。

8.4.5　Shadow（阴影）卷展栏

Shadow（阴影）卷展栏如图8-64所示。

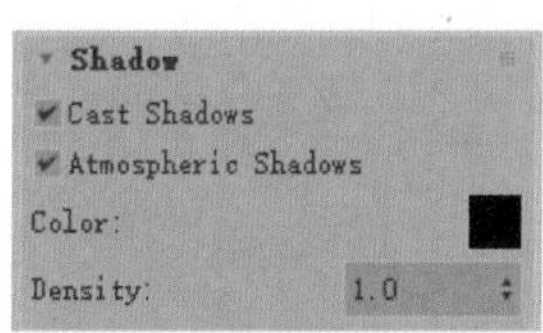

图8-64

解析

- Cast Shadows：设置灯光是否投射阴影。
- Atmospheric Shadows：设置灯光是否投射大气阴影。
- Color：设置阴影的颜色。
- Density：设置阴影的密度值。

实例操作：制作室内天光照明效果

在本实例中，使用Arnold Light制作室内天光照明效果。本实例的渲染效果如图8-65所示。

图8-65

01 启动3ds Max 2020，打开本书配套资源“室内天光照明场景.max”文件。如图8-66所示，本场景为一个北欧风格的客厅室内模型，并设置了材质及摄影机。

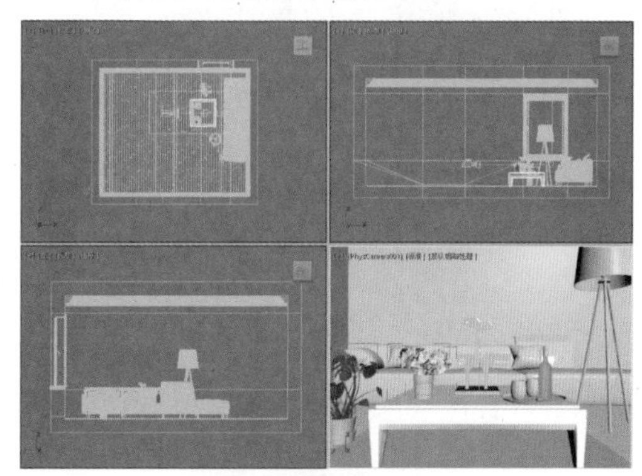
图8-66

02 在“创建”面板中，单击Arnold Light按钮，在场景中窗户位置创建一个Arnold灯光，如图8-67所示。

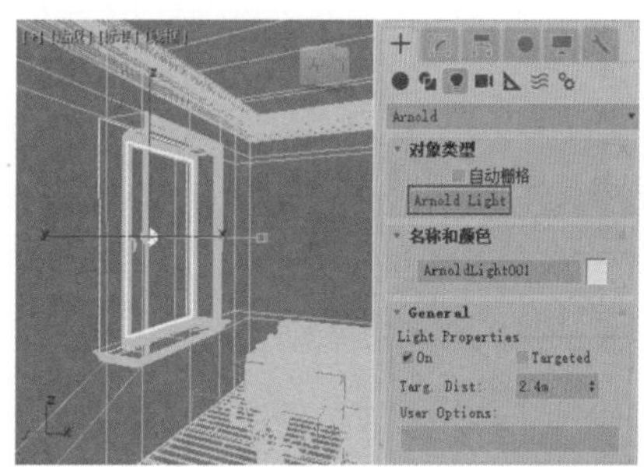

图8-67

03 在“顶”视图中，移动灯光的位置，如图8-68所示，使得灯光刚好从窗户外面照射向室内空间。

图8-68

04 在“修改”面板中，设置灯光的Color为黄色（红：250，绿：236，蓝：200），如图8-69所示。设置灯光Intensity的值为300，Exposure值为8，增加灯光的照明强度，如图8-70所示。

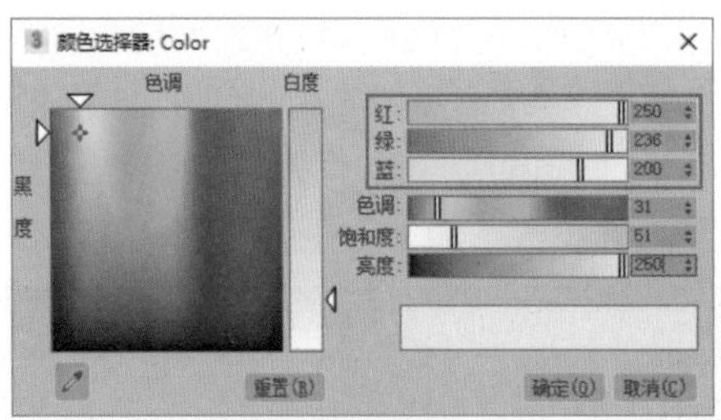
图8-69

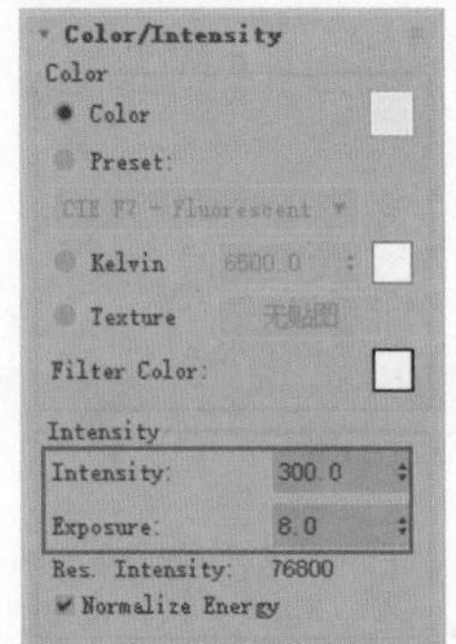

图8-70

05 复制刚创建的灯光至房屋模型的另一边窗户处，如图8-71所示，作为场景的辅助灯光。

图8-71

06 再次复制得到一个灯光，并调整其位置，如图8-72所示。

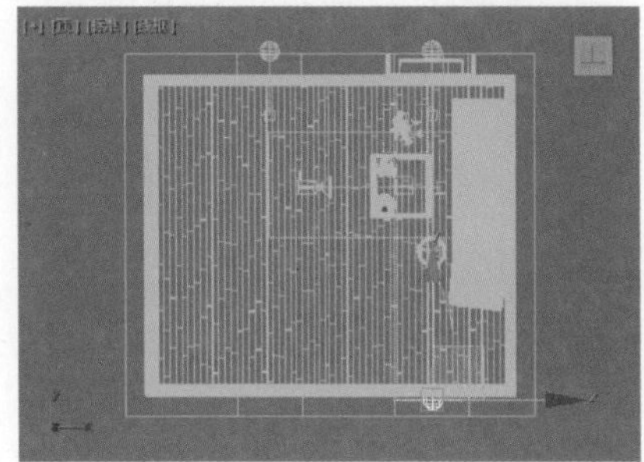
图8-72

07 在“修改”面板中调整Intensity值为50，Exposure值为8，降低灯光的照明强度，如图8-73所示。

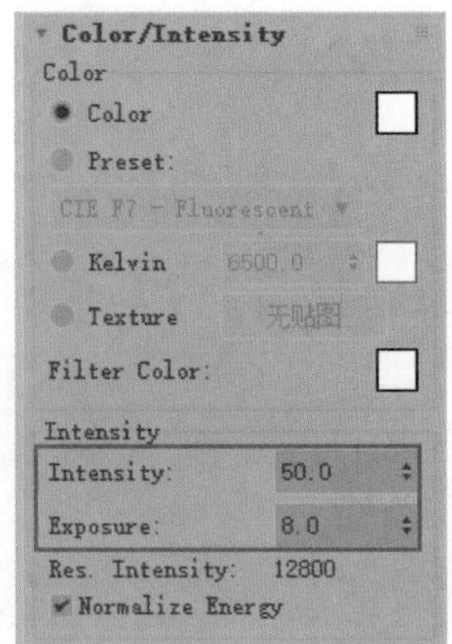

图8-73

08 打开“渲染设置”窗口，在Arnold Renderer选项卡中，设置Camera的值为12，提高渲染的精度，如图8-74所示。

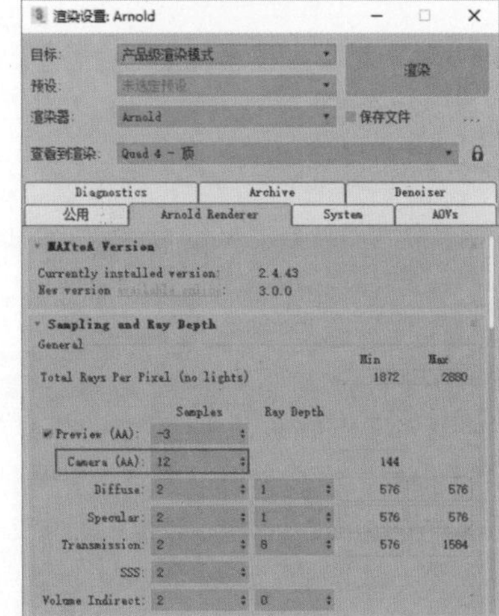
图8-74

09 设置完成后，渲染场景，最终渲染效果如图8-75所示。

图8-75

实例操作：制作室内日光照明效果

在本实例中，使用“太阳定位器”灯光制作室内日光照明效果。本实例的渲染效果如图8-76所示。

图8-76

01 启动3ds Max 2020，打开本书配套资源“室内日光照明场景.max”文件，如图8-77所示。

图8-77

02 在“创建”面板中，单击“太阳定位器”按钮，在场景中如图8-78所示的位置创建一个“太阳定位器”灯光。

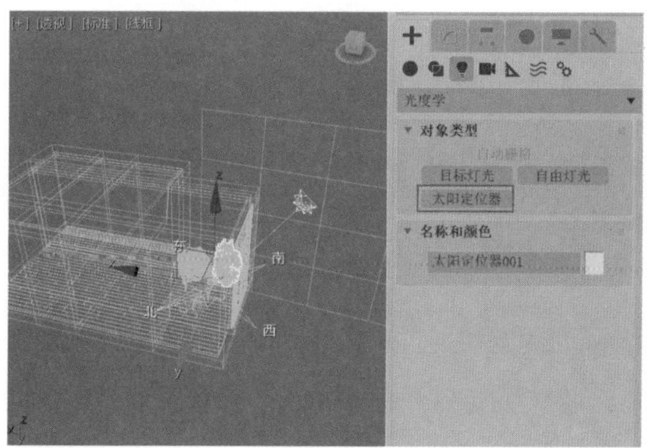

图8-78

03 在“修改”面板中，展开“太阳位置”卷展栏。单击“在地球上的位置”下方的按钮，将位置设置为中国的长春，在“日期和时间”选项组中，设置太阳模拟的时间为2019年6月24日的15点0分，如图8-79所示。

04 设置完成后，展开“显示”卷展栏。通过更改“北向偏移”的值来改变太阳的光照角度，在本例中，将“北向偏移”的值设置为40，如图8-80所示。

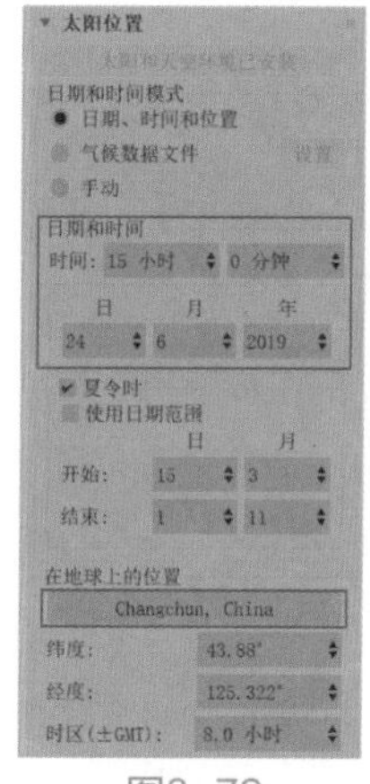

图8-79

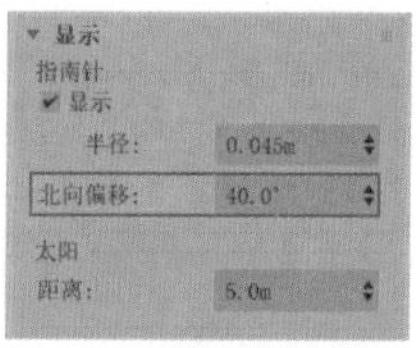

图8-80

05 按快捷键8键，打开“环境和效果”窗口。按快捷键M键，打开“材质编辑器”窗口。将“环境和效果”窗口中的“环境贴图”以“实例”的方式拖曳至“材质编辑器”窗口中的空白材质球上，如图8-81所示。

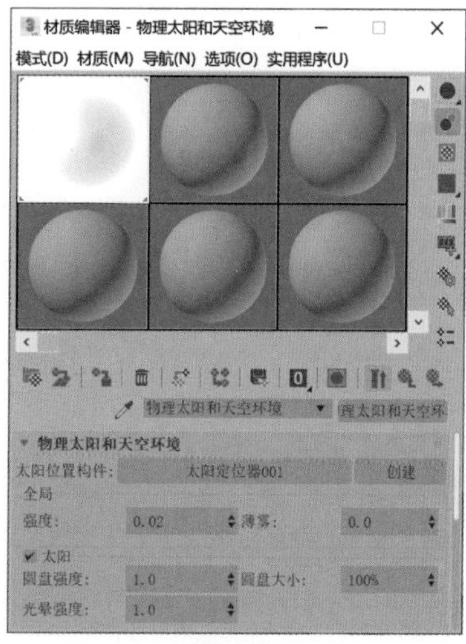

图8-81

06 展开“物理太阳和天空环境”卷展栏，设置“全局”的“强度”值为0.02，降低“太阳定位器”灯光的默认照明强度。设置“饱和度”的值为1.3，提高渲染图像的色彩鲜艳程度，如图8-82所示。

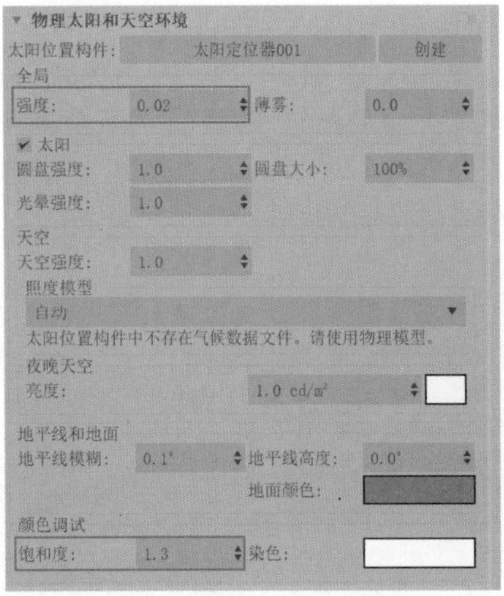

物理太阳和天空环境
太阳位置构件：
太阳定位器001
创建
全局
强度：
0.02
薄雾：
0.0
太阳
圆盘强度：
1.0
圆盘大小：
100%
光晕强度：
1.0
天空
天空强度：
1.0
照度模型
自动
太阳位置构件中不存在气候数据文件。请使用物理模型。
夜晚天空
亮度：
1.0 cd/m²
地平线和地面
地平线模糊：
0.1°
地平线高度：
0.0°
地面颜色：
颜色调试
饱和度：
1.3
染色：

图8-82

07 渲染场景，本场景的最终渲染结果如图8-83所示。

PhysCamera001, 帧 0, 显示 Gamma: 2.2, RGBA 颜色 32 位/每通道 (1:1)
RGB Alpha

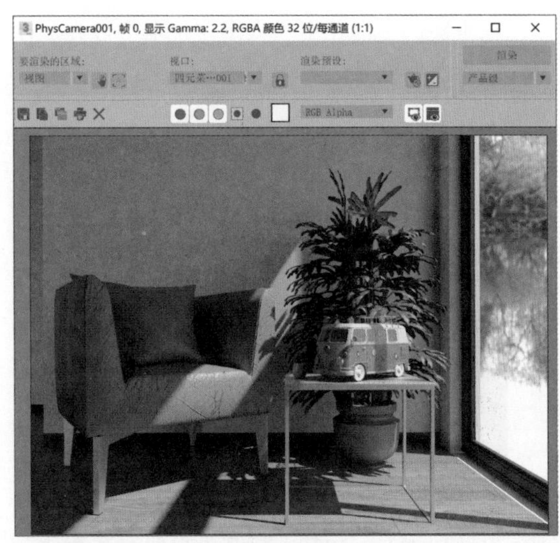

图8-83

9.1 摄影机基本知识

在讲解3ds Max 2020的摄影机技术之前，了解真实摄影机（即相机）的结构和相关术语是非常有必要的。从公元前400多年前墨子记述针孔成像开始，到现在众多高端品牌的相机产品，相机的外观、结构、功能都发生了翻天覆地的变化。最初的相机结构相对简单，仅包括暗箱、镜头和感光的材料，拍摄的画面效果也不尽人意。现代的相机具有精密的镜头、光圈、快门、测距、输片、对焦等系统，融合了光学、机械、电子、化学等技术，可以随时随地完美记录画面，将一瞬间的精彩永久保留。如图9-1所示为佳能出品的一款相机的内部结构透视图。

图9-1

要成为一名优秀的摄影师，熟悉手中的相机是学习的第一步。如果说相机的价值由拍摄的效果来决定，那么为了保证这个效果，拥有一个性能出众的镜头就显得至关重要。相机的镜头主要有定焦镜头、标准镜头、长焦镜头、广角镜头、鱼眼镜头等。

9.1.1 镜头

镜头是由多个透镜组成的光学装置，也是相机的重要部件。镜头的品质会直接对拍摄结果的质量产生影响。同时，镜头也是划分相机档次的重要标准，如图9-2所示。

图9-2

9.1.2 光圈

光圈是用来控制进入机身内光线的装置，其功能相当于眼球里的虹膜。如果光圈开得比较大，就会有大量光线进入相机；如果光圈开得很小，进光量则会很少，如图9-3所示。

图9-3

9.1.3 快门

快门是相机用来控制感光元件有效曝光时间的一种装置。与光圈不同，快门用来控制进光的时间长短。通常，快门的速度越快越好。高速快门非常适合拍摄运动中的景象，甚至可以拍摄高速移动的目标。快门速度单位是s，常见的快门速度有1s 、1/2s 、1/4s、1/8s 、1/15s、 1/30s、1/60s、 1/125s 、1/250s 、1/500s、1/1000s、 1/2000s等。如果要拍摄夜晚车水马龙般的景色，则需要低速快门，如图9-4所示。

图9-4

9.1.4 胶片感光度

胶片感光度即胶片对光线的敏感程度。它是采用胶片在达到一定的密度时所需的曝光量H的倒数乘以常数K来计算，即$S=K/H$。彩色胶片则普遍采用三层乳剂感光度的平均值作为总感光度。在光照亮度很弱的地方，可以选用超快速胶片进行拍摄。这种胶片对光十分敏感，即使在微弱的灯光下仍然可以得到令人欣喜的效果。若是在光照十分充足的条件下，则可以使用超慢速胶片进行拍摄。

9.2 标准摄影机

3ds Max 2020提供了物理、目标和自由这3种标准摄影机，如图9-5所示。

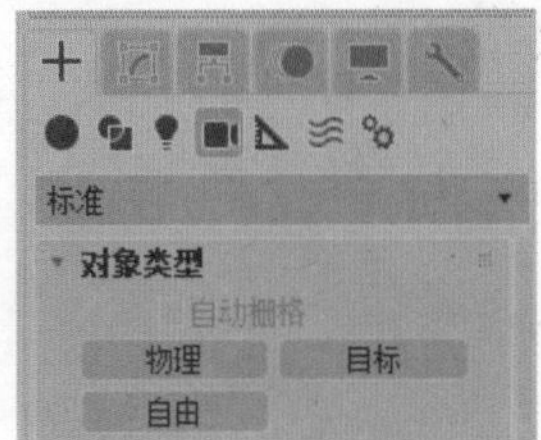

图9-5

9.2.1 “物理”摄影机

3ds Max 2020提供了基于真实世界的相机调试方法的“物理”摄影机。如果对相机的使用非常熟悉，那么在3ds Max 2020中，使用“物理”摄影机也会得心应手。在“创建”面板中，单击“物理”按钮，即可在场景中创建一个“物理”摄影机，如图9-6所示。

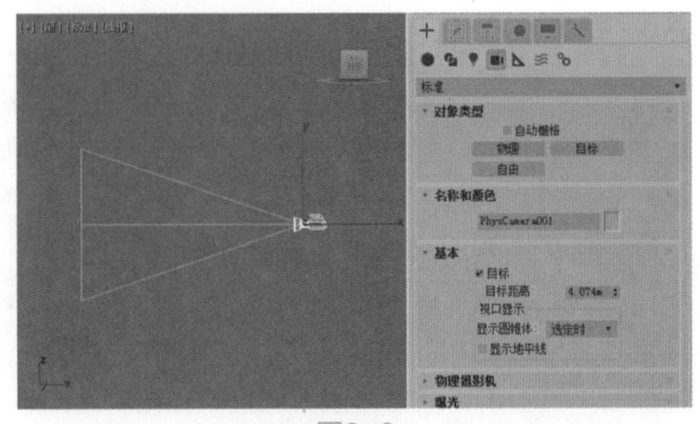

图9-6

在其“修改”面板中，物理摄影机包含有基本、物理摄影机、曝光、散景（景深）、透视控制、镜头扭曲和其他这7个卷展栏，如图9-7所示。

1. “基本”卷展栏

“基本”卷展栏如图9-8所示。

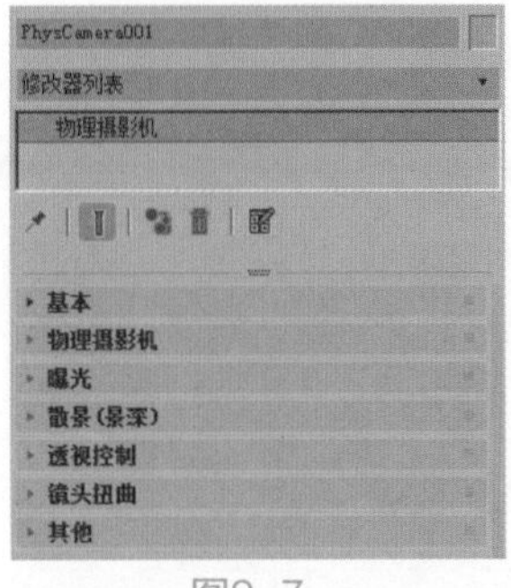

图9-7

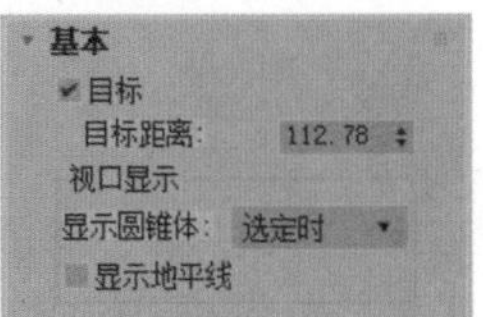

图9-8

解析

- 目标：启用此复选框后，摄影机启动目标点功能，并与目标摄影机的行为相似。
- 目标距离：设置目标与焦平面之间的距离。

“视口显示”选项组

- 显示圆锥体：有选定时（默认设置）、始终和从不3个选项可选，如图9-9所示。

图9-9

- 显示地平线：启用该复选框后，地平线在摄影机视口中显示为水平线。

2. “物理摄影机”卷展栏

“物理摄影机”卷展栏如图9-10所示。

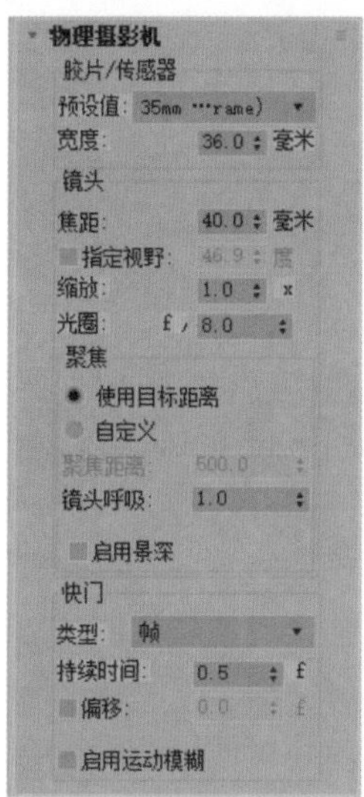

图9-10

解析

“胶片/传感器”选项组

- “预设值”：提供了多种预设值可选，如图9-11所示。

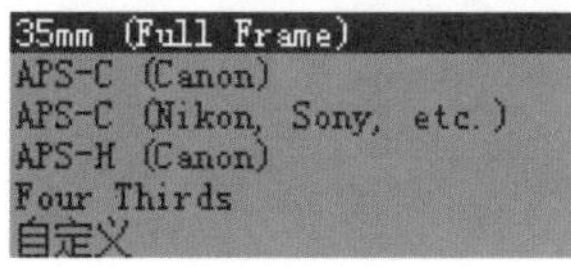

图9-11

- 宽度：可以手动调整帧的宽度。

“镜头”选项组

- 焦距：设置镜头的焦距。
- 指定视野：启用时，可以设置新的视野（FOV）值（以度为单位）。默认的视野值取决于所选的胶片/传感器预设值。
- 缩放：在不更改摄影机位置的情况下缩放镜头。
- 光圈：将光圈设置为光圈数，或“F制光圈”。此值将影响曝光和景深。光圈数值越小，光圈越大并且景深越窄。
- 启用景深：启用时，摄影机在不等于焦距的距离上生成模糊效果。景深效果的强度基于光圈设置。

“快门”选项组

- 类型：选择测量快门速度使用的单位。
- 持续时间：根据所选的单位类型设置快门速度。该值可能影响曝光、景深和运动模糊。
- 偏移：启用时，指定相对于每帧的开始时间的快门打开时间。更改此值会影响运动模糊。默认的“偏移”值为0，默认设置为禁用。
- 启用运动模糊：启用时，摄影机可以生成运动模糊效果。

3.“曝光”卷展栏

“曝光”卷展栏如图9-12所示。

图9-12

解析

“曝光增益”选项组

- 手动：通过ISO值设置曝光增益。当此选项可用时，通过此值、快门速度和光圈设置计算曝光。该数值越高，曝光时间越长。
- 目标：设置与3个摄影曝光值的组合相对应的单个曝光值设置。

“白平衡”选项组

- 光源：按照标准光源设置色彩平衡。默认设置为“日光”（6500K）。
- 温度：以色温的形式设置色彩平衡，以开尔文度表示。
- 自定义：用于设置任意色彩平衡。单击色样，可以打开“颜色选择器”，从中设置希望使用的颜色。

“启用渐晕”选项组

- 数量：增加此数量，可以增加渐晕效果。默认值为1。

4.“散景（景深）”卷展栏

“散景（景深）”卷展栏如图9-13所示。

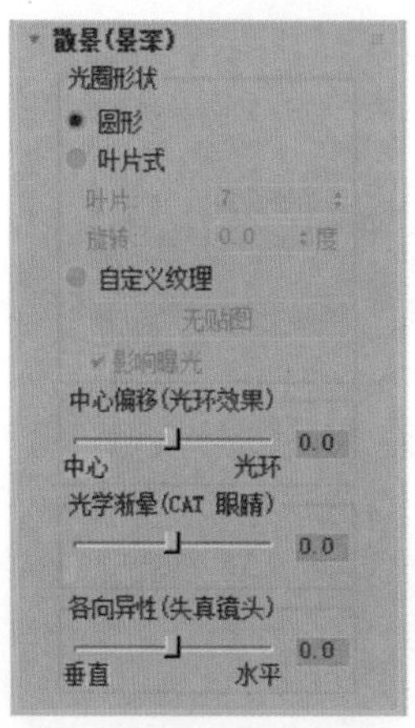

图9-13

解析

"光圈形状"选项组

- 圆形：散景效果基于圆形光圈。
- 叶片式：散景效果使用带有边的光圈。
- 叶片：设置每个模糊圈的边数。
- 旋转：设置每个模糊圈旋转的角度。
- 自定义纹理：使用贴图以用图案替换每种模糊圈。
- 中心偏移（光环效果）：使光圈透明度向中心（负值）或边（正值）偏移。正值会增加焦外区域的模糊量，而负值会减小模糊量。
- 光学渐晕（CAT 眼睛）：通过模拟"猫眼"效果使帧呈现渐晕效果。
- 各向异性（失真镜头）：通过"垂直"或"水平"拉伸光圈模拟失真镜头。

5."透视控制"卷展栏

"透视控制"卷展栏如图9-14所示。

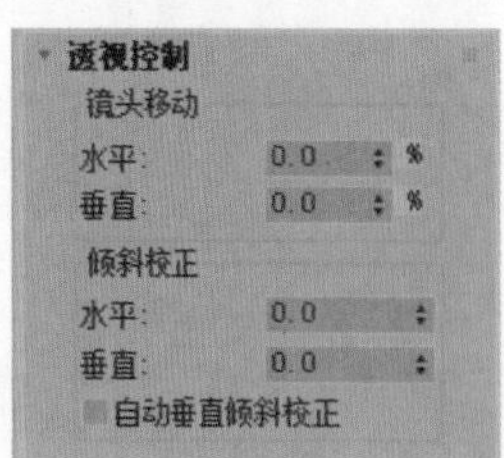

图9-14

解析

"镜头移动"选项组

- 水平：沿水平方向移动摄影机视图。
- 垂直：沿垂直方向移动摄影机使用。

"倾斜校正"选项组

- 水平：沿水平方向倾斜摄影机视图。
- 垂直：沿垂直方向倾斜摄影机视图。

9.2.2 "目标"摄影机

使用"目标"摄影机可以查看所放置目标周围的区域，因为具有可控的目标点，所以在设置摄影机的观察点时分外容易，比"自由"摄影机要更加方便。设置"目标"摄影机时，可以将摄影机的位置当作人所在的位置，把摄影机目标点当作人眼将要观看的位置。在"创建"面板中，单击"目标"按钮，即可在场景中创建一个"目标"摄影机，如图9-15所示。

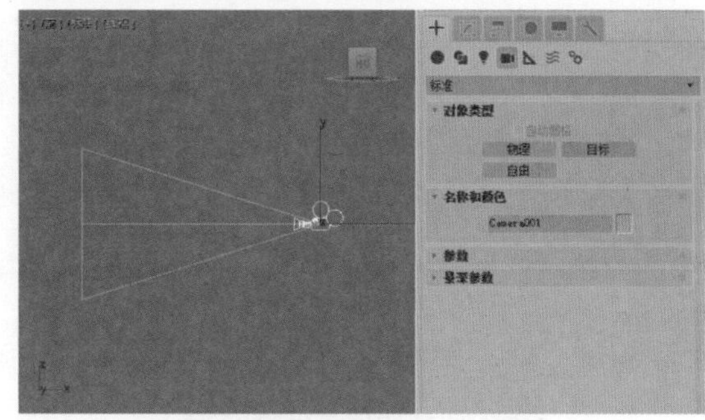

图9-15

1."参数"卷展栏

"参数"卷展栏如图9-16所示。

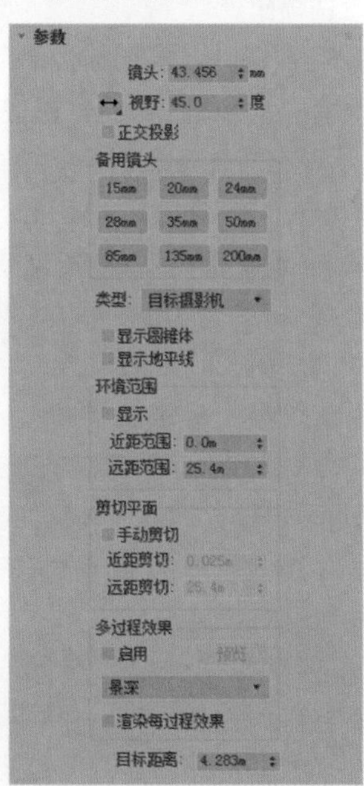

图9-16

解析

- 镜头：以mm为单位设置摄影机的焦距。
- 视野：决定摄影机查看区域的宽度。
- 正交投影：启用此复选框后，摄影机视图看起来像“用户”视图。
- 备用镜头：包含有9个预设的备用镜头。
- 类型：可以在“目标摄影机”和“自由摄影机”之间来回切换。
- 显示圆锥体：显示摄影机视野定义的锥形光线，锥形光线出现在其他视口，但是不出现在摄影机视口中。
- 显示地平线：在摄影机视口中的地平线层级显示一条深灰色的线条。

“环境范围”选项组

- 近距范围/远距范围：为在“环境”面板上设置的大气效果设置近距范围和远距范围限制。
- 显示：启用此复选框后，显示在摄影机圆锥体内的矩形以显示“近距范围”和“远距范围”的设置。

“剪切平面”选项组

- 手动剪切：启用该复选框，可定义剪切平面。
- 近距剪切/远距剪切：设置近距和远距平面。

“多过程效果”选项组

- 启用：启用该复选框后，使用效果预览或渲染。禁用该复选框后，不渲染该效果。
- “预览”按钮：单击该按钮，可在活动摄影机视口中预览效果。如果活动视口不是摄影机视图，则该按钮无效。
- 效果下拉列表：选择生成哪个多过程效果，景深或运动模糊。这些效果相互排斥，默认设置为“景深”。
- 渲染每过程效果：启用此复选框后，如果指定任何一个，则将渲染效果应用于多过程效果的每个过程。
- 目标距离：对于自由摄影机，将点设置为用作不可见的目标，以便可以围绕该点旋转摄影机。对于目标摄影机，设置摄影机和其目标对象之间的距离。

2. “景深参数”卷展栏

景深效果是摄影师常用的一种拍摄手法。当相机的镜头对着某一物体聚焦清晰时，在镜头中心所对的位置垂直镜头轴线的同一平面的点都可以清晰成像，在这个平面沿着镜头轴线的前面和后面一定范围的点也可以结成眼睛可以接受的较清晰的像点，包括这个平面的前面和后面的所有景物的距离叫作相机的景深。在渲染中通过景深特效常常可以虚化背景，从而达到突出画面的主体的效果。如图9-17和图9-18所示就是两张背景虚化的照片。

图9-17

图9-18

“景深参数”卷展栏如图9-19所示。

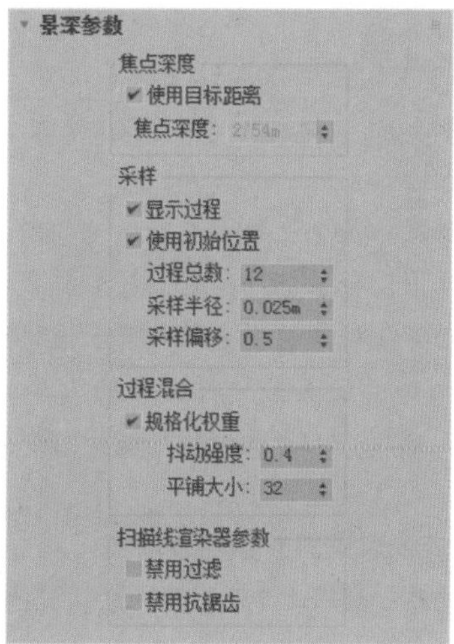

图9-19

解析

"焦点深度"选项组

- 使用目标距离：启用该复选框后，将摄影机的目标距离用作每过程偏移摄影机的点。
- 焦点深度：当"使用目标距离"处于禁用状态时，设置距离偏移摄影机的深度。

"采样"选项组

- 显示过程：启用此复选框后，渲染帧窗口显示多个渲染通道。禁用此复选框后，该帧窗口只显示最终结果。此复选框对在摄影机视口中预览景深无效。默认设置为启用。
- 使用初始位置：启用此复选框后，第一个渲染过程位于摄影机的初始位置。禁用此复选框后，与所有随后的过程一样偏移第一个渲染过程。默认设置为启用。
- 过程总数：用于生成效果的过程数。增加此值，可以增加效果的精确性，但却以渲染时间长为代价。默认设置为12。
- 采样半径：通过移动场景生成模糊的半径。增加该值，将增加整体模糊效果。减小该值，将减少模糊。默认设置为1。
- 采样偏移：模糊靠近或远离"采样半径"的权重。增加该值，将增加景深模糊的数量级，提供更均匀的效果。减小该值，将减小数量级，提供更随机的效果。

"过程混合"选项组

- 规格化权重：使用随机权重混合的过程可以避免出现条纹等人工效果。当启用"规格化权重"复选框后，将权重规格化，会获得较平滑的结果。当禁用此复选框后，效果会变得清晰一些，但通常颗粒状效果更明显。默认设置为启用。
- 抖动强度：控制应用于渲染通道的抖动程度。增加此值，会增加抖动量，并且生成颗粒状效果，尤其在对象的边缘上。默认值为0.4。
- 平铺大小：设置抖动时图案的大小。此值是一个百分比，0是最小的平铺，100是最大的平铺。默认设置为32。

"扫描线渲染器参数"选项组

- 禁用过滤：启用此复选框后，禁用过滤过程。
- 禁用抗锯齿：启用此复选框后，禁用抗锯齿。

3. "运动模糊参数"卷展栏

运动模糊一般用于表现画面中强烈的运动感，在动画制作中应用较多。如图9-20和图9-21所示为带有运动模糊的照片。

图9-20

图9-21

"运动模糊参数"卷展栏如图9-22所示。

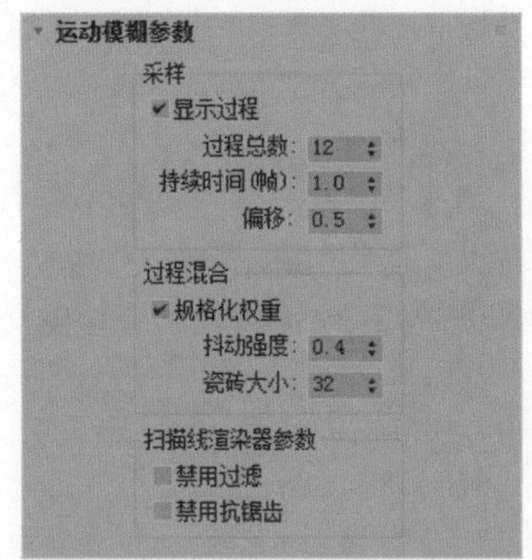

图9-22

解析

"采样"选项组

- 显示过程：启用此复选框后，渲染帧窗口显示多个渲染通道。禁用此复选框后，该帧窗口只显示最终结果。该复选框对在摄影机视口中预览运动模糊没有任何影响。默认设置为启用。
- 过程总数：用于生成效果的过程数。增加此值，可以增加效果的精确性，但却以渲染时间长为代价。默认设置为12。

- 持续时间（帧）：动画中将应用运动模糊效果的帧数。默认设置为1。
- 偏移：更改模糊，以便其显示为在当前帧前后从帧中导出更多内容。

“过程混合”选项组

- 规格化权重：使用随机权重混合的过程可以避免出现条纹等人工效果。当启用“规格化权重”复选框后，将权重规格化，会获得较平滑的结果。当禁用此复选框后，效果会变得清晰一些，但通常颗粒状效果更明显。默认设置为启用。
- 抖动强度：控制应用于渲染通道的抖动程度。增加此值，会增加抖动量，并且生成颗粒状效果，尤其在对象的边缘上。默认值为0.4。
- 瓷砖大小：设置抖动时图案的大小。此值是一个百分比，0是最小的瓷砖，100是最大的瓷砖。默认设置为32。

“扫描线渲染器参数”选项组

- 禁用过滤：启用此复选框后，禁用过滤过程。
- 禁用抗锯齿：启用此复选框后，禁用抗锯齿。

9.2.3 “自由”摄影机

“自由”摄影机用于在摄影机指向的方向查看区域，由单个图标表示，目的是更轻松设置动画。当摄影机位置沿着轨迹设置动画时，可以使用“自由”摄影机，与穿行建筑物或将摄影机连接到行驶中的汽车上时一样。当“自由”摄影机沿着路径移动时，可以将其倾斜。如果将摄影机直接置于场景顶部，则使用“自由”摄影机可以避免旋转。在“创建”面板中，单击“自由”按钮，即可在场景中创建一个自由摄影机，如图9-23所示。

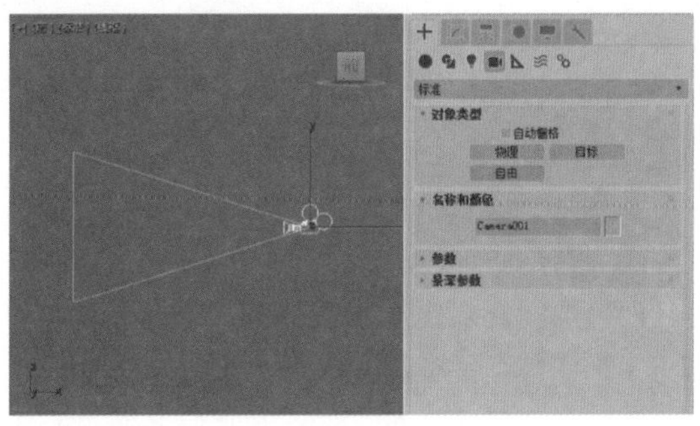

图9-23

“自由”摄影机的参数与“目标”摄影机的参数完全一样，故不在此重述。

9.3 摄影机安全框

3ds Max 2020提供的“安全框”用于在渲染时查看输出图像的纵横比及渲染场景的边界设置，可以很方便地在视口中调整摄影机的机位以控制场景中的模型是否超出了渲染范围，如图9-24所示。

图9-24

9.3.1 打开安全框

3ds Max 2020提供了两种打开“安全框”的方式。

方式一：在“摄影机”视图中，单击或右击视口左上方的“常标”视口标签中摄影机的名称，在弹出的下拉菜单中选择“显示安全框”即可，如图9-25所示。

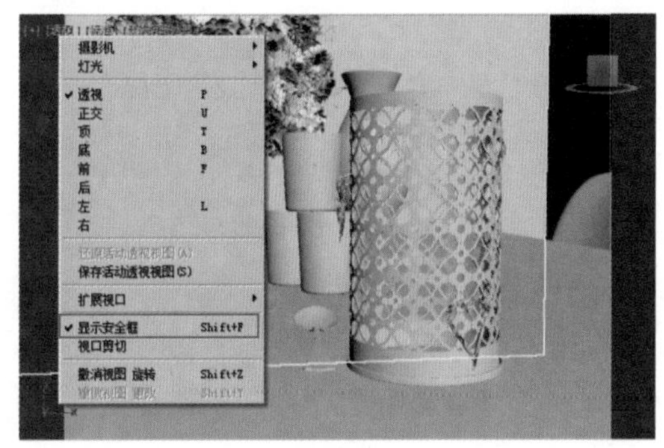

图9-25

方式二：按组合键Shift+F键，即可在当前视口中显示出“安全框”。

9.3.2 安全框配置

在默认状态下，3ds Max 2020的“安全框”显示为一个矩形区域，主要在渲染静帧图像时应用。通过对“安全框”进行配置，还可以在视口中显示动作安全区、标题安全区、用户安全区以及12区栅格，在渲染动画视频时使用。在3ds Max中，打开“安全框”的具体步骤如下。

01 执行菜单中的“视图/视口配置”命令，如图9-26所示。

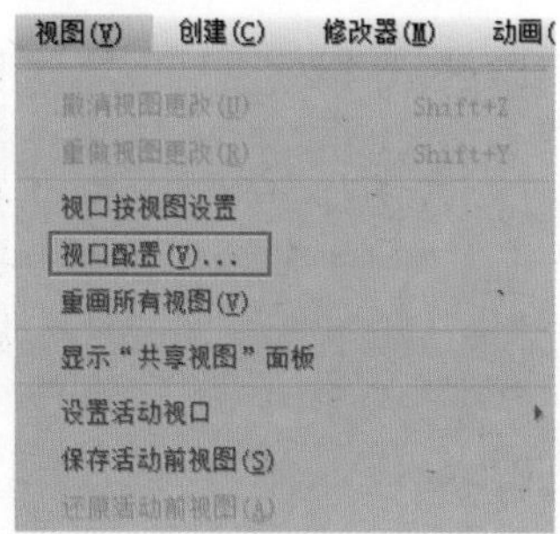

图9-26

02 在弹出的“视口配置”对话框中，切换至“安全框”选项卡，如图9-27所示。

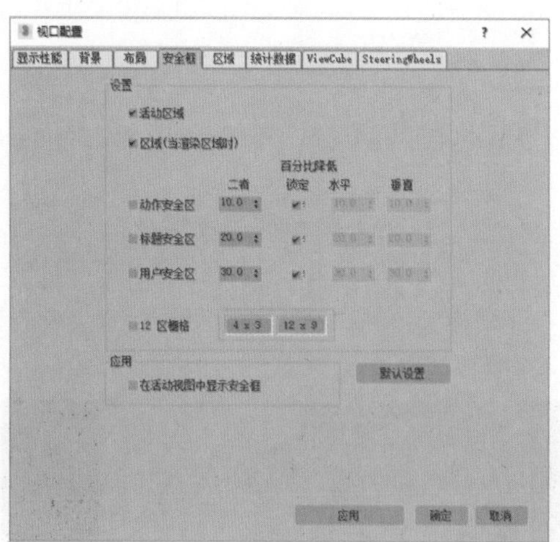

图9-27

解析

- 活动区域：启用时，该区域将被渲染，而不考虑视口的纵横比或尺寸。默认轮廓颜色为芥末色，如图9-28所示。
- 区域（当渲染区域时）：启用，且渲染区域以及编辑区域处于禁用状态时，该区域轮廓将始终在视口中可见。

图9-28

- 动作安全区：在该区域内包含渲染动作是安全的。默认轮廓颜色为青色，如图9-29所示。

图9-29

- 标题安全区：在该区域中包含标题或其他信息是安全的。默认轮廓颜色为浅棕色，如图9-30所示。

图9-30

- 用户安全区：显示可用于任何自定义要求的附加安全框。默认颜色为紫色，如图9-31所示。
- 12区栅格：在视口中显示单元（或区）的栅格。“区”是指栅格中的单元，而不是扫描线区。“12区栅格”是一种视频导演用来谈论屏幕上指定区域的方法。导演可能会要求将对象向左移动两个区并向下移动四个区。12区栅格正是解决这类布置的参考方法。

图9-31

- 4×3按钮 4x3 ：使用 12 个单元格的“12 区栅格”，如图9-32所示。

图9-32

- 12×9按钮 12x9 ：使用 108 单元格的“12 区栅格”，如图9-33所示。

图9-33

“12区栅格”并不是把视口一定分为12个区域。在3ds Max 2020中，“12区栅格”可以设置为12个区域和108个区域。

实例操作：制作景深渲染效果

在本实例中，使用“物理”摄影机渲染带有景深特效的画面。本实例的渲染结果如图9-34所示。

图9-34

01 启动3ds Max 2020，打开本书的配套资源“景深效果场景.max”文件，如图9-35所示。

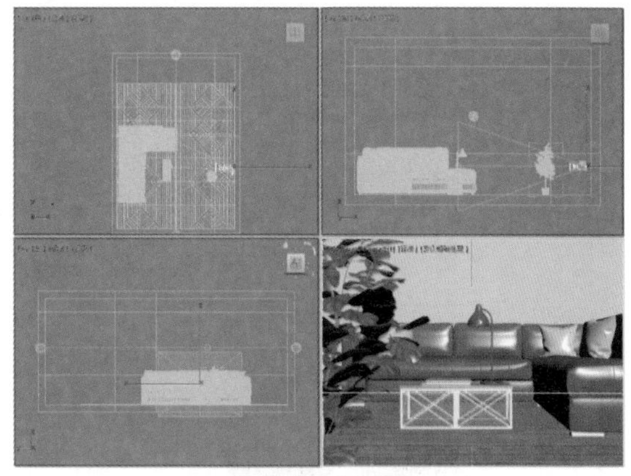

图9-35

02 该场景中已经设置了“物理”摄影机的位置及角度。选择场景中的“物理”摄影机，在“修改”面板中，展开“物理摄影机”卷展栏，选中“启用景深”复选框，并将“光圈”值设置为3，如图9-36所示。

03 观察“摄影机”视图，可以看到非常明显的景深效果，如图9-37所示。需要注意的是，画面中图像较为清晰的位置由摄影机的目标点所在位置决定。

04 如果调整了目标点的位置，则景深的效果也会变化。在“顶”视图中将“物理”摄影机的目标点移动到了与盆栽模型同一水平线的位置，“摄影机”视图所生成的模糊效果如图9-38示。

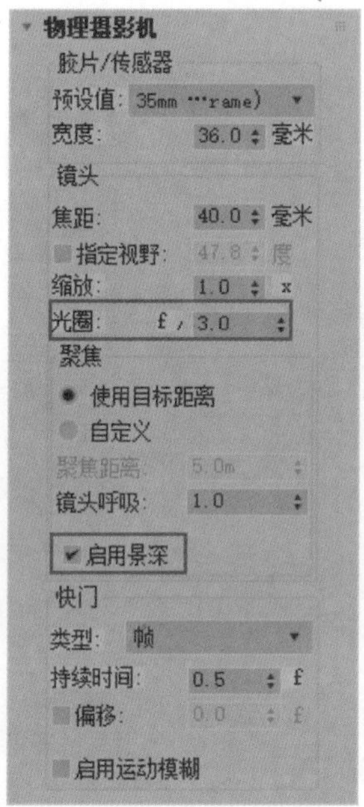

图9-36

图9-37

图9-38

05 设置完成后，渲染场景，本场景的最终渲染结果如图9-39所示。

图9-39

10.1 动画概述

3ds Max 2020是优秀的三维动画软件之一。在3ds Max 2020中，对专业动画工具进行组合使用，可以制作出令人惊讶的三维动画作品，如图10-1所示。

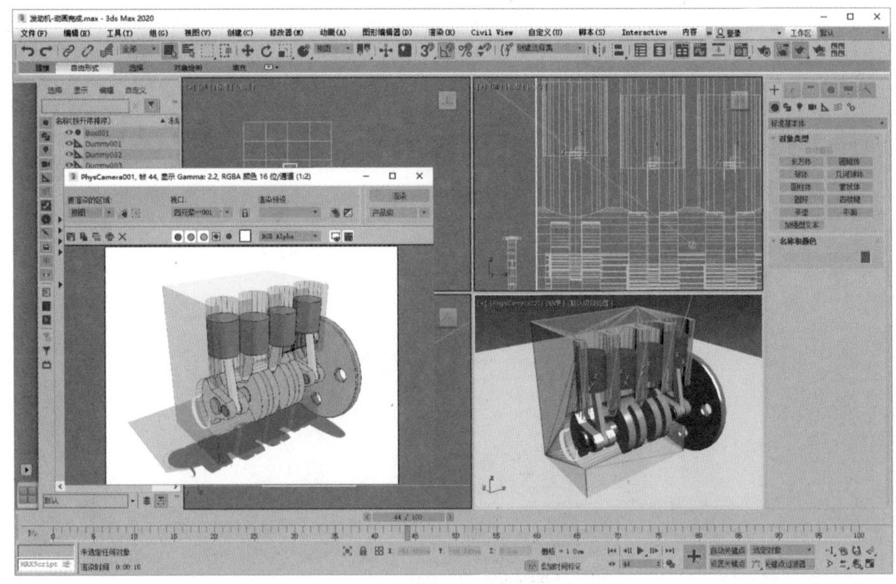

图10-1

10.2 关键帧基本知识

动画基于称为视觉暂留现象的人类视觉原理。如果快速查看一系列相关的静态图像，那么会感觉到这是一个连续的运动。产生的运动实际上源自观者的视觉系统在每看到一个单独图像时，会在该处停留一小段时间。电影实际上就是以一定的速率连续不断地播放多张胶片。3ds Max也可以将动画以类似的方式输出，这些构成连续画面的图像称为“帧”，如图10-2~图10-5所示就是一组建筑生长动画的4幅渲染序列帧。

图10-2

图10-3

关键帧动画是3ds Max中最常用的、最基础的动画设置技术。简而言之，就是在物体动画的关键时间点进行设置数据记录，3ds Max根据这些关键点的数据设置来完成中间时间段内的动画计算，这样一段流畅的三维动画就制作完成了。在3ds Max 2020界面的右下方单击“自动关键点”按钮，软件即可开始记录对当前场景所做的改变，如图10-6所示。

图10-4

图10-5

图10-6

10.2.1 设置关键帧

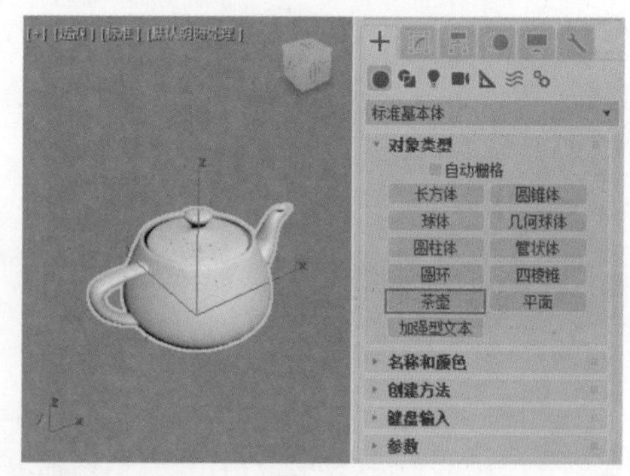
图10-7

在3ds Max 2020中，设置关键帧的具体操作步骤如下。

01 运行3ds Max 2020后，在“创建”面板中单击“茶壶”按钮，在场景中创建一个茶壶模型，如图10-7所示。

02 单击“自动关键点”按钮，可以看到3ds Max 2020的“透视”视图和界面下方“时间滑块”都呈红色显示，这说明软件的动画记录功能已开启，如图10-8所示。

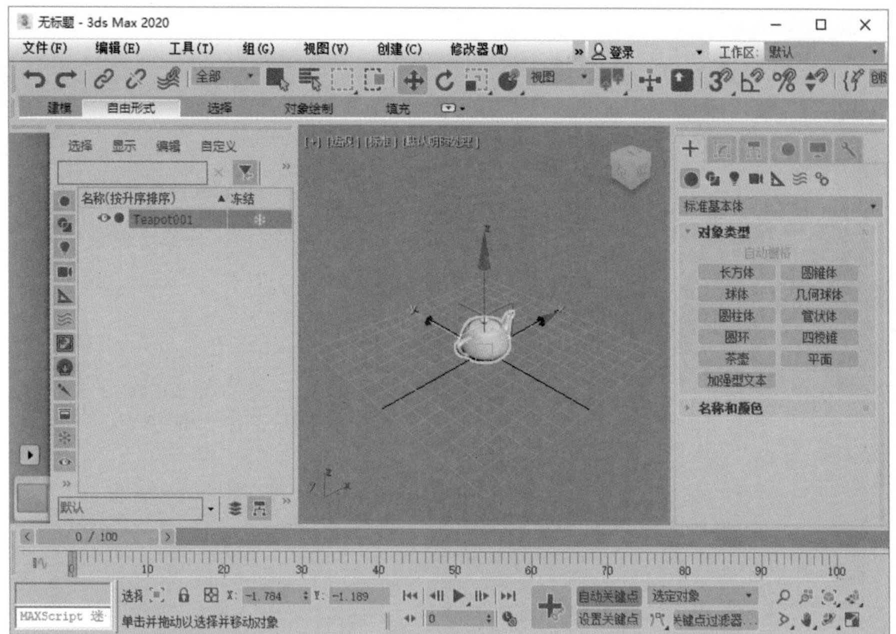

图10-8

03 将“时间滑块”拖曳至第50帧，然后移动场景中的茶壶模型至如图10-9所示的位置。同时观察场景，可以看到在“时间滑块”下方的区域生成了红色的关键帧。

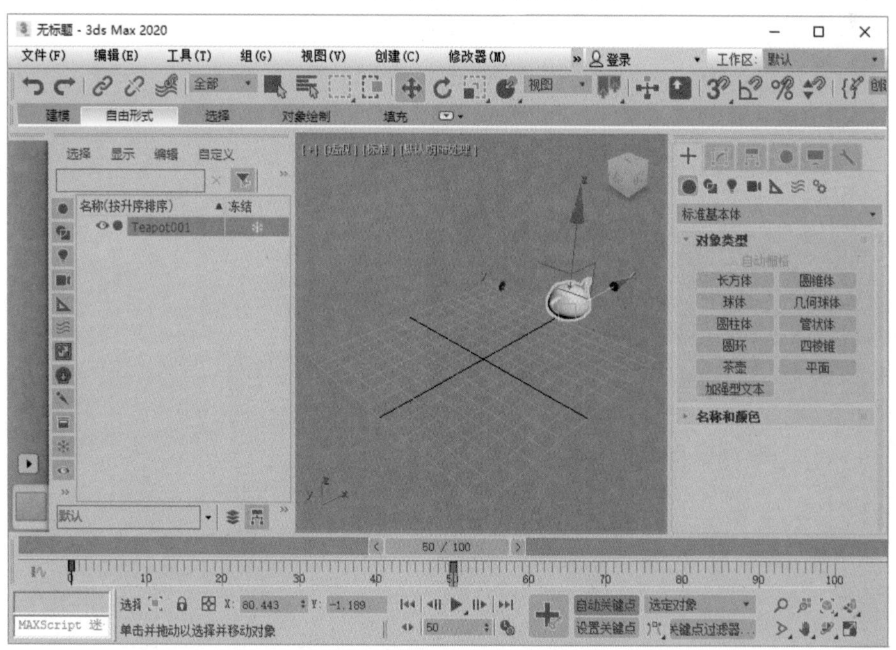

图10-9

04 动画制作完成后，再次单击“自动关键点”按钮，关闭软件的自动记录动画功能。拖动“时间滑块”，即可看到茶壶模型的位移动画已经制作完成了，如图10-10所示。

“自动关键点”功能的快捷键是N键。

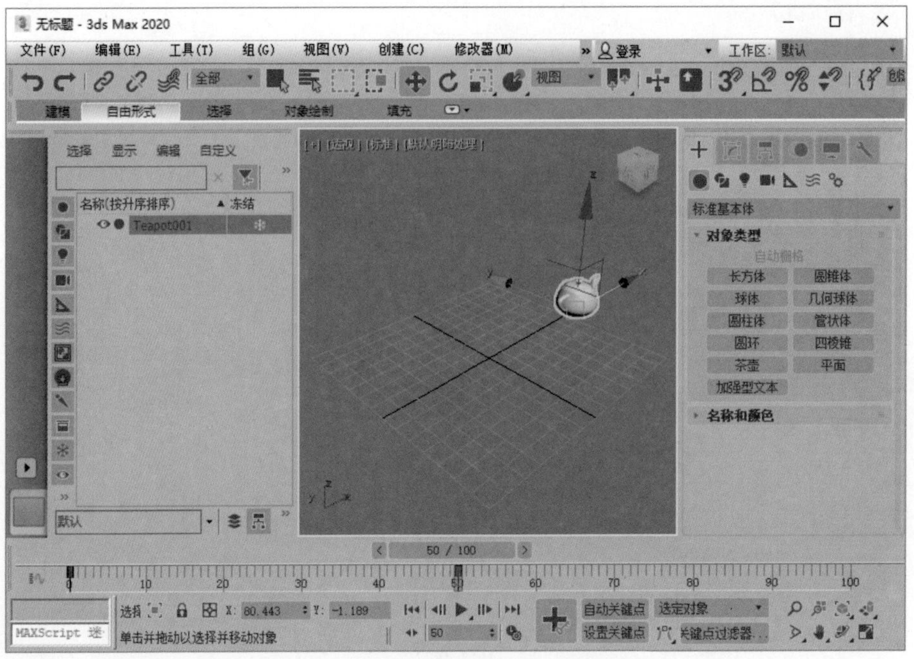

图10-10

10.2.2 更改关键帧

物体的关键帧动画设置完成后，3ds Max 2020允许用户对动画的关键帧位置进行随时修改，具体操作如下。

01 在场景中选择要修改的对象，在“时间滑块”下方会自动显示该对象的动画关键帧，如图10-11所示。

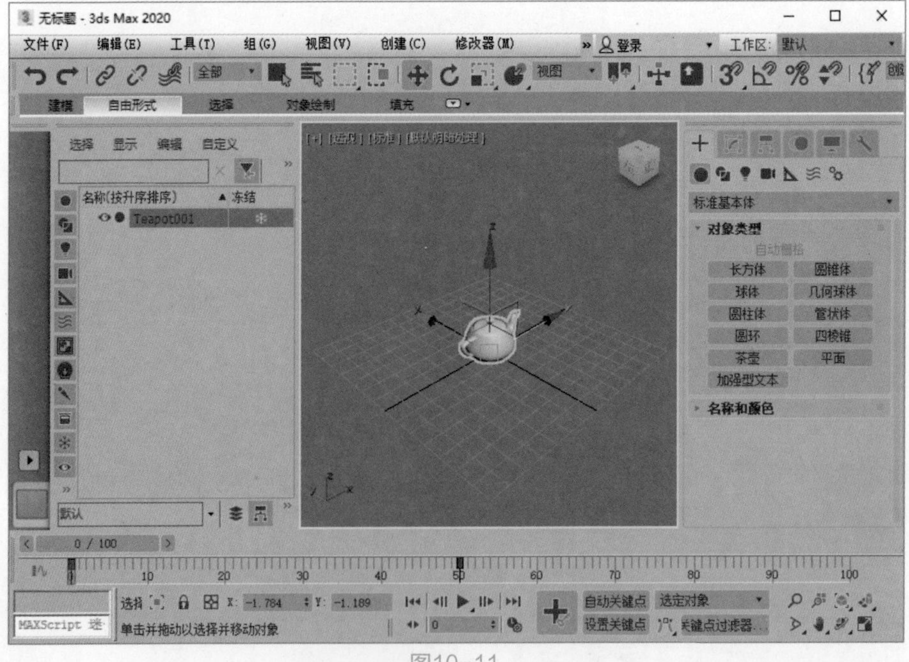

图10-11

02 在“时间滑块”下方选择要修改的关键帧，如图10-12所示。

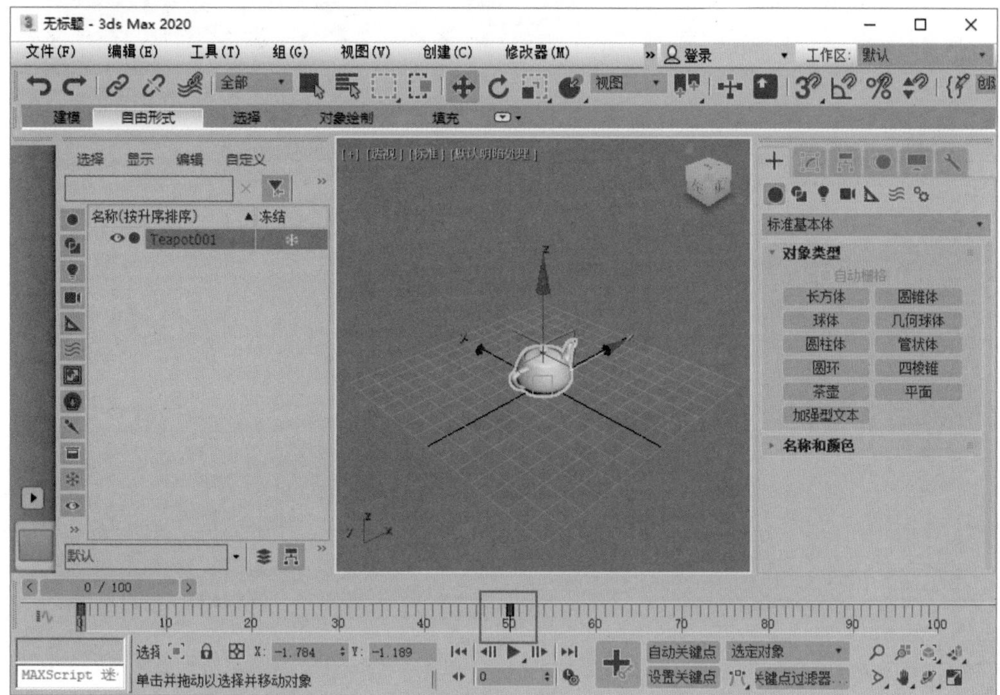

图10-12

03 把选择的关键帧移至目标位置，即可完成关键帧的移动操作，如图10-13所示。

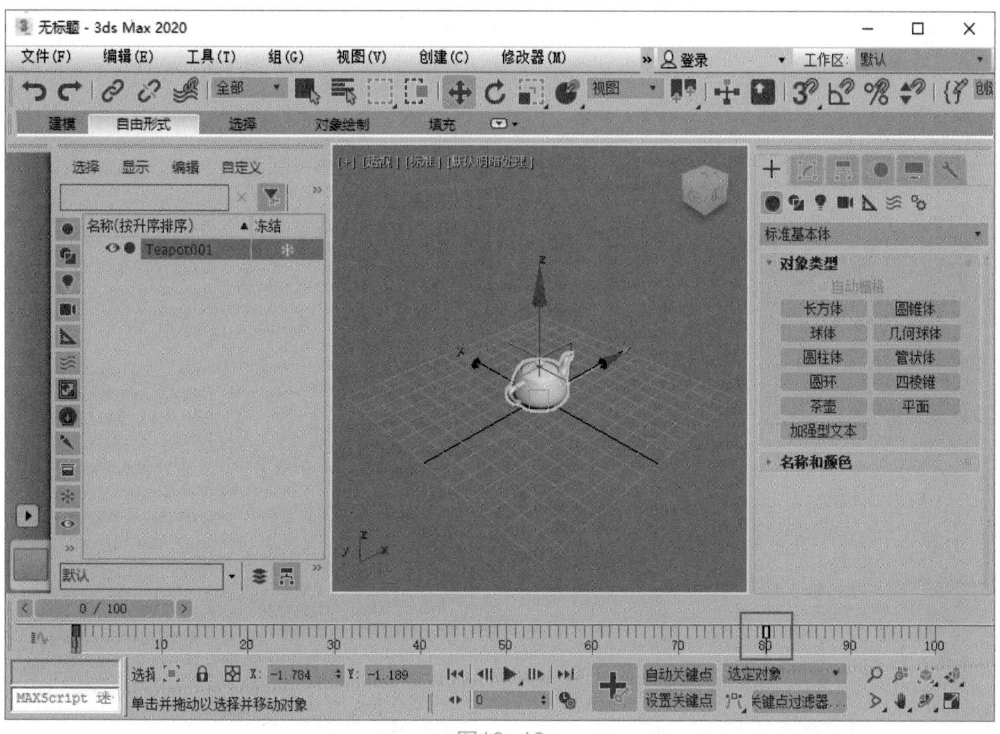

图10-13

04 关键帧还可以随时删除，在选中的关键帧上单击鼠标右键，在弹出的快捷菜单中执行“删除选定关键点”命令即可删除，如图10-14所示。

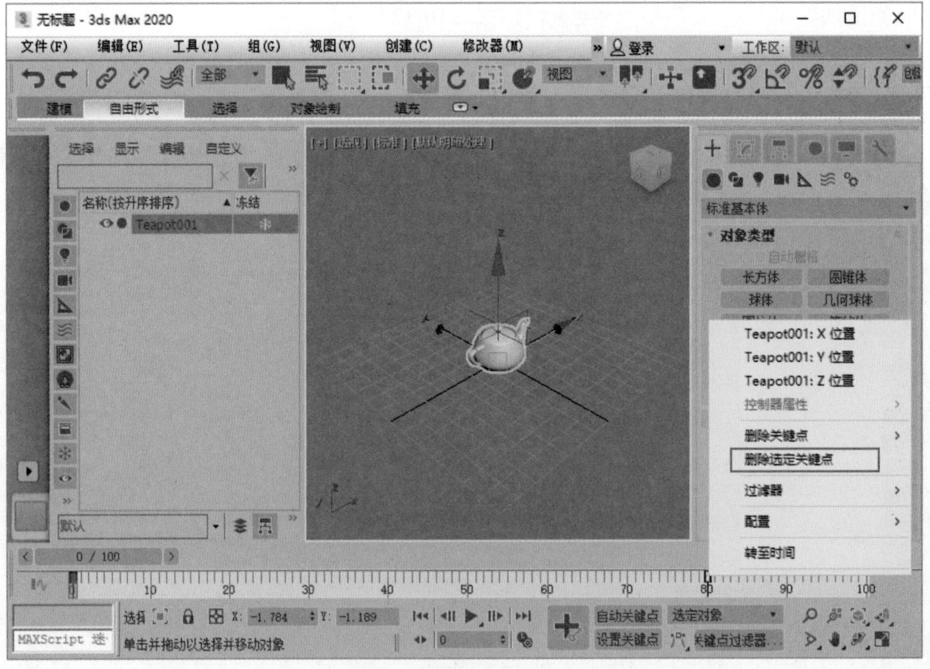

图10-14

10.2.3 时间配置

在“时间配置”对话框中，可以更改动画的长度，或者拉伸或重缩放，设置活动时间段，以及动画的开始帧和结束帧。单击“时间配置”按钮，即可打开该对话框，如图10-15所示。

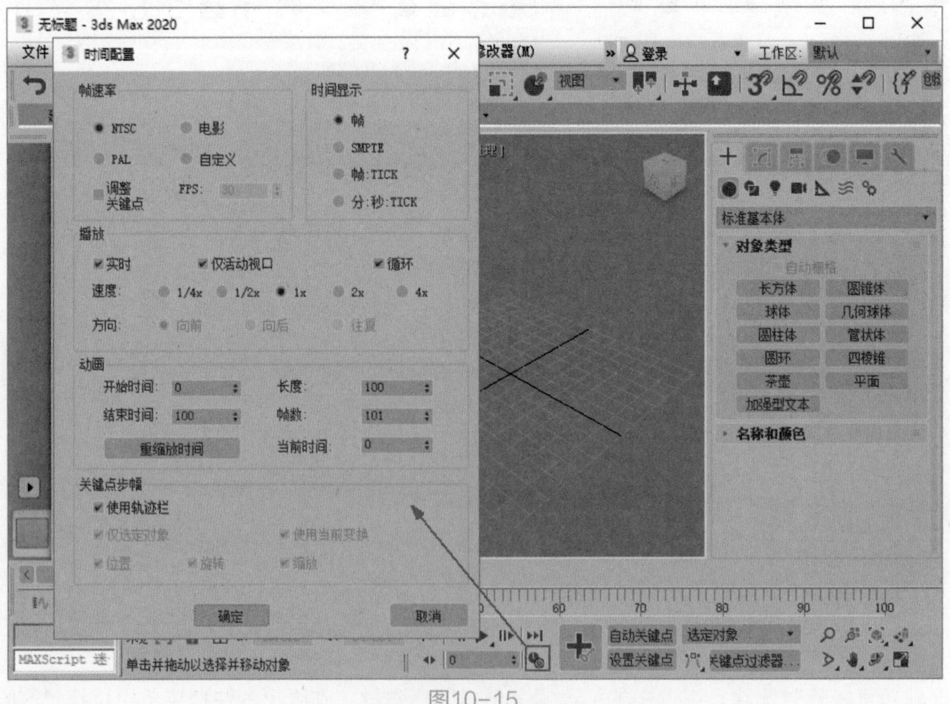

图10-15

“时间配置”对话框中的参数如图10-16所示。

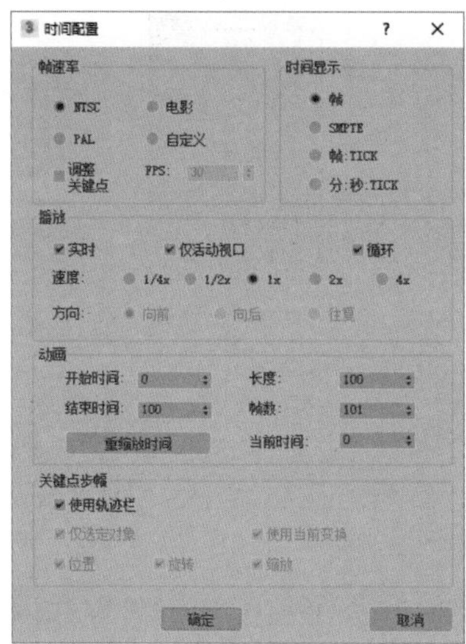

图10-16

解析

“帧速率”选项组

- NTSC/电影/PAL/自定义：是3ds Max 2020提供的4个不同的帧速率，可以选择其中一个作为当前场景的帧速率渲染标准。
- 调整关键点：选中该复选框，可以将关键点缩放到全部帧，迫使量化。
- FPS：选择不同的帧速率后，这里可以显示当前场景文件的帧速率是每秒多少帧。比如，电影使用 24 fps 的帧速率，而 Web 和媒体动画则使用更低的帧速率。

“时间显示”选项组

- 时间显示：设置场景文件以何种方式显示场景的动画时间，默认状态下为“帧”，如图10-17所示。设置为SMPET时，场景时间显示状态如图10-18所示。设置为“帧：TICK”时，场景时间显示状态如图10-19所示。设置为“分：秒：TICK”时，场景时间显示状态如图10-20所示。

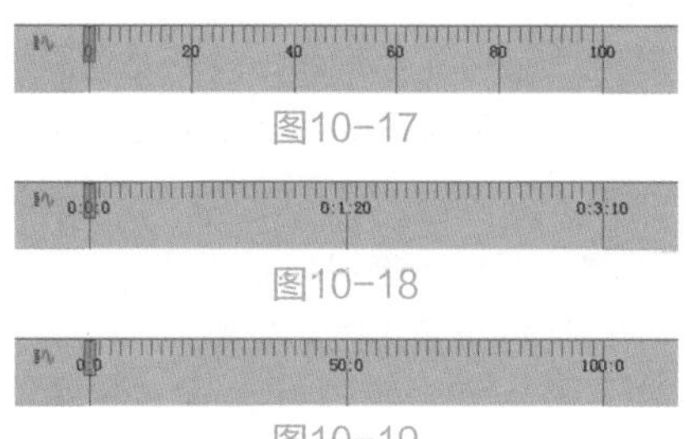

图10-17

图10-18

图10-19

图10-20

“播放”选项组

- 实时：启用时，可使视口播放跳过帧，以与当前“帧速率”设置保持一致。
- 仅活动视口：可以使播放只在活动视口中进行。禁用该复选框后，所有视口都将显示动画。
- 循环：控制动画只播放一次，还是反复播放。启用后，播放将反复进行。
- 速度：可以选择5个播放速度，如1x 是正常速度，1/2x 是半速。速度设置只影响在视口中的播放。默认设置为 1x。
- 方向：将动画设置为向前播放、反转播放或往复播放。

“动画”选项组

- 开始时间/结束时间：设置在时间滑块中显示的活动时间段。
- 长度：显示活动时间段的帧数。
- 帧数：将要渲染的帧数。
- “重缩放时间”按钮  重缩放时间 ：单击该按钮，可以打开“重缩放时间”对话框，如图10-21所示。

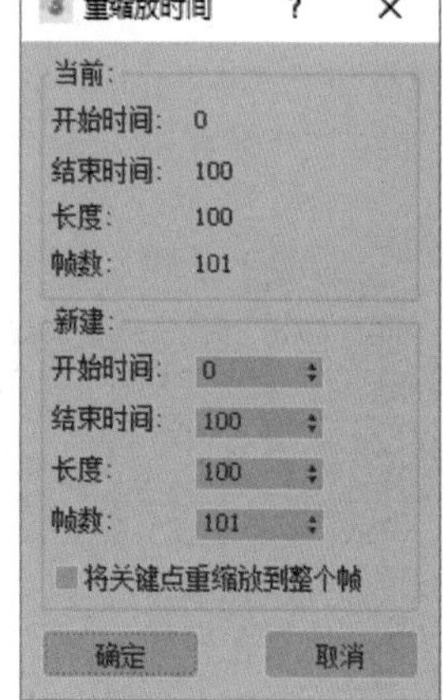

图10-21

- 当前时间：指定时间滑块的当前帧。调整此参数时，将相应移动时间滑块，视口将进行更新。

“关键点步幅”选项组

- 使用轨迹栏：使关键点模式能够遵循轨迹栏中的所有关键点。
- 仅选定对象：在使用“关键点步幅”模式时只考虑选定对象的变换。
- 使用当前变换：禁用位置、旋转和缩放，并在“关键点模式”中使用当前变换。
- 位置/旋转/缩放：指定“关键点模式”使用的变换类型。

10.3 轨迹视图-曲线编辑器

轨迹视图提供了两种基于图形的不同编辑器，分别是“曲线编辑器”和“摄影表”。轨迹视图主要用于查看及修改场景中的动画数据，另外，也可以为场景中的对象重新指定动画控制器，以便插补或控制场景中对象的关键帧及参数。

在3ds Max 2020软件界面的主工具栏上单击“曲线编辑器（打开）”图标，即可打开“轨迹视图-曲线编辑器”窗口，如图10-22所示。

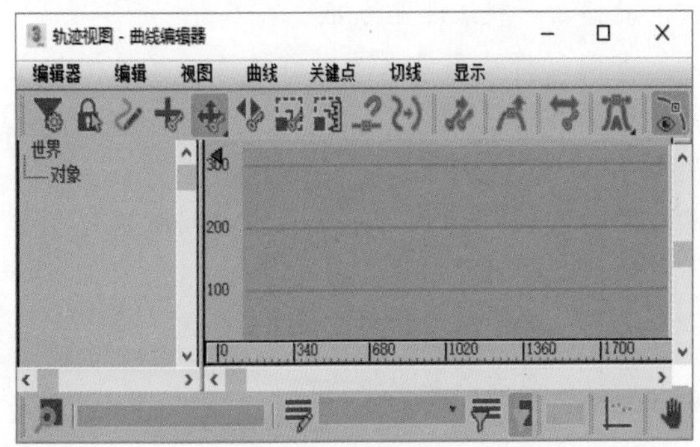

图10-22

在“轨迹视图-曲线编辑器”窗口中，执行菜单栏中的“编辑器/摄影表”命令，即可将“轨迹视图-曲线编辑器”窗口切换为“轨迹视图-摄影表”窗口，如图10-23所示。

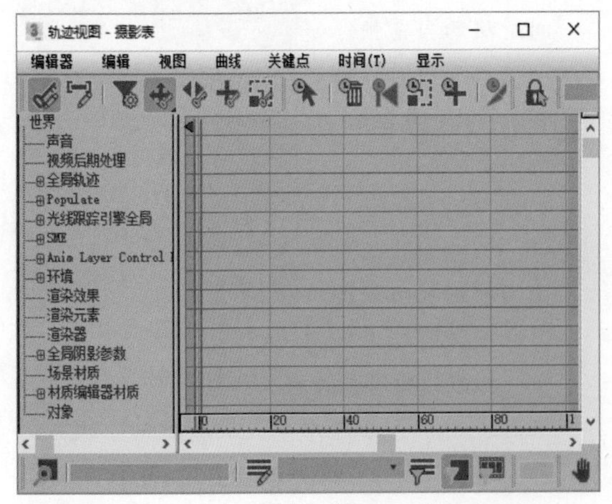

图10-23

另外，通过在视图中单击鼠标右键，在弹出的快捷菜单中执行相应的命令，也可以打开这两种编辑器，如图10-24所示。

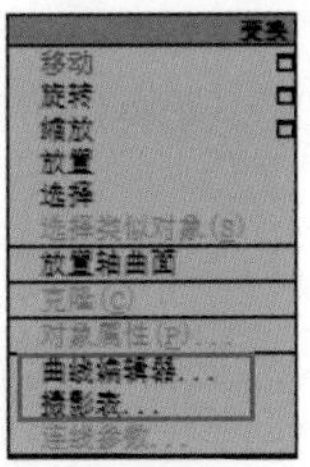

图10-24

10.3.1 “新关键点”工具栏

“轨迹视图-曲线编辑器”窗口中的第一个工具栏就是“新关键点”工具栏，如图10-25所示。

图10-25

解析

- 过滤器：使用“过滤器”可以确定在“轨迹视图”中显示哪些场景组件。单击该按钮，可以打开“过滤器”对话框，如图10-26所示。

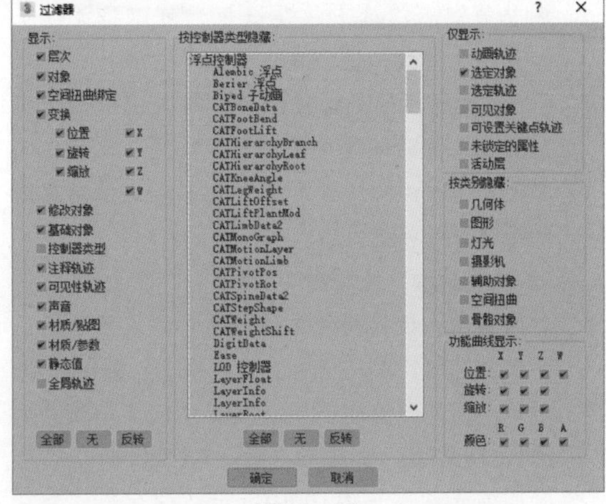

图10-26

- 锁定当前选择：锁定用户选定的关键点，这样就不能无意中选择其他关键点。
- 绘制曲线：可使用该工具绘制新曲线，或通过直接在函数曲线图上绘制草图来修改已有曲线。
- 添加/移除关键点：在现有曲线上创建关键点。按住Shift键可移除关键点。
- 移动关键点：在关键点窗口中水平和垂直、仅水平或仅垂直移动关键点。

- 滑动关键点：在“曲线编辑器”中，使用“滑动关键点”可移动一个或多个关键点，并在移动时滑动相邻的关键点。
- 缩放关键点：可使用“缩放关键点”压缩或扩展两个关键帧之间的时间量。
- 缩放值：按动画曲线的比例增加或减小关键点的数值。
- 捕捉缩放：将缩放原点移动到第一个选定关键点。
- 简化曲线：单击该按钮，可以弹出“简化曲线”对话框，在此设置“阈值”以减少轨迹中的关键点数量，如图10-27所示。

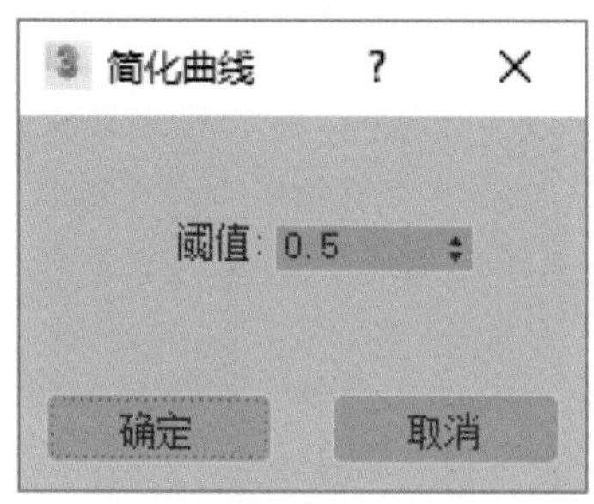

图10-27

- 参数曲线超出范围类型：单击该按钮，可以弹出“参数曲线超出范围类型”对话框。该对话框用于指定动画对象在定义的关键点范围之外的行为方式，包括恒定、周期、循环、往复、线性和相对重复这6个选项，如图10-28所示。其中，“恒定”曲线类型结果如图10-29所示，“周期”曲线类型结果如图10-30所示，“循环”曲线类型结果如图10-31所示，“往复”曲线类型结果如图10-32所示，“线性”曲线类型结果如图10-33所示，“相对重复”曲线类型结果如图10-34所示。

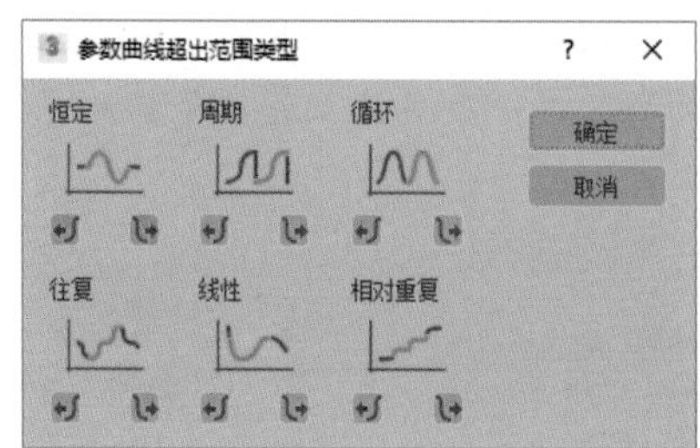

图10-28

- 减缓曲线超出范围类型：指定减缓曲线在定义的关键点范围之外的行为方式。调整减缓曲线会降低效果的强度。

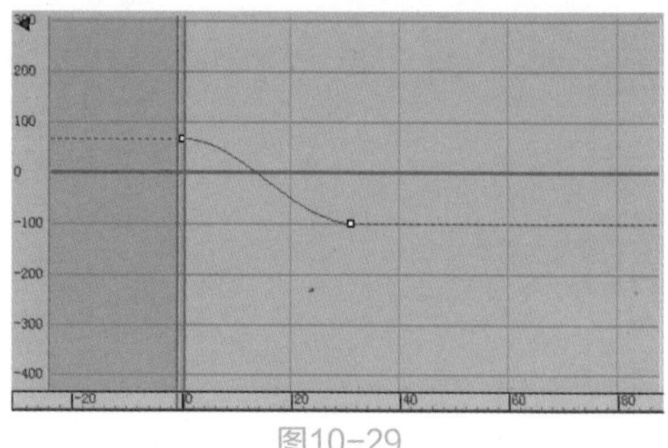
图10-29

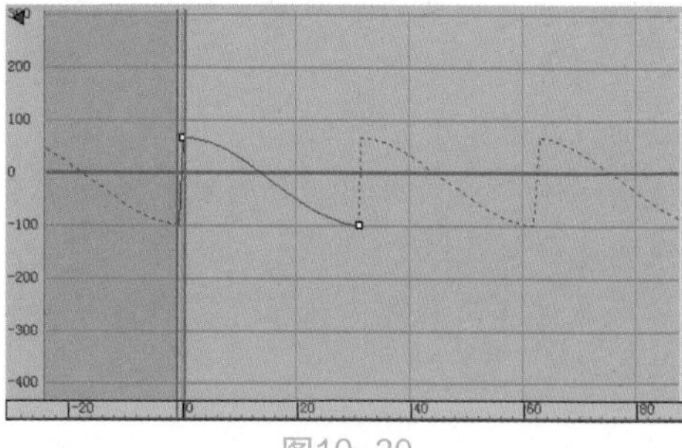
图10-30

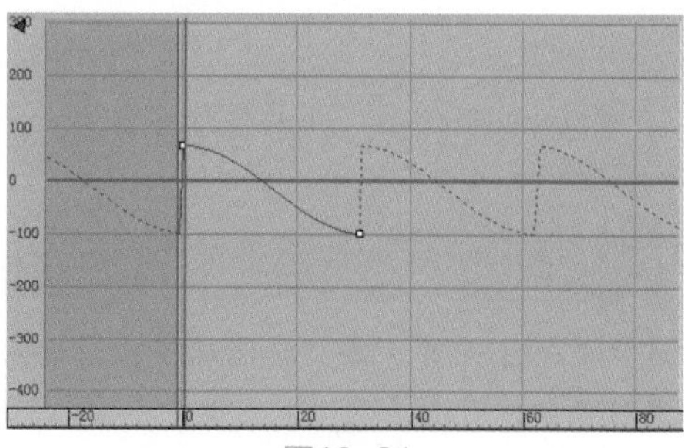
图10-31

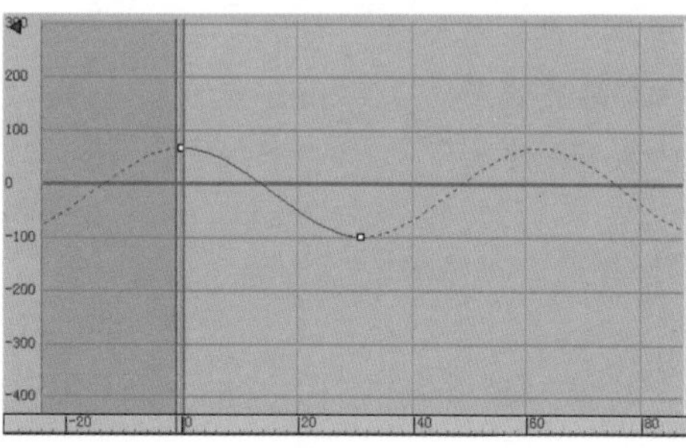
图10-32

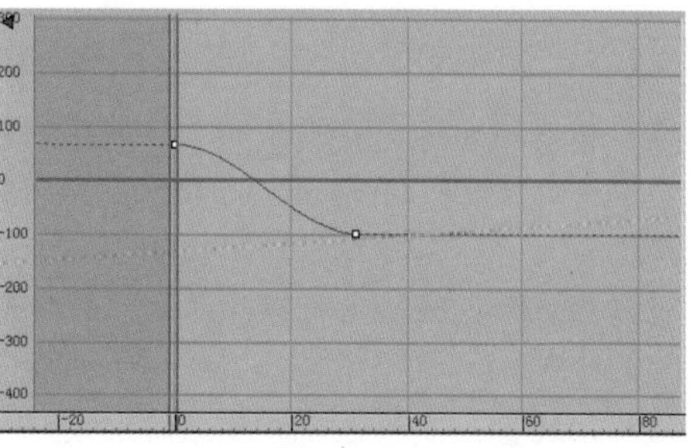
图10-33

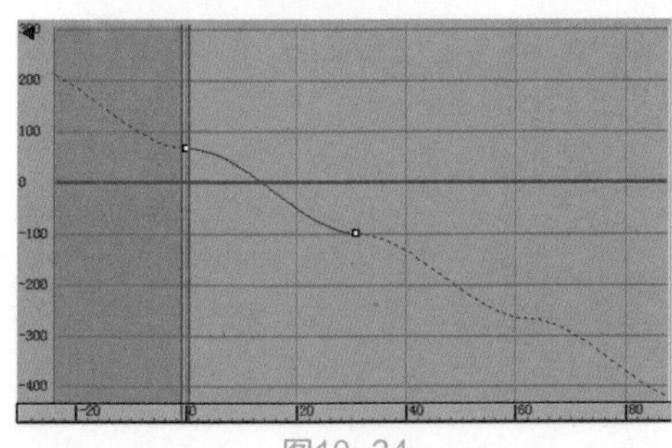
图10-34

- 增强曲线超出范围类型：指定增强曲线在定义的关键点范围之外的行为方式。调整增强曲线会增加效果的强度。
- 减缓/增强曲线启用/禁用切换：启用/禁用减缓曲线和增强曲线。
- 区域关键点工具：在矩形区域内移动和缩放关键点。

10.3.2 “关键点选择工具”工具栏

“关键点选择工具”工具栏如图10-35所示。

图10-35

解析

- 选择下一组关键点：取消选择当前选定的关键点，然后选择下一个关键点。按住 Shift 键可选择上一个关键点。
- 增加关键点选择：选择与一个选定关键点相邻的关键点。按住 Shift 键可取消选择外部的两个关键点。

10.3.3 “切线工具”工具栏

“切线工具”工具栏如图10-36所示。

图10-36

解析

- 放长切线：增长选定关键点的切线。如果选中多个关键点，则按住 Shift 键以仅增长内切线。
- 镜像切线：将选定关键点的切线镜像到相邻关键点。
- 缩短切线：减短选定关键点的切线。如果选中多个关键点，则按住 Shift 键以仅减短内切线。

10.3.4 “仅关键点”工具栏

“仅关键点”工具栏如图10-37所示。

图10-37

解析

- 轻移：将关键点稍微向右移动。按住 Shift 键可将关键点稍微向左移动。
- 展平到平均值：确定选定关键点的平均值，然后将平均值指定给每个关键点。按住 Shift 键可焊接所有选定关键点的平均值和时间。
- 展平：将选定关键点展平到与所选内容中的第一个关键点相同的值。
- 缓入到下一个关键点：减少选定关键点与下一个关键点之间的差值。按住 Shift 键可减少与上一个关键点之间的差值。
- 分割：使用两个关键点替换选定关键点。
- 均匀隔开关键点：调整间距，使所有关键点按时间在第一个关键点和最后一个关键点之间均匀分布。
- 松弛关键点：减缓第一个和最后一个选定关键点之间的关键点的值和切线。按住 Shift 键可对齐第一个和最后一个选定关键点之间的关键点。
- 循环：将第一个关键点的值复制到当前动画范围的最后一帧。按住 Shift 键可将当前动画的第一个关键点的值复制到最后一个动画。

10.3.5 “关键点切线”工具栏

“关键点切线”工具栏如图10-38所示。

图10-38

解析

- 将切线设置为自动：按关键点附近的功能曲线的形状进行计算，将高亮显示的关键点设置为自动切线。
- 将切线设置为样条线：将高亮显示的关键点设置为样条线切线，它具有关键点控制柄，可以通过在“曲线”窗口中拖动进行编辑。在编辑控制柄时，按住Shift键可以中断连续性。
- 将切线设置为快速：将关键点切线设置为快。
- 将切线设置为慢速：将关键点切线设置为慢。
- 将切线设置为阶越：将关键点切线设置为步长。使用阶跃来冻结从一个关键点到另一个关键点的移动。
- 将切线设置为线性：将关键点切线设置为线性。
- 将切线设置为平滑：将关键点设置为平滑。用它来处理不能继续进行的移动。

在制作动画之前，还可以通过单击“新建关键点的默认入/出切线”按钮来设定关键点的切线类型，如图10-39所示。

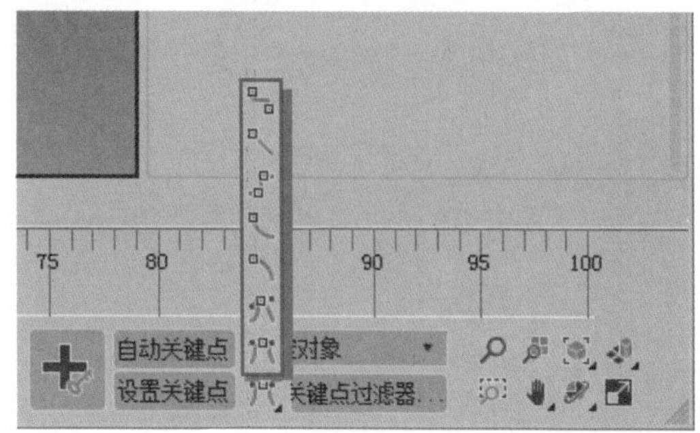

图10-39

10.3.6 “切线动作”工具栏

“切线动作”工具栏如图10-40所示。

图10-40

解析

- 显示切线切换：切换显示或隐藏切线，如图10-41和图10-42所示为显示及隐藏切线后的曲线显示结果对比。
- 断开切线：允许将两条切线（控制柄）连接到一个关键点，使其能够独立移动，以便不同的运动能够进出关键点。
- 统一切线：如果切线是统一的，按任意方向移动控制柄，从而使控制柄之间保持最小角度。

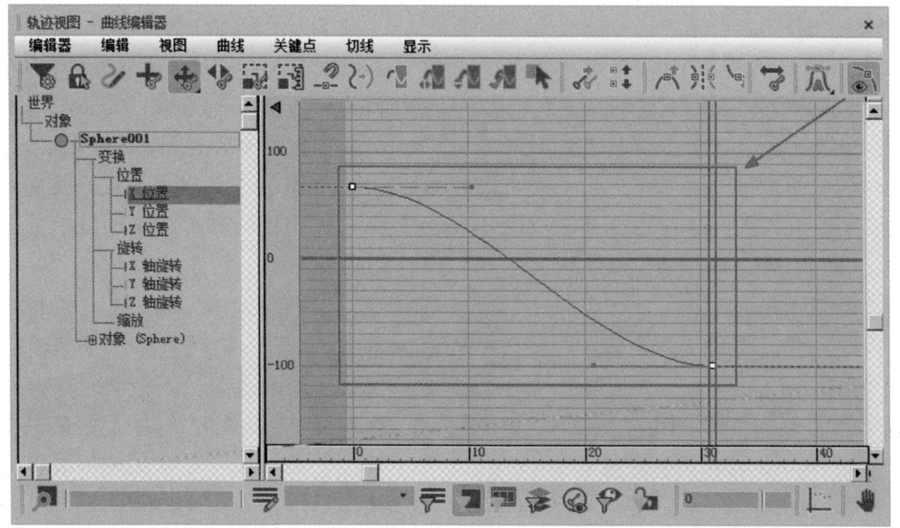

图10-41

- 锁定切线切换：单击该按钮，可以锁定切线。

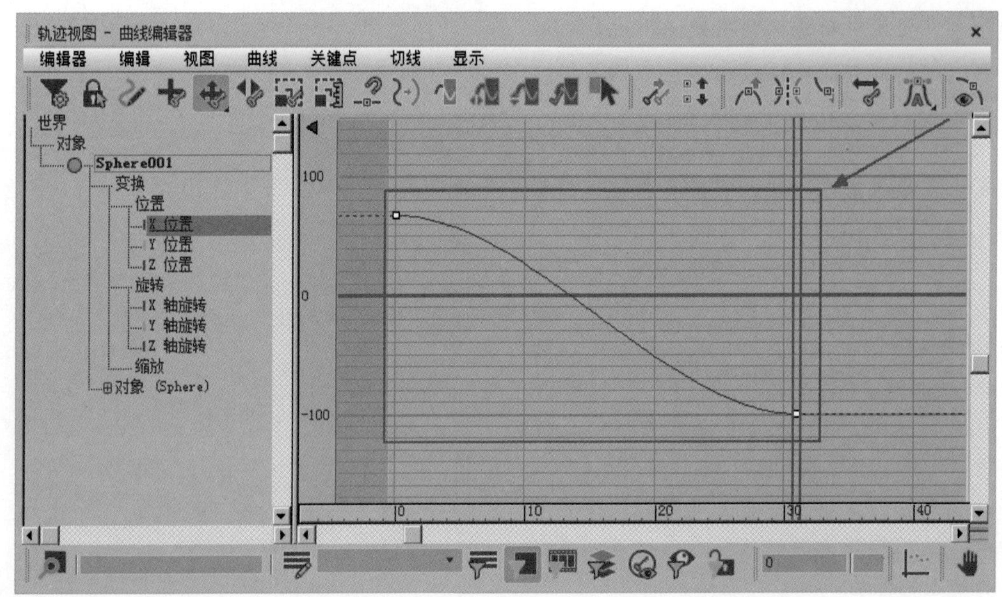

图10-42

10.3.7 “缓冲区曲线”工具栏

“缓冲区曲线”工具栏如图10-43所示。

图10-43

解析

- 使用缓冲区曲线：切换是否在移动曲线/切线时创建原始曲线的重影图像。
- 显示/隐藏缓冲区曲线：切换显示或隐藏缓冲区（重影）曲线。
- 与缓冲区交换曲线：交换曲线与缓冲区（重影）曲线的位置。
- 快照：将缓冲区（重影）曲线重置到曲线的当前位置。
- 还原为缓冲区曲线：将曲线重置到缓冲区（重影）曲线的位置。

10.3.8 “轨迹选择”工具栏

“轨迹选择”工具栏如图10-44所示。

图10-44

解析

- 缩放选定对象：将当前选定对象放置在“控制器”窗口中“层次”列表的顶部。
- 按名称选择：在可编辑字段中输入轨迹名称，可以高亮显示“控制器”窗口中的轨迹。
- 过滤器-选定轨迹切换：启用此工具后，“控制器”窗口仅显示选定轨迹。
- 过滤器-选定对象切换：启用此工具后，“控制器”窗口仅显示选定对象的轨迹。
- 过滤器-动画轨迹切换：启用此工具后，“控制器”窗口仅显示带有动画的轨迹。
- 过滤器-活动层切换：启用此工具后，“控制器”窗口仅显示活动层的轨迹。
- 过滤器-可设置关键点轨迹切换：启用此工具后，“控制器”窗口仅显示可设置关键点轨迹。
- 过滤器-可见对象切换：启用此工具后，“控制器”窗口仅显示包含可见对象的轨迹。
- 过滤器-解除锁定属性切换：启用此工具后，“控制器”窗口仅显示未锁定其属性的轨迹。

10.3.9 “控制器”窗口

“控制器”窗口能显示对象名称和控制器轨迹，还能确定哪些曲线和轨迹可以显示和编辑。可以根据需要使用层次列表，利用右键快捷菜单可以展开和重新排列层次列表。在轨迹视图的“显示”菜单中也有用于导航的命令。默认行为是仅显示选定的对象轨迹。使用“手动导航”模式，可以单独折叠或展开轨迹，按住 Alt 键并右击，执行快捷菜单中的命令，也可以折叠和展开轨迹，如图10-45所示。

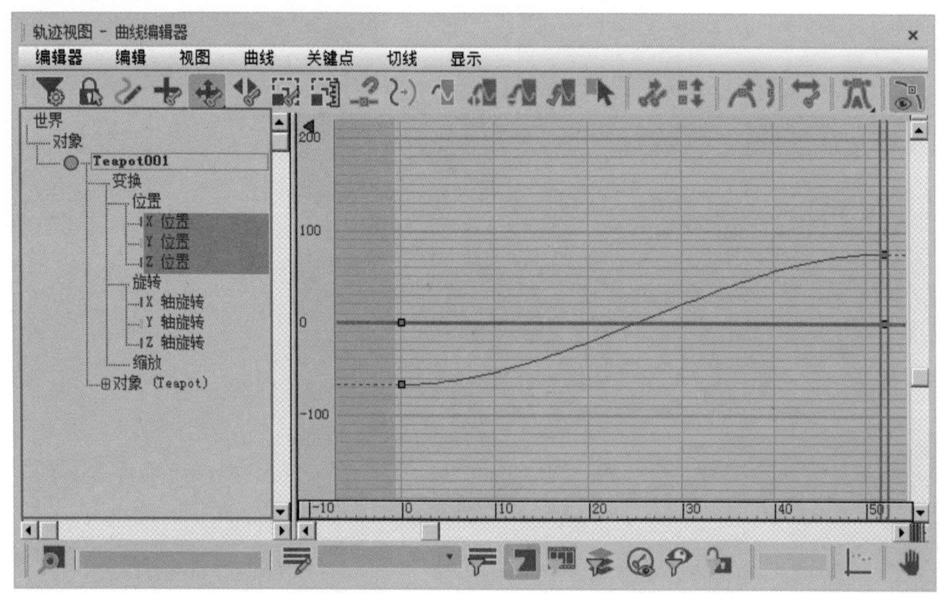

图10-45

实例操作：使用“曲线编辑器”制作翻滚的积木动画

本实例使用“曲线编辑器”制作积木的翻滚运动动画，如图10-46所示为本实例的最终渲染结果。

图10-46

01 启动3ds Max 2020软件，打开本书配套资源“积木场景.max”文件。本场景为一个简单的室内场景，并且已经设置了摄影机、材质、灯光及渲染参数，如图10-47所示。

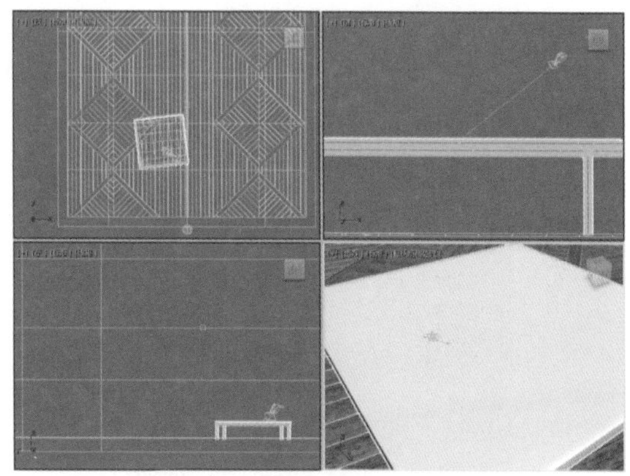

图10-47

02 在“创建”面板中，选中“自动栅格”复选框，单击“切角长方体”按钮，并在下方的“创建方法”卷展栏内选择“立方体”单选按钮，在场景中的桌子模型表面绘制一个切角长方体作为积木模型，如图10-48所示。

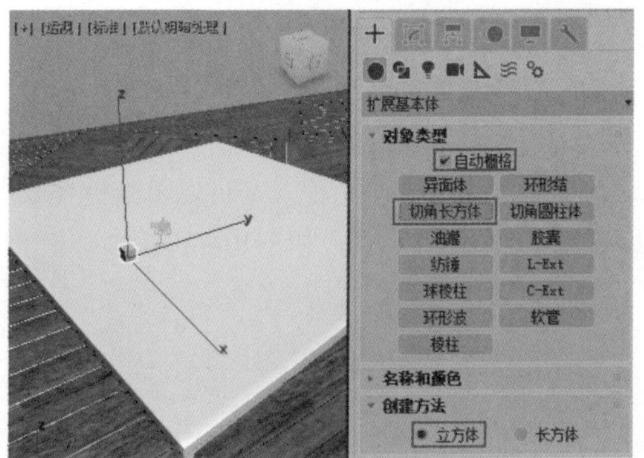

图10-48

03 在“修改”面板中，设置切角长方体的“圆角”值为0，如图10-49所示。

04 为切角长方体添加“X变换”修改器，用来修改切角长方体的轴心点位置，如图10-50所示。

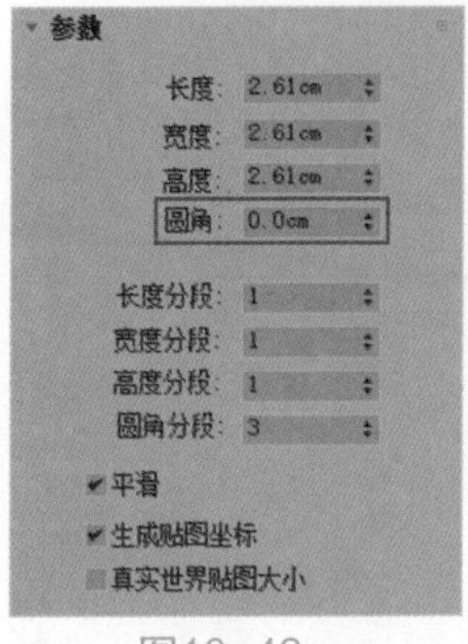

图10-49

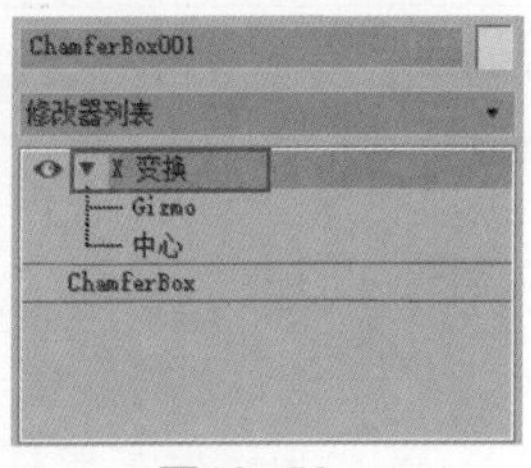

图10-50

05 在“主工具栏”上右击“捕捉开关”按钮，在弹出的“栅格和捕捉设置”对话框内仅选中“顶点”复选框，如图10-51所示，然后关闭该对话框。

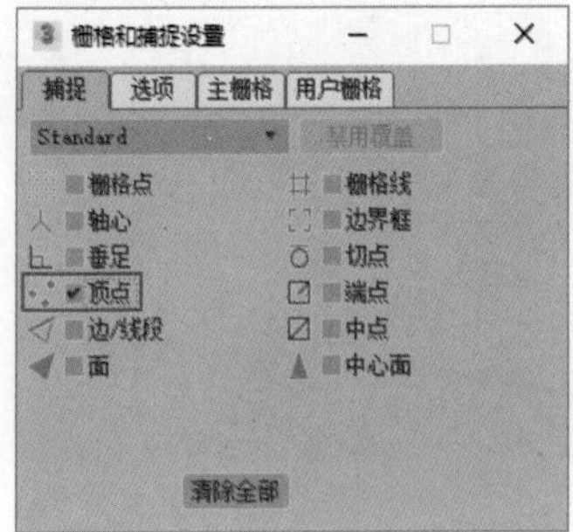

图10-51

06 进入“X变换”修改器的“中心”子对象层级，并按快捷键S键，开启“捕捉开关”功能，调整“X变换”修改器的中心点位置，如图10-52所示。

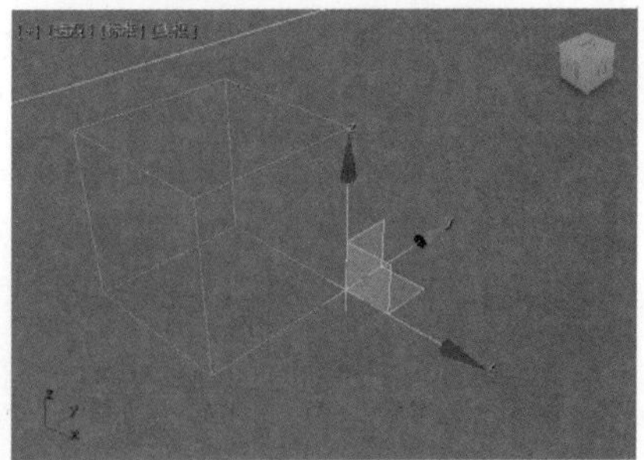

图10-52

07 开始制作积木的第一个翻滚动画。进入Gizmo子对象层级，如图10-53所示。

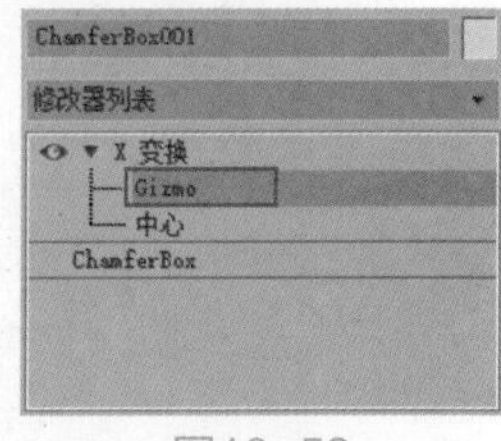

图10-53

08 按快捷键A键，开启“角度捕捉切换”功能。按快捷键N键，开启“自动关键点”功能。将“时间滑块”拖动至第10帧后，绕X轴旋转积木的Gizmo至如图10-54所示的效果。

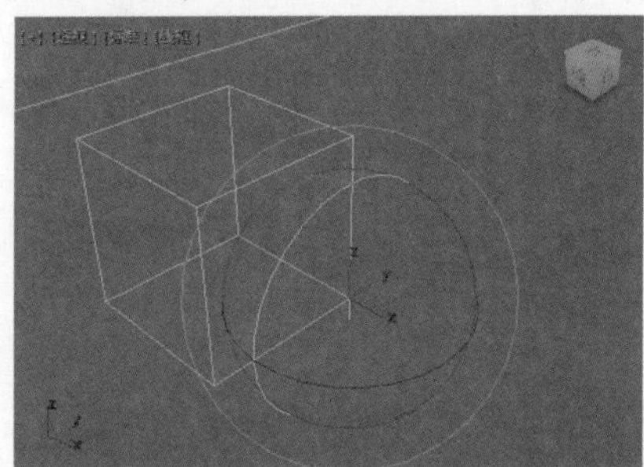

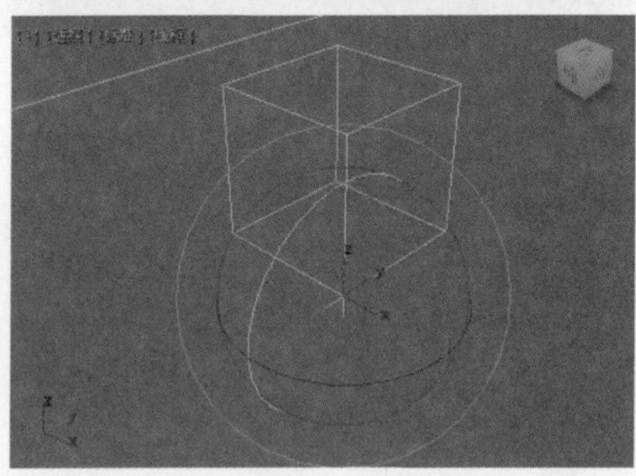

图10-54

09 按快捷键N键，关闭“自动关键点”功能。拖动“时间滑块”，可以看到积木的第一个翻滚动画制作完成了，动画关键帧记录如图10-55所示。

10 在“修改”面板中，再次为积木模型添加“X变换”修改器，如图10-56所示。

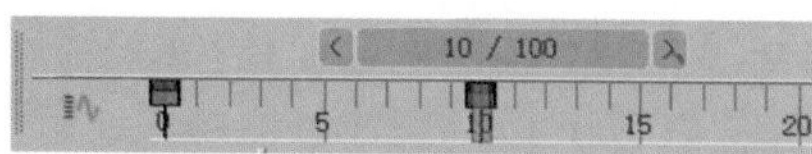

图10-55

11 以同样的方式制作积木模型的第二次翻滚动画后，拖动“时间滑块”，这时积木第一次翻滚动画出现了与桌面模型不匹配的距离误差，如图10-57所示。

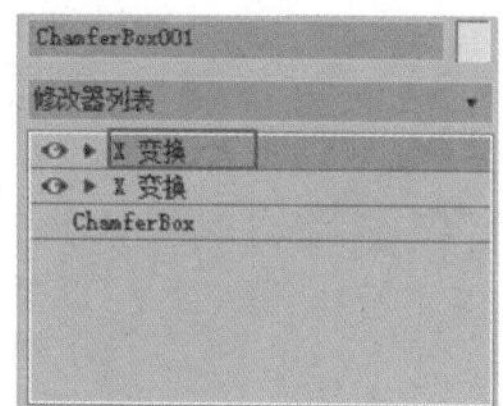

图10-56

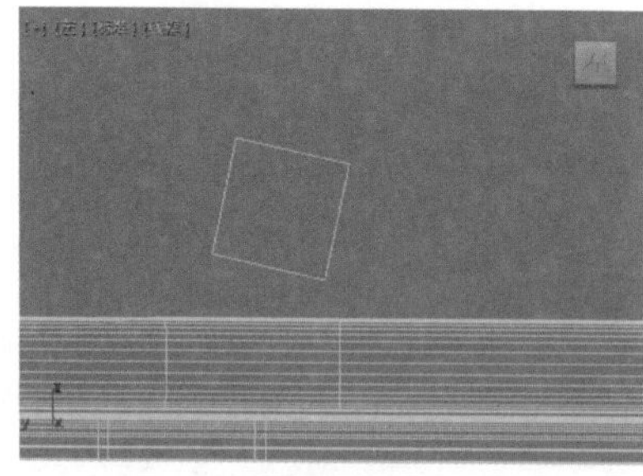

图10-57

12 打开“轨迹视图-曲线编辑器”窗口，选择场景中的积木模型，找到第二次添加“X变换”修改器的动画曲线，如图10-58所示。

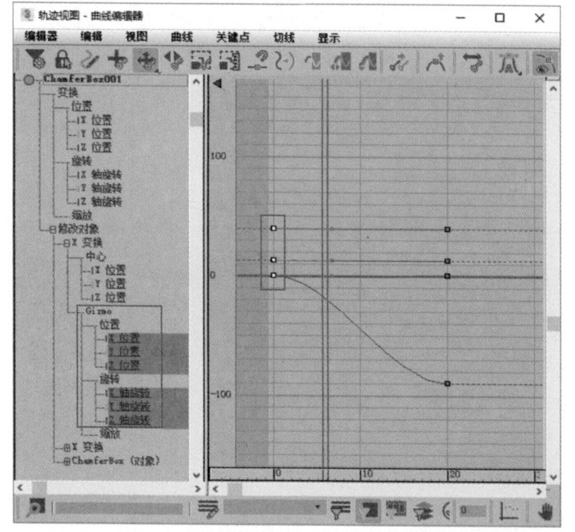

图10-58

13 调整该动画曲线的位置，如图10-59所示。这样，第二个“X变换”修改器的动画将不会对第一个“X变换”修改器的动画效果产生影响。

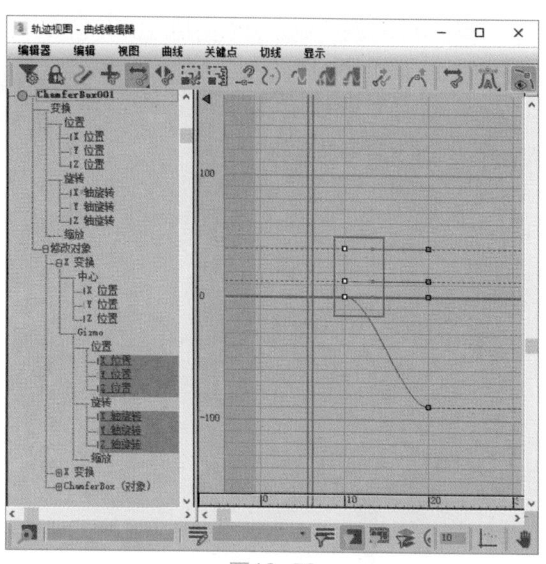

图10-59

14 再次播放动画，可以看到积木模型在翻滚的过程中不会离开桌子表面，如图10-60所示。

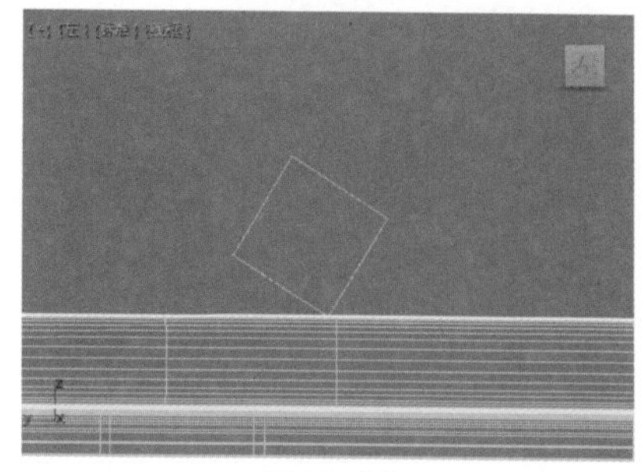

图10-60

15 在“修改”面板中，设置切角长方体的“圆角”值为0.2，“圆角分段”值为5，丰富积木模型的边角细节，如图10-61所示。

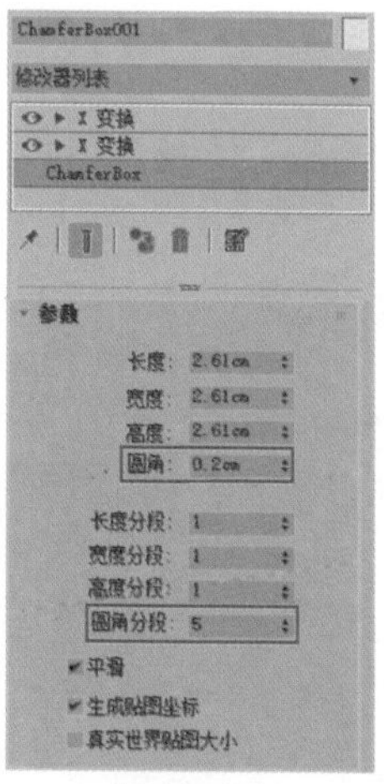

图10-61

16 本实例的动画完成效果如图10-62所示。

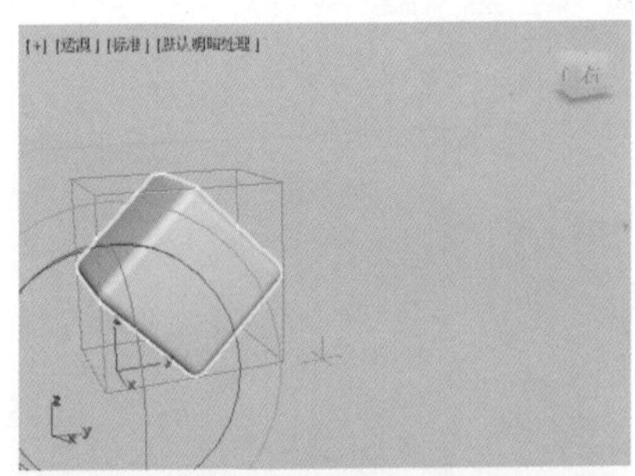
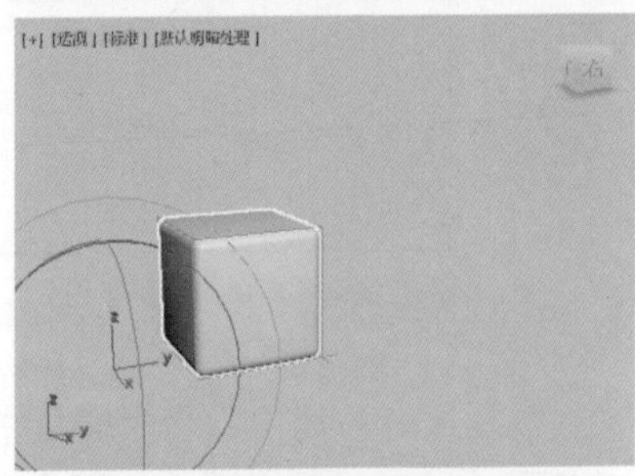
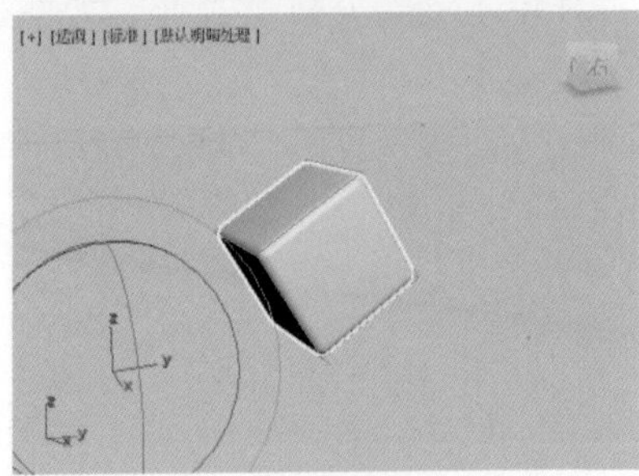

图10-62

实例操作：使用“曲线编辑器”制作文字变换动画

本实例使用“曲线编辑器”制作文字的变换动画，如图10-63所示为本实例的最终渲染结果。

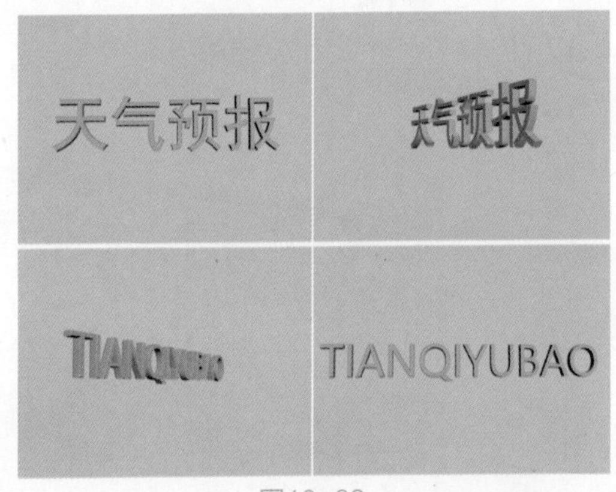

图10-63

01 启动3ds Max 2020软件，打开本书配套资源“文字场景.max”文件。本场景中有两个文字模型，并且已经设置了摄影机、材质、灯光及渲染参数，如图10-64所示。

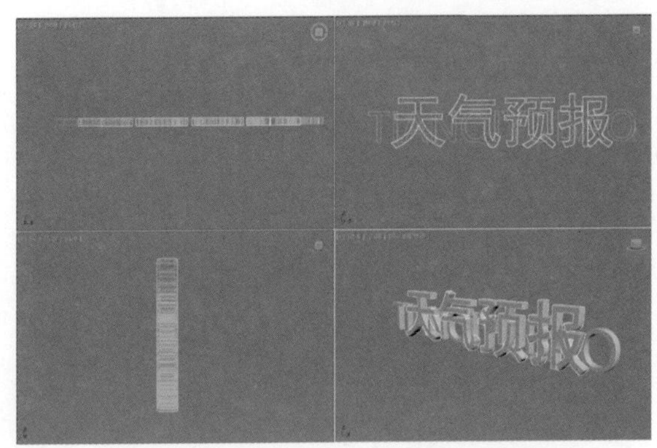

图10-64

02 选择场景中的“天气预报”文字模型，将“时间滑块”拖动至第35帧，按快捷键N键，打开“自动关键帧”记录功能，如图10-65所示。

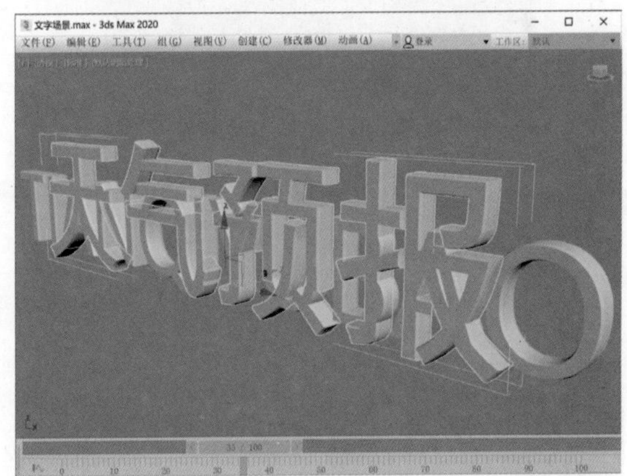

图10-65

03 右击并执行“对象属性”命令，如图10-66所示。

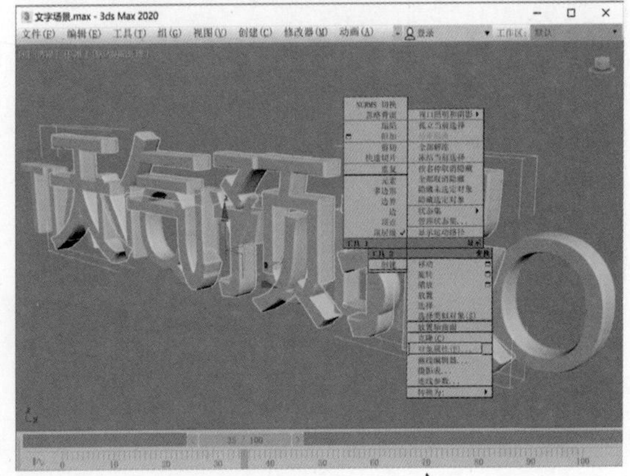

图10-66

04 在弹出的“对象属性”对话框中，将“可见性”的值设置为0，如图10-66所示。

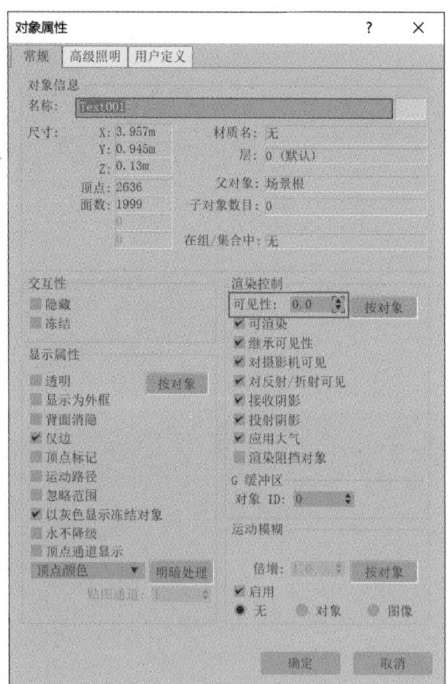

图10-67

05 设置完成后，单击“确定”按钮，关闭“对象属性”对话框，可以看到该文字模型生成的动画关键帧，如图10-68所示。

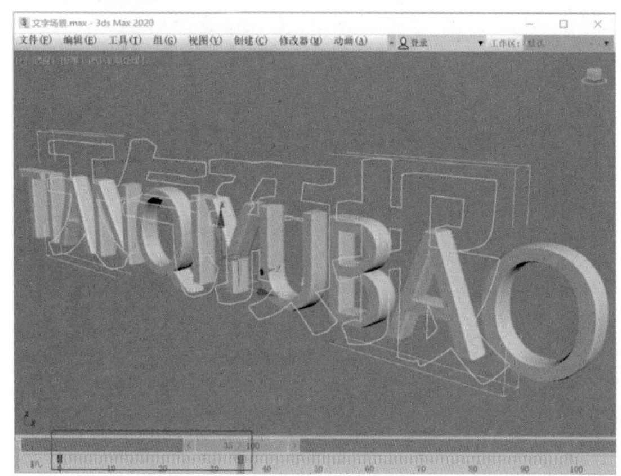

图10-68

06 调整第0帧动画关键帧的位置至第34帧，这样，使得文字模型在场景中的第0帧～第34帧都处于可见状态，等到了第35帧开始突然消失，如图10-69所示。

07 以类似的方式制作场景中另一个文字模型的出现动画，使该文字模型在场景中的第0帧～第34帧都不可见，等到了第35帧开始突然出现，如图10-70所示。

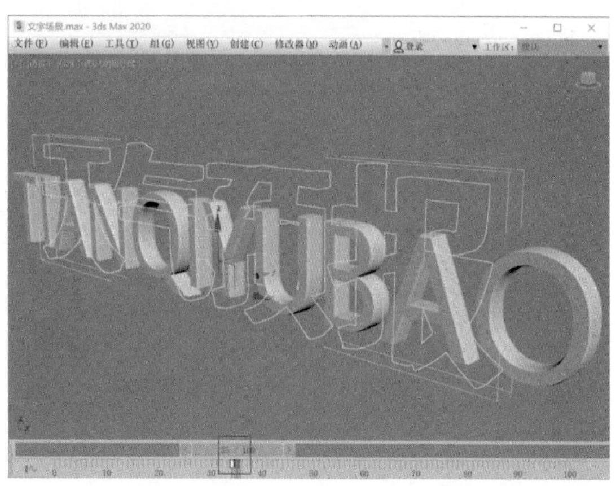

图10-69

图10-70

08 开始制作这两个文字的旋转动画。选择场景中的天气预报文字模型，在第35帧将其沿Z轴向旋转90°，如图10-71所示。

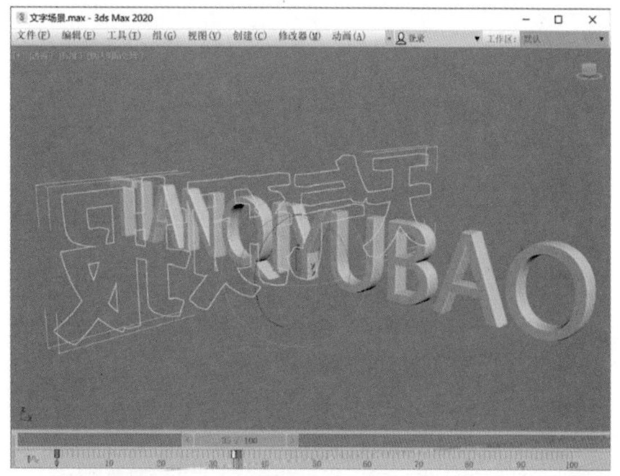

图10-71

09 右击并执行“曲线编辑器”命令，在弹出的“轨迹视图-曲线编辑器”窗口中，找到旋转动画的曲线，如图10-72所示。

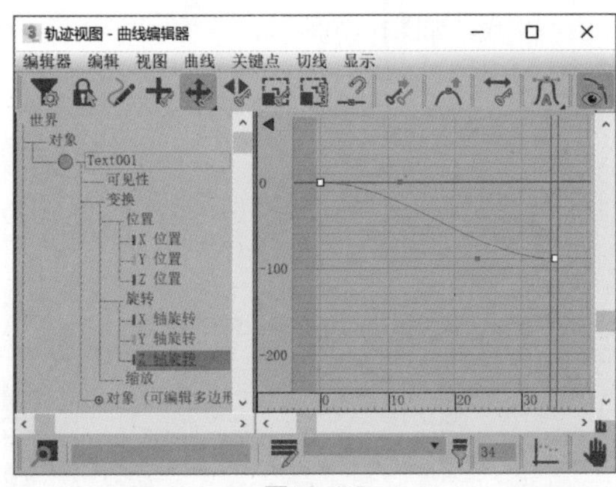

图10-72

10 选择旋转动画的曲线，单击“将切线设置为线性”按钮，调整旋转动画的曲线至如图10-73所示的效果。

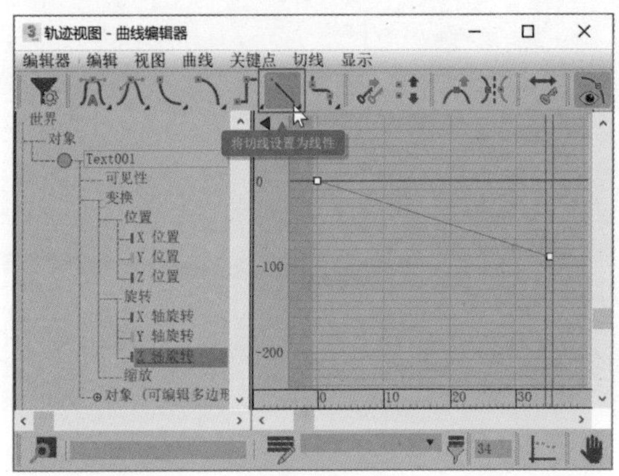

图10-73

11 设置完成后，关闭“轨迹视图-曲线编辑器”窗口，播放场景动画，可以看到现在文字的旋转动画是一个匀速的运动状态。

12 以同样的步骤制作场景中另一个文字的旋转动画，如图10-74所示。

图10-74

13 设置完成后，再次按快捷键N键，关闭“动画自动记录”功能，本实例的动画完成效果如图10-75所示。

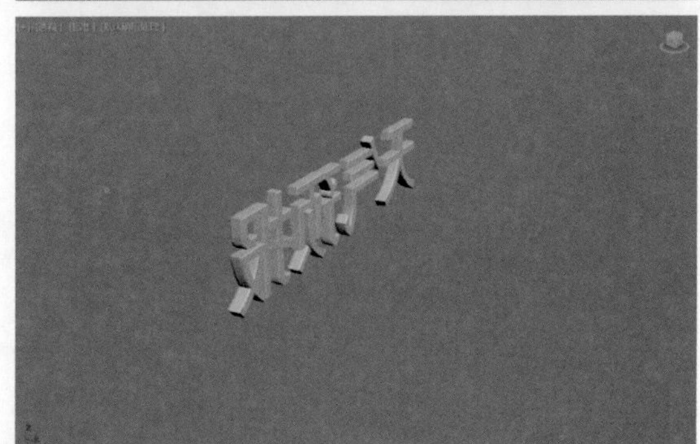

图10-75

10.4 轨迹视图-摄影表

“摄影表”编辑器使用“轨迹视图”在水平图形上显示随时间变化的动画关键点。这种以图形的方式显示调整动画计时的简化操作可以在一个类似电子表格中看到所有的关键点，如图10-76所示。

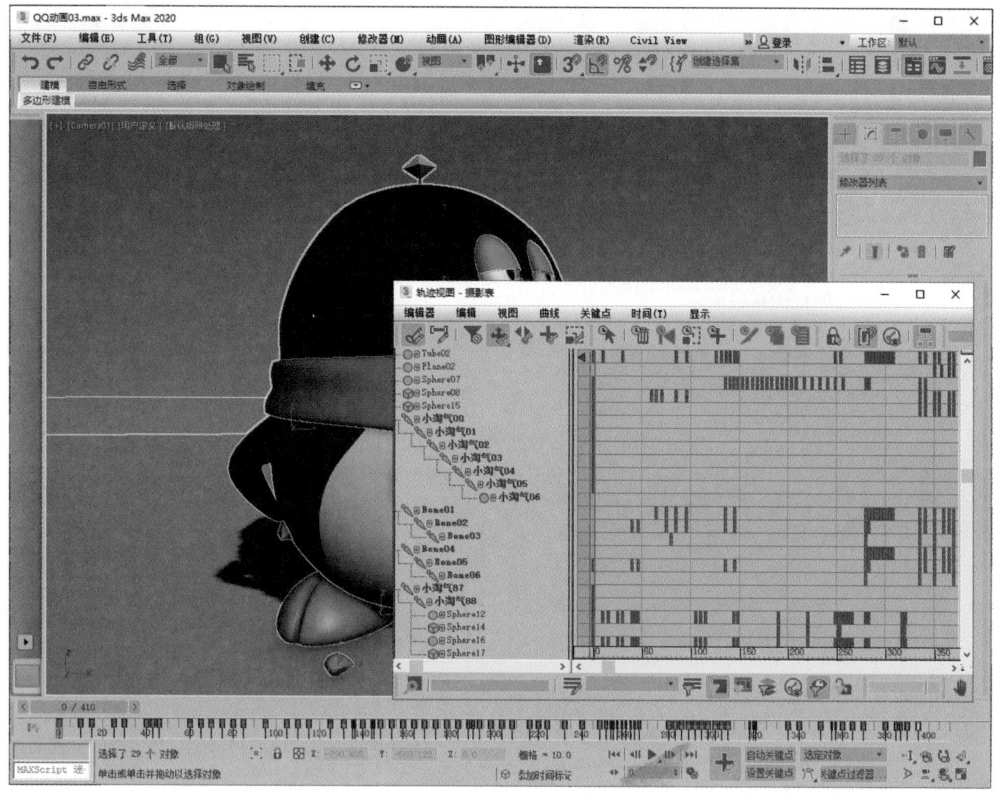

图10-76

10.4.1 “关键点”工具栏

“关键点”工具栏如图10-77所示。

图10-77

解析

- 编辑关键点：此模式在图形上将关键点显示为长方体。
- 编辑范围：此模式将设置了关键点的轨迹显示为范围栏，可以在宏级别编辑动画轨迹。
- 过滤器：确定在“轨迹视图”中显示哪些场景组件。
- 移动关键点：在“关键点”窗口中水平和垂直、仅水平或仅垂直移动关键点。
- 滑动关键点：移动一组关键点，同时在移动时移开相邻的关键点。
- 添加关键点：创建关键点。
- 缩放关键点：减少或增加两个关键帧之间的时间量。

10.4.2 “时间”工具栏

“时间”工具栏如图10-78所示。

图10-78

解析

- 选择时间：可以选择时间范围，时间选择包含时间范围内的任意关键点。
- 删除时间：从选定轨迹上移除选定时间。
- 反转时间：在选定时间段内反转选定轨迹上的关键点。
- 缩放时间：在选定的时间段内缩放选中轨迹上的关键点。
- 插入时间：可以在插入时间时插入一个范围的帧。
- 剪切时间：删除选定轨迹上的时间选择。

- 复制时间：复制选定的时间选择，以供粘贴用。
- 粘贴时间：将剪切或复制的时间选择添加到选定轨迹中。

10.4.3 “显示”工具栏

“显示”工具栏如图10-79所示。

图10-79

解析

- 锁定当前选择：锁定关键点选择。一旦创建了一个选择，启用此工具就可以避免不小心选择其他对象。
- 捕捉帧：限制关键点到帧的移动。
- 显示可设置关键点的图标：显示可将轨迹定义为可设置关键点或不可设置关键点的图标。
- 修改子树：启用该工具后，允许对父轨迹的关键点操纵作用于该层次下的轨迹。
- 修改子对象关键点：如果在没有启用“修改子树”的情况下修改父对象，请使用“修改子对象关键点”将更改应用于子关键点。

10.5 动画约束

动画约束是可以帮助用户自动化动画过程的控制器的特殊类型。通过与另一个对象绑定，可以使用约束来控制对象的位置、旋转或缩放。通过对对象设置约束，可以将多个物体的变换约束到一个物体上，从而极大地减少动画师的工作量，也便于项目后期的动画修改。执行菜单栏中的“动画/约束”命令，即可看到3ds Max 2020所提供的所有约束命令，如图10-80所示。

附着约束(A)
曲面约束(S)
路径约束(P)
位置约束(O)
链接约束
注视约束
方向约束(R)

图10-80

10.5.1 附着约束

附着约束是一种位置约束，可以将一个对象的位置附着到另一个对象的面上，其参数如图10-81所示。

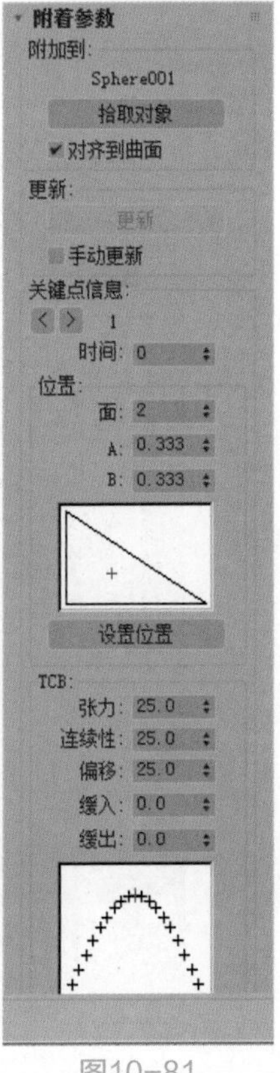

图10-81

解析

“附加到”选项组

- “拾取对象”按钮 拾取对象 ：在视口中为附着选择并拾取目标对象。
- 对齐到曲面：将附加的对象的方向固定在指定的面上。

“更新”选项组

- “更新”按钮 更新 ：单击该按钮，可以更新显示。
- 手动更新：选中该复选框，可以激活“更新”按钮。

“关键点信息”选项组

- 时间：显示当前帧，并可以将当前关键点移动到不同的帧中。
- 面：将对象的位置附加到面的ID上。
- A/B：设置定义面上附加对象的位置的重心坐标。
- “设置位置”按钮 设置位置 ：单击该按钮，可以通过在视口中的目标对象上拖动来指定面和面上的位置。

TCB选项组

- 张力：设置TCB控制器的张力，范围为0~50。
- 连续性：设置TCB控制器的连续性，范围为0~50。
- 偏移：设置TCB控制器的偏移，范围为0~50。
- 缓入：设置TCB控制器的缓入，范围为0~50。
- 缓出：设置TCB控制器的缓出，范围为0~50。

10.5.2 曲面约束

曲面约束能将对象限制在另一对象的表面。需要注意的是，可以作为曲面对象的对象类型是有限制的，即它们的表面必须能用参数表示。比如，球体、圆锥体、圆柱体、圆环这些标准基本体是可以作为曲面对象的，而长方体、四棱锥、茶壶、平面这些标准基本体则不可以。曲面约束的参数如图10-82所示。

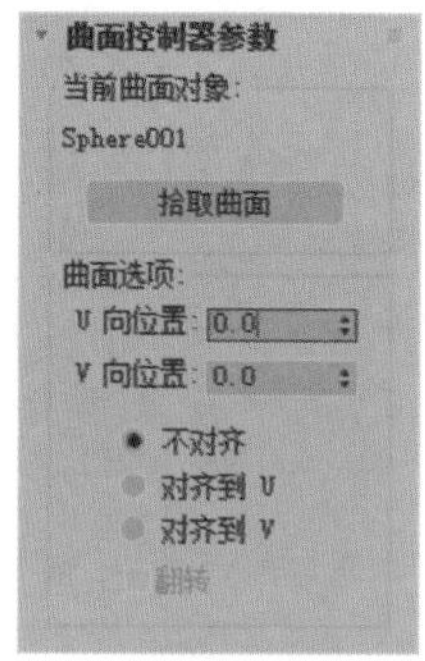

图10-82

解析

"当前曲面对象"选项组

- "拾取曲面"按钮：单击该按钮，可以拾取对象，拾取成功后会在按钮上方显示曲面对象的名称。

"曲面选项"选项组

- U向位置/V向位置：调整控制对象在曲面对象U/V坐标轴上的位置。
- 不对齐：不管控制对象在曲面对象上处于什么位置，它都不会重定向。
- 对齐到U：将控制对象的本地 Z 轴与曲面对象的曲面法线对齐，将 X 轴与曲面对象的 U 轴对齐。
- 对齐到V：将控制对象的本地 Z 轴与曲面对象的曲面法线对齐，将 X 轴与曲面对象的 V 轴对齐。
- 翻转：翻转控制对象局部 Z 轴的对齐方式。

10.5.3 路径约束

使用路径约束可限制对象的移动，并将对象约束至一根样条线上移动，或在多个样条线之间以平均间距进行移动。其参数如图10-83所示。

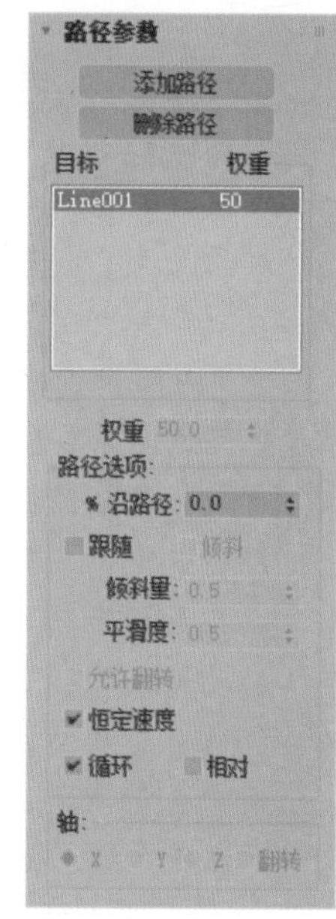

图10-83

解析

- "添加路径"按钮：添加一个新的样条线路径，使之对约束对象产生影响。
- "删除路径"按钮：从目标列表中移除一个路径。一旦移除目标路径，它将不再对约束对象产生影响。
- 权重：为每个路径指定约束的强度。

"路径选项"选项组

- %沿路径：设置对象沿路径的位置百分比。
- 跟随：在对象跟随轮廓运动的同时将对象指定给轨迹，如图10-84所示为选中该复选框前后茶壶对象的方向对比。

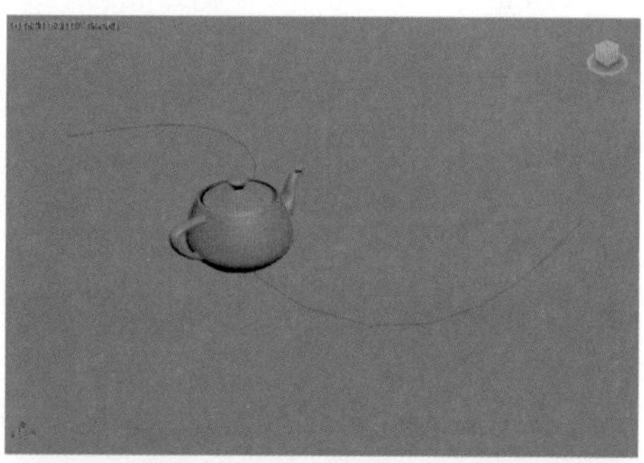

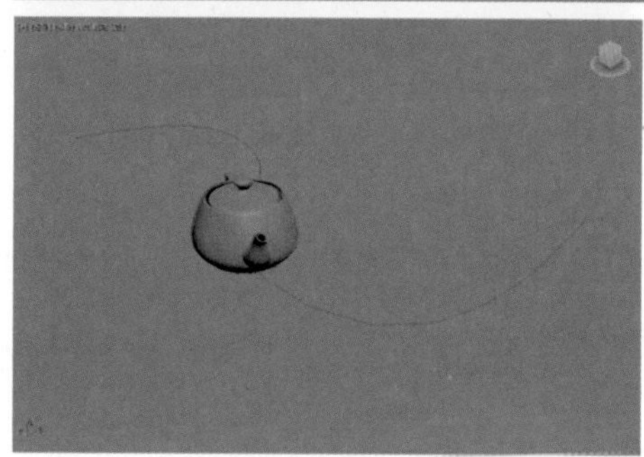

图10-84

- 倾斜：当对象通过样条线的曲线时，允许对象倾斜。
- 倾斜量：调整该参数，可以使倾斜从一边或另一边开始，这依赖于这个参数值是正数或负数。

- 平滑度：控制对象在经过路径中的转弯时翻转角度改变的快慢程度。
- 允许翻转：启用后，可避免在对象沿着垂直方向的路径行进时有翻转的情况。
- 恒定速度：沿着路径提供一个恒定的速度。
- 循环：默认情况下，当约束对象到达路径末端时，它不会越过末端点。选中“循环”复选框后，当约束对象到达路径末端时会循环回起始点。
- 相对：启用后，保持约束对象的原始位置。对象会沿着路径的同时有一定距离的偏移，这个距离基于它的原始世界空间位置。

“轴”选项组

- X/Y/Z：定义对象的X/Y/Z轴与路径轨迹对齐。
- 翻转：启用此复选框，可以翻转轴的方向。

10.5.4 位置约束

通过位置约束可以根据目标对象的位置或若干对象的加权平均位置对某一对象进行定位，其参数如图10-85所示。

图10-85

解析

- “添加位置目标”按钮 添加位置目标 ：添加新的目标对象以影响受约束对象的位置。
- “删除位置目标”按钮 删除位置目标 ：移除高亮显示的目标。一旦移除了目标，该目标将不再影响受约束的对象。
- 权重：为高亮显示的目标指定一个权重值并设置动画。
- 保持初始偏移：用来保存受约束对象与目标对象的原始距离。

10.5.5 链接约束

链接约束可以使对象继承目标对象的位置、旋转度以及比例，常常用来制作物体在多个对象之间的传递动画，其参数如图10-86所示。

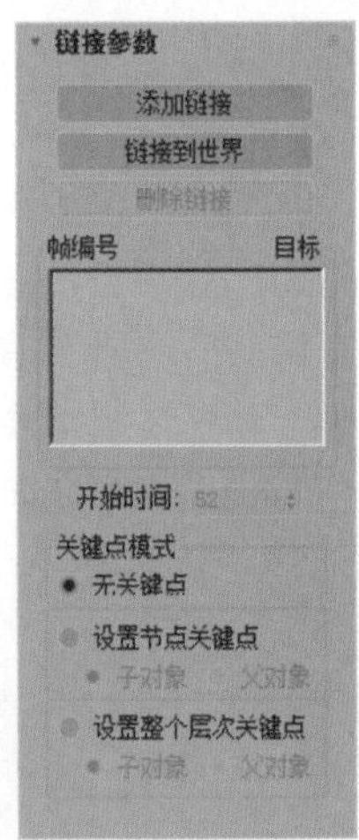

图10-86

解析

- “添加链接”按钮 添加链接 ：添加一个新的链接目标。
- “链接到世界”按钮 链接到世界 ：将对象链接到世界（整个场景）。
- “删除链接”按钮 删除链接 ：移除高亮显示的链接目标。
- 开始时间：指定或编辑目标的帧值。
- 无关键点：约束对象或目标中不会写入关键点。
- 设置节点关键点：将关键帧写入指定的选项。
- 设置整个层次关键点：用指定的选项在层次上部设置关键帧。

10.5.6 注视约束

注视约束会控制对象的方向，使它一直注视另外一个或多个对象，常用来制作角色的眼球动画，其参数如图10-87所示。

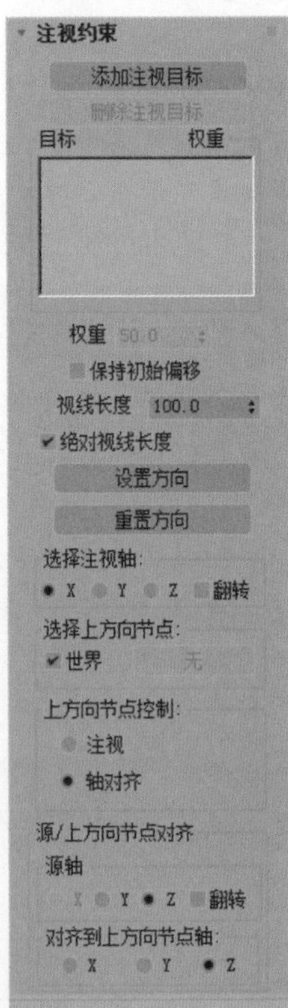

图10-87

解析

- “添加注视目标”按钮 添加注视目标 ：用于添加影响约束对象的新目标。
- “删除注视目标”按钮 删除注视目标 ：用于移除影响约束对象的目标对象。
- 权重：用于为每个目标指定权重值并设置动画。
- 保持初始偏移：将约

束对象的原始方向保持为相对于约束方向上的一个偏移。

- 视线长度：定义从约束对象轴到目标对象轴所绘制的视线长度。
- 绝对视线长度：启用后，3ds Max 仅使用“视线长度”设置主视线的长度；受约束对象和目标之间的距离对此没有影响。
- “设置方向”按钮 设置方向 ：允许对约束对象的偏移方向进行手动定义。单击该按钮，可以使用旋转工具设置约束对象的方向。在约束对象注视目标时会保持此方向。
- “重置方向”按钮 重置方向 ：将约束对象的方向设置回默认值。如果要在手动设置方向后重置约束对象的方向，该按钮非常有用。

“选择注视轴”选项组

- X/Y/Z：用于定义注视目标的轴。
- 翻转：反转局部轴的方向。

“选择上方向节点”选项组

- 注视：上方向节点与注视目标相匹配。
- 轴对齐：上方向节点与对象轴对齐。

“源/上方向节点对齐”选项组

- 源轴：选择与上方向节点轴对齐的约束对象的轴。
- 对齐到上方向节点轴：选择与选中的原轴对齐的上方向节点轴。

10.5.7 方向约束

方向约束会使某个对象的方向沿着目标对象的方向或若干目标对象的平均方向，其参数如图10-88所示。

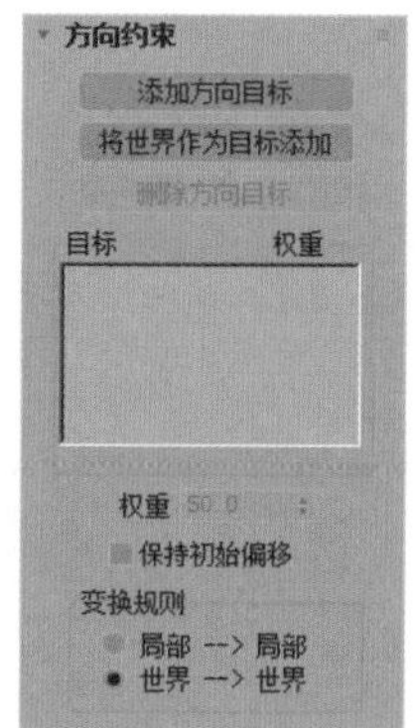

图10-88

解析

- “添加方向目标”按钮 添加方向目标 ：添加影响受约束对象的新目标对象。
- “将世界作为目标添加”按钮 将世界作为目标添加 ：将受约束对象与世界坐标轴对齐。可以设置世界对象相对于任何其他目标对象对受约束对象的影响程度。
- “删除方向目标”按钮 删除方向目标 ：移除目标。移除目标后，将不再影响受约束对象。
- 权重：为每个目标指定不同的影响值。
- 保持初始偏移：保留受约束对象的初始方向。

“变换规则”选项组

- 局部-->局部：局部节点变换将用于方向约束。
- 世界-->世界：将应用父变换或世界变换，而不应用局部节点变换。

实例操作：使用“路径约束”制作玩具导弹运动动画

本实例使用“路径约束”制作玩具导弹的曲线运动动画。如图10-89所示为本实例的最终渲染结果。

图10-89

01 启动3ds Max 2020软件，打开本书配套资源“玩具导弹.max”文件。本场景包含一个玩具导弹的模型和一条曲线，并且已经设置了摄影机、材质、灯光及渲染参数，如图10-90所示。

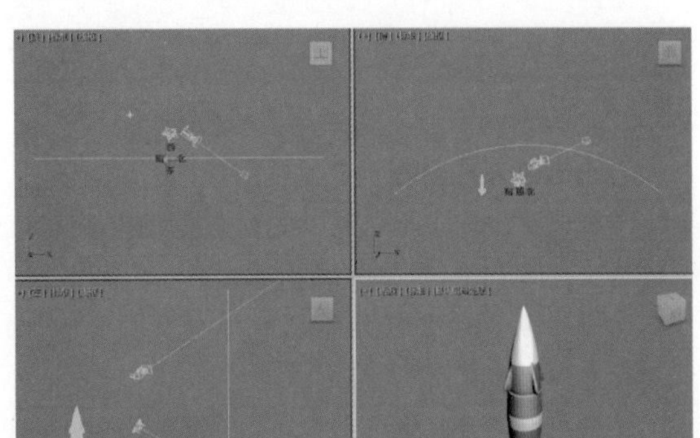

图10-90

02 选择场景中的玩具导弹模型，执行菜单栏中的“动画/约束/路径约束”命令，如图10-91所示。

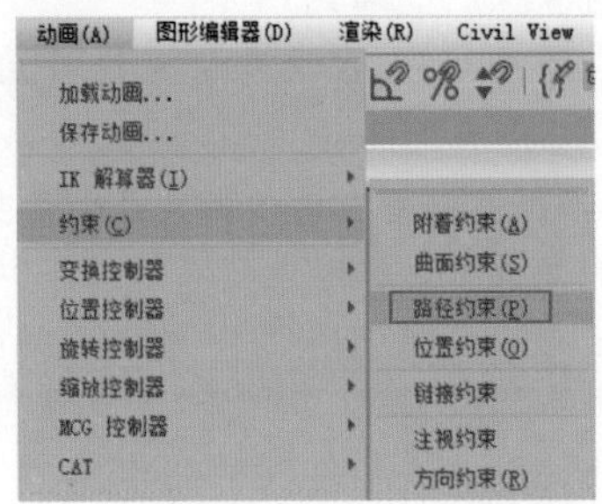

图10-91

03 单击场景中的弧线，即可将玩具导弹模型路径约束至所选择的弧线上，如图10-92所示。

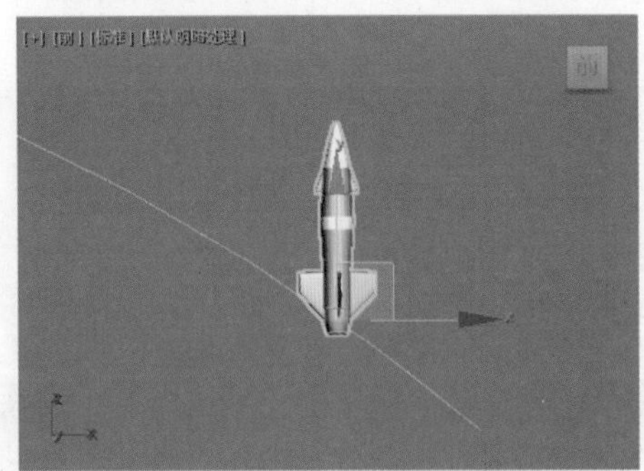

图10-92

04 在“运动”面板中，展开“路径参数”卷展栏，选中“跟随”复选框，如图10-93所示。

05 观察“前”视图，可以看到玩具导弹模型的方向更改为如图10-94所示的效果。

06 在“路径参数”卷展栏中，将“轴”设置为Z轴，如图10-95所示。

07 观察“前”视图，可以看到玩具导弹模型的方向与其路径运动的方向一致，如图10-96所示。

08 设置完成后，拖动“时间滑块”，即可看到玩具导弹的曲线运动动画。本实例的最终动画效果如图10-97所示。

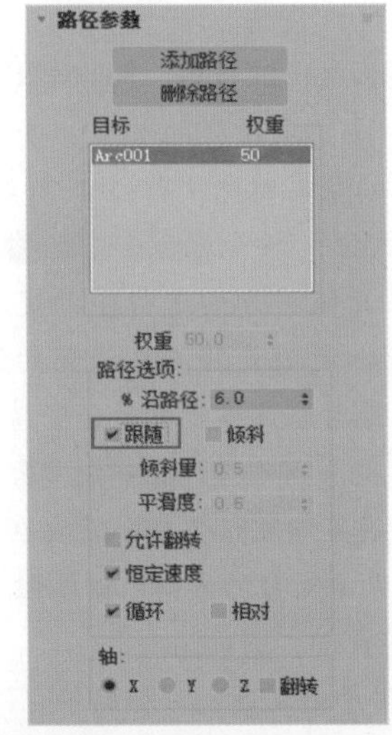

图10-93

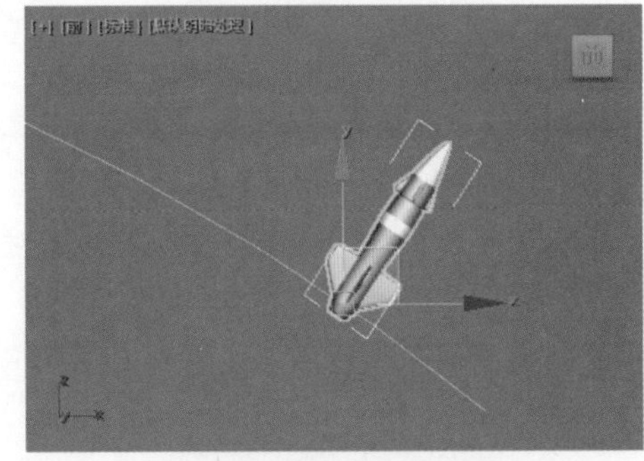

图10-94

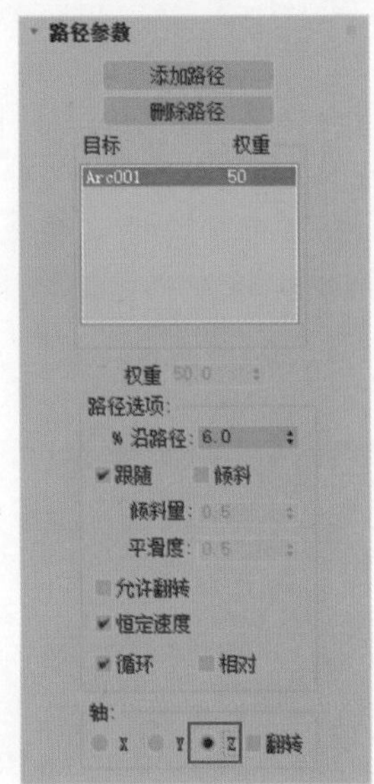

图10-95

图10-96

图10-97

实例操作：使用“注视约束”制作气缸动画

本实例使用“注视约束”制作气缸工作的运动动画，如图10-98所示为本实例的最终渲染结果。

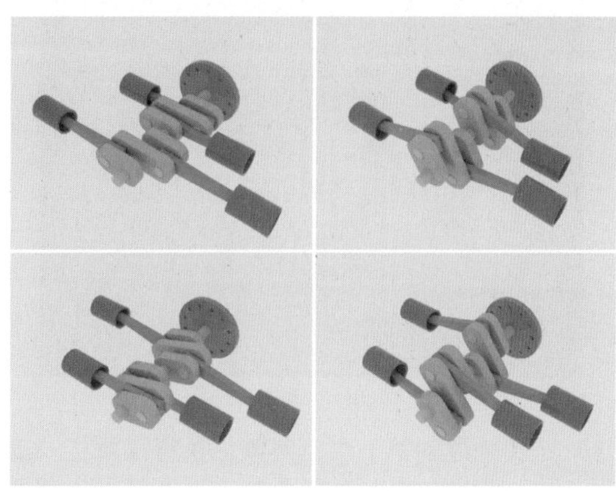

图10-98

01 启动3ds Max 2020软件，打开本书配套资源“气缸场景.max”文件，如图10-99所示。

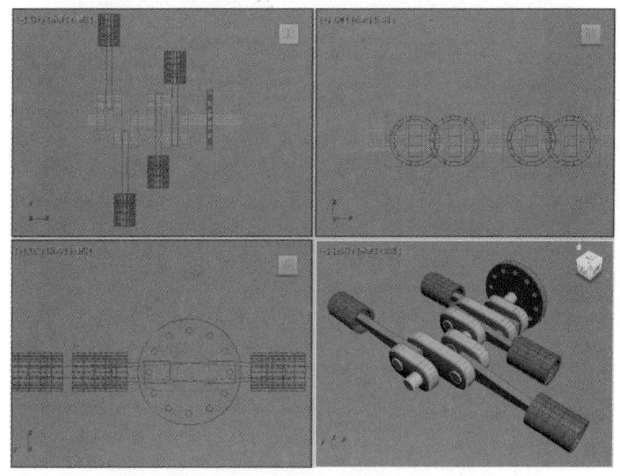

图10-99

02 在“创建”面板中，单击“点”按钮，在场景中任意位置创建4个点，如图10-100所示。

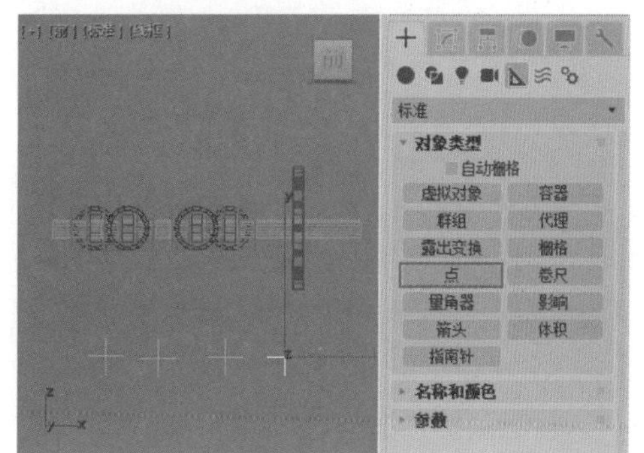

图10-100

03 选择场景中的曲轴模型和连杆模型，单击“主工具栏”中的“选择并链接”按钮，将其链接至飞轮模型上，如图10-101所示。

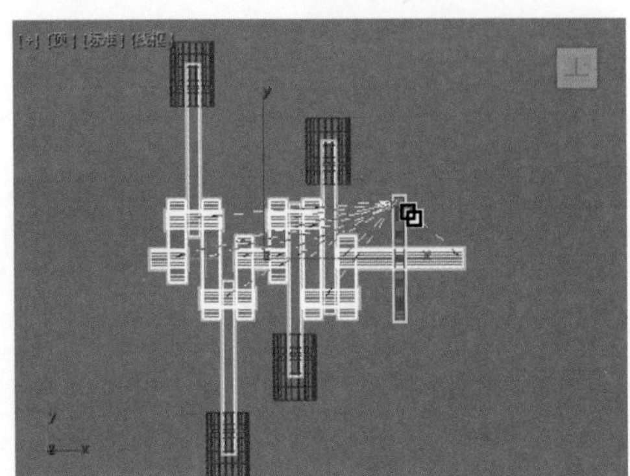

图10-101

04 选择创建的第一个点对象，执行菜单栏“动画/约束/附着约束”命令，将点对象约束至场景中的第一个连杆模型上，如图10-102所示。

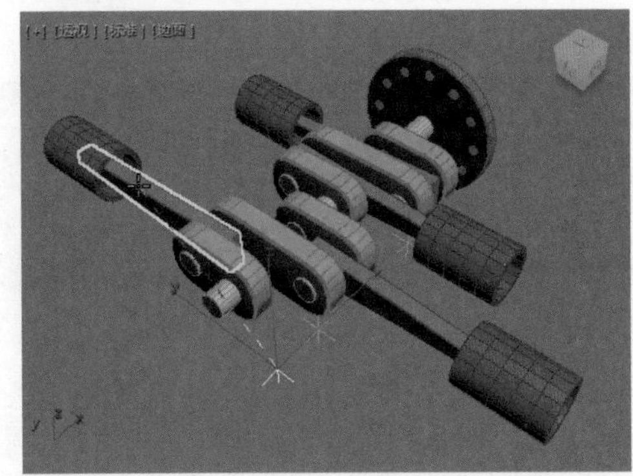

图10-102

05 在“运动”面板中，单击“设置位置”按钮，将点对象的位置更改至连杆模型的顶端，如图10-103所示。

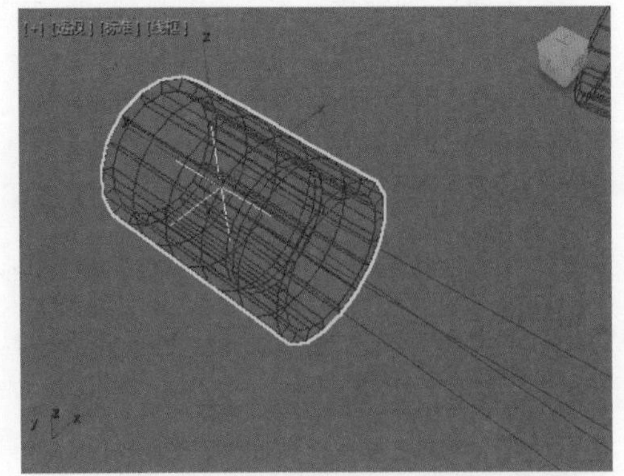

图10-103

06 以相同的操作将其他3个点对象附着约束至其他连杆模型上，如图10-104所示。

07 单击“虚拟对象”按钮，在场景中创建4个虚拟对象，如图10-105所示。

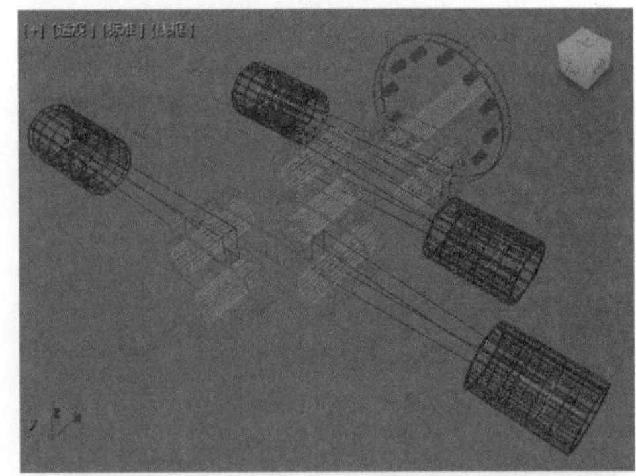

图10-104

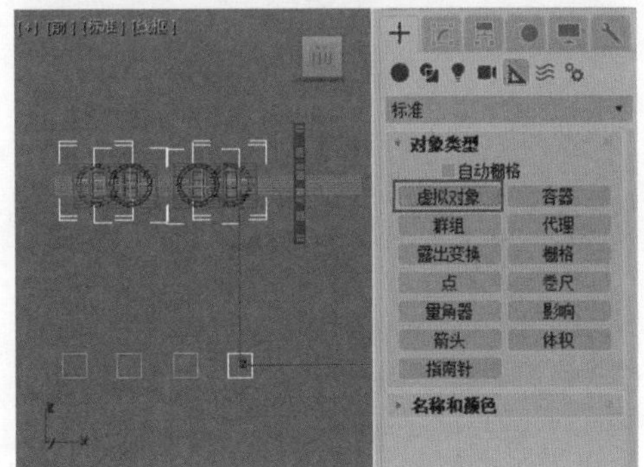

图10-105

08 选择创建的第一个虚拟对象，按组合键Shift+A键，再单击场景中的第一个活塞模型，将虚拟对象快速对齐到活塞模型上，如图10-106所示。

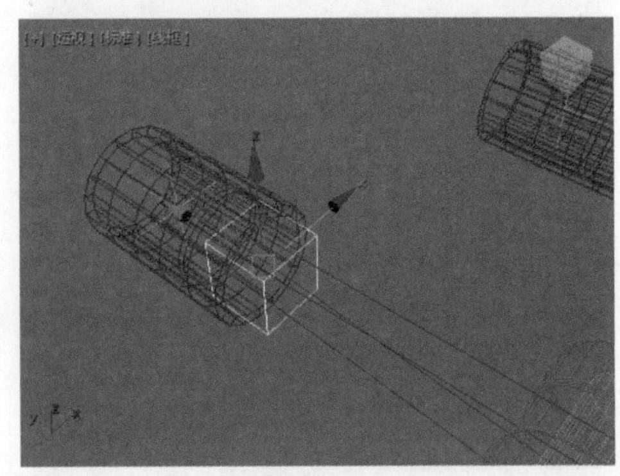

图10-106

09 以相同的方式将其他3个虚拟对象分别快速对齐至场景中的另外3个活塞模型上，如图10-107所示。

10 在“顶”视图中调整这4个虚拟对象的位置至如图10-108所示的效果。

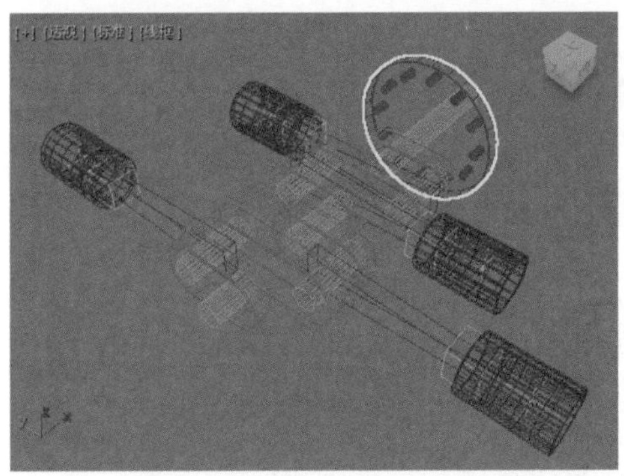

图10-107

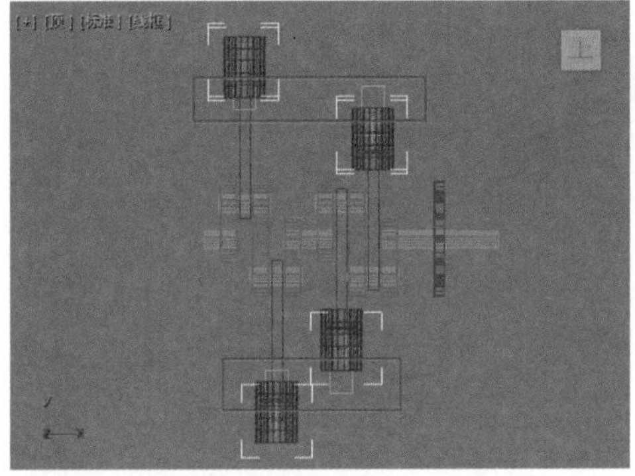

图10-108

11 在“透视”视图中，选择左侧的第一个连杆模型，执行菜单栏中的“动画/约束/注视约束”命令，再单击左侧的第一个虚拟对象，将连杆注视约束到虚拟对象上，如图10-109所示。

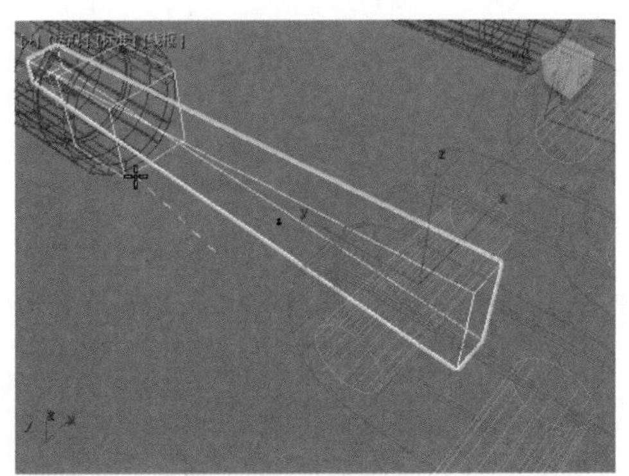

图10-109

12 在“运动”面板中，选中“保持初始偏移”复选框，这样连杆模型的方向就会恢复到之前的正确方向，如图10-110所示。

13 在“前”视图中，选择左侧的第一个活塞模型，单击“主工具栏”中的“选择并链接”按钮，将活塞模型链接到该活塞模型下方的点对象上以建立父子关系，如图10-111所示。

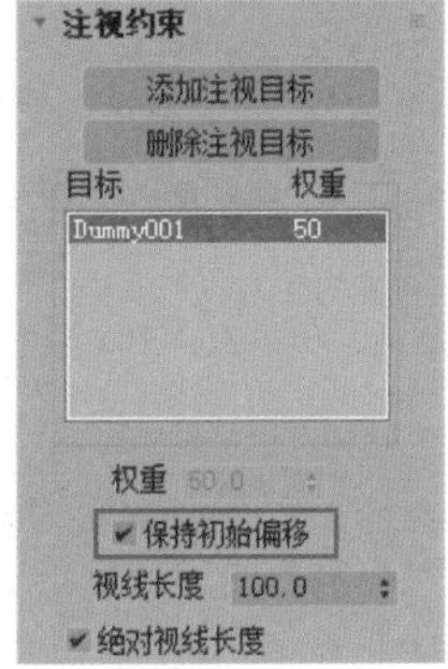

图10-110

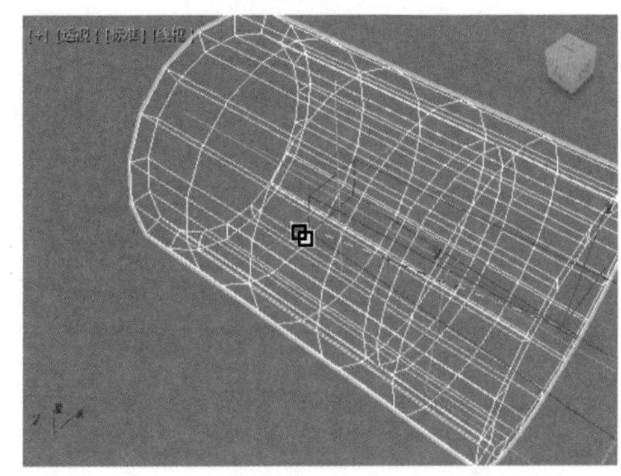

图10-111

14 在“层次”面板中，切换至“链接信息”选项卡，在“继承”卷展栏的“移动”选项组中，仅选中Y复选框，让活塞模型仅继承点对象的Y方向运动属性，这样可以保证活塞在场景中只进行水平运动，如图10-112所示。

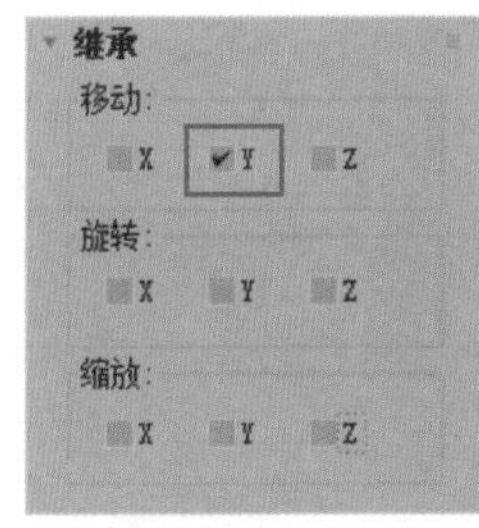

图10-112

15 以相同的方式对其他3个连杆和活塞模型进行设置，这样就完成了整个气缸动画的装配过程。

16 按快捷键N键，打开“自动关键点”功能，将“时间滑块”移动到第10帧，对飞轮模型沿自身X轴向旋转60°，制作一个旋转动画，如图10-113所示。在旋转飞轮模型时，本装置只需要一个旋转动画即可带动整个气缸系统一起进行合理的运动。

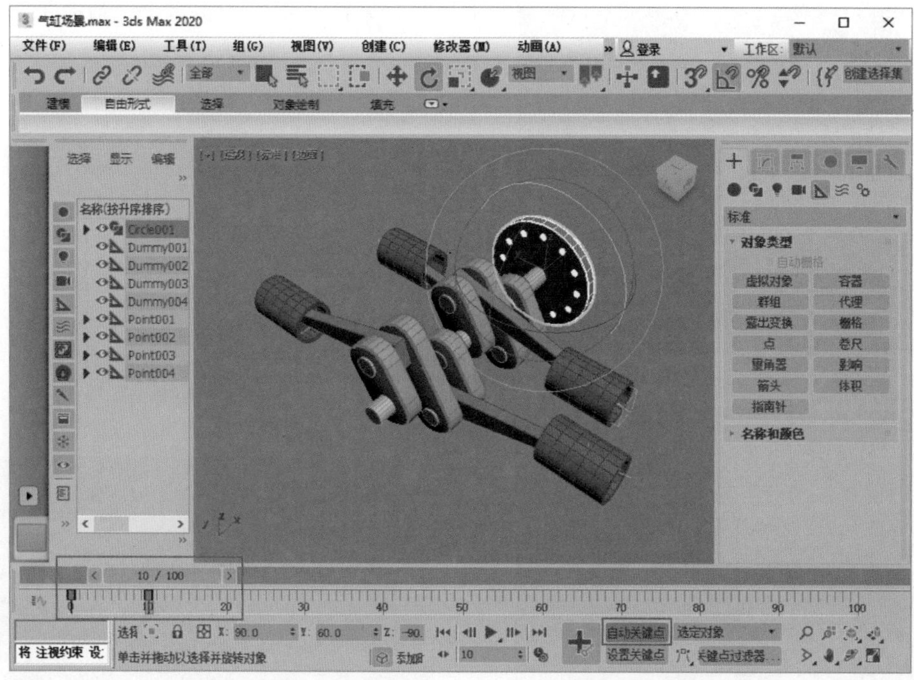
图10-113

17 再次按快捷键N键，关闭“自动关键点”功能。在场景中，单击鼠标右键，在弹出的四元菜单中执行“曲线编辑器”命令，打开“轨迹视图-曲线编辑器”窗口，如图10-114所示。

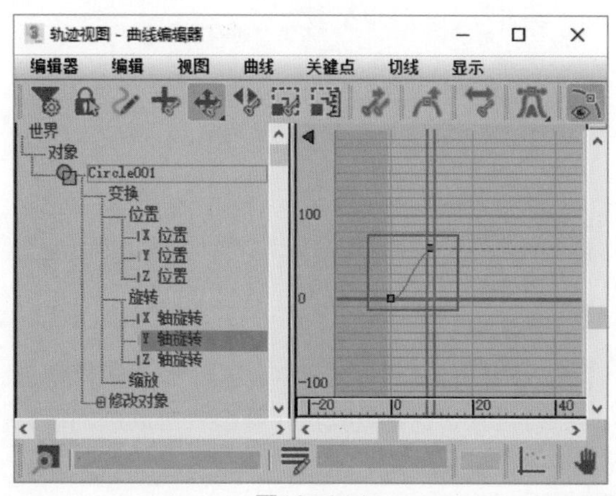
图10-114

18 在“轨迹视图-曲线编辑器”窗口中，选择箭头模型的“X轴旋转”属性，单击工具栏中的“参数曲线超出范围类型”按钮，在弹出的“参数曲线超出范围类型”对话框中选择“相对重复”选项，如图10-115所示。这样，箭头的旋转动画将会随场景中的时间播放一直进行下去，而不会只限制在设置的0~10帧范围内。

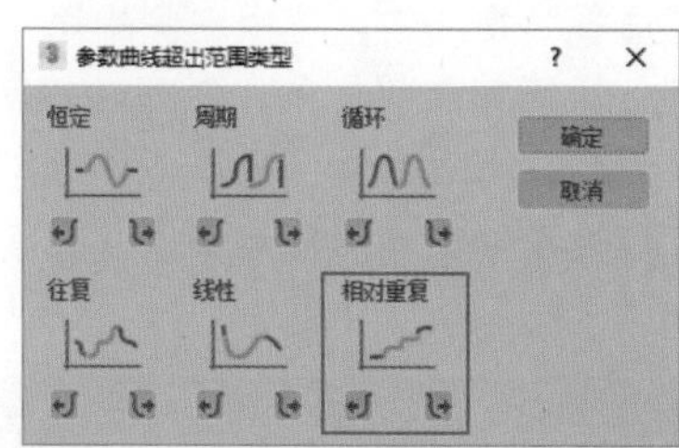
图10-115

19 设置完成后，关闭“轨迹视图-曲线编辑器”窗口。本实例的动画最终完成效果如图10-116所示。

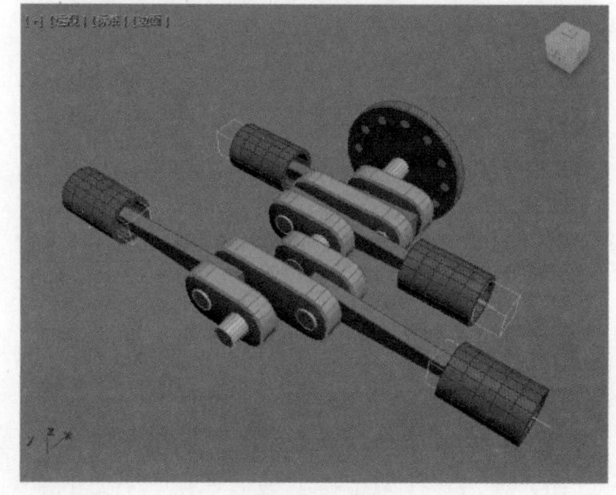
图10-116

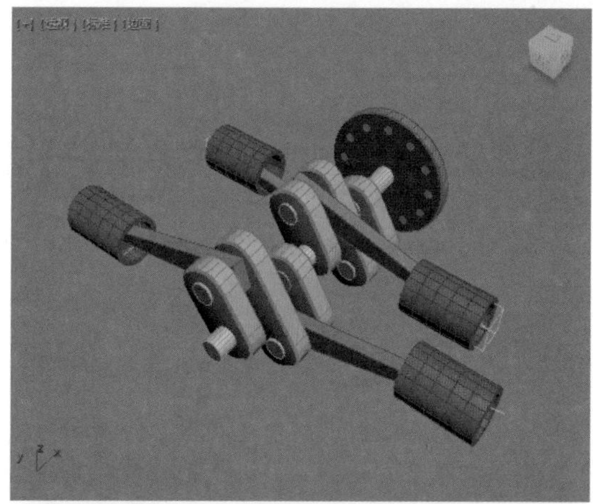

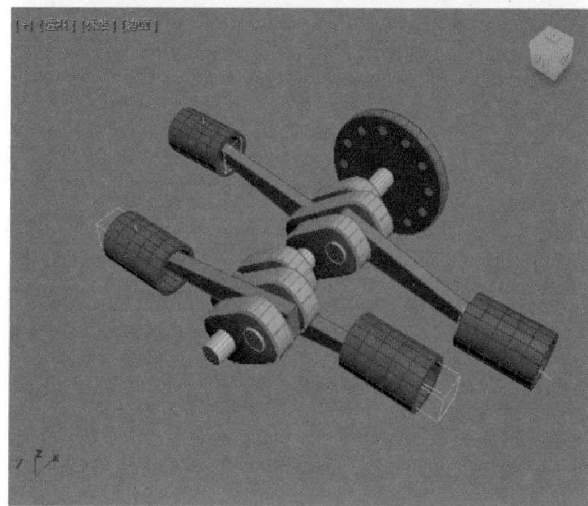

图10-116（续）

10.6　动画控制器

3ds Max 2020提供了多种动画控制器。使用动画控制器可以存储动画关键点值和程序动画设置，还可以在动画的关键帧之间进行动画插值操作。动画控制器的使用方法与修改器类似。在对象的不同属性上指定新的动画控制器时，3ds Max会自动过滤该属性无法使用的控制器，仅提供适合当前属性的动画控制器。下面介绍动画制作过程中较为常用的动画控制器。

10.6.1　噪波控制器

噪波控制器可以作用于一系列的动画帧，产生随机的、基于分形的动画，其参数如图10-117所示。

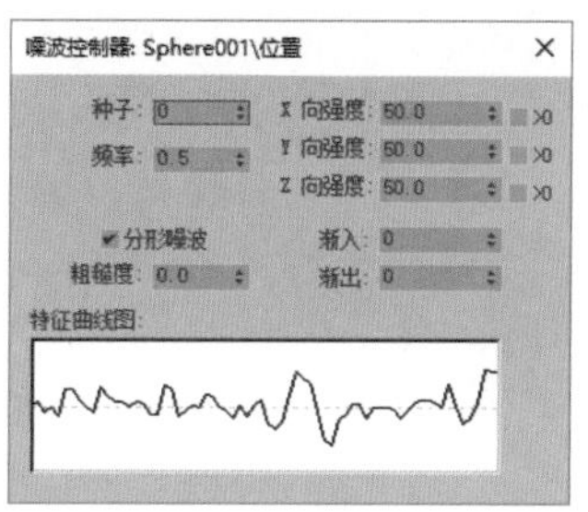

图10-117

解析

- 种子：开始噪波计算。改变种子，可以创建一个新的曲线。
- 频率：控制噪波曲线的波峰和波谷。
- X/Y/Z向强度：在X/Y/Z的方向上设置噪波的输出值。
- 渐入：设置噪波逐渐达到最大强度所用的时间量。
- 渐出：设置噪波用于下落至 0 强度的时间量。值为0时，噪波在范围末端立即停止。
- 分形噪波：使用分形布朗运动生成噪波。
- 粗糙度：改变噪波曲线的粗糙度。
- 特征曲线图：以图表的方式表示改变噪波属性所影响的噪波曲线。

10.6.2　弹簧控制器

弹簧控制器可以对任意点或对象位置添加次级动力学效果。最终结果类似于柔体修改器的次级质量/弹簧动力学。使用此控制点，可以给静态的动画添加逼真感。弹簧控制器包括“弹簧动力学”卷展栏和“力，限制和精度”卷展栏，其中“弹簧动力学”卷展栏如图10-118所示。

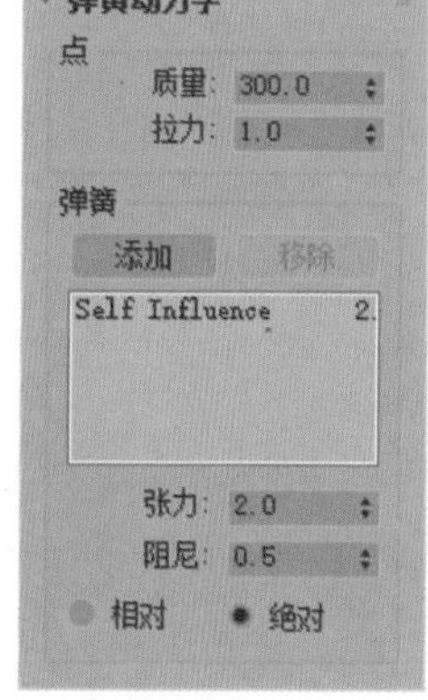

图10-118

解析

“点”选项组

- 质量：设置弹簧控制器的对象质量。增加质量可以使弹簧的运动显得更加夸张。

- 拉力：在弹簧运动中，用作空气摩擦。

“弹簧”选项组

- “添加”按钮：单击此按钮，然后选择其运动相对于弹簧控制对象的一个或多个对象作为弹簧控制对象上弹簧。
- “移除”按钮：移除列表中高亮显示的弹簧对象。
- 张力：受控对象和高亮显示的弹簧对象之间的虚拟弹簧的“刚度”。
- 阻尼：作为内部因子的一个乘数，决定对象停止的速度。
- 相对/绝对：如果选择“相对”，更改“张力”和“阻尼”设置时，新设置加到已有的值上。如果选择“绝对”，新设置代替已有的值。

“力，限制和精度”卷展栏如图10-119所示。

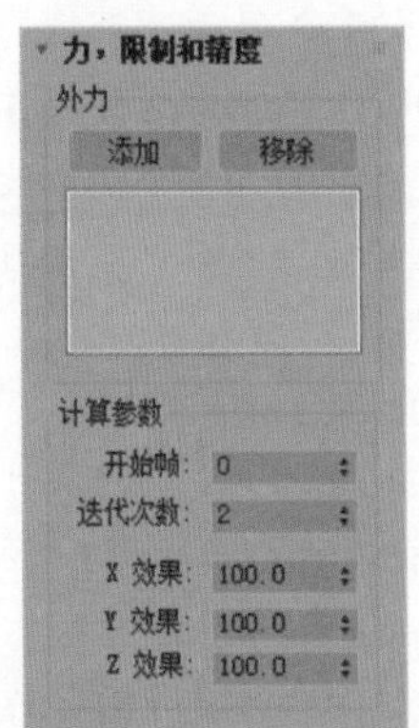

图10-119

解析

“外力”选项组

- “添加”按钮：单击此按钮，然后在力类别中选择一个或多个空间扭曲，用来影响对象的运动。
- “移除”按钮：移除列表中高亮显示的空间扭曲。

“计算参数”选项组

- 开始帧：弹簧控制器开始生效的帧。默认设置为0。
- 迭代次数：控制器应用程序的精度。如果出现了预想不到的结果，那么尝试增加此“迭代次数”。默认设置为2。范围为0~4。
- X/Y/Z效果：控制单个世界坐标轴上影响的百分比。

10.6.3 表达式控制器

表达式控制器允许使用数学表达式控制对象的属性动画，其参数如图10-120所示。

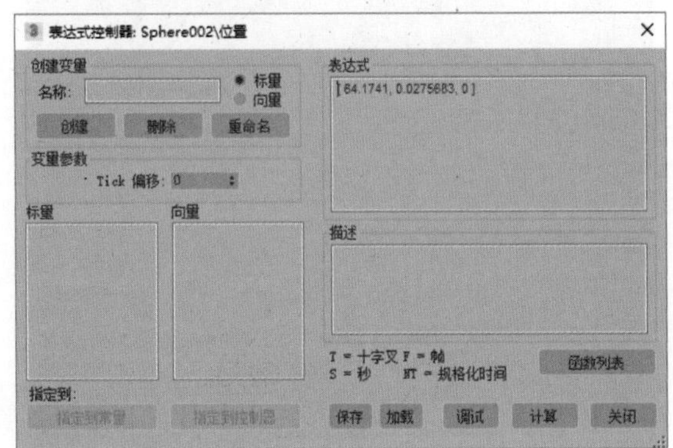

图10-120

解析

“创建变量”选项组

- 名称：变量的名称。
- 标量/向量：选择要创建的变量的类型。
- “创建”按钮：创建该变量并将其添加到适当的列表中。
- “删除”按钮：删除“标量”或“矢量”列表中高亮显示的变量。
- “重命名”按钮：重命名“标量”或“矢量”列表中高亮显示的变量。

“变量参数”选项组

- Tick偏移：包含偏移值。1tick 等于 1/4800s 。如果变量的 tick 偏移为非零，该值就会加到当前的时间上。
- “指定到常量”按钮：单击该按钮，在打开的对话框中可以将常量指定给高亮显示的变量，如图10-121所示。

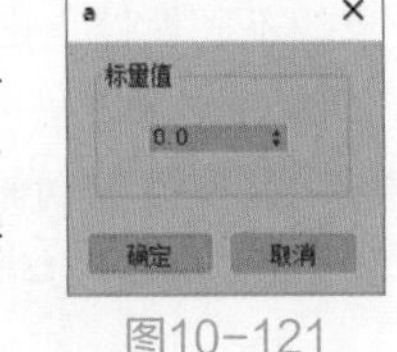

图10-121

- “指定到控制器”按钮：单击该按钮，在打开的“轨迹视图拾取”对话框中可以将控制器指定给高亮显示的变量，如图10-122所示。

“表达式”选项组

- 表达式文本框：输入要计算的表达式。表达式必须是有效的数学表达式。

"描述"选项组

- 描述文本框：输入用于描述表达式的可选文本，如可以说明用户定义的变量。
- "保存"按钮：保存表达式。表达式将保存为扩展名为 .xpr 的文件。

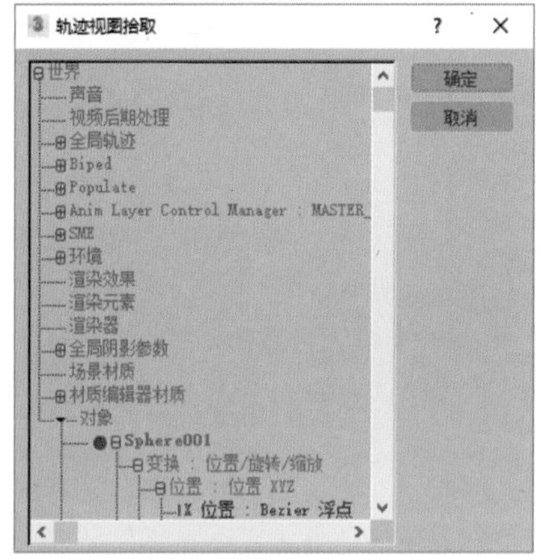

图10-122

- "加载"按钮：加载表达式。
- "函数"按钮：显示表达式控制器函数的列表，如图10-123所示。

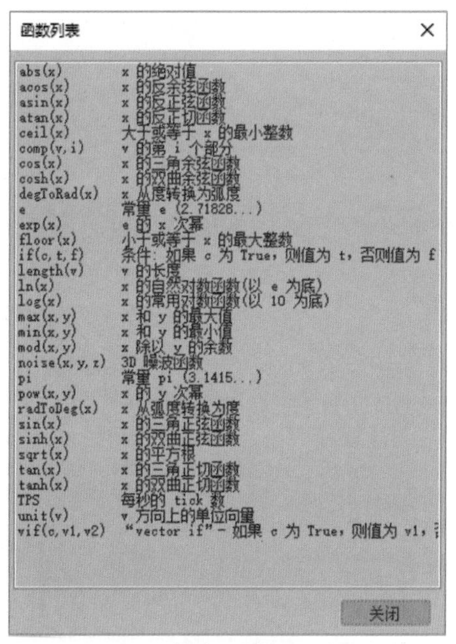

图10-123

- "调试"按钮：显示"表达式调试窗口"对话框，如图10-124所示。
- "计算"按钮：计算动画中每一帧的表达式。
- "关闭"按钮：关闭"表达式控制器"对话框。

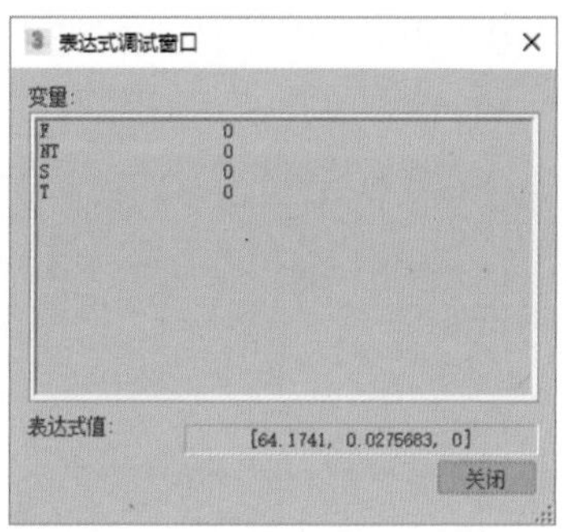

图10-124

实例操作：使用"表达式控制器"制作摇椅动画

本实例使用"表达式控制器"制作摇椅来回摆动的运动动画。如图10-125所示为本实例的最终渲染结果。

图10-125

01 启动3ds Max 2020软件，打开本书配套资源"摇椅场景.max"文件。该场景已经设置了摄影机、材质、灯光及渲染参数，如图10-126所示。

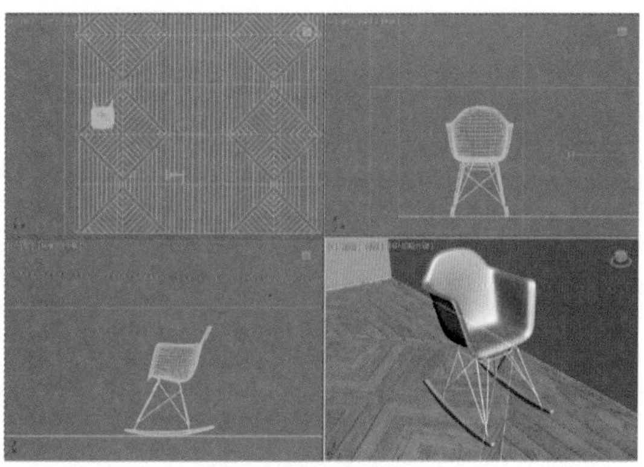

图10-126

02 在“创建”面板中单击“圆”按钮，在“左”视图创建一个圆图形，如图10-127所示。

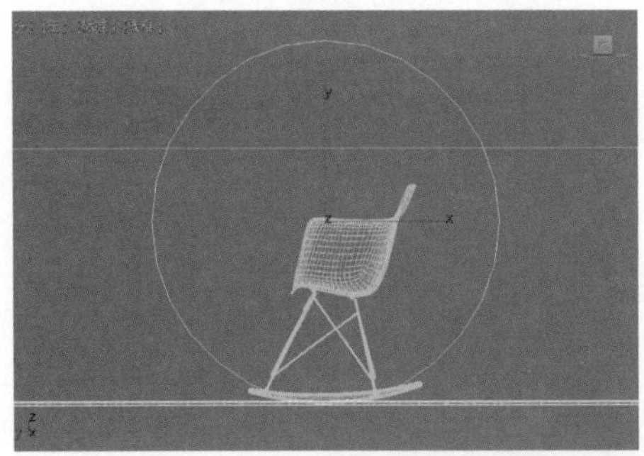

图10-127

03 在“修改”面板中调整圆形图形的“半径”值为60，如图10-128所示。

图10-128

04 在“前”视图中调整圆形图形的位置至如图10-129所示的效果。

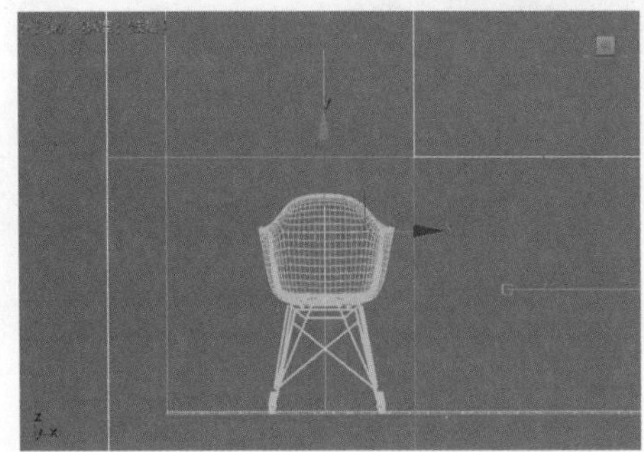

图10-129

05 选择椅子模型，单击“主工具栏”上的“选择并链接”按钮，将椅子模型链接至刚刚绘制完成的圆形图形上，如图10-130所示。

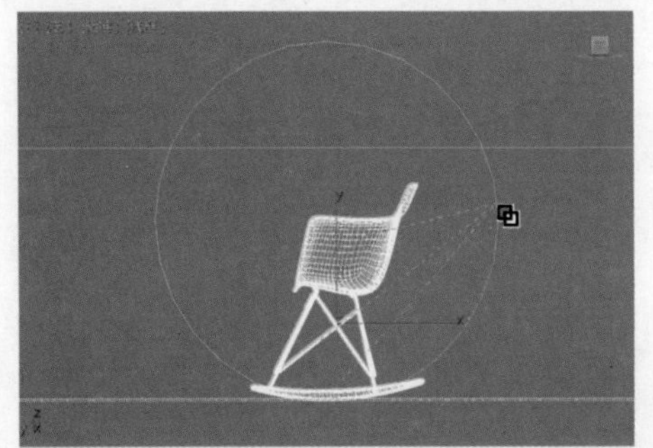

图10-130

06 设置完成后，在“场景资源管理器”中观察设置的链接关系，如图10-131所示。

07 选择圆形图形，在“运动”面板中展开“指定控制器”卷展栏，将其“Y轴旋转”属性更改为浮点表达式控制器，如图10-132所示。

图10-131　图10-132

08 在自动弹出的“表达式控制器”对话框中，创建一个“名称”为B的变量，如图10-133所示。

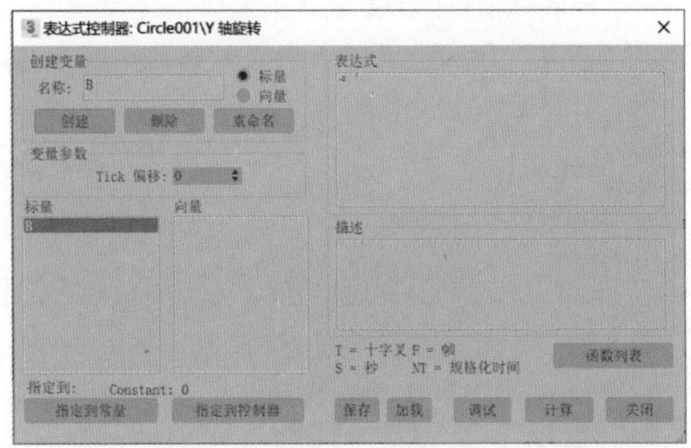

图10-133

09 单击“指定到控制器”按钮，在弹出的“轨迹视图拾取”对话框中将其指定为圆形图形的“半径”属性，如图10-134所示。

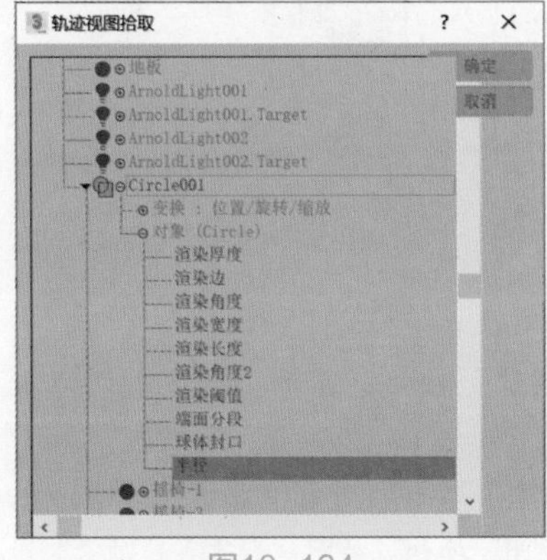

图10-134

10 同时，在“表达式控制器”对话框中可以看到B变量被成功设置的状态，如图10-135所示。

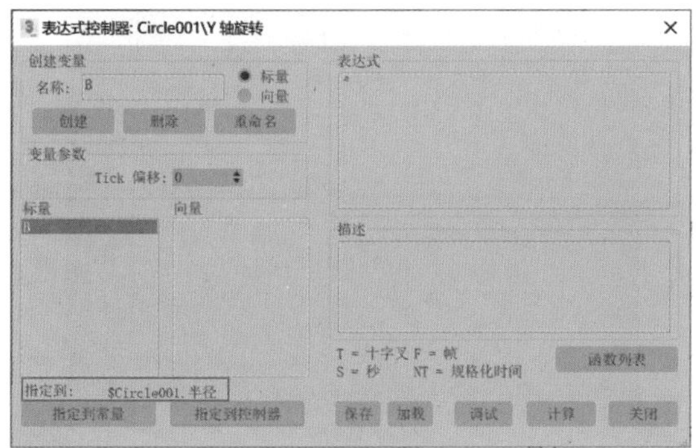

图10-135

11 再次创建一个新的变量Y，如图10-136所示。

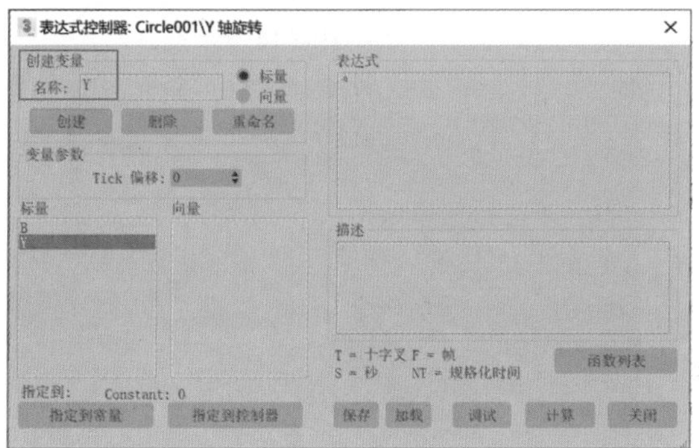

图10-136

12 单击“指定到控制器”按钮，在弹出的“轨迹视图拾取”对话框中将其指定为圆形图形的“Y位置”属性，如图10-137所示。

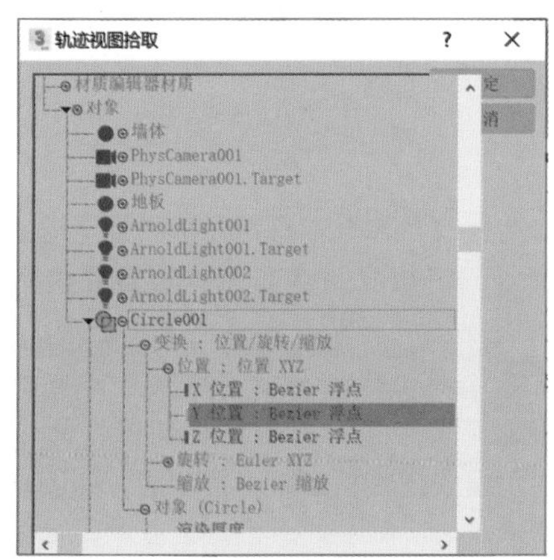

图10-137

13 在“表达式控制器”对话框中也可以看到Y变量被成功设置的状态，如图10-138所示。

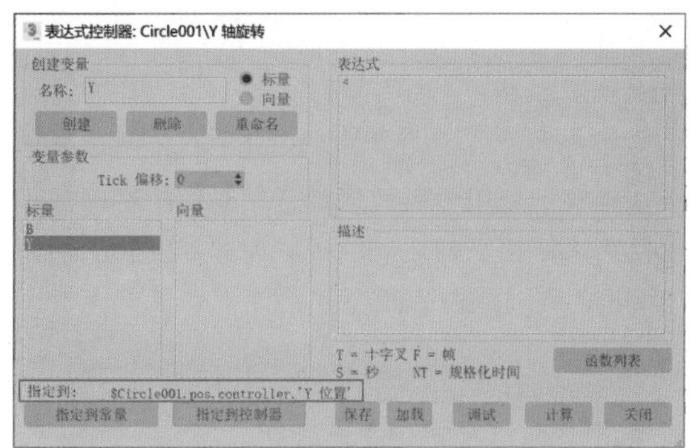

图10-138

14 在“表达式”文本框内，输入-Y/B，再单击“计算”按钮，可使输入的表达式被系统执行。

15 设置完成后，沿Y方向拖动圆形图形，可看到摇椅会根据圆形图形的运动产生自然流畅的位置及旋转动画。本实例的最终动画效果如图10-139所示。

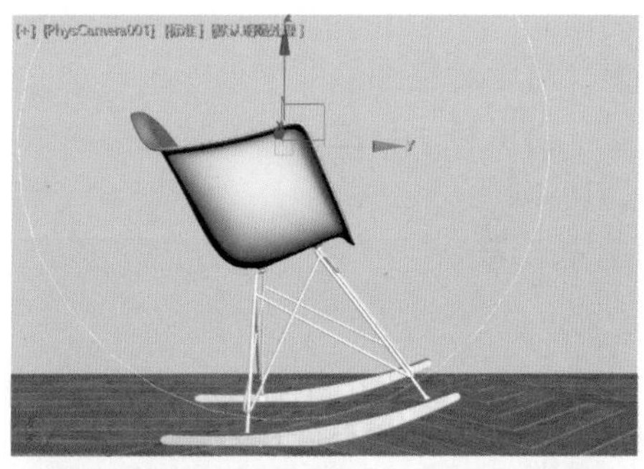

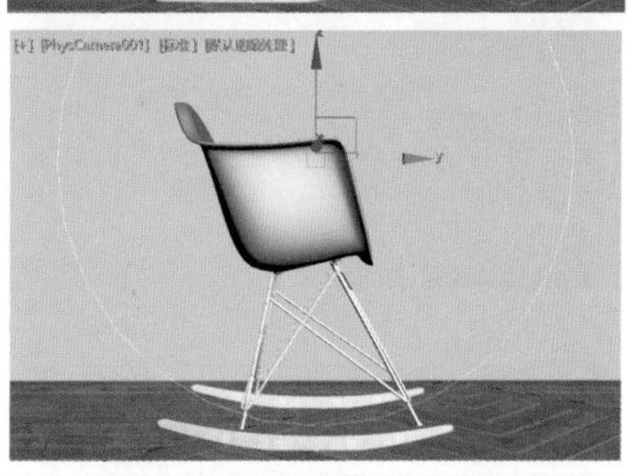

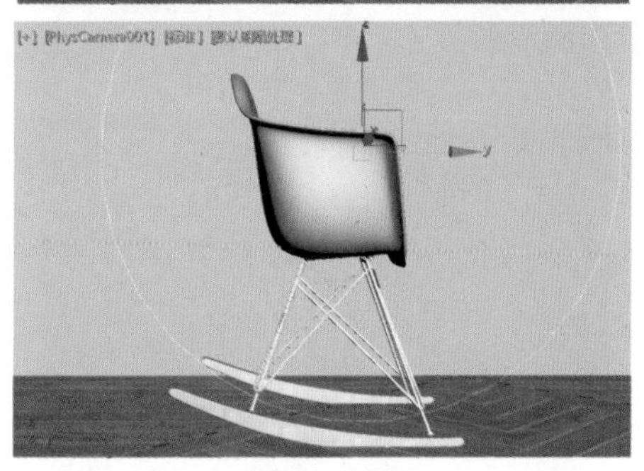

图10-139

实例操作：使用“噪波控制器”制作植物摆动动画

本实例使用“噪波控制器”制作植物因被风吹动而来回摆动的运动动画。如图10-140所示为本实例的最终渲染结果。

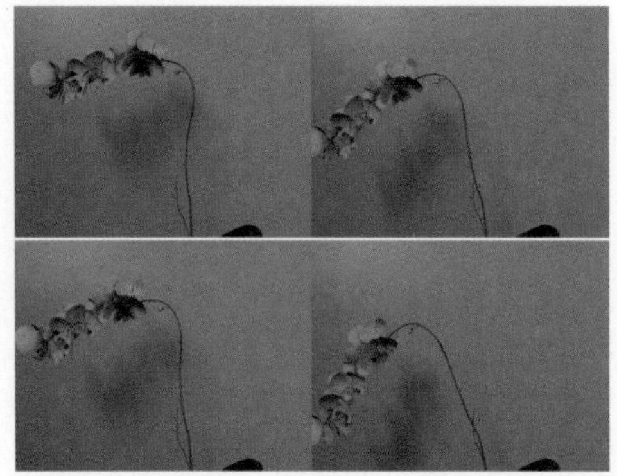

图10-140

01 启动3ds Max 2020软件，打开本书配套资源“植物场景.max”文件。本场景已经设置了摄影机、材质、灯光及渲染参数，如图10-141所示。

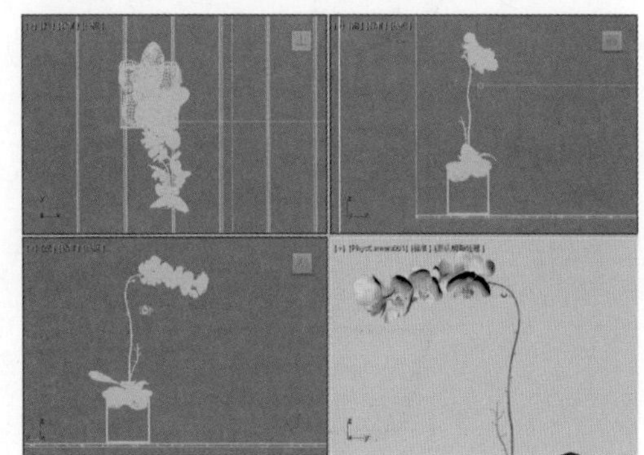

图10-141

02 在“创建”面板中单击“点”按钮，在场景中创建一个点对象，如图10-142所示。

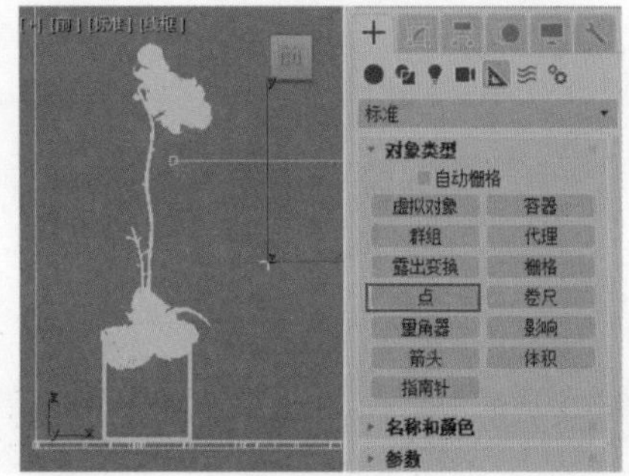

图10-142

03 选择点，执行菜单栏中的“动画/约束/附着约束”命令，将点附着约束至花枝模型上，如图10-143所示。

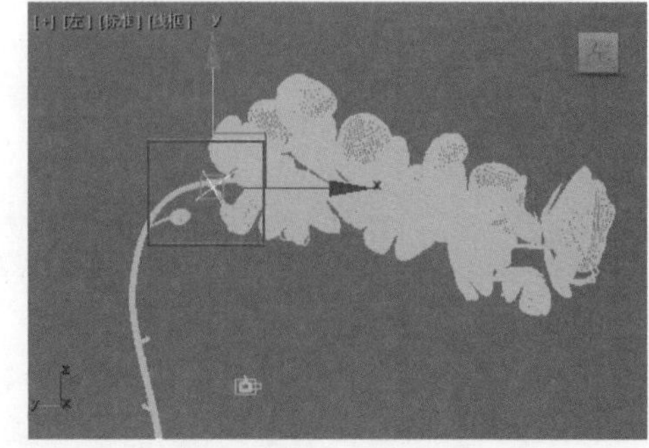

图10-143

04 选择场景中的花瓣、花骨朵模型，单击“主工具栏”上的“选择并链接”按钮，将其链接至点对象上，如图10-144所示。

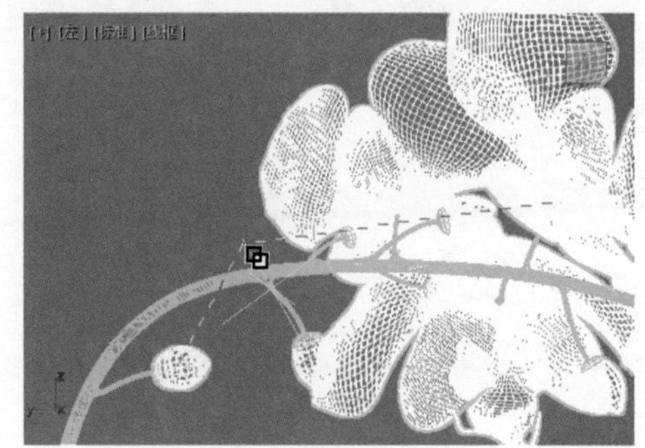

图10-144

05 选择花枝模型，在“修改”面板中为其添加“弯曲”修改器，如图10-145所示。

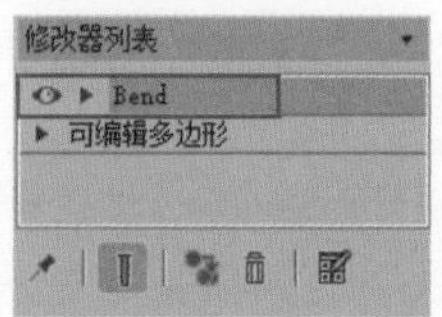

图10-145

06 在“修改”面板中将光标移动至“弯曲”修改器的“角度”参数上，右击并执行“在轨迹视图中显示”命令。在弹出的“选定对象”对话框内右击“角度”命令，在弹出的菜单中执行“指定控制器”命令，为“角度”属性指定新的控制器，如图10-146所示。

07 在弹出的“指定浮点控制器”对话框内，为“角度”属性设置“噪波浮点”，如图10-147所示。

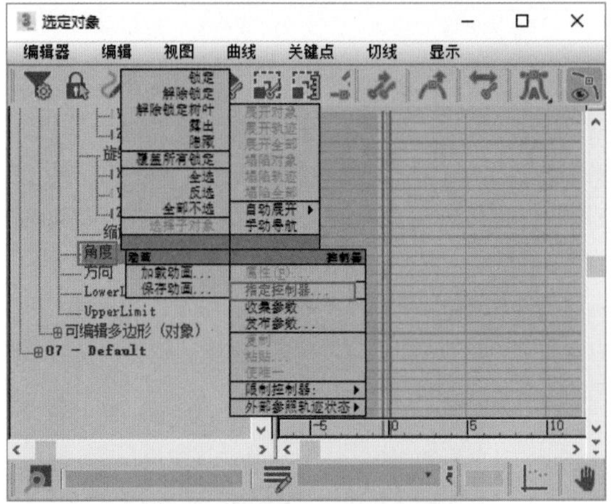

图10-146

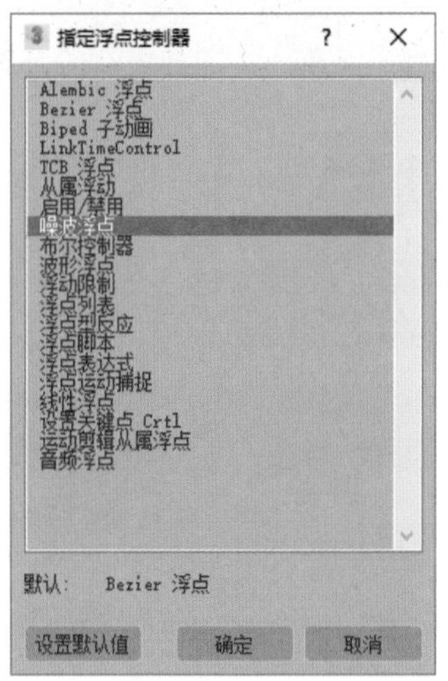

图10-147

08 设置完成后，单击“确定”按钮，系统自弹出“噪波控制器”对话框，设置“强度”值为10，并选中“>0”复选框，将“频率”值设置为0.2，如图10-148所示。

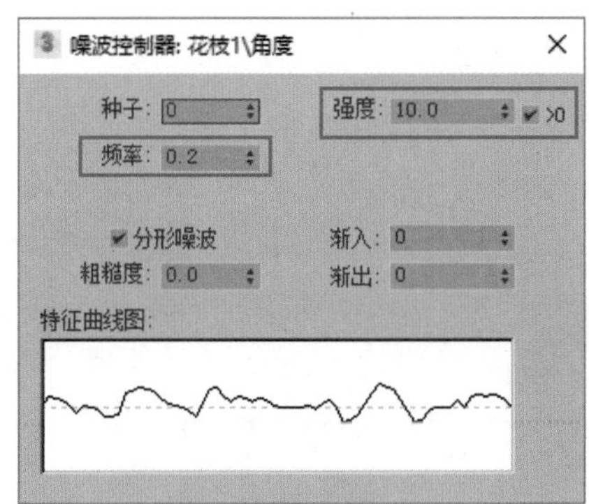

图10-148

09 在“修改”面板中设置“方向”值为90，同时观察“角度”属性，可以看到设置了“噪波控制器”的“角度”属性目前是灰色不可更改的状态，如图10-149所示。

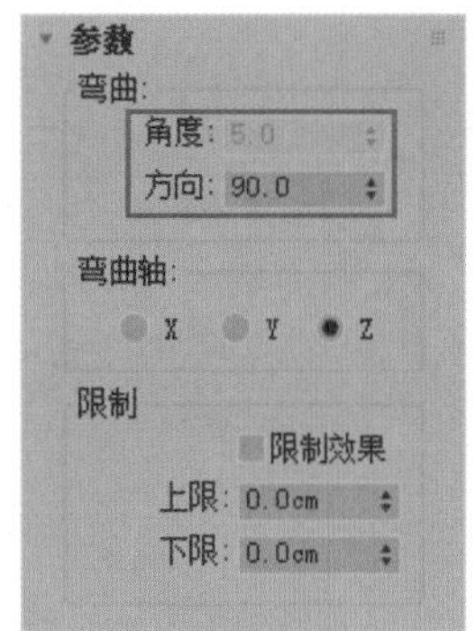

图10-149

10 拖动“时间滑块”，可看到花枝模型会随着时间的变化产生较为随机的晃动，本实例的最终动画效果如图10-150所示。

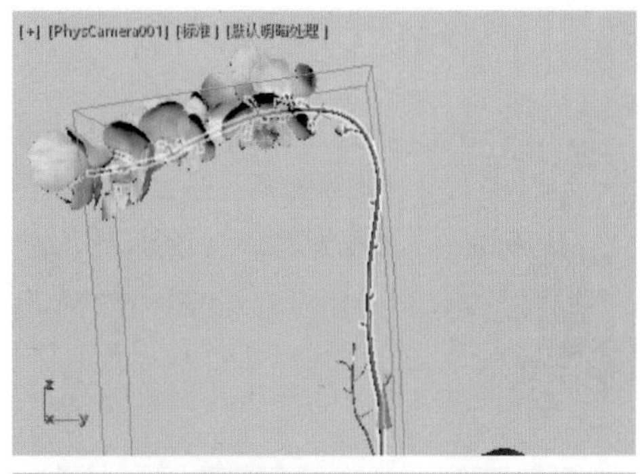

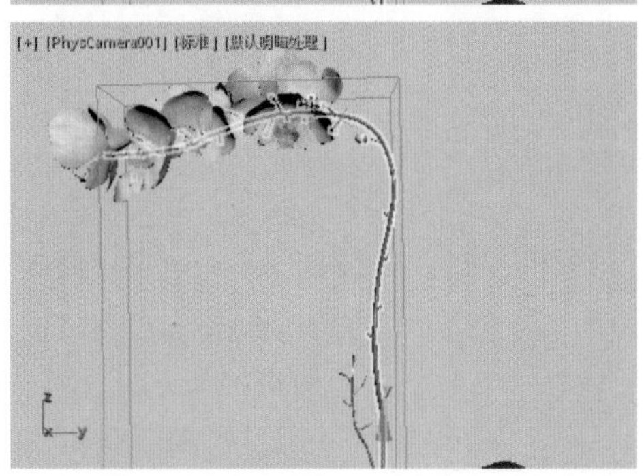

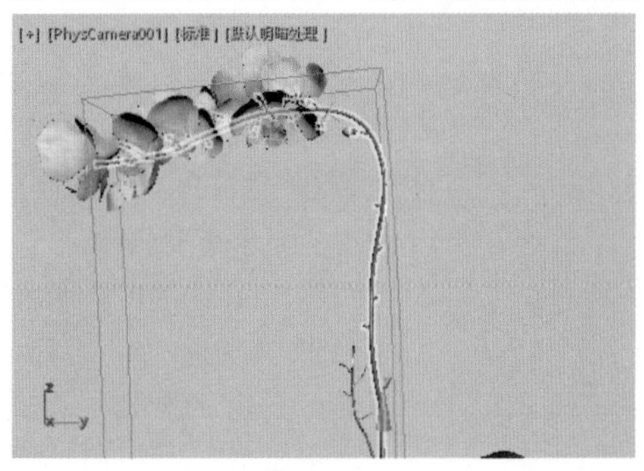

图10-150

11.1 粒子系统概述

3ds Max的粒子主要分为“事件驱动型”和“非事件驱动型”两大类。其中，“非事件驱动粒子”的功能相对来说较为简单，并且容易控制；而“事件驱动型”粒子又被称为“粒子流”，可以使用大量内置的操作符来进行高级动画制作，功能更加强大。使用粒子系统，特效动画师可以制作非常逼真的特效动画（如水、火、雨、雪、烟花等）以及众多相似对象共同运动产生的群组动画，如图11-1和图11-2所示。

图11-1

图11-2

在“创建”面板的下拉列表中选择“粒子系统”选项，即可看到3ds Max提供的7种粒子系统，分别为粒子流源 粒子流源 、喷射 喷射 、雪 雪 、超级喷射 超级喷射 、暴风雪 暴风雪 、粒子阵列 粒子阵列 和粒子云 粒子云 ，如图11-3所示。

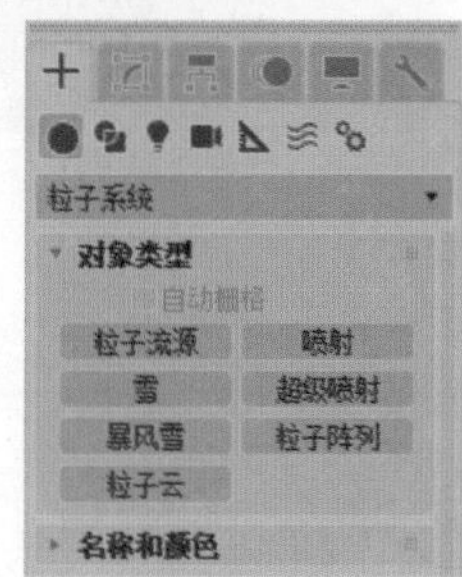

图11-3

11.2 粒子流源

“粒子流源”是一种复杂的、功能强大的3ds Max粒子系统，主要通过“粒子视图”窗口进行各个粒子事件的创建、判断及连接。其中，每个事件还可以使用多个不同的操作符来进行调控，使得粒子系统根据场景的时间变化不断地依次计算事件列表中的每个操作符以更新场景。在粒子系统中可以使用场景中的任意模型来作为粒子的形态，在进行高级粒子动画计算时需要消耗大量时间及内存，所以应尽可能使用高端配置的计算机来进行粒子动画制作。此外，高配置的显卡也有利于加快粒子在3ds Max视口中的显示速度。

在3ds Max中，单击“粒子流源”按钮，即可在场景中以绘制的方式创建一个完整的“粒子流源”，如图11-4所示。

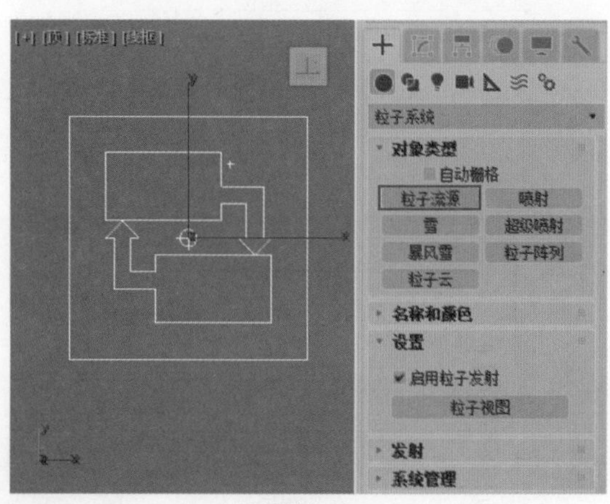

图11-4

“粒子流源”创建完成后，在“场景资源管理器”面板中可以看到，默认状态下该“粒子流源”系统包含的所有“操作符”名称，如图11-5所示。可以在“场景资源管理器”中单击任意操作符，并在“修改”面板中设置对应的参数，如图11-6所示。

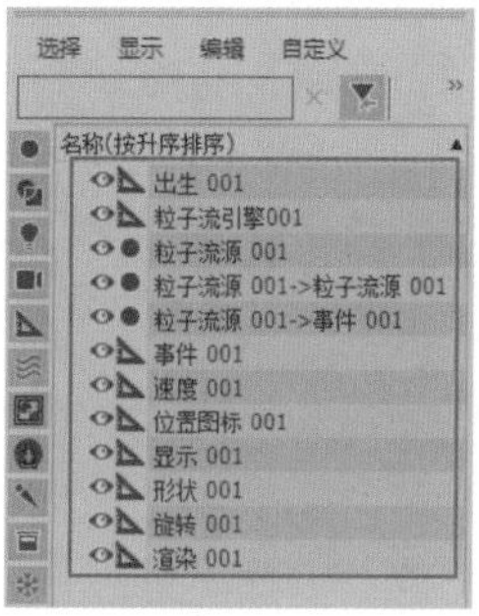

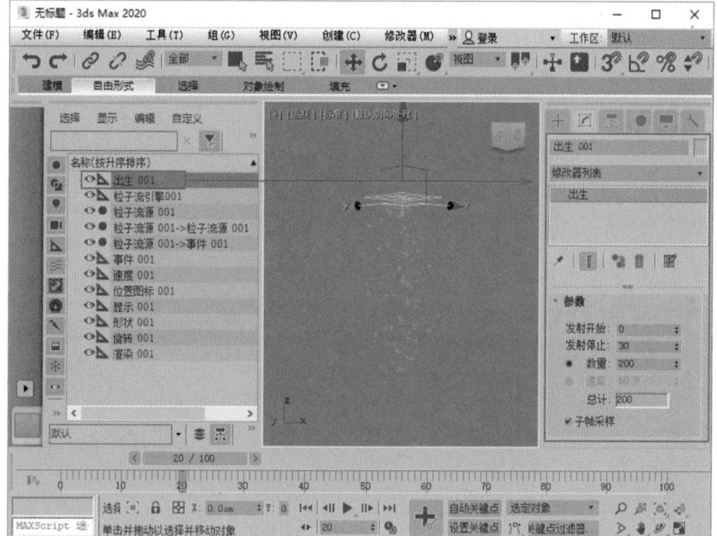

图11-5

图11-6

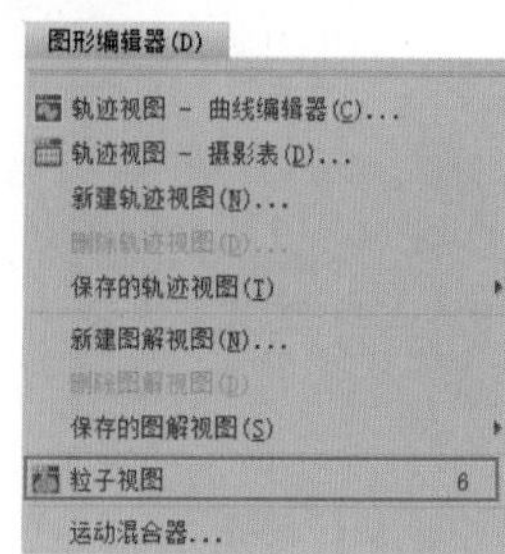

图11-7

执行菜单栏中的“图形编辑器/粒子视图”命令，如图11-7所示，可以打开“粒子视图”窗口。在该窗口中，可以看到刚刚创建的“粒子流”包含的事件及构成事件的所有操作符，如图11-8所示。

“粒子流源”在“修改”面板中设有设置、发射、选择、系统管理和脚本这5个卷展栏，如图11-9所示。下面介绍其中较为常用的参数。

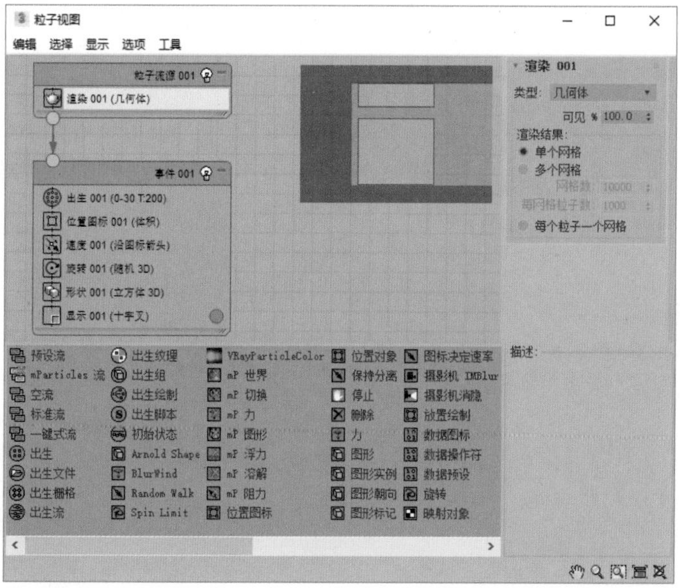

图11-8

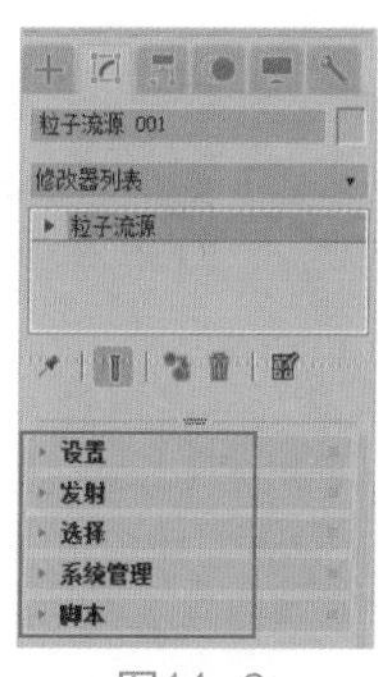

图11-9

11.2.1 “设置”卷展栏

展开“设置”卷展栏如图11-10所示。

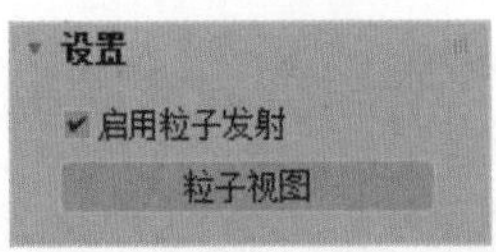

图11-10

解析

- 启用粒子发射：设置打开或关闭粒子系统。
- “粒子视图”按钮：单击该按钮，可以打开“粒子视图”窗口。

11.2.2 “发射”卷展栏

“发射”卷展栏如图11-11所示。

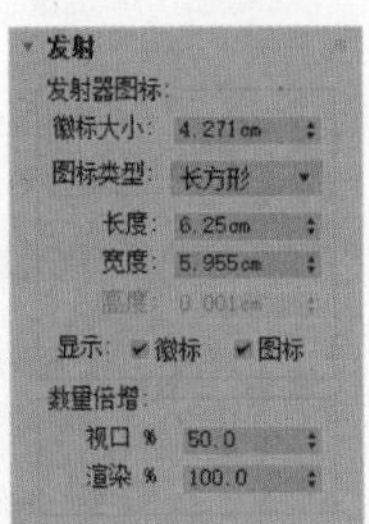

图11-11

解析

“发射器图标”选项组

- 徽标大小：设置显示在源图标中心的粒子流徽标的大小，以及指示粒子运动的默认方向的箭头。
- 图标类型：选择源图标的基本几何体，包括长方形、长方体、圆形、球体。默认设置为长方形，如图11-12所示。

图11-12

- 长度/宽度：设置图标的长度/宽度值。
- 显示：控制图标及徽标的显示及隐藏。

“数量倍增”选项组

- 视口%：设置系统在视口内生成的粒子总数的百分比。默认值为50。范围为0～10000。
- 渲染%：设置系统在渲染时生成的粒子总数的百分比。默认值为100。范围为0～10000。

11.2.3 “选择”卷展栏

“选择”卷展栏如图11-13所示。

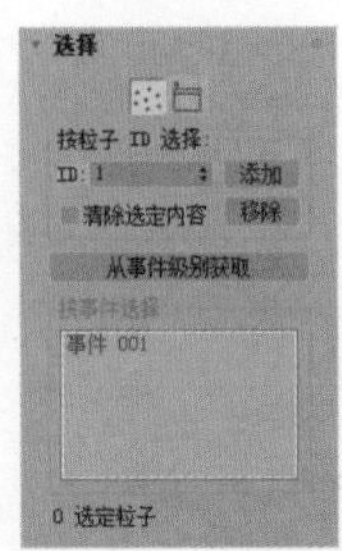

图11-13

解析

- 粒子：通过单击粒子或拖动一个区域来选择粒子。
- 事件：按事件选择粒子。

“按粒子ID选择”选项组

- ID：设置要选择的粒子的ID号。每次只能设置一个数字。
- “添加”按钮添加：设置完要选择的粒子的ID号后，单击该按钮，可将其添加到选择中。
- “删除”按钮移除：设置完要取消选择的粒子的ID号后，单击该按钮，可将其从选择中移除。
- 清除选定内容：启用后，单击“添加”按钮，选择粒子会取消选择所有其他粒子。
- “从事件级别获取”按钮从事件级别获取：单击该按钮，可将“事件”级别选择转化为“粒子”级别。

“按事件选择”选项组

- 文本框：用来显示粒子流中的所有事件，并高亮显示选定事件。

11.2.4 “系统管理”卷展栏

“系统管理”卷展栏如图11-14所示。

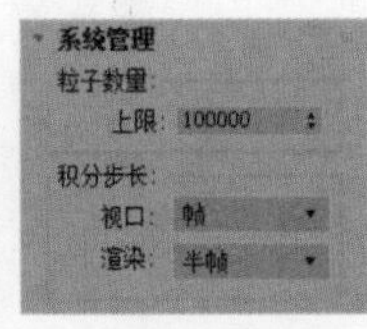

图11-14

解析

“粒子数量”选项组

- 上限：系统可以包含粒子的最大数目。默认设置为100000。范围为1～10000000。

“积分步长”选项组

- 视口：设置在视口中播放的动画的积分步长。
- 渲染：设置渲染时的积分步长。

11.2.5　“脚本”卷展栏

“脚本”卷展栏如图11-15所示。

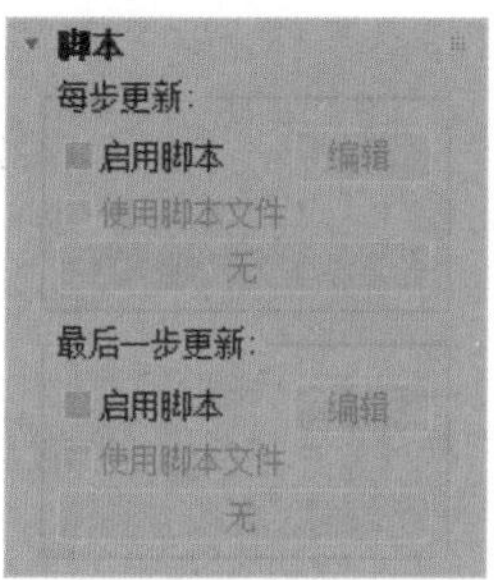

图11-15

解析

“每步更新”选项组

- 启用脚本：启用后，可引起按每积分步长执行内存中的脚本，如图11-16所示为选中该复选框前后粒子的运动轨迹状态对比。

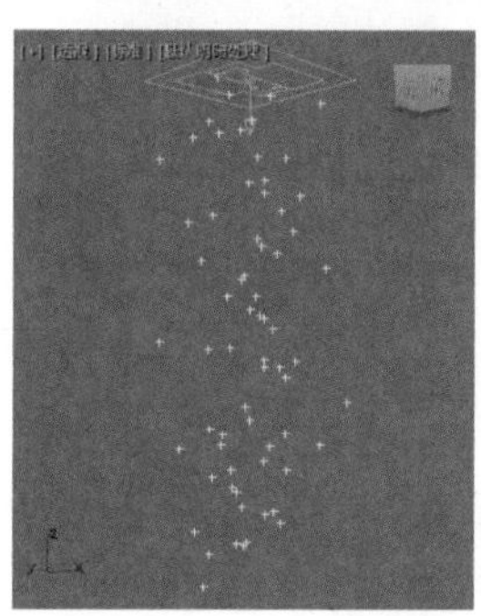

图11-16

- “编辑”按钮 编辑 ：单击此按钮，可打开具有当前脚本的文本编辑器窗口，可以通过更改其中的命令语句来控制粒子的轨迹，如图11-17所示。
- 使用脚本文件：当此项处于启用状态时，可以通过单击下面的按钮加载脚本文件。

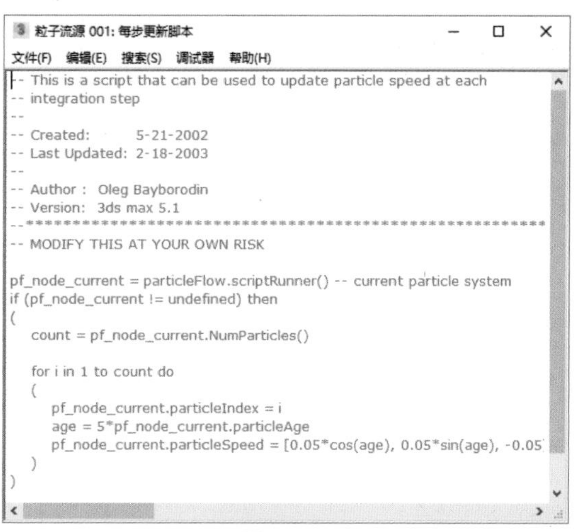


```
-- This is a script that can be used to update particle speed at each
-- integration step
--
-- Created:        5-21-2002
-- Last Updated:  2-18-2003
--
-- Author :  Oleg Bayborodin
-- Version:  3ds max 5.1
--*******************************************************************
-- MODIFY THIS AT YOUR OWN RISK

pf_node_current = particleFlow.scriptRunner() -- current particle system
if (pf_node_current != undefined) then
(
   count = pf_node_current.NumParticles()

   for i in 1 to count do
   (
      pf_node_current.particleIndex = i
      age = 5*pf_node_current.particleAge
      pf_node_current.particleSpeed = [0.05*cos(age), 0.05*sin(age), -0.05
   )
)
```

图11-17

- “无”按钮 无 ：单击此按钮，可打开“打开”对话框，可通过此对话框指定要从磁盘加载的脚本文件。加载脚本后，脚本文件的名称将出现在按钮上。

“最后一步更新”选项组

- 启用脚本：启用后，可引起在最后的积分步长后执行内存中的脚本，如图11-18所示为选中该复选框前后粒子的运动轨迹状态对比。

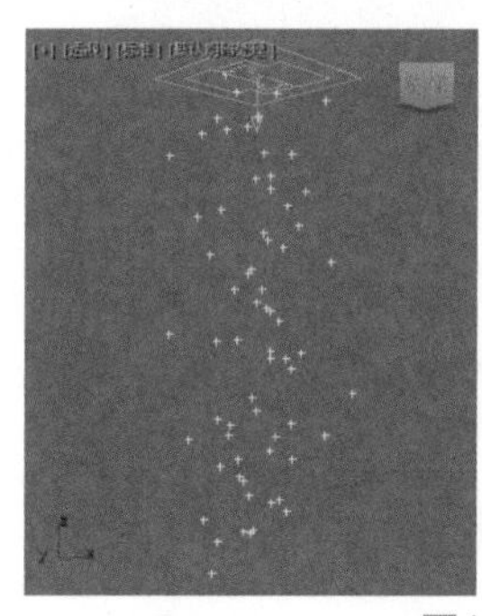

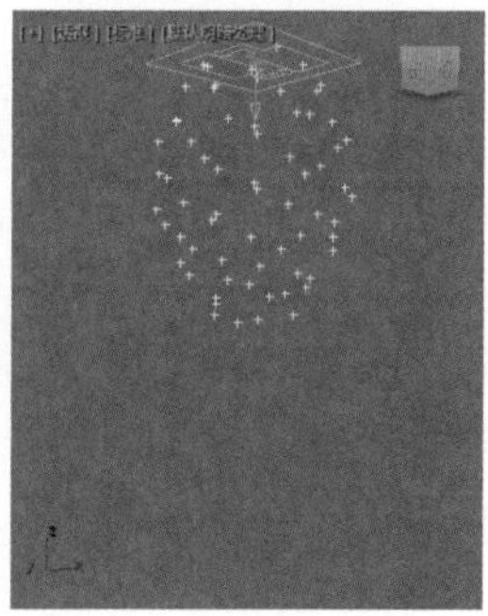

图11-18

- “编辑”按钮 编辑 ：单击此按钮，可打开具有当前脚本的文本编辑器窗口，如图11-19所示。
- 使用脚本文件：当此项处于启用状态时，可以通过单击下面的按钮加载脚本文件。
- “无”按钮 无 ：单击此按钮，可打开“打开”对话框，可通过此对话框指定要从磁盘加载的脚本文件。加载脚本后，脚本文件的名称将出现在按钮上。

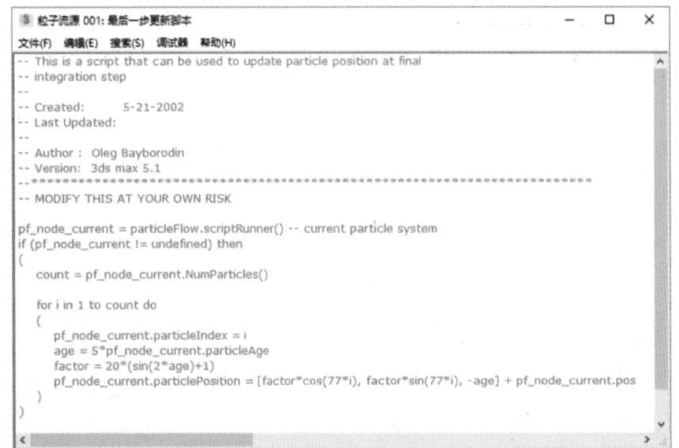

图11-19

11.3 喷射

“喷射”粒子可以用来模拟下雨、喷泉等水滴效果。单击“喷射”按钮，即可在视图中绘制喷射粒子的发射范围，如图11-20所示。

图11-20

在“修改”面板中，可以看到“喷射”粒子的参数较少，如图11-21所示。

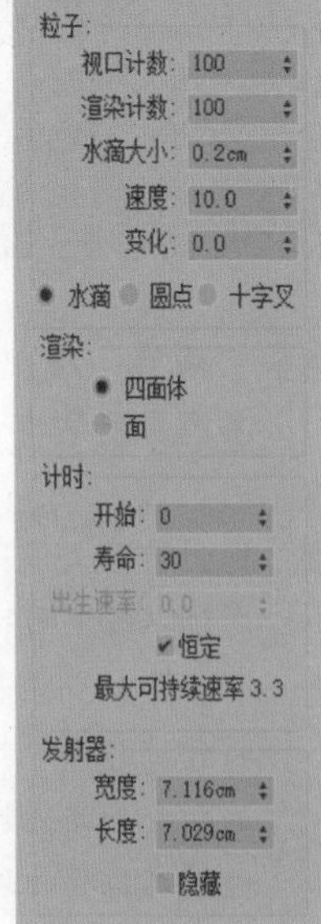

图11-21

解析

“粒子”选项组

- 视口计数：视口中显示的最大粒子数。
- 渲染计数：一个帧在渲染时可以显示的最大粒子数。
- 水滴大小：粒子的大小。
- 速度：每个粒子离开发射器时的初始速度。
- 变化：改变粒子的初始速度和方向。
- 水滴/圆点/十字叉：选择粒子在视口中的显示方式，如图11-22~图11-24所示分别为这3种方式的显示结果。

图11-22

图11-23

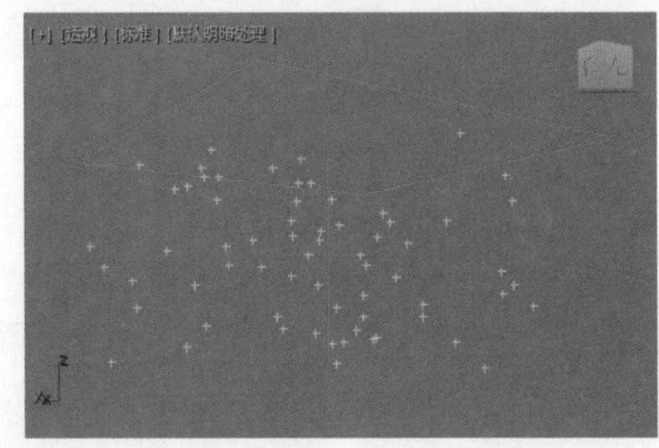

图11-24

“渲染”选项组

- 四面体/面：粒子渲染为长四面体/面。

“计时”选项组

- 开始：第一个出现粒子的帧的编号。
- 寿命：每个粒子的寿命。
- 出生速率：每个帧产生的新粒子数。
- 恒定：启用后，“出生速率”不可用，所用的出生速率等于最大可持续速率。

“发射器”选项组

- 宽度/长度：设置发射器的大小。
- 隐藏：启用后，可以在视口中隐藏发射器。

11.4　雪

“雪”粒子可以用来模拟下雪或飞散的纸屑等效果。单击“雪”按钮，即可在视图中绘制“雪”粒子的发射范围，如图11-25所示。

图11-25

在“修改”面板中，可以看到“雪”粒子的参数较少，如图11-26所示。

参数
粒子:
视口计数: 100
渲染计数: 100
雪花大小: 0.2cm
速度: 10.0
变化: 2.0
翻滚: 0.0
翻滚速率: 1.0
雪花　圆点　十字叉
渲染:
六角形
三角形
面
计时:
开始: 0
寿命: 30
出生速率: 0.0
恒定
最大可持续速率 3.3
发射器:
宽度: 8.319cm
长度: 8.106cm
隐藏

图11-26

解析

“粒子”选项组

- 视口计数：视口中显示的最大粒子数。
- 渲染计数：一个帧在渲染时可以显示的最大粒子数。
- 雪花大小：粒子的大小。
- 速度：每个粒子离开发射器时的初始速度。
- 变化：改变粒子的初始速度和方向。
- 翻滚：雪花粒子的随机旋转量。
- 翻滚速率：雪花的旋转速度。“翻滚速率”的值越大，旋转越快。
- 雪花/圆点/十字叉：选择粒子在视口中的显示方式。

“渲染”选项组

- 六角形/三角形/面：设置粒子的最终渲染形状。

“计时”选项组

- 开始：第一个出现粒子的帧的编号。
- 寿命：粒子的寿命。
- 出生速率：每个帧产生的新粒子数。
- 恒定：启用后，“出生速率”不可用，所用的出生速率等于最大可持续速率。

“发射器”选项组

- 宽度/长度：控制发射器的大小。
- 隐藏：隐藏发射器。

11.5　暴风雪

“暴风雪”粒子比“雪”粒子的参数要复杂很多。单击“暴风雪”按钮，即可在视图中绘制出“暴风雪”粒子的发射图标，如图11-27所示。

图11-27

在“修改”面板中，可以看到“暴风雪”粒子的参数分为基本参数、粒子生成、粒子类型、旋转和碰撞、对象运动继承、粒子繁殖以及加载/保存预设这7个卷展栏，如图11-28所示。

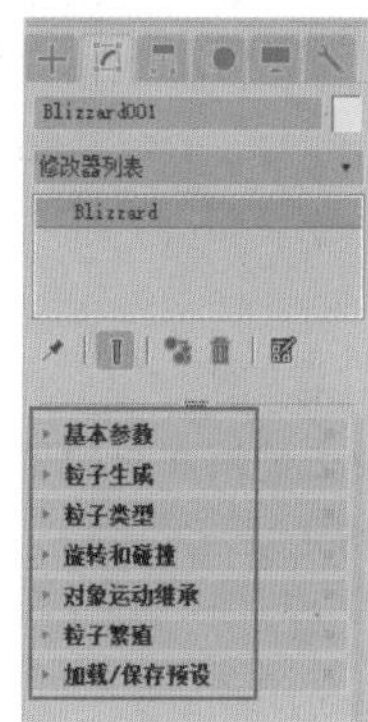

图11-28

11.5.1　“基本参数”卷展栏

“基本参数”卷展栏如图11-29所示。

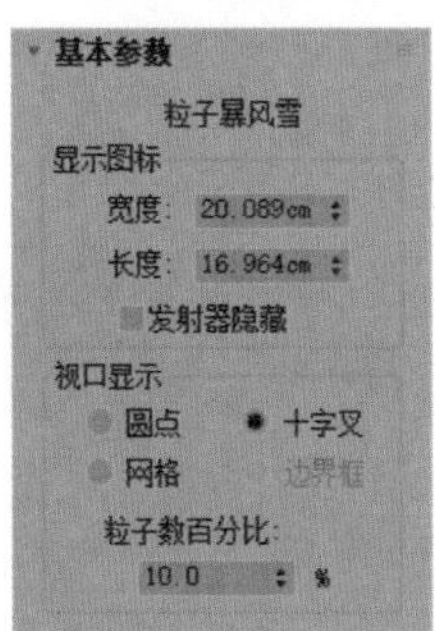

图11-29

解析

“显示图标”选项组

- 宽度/长度：控制暴风雪粒子发射图标的大小。
- 发射器隐藏：选中该复选框可以隐藏粒子发射器。

“视口显示”选项组

- 圆点/十字叉/网格/边界框：设置粒子的显示状态。
- 粒子数百分比：控制粒子数量显示为实际设置的百分比。

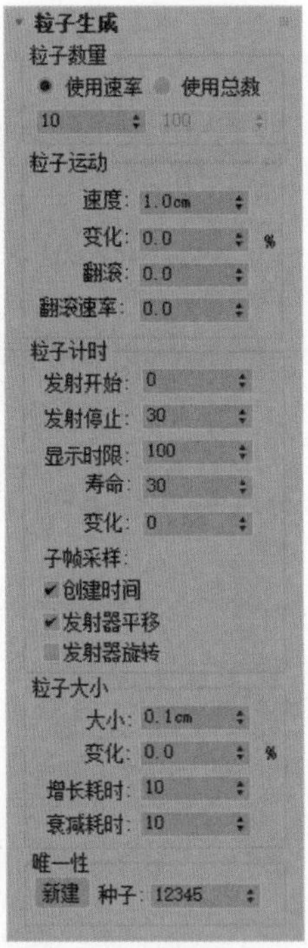

11.5.2 “粒子生成”卷展栏

“粒子生成”卷展栏如图11-30所示。

图11-30

解析

“粒子数量”选项组

- 使用速率：指定每帧发射的固定粒子数。
- 使用总数：指定在系统使用寿命内产生的总粒子数。

“粒子运动”选项组

- 速度：设置粒子在出生时沿着法线的速度。
- 变化：对每个粒子的发射速度应用一个变化百分比。
- 翻滚：粒子的随机旋转量。
- 翻滚速率：控制暴风雪粒子的旋转速度。

“粒子计时”选项组

- 发射开始/发射停止：设置粒子开始在场景中出现和停止的帧。
- 显示时限：指定所有粒子均将消失的帧（无论其他设置如何）。
- 寿命：设置每个粒子的寿命。
- 变化：指定每个粒子的寿命可以从标准值变化的帧数。
- 子帧采样：启用以下3个复选框中的任意一个后，可以较高的子帧分辨率对粒子进行采样，有助于避免粒子“膨胀”。

（1）创建时间：允许向防止随时间发生膨胀的运动等式添加时间偏移。

（2）发射器平移：如果基于对象的发射器在空间中移动，在沿着可渲染位置之间的几何体路径的位置上以整数倍数创建粒子。

（3）发射器旋转：如果旋转发射器，启用该复选框，可以避免膨胀，并产生平滑的螺旋形效果。

“粒子大小”选项组

- 大小：根据粒子的类型指定系统中所有粒子的目标大小。
- 变化：设置每个粒子的大小可以从标准值变化的百分比。
- 增长耗时：设置粒子从很小增长到“大小”值经历的帧数。
- 衰减耗时：设置粒子在消亡之前缩小到其“大小”值的1/10所经历的帧数。

“唯一性”选项组

- “新建”按钮：随机生成新的种子值。
- 种子：设置特定的种子值，如图11-31所示为设置了不同“种子”值的暴风雪粒子的显示结果对比。

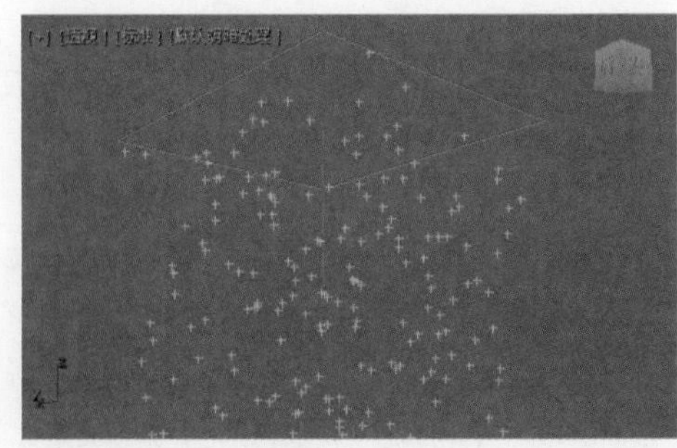

图11-31

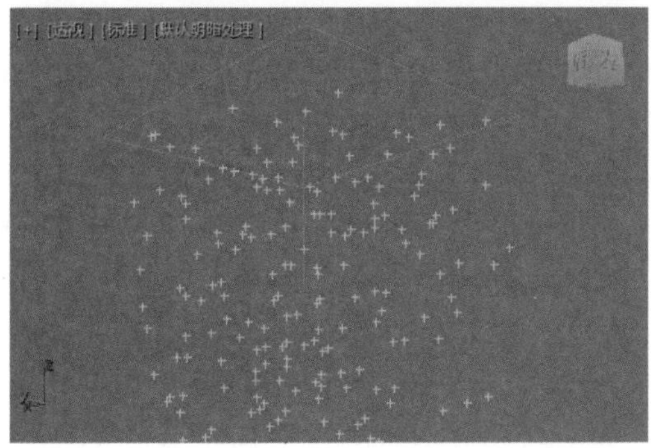

图11-31（续）

11.5.3 “粒子类型”卷展栏

“粒子生成”卷展栏如图11-32所示。

粒子类型
粒子类型
标准粒子
变形球粒子
实例几何体
标准粒子
三角形　立方体
特殊　面
恒定　四面体
六角形　球体
变形球粒子参数
张力：0.1cm
变化：0.0
计算粗糙度
渲染：0.06cm
视口：0.1cm
自动粗糙
一个相连的水滴
实例参数
对象：<无>
拾取对象
使用子树
动画偏移关键点
无
出生
随机
帧偏移：0
材质贴图和来源
发射器适配平面
时间　距离
30　10.0cm
材质来源：
图标
实例几何体

图11-32

解析

“粒子类型”选项组

- 标准粒子：使用几种标准粒子类型中的一种，如三角形、立方体、四面体等。
- 变形球粒子：使用变形球粒子。这些变形球粒子是以水滴或粒子流形式混合在一起的。
- 实例几何体：生成粒子，这些粒子可以是对象、对象链接层次或组的实例。

“标准粒子”选项组

- 三角形/立方体/特殊/面/恒定/四面体/六角形/球体：如果在“粒子类型”选项组中选择了“标准粒子”，则可以在此指定一种粒子类型，如图11-33所示为这8种不同粒子类型的渲染结果。

“变形球粒子参数”选项组

- 张力：确定有关粒子与其他粒子混合倾向的紧密度。张力越大，聚集越难，合并也越难。

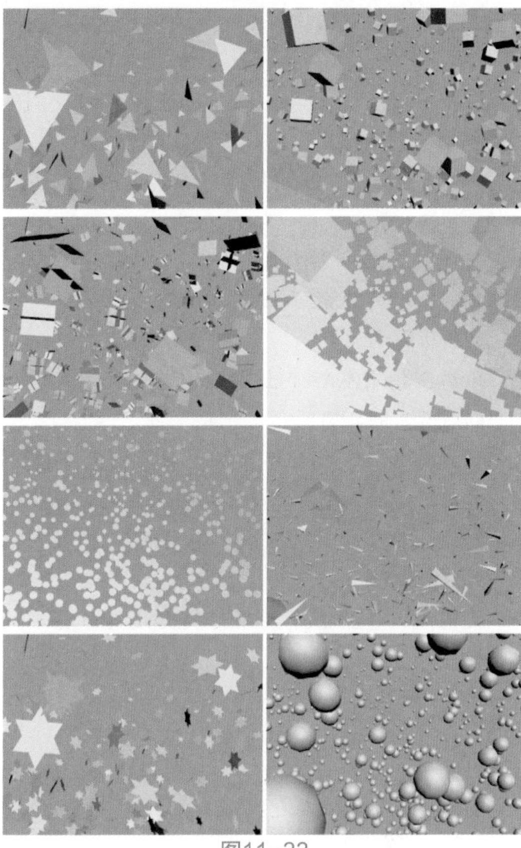

图11-33

- 变化：指定张力效果的变化的百分比。
- 计算粗糙度：指定计算变形球粒子解决方案的精确程度。
- 渲染：设置渲染场景中的变形球的粗糙度。
- 视口：设置视口显示的粗糙度。
- 自动粗糙：如果启用该复选框，将根据粒子大小自动设置渲染的粗糙度。
- 一个相连的水滴：如果不选中该复选框，将计算所有粒子；如果启用该复选框，仅计算和显示彼此相连或邻近的粒子。

“实例参数”选项组

- “拾取对象”按钮：单击该按钮，在视图中可以选择要作为粒子使用的对象。
- 使用子树：如果要将拾取的对象的链接子对象包括在粒子中，则启用此复选框。
- 动画偏移关键点：因为可以为实例对象设置动画，此处的选项可以指定粒子的动画计时。

（1）无：所有粒子的动画的计时均相同。

（2）出生：第一个出生的粒子是粒子出生时

源对象当前动画的实例。

（3）随机：当“帧偏移”设置为0时，此选项等同于“无”。否则，每个粒子出生时使用的动画都将与源对象出生时使用的动画相同。

（4）帧偏移：指定从源对象的当前计时的偏移值。

“材质贴图和来源”选项组

- 时间：指定从粒子出生开始完成粒子的一个贴图所需的帧数。
- 距离：指定从粒子出生开始完成粒子的一个贴图所需的距离。
- “材质来源”按钮：使用此按钮下面的单选按钮指定的来源更新粒子系统携带的材质。
- 图标：粒子使用当前为粒子系统图标指定的材质。
- 实例几何体：粒子使用为实例几何体指定的材质。

11.5.4 “旋转和碰撞”卷展栏

“旋转和碰撞”卷展栏如图11-34所示。

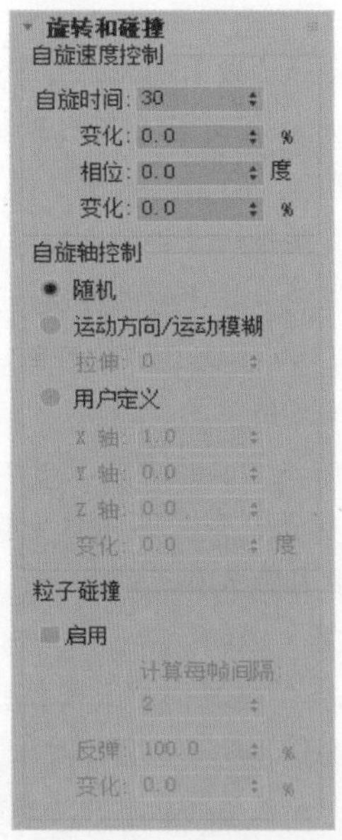

图11-34

解析

“自旋速度控制”选项组

- 自旋时间：粒子一次旋转的帧数。如果设置为0，则不进行旋转。
- 变化：自旋时间的变化的百分比。
- 相位：设置粒子的初始旋转。

“自旋轴控制”选项组

- 随机：每个粒子的自旋轴是随机的。
- 运动方向/运动模糊：围绕由粒子移动方向形成的向量旋转粒子。
- 拉伸：如果大于0，则粒子根据其速度沿运动轴拉伸。
- X/Y/Z轴：分别指定X、Y或Z轴的自旋向量。
- 变化：每个粒子的自旋轴可以从指定的X、Y和Z轴设置变化的量。

“粒子碰撞”选项组

- 启用：在计算粒子移动时启用粒子间碰撞。
- 计算每帧间隔：每个渲染间隔的间隔数，期间进行粒子碰撞测试。
- 反弹：在碰撞后速度恢复到的程度。
- 变化：应用于粒子的反弹值的随机变化百分比。

11.5.5 “对象运动继承”卷展栏

“对象运动继承”卷展栏如图11-35所示。

解析

- 影响：在粒子产生时，继承基于对象的发射器的运动的粒子所占的百分比。

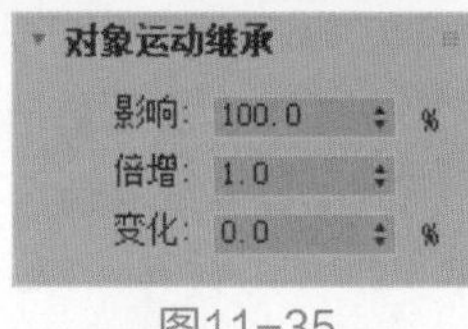

图11-35

- 倍增：修改发射器运动影响粒子运动的量。此参数可以是正数，也可以是负数。
- 变化：提供倍增值的变化的百分比。

11.5.6 “粒子繁殖”卷展栏

“粒子繁殖”卷展栏如图11-36所示。

解析

“粒子繁殖效果”选项组

- 无：不使用任何繁殖控件，粒子按照正常方式活动。
- 碰撞后消亡：粒子在碰撞到绑定的导向器时消失。

- 持续：粒子在碰撞后持续的寿命（帧数）。
- 变化：当“持续”大于0时，每个粒子的“持续”值将各有不同。使用此选项可以“羽化”粒子密度的逐渐衰减。
- 碰撞后繁殖：在与绑定的导向器碰撞时产生繁殖效果。
- 消亡后繁殖：在每个粒子的寿命结束时产生繁殖效果。
- 繁殖拖尾：在现有粒子寿命的每个帧，从相应粒子繁殖粒子。
- 繁殖数目：除原粒子以外的繁殖数。例如，如果此选项设置为1，并在消亡时繁殖，每个粒子超过原寿命后繁殖一次。
- 影响：指定将繁殖的粒子的百分比。
- 倍增：倍增每个繁殖事件繁殖的粒子数。
- 变化：逐帧指定“倍增”值将变化的百分比范围。

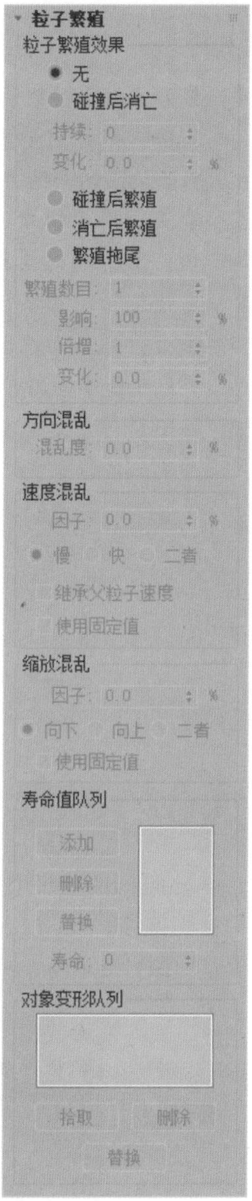

图11-36

“方向混乱”选项组

- 混乱度：指定繁殖的粒子的方向可以从父粒子的方向变化的量。

“速度混乱”选项组

- 因子：设置繁殖的粒子的速度相对于父粒子的速度变化的百分比范围。
- 慢：随机应用速度因子，减慢繁殖的粒子的速度。
- 快：根据速度因子随机加快粒子的速度。
- 二者：根据速度因子，有些粒子加快速度，有些粒子减慢速度。
- 继承父粒子速度：除了速度因子的影响外，繁殖的粒子还继承母体的速度。
- 使用固定值：将“因子”值作为设置值，而不是作为随机应用于每个粒子的范围。

“缩放混乱”选项组

- 因子：为繁殖的粒子确定相对于父粒子的随机缩放百分比范围。
- 向下：根据“因子”的值随机缩小繁殖的粒子，使其小于父粒子。
- 向上：随机放大繁殖的粒子，使其大于父粒子。
- 使用固定值：将“因子”的值作为固定值，而不是值范围。

“寿命值队列”选项组

- “添加”按钮 添加 ：将“寿命”的值加入列表窗口。
- “删除”按钮 删除 ：删除列表窗口中当前高亮显示的值。
- “替换”按钮 替换 ：可以使用“寿命”的值替换队列中的值。
- 寿命：设置一个值，然后单击“添加”按钮 添加 ，将该值加入列表窗口。

“对象变形队列”选项组

- “拾取”按钮 拾取 ：单击此按钮，然后在视口中选择要加入列表的对象。
- “删除”按钮 删除 ：删除列表窗口中当前高亮显示的对象。
- “替换”按钮 替换 ：使用其他对象替换队列中的对象。

11.5.7 “加载/保存预设”卷展栏

“加载/保存预设”卷展栏如图11-37所示。

图11-37

解析

- 预设名：定义设置名称的可编辑字段。单击“保存”按钮，保存预设名。
- 保存预设：包含所有保存的预设名。
- “加载”按钮 加载 ：加载“保存预设”文本框列表中当前高亮显示的预设。此外，在列表中双击预设名，可以加载预设。
- “保存”按钮 保存 ：保存“预设名”字段中的当前名称并放入“保存预设”文本框内。
- “删除”按钮 删除 ：删除“保存预设”文本框中的选定项。

“粒子系统”里的“超级喷射”粒子、“粒子阵列”粒子和“粒子云”粒子内的参数与“暴风雪”粒子极其相似，故不再重复讲解。

11.6 空间扭曲

空间扭曲是一类非常特殊的对象，主要包含了力、导向器等一系列用于对粒子系统及几何体，对其形态及运动产生影响的无形对象。

11.6.1 力

在3ds Max 2020中，有一类可以作用于粒子系统力学计算的特殊对象，就是力。将“创建”面板切换至“空间扭曲”，即可找到这些力学对象，如图11-38所示。

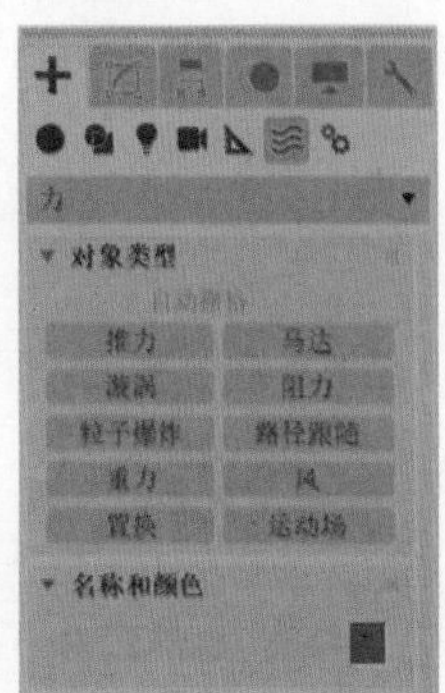

图11-38

解析

- 推力：用于对粒子系统产生均匀的单向力。
- 马达：根据自身图标的位置和方向产生影响粒子运动的马达力。
- 漩涡：用于创建使得粒子进行漩涡移动的力学，常常被用来模拟黑洞、龙卷风等特殊动画效果。
- 阻力：是一种在指定范围内按照指定量来降低粒子速率的粒子运动阻尼器。
- 粒子爆炸：能创建一种使粒子系统爆炸的冲击波。
- 路径跟随：可以强制粒子沿螺旋形路径运动。
- 重力：用于模拟自然界的重力效果计算。
- 风：用于模拟自然界中的风力效果计算。
- 置换：以力场的形式推动和重塑对象的几何外形。

11.6.2 导向器

导向器的主要作用是使粒子系统的运动路径产生偏移。3ds Max提供了6种不同类型的导向器，如图11-39所示。

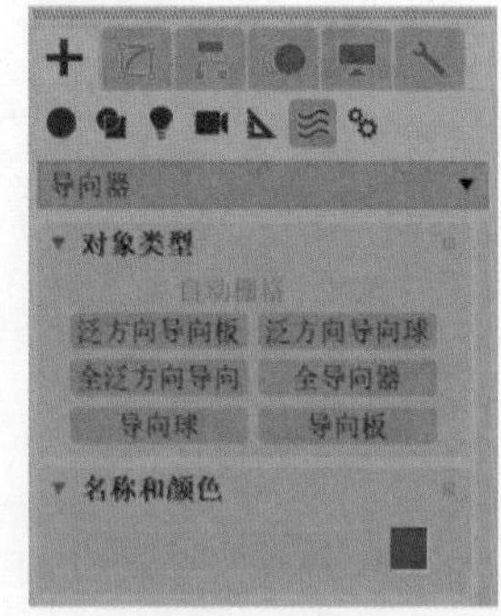

图11-39

解析

- 泛方向导向板：空间扭曲的一种平面泛方向导向器类型。它能提供比原始导向器空间扭曲更强大的功能，包括折射和繁殖能力。
- 泛方向导向球：是空间扭曲的一种球形泛方向导向器类型。
- 全泛方向导向：该空间扭曲使用户能够使用

其他任意几何对象作为粒子导向器。导向是精确到面的，所以几何体可以是静态的、动态的，甚至是随时间变形或扭曲的。

- 全导向器：可以使用任意对象来进行全导向计算。
- 导向球：使用球形来进行粒子导向运动计算。
- 导向板：使用平面来进行粒子导向运动计算。

实例操作：制作落叶动画

本实例使用粒子系统制作树叶被风吹落的特效动画，最终渲染动画序列如图11-40所示。

图11-40

01 启动3ds Max 2020软件，打开本书配套资源"落叶动画场景.max"，里面有一栋楼房的模型，并且场景中已经设置了灯光、材质及摄影机，如图11-41所示。

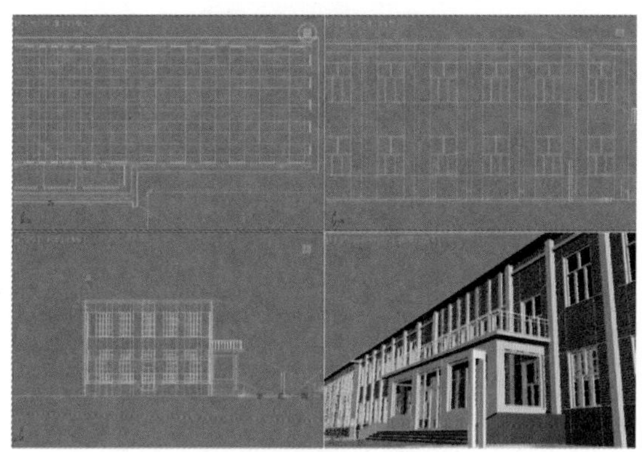

图11-41

02 执行菜单栏中的"图形编辑器/粒子视图"命令，或者按快捷键6键，打开"粒子视图"窗口，如图11-42所示。

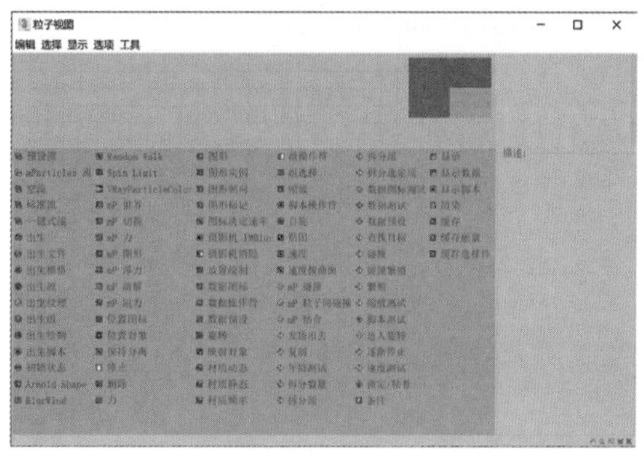

图11-42

03 在"仓库"中选择"空流"操作符，并以拖曳的方式将其添加至"工作区"中，如图11-43所示。操作完成后，在"顶"视图中可以看到，场景中自动生成粒子流的图标，如图11-44所示。

图11-43

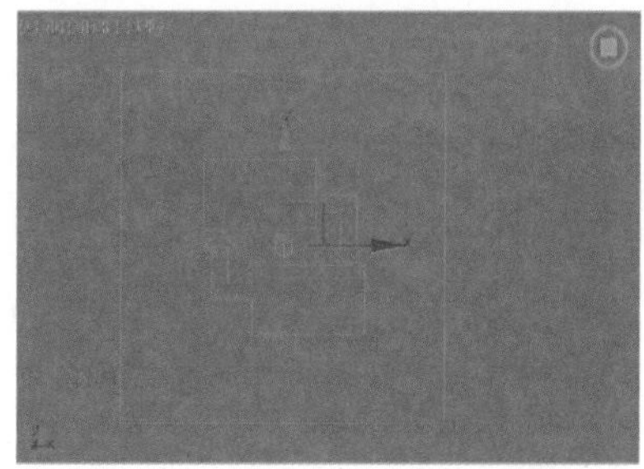

图11-44

04 选择场景中的粒子流图标，在"修改"面板中调整"长度"值为4000，"宽度"值为8000，"视口"值为100，如图11-45所示。调整粒子流源图标的位置及角

图11-45

度至如图11-46所示的效果。

图11-46

05 在“粒子视图”窗口的“仓库”中，选择“出生”操作符，以拖曳的方式将其放置于“工作区”中作为“事件001”，并将其连接至“粒子流源001”上。在默认情况下，“事件001”内还会自动出现“显示001”操作符，用来显示该事件的粒子形态，如图11-47所示。

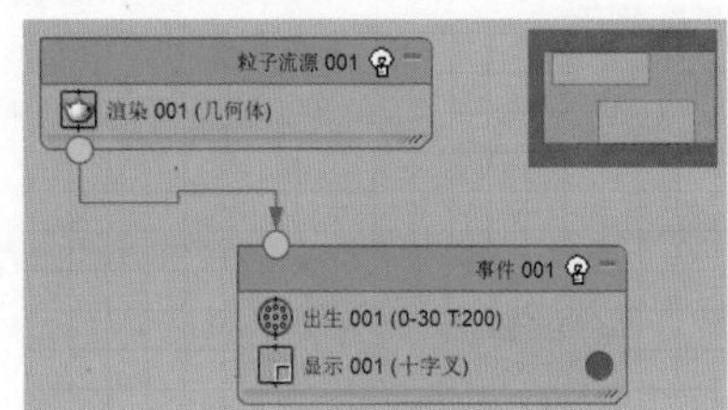

图11-47

06 选择“出生001”操作符，设置“发射开始”值为0，“发射停止”值为80，“数量”值为150，使粒子在场景中从第0帧～第80帧之间共发射150个粒子，如图11-48所示。

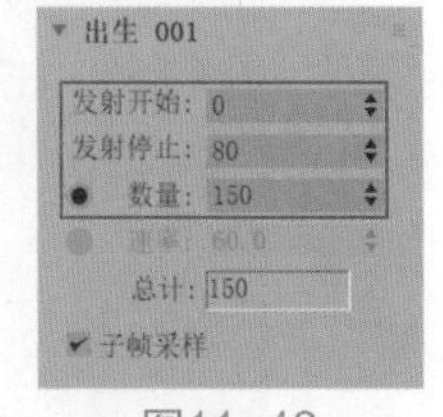

图11-48

07 在“粒子视图”窗口的“仓库”中，选择“位置图标”操作符，以拖曳的方式将其放置于“工作区”中的“事件001”中，将粒子的位置设置在场景中的粒子流图标上，如图11-49所示。

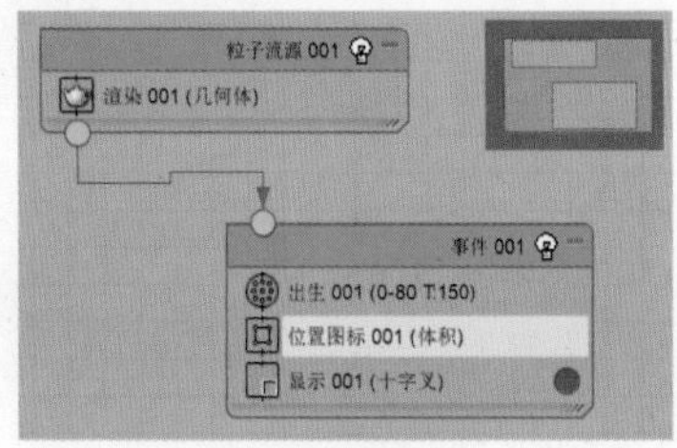

图11-49

08 在“粒子视图”窗口的“仓库”中，选择“图形实例”操作符，以拖曳的方式将其放置于“事件001”中，如图11-50所示。将“粒子几何体对象”设置为场景中的叶片模型，如图11-51所示。

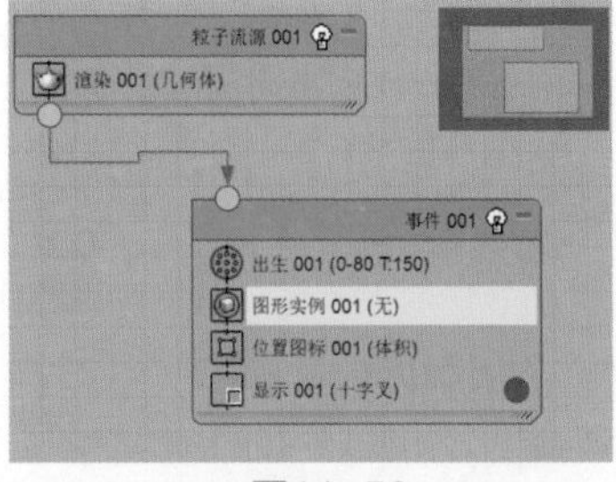

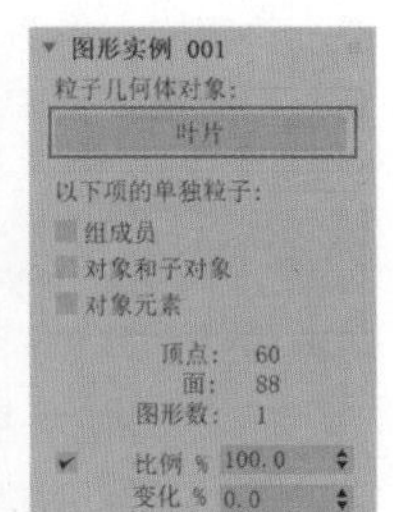

图11-50　图11-51

09 单击“重力”按钮，在“顶”视图中任意位置创建一个重力对象，如图11-52所示。

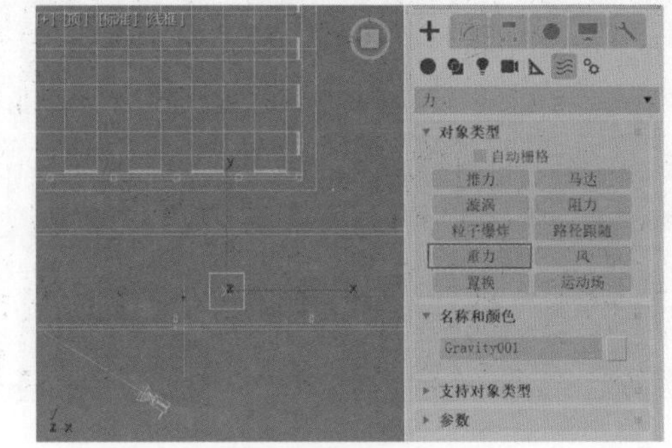

图11-52

10 在“修改”面板中设置重力的“强度”值为0.5，使其对粒子的影响小一些，如图11-53所示。

图11-53

11 在“创建”面板中单击“风”按钮，在“透视”视图中任意位置创建一个风对象，并调整风的旋转角度至如图11-54所示的效果。

图11-54

12 在“修改”面板中设置风的“强度”值为0.3，“湍流”值为0.2，“频率”值为0.1，如图11-55所示。

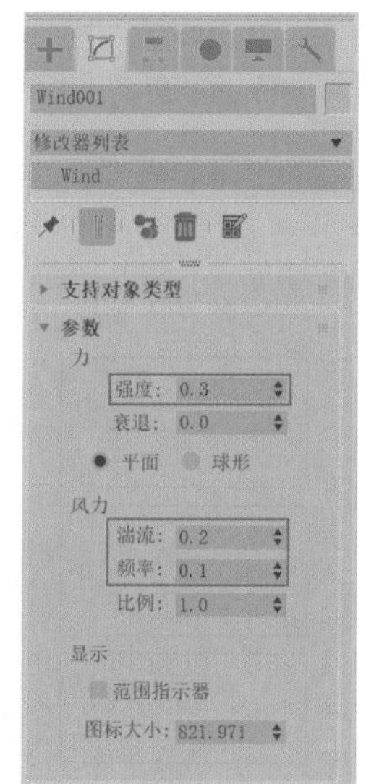

图11-55

13 在“粒子视图”窗口的“仓库”中，选择“力”操作符，以拖曳的方式将其放置于“事件001”中，并将场景中的重力对象和风对象分别添加至“力空间扭曲”文本框内，如图11-56所示。

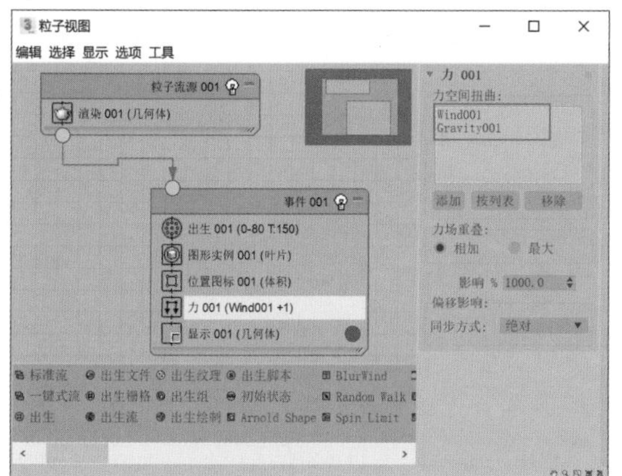

图11-56

14 拖动“时间滑块”，观察场景动画效果，可以看到粒子因受到力学的影响已经开始从上方向下缓慢飘落了，但是每个粒子的方向都是一样的，显得不太自然，如图11-57所示。

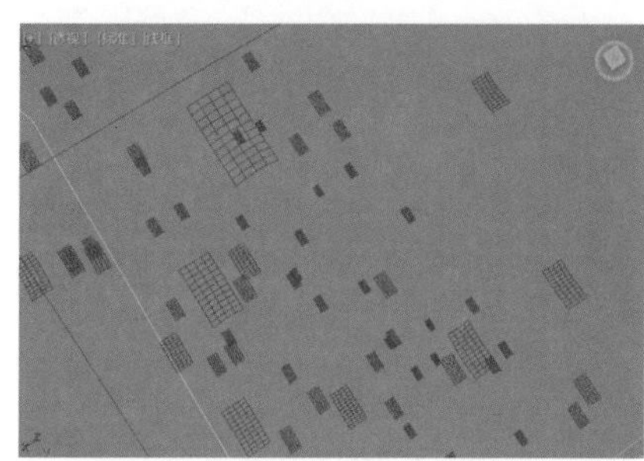

图11-57

15 在“粒子视图”窗口的“仓库”中，选择“自旋”操作符，以拖曳的方式将其放置于“事件001”中，如图11-58所示。

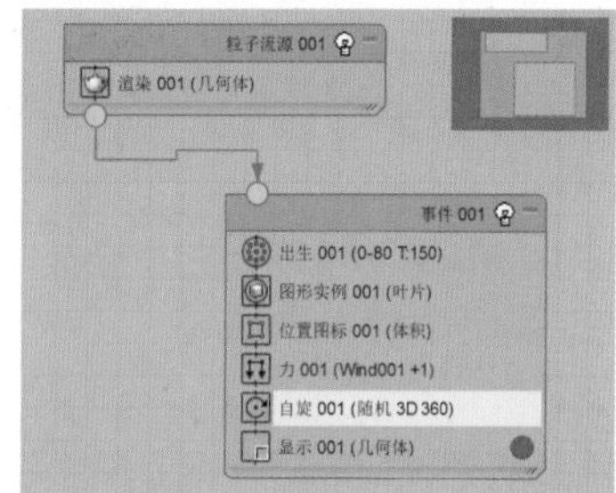

图11-58

16 再次拖动“时间滑块”，可看到每个粒子的旋转方向就都不一样了，如图11-59所示。

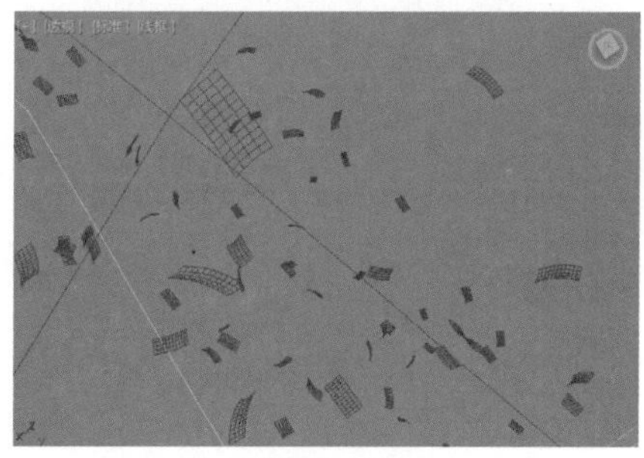

图11-59

17 本实例的最终动画完成效果如图11-60所示。

图11-60

实例操作：制作香烟燃烧动画

本实例使用粒子系统制作香烟燃烧的特效动画，最终渲染动画序列如图11-61所示。

图11-61

01 启动3ds Max 2020软件，打开本书配套资源“香烟燃烧场景.max”，如图11-62所示。

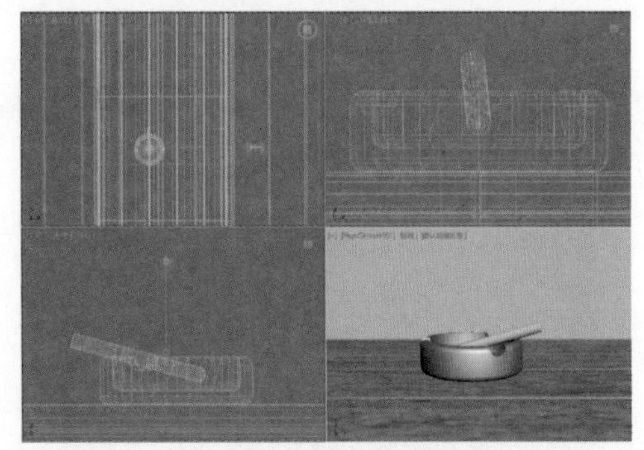

图11-62

02 执行菜单栏中的“图形编辑器/粒子视图”命令，或者按快捷键6键，打开“粒子视图”窗口，如图11-63所示。

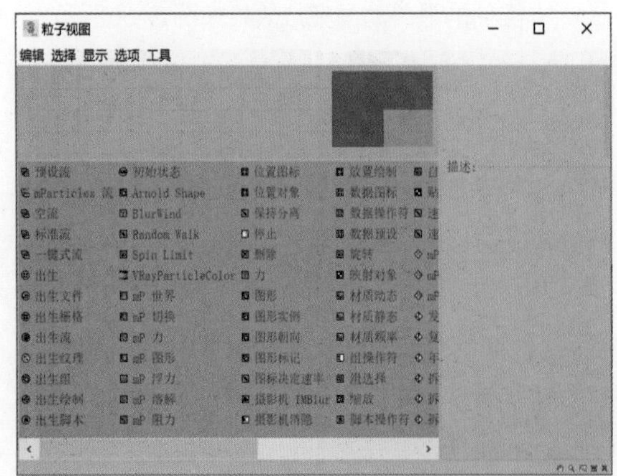

图11-63

03 在“仓库”中选择“空流”操作符，并以拖曳的方式将其添加至“工作区”中作为“粒子流源001”，可以看到该事件内只有一个“渲染001”操作符，如图11-64所示。

图11-64

04 选择场景中的粒子流图标，在“修改”面板中调整“视口%”值为100，如图11-65所示。

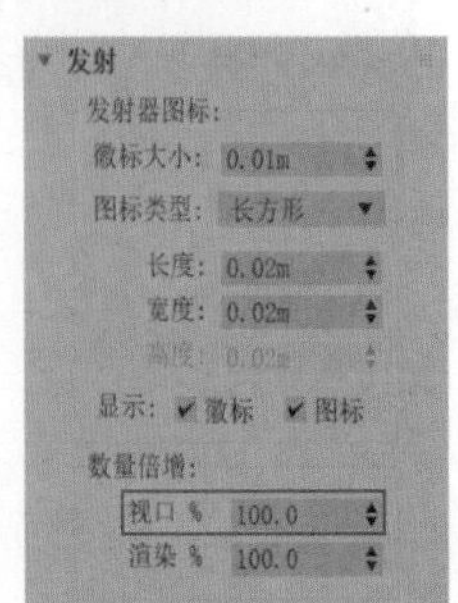

图11-65

05 在“粒子视图”窗口的“仓库”中选择“出生”操作符，以拖曳的方式将其放置于“工作区”中作为“事件001”，并将其连接至“粒子流源001”，如图11-66所示。

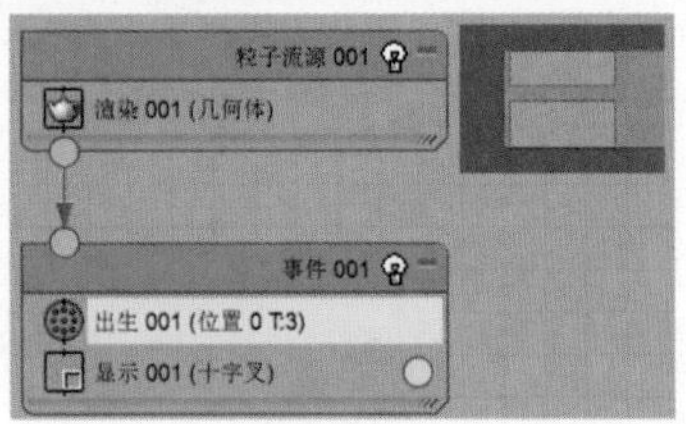

图11-66

06 选择“出生001”操作符，设置其“发射开始”值为0，“发射停止”值为0，“数量”值为3，使粒子在场景中从第0帧开始就有3个粒子，如图11-67所示。

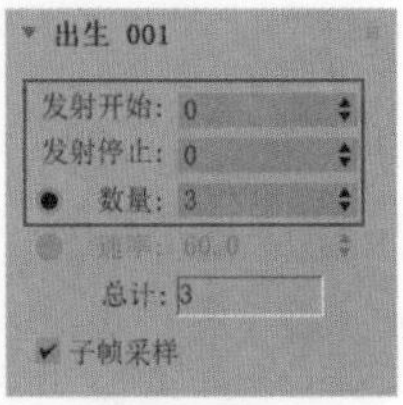

图11-67

07 在“粒子视图”窗口的“仓库”中选择“位置对象”操作符，以拖曳的方式将其放置于“工作区”中的“事件001”中，如图11-68所示。

08 在“位置对象001”卷展栏中单击“添加”按钮，选择场景中的香烟模型，将其设置为粒子的发射器，同时将“位置”选择为“选定面”选项，如图11-69所示。

09 选择场景中的香烟模型，在“多边形”子对象层级中选择如图11-70所示的面，然后退出该子对象层级，这时可以发现粒子的位置被固定到了香烟模型所选择的面上。

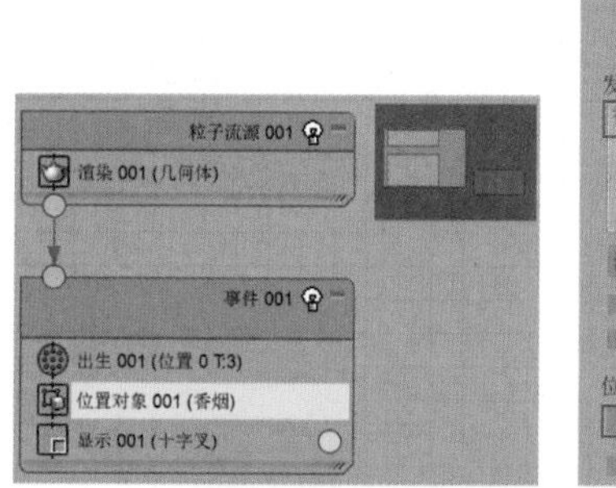

图11-68

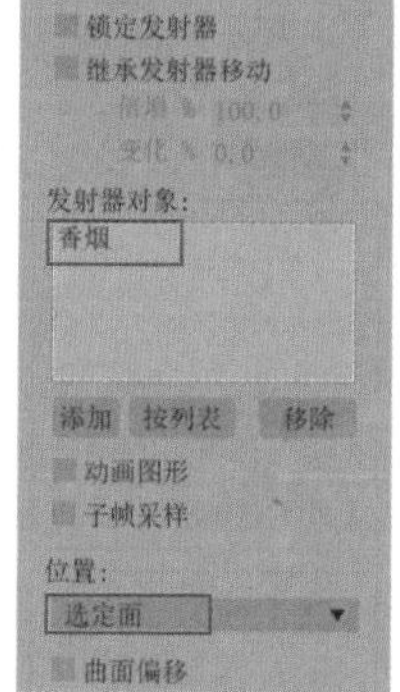

图11-69

图11-70

10 在“粒子视图”窗口的“仓库”中选择“繁殖”操作符，以拖曳的方式将其放置于“工作区”中的“事件001”中，如图11-71所示。

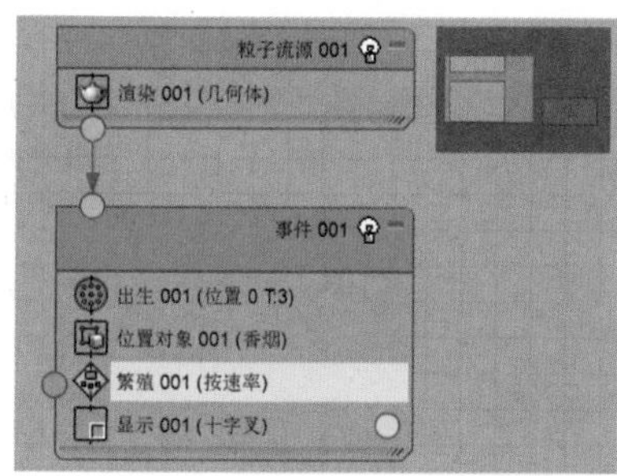

图11-71

11 在“繁殖001”卷展栏中设置粒子“繁殖速率和数量”为“每秒”，并设置“速率”值为1000，如图11-72所示。

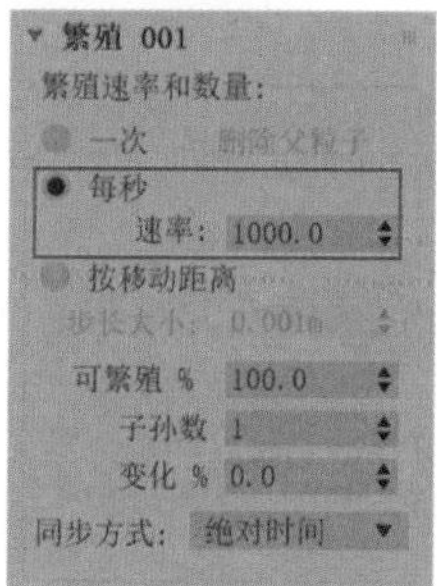

图11-72

12 在“仓库”中选择“力”操作符，以拖曳的方式将其放置于“工作区”中作为“事件002”，并将其连接至“事件001”的“繁殖”操作符，如图11-73所示。

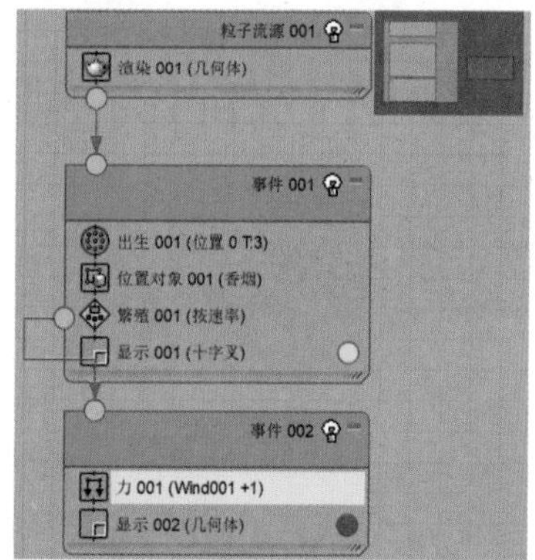

图11-73

13 在“创建”面板中单击“风”按钮，在场景中创建方向向上的“风”，如图11-74所示。

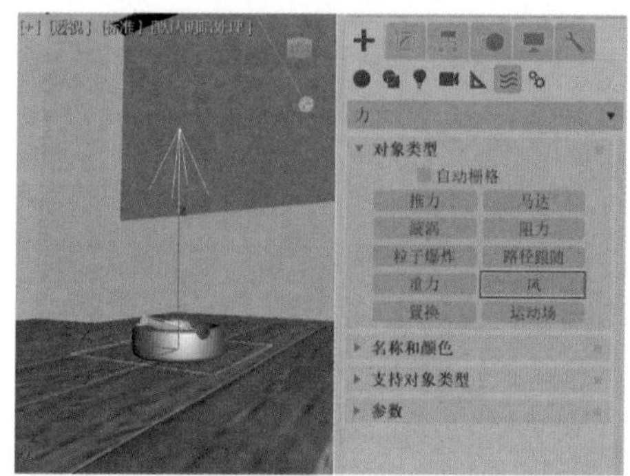

图11-74

14 在“修改”面板中设置风的“强度”值为0.3，如图11-75所示。

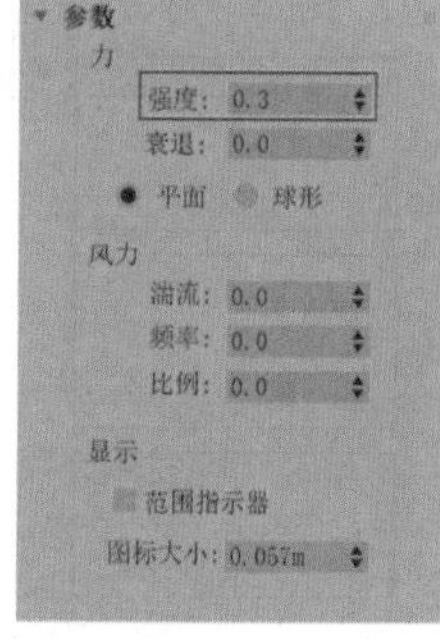

图11-75

15 在场景中再次创建一个“风”，并调整其旋转角度至如图11-76所示的效果。

16 在“修改”面板中设置“强度”值为0.2，“湍流”值为1.5，“频率”值为8，“比例”值为0.02，如图11-77所示。

17 将场景中的两个风对象分别添加至“力空间扭曲”文本框内，并设置“影响”值为100，如图11-78所示。

18 拖动“时间滑块”，可以看到场景中的粒子运动轨迹，如图11-79所示。

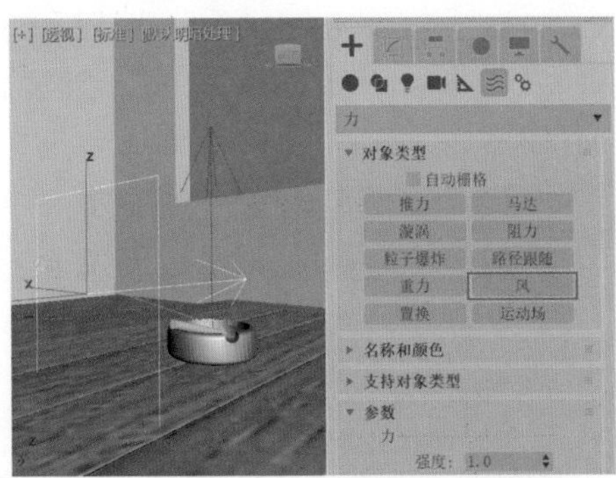
图11-76

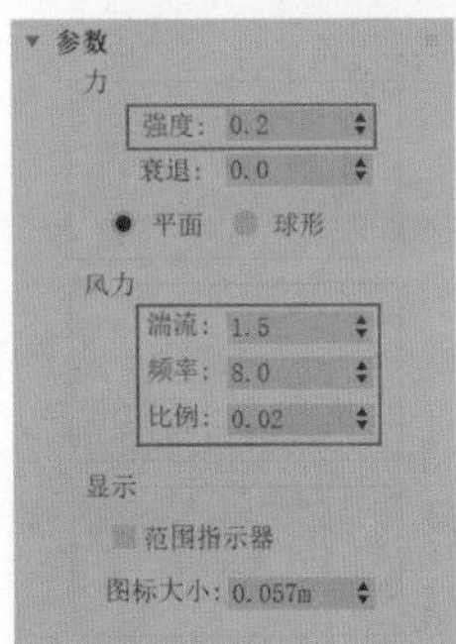
图11-77

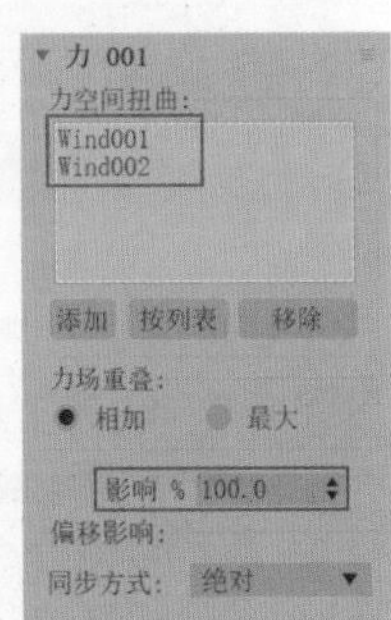
图11-78

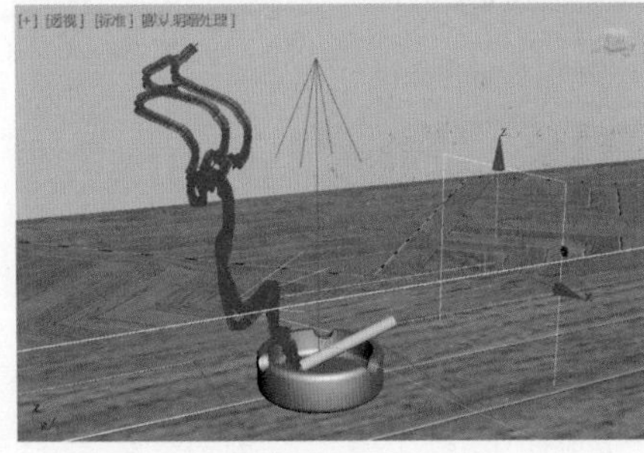
图11-79

19 在“仓库”中选择“年龄测试”操作符，以拖曳的方式将其放置于“工作区”中的“事件002”中，如图11-80所示。

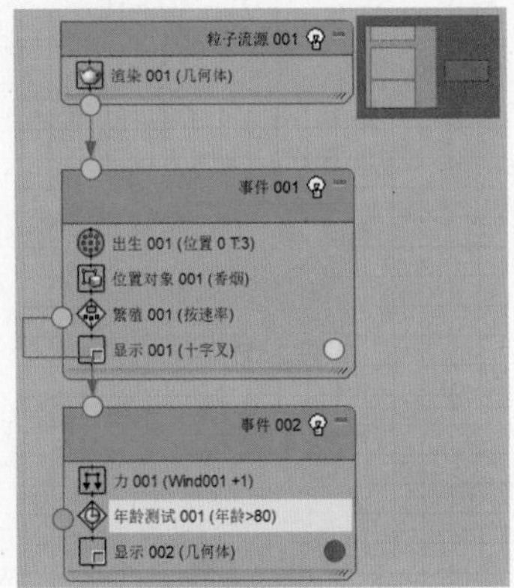
图11-80

20 在“年龄测试001”卷展栏中设置“测试值”为80，“变化”值为0，如图11-81所示。

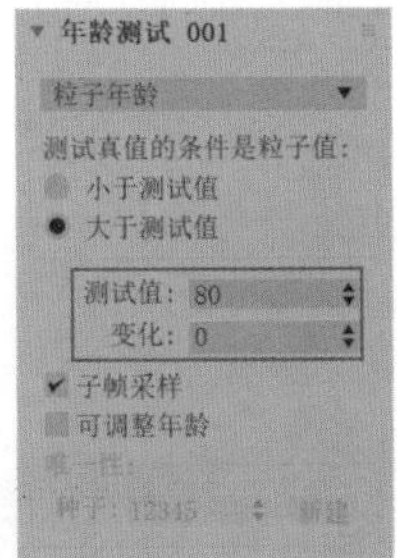
图11-81

21 在“仓库”中选择“删除”操作符，以拖曳的方式将其放置于“工作区”中作为“事件003”，并将其连接至“事件002”的“年龄测试”操作符，当“事件002”所产生的粒子年龄大于80帧时，将被删除，以减少软件不必要的粒子计算，如图11-82所示。

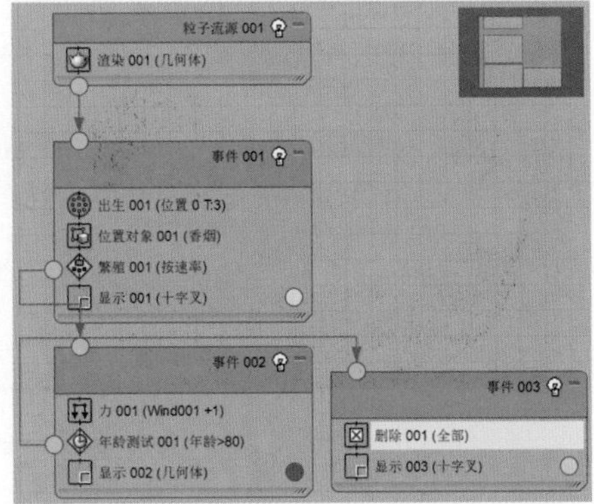
图11-82

22 在“仓库”中选择“图形朝向”操作符，以拖曳的方式将其放置于“工作区”中的“粒子流源001”中，如图11-83所示。

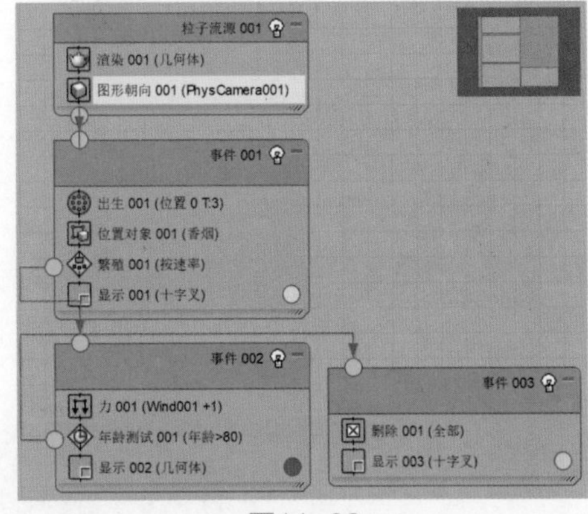
图11-83

23 在“图形朝向001”卷展栏中将场景中的物理摄影机作为粒子的“注视摄影机/对象”，并设置粒子“在世界空间中”的大小及单位为0.001m，如图11-84所示。

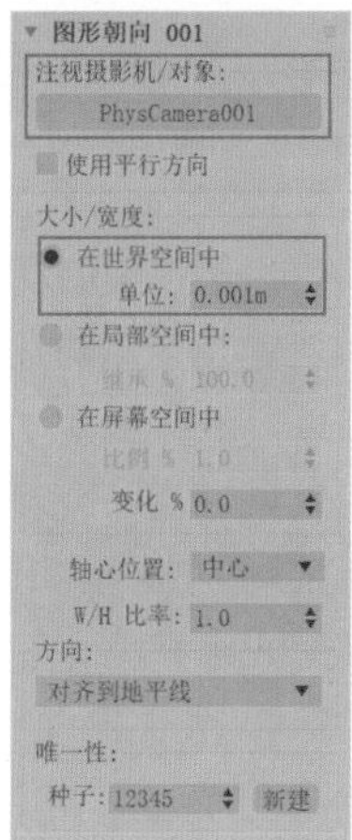

图11-84

24 在“仓库”中选择“材质静态”操作符，以拖曳的方式将其放置于“工作区”中的“粒子流源001”事件中，为粒子添加材质效果，如图11-85所示。

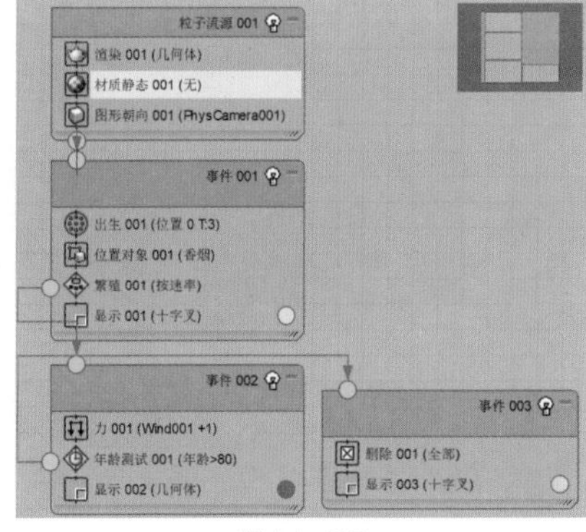

图11-85

25 按快捷键M键，打开“材质编辑器”窗口，将调试好的“烟”材质以拖曳的方式添加到“材质静态001”卷展栏内的“指定材质”属性上，完成粒子材质的指定，如图11-86所示。

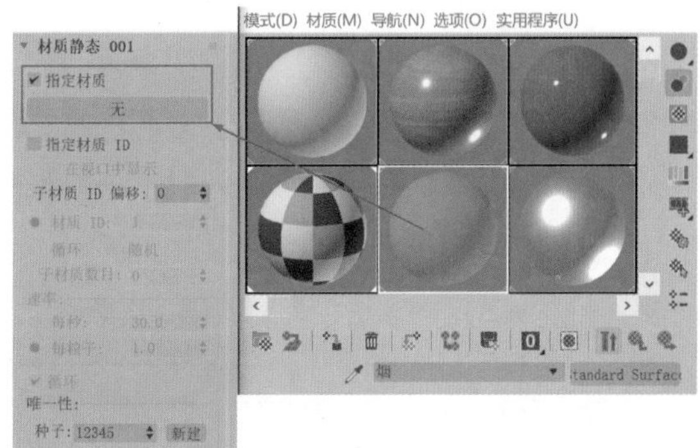

图11-86

26 本实例的最终动画完成效果如图11-87所示。

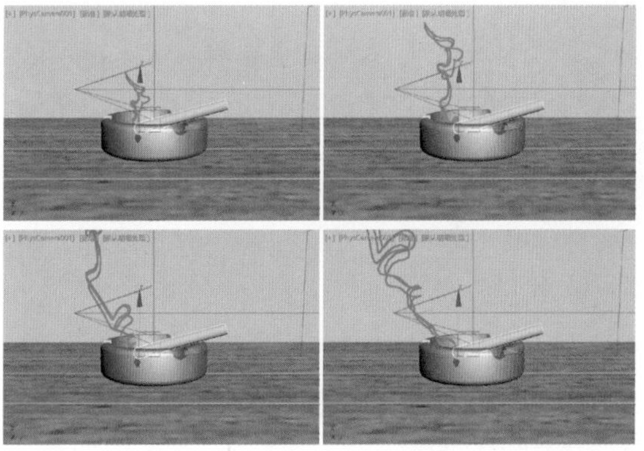

图11-87

动力学技术

12.1 动力学概述

3ds Max 2020为动画师提供了多个功能强大且易于掌握的动力学动画模拟系统，主要有MassFX动力学、mCloth修改器、流体等，用于制作运动规律较为复杂的自由落体动画、刚体碰撞动画、布料运动动画以及液体流动动画。这些内置的动力学动画模拟系统不但为特效动画师们提供了效果逼真、合理的动力学动画模拟解决方案，还极大地节省了手动设置关键帧所消耗的时间。不过，某些动力学计算需要较高的计算机硬件支持和足够大的硬盘空间来存放计算缓存文件，才能够得到真实的细节丰富的动画模拟效果。

12.2 MassFX动力学

MassFX动力学通过对物体的质量、摩擦力、反弹力等多个属性进行合理设置，可以产生非常真实的物理作用动画计算，并在对象上生成大量的动画关键帧。启动中文版3ds Max 2020后，在“主工具栏”上右击并执行“MassFX工具栏”命令，如图12-1所示，即可显示与工具动力学设置相关的工具，如图12-2所示。

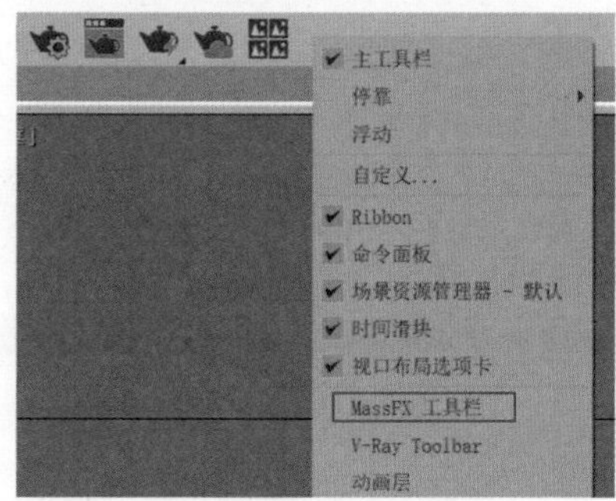

图12-1

图12-2

12.3 MassFX工具

MassFX模拟的刚体为在动力学计算期间形态不发生改变的模型对象。例如，把场景中的任意几何体模型设置为刚体，它可能会反弹、滚动和四处滑动，但无论施加了多大的力，它都不会弯曲或折断。MassFX工具栏提供了动力学、运动学和静态这3种不同的类型，如图12-3所示。

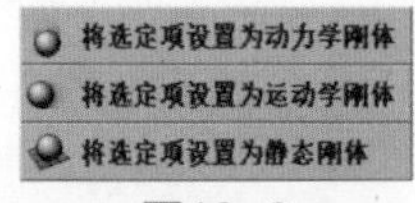

图12-3

“MassFX工具”面板中包含世界参数、模拟工具、多对象编辑器和显示选项这4个选项卡，如图12-4所示。下面介绍常用的参数。

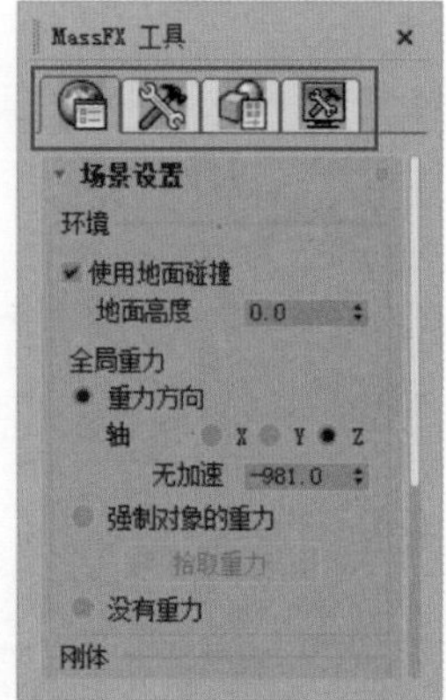

图12-4

12.3.1 “世界参数”选项卡

“世界参数”选项卡中共有场景设置、高级设置和引擎这3个卷展栏，如图12-5所示。

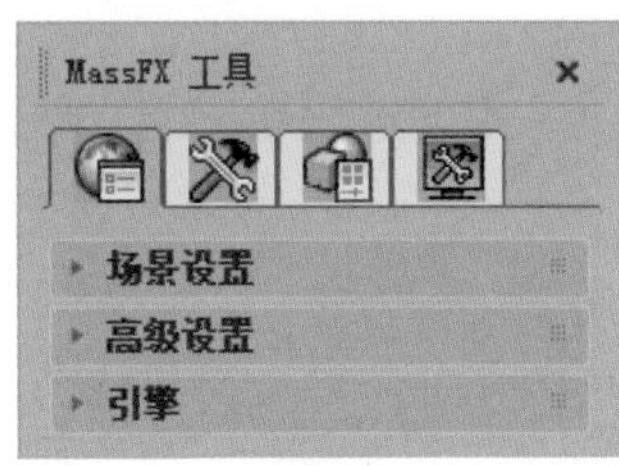

图12-5

1. “场景设置”卷展栏

“场景设置”卷展栏如图12-6所示。

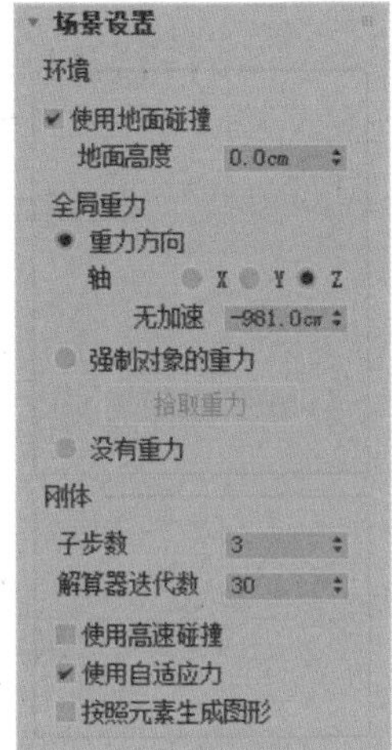

图12-6

解析

“环境”选项组

- 使用地面碰撞：默认开启，MassFX 使用地面高度级别的无限、平面、静态刚体。
- 地面高度：启用“使用地面碰撞”时地面刚体的高度。
- 全局重力：这些设置应用于启用了“使用世界重力”的刚体和启用了“使用全局重力”的mCloth 对象。
- 重力方向：应用MassFX 中的内置重力，并且允许用户通过该参数下方的“轴”来更改重力的方向。
- 强制对象的重力：可以使用重力空间扭曲将重力应用于刚体。
- 没有重力：重力不会影响模拟。

“刚体”选项组

- 子步数：每个图形更新之间执行的模拟步数，由以下公式确定：（子步数+1）*帧速率。
- 解算器迭代数：全局设置，约束解算器强制执行碰撞和约束的次数。
- 使用高速碰撞：全局设置，用于切换连续的碰撞检测。
- 使用自适应力：启用时，MassFX会通过根据需要收缩组合防穿透力来减少堆叠和紧密聚合刚体中的抖动。
- 按照元素生成图形：启用并将“MassFX刚体”修改器应用于对象后，MassFX会为对象中的每个元素创建一个单独的物理图形。如图12-7所示为选中该复选框前后的凸面外壳生成显示。

图12-7

2.“高级设置”卷展栏

“高级设置”卷展栏如图12-8所示。

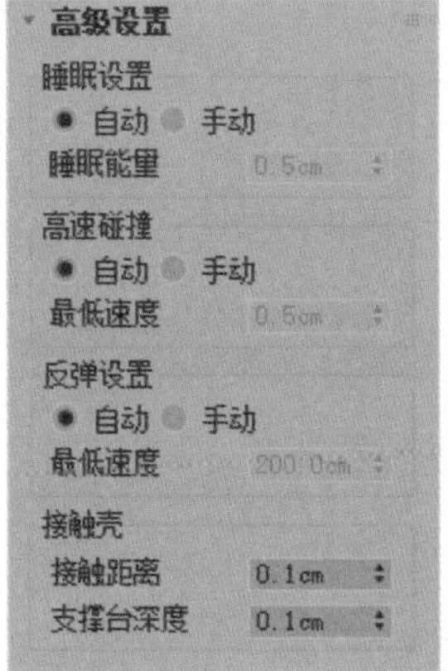

图12-8

解析

“睡眠设置”选项组

- 自动：MassFX自动计算合理的线速度和角速度睡眠阈值，高于该阈值即应用睡眠。
- 手动：允许手动设置要覆盖速度和自旋的启发式值。
- 睡眠能量：设置“睡眠”机制以测量对象的移动量。

“高速碰撞”选项组

- 自动：MassFX使用试探式算法来计算合理的速度阈值，高于该值即应用高速碰撞方法。
- 手动：允许手动设置要覆盖速度的自动值。
- 最低速度：在模拟中，移动速度高于此速度（以单位/秒为单位）的刚体将自动进入高速碰撞模式。

“反弹设置”选项组

- 自动：MassFX使用试探式算法来计算合理的最低速度阈值，高于该值即应用反弹。
- 手动：允许手动设置要覆盖速度的试探式值。
- 最低速度：在模拟中，移动速度高于此速度（以单位/秒为单位）的刚体将相互反弹。

“接触壳”选项组

- 接触距离：允许移动刚体重叠的距离。
- 支撑台深度：允许支撑体重叠的距离。

3. “引擎”卷展栏

“引擎”卷展栏如图12-9所示。

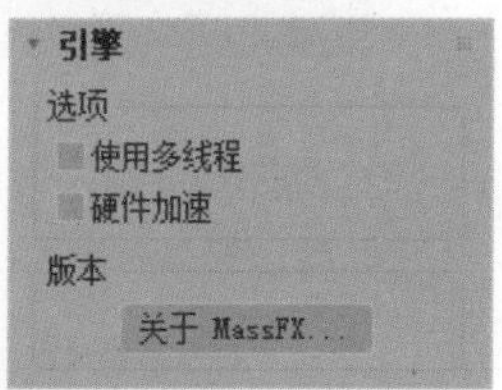

图12-9

解析

“选项”选项组

- 使用多线程：启用时，如果CPU具有多个内核，CPU可以执行多线程，以加快模拟的计算速度。在某些条件下可以提高性能；但是，连续进行模拟的结果可能会不同。
- 硬件加速：启用时，如果用户的系统配备了Nvidia GPU，即可使用硬件加速来执行某些计算。在某些条件下可以提高性能；但是，连续进行模拟的结果可能会不同。

“版本”选项组

- “关于MassFX”按钮 关于 MassFX... ：单击该按钮，可以打开“关于MassFX”对话框，该对话框显示当前MassFX版本信息，如图12-10所示。

图12-10

12.3.2 “模拟工具”选项卡

“模拟工具”选项卡内共有模拟、模拟设置和实用程序这3个卷展栏，如图12-11所示。

图12-11

1. “模拟”卷展栏

“模拟”卷展栏如图12-12所示。

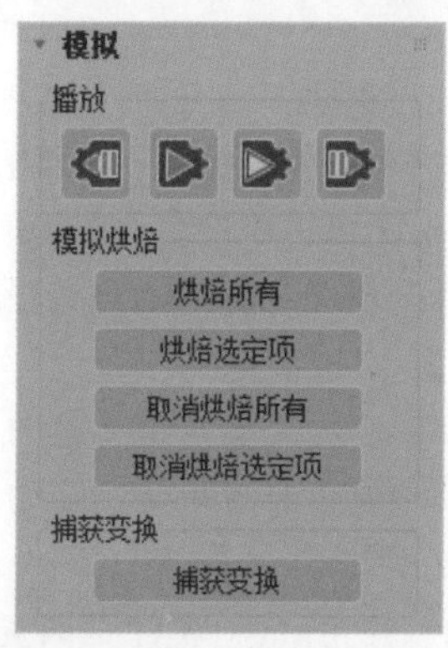

图12-12

解析

“播放”选项组

- “重置模拟”按钮：停止模拟，将时间滑块移动到第一帧，并将任意动力学刚体设置为其初始变换。
- “开始模拟”按钮：从当前模拟帧运行模拟。

- “开始没有动画的模拟”按钮：与“开始模拟”类似（前面所述），只是模拟运行时时间滑块不会前进。这可用于使动力学刚体移动到固定点，以准备使用捕捉初始变换。
- “逐帧模拟”按钮：运行一个帧的模拟并使时间滑块前进相同量。

“模拟烘焙”选项组

- “烘焙所有”按钮 烘焙所有 ：将所有动力学对象（包括 mCloth）的变换存储为动画关键帧时，重置模拟并运行。
- “烘焙选定项”按钮 烘焙选定项 ：与“烘焙所有”类似，只是烘焙仅应用于选定的动力学对象。
- “取消烘焙所有”按钮 取消烘焙所有 ：删除通过烘焙设置为运动学状态的所有对象的关键帧，从而将这些对象恢复为动力学状态。
- “取消烘焙选定项”按钮 取消烘焙选定项 ：与“取消烘焙所有”类似，只是取消烘焙仅应用于选定的适用对象。

“捕获变换”选项组

- “捕获变换”按钮 捕获变换 ：将每个选定动力学对象（包括mCloth）的初始变换设置为其当前变换。

2.“模拟设置”卷展栏

“模拟设置”卷展栏如图12-13所示。

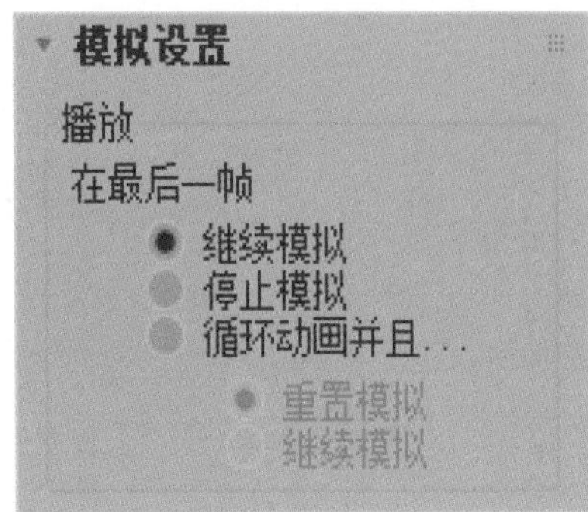

图12-13

解析

- 在最后一帧：选择当动画进行到最后一帧时是否继续进行模拟，有继续模拟、停止模拟和循环动画并且这3个选项可选。

3.“实用程序”卷展栏

“实用程序”卷展栏如图12-14所示。

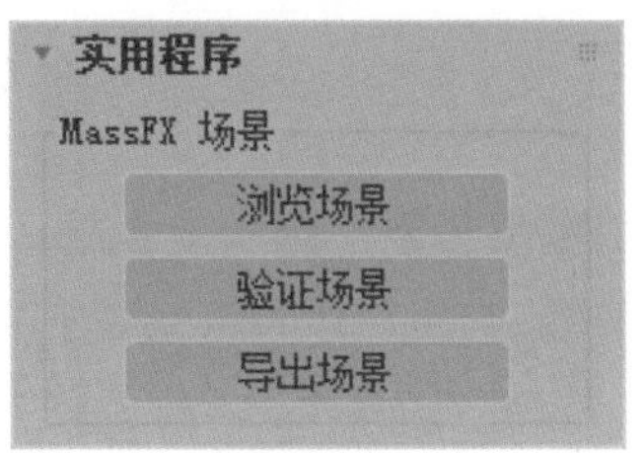

图12-14

解析

- “浏览场景”按钮 浏览场景 ：单击该按钮可以，打开“场景资源管理器-MassFX资源管理器”窗口，如图12-15所示。

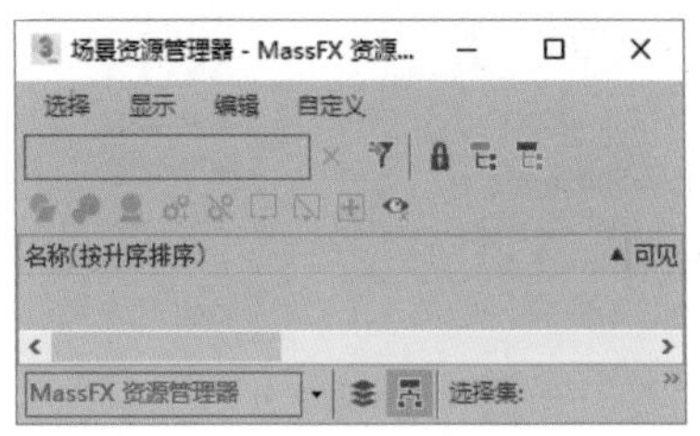

图12-15

- “验证场景”按钮 验证场景 ：单击该按钮，可以打开“验证PhysX场景”对话框，以验证各种场景元素不违反模拟要求，如图12-16所示。

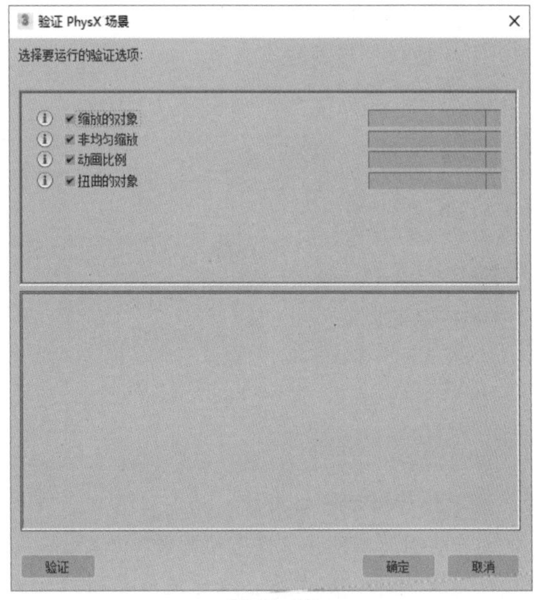

图12-16

- “导出场景”按钮 导出场景 ：将场景导出为PXPROJ文件以使该模拟可用于其他程序。

12.3.3 “多对象编辑器”选项卡

“多对象编辑器”选项卡在默认状态下如图12-17所示。当用户在场景中选择设置了刚体的模型后，则显示刚体属性、物理材质、物理材质属性、物理网格、物理网格参数、力和高级这7个卷展栏，如图12-18所示。这些参数与MassFX Rigid Body修改器中的参数设置基本一样，在此不再讲解。

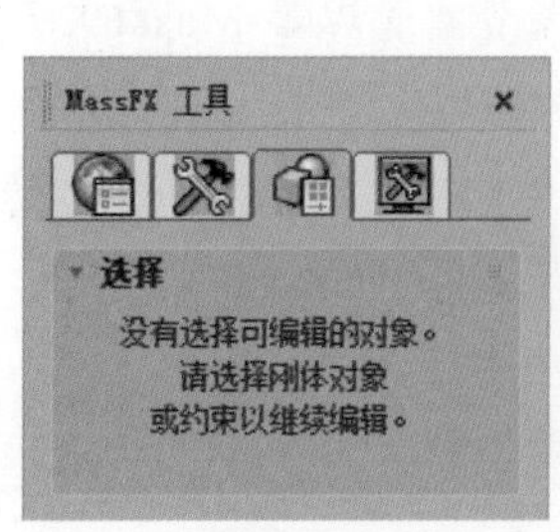

图12-17

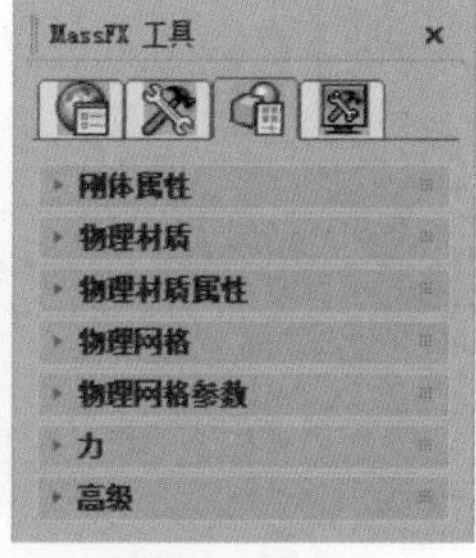

图12-18

12.3.4 “显示选项”选项卡

“显示选项”选项卡内共有两个卷展栏，分别是“刚体”卷展栏和“Mass FX可视化工具”卷展栏，如图12-19所示。

1. “刚体”卷展栏

“刚体”卷展栏如图12-20所示。

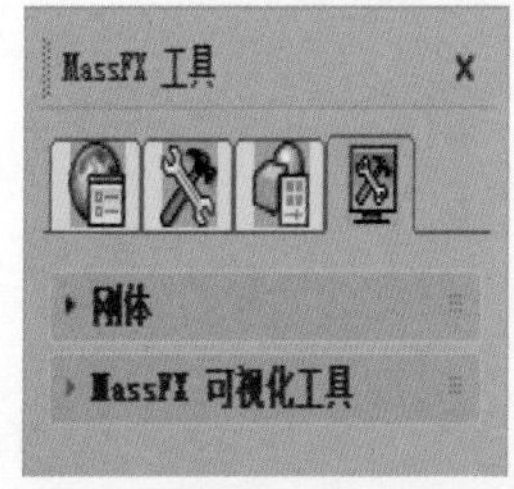

图12-19

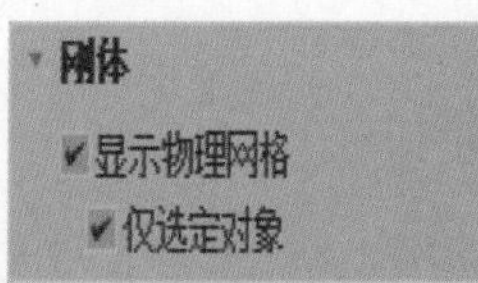

图12-20

解析

- 显示物理网格：启用时，物理网格显示在视口中，且可以使用“仅选定对象”开关。
- 仅选定对象：启用时，仅选定对象的物理网格显示在视口中。

2. “MassFX可视化工具”卷展栏

“MassFX可视化工具”卷展栏如图12-21所示。

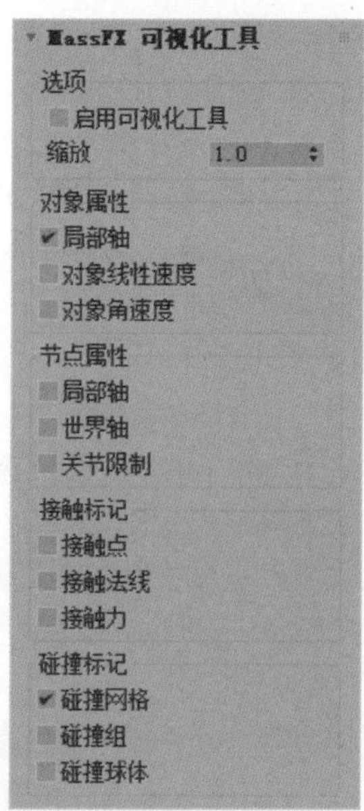

图12-21

解析

“选定”选项组

- 启用可视化工具：启用时，此卷展栏上的其余设置可用。
- 缩放：基于视口的指示器（如轴）的相对大小。

12.4 MassFX Rigid Body修改器

如果希望场景中的对象参与动力学计算，必须要对其添加MassFX Rigid Body修改器。MassFX Rigid Body修改器包括刚体属性、物理材质、物体图形、物理网格参数、力和高级这6个卷展栏，如图12-22所示。

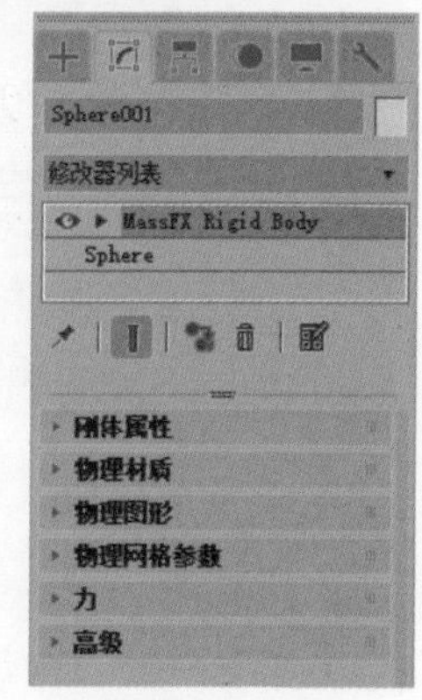

图12-22

12.4.1 “刚体属性”卷展栏

“刚体属性”卷展栏如图12-23所示。

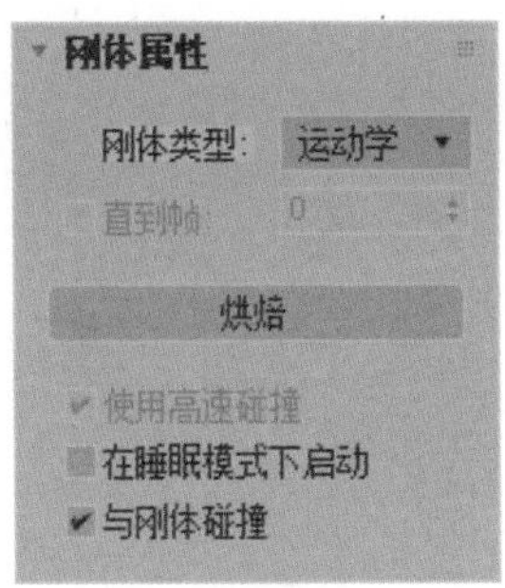

图12-23

解析

- 刚体类型：设置所有选定刚体的模拟类型，包括动力学、运动学和静态，如图12-24所示。

动力学
运动学
静态

图12-24

- 直到帧：如果启用此选项，MassFX会在指定帧处将选定的运动学刚体转换为动力学刚体。仅在“刚体类型”设置为“运动学”时可用。
- “烘焙”按钮  烘焙 ：将刚体的模拟运动转换为标准动画关键帧，以便进行渲染。仅应用于动力学刚体。
- 使用高速碰撞：将选定刚体设置为高速碰撞对象。
- 在睡眠模式下启动：刚体将使用世界睡眠设置以睡眠模式开始模拟。这表示，在受到未处于睡眠状态的刚体的碰撞之前，它不会移动。
- 与刚体碰撞：刚体可以与场景中的其他刚体发生碰撞计算。

12.4.2　“物理材质”卷展栏

“物理材质”卷展栏如图12-25所示。

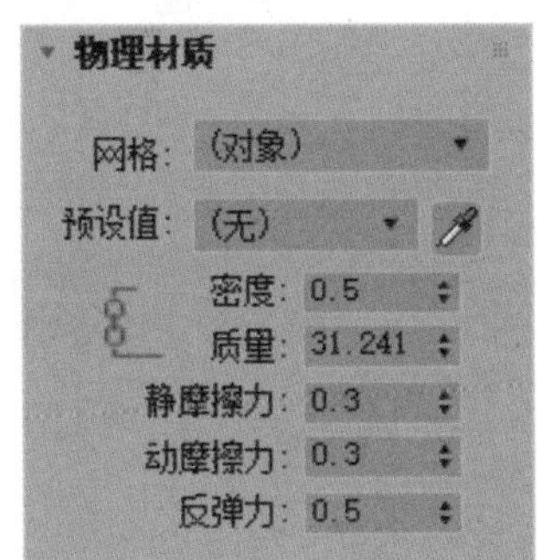

图12-25

解析

- 网格：在下拉列表中选择要更改材质参数的刚体的物理图形。
- 预设值：从列表中选择一个预设，以指定所有的物理材质属性。3ds Max 2020提供了多种常见对象的预设，如图12-26所示。

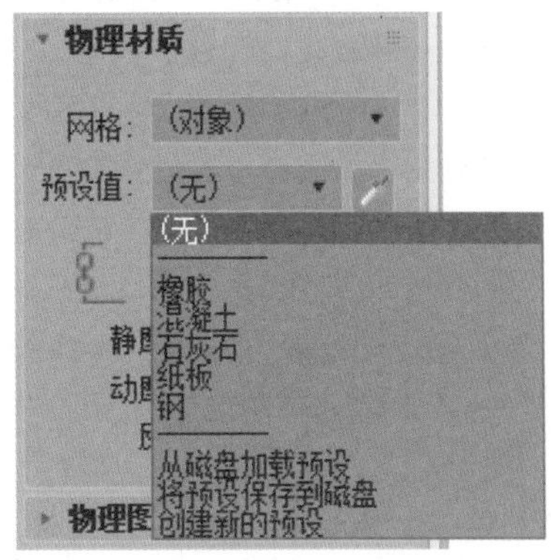

图12-26

- 密度：设置刚体的密度，度量单位为g/cm^3（克每立方厘米）。
- 质量：设置刚体的质量。
- 静摩擦力：两个刚体开始互相滑动的难度系数。值为0，表示无摩擦力（比聚四氟乙烯更滑）；值为1，表示完全摩擦力（砂纸上的橡胶泥）。
- 动摩擦力：两个刚体保持互相滑动的难度系数。从严格意义上来说，此参数称为“动摩擦系数”。
- 反弹力：对象撞击到其他刚体时反弹的轻松程度和高度。

12.4.3　“物理图形”卷展栏

“物理图形”卷展栏如图12-27所示。

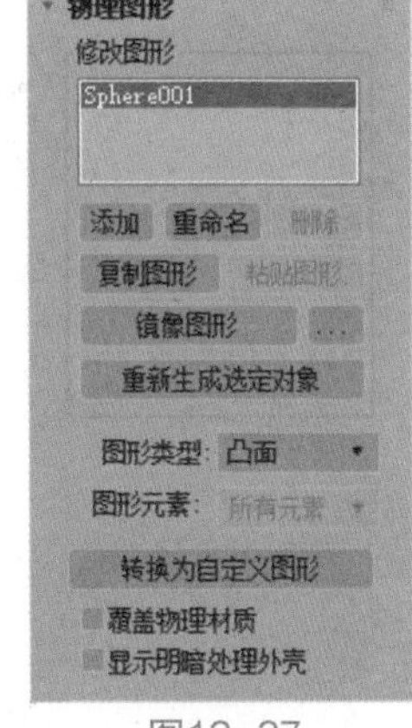

图12-27

解析

- 修改图形：显示组成刚体的所有物理图形。
- “添加”按钮 添加 ：将新的物理图形应用到刚体。

- “重命名”按钮 重命名 ：更改高亮显示的物理图形的名称。该名称仅用于轻松识别多个物理图形。
- “删除”按钮 删除 ：将高亮显示的物理图形从刚体中删除（刚体中最后剩下的物理图形不能删除。）
- “复制图形”按钮 复制图形 ：将高亮显示的物理图形复制到剪贴板以便随后粘贴。
- “粘贴图形”按钮 粘贴图形 ：将之前复制的物理图形粘贴到当前刚体中。
- “镜像图形”按钮 镜像图形 ：围绕指定轴翻转图形几何体。
- “重新生成选定对象”按钮 重新生成选定对象 ：使列表中高亮显示的图形自适应图形网格的当前状态。
- 图形类型：设置选定对象使用何种几何体进行动力学计算，如图12-28所示。如图12-29～图12-34所示分别为不同“图形类型”的凸面外壳显示。

图12-28

- 图形元素：先选中“按照元素生成图形”选项，再将所选对象重新设置为刚体后才会激活该命令。使“修改图形”列表中高亮显示元素的图形匹配“图形元素”列表中所选择的元素形状。

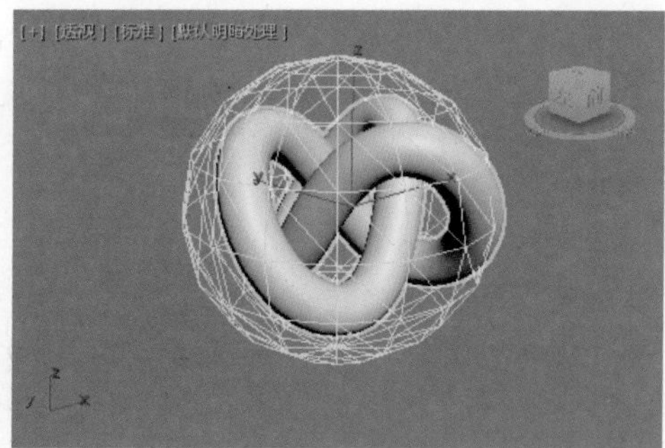

图12-29

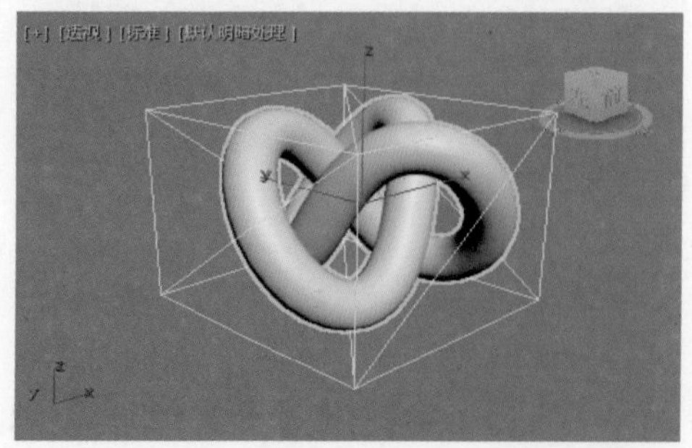

图12-30

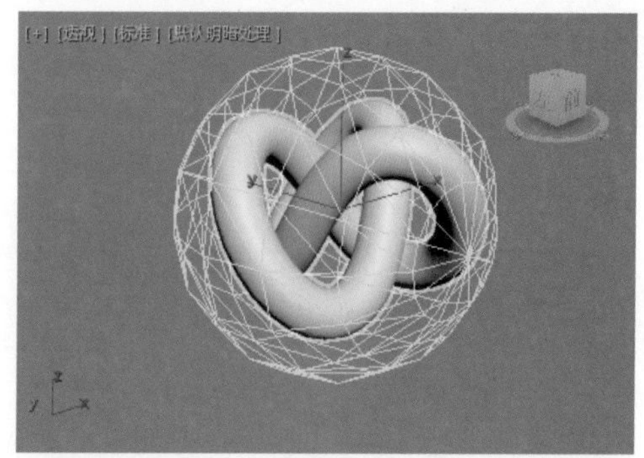

图12-31

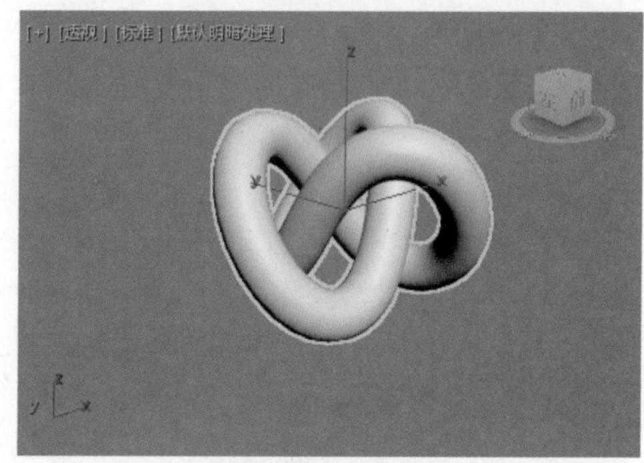

图12-32

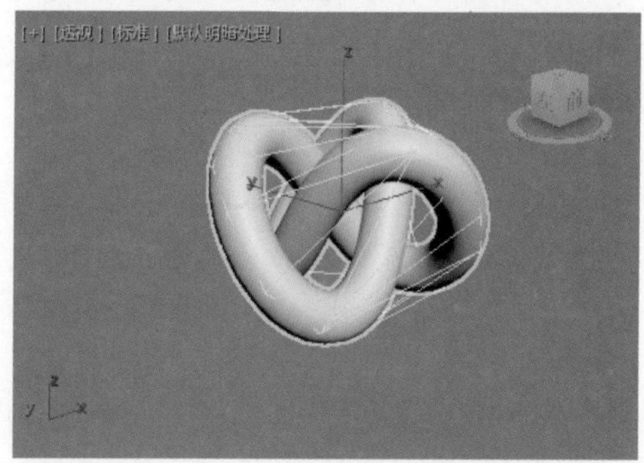

图12-33

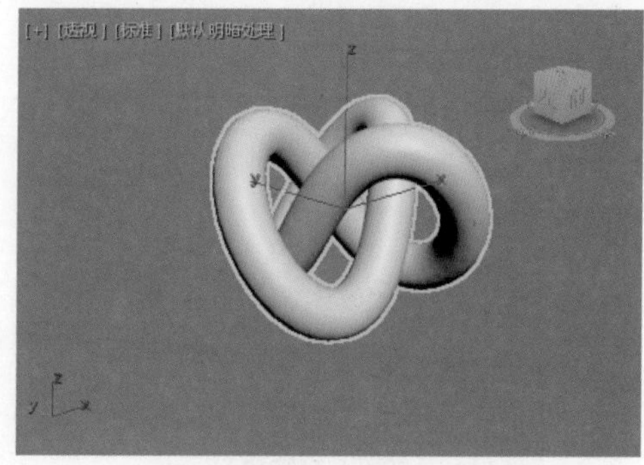

图12-34

- “转换为自定义图形”按钮：单击该按钮，可将基于高亮显示的物理图形在场景中创建一个新的可编辑网格对象，并将物理图形类型设置为“自定义”。

- 覆盖物理材质：将选定的物理图形使用新的设置覆盖“物理材质”卷展栏上的设置。
- 显示明暗处理外壳：使物理图形在视口中显示出来，如图12-35所示为选中该复选框前后的视图显示对比。

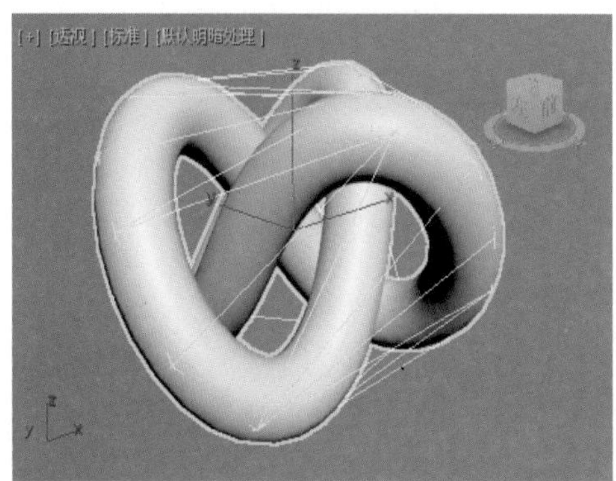

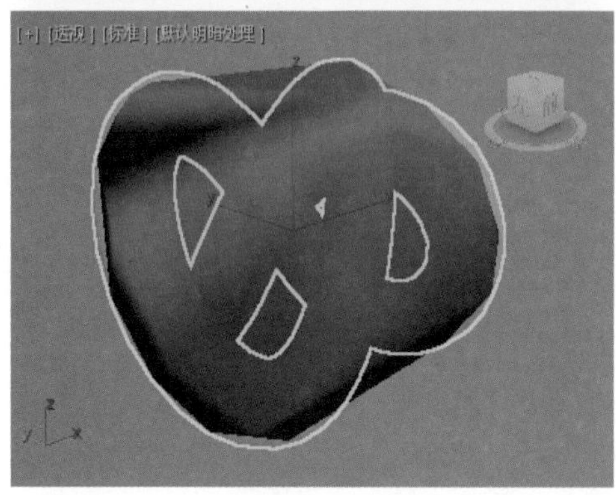

图12-35

12.4.4 “物理网格参数”卷展栏

“物理网格参数”卷展栏如图12-36所示。

物理网格参数
网格中有 32 个顶点
膨胀: 0.0
生成自: 曲面
顶点数: 32

图12-36

解析

- 膨胀：将凸面图形从图形网格的顶点云向外扩展（正值）或向图形网格内部收缩（负值）的量。正值以世界单位计量，而负值基于缩减百分比。
- 生成自：选择创建凸面外壳的方法，有“曲面”和“顶点”两种选项可选。
- 顶点数：凸面外壳的顶点数。介于4～256。使用的顶点越多，就更接近原始图形，但模拟速度会稍稍降低。

12.4.5 “力”卷展栏

“力”卷展栏如图12-37所示。

图12-37

解析

- 使用世界重力：禁用此复选框时，刚体仅使用此处应用的力并忽略全局重力设置。启用此复选框时，刚体将使用全局重力设置。
- 应用的场景力：列出场景中影响模拟中对象的力空间扭曲。

12.4.6 “高级”卷展栏

“高级”卷展栏如图12-38所示。

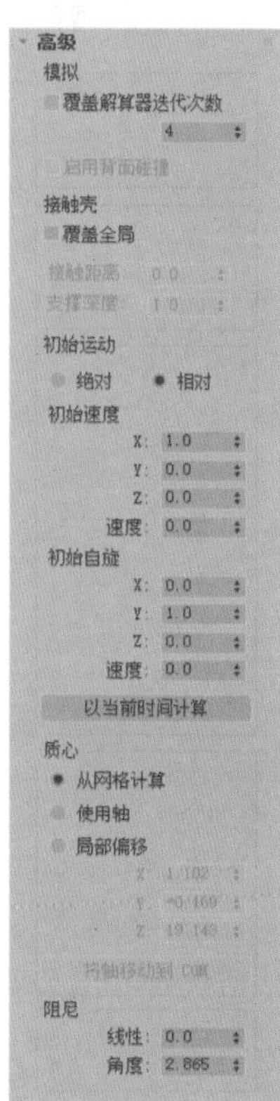

图12-38

解析

“模拟”选项组

- 覆盖解算器迭代次数：如果启用此复选框，MassFX将为此刚体使用在此处指定的解算器迭代次数设置，而不使用全局设置。
- 启用背面碰撞：仅可用于静态刚体。为凹面静态刚体指定原始图形类型时，启用此复选框可确保模拟中的动力学对象与其背面碰撞。

“接触壳”选项组

- 覆盖全局：如果启用此复选框，Mass FX将为选定刚体使用在此处指定的碰撞重叠设置，而不使用全局设置。

- 接触距离：允许移动刚体重叠的距离。
- 支撑深度：允许支撑体重叠的距离。

"初始运动"选项组

- 绝对/相对：设置为"绝对"时，将使用"初始速度"和"初始自旋"的值取代基于动画的值。设置为"相对"时，指定值将添加到根据动画计算得出的值。
- 初始速度：刚体在变为动态类型时的起始方向和速度。
- 初始自旋：刚体在变为动态类型时旋转的起始轴和速度。
- "以当前时间计算"按钮 以当前时间计算：应用来自运动学实体动画中某个点的初始运动值，而不是在刚体变为动态类型时所处帧的初始运动值。

"质心"选项组

- 从网格计算：基于刚体的几何体自动为刚体确定适当的质心。
- 使用轴：使用对象的轴作为其质心。
- 局部偏移：设置与用作质心的X轴、Y轴和Z轴上对象轴的距离。
- "将轴移动到COM"按钮 将轴移动到 COM：重新将对象的轴定位在局部偏移XYZ值指定的质心。仅在选择"局部偏移"单选按钮时可用。

"阻尼"选项组

- 线性：为减慢移动对象的速度所施加的力大小。
- 角度：为减慢旋转对象的旋转速度所施加的力大小。

12.5 mCloth修改器

如果希望场景中的对象参与到布料模拟计算中，则必须要对其添加mCloth修改器。mCloth修改器共分为mCloth模拟、力、捕获状态、纺织品物理特性、体积特性、交互、撕裂、可视化和高级这9个卷展栏，如图12-39所示。

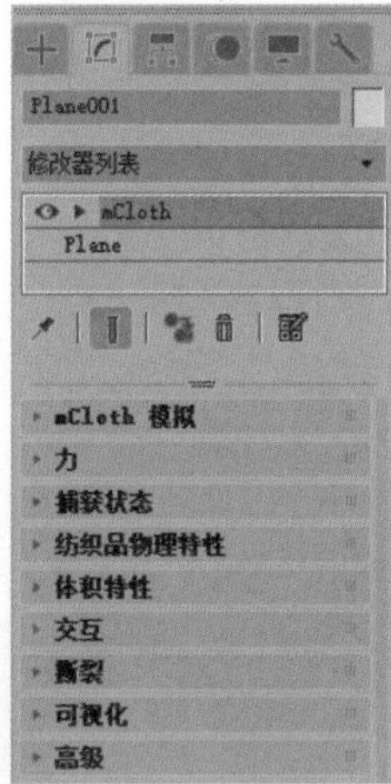

图12-39

12.5.1 "mCloth模拟"卷展栏

"mCloth模拟"卷展栏如图12-40所示。

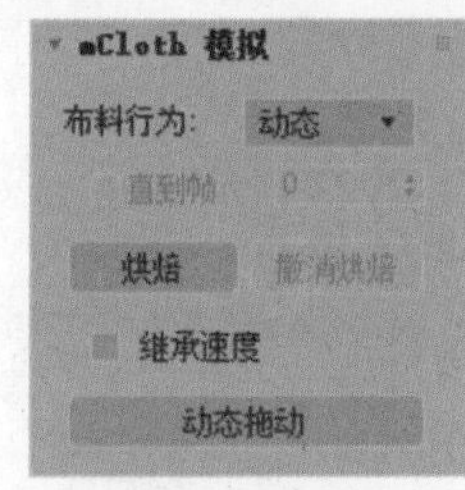

图12-40

解析

- 布料行为：确定mCloth对象使用何种方式进行模拟，有动态、运动学两项可以选择。
- 直到帧：启用时，MassFX会在指定帧处将选定的运动学布料转换为动力学布料。仅在"布料行为"设置为"运动学"时才可用。
- "烘焙"按钮 烘焙：将mCloth对象的模拟运动转换为标准动画关键帧以进行渲染。
- "撤销烘焙"按钮 撤消烘焙：选择mCloth对象后，可以通过"撤消烘焙"移除关键帧并将布料还原到动力学状态。
- 继承速度：启用时，mCloth对象可通过使用动画从堆栈中的mCloth对象下面开始模拟。
- "动态拖动"按钮 动态拖动：不使用动画即可模拟，且允许拖动布料以设置其姿势或测试行为。

12.5.2 “力”卷展栏

“力”卷展栏如图12-41所示。

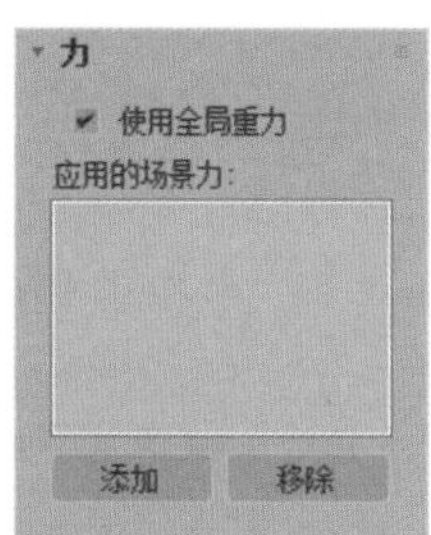

图12-41

解析

- 使用全局重力：启用时，mCloth对象将使用MassFX全局重力设置。
- 应用的场景力：列出场景中影响模拟中此对象的力空间扭曲。
- “添加”按钮：将场景中的力空间扭曲应用于模拟中的对象。
- “移除”按钮：可防止应用的空间扭曲影响对象。首先在列表中高亮显示它，然后单击可移除。

12.5.3 “捕获状态”卷展栏

“捕获状态”卷展栏如图12-42所示。

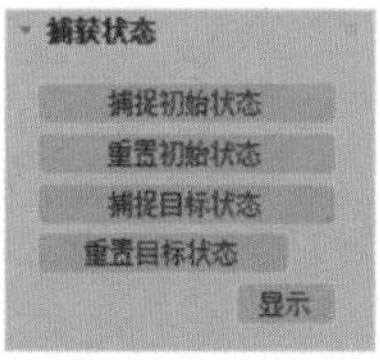

图12-42

解析

- “捕捉初始状态”按钮：将所选mCloth对象缓存的第一帧更新到当前位置。
- “重置初始状态”按钮：将所选mCloth对象的状态还原为应用修改器堆栈中的mCloth之前的状态。
- “捕捉目标状态”按钮：抓取mCloth对象的当前变形，并使用该网格来定义三角形之间的目标弯曲角度。
- “重置目标状态”按钮：将默认弯曲角度重置为堆栈中mCloth下面的网格。
- “显示”按钮：显示布料的当前目标状态，即所需的弯曲角度。

12.5.4 “纺织品物理特性”卷展栏

“纺织品物理特性”卷展栏如图12-43所示。

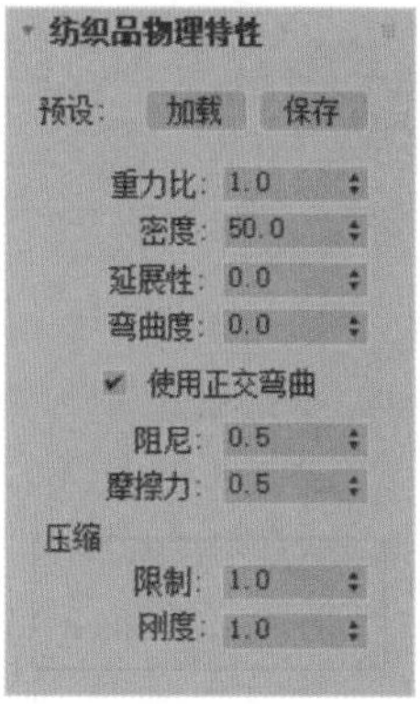

图12-43

解析

- “加载”按钮：打开“mCloth 预设”对话框，用于从保存的文件中加载“纺织品物理特性”设置。
- “保存”按钮：打开一个对话框，设置“纺织品物理特性”的保存位置。
- 重力比：“使用全局重力”复选框处于启用状态时重力的倍增。使用此选项可以模拟湿布料或重布料等效果。
- 密度：布料的权重，以克每平方厘米为单位。
- 延展性：拉伸布料的难易程度。
- 弯曲度：折叠布料的难易程度。
- 使用正交弯曲：计算弯曲角度，而不是弹力。在某些情况下，该方法更准确，但模拟时间更长。
- 阻尼：用于设置布料的弹性，这将影响布料在摆动后其还原到基准位置所经历的时间。
- 摩擦力：布料在其与自身或其他对象碰撞时抵制滑动的程度。
- 限制：布料边可以压缩或折皱的程度。
- 刚度：布料边抵制压缩或折皱的程度。

12.5.5 “体积特性”卷展栏

“体积特性”卷展栏如图12-44所示。

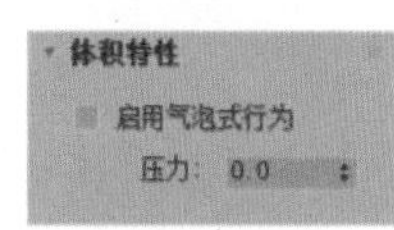

图12-44

解析

- 启用气泡式行为：模拟封闭体积，如轮胎或垫子。
- 压力：充气布料对象的空气体积或坚固性。

12.5.6 "交互"卷展栏

"交互"卷展栏如图12-45所示。

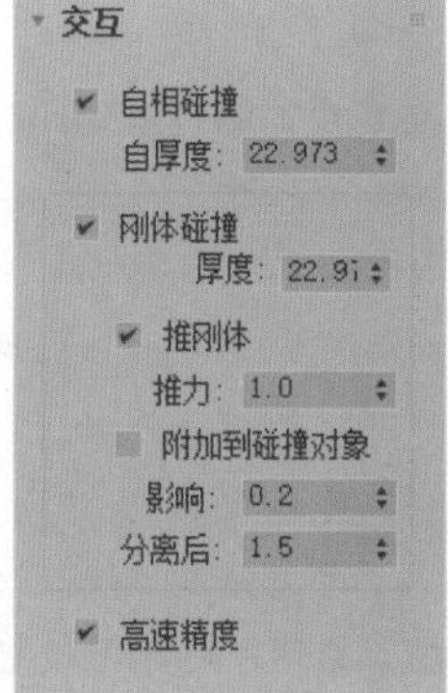

图12-45

解析

- 自相碰撞：启用时，mCloth 对象将尝试阻止自相交。
- 自厚度：用于自碰撞的mCloth对象的厚度。如果布料自相交，则尝试增加该值。如图12-46所示为该值为8时的布料模拟结果，布料在模拟的过程中已经产生了较为明显的自身穿插；如图12-47所示为将该值提高到20的布料模拟结果，布料的形态基本上避免了自身穿插效果。

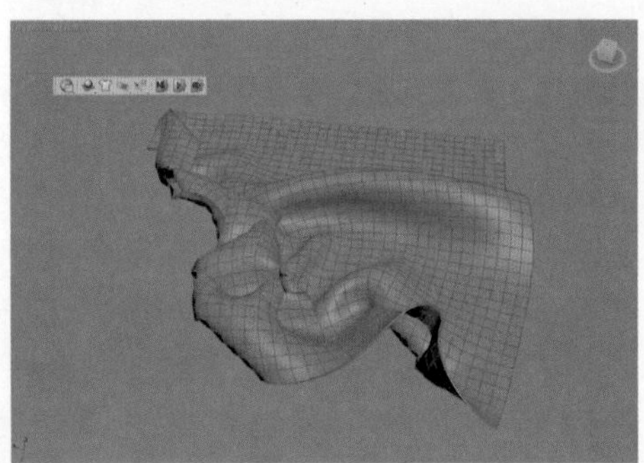

图12-46

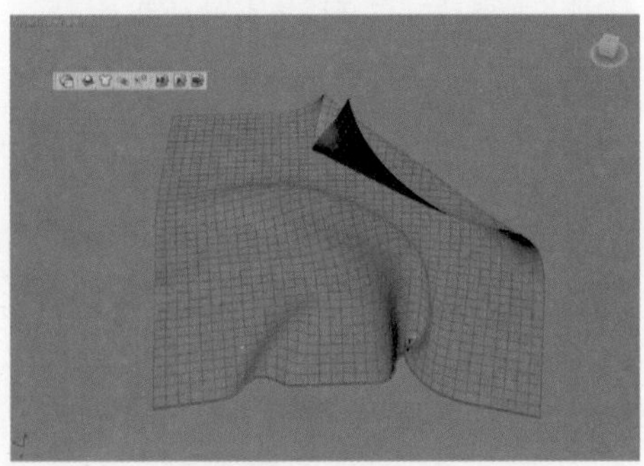

图12-47

- 刚体碰撞：启用时，mCloth对象可以与模拟中的刚体碰撞。
- 厚度：用于与模拟中的刚体碰撞的mCloth对象的厚度。如果其他刚体与布料相交，则尝试增加该值。
- 推刚体：启用时，mCloth对象可以影响与其碰撞的刚体的运动。
- 推力：mCloth对象对与其碰撞的刚体施加的推力的强度。
- 附加到碰撞对象：启用时，mCloth对象会粘附到与其碰撞的对象。
- 影响：mCloth对象对其附加到的对象的影响。
- 分离后：与碰撞对象分离前布料的拉伸量。
- 高速精度：启用时，mCloth对象将使用更准确的碰撞检测方法。这样会降低模拟速度。

12.5.7 "撕裂"卷展栏

"撕裂"卷展栏如图12-48所示。

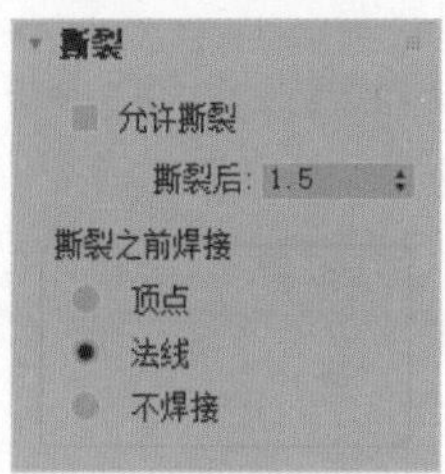

图12-48

解析

- 允许撕裂：启用时，布料中的预定义分割将在受到充足力的作用时撕裂。
- 撕裂后：布料边在撕裂前可以拉伸的量。
- 撕裂之前焊接：设置在出现撕裂之前MassFX如何处理预定义撕裂，有顶点、法线和不焊接3种选项。

12.5.8 "可视化"卷展栏

"可视化"卷展栏如图12-49所示。

图12-49

解析

- 张力：启用时，通过顶点着色的方法显示纺织品中的压缩和张力。

12.5.9 “高级”卷展栏

“高级”卷展栏如图12-50所示。

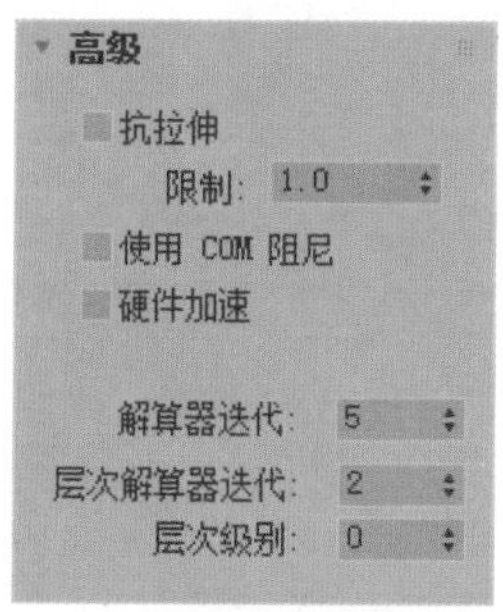

图12-50

解析

- 抗拉伸：启用时，帮助防止低解算器迭代次数值的过度拉伸。
- 限制：允许的过度拉伸的范围。
- 使用COM阻尼：影响阻尼，但使用质心，从而获得更硬的布料。
- 硬件加速：启用时，模拟将使用GPU。
- 解算器迭代次数：每个循环周期内解算器执行的迭代次数。使用较高值可以提高布料稳定性。
- 层次解算器迭代：层次解算器的迭代次数。在mCloth中，“层次”指的是在特定顶点上施加的力到相邻顶点的传播。此处使用较高值可提高此传播的精度。
- 层次级别：力从一个顶点传播到相邻顶点的速度。增加该值可增加力在布料上扩散的速度。

实例操作：使用“MassFX动力学”制作自由落体动画

本实例使用“MassFX动力学”系统制作自由落体的动画效果，最终渲染动画序列如图12-51所示。

01 启动3ds Max 2020软件，打开本书配套资源“自由落体场景.max”，本场景中有一个长方体模型和一个切角长方体模型，如图12-52所示。

图12-51

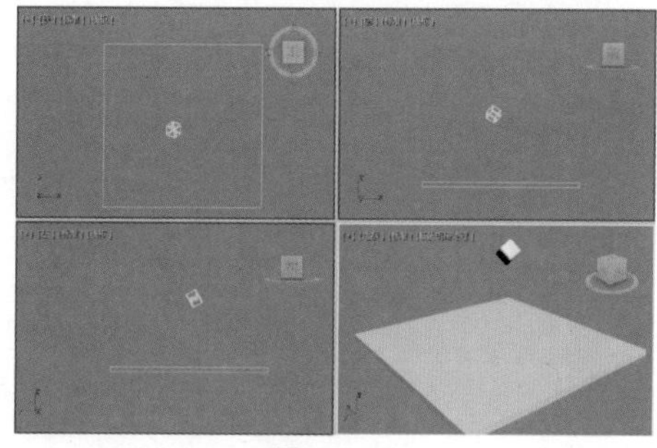

图12-52

02 选择场景中位于长方体模型上方的切角长方体模型，单击“将选定项设置为动力学刚体”按钮，如图12-53所示。

03 设置完成后，系统会自动为该模型添加MassFX Rigid Body修改器，如图12-54所示。

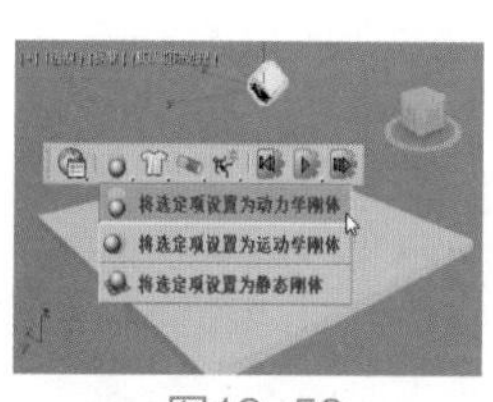

图12-53

图12-54

04 同时，场景中的切角长方体模型表面会显示“物理图形”，如图12-55所示。

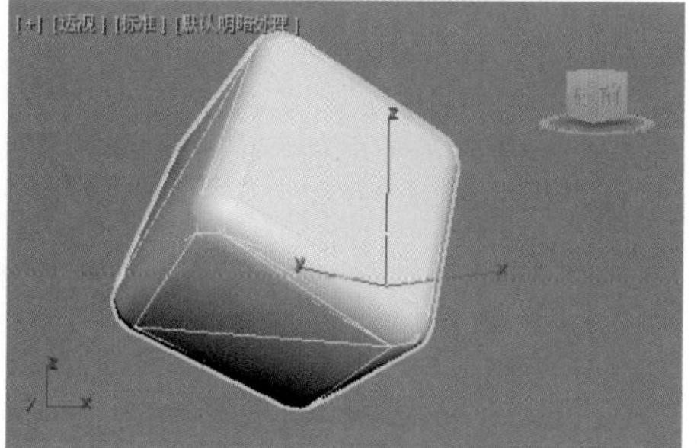

图12-55

05 选择场景中的长方体模型，单击“将选定项设置为静态刚体”按钮，如图12-56所示。

06 在“MassFX工具”面板中切换至“多对象编辑器”选项卡，选择场景中的切角长方体模型后，单击“刚体属性”卷展栏中的“烘焙”按钮，如图12-57所示，即可开始计算切角长方体的自由落体动画，如图12-58所示。

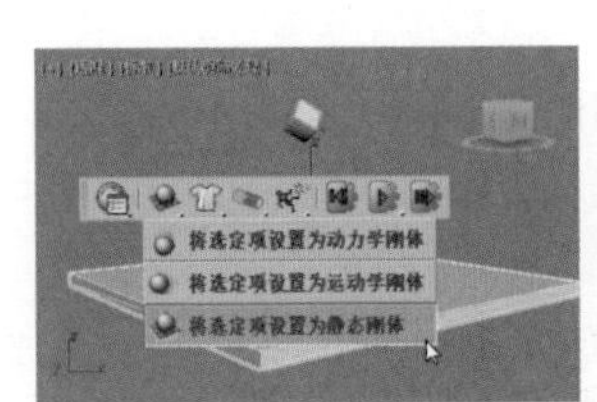

图12-56

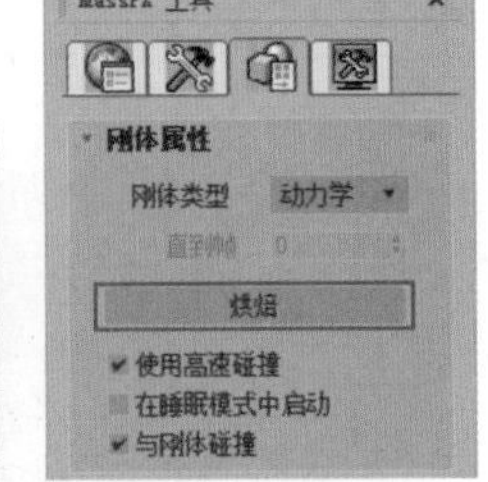

图12-57

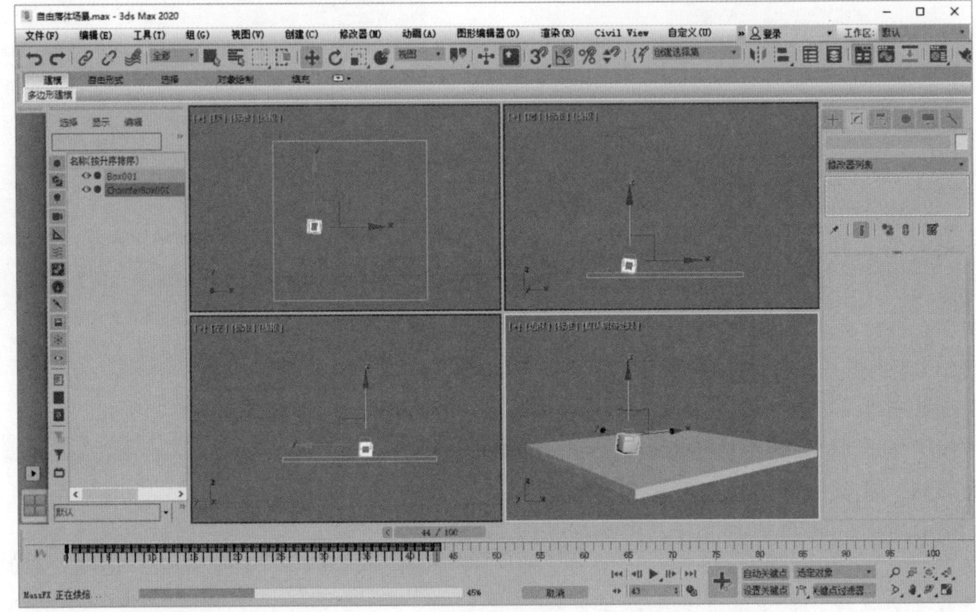

图12-58

07 计算完成后的动画关键帧如图12-59所示。

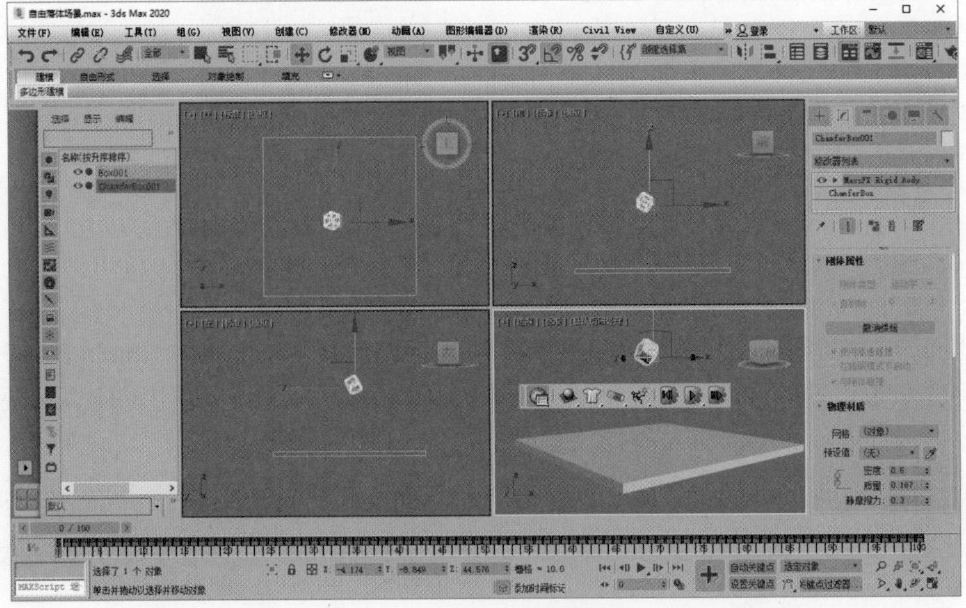

图12-59

08 本实例的最终动画完成效果如图12-60所示。

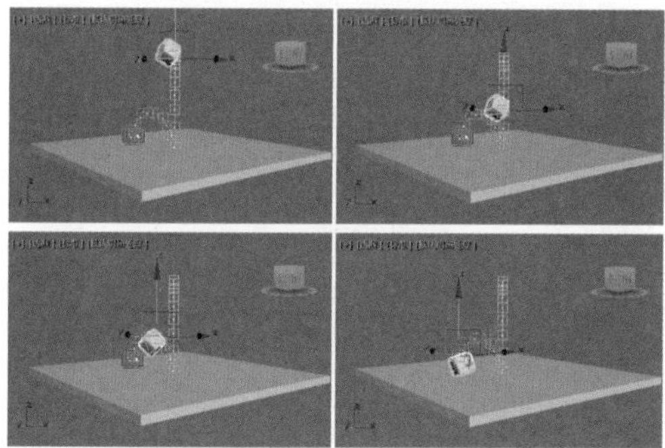

图12-60

> **技巧与提示** 使用MassFX动力学系统计算出来的动画关键帧可能会产生一定的误差。有时候误差很难避免，可以将多余的抖动动画关键帧删除，只保留效果较为理想的关键帧。

实例操作：使用“MassFX动力学”制作桌布下落动画

本实例使用“MassFX动力学”系统制作桌布下落的动画，最终渲染动画序列如图12-61所示。

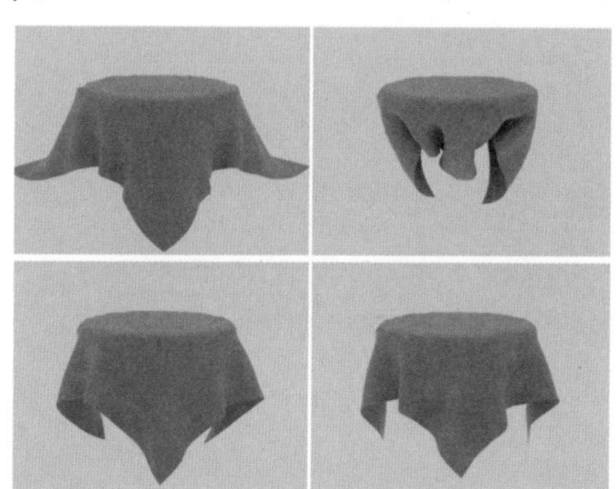

图12-61

01 启动3ds Max 2020软件，打开本书配套资源“桌布下落场景.max”，本场景中有一个圆柱体模型和一个平面模型，如图12-62所示。

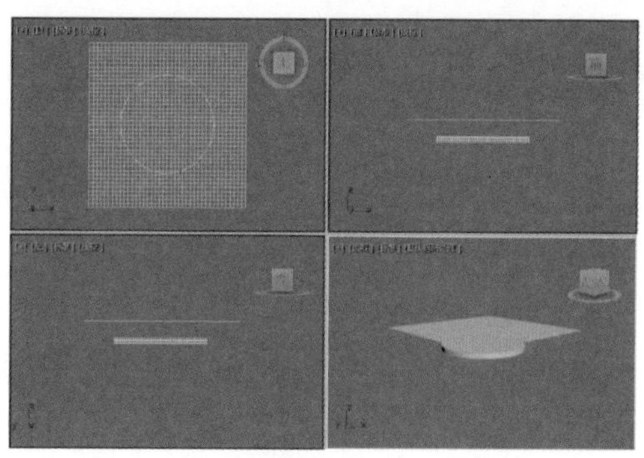

图12-62

02 选择场景中的圆柱体模型，单击“将选定项设置为静态刚体”按钮，如图12-63所示。

03 设置完成后，系统会自动为圆柱体模型添加MassFX Rigid Body修改器，如图12-64所示。

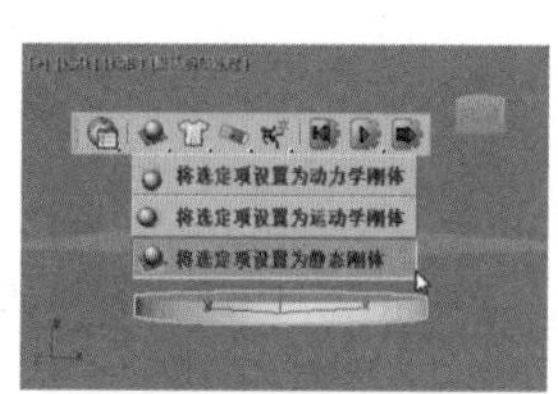

图12-63　　图12-64

04 选择场景中的平面模型，单击“将选定对象设置为mCloth对象”按钮，如图12-65所示。

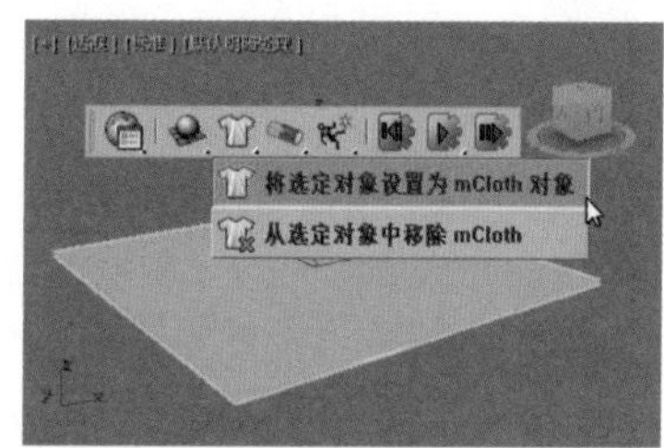

图12-65

05 设置完成后，系统会自动为平面模型添加mCloth修改器，如图12-66所示。

06 在“mCloth模拟”卷展栏中，单击“烘焙”按钮，如图12-67所示，即可看到3ds Max 2020开始对平面模型进行布料动画模拟，如图12-68所示。

图12-66　　图12-67

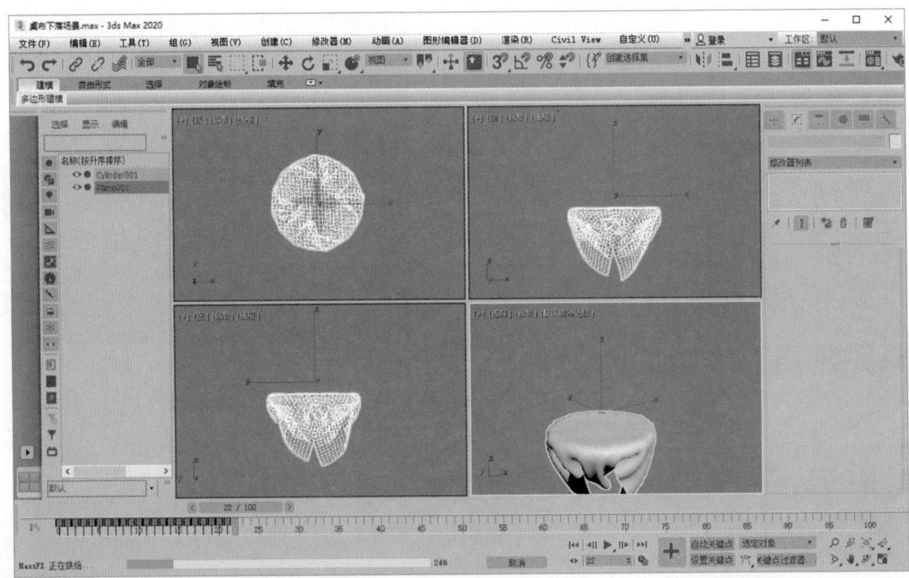
图12-68

07 计算完成后的动画关键帧如图12-69所示。

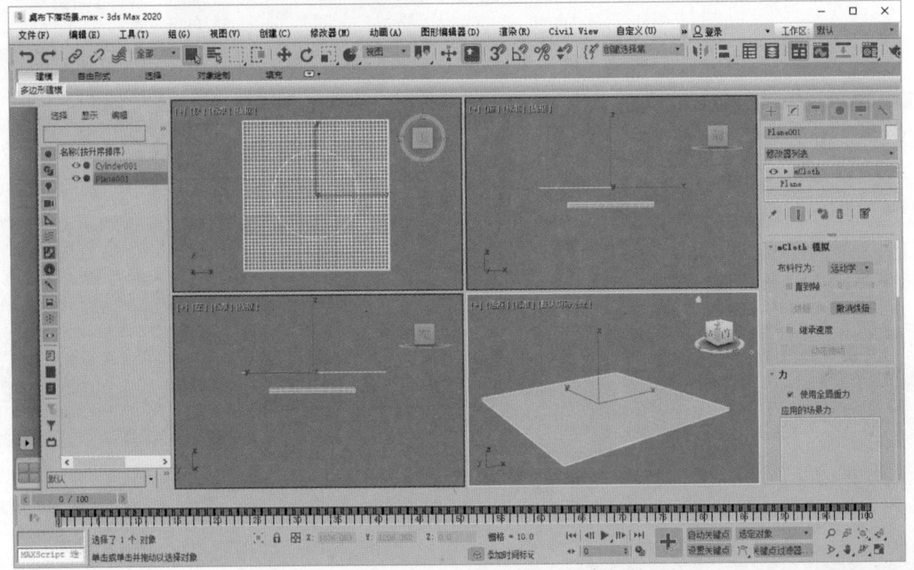
图12-69

08 本实例的最终动画完成效果如图12-70所示。

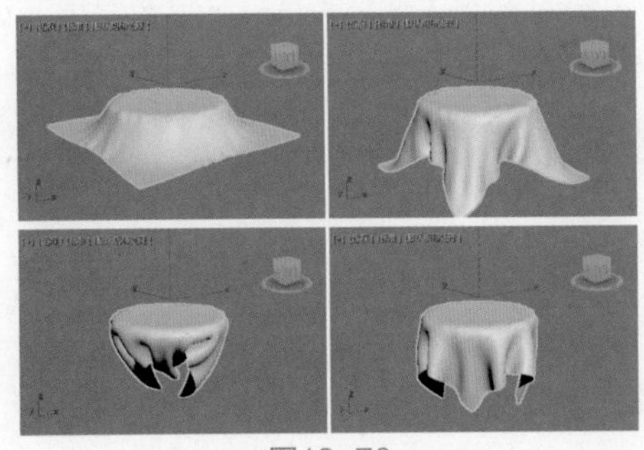
图12-70

技巧与提示：刚体模拟生成的对象动画效果由物体的位移动画和旋转动画组成，故动画关键帧的颜色为一半红色和一半绿色；而布料模拟生成的对象动画效果属于形变动画，故动画关键帧的颜色为灰色。

12.6 流体

3ds Max 2020提供了功能强大的液体模拟系统——流体。使用该动力学系统，特效师们可以制作出效果逼真的水、油等液体流动动画。在“创建”面板的下拉列表中选择“流体”，“对象类型”卷展栏中会出现“液体”按钮和“流体加载器”按钮，如图12-71所示。“液体”按钮用来创建液体并计算液体流动动画，“流体加载器”按钮用来添加现有的计算完成的“缓存文件”。

图12-71

12.6.1 液体

单击“液体”按钮，即可在场景中绘制一个液体图标，如图12-72所示。

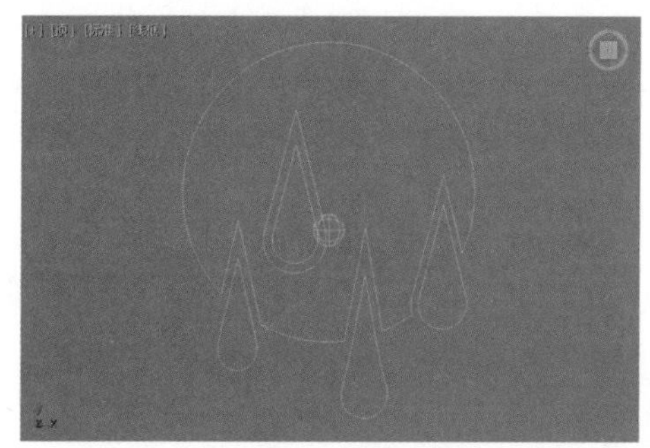

图12-72

在“修改”面板中，分为“设置”卷展栏和“发射器”卷展栏，如图12-73所示。其中，“设置”卷展栏只有“模拟视图”按钮。单击该按钮，可以打开“模拟视图”面板，其中包含流体动力学系统的全部参数。“发射器”卷展栏里的命令与“模拟视图”面板中“发射器”卷展栏里的命令完全一样，可以参考12.7节进行学习。

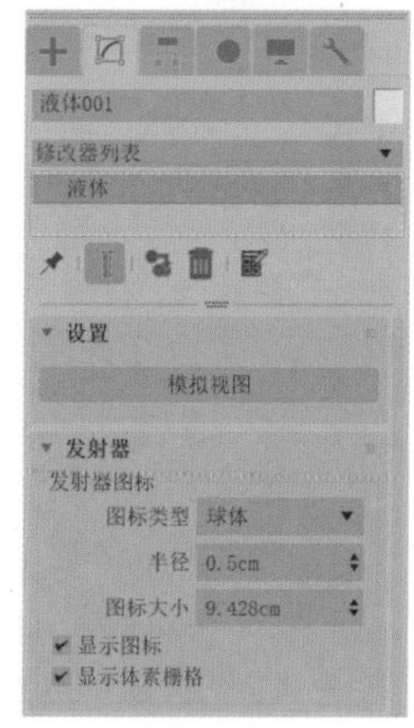

图12-73

12.6.2 流体加载器

单击“流体加载器”按钮，即可在场景中绘制一个流体加载器的图标，如图12-74所示。

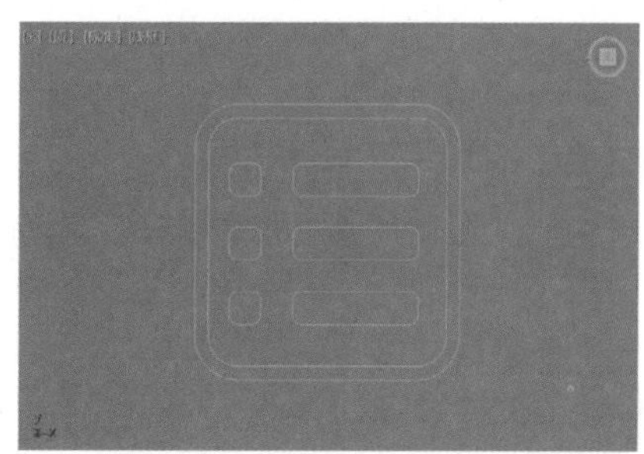

图12-74

在“修改”面板中，只有“参数”卷展栏，可以设置流体加载器的图标大小及开启“模拟视图”面板，如图12-75所示。

图12-75

12.7 模拟视图

“模拟视图”面板包括5个选项卡，分别为液体属性、解算器参数、缓存、显示设置和渲染设置，如图12-76所示。制作液体动画时，主要使用“液体属性”和“解算器参数”选项卡，下面主要介绍这两个选项卡。

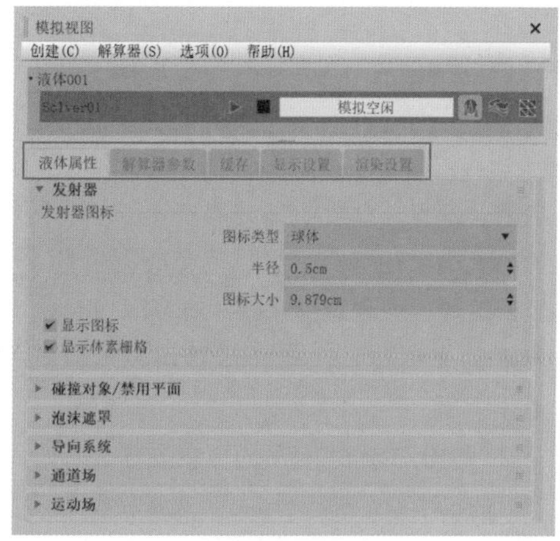

图12-76

12.7.1 "液体属性"选项卡

"液体属性"选项卡包括"发射器"卷展栏、"碰撞对象/禁用平面"卷展栏、"泡沫遮罩"卷展栏、"导向系统"卷展栏、"通道场"卷展栏和"运动场"卷展栏，如图12-77所示。

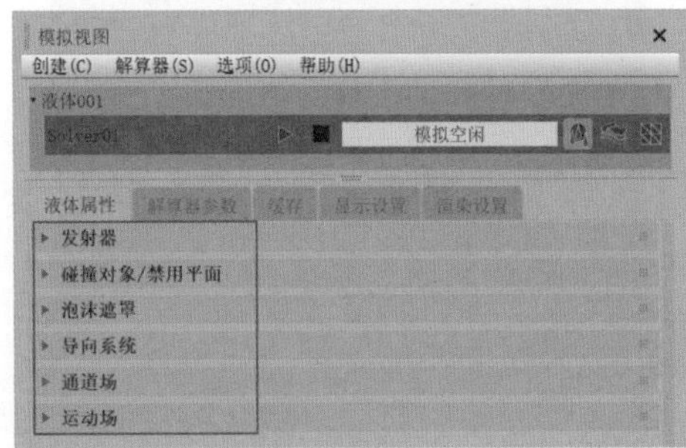

图12-77

1. "发射器"卷展栏

"发射器"卷展栏如图12-78所示。

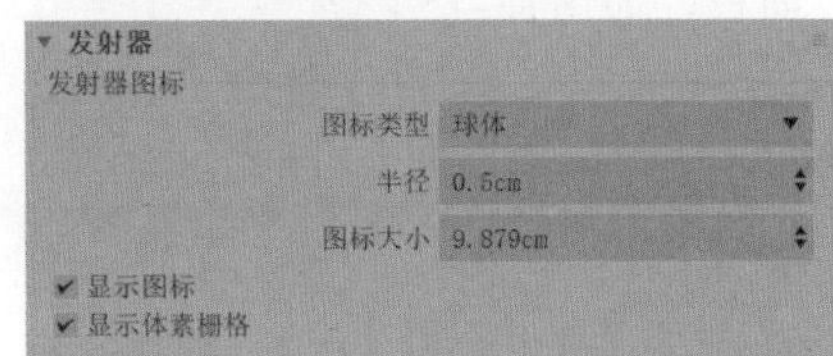

图12-78

解析

"发射器图标"选项组

- 图标类型：选择发射器的图标类型，包括球体、长方体、平面和自定义，如图12-79所示。

图12-79

- 半径：设置球体发射器的半径。
- 图标大小：设置"液体"图标的大小。
- 显示图标：在视口中显示"液体"图标。
- 显示体素栅格：显示体素栅格以可视化当前主体素的大小。

2. "碰撞对象/禁用平面"卷展栏

"碰撞对象/禁用平面"卷展栏如图12-80所示。

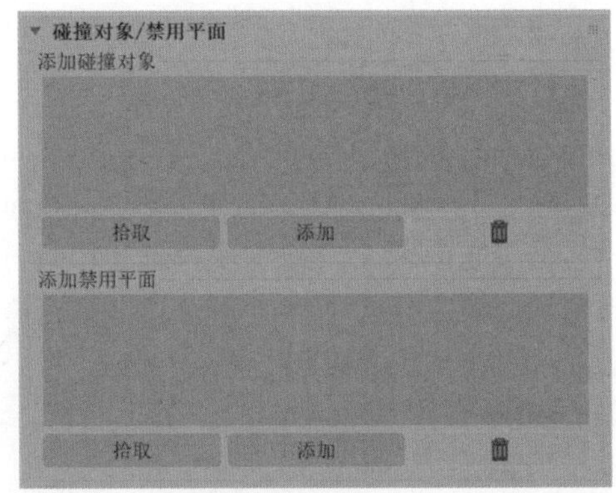

图12-80

解析

- "添加碰撞对象"列表：单击该列表下方的"拾取"按钮，可以拾取场景中的对象作为碰撞对象；单击"添加"按钮，可以从对话框中选择碰撞对象；单击"垃圾桶"按钮，可以删除选定的现有碰撞对象。
- "添加禁用平面"列表：单击该列表下方的"拾取"按钮，可以拾取场景中的对象作为禁用平面；单击"添加"按钮，可以从对话框中选择禁用平面。单击"垃圾桶"按钮，可以删除选定的现有禁用平面。

3. "泡沫遮罩"卷展栏

"泡沫遮罩"卷展栏如图12-81所示。

图12-81

解析

- "添加泡沫遮罩"列表：单击"拾取"按钮，可以拾取场景中的对象作为泡沫遮罩；单击"添加"按钮，可以从对话框中选择泡沫遮罩；单击"垃圾桶"按钮，可以删除选定的现有泡沫遮罩。

4. "导向系统"卷展栏

"导向系统"卷展栏如图12-82所示。

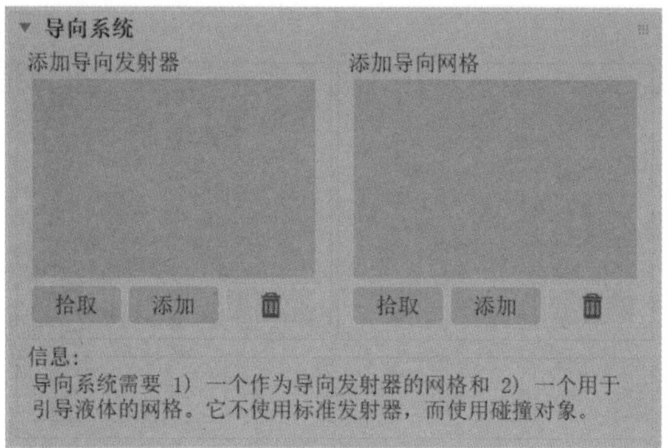

图12-82

解析

- “添加导向发射器”列表：单击该列表下方的“拾取”按钮，可以拾取场景中的对象作为导向发射器；单击“添加”按钮，可以从对话框中选择导向发射器；单击“垃圾桶”按钮，可以删除选定的现有导向发射器。
- “添加导向网格”列表：单击该列表下方的“拾取”按钮，可以拾取场景中的对象作为导向网格；单击“添加”按钮，可以从对话框中选择导向网格；单击“垃圾桶”按钮，可以删除选定的现有导向网格。

5. “通道场”卷展栏

“通道场”卷展栏如图12-83所示。

图12-83

解析

- “添加通道场”列表：单击“拾取”按钮，可以拾取场景中的对象作为通道场；单击“添加”按钮，可以从对话框中选择通道场；单击“垃圾桶”按钮，可以删除选定的现有通道场。

6. “运动场”卷展栏

“运动场”卷展栏如图12-84所示。

图12-84

解析

- “添加运动场”列表：单击“拾取”按钮，可以拾取场景中的对象作为运动场；单击“添加”按钮，可以从对话框中选择运动场；单击“垃圾桶”按钮，可以删除选定的现有运动场。

12.7.2 “解算器参数”选项卡

“解算器参数”选项卡中的卷展栏较多。在该选项卡左侧的“解算器列表”中选择不同的解算器，右侧显示的卷展栏也不同，如图12-85所示。

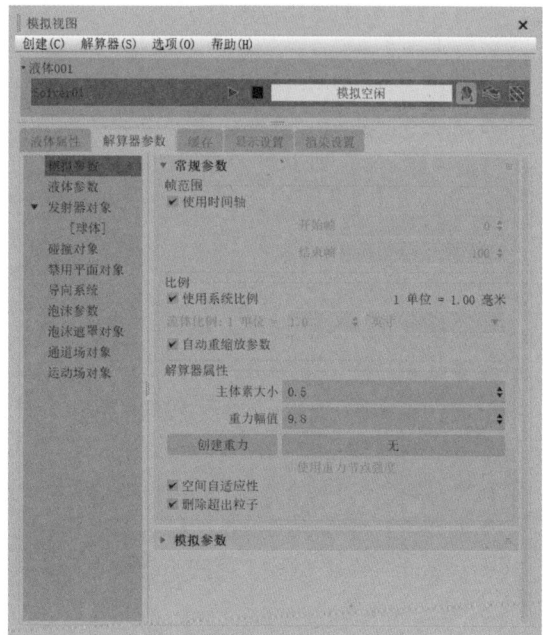

图12-85

1. “常规参数”卷展栏

“常规参数”卷展栏如图12-86所示。

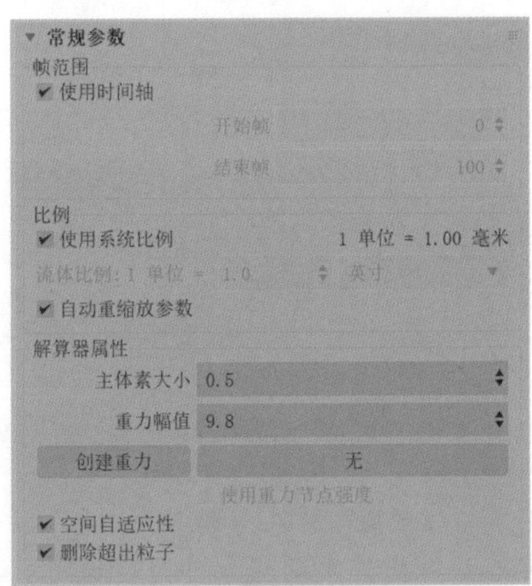

图12-86

解析

“帧范围”选项组

- 使用时间轴：使用当前时间轴来设置模拟的帧范围。
- 开始帧：设置模拟的开始帧。
- 结束帧：设置模拟的结束帧。

“比例”选项组

- 使用系统比例：将模拟设置为“使用系统比例”，可以在“自定义”菜单的“单位设置”中修改系统比例。
- 流体比例：覆盖系统比例并使用具有指定单位的自定义比例。模型比例不等于所需的真实世界比例时，可以使模拟看起来更真实。
- 自动重缩放参数：自动重缩放主体素大小以使用自定义流体比例。

“解算器属性”选项组

- 主体素大小：设置模拟的基本分辨率（以栅格单位表示）。值越小，细节越详细，精度越高，但需要的内存和计算更多。较大的值有助于快速预览模拟行为，或者适用于内存和处理能力有限的系统。
- 重力幅值：重力加速强度，默认以米每秒的平方表示。值为9.8时，对应于地球重力；值为0时，模拟零重力环境。
- “创建重力”按钮：在场景中创建重力辅助对象。箭头方向将调整重力的方向。
- 使用重力节点强度：启用后，将在场景中使用重力辅助对象的强度而不是“重力幅值”。
- 空间自适应性：对于液体模拟，选中此复选框后，允许较低分辨率的体素位于通常不需要细节的流体中心。这样可以避免不必要的计算并有助于提高系统性能。
- 删除超出粒子：低分辨率区域中的每体素粒子数超过某一阈值时，移除一些粒子。如果在空间自适应模拟和非自适应模拟之间遇到体积丢失或其他大的差异，则禁用此复选框。

2. “模拟参数”卷展栏

“模拟参数”卷展栏如图12-87所示。

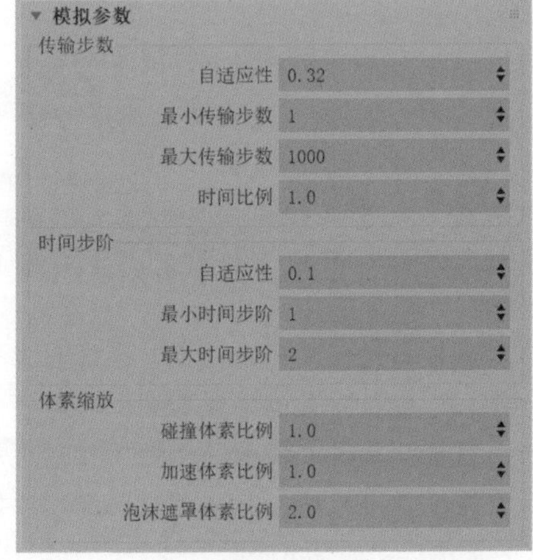

图12-87

解析

“传输步数”选项组

- 自适应性：控制在执行压力计算后用于沿体素速度场平流传递粒子的迭代次数。值越低，触发后续子步骤的可能性越低。
- 最小传输步数：设置传输迭代的最小数目。
- 最大传输步数：设置传输迭代的最大数目。
- 时间比例：更改粒子流的速度。

“时间步阶”选项组

- 自适应性：控制每帧的整个模拟（其中包括体素化、压力和传输相位）的迭代次数。值越低，触发后续子步骤的可能性越低。
- 最小时间步阶：设置时间步长迭代的最小次数。
- 最大时间步阶：设置时间步长迭代的最大次数。

“体素缩放”选项组

- 碰撞体素比例：用于对所有碰撞对象体素化的“主体素大小”倍增。
- 加速体素比例：用于对所有加速器对象体素化的“主体素大小”倍增。
- 泡沫遮罩体素比例：用于对所有泡沫遮罩体素化的“主体素大小”倍增。

3. “液体参数”卷展栏

“液体参数”卷展栏如图12-88所示。

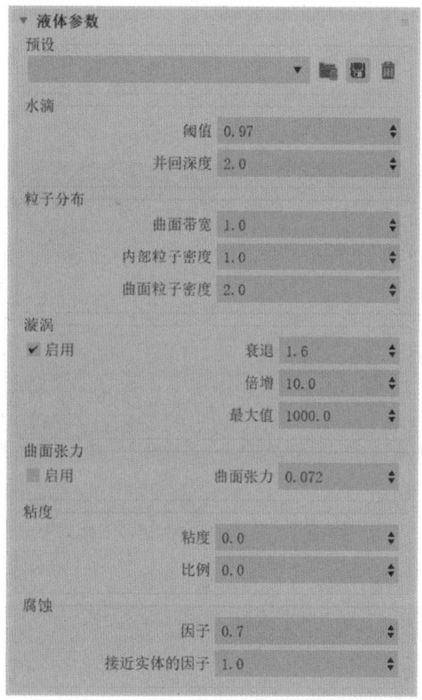

图12-88

解析

“预设”选项组

- 预设：加载、保存和删除预设液体参数。列表中包括多种常见液体的预设。

“水滴”选项组

- 阈值：设置粒子转化为水滴时的阈值。
- 并回深度：设置在重新加入液体并参与流体动力学计算之前水滴必须达到的液体曲面深度。

“粒子分布”选项组

- 曲面带宽：设置液体曲面的宽度，以体素为单位。
- 内部粒子密度：设置液体整个内部体积中的粒子密度。
- 曲面粒子密度：设置液体曲面上的粒子密度。

“漩涡”选项组

- 启用：启用漩涡通道的计算。这是体素中旋转幅值的累积。漩涡可用于模拟涡流。
- 衰退：设置从每一帧累积漩涡中减去的值。
- 倍增：设置当前帧卷曲幅值在与累积漩涡相加之前的倍增。
- 最大值：设置总漩涡的钳制值。

“曲面张力”选项组

- 启用：启用曲面张力。
- 曲面张力：增加液体粒子之间的吸引力，这会增强成束效果。

“粘度”选项组

- 粘度：控制流体的厚度。
- 比例：将模拟的速度与邻近区域的平均值混合，从而平滑和抑制液体流。

“腐蚀”选项组

- 因子：控制流体曲面的腐蚀量。
- 接近实体的因子：确定流体曲面是否基于碰撞对象曲面的法线，在接近碰撞对象的区域中腐蚀。

4. “发射器参数”卷展栏

“发射器参数”卷展栏如图12-89所示。

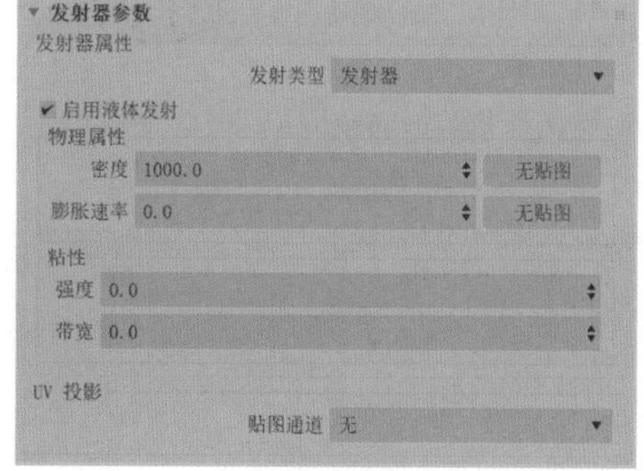

图12-89

解析

“发射器属性”选项组

- 发射类型：设置发射类型，即发射器或容器。
- 启用液体发射：启用时，允许发射器生成液体。此参数可设置动画。
- 密度：设置流体的物理密度。
- 膨胀速率：展开或收拢发射器内的液体。正值会将粒子从所有方向推出发射器，而负值会将粒子拉入发射器。

- 强度：设置此发射器中的流体黏着到附近碰撞对象的量。
- 带宽：设置此发射器中流体与碰撞对象产生粘滞效果的间距。

"UV 投影"选项组

- 贴图通道：设置贴图通道以便将UV投影到液体体积中。

实例操作：使用"流体"制作液体流动动画

本实例为使用"流体"系统制作液体流动的动画效果，最终渲染动画序列如图12-90所示。

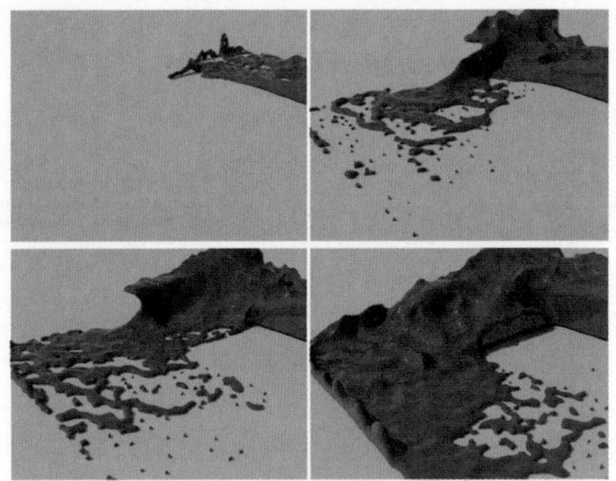

图12-90

01 启动3ds Max 2020软件，打开本书配套资源"液体流动场景.max"，如图12-91所示。

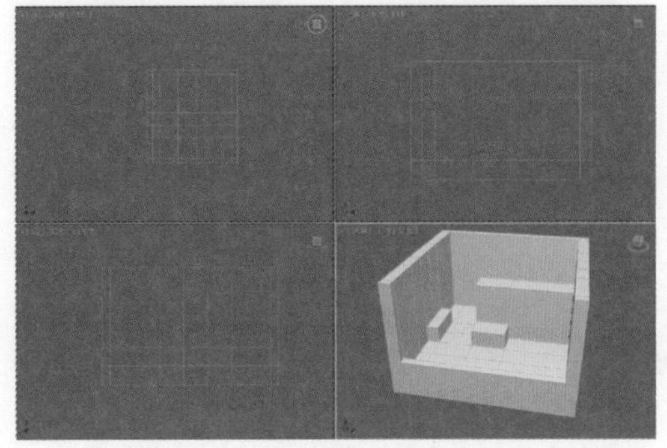

图12-91

02 在"创建"面板中的下拉列表中选择"流体"，单击"液体"按钮，在场景中绘制一个液体对象，如图12-92所示。

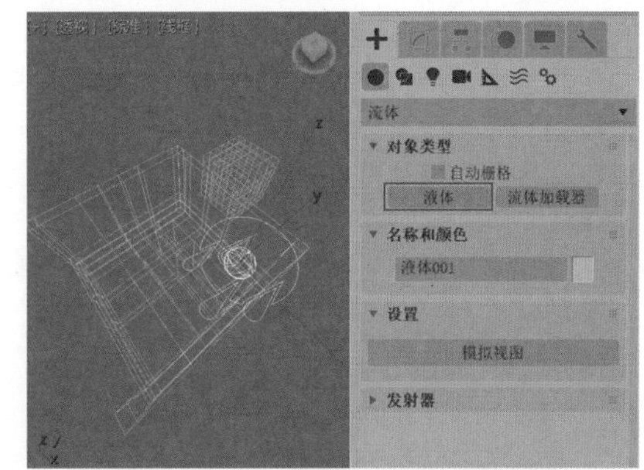

图12-92

03 在"前"视图中调整液体对象的位置，如图12-93所示。

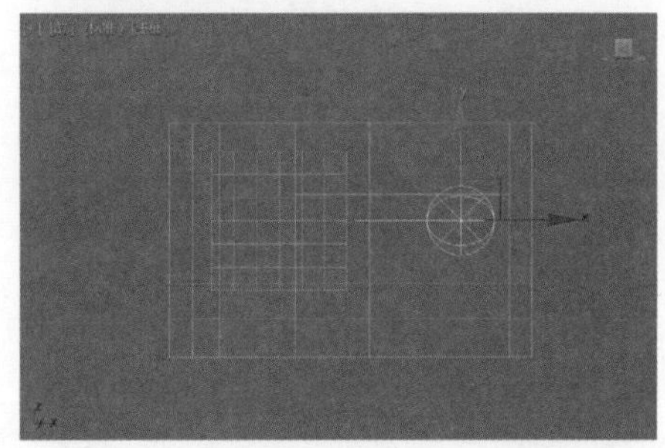

图12-93

04 在"顶"视图中调整液体对象的位置，如图12-94所示。

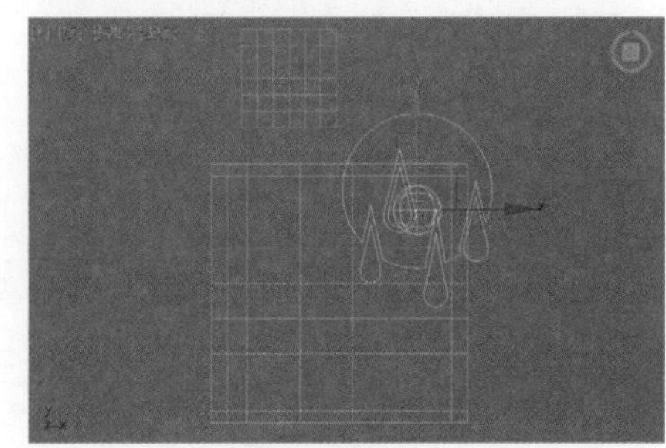

图12-94

05 在"修改"面板中，展开"发射器"卷展栏，设置"发射器图标"的"图标类型"为"球体"，设置"半径"的值为3，如图12-95所示。

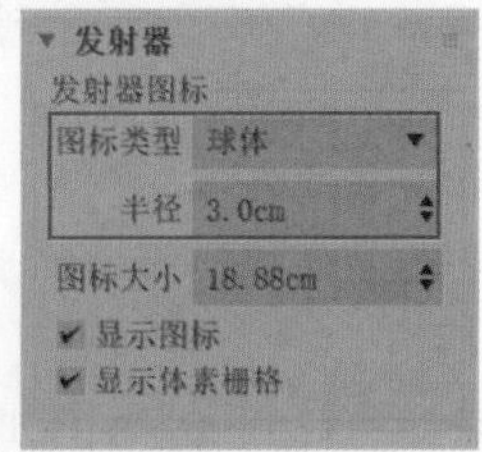

图12-95

06 单击“设置”卷展栏中的“模拟视图”按钮，如图12-96所示，打开“模拟视图”面板。

图12-96

07 在“液体属性”选项卡中，展开“碰撞对象/禁用平面”卷展栏，为液体设置碰撞对象，如图12-97所示。

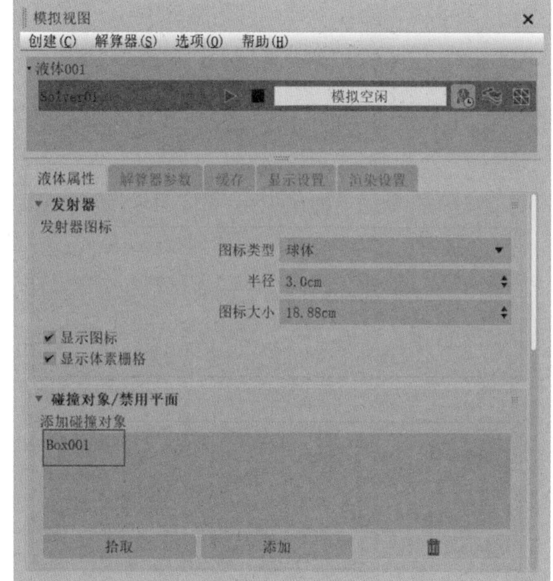

图12-97

08 在“解算器参数”选项卡中左侧的列表中单击“模拟参数”，在右侧的参数面板中设置“解算器属性”的“主体素大小”值为2，稍微降低一点模拟的计算精度及细节，缩短模拟液体流动所需要的时间，并取消选中“删除超出粒子”复选框，如图12-98所示。

09 设置完成后，单击“播放”按钮，开始进行液体模拟计算，如图12-99所示。

10 液体动画模拟计算完成后，拖动“时间滑块”，液体动画的模拟效果如图12-100所示。

11 在“显示设置”选项卡中，将“液体设置”卷展栏内的“显示类型”更改为“Bifrost动态网格”，如图12-101所示。这样，液体将以实体模型的方式显示，如图12-102~图12-103所示为更改“显示类型”前后的液体显示对比。

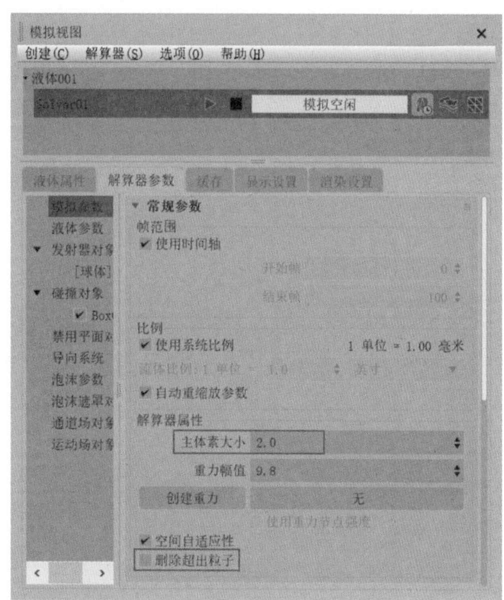

图12-98

图12-99

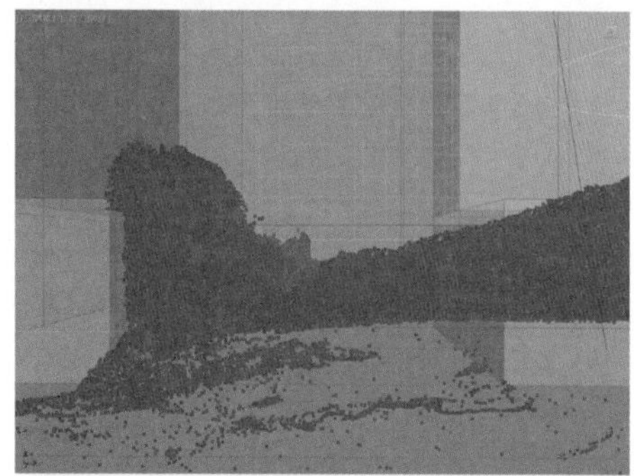

图12-100

12 本实例的最终动画完成效果如图12-104所示。

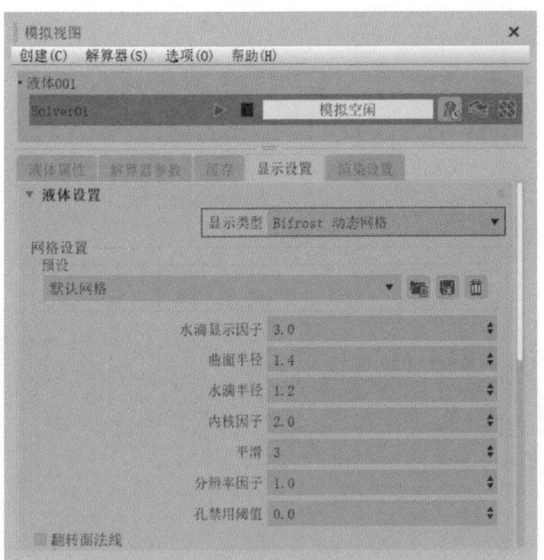

图12-101

图12-102

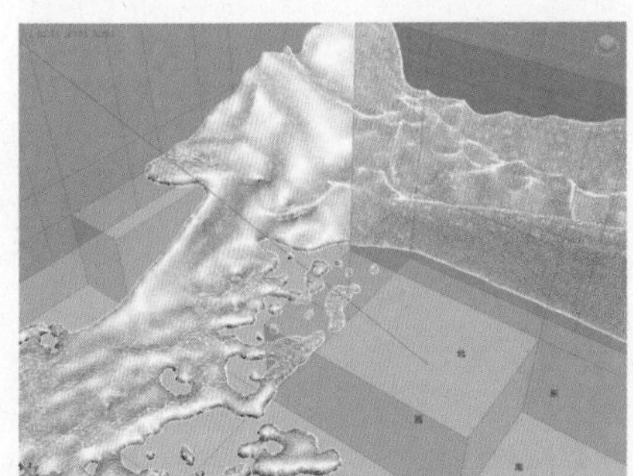

图12-103

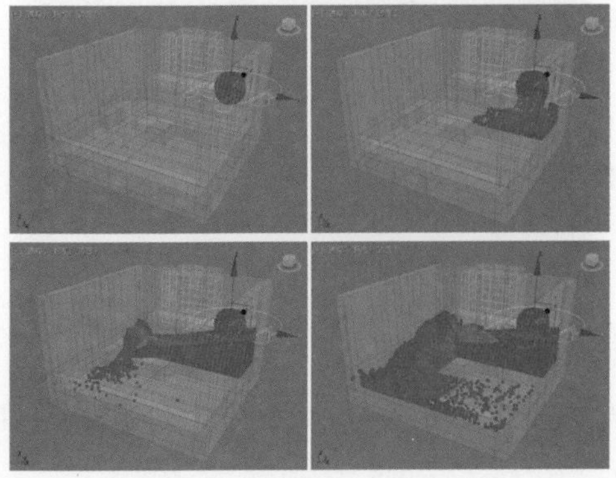

图12-104

实例操作：使用“流体”制作果酱动画

本实例使用“流体”系统制作果酱挤出的动画效果，最终渲染动画序列如图12-105所示。

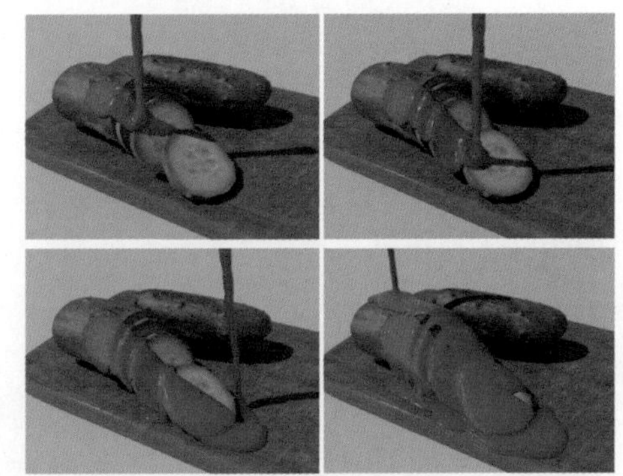

图12-105

01 启动3ds Max 2020软件，打开本书配套资源“果酱挤出场景.max”，如图12-106所示。

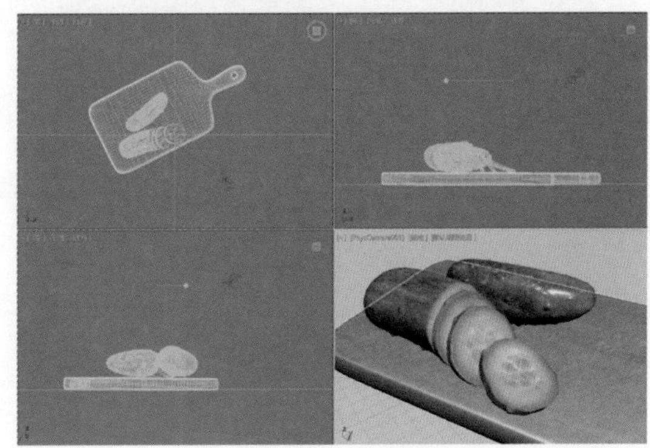

图12-106

02 在“创建”面板中的下拉列表中选择“流体”，单击“液体”按钮，在“前”视图中创建一个液体图标，如图12-107所示。

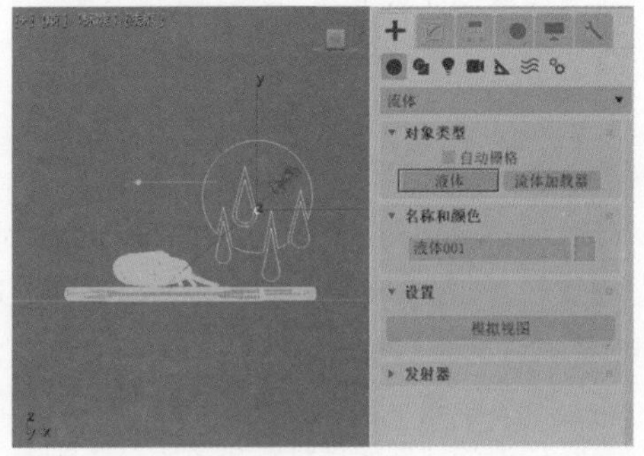

图12-107

03 在“修改”面板中，单击“设置”卷展栏内的“模拟视图”按钮，如图12-108所示，打开“模拟视图”面板。

04 在“模拟视图”面板中，设置发射器的“图标类型”为“自定义”，使用场景中的对象作为液体的发射器。单击“添加自定义发射器对象”列表下的“拾取”按钮，单击场景中的球体模型，将其作为液体的发射器，如图12-109所示。

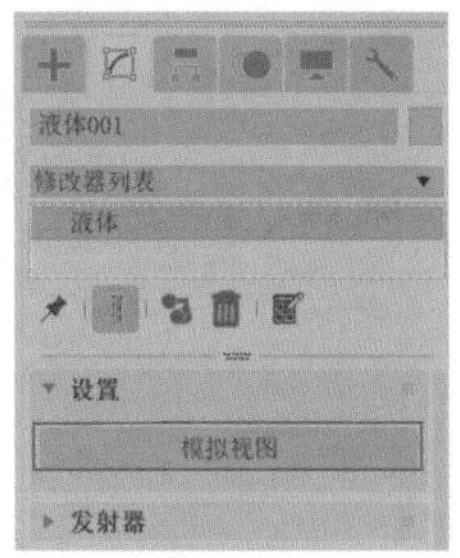

图12-108

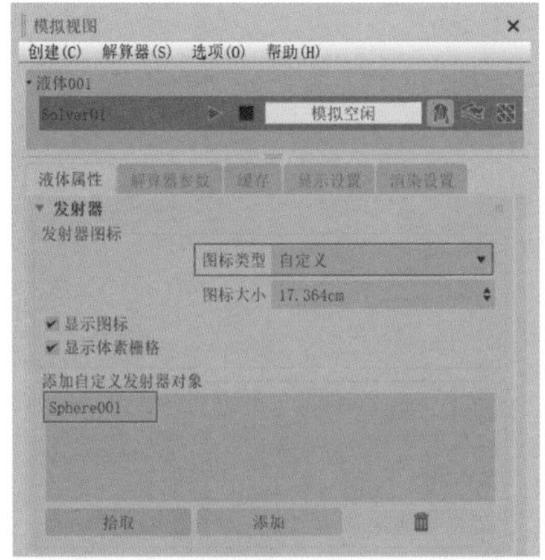

图12-109

05 在“碰撞对象/禁用平面”卷展栏中，单击“添加碰撞对象”列表下的“拾取”按钮，将场景中的黄瓜模型和菜板模型添加进来，作为液体的碰撞对象，如图12-110所示。

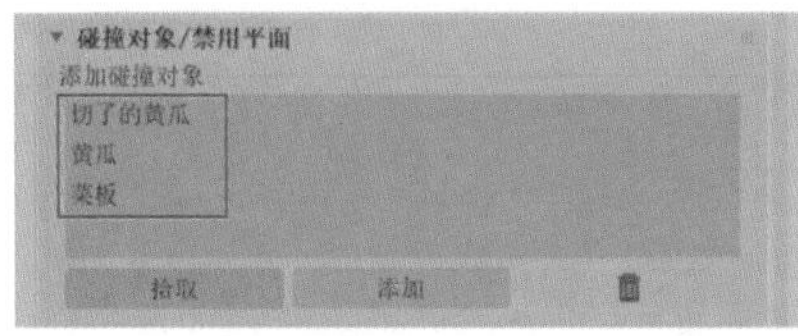

图12-110

06 设置完成后，单击“模拟视图”面板内的“播放”按钮，开始进行液体动画模拟计算，如图12-111所示。

图12-111

07 液体动画模拟计算完成后，拖动“时间滑块”，得到的液体模拟动画效果如图12-112所示。模拟出来的液体与黄瓜模型的碰撞效果没有体现果酱的粘稠特性。同时，在“前”视图中还可以看出，平面下方有不必要的液体动画，如图12-113所示。

图12-112

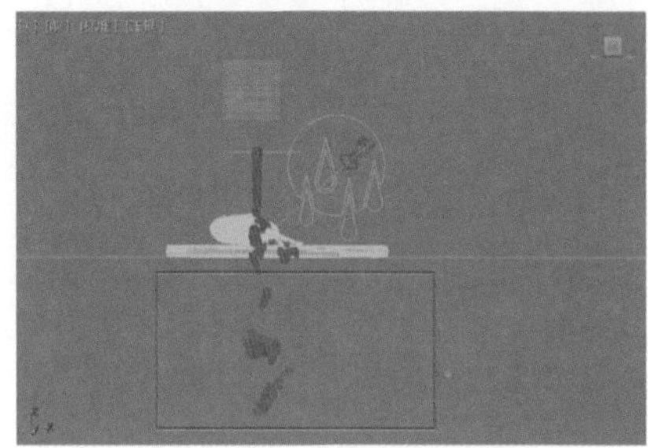
图12-113

08 在“解算器参数”选项卡中左侧列表中单击“液体参数”，在右侧的参数面板中设置液体的“粘度”值为1，增加液体模拟的粘稠程度，如图12-114所示。

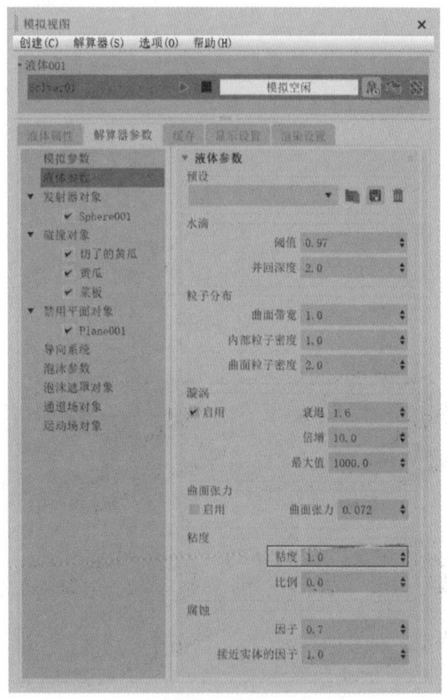

图12-114

09 在“碰撞对象/禁用平面”卷展栏中，单击“添加禁用平面”列表下方的“拾取”按钮，将场景中的平面模型添加进来，作为液体的禁用平面对象，这样液体将不会在平面的下方进行模拟计算，如图12-115所示。

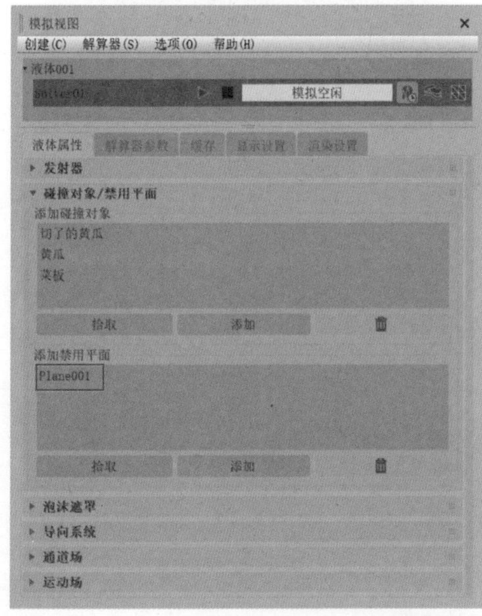

图12-115

10 设置完成后，再次单击“播放”按钮，进行动画模拟。这时，系统会自动弹出“运行选项”对话框，单击“重新开始”按钮即可开始液体动画模拟，如图12-116所示。

图12-116

11 液体动画模拟计算完成后，拖动“时间滑块”，这次得到的液体模拟动画效果没有产生之前的溅射效果，如图12-117所示。

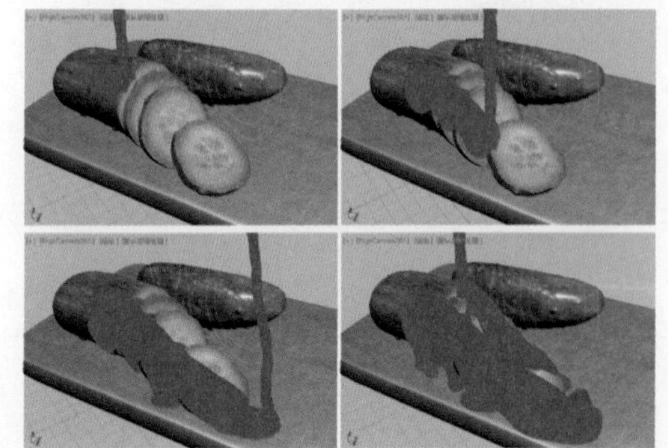

图12-117

12 在“显示设置”选项卡中，将“液体设置”的“显示类型”设置为“Bifrost动态网格”，如图12-118所示。这样，液体模拟的果酱效果看起来更加直观，如图12-119所示。

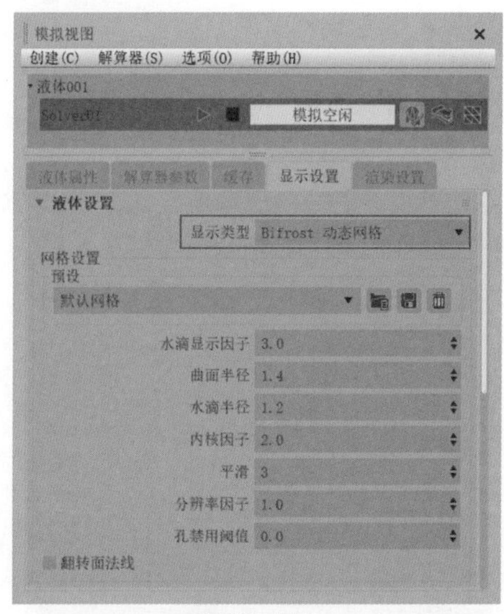

图12-118

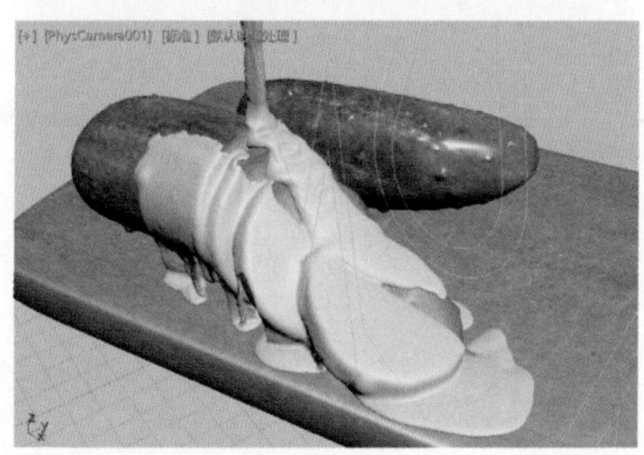

图12-119

13 打开“材质编辑器”，将“果酱”材质赋予场景中的液体模型，如图12-120所示。

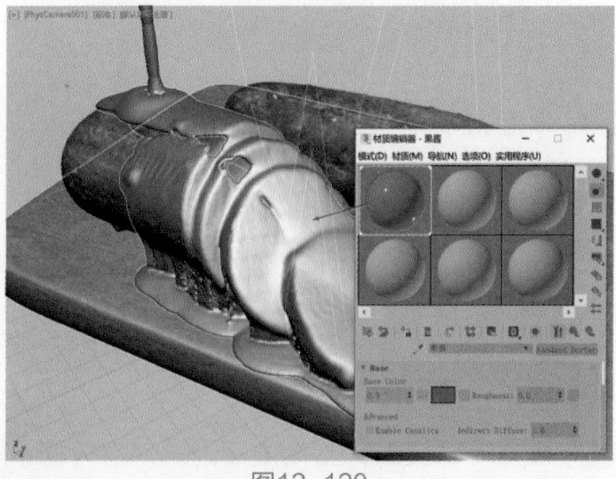

图12-120

14 渲染场景，液体的渲染结果如图12-121所示。

图12-121

15 本实例的果酱动画模拟效果如图12-122所示。

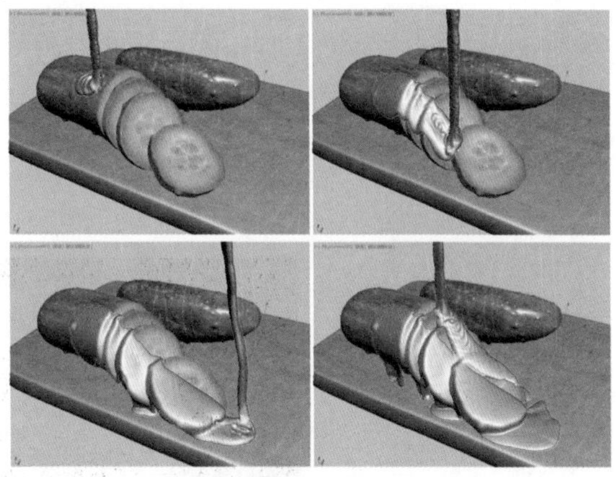

图12-122

第13章 毛发技术

13.1 毛发概述

毛发特效一直是众多三维软件共同关注的核心技术之一，制作毛发不但极其麻烦，渲染起来也是非常耗时。通过3ds Max自带的“Hair和Fur（WSM）”修改器，可以在任意物体上或物体的局部制作出非常理想的毛发效果以及毛发的动力学碰撞动画。使用这一修改器，不但可以制作人物的头发，还可以制作漂亮的动物毛发、自然的草地效果及逼真的地毯效果，如图13-1和图13-2所示。

图13-1

图13-2

13.2 Hair和Fur（WSM）修改器

“Hair 和 Fur（WSM）”修改器是3ds Max毛发技术的核心所在。该修改器可应用于要生长毛发的任意对象，既可以是网格对象，也可以是样条线对象。如果对象是网格对象，可在网格对象的整体表面或局部生成大量的毛发。如果对象是样条线对象，头发将在样条线之间生长，通过调整样条线的弯曲程度及位置可轻易控制毛发的生长形态。

“Hair和Fur（WSM）”修改器在“修改器列表”中，属于“世界空间修改器”类型，这意味着此修改器只能使用世界空间坐标，而不能使用局部坐标。同时，在应用了“Hair和Fur（WSM）”修改器之后，“环境和效果”面板中会自动添加“Hair和Fur”效果，如图13-3所示。

“Hair和Fur（WSM）”修改器在“修改”面板中具有14个卷展栏，如图13-4所示。

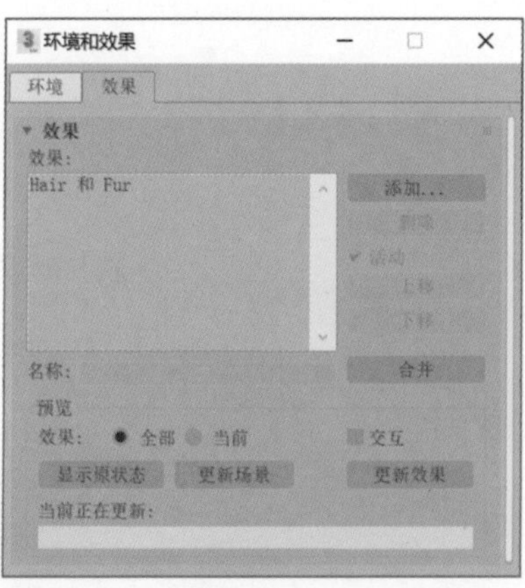

图13-3

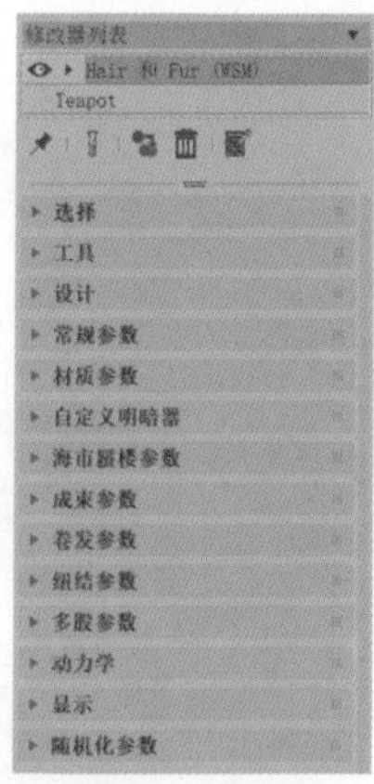

图13-4

13.2.1　"选择"卷展栏

"选择"卷展栏如图13-5所示。

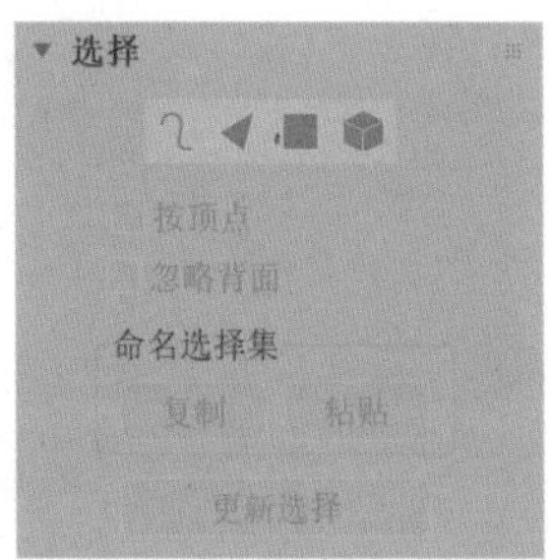
图13-5

解析

- "导向"按钮：访问"导向"子对象层级，该层级允许用户使用"设计"卷展栏中的工具编辑样式导向。单击"导向"按钮后，"设计"卷展栏中的"设计发型"按钮 设计发型 将自动启用。
- "面"按钮：访问"面"子对象层级，可选择光标下的三角形面。
- "多边形"按钮：访问"多边形"子对象层级，可选择光标下的多边形。
- "元素"按钮：访问"元素"子对象层级，单击即可选择对象中的所有连续多边形。
- 按顶点：启用该复选框后，只需选择子对象使用的顶点，即可选择子对象。单击顶点时，将选择使用该选定顶点的所有子对象。
- 忽略背面：启用此复选框后，使用鼠标选择子对象只影响面对用户的面。
- "复制"按钮 复制 ：将命名选择放置到复制缓冲区。
- "粘贴"按钮 粘贴 ：从复制缓冲区中粘贴命名选择。
- "更新选择"按钮 更新选择 ：根据当前子对象选择重新计算毛发生长的区域，然后刷新显示。

13.2.2　"工具"卷展栏

"工具"卷展栏如图13-6所示。

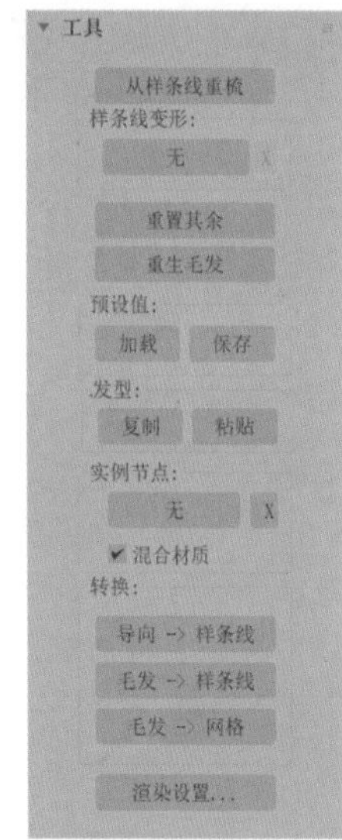
图13-6

解析

- "从样条线重梳"按钮 从样条线重梳 ：使用样条线对象设置毛发的样式。单击此按钮，然后选择构成样条线曲线的对象，头发将该曲线转换为导向，并将最近的曲线的副本植入选定生长网格的每个导向中。

"样条线变形"选项组

- "无"按钮 无 ：单击此按钮，可以选择将用来使头发变形的样条线。
- X按钮：停止使用样条线变形。
- "重置其余"按钮 重置其余 ：可以使生长在网格上的毛发导向平均化。
- "重生毛发"按钮 重生毛发 ：忽略全部样式信息，将头发复位其默认状态。

"预设值"选项组

- "加载"按钮 加载 ：可以打开"Hair和Fur预设值"对话框，如图13-7所示。"Hair和Fur预设值"对话框内提供了多达13种预设毛发。

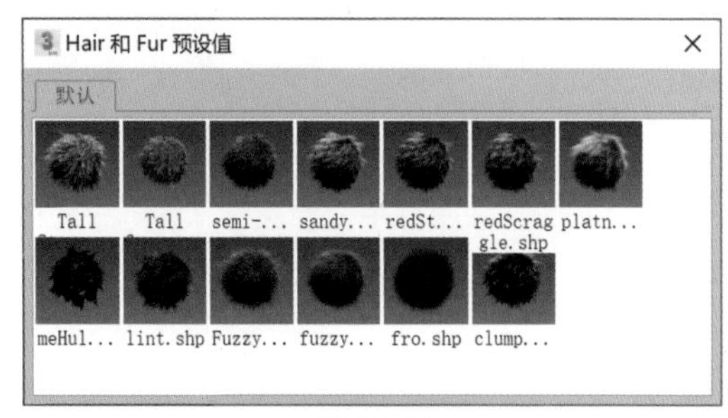

图13-7

- "保存"按钮 保存 ：保存新的预设值。

"发型"选项组

- "复制"按钮 复制 ：将所有毛发设置和样式信息复制到粘贴缓冲区。
- "粘贴"按钮 粘贴 ：将所有毛发设置和样式信息粘贴到当前选择的对象上。

"实例节点"选项组

- "无"按钮 无 ：要指定毛发对象，可单击此按钮，然后选择要使用的对象。此后，该按钮显示拾取的对象的名称。

- X按钮：清除所使用的实例节点。
- 混合材质：启用之后，将应用于生长对象的材质以及应用于毛发对象的材质合并为“多维/子对象”材质，并应用于生长对象。不选中该复选框，生长对象的材质将应用于实例化的毛发。

“转换”选项组

- “导向->样条线”按钮：将所有导向复制为新的单一样条线对象。初始导向并未更改。
- “毛发->样条线”按钮：将所有毛发复制为新的单一样条线对象。初始毛发并未更改。
- “毛发->网格”按钮：将所有毛发复制为新的单一网格对象。初始毛发并未更改。
- “渲染设置”按钮：打开“效果”面板并添加“Hair和Fur”效果。

13.2.3 “设计”卷展栏

“设计”卷展栏如图13-8所示。

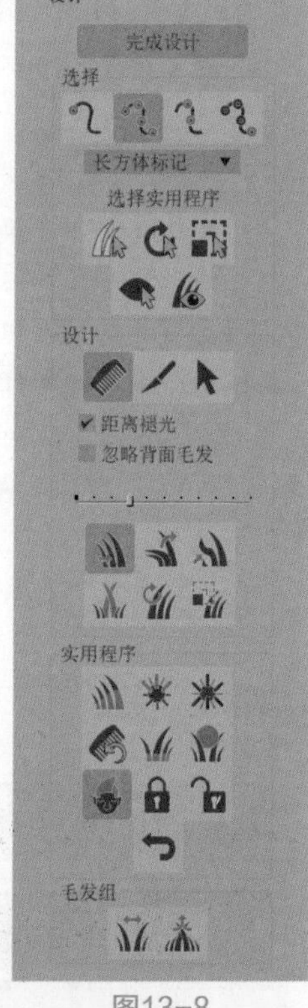

图13-8

解析

- “设计发型”按钮：只有单击此按钮，才可激活“设计”卷展栏内的所有功能，同时“设计发型”按钮更改为“完成设计”按钮。

“选择”选项组

- “由头梢选择毛发”按钮：可以只选择每根导向头发末端的顶点，如图13-9所示。

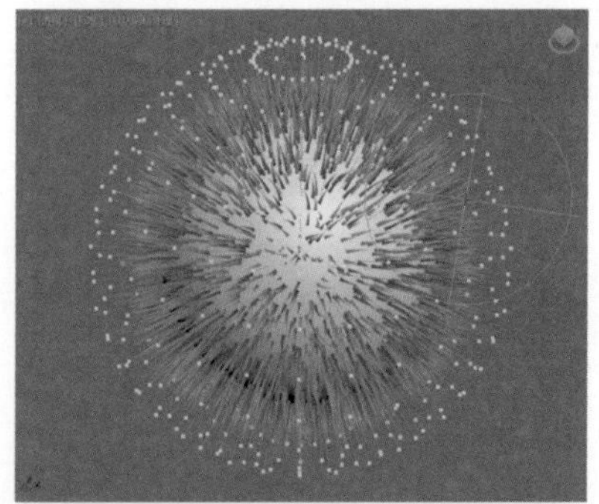

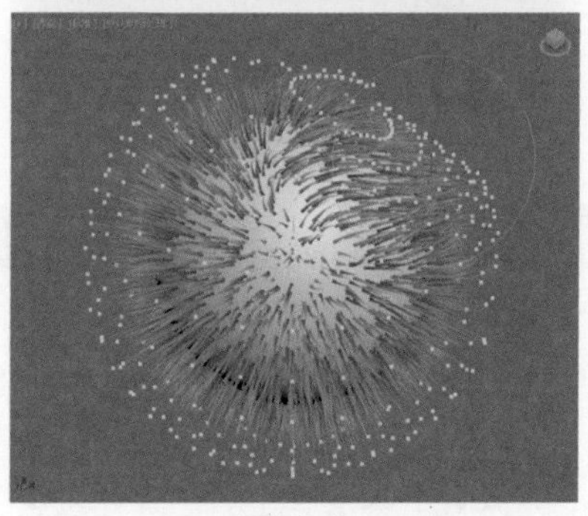

图13-9

- “选择全部顶点”按钮：选择导向头发中的任意顶点时，会选择该导向头发中的所有顶点，如图13-10所示。

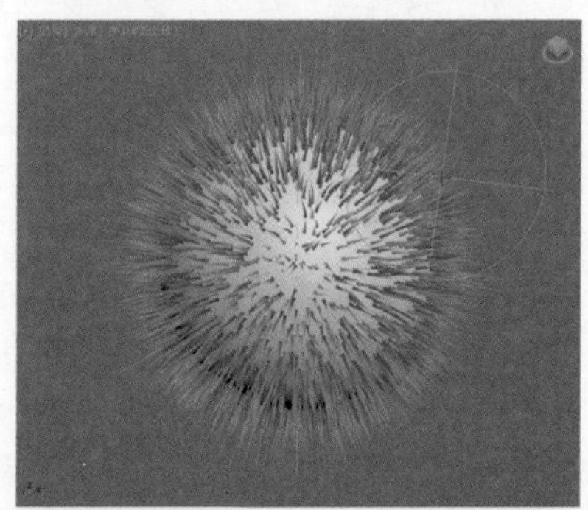

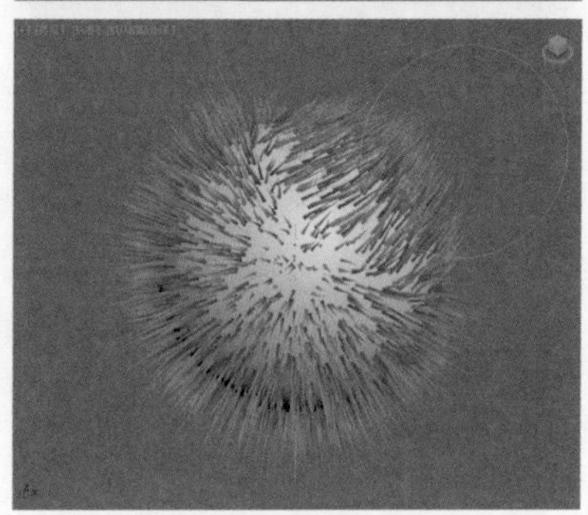

图13-10

- “选择导向顶点”按钮：选择导向头发上的任意顶点进行编辑，如图13-11所示。

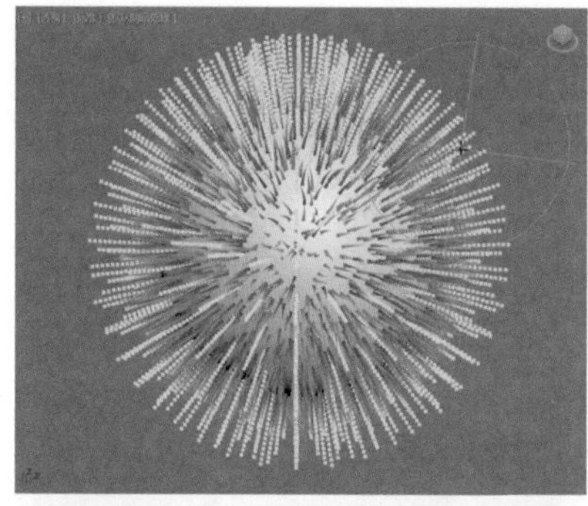

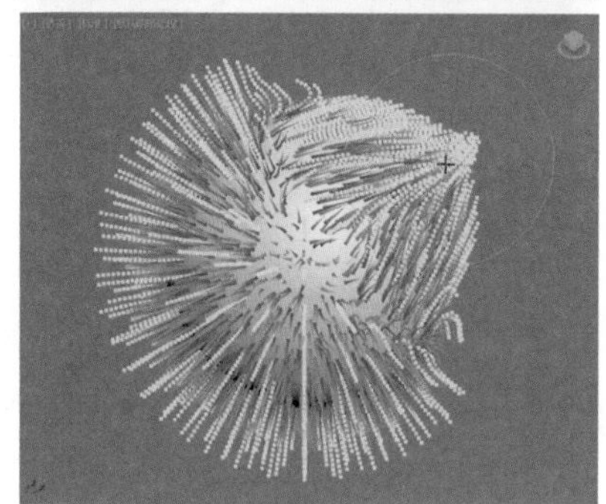

图13-11

- “由根选择导向”按钮：可以只选择每根导向头发根处的顶点，此操作将选择相应导向头发上的所有顶点，如图13-12所示。

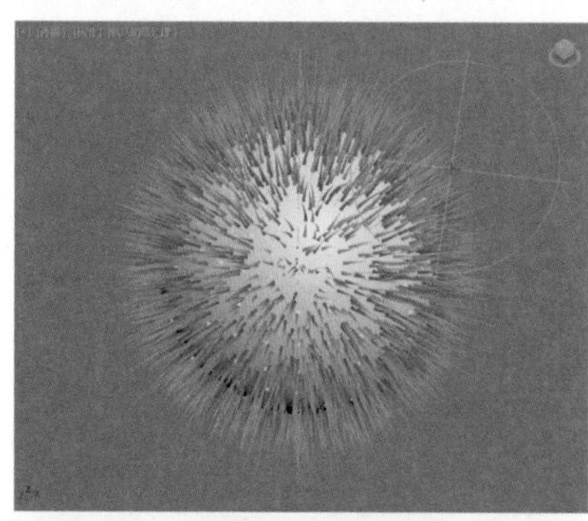

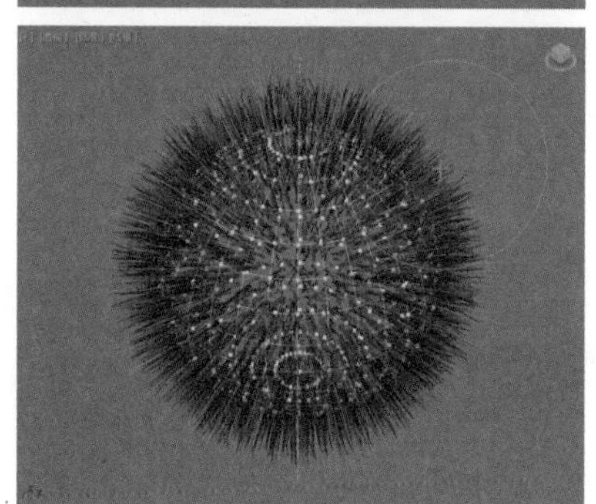

图12-12

- “反选”按钮：反转顶点的选择。
- “轮流选”按钮：旋转空间中的选择。
- “扩展选定对象”按钮：通过递增的方式增大选择区域，从而扩展选择。
- “隐藏选定对象”按钮：隐藏选定的导向头发。
- “显示隐藏对象”按钮：取消隐藏任何隐藏的导向头发。

“设计”选项组

- “发梳”按钮：可以拖动鼠标置换影响笔刷区域中的选定顶点。
- “剪毛发”按钮：可以修剪头发。
- “选择”按钮：可以配合使用3ds Max 提供的各种选择工具。
- 距离褪光：刷动效果朝着笔刷的边缘褪光，从而提供柔和效果。
- 忽略背面头发：背面的头发不受笔刷的影响。
- “笔刷大小”滑块：通过拖动此滑块更改笔刷的大小。
- “平移”按钮：按照鼠标的拖动方向移动选定的顶点。
- “站立”按钮：向曲面的垂直方向推选定的导向。
- “蓬松发根”按钮：向曲面的垂直方向推选定的导向头发。
- “丛”按钮：强制选定的导向之间相互更加靠近。
- “旋转”按钮：以光标位置为中心旋转导向头发顶点。
- “比例”按钮：放大或缩小选定的毛发。

“实用程序”选项组

- “衰减”按钮：根据底层多边形的曲面面积来缩放选定的导向。
- “选定弹出”按钮：沿曲面的法线方向弹出选定头发。
- “弹出大小为零”按钮：只能对长度为零的头发操作。
- “重梳”按钮：使导向与曲面平行，使用导向的当前方向作为线索。
- “重置剩余”按钮：使用生长网格的连接性执行头发导向平均化。
- “切换碰撞”按钮：设计发型时考虑头发碰撞。

- “切换Hair”按钮：切换生成头发的视口显示。
- “锁定”按钮：将选定的顶点相对于最近曲面的方向和距离锁定。锁定的顶点可以选择，但不能移动。
- “解除锁定”按钮：解除对锁定的所有导向头发的锁定。
- “撤销”按钮：后退至最近的操作。

“毛发组”选项组

- “拆分选定毛发组”按钮：将选定的导向拆分至一个组。
- “合并选定毛发组”按钮：重新合并选定的导向。

13.2.4 “常规参数”卷展栏

“常规参数”卷展栏如图13-13所示。

图13-13

解析

- 毛发数量：由Hair生成的头发总数。在某些情况下，这是一个近似值，但是实际的数量通常和指定数量非常接近。如图13-14和图13-15所示分别为“毛发数量”值是8000和20000的渲染结果。
- 毛发段：每根毛发的段数。
- 毛发过程数：用来设置毛发的透明度，如图13-16和图13-17所示分别为“毛发过程数”是1和10的渲染结果。
- 密度：可以通过数值或者贴图来控制毛发的密度。
- 比例：设置毛发的整体缩放比例。
- 剪切长度：控制毛发整体长度的百分比。
- 随机比例：将随机比例引入到渲染的毛发中。
- 根厚度：控制发根的厚度。
- 梢厚度：控制发梢的厚度。

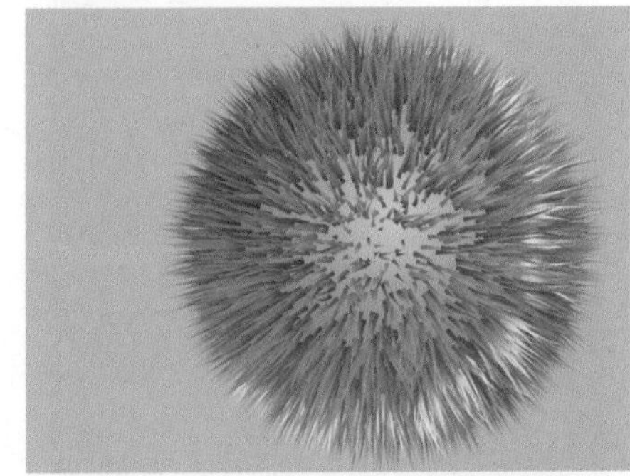
图13-14

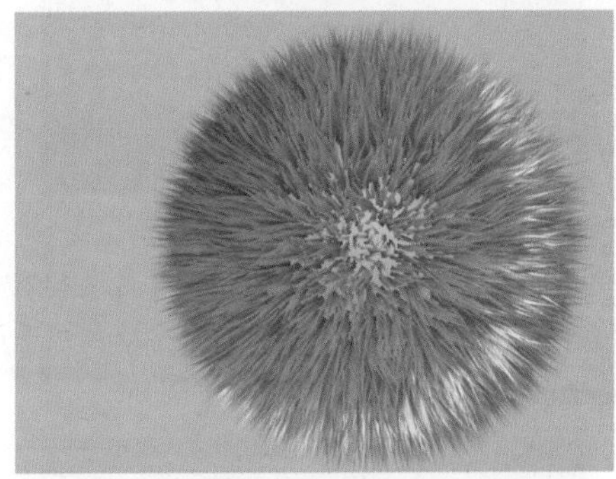
图13-15

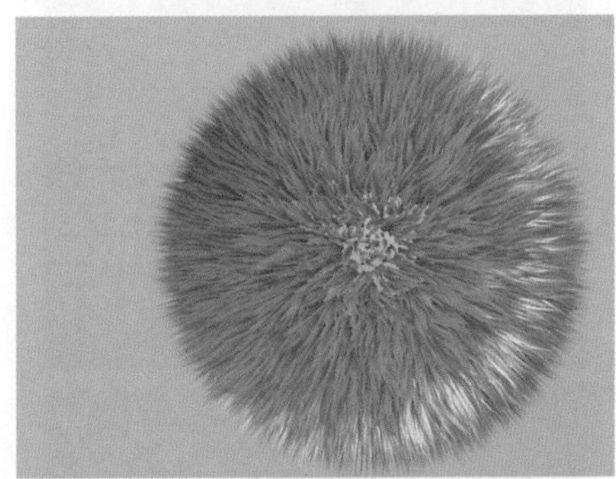
图13-16

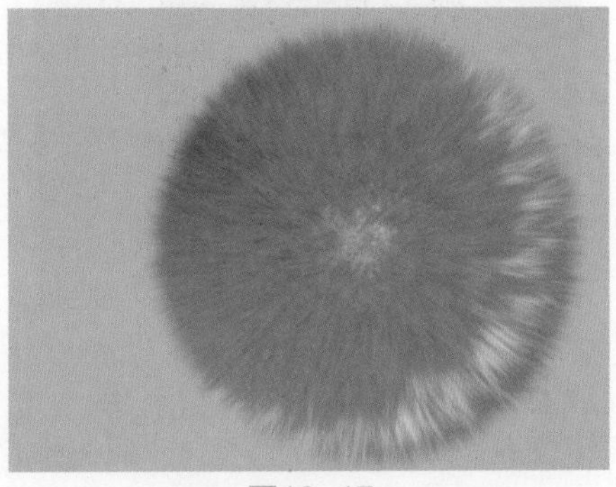
图13-17

13.2.5 “材质参数”卷展栏

“材质参数”卷展栏如图13-18所示。

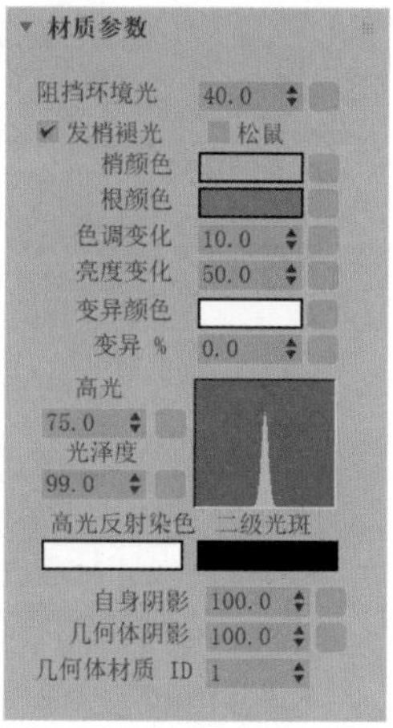

图13-18

解析

- 阻挡环境光：控制照明模型的环境或漫反射影响的偏差。
- 发梢褪光：启用时，毛发朝向梢部淡出到透明。
- 松鼠：启用后，根颜色与梢颜色之间的渐变更加锐化，并且更多的梢颜色可见。
- 梢颜色：距离生长对象曲面最远的毛发梢部的颜色。
- 根颜色：距离生长对象曲面最近的毛发根部的颜色。
- 色调变化：令毛发颜色变化的量，默认值可以产生看起来比较自然的毛发。
- 亮度变化：令毛发亮度变化的量，如图13-19和图13-20所示分别为“亮度变化”是20和80的渲染结果。

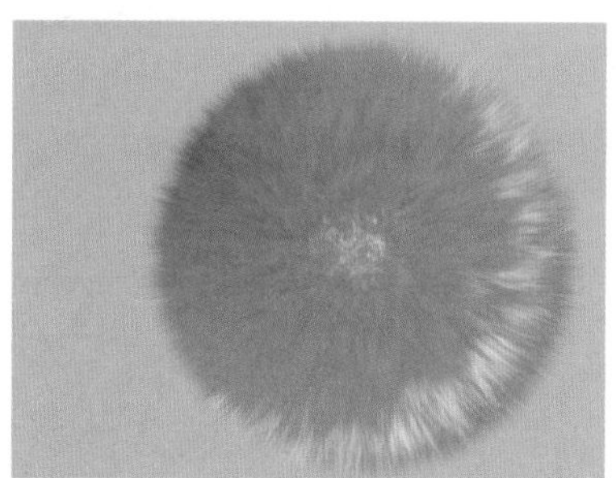

图13-19

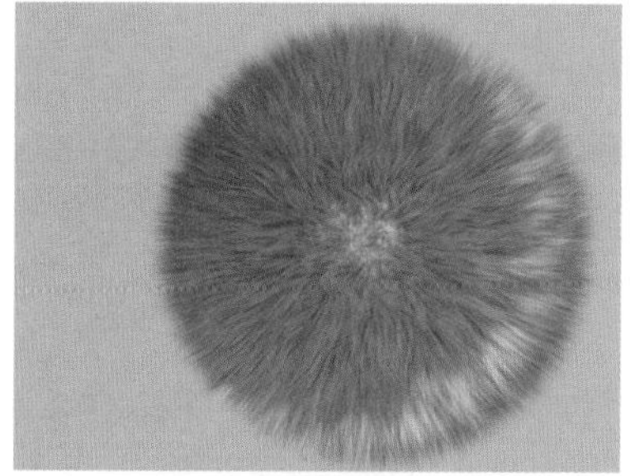

图13-20

- 变异颜色：变异毛发的颜色。
- 变异%：接受变异颜色的毛发的百分比，如图13-21和图13-22所示分别为“变异%”的值分别为10和70的渲染结果。

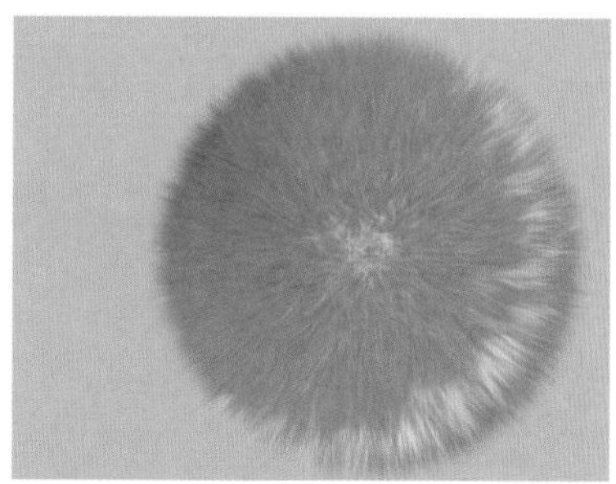

图13-21

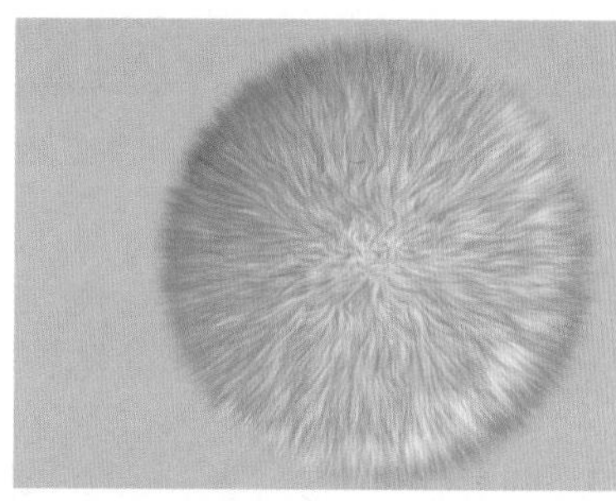

图13-22

- 高光：在毛发上高亮显示的亮度。
- 光泽度：毛发上高亮显示的相对大小。较小的高亮显示产生看起来比较光滑的毛发。
- 自身阴影：控制自身阴影的多少，即毛发在相同的“Hair 和Fur”修改器中对其他毛发投影的阴影。值为0时，将禁用自阴影；值为100时，产生的自阴影最大。默认值为100。范围为0～100。
- 几何体阴影：头发从场景中的几何体接收到的阴影效果的量。默认值为100。范围为0～100。
- 几何体材质ID：指定给几何体渲染头发的材质ID。默认值为1。

13.2.6 “自定义明暗器”卷展栏

“自定义明暗器”卷展栏如图13-23所示。

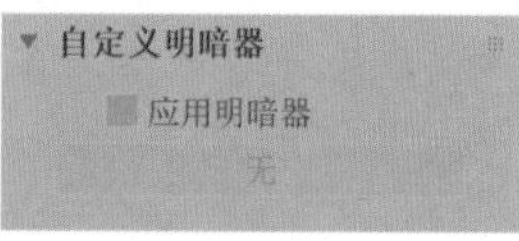

图13-23

解析

- 应用明暗器：启用时，可以应用明暗器生成头发。

13.2.7 “海市蜃楼参数”卷展栏

“海市蜃楼参数”卷展栏如图13-24所示。

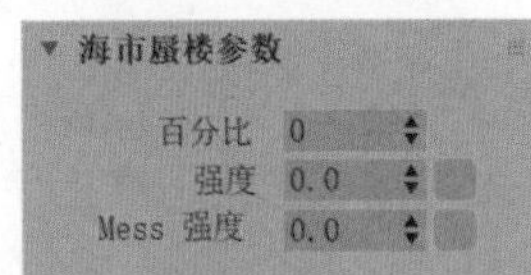

图13-24

解析

- 百分比：要应用“强度”和“Mess 强度”值的毛发百分比。
- 强度：海市蜃楼毛发伸出的长度。
- Mess强度：将卷毛应用于海市蜃楼毛发。

13.2.8 “成束参数”卷展栏

“成束参数”卷展栏如图13-25所示。

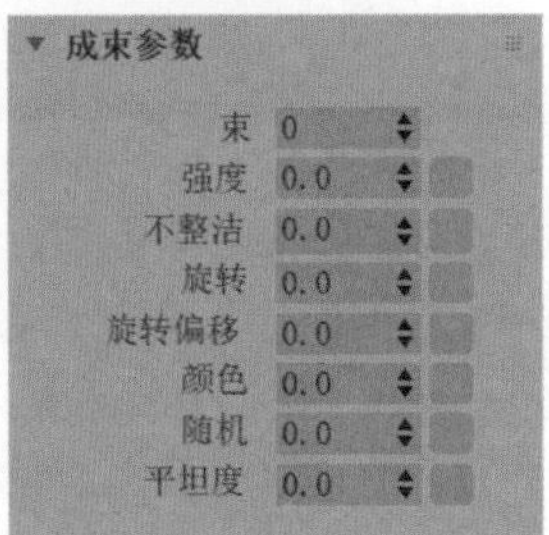

图13-25

解析

- 束：相对于总体毛发数量，设置毛发束数量，如图13-26所示分别为该值是12和50的毛发显示结果对比。
- 强度：“强度”越大，束中各个梢彼此之间的吸引越强。范围为0～1。
- 不整洁：值越大，越不整洁地向内弯曲束，每个束的方向是随机的。范围为0～400。
- 旋转：扭曲每个束。范围为0～1。
- 旋转偏移：从根部偏移束的梢。范围为0～1。较高的“旋转”和“旋转偏移”值使束更卷曲。
- 颜色：非零值可改变束中的颜色。
- 随机：控制随机的比率。
- 平坦度：在垂直于梳理方向的方向上挤压每个束。

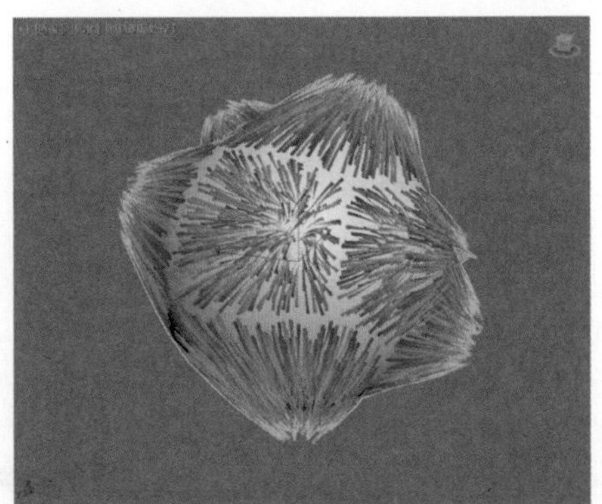

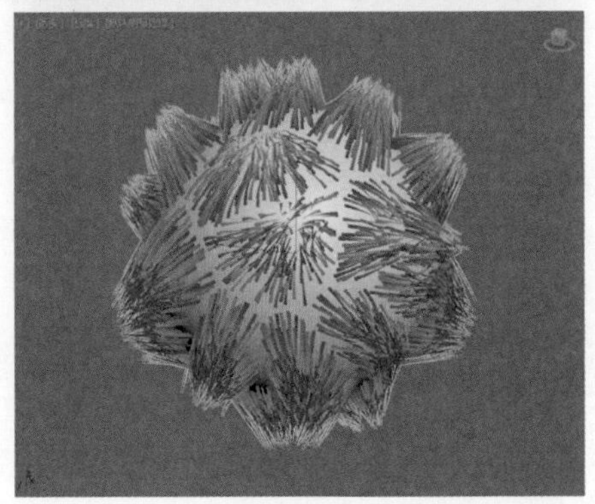

图13-26

13.2.9 “卷发参数”卷展栏

“卷发参数”卷展栏如图13-27所示。

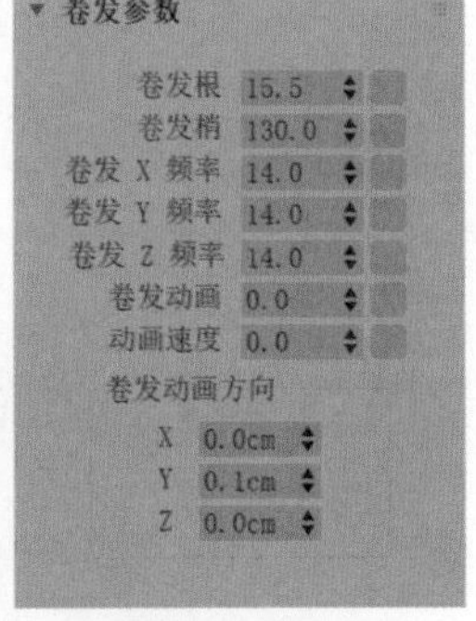

图13-27

解析

- 卷发根：控制头发在其根部的置换。默认设置为15.5。范围为0～360。
- 卷发梢：控制毛发在其梢部的置换。默认设置为130。范围为0～360。
- 卷发X/Y/Z频率：控制3个轴中每个轴上的卷发频率效果。
- 卷发动画：设置波浪运动的幅度。
- 动画速度：此倍增控制动画噪波场通过空间的速度。

13.2.10 “纽结参数”卷展栏

“纽结参数”卷展栏如图13-28所示。

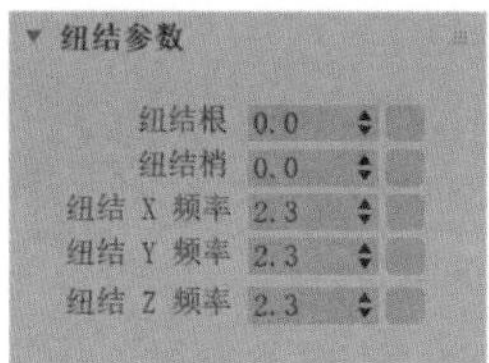

图13-28

解析

- 纽结根：控制毛发在其根部的纽结置换量，如图13-29所示为该值是0和2的毛发显示结果对比。

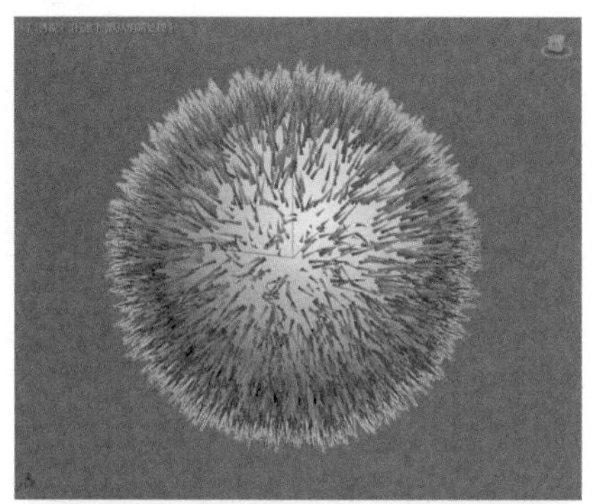

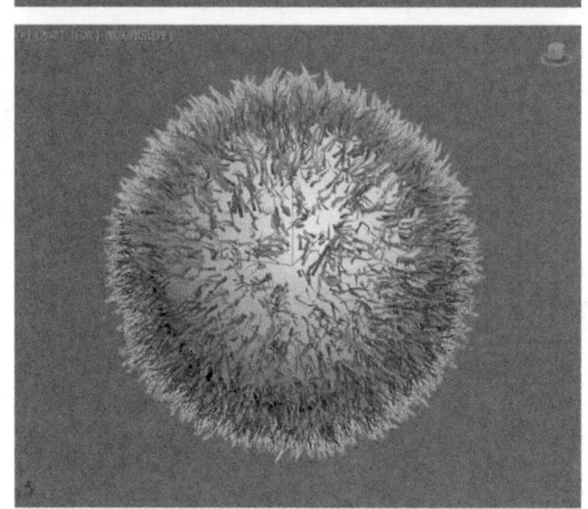

图13-29

- 纽结梢：控制毛发在其梢部的纽结置换量。
- 纽结X/Y/Z频率：控制3个轴中每个轴上的纽结频率效果。

13.2.11 “多股参数”卷展栏

“多股参数”卷展栏如图13-30所示。

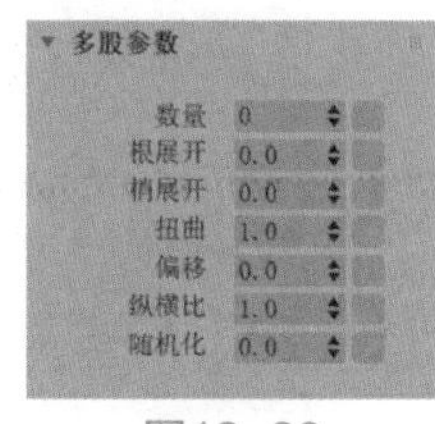

图13-30

解析

- 数量：每个聚集块的头发数量。
- 根展开：为根部聚集块中的每根毛发提供随机补偿。
- 梢展开：为梢部聚集块中的每根毛发提供随机补偿。
- 扭曲：使用每束的中心作为轴扭曲束。
- 偏移：使束偏移其中心。离尖端越近，偏移越大。将“扭曲”和“偏移”结合使用可以创建螺旋发束。
- 纵横比：在垂直于梳理方向的方向上挤压每个束，效果是缠结毛发，使其类似于诸如猫或熊等的毛。
- 随机化：随机处理聚集块中的每根毛发的长度。

13.2.12 “动力学”卷展栏

“动力学”卷展栏如图13-31所示。

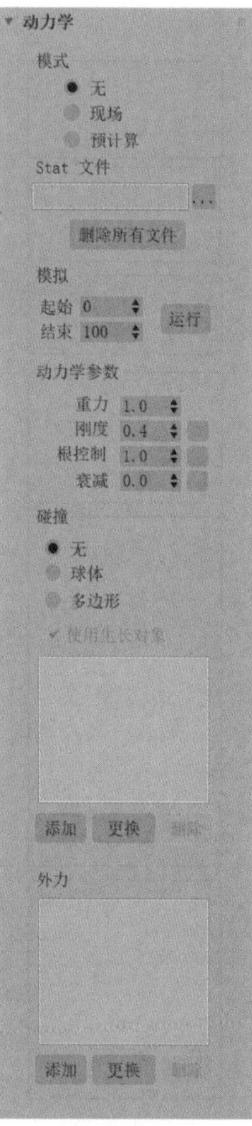

图13-31

解析

“模式”选项组

- 无：毛发不进行动力学计算。
- 现场：毛发在视口中以交互方式模拟动力学效果。
- 预计算：将设置了动力学动画的毛发生成Stat文件存储在硬盘中，以备渲染使用。

“Stat文件”组

- “另存为”按钮...：打开“另存为”对话框，再设置Stat文件的存储路径。
- “删除所有文件”按钮删除所有文件：删除存储在硬盘中的Stat文件。

"模拟"选项组

- 起始：设置模拟毛发动力学的第一帧。
- 结束：设置模拟毛发动力学的最后一帧。
- "运行"按钮 运行 ：单击此按钮，开始进行毛发的动力学模拟计算。

"动力学参数"选项组

- 重力：指定在全局空间中垂直移动毛发的力。"重力"为负值时，上拉毛发；"重力"为正值时，下拉毛发。要令毛发不受重力影响，可将该值设置为0。
- 刚度：控制动力学效果的强弱。如果将"刚度"设置为1，动力学不会产生任何效果。默认值为0.4。范围为0～1。
- 根控制：与刚度类似，但只在头发根部产生影响。默认值为1。范围为 0～1。
- 衰减：动态头发承载前进到下一帧的速度。增加"衰减"，将增加这些速度减慢的量。因此，较高的衰减值意味着头发动态效果较为不活跃。

"碰撞"选项组

- 无：动态模拟期间不考虑碰撞。这将导致毛发穿透其生长对象以及其所开始接触的其他对象。
- 球体：毛发使用球体边界框来计算碰撞。此方法的速度更快，其原因在于所需计算更少，但是结果不够精确。当从远距离查看时，该方法最为有效。
- 多边形：毛发考虑碰撞对象中的每个多边形。这是速度最慢的方法，但也是最为精确的方法。
- "添加"按钮 添加 ：要在动力学碰撞列表中添加对象，可单击此按钮，然后在视口中单击对象。
- "更换"按钮 更换 ：要在动力学碰撞列表中更换对象，应先在列表中高亮显示对象，再单击此按钮，然后在视口中单击对象进行更换操作。
- "删除"按钮 删除 ：要在动力学碰撞列表中删除对象，应先在列表中高亮显示对象，再单击此按钮，完成删除操作。

"外力"选项组

- "添加"按钮 添加 ：要在动力学外力列表中添加"空间扭曲"对象，可单击此按钮，然后在视口中单击对应的"空间扭曲"对象。
- "更换"按钮 更换 ：要在动力学外力列表中更换"空间扭曲"对象，应先在列表中高亮显示"空间扭曲"对象，再单击此按钮，然后在视口中单击"空间扭曲"对象进行更换操作。
- "删除"按钮 删除 ：要在动力学外力列表中删除"空间扭曲"对象，应先在列表中高亮显示"空间扭曲"对象，再单击此按钮，完成删除操作。

13.2.13 "显示"卷展栏

"显示"卷展栏如图13-32所示。

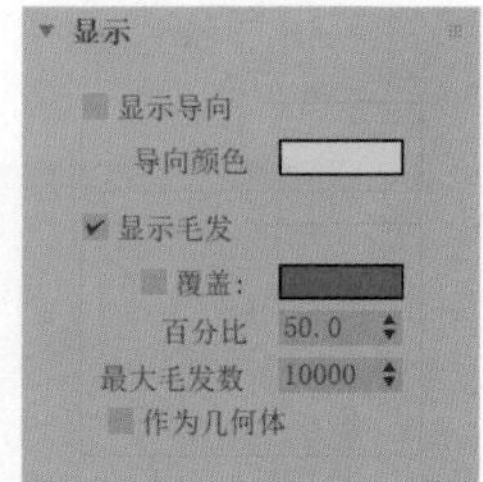

图13-32

解析

"显示导向"选项组

- 显示导向：选中此复选框，则在视口中显示出毛发的导向线，导向线的颜色由"导向颜色"控制，如图13-33所示为选中该复选框前后的显示结果对比。

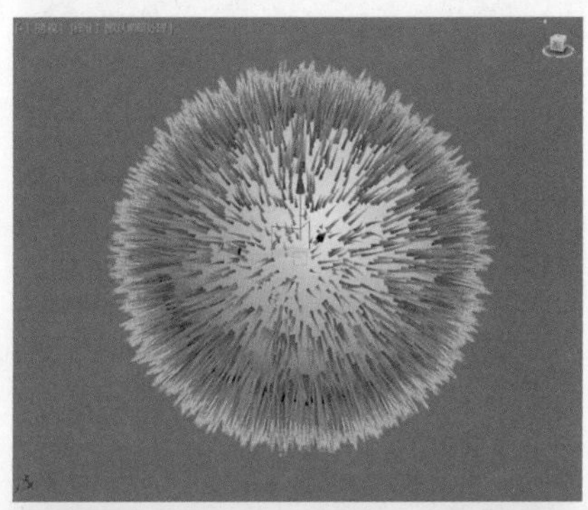

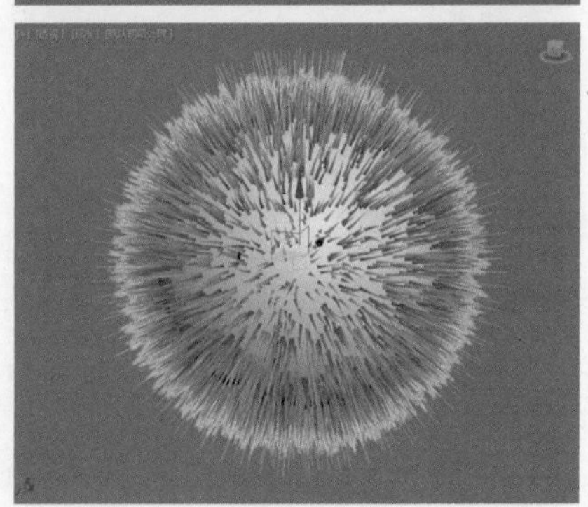

图13-33

"显示毛发"选项组

- 显示毛发：此复选框默认状态下为选中状态，用来在几何体上显示出毛发的形态。
- 百分比：在视口中显示的全部毛发的百分比。降低此值，将改善视口中的实时性能。
- 最大毛发数：无论百分比值为多少，在视口中显示的最大毛发数。
- 作为几何体：选中之后，将头发在视口中显示为要渲染的实际几何体，而不是默认的线条。

13.2.14　"随机化参数"卷展栏

"随机化参数"卷展栏如图13-34所示。

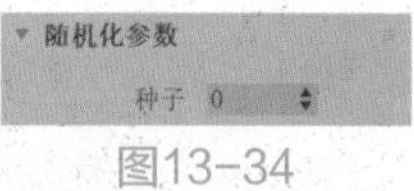

图13-34

解析

种子：通过设置此值来随机改变毛发的形态。

实例操作：制作地毯毛发效果

本实例使用毛发技术来制作地毯上的毛发效果，最终渲染结果如图13-35所示。

图13-35

01 启动3ds Max 2020软件，打开本书配套资源"地毯毛发场景.max"。本实例为一个室内空间场景，并包含简单的家具模型。场景中有一个指定好材质的地毯模型，接下来用这个地毯模型制作地毯毛发效果，如图13-36所示。

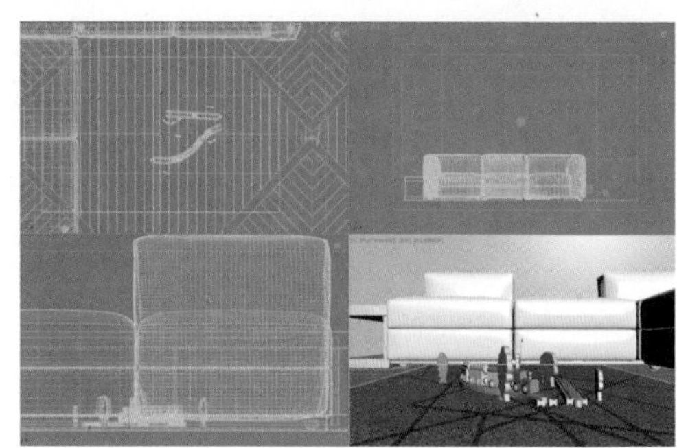
图13-36

02 选择场景中的地毯模型，在"修改"面板中为其添加"Hair 和 Fur（WSM）"修改器，如图13-37所示。

图13-37

03 默认状态下，地毯上的毛发看起来比较长，而且毛发的根部也很粗壮，如图13-38所示。

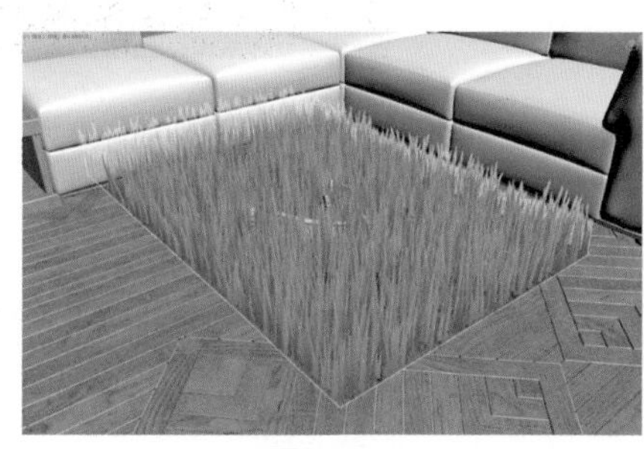
图13-38

04 在"修改"面板中，展开"常规参数"卷展栏，设置"毛发数量"的值为300000，增加地毯的毛发数量；设置"比例"的值为5，缩短地毯上毛发的长度；设置"根厚度"的值为2，使地毯上的毛发变细，如图13-39所示。

图13-39

05 设置完成后，地毯上的毛发显示效果如图13-40所示。

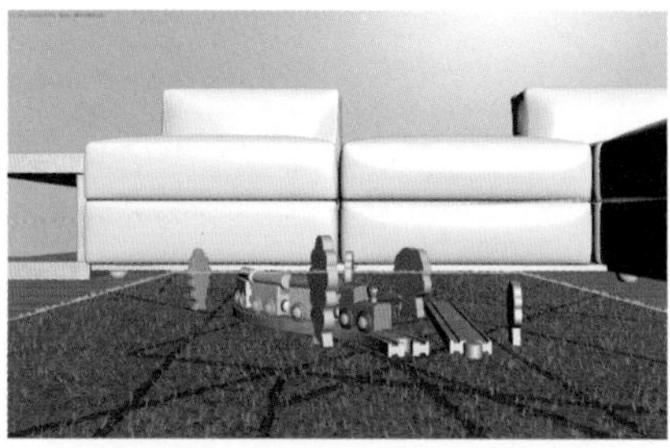
图13-40

06 渲染场景，本实例的最终渲染结果如图13-41所示。

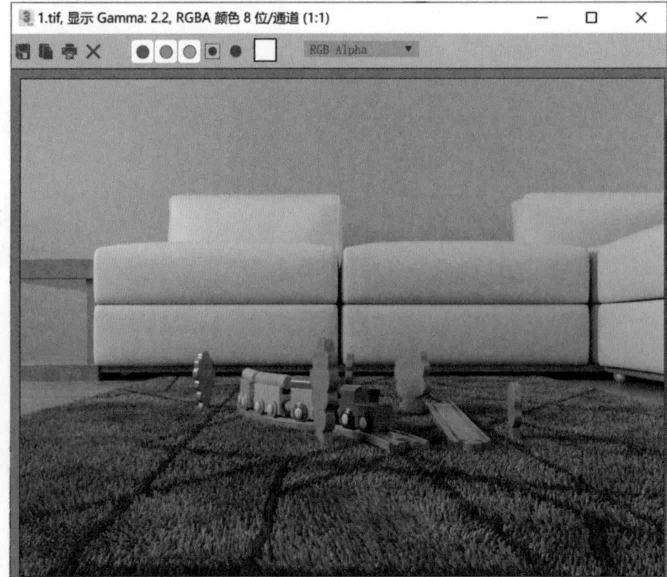

图13-41

14.1 渲染概述

使用3ds Max 2020制作完成的项目文件都需要经过渲染得到单帧或序列帧的图像文件。这些图像文件可能只是整个动画项目中一个环节的产品，也有可能是要交付客户的最终效果图。渲染看起来是最后一个环节，但是在具体的项目中并非如此。3ds Max 2020提供了多种渲染器，这些渲染器分别支持不同的材质和灯光。通常，需要先确定使用什么渲染器来渲染最终图像，然后根据渲染器设置场景对象的材质及场景灯光。如果在最终渲染时更换了渲染器，那么之前的材质及灯光需要重新设置。

在前面的章节中已经介绍了材质及灯光的设置技巧，本章主要介绍如何通过调整参数来控制最终图像的渲染尺寸、序列及质量等。

3ds Max 2020提供了多种渲染器，并且允许用户自行购买及安装由第三方提供的渲染器插件。单击主工具栏上的“渲染设置”按钮，可打开“渲染设置”面板，在“渲染设置”面板的标题栏上，可查看当前场景文件所使用渲染器的名称。在默认状态下，3ds Max 2020使用的渲染器为“扫描线渲染器”，如图14-1所示。

如果要更换渲染器，可以通过“渲染器”下拉列表选择，如图14-2所示。

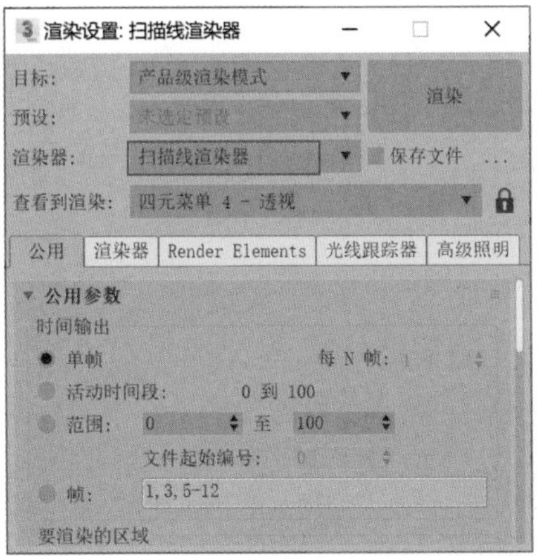

图14-1

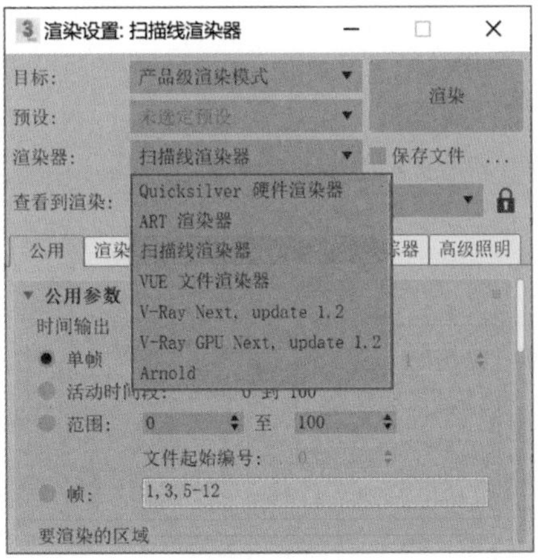

图14-2

14.2 扫描线渲染器

“扫描线渲染器”一直是3ds Max渲染图像时使用的默认渲染引擎，渲染图像时，从上至下像扫描图像一样将最终渲染效果计算出来，如图14-3所示。虽然在计算光线反射及折射时速度较慢，但是仍然有许多三维艺术家喜欢使用扫描线渲染器。

图14-3

使用“扫描线渲染器”渲染图像时，在“渲染设置”面板中可以看到该渲染器包含公用、渲染器、Render Elements（渲染元素）、光线跟踪器和高级照明这5个选项卡，如图14-4所示。下面介绍该渲染器的常用操作。

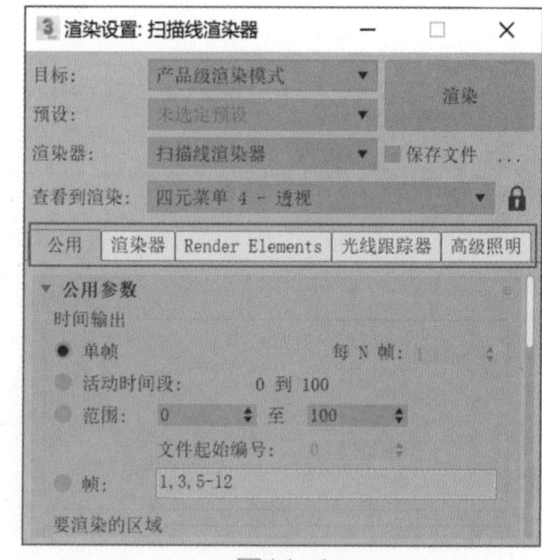

图14-4

14.2.1 “公用参数”卷展栏

单击展开“公用参数”卷展栏，如图14-5所示。

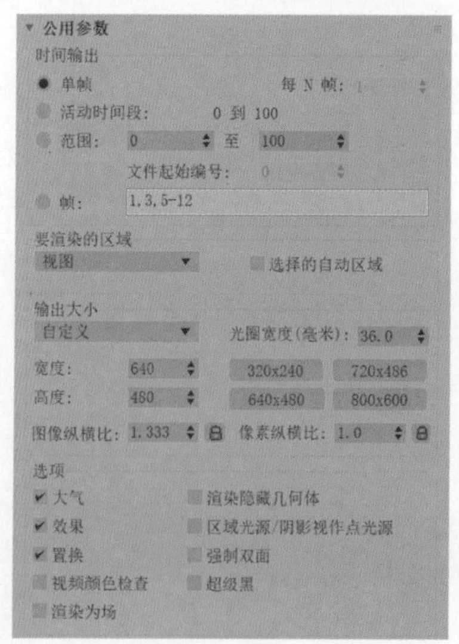

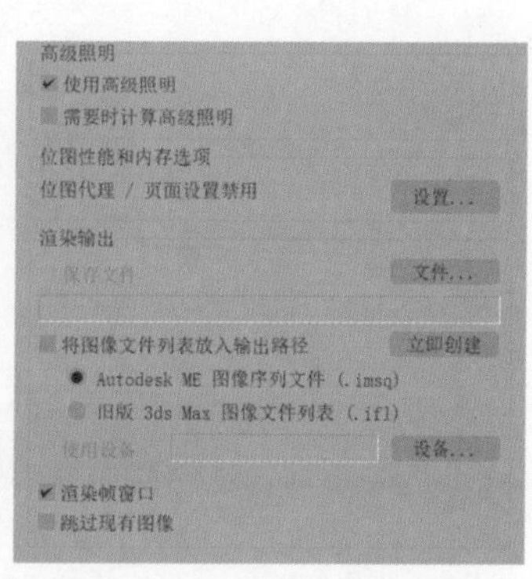

图14-5

解析

“时间输出”选项组

- 单帧：仅当前帧。
- 每N帧：帧的规则采样，只用于“活动时间段”和“范围”输出。
- 活动时间段：活动时间段是如轨迹栏所示的帧的当前范围。
- 范围：指定的两个数字（包括这两个数）之间的所有帧。

- 文件起始编号：指定起始文件编号，从这个编号开始递增文件名。只用于“活动时间段”和“范围”输出。
- 帧：可渲染用逗号隔开的非顺序帧。

“输出大小”组选项

- “输出大小”下拉列表：在此列表中，可以从多个符合行业标准的电影和视频纵横比中选择。选择其中一种格式，然后使用其余组控件设置输出分辨率。若要自定义纵横比和分辨率，可以使用默认的“自定义”选项。从列表中可以选择的格式非常多，如图14-6所示。

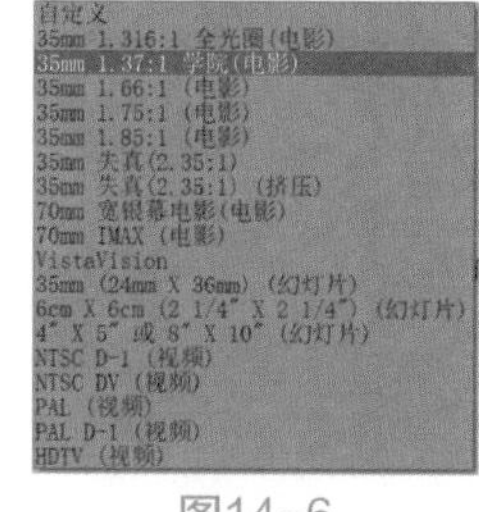

图14-6

- 光圈宽度（mm）：用于创建渲染输出的摄影机光圈宽度。更改此值将更改摄影机的镜头值。这将影响镜头值和FOV值之间的关系，但不会更改摄影机场景的视图。
- 宽度/高度：以像素为单位指定图像的宽度和高度，从而设置输出图像的分辨率。
- 图像纵横比：即图像宽度与高度的比例。
- 像素纵横比：设置显示在其他设备上的像素纵横比。图像可能会在显示上出现挤压效果，但将在具有不同形状像素的设备上正确显示。

“选项”选项组

- 大气：启用此复选框后，可以渲染任何应用的大气效果，如体积雾。
- 效果：启用此复选框后，可以渲染任何应用的渲染效果，如模糊。
- 置换：渲染任何应用的置换贴图。
- 视频颜色检查：检查超出NTSC或PAL安全阈值的像素颜色，标记这些像素颜色并将其改为可接受的值。
- 渲染为场：渲染为视频场而不是帧。
- 渲染隐藏几何体：渲染场景中所有几何体对象，包括隐藏的对象。
- 区域光源/阴影视作点光源：将所有的区域光源或阴影当作从点对象发出的进行渲染，这样可以加快渲染速度。
- 强制双面：可渲染所有曲面的两个面。
- 超级黑：限制用于视频组合的渲染几何体的暗度。除非确实需要启用，否则将其禁用。

“高级照明”选项组

- 使用高级照明：启用后，3ds Max在渲染过程中提供光能传递解决方案或光跟踪。
- 需要时计算高级照明：启用后，当需要逐帧处理时，3ds Max将计算光能传递。

“渲染输出”选项组

- 保存文件：启用后，进行渲染时3ds Max会将渲染后的图像或动画保存到磁盘。使用“文件”按钮指定输出文件之后，“保存文件”才可用。
- “文件”按钮：单击此按钮，打开“渲染输出文件”对话框，如图14-7所示。3ds Max提供了多种“保存类型”，如图14-8所示。

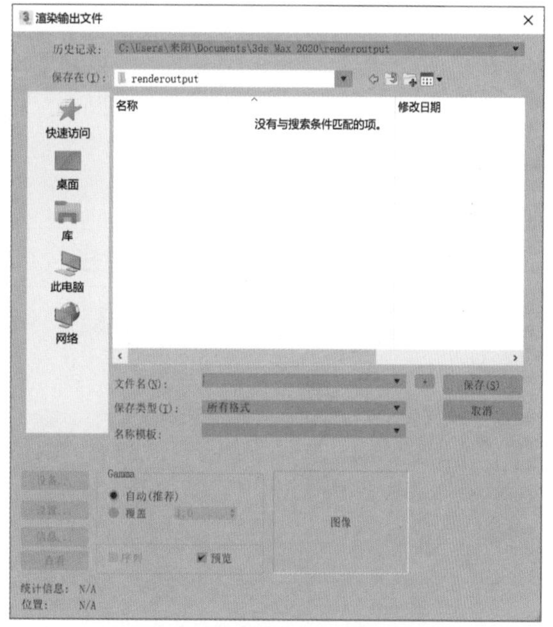

图14-7

所有格式
AVI 文件 (*.avi)
BMP 图像文件 (*.bmp)
Kodak Cineon (*.cin)
Encapsulated PostScript 文件 (*.eps,*.ps)
OpenEXR 图像文件 (*.exr,*.fxr)
辐射图像文件(HDRI) (*.hdr,*.pic)
JPEG 文件 (*.jpg,*.jpe,*.jpeg)
PNG 图像文件 (*.png)
MOV QuickTime 文件 (*.mov)
SGI 文件 (*.rgb,*.rgba,*.sgi,*.int,*.inta,*.bw)
RLA 图像文件 (*.rla)
RPF 图像文件 (*.rpf)
Targa 图像文件 (*.tga,*.vda,*.icb,*.vst)
TIF 图像文件 (*.tif,*.tiff)
V-Ray image format (*.vrimg)
DDS 图像文件 (*.dds)
所有文件(*.*)

图14-8

14.2.2 “指定渲染器”卷展栏

“指定渲染器”卷展栏如图14-9所示。

指定渲染器
产品级： 扫描线渲染器
材质编辑器： 扫描线渲染器
ActiveShade： 扫描线渲染器
保存为默认设置

图14-9

解析

- 产品级：用于渲染图形输出的渲染器。
- 材质编辑器：用于渲染“材质编辑器”中示例的渲染器。
- ActiveShade：用于预览场景中照明和材质更改效果的 ActiveShade 渲染器。
- “选择渲染器”按钮...：单击带有省略号的按钮，可更改渲染器指定。
- “保存为默认设置”按钮保存为默认设置：单击该按钮，可将当前渲染器指定保存为默认设置，重新启动3ds Max时它们处于活动状态。

14.2.3 “扫描线渲染器”卷展栏

“扫描线渲染器”卷展栏如图14-10所示。

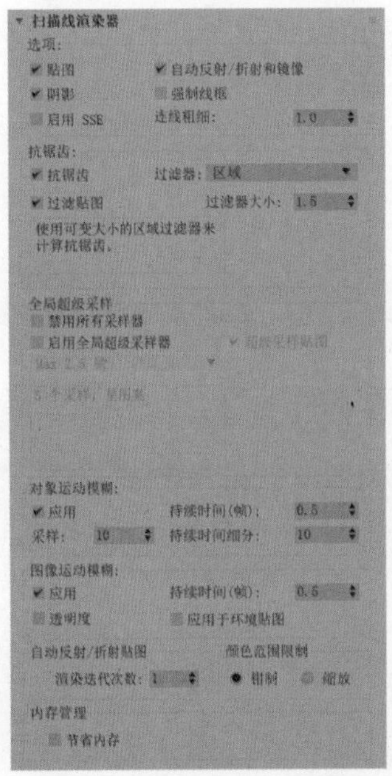

图14-10

解析

“选项”选项组

- 贴图：禁用该复选框可忽略所有贴图信息，从而加速测试渲染。自动影响反射和环境贴图，同时也影响材质贴图。默认设置为启用。
- 自动反射/折射和镜像：忽略自动反射/折射贴图以加速测试渲染。
- 阴影：禁用该复选框后，不渲染投射阴影。这可以加速测试渲染。默认设置为启用。
- 强制线框：将场景中的所有物体渲染为线框，并可以通过“连线粗细”设置线框的粗细，默认设置为1，以像素为单位。
- 启用 SSE：启用该复选框后，渲染使用“流 SIMD 扩展”（SSE）。SIMD 代表“单指令、多数据”。取决于系统的 CPU，SSE 可以缩短渲染时间。

“抗锯齿”选项组

- 抗锯齿：抗锯齿可以平滑渲染时产生的对角线或弯曲线条的锯齿状边缘。只有在渲染测试图像并且速度比图像质量更重要时才禁用该复选框。
- “过滤器”下拉列表：可在此选择适合项目需要的过滤器来进行渲染计算，默认选择为“区域”过滤器，如图14-11所示。

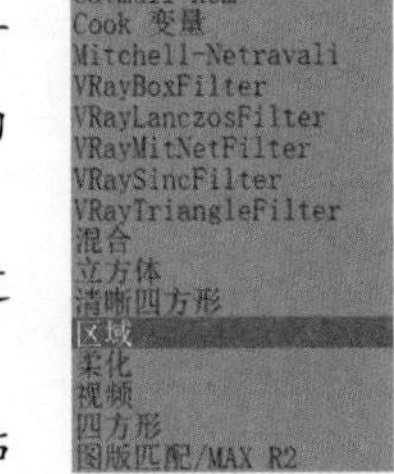

图14-11

- 过滤贴图：启用或禁用对贴图材质的过滤。
- 过滤器大小：可以增加或减小应用到图像中的模糊量。

“全局超级采样”选项组

- 禁用所有采样器：禁用所有超级采样。
- 启用全局超级采样器：对所有材质应用相同的超级采样器。启用该复选框，即可激活超级采样器下拉列表，可以选择不同的采样器，如图14-12所示。

“对象运动模糊”选项组

- 应用：为整个场景全局启用或禁用对象运动模糊。

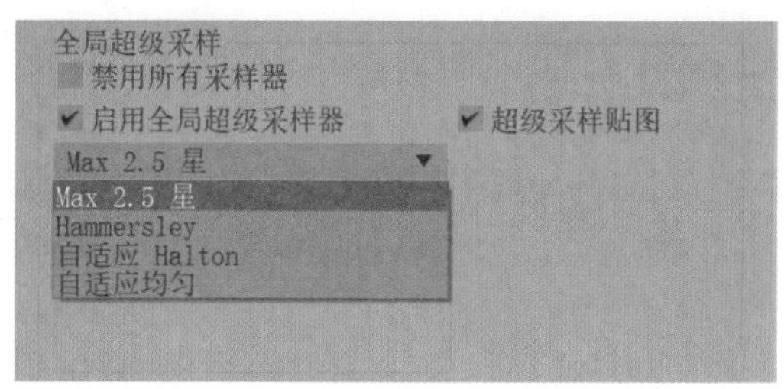

图14-12

- 持续时间（帧）：值越大，模糊的程度越明显。
- 持续时间细分：确定在持续时间内渲染的每个对象副本的数量。

“图像运动模糊”选项组

- 应用：为整个场景全局启用或禁用图像运动模糊。
- 持续时间（帧）：值越大，模糊的程度越明显。
- 应用于环境贴图：启用后，图像运动模糊既可以应用于环境贴图，也可以应用于场景中的对象。
- 透明度：启用后，图像运动模糊对重叠的透明对象起作用。在透明对象上应用图像运动模糊会增加渲染时间。

“自动反射/折射贴图”选项组

- 渲染迭代次数：设置对象间在非平面自动反射贴图上的反射次数。虽然增加该值有时可以改善图像质量，但是会增加反射的渲染时间。

“颜色范围限制”选项组

- 钳制：使用“钳制”时，在处理过程中色调信息会丢失，所以非常亮的颜色渲染为白色。
- 缩放：要保持所有颜色分量均在“缩放”范围内，则需要通过缩放所有三个颜色分量来保留非常亮的颜色的色调，这样最大分量的值就会为1。注意，这样将更改高光的外观。

“内存管理”选项组

- 节省内存：启用后，渲染使用更少的内存，但会增加一点内存时间。可以节约15%~25%的内存，而时间大约增加4%。

14.3　Arnold渲染器

Arnold渲染器是著名的渲染器之一，曾用于许多优秀电影的视觉特效渲染。该渲染器作为3ds Max的附属功能之一，以后也将与3ds Max软件保持同步更新。如图14-13和图14-14所示均为使用Arnold渲染器完成的三维作品。

图14-13

图14-14

在“渲染设置”面板中，单击“渲染器”下拉列表，即可选择Arnold渲染器，如图14-15所示。

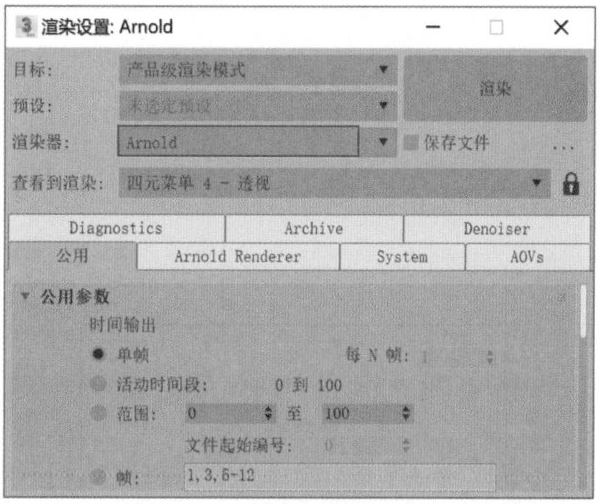

图14-15

Arnold渲染器具有多个选项卡，每个选项卡中又包括一个或多个卷展栏，下面详细讲解使用频率较高的卷展栏。

14.3.1 MAXtoA Version（MAXtoA版本）卷展栏

MAXtoA Version（MAXtoA版本）卷展栏主要显示Arnold渲染器的版本信息，如图14-16所示。

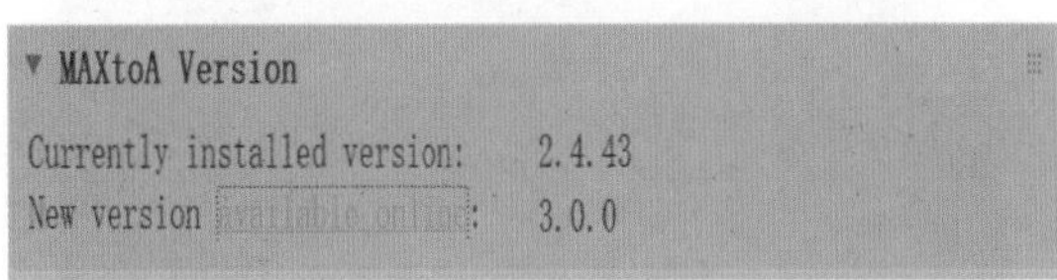

图14-16

解析

Currently installed version：显示当前所安装的Arnold版本。

New Version available online：显示在线提供的最新版本。

14.3.2 Sampling and Ray Depth（采样和追踪深度）卷展栏

Sampling and Ray Depth（采样和追踪深度）卷展栏主要用于控制最终渲染图像的质量，如图14-17所示。

Sampling and Ray Depth
General

	Samples	Ray Depth	Min	Max
Total Rays Per Pixel (no lights)			117	180
Preview (AA):	-3			
Camera (AA):	3		9	
Diffuse:	2	1	36	36
Specular:	2	1	36	36
Transmission:	2	8	36	99
SSS:	2			
Volume Indirect:	2	0		

Adaptive and Progressive
Adaptive Sampling
AA Samples Max: 8　Adaptive Threshold: 0.05
Progressive Render
Depth Limits
Ray Limit Total: 10
Transparency Depth: 10
Low Light Threshold: 0.001
Advanced
Lock Sampling Pattern　Use Autobump in SSS
Indirect Specular Blur: 1.0

图14-17

解析

General选项组

- Preview（AA）：设置预览采样值，默认值为-3，较小的值可以很快地看到场景的预览结果。
- Camera（AA）：设置摄影机渲染的采样值，值越大，渲染质量越好，渲染耗时越长。如图14-18所示分别为该值是3和15的渲染结果，用较高的采样值渲染的图像的噪点明显减少。

图14-18

- Diffuse：场景中物体漫反射的采样值。
- Specular：场景中物体高光计算的采样值。
- Transmission：场景中物体自发光计算的采样值。
- SSS：SSS材质的计算采样值。
- Volume Indirect：间接照明计算的采样值。

Adaptive and Progressive选项组

- Adaptive Sampling：选中该复选框，可开启自适应采样计算。
- AA Samples Max：采样的最大值。
- Adaptive Threshold：自适应阈值。
- Progressive Render：选中该复选框，开启渐进渲染计算。

Depth Limits选项组

- Ray Limit Total：限制光线反射和折射追踪深度的总数值。
- Transparency Depth：透明计算深度的数值。
- Low Light Threshold：光线的计算阈值。

Advanced选项组

- Lock Sampling Pattern：锁定采样方式。
- Use Autobump in SSS：在SSS材质使用自动凹凸计算。

14.3.3 Filtering（过滤）卷展栏

Filtering（过滤）卷展栏如图14-19所示。

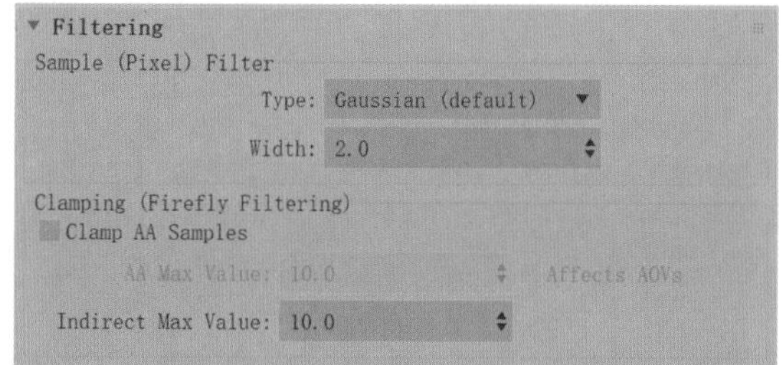

图14-19

解析

- Type：渲染的抗锯齿过滤类型，3ds Max 2020提供了多种不同类型的计算方法以提高图像的抗锯齿渲染质量，如图14-20所示。默认设置为Gaussian，使用这种渲染方式渲染图像时，Width值越小，图像越清晰；Width值越大，图像越模糊，如图14-21所示分别是Width值是1和10的渲染结果。

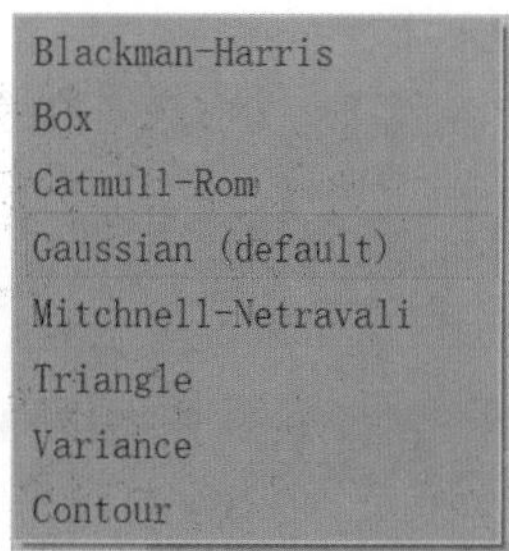

图14-20

- Width：不同抗锯齿过滤类型的宽度计算，值越小，图像越清晰。

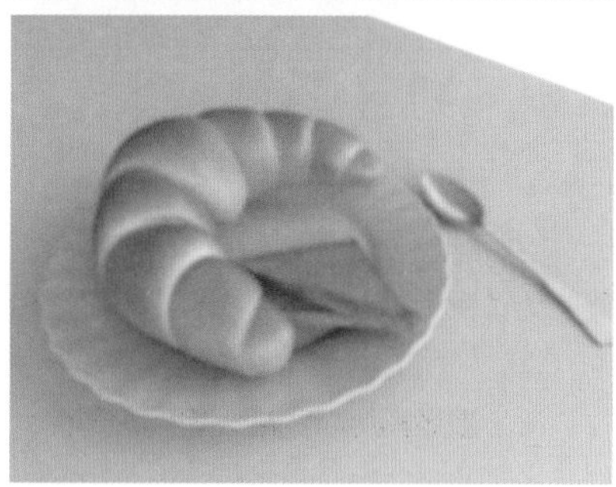

图14-21

14.3.4 Environment, Background& Atmosphere（环境、背景和大气）卷展栏

Environment，Background&Atmosphere（环境、背景和大气）卷展栏如图14-22所示。

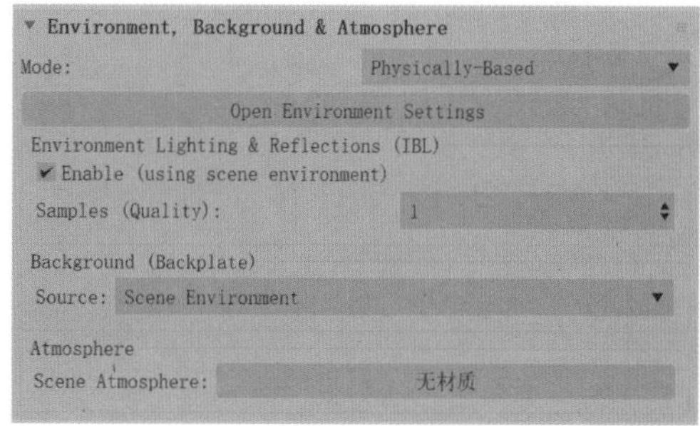

图14-22

解析

- Open Environment Settings按钮：单击该按钮，可以打开3ds Max的“环境和效果”面板，对场景的环境进行设置。

Environment Lighting&Reflections（IBL）选项组

- Enable（using scene environment）：使用场景的环境设置。

- Samples（Qucelity）：环境的计算采样质量。

Background（Backplate）选项组

- Source：场景的背景，有Scene Environment、Custom Color和Custom Map这3个选项，如图14-23所示。

图14-23

（1）Scene Environment：选择该选项，渲染图像的背景使用该场景的环境设置。

（2）Custom Color：选择该选项，会出现色样按钮，允许用户自定义一个颜色当作渲染的背景，如图14-24所示。

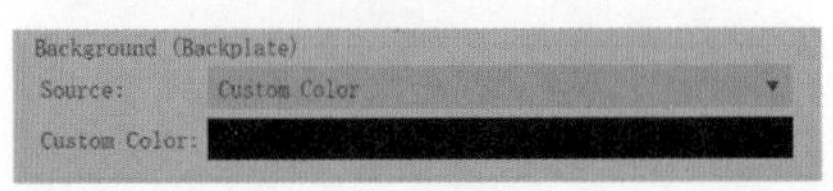

图14-24

- Custom Map：选择该选项，会出现贴图按钮，允许用户使用贴图当作渲染的背景，如图14-25所示。

图14-25

Atmosphere选项组

- Scene Atmosphere：通过材质贴图制作场景中的大气效果。

14.4 综合实例：卫生间灯光照明表现

本实例介绍卫生间场景的常用材质、灯光及渲染，最终的渲染结果如图14-26所示，线框渲染图如图14-27所示。

图14-26

图14-27

14.4.1 场景分析

打开本书配套资源“卫生间场景.max”文件，本场景中已经设置好模型及摄影机了，如图14-28所示。通过最终渲染效果可以看出，本场景所要表现的光照效果为一个封闭室内的人工灯光照明环境。

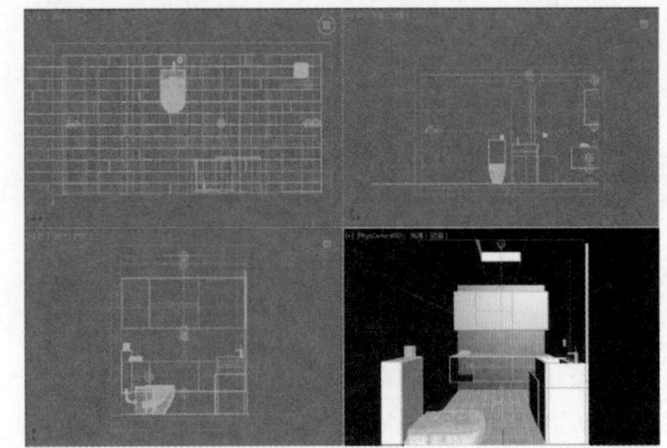

图14-28

14.4.2 制作陶瓷材质

马桶模型、水池模型均使用了陶瓷材质，其渲染效果如图14-29所示。

图14-29

01 打开“材质编辑器”，选择一个空白的材质球，将其设置为Standard Surface材质，并重命名为“陶瓷”，如图14-30所示。

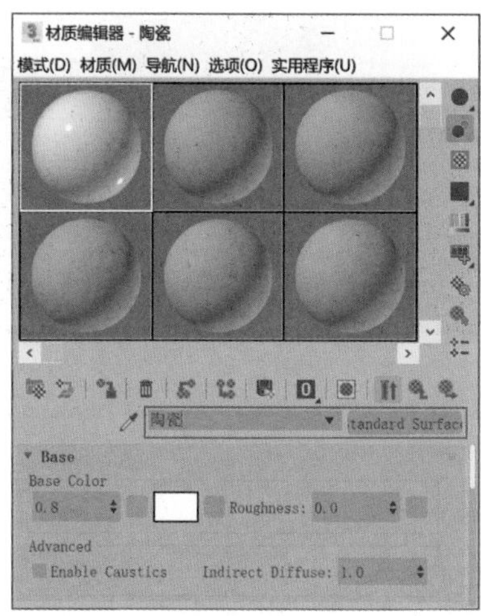

图14-30

02 Standard Surface材质的默认渲染效果非常接近陶瓷质感，所以只需要在Base卷展栏中将Base Color的权重值设置为1，稍微加强一下材质的色彩强度，如图14-31所示。

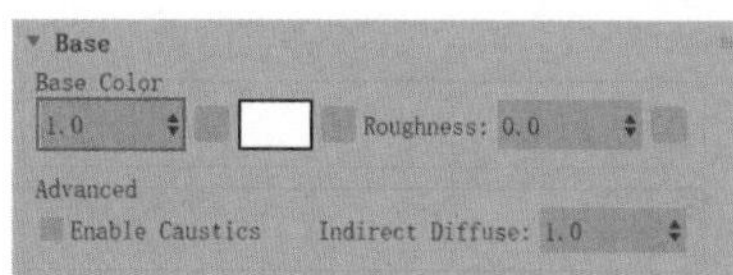

图14-31

03 设置完成后，陶瓷材质球显示效果如图14-32所示。

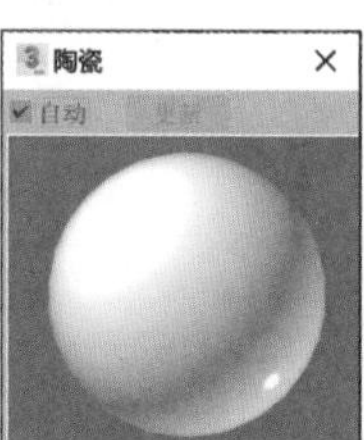

图14-32

14.4.3 制作镜面材质

镜面材质渲染结果如图14-33所示。

图14-33

01 打开“材质编辑器”，选择一个空白的材质球，将其设置为Standard Surface材质，并重命名为“镜面”，如图14-34所示。

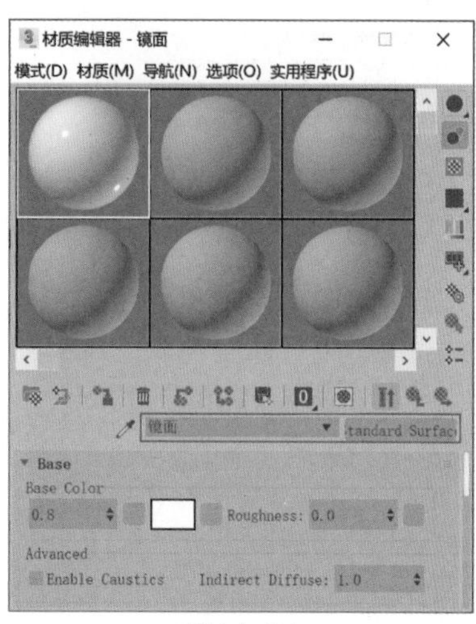

图14-34

02 在Specular卷展栏中，设置Roughness的值为0.05，设置Metalness的值为1，如图14-35所示。

03 设置完成后，镜面材质球显示效果如图14-36所示。

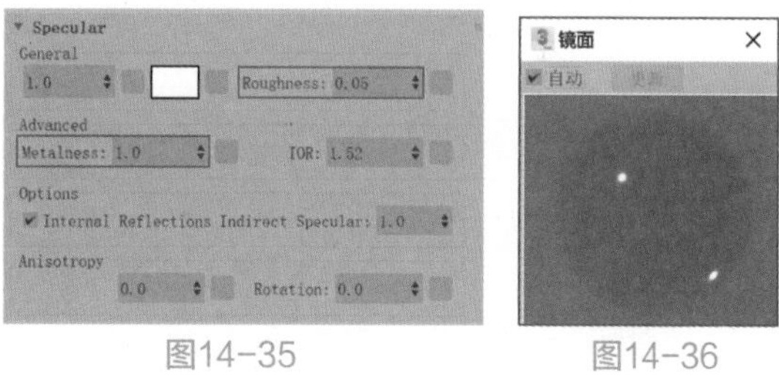

图14-35　　图14-36

14.4.4 制作地板材质

地板材质渲染结果如图14-37所示。

图14-37

01 打开“材质编辑器”，选择一个空白的材质球，将其设置为Standard Surface材质，并重命名为“地板”，如图14-38所示。

02 在Base卷展栏中，为Base Color属性添加“地板.jpg”贴图文件，如图14-39所示。

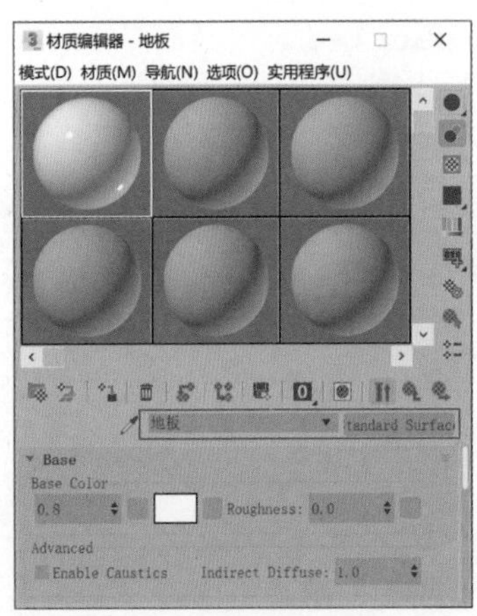

图14-38

03 在Specular卷展栏中，设置Roughness的值为0.5，降低地板材质的镜面反射属性，如图14-40所示。

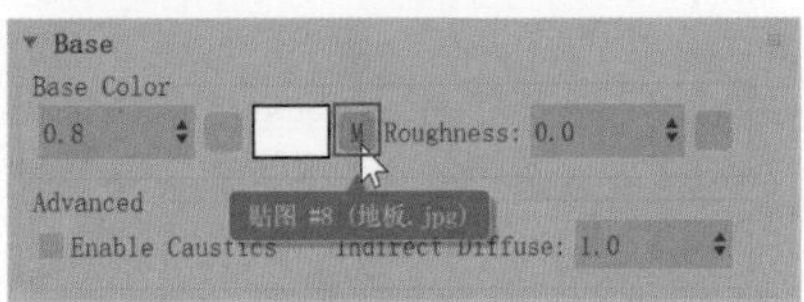

图14-39

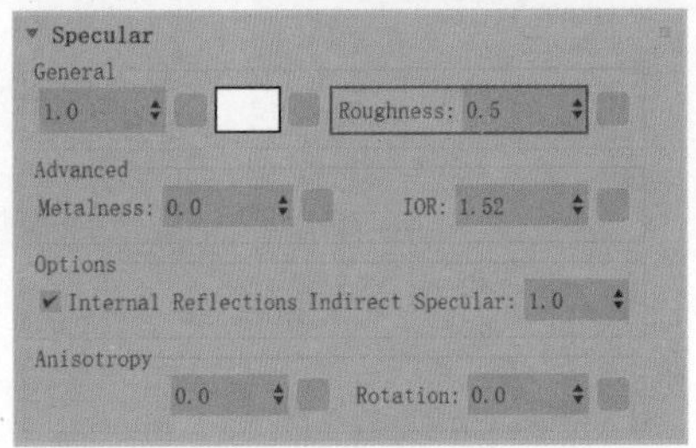

图14-40

04 设置完成后，地板材质球显示效果如图14-41所示。

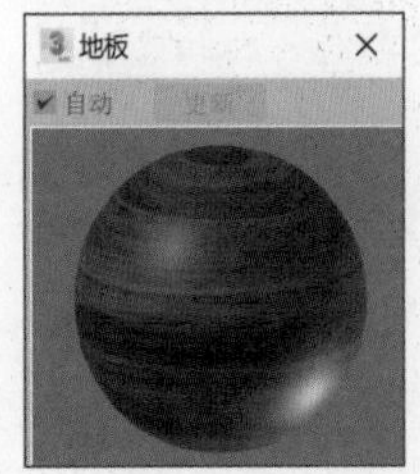

图14-41

14.4.5 制作墙壁材质

本实例的墙壁材质是带有一定凹凸质感的木板效果，渲染结果如图14-42所示。

图14-42

01 打开“材质编辑器”，选择一个空白的材质球，将其设置为Standard Surface材质，并重命名为“墙体”，如图14-43所示。

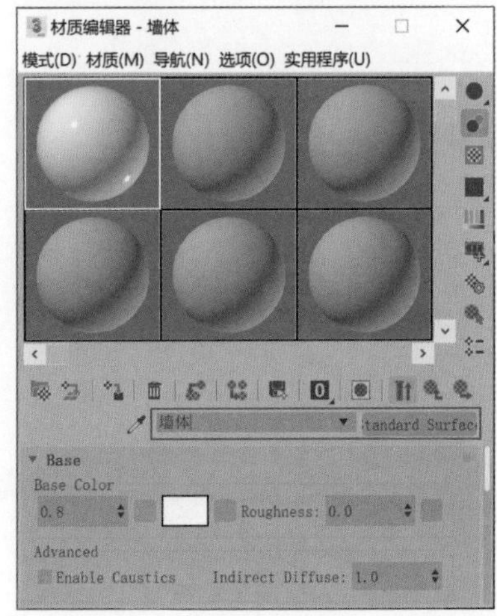

图14-43

02 在Base卷展栏中，为Base Color属性添加“墙体.jpg”贴图文件，如图14-44所示。

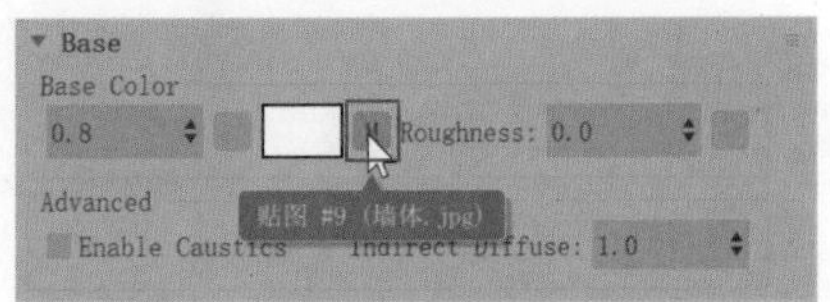

图14-44

03 在Specular卷展栏中，设置Roughness的值为0.25，降低墙体材质的镜面反射属性，如图14-45所示。

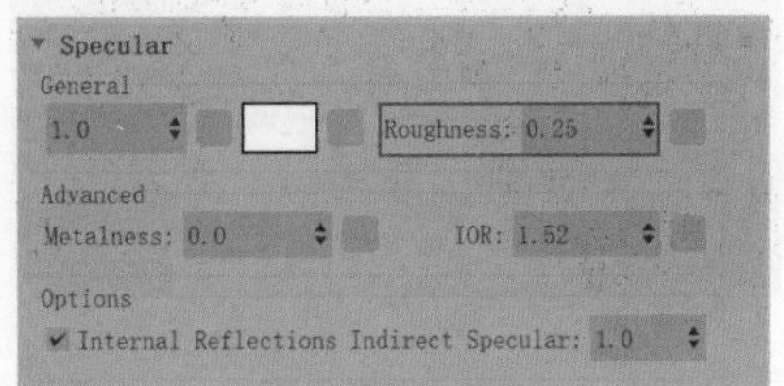

图14-45

04 在Special Features卷展栏中，为Normal（Bump）属性添加Bump 2D贴图，如图14-46

所示。

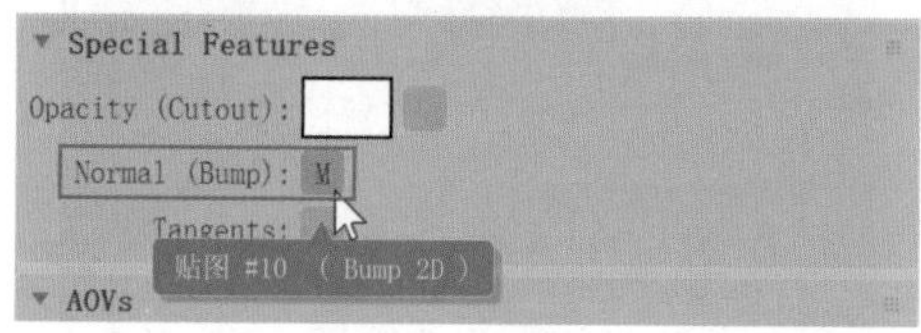

图14-46

05 在Parameters卷展栏中，为Bump Map属性添加“墙体-凹凸.jpg”贴图文件，如图14-47所示。

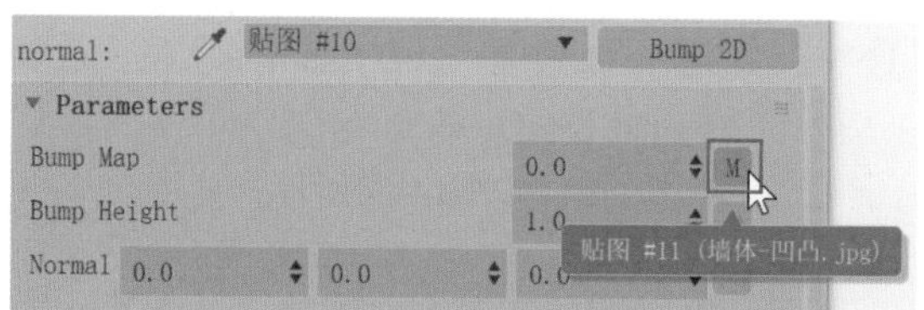

图14-47

06 设置完成后，墙体材质球显示效果如图14-48所示。

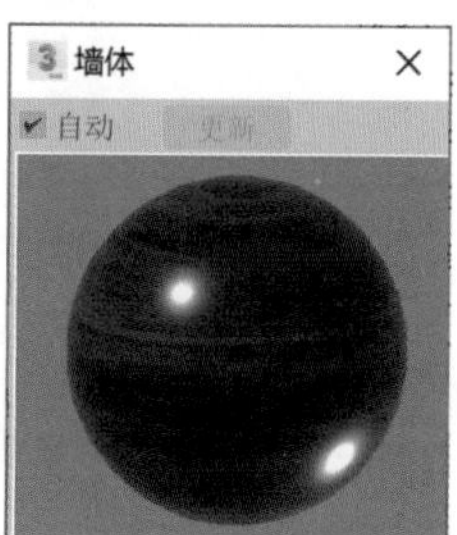

图14-48

14.4.6　制作棚顶灯光照明效果

本场景的光效均为人工灯光产生的照明效果。在进行灯光设置时，可以考虑根据灯光的照明强度逐一进行制作。

01 在“创建”面板中，单击Arnold Light按钮，在“前”视图中棚顶灯光模型处创建一个Arnold Light灯光，如图14-49所示。

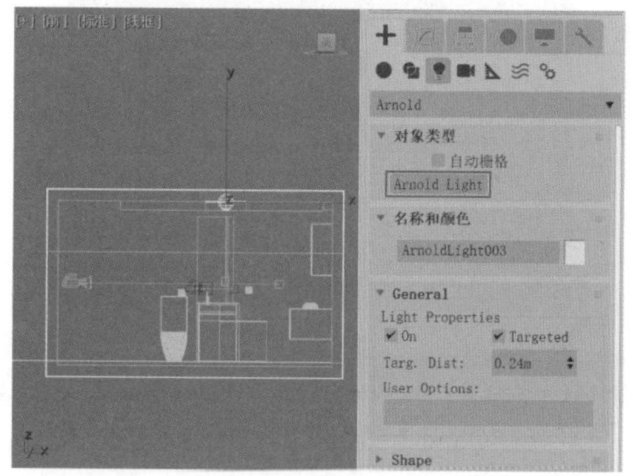

图14-49

02 在“修改”面板中，展开Shape卷展栏，设置灯光的Quad X和Quad Y的值均为0.8，调整灯光的大小，使之与场景灯光模型的尺寸接近，如图14-50所示。

03 展开Color/Intensity卷展栏，设置灯光的Color为白色，设置Intensity的值为1500，设置Exposure的值为11，提高灯光的照明强度，如图14-51所示。

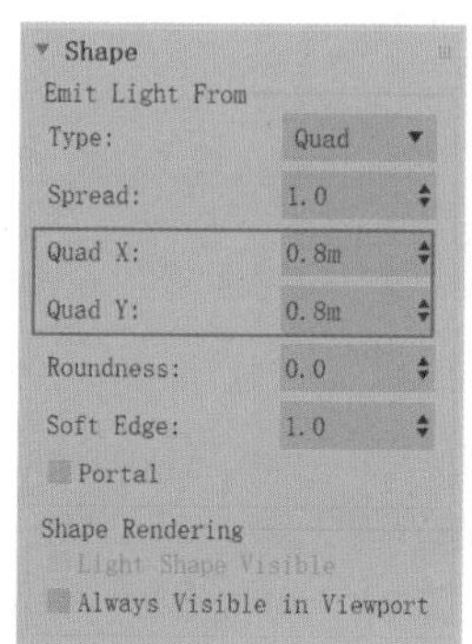

图14-50

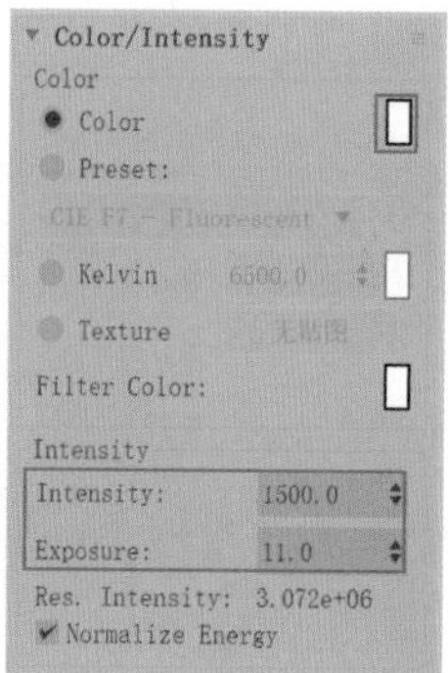

图14-51

04 设置完成后的棚顶灯光如图14-52所示。

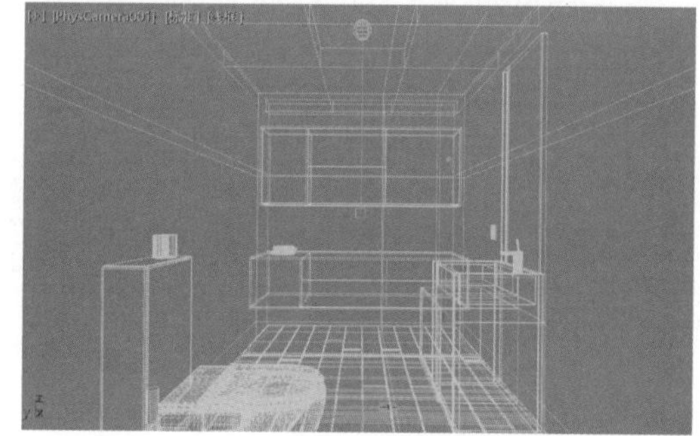

图14-52

14.4.7　制作灯带照明效果

01 在“创建”面板中，单击Arnold Light按钮，在“前”视图中吊柜模型下方创建一个Arnold Light灯光，如图14-53所示。

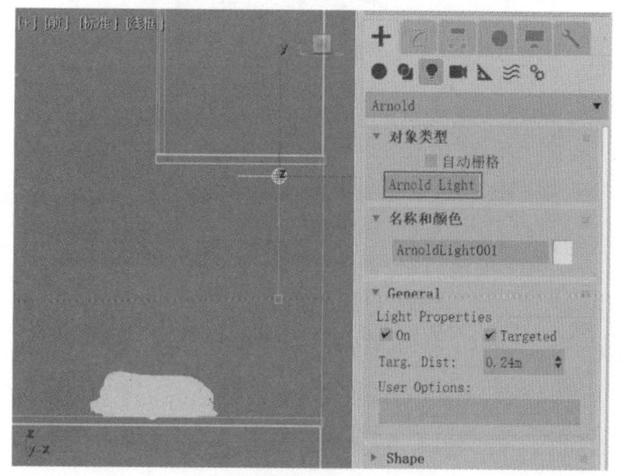

图14-53

02 在“修改”面板中，展开Shape卷展栏，设置灯光的Quad X值为0.2，Quad Y的值为2.45，调整灯光的大小，使之与场景中吊柜模型的尺寸接近，如图14-54所示。

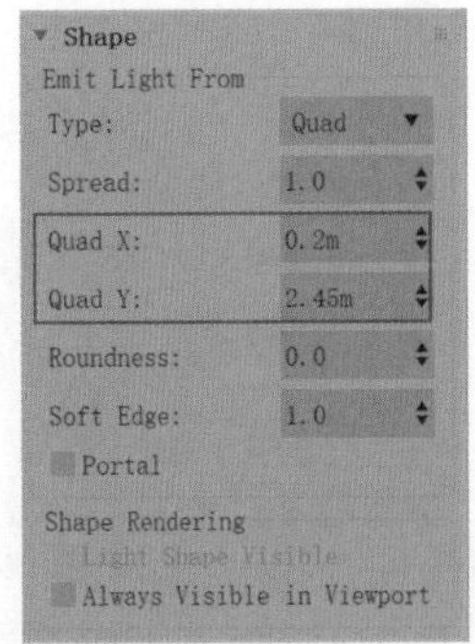

图14-54

03 展开Color/Intensity卷展栏，设置灯光的Color为橙色（红：248，绿：125，蓝：17），设置Intensity的值为500，Exposure的值为10，提高灯光的照明强度，如图14-55所示。

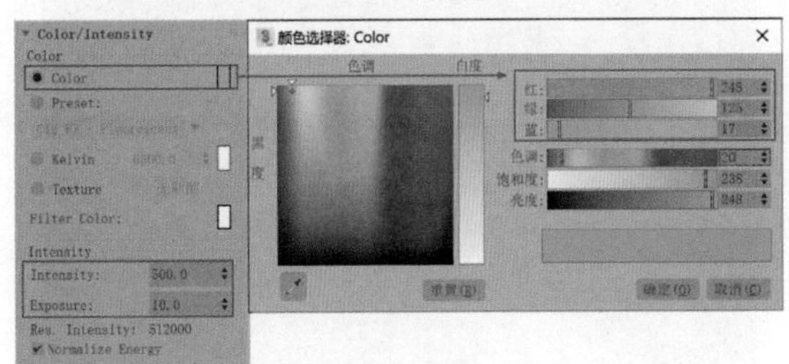

图14-55

04 在“前”视图中，按住Shift键，将该灯光以拖曳的方式向上复制一个，并调整其位置，如图14-56所示，制作出吊柜上方的灯带。

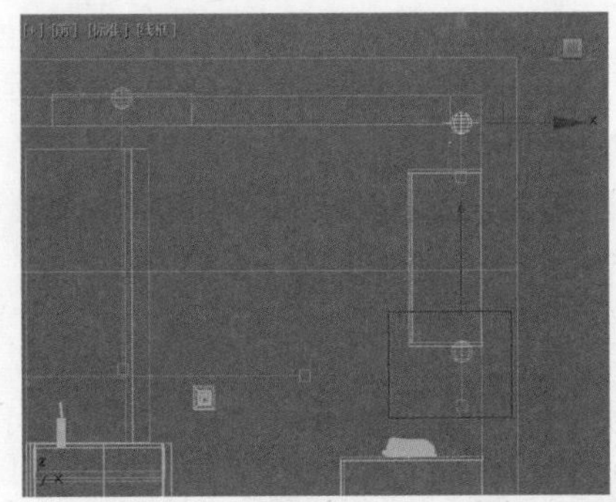

图14-56

05 在“前”视图中，按住Shift键，再次以拖曳的方式向下复制一个灯光，并调整其位置，如图14-57所示，用来制作柜子底部的灯光。

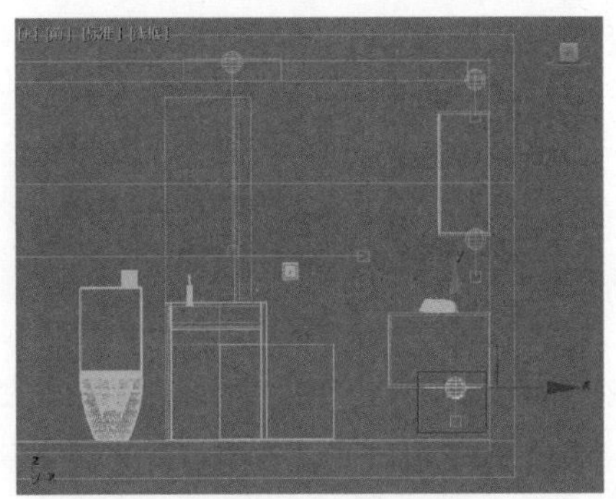

图14-57

06 在“修改”面板中，展开Shape卷展栏，设置灯光的Quad X和Quad Y的值均为0.5，缩小灯光的照明范围，如图14-58所示。

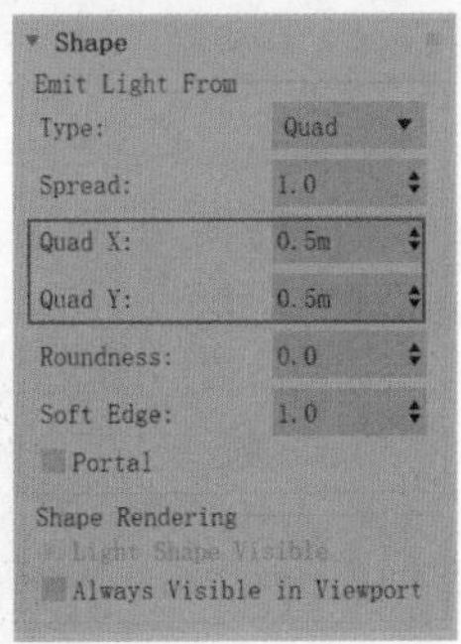

图14-58

07 在“左”视图中，按住Shift键，再次以拖曳的方式复制一个灯光，并调整位置和旋转角度，如图14-59所示，用来制作柜子里面的灯光。

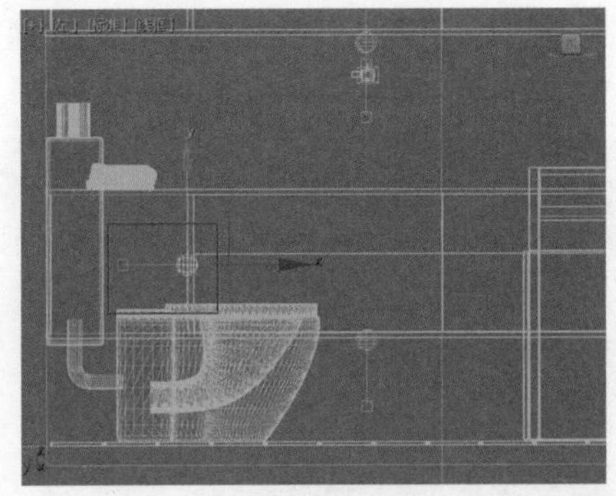

图14-59

08 在“修改”面板中，展开Shape卷展栏，设置灯光的Quad X值为0.2，Quad Y的值为0.5，缩小灯光的照明范围，如图14-60所示。

09 展开Color/Intensity卷展栏，设置Intensity的值为200，设置Exposure的值为10，降低该灯光的照明强度，如图14-61所示。

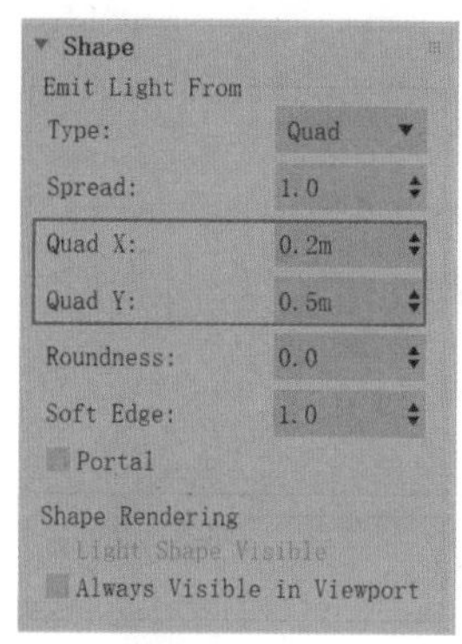

图14-60

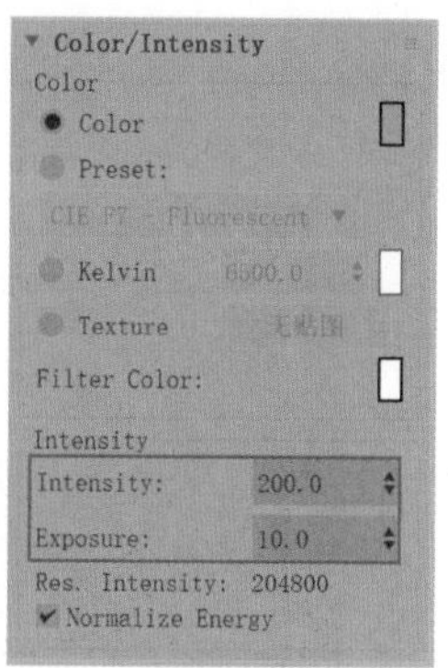

图14-61

10 设置完成后，本场景的灯光布置如图14-62所示。

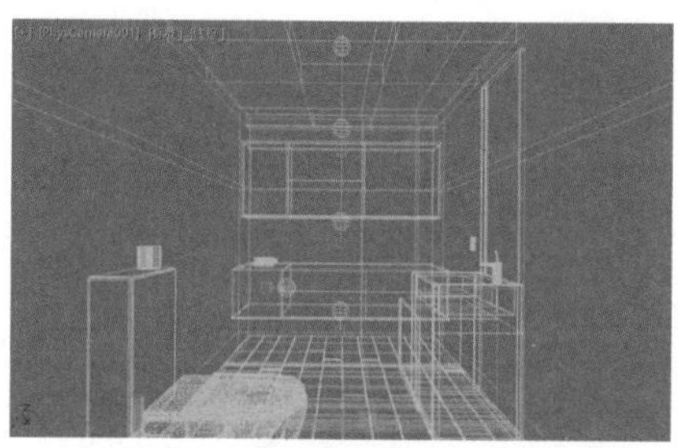

图14-62

14.4.8 渲染设置

01 打开“渲染设置”面板，可以看到本场景已经设置为使用Arnold渲染器渲染场景，如图14-63所示。

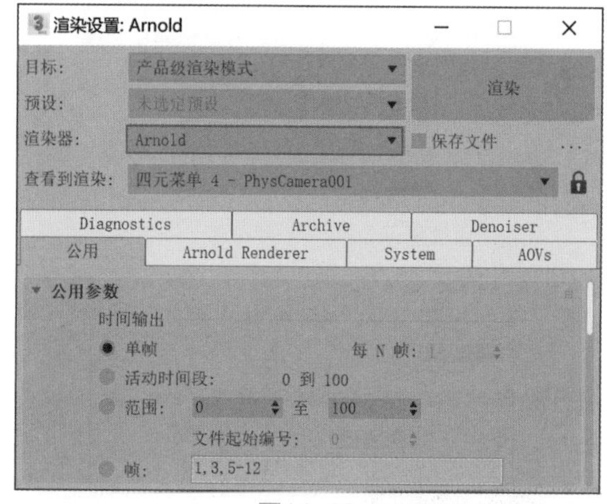

图14-63

02 在“公用”选项卡中，设置渲染输出图像的“宽度”为1500，“高度”为938，如图14-64所示。

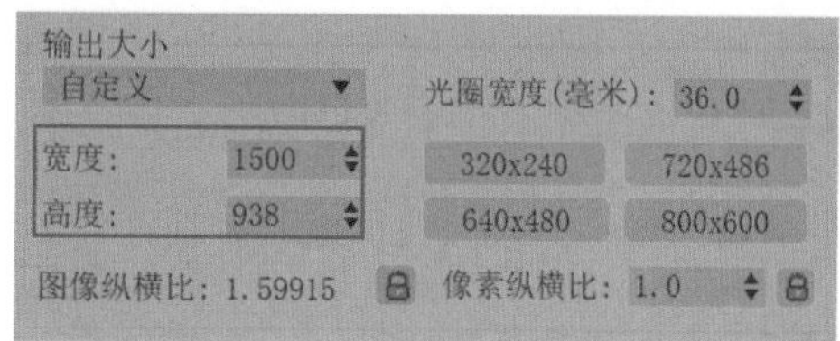

图14-64

03 在Arnold Renderer选项卡中，展开Sampling and Ray Depth卷展栏，设置Camera（AA）的值为20，降低渲染图像的噪点，提高图像的渲染质量，如图14-65所示。

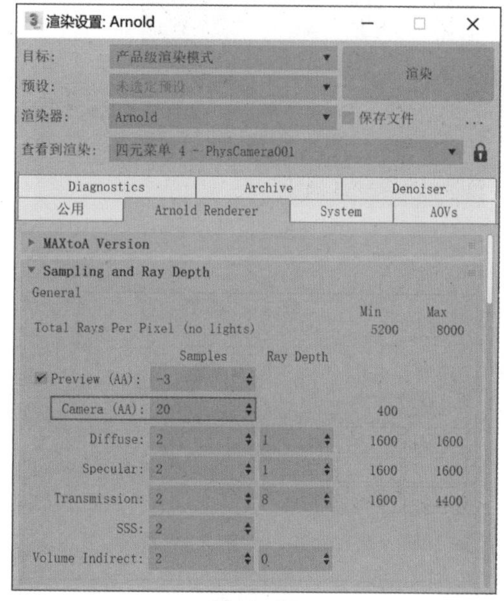

图14-65

04 设置完成后，渲染场景，本场景的最终渲染效果如图14-66所示。

图14-66

14.5 综合实例：客厅天光照明表现

本实例介绍客厅场景的常用材质、灯光及渲染，最终的渲染结果如图14-67所示，线框渲染图如图14-68所示。

图14-67

图14-68

14.5.1 场景分析

打开本书配套资源“客厅场景.max”文件，本场景为一个欧式风格的客厅，并且设置好了摄影机的位置及角度，如图14-69所示。

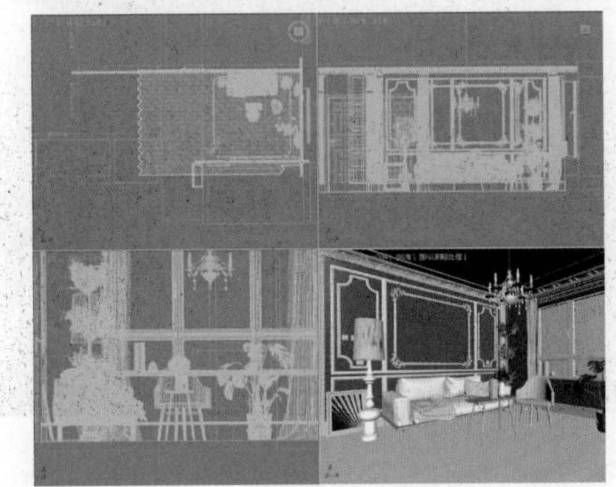

图14-69

14.5.2 制作金色石膏线材质

金色石膏线材质渲染结果如图14-70所示。

图14-70

01 打开“材质编辑器”，选择一个空白的材质球，将其设置为Standard Surface材质，并重命名为“金色石膏线”，如图14-71所示。

图14-71

02 展开Base卷展栏，设置Base Color的颜色为金色（红：0.937，绿：0.545，蓝：0.035），如图14-72所示。

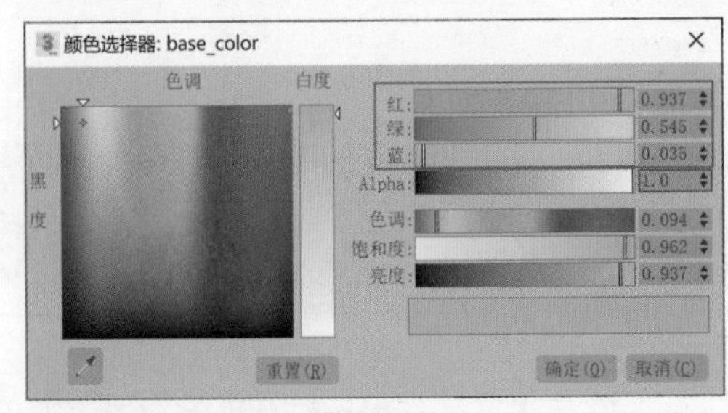

图14-72

03 展开Specular卷展栏，设置Metalness的值为1，提高材质的金属特性，如图14-73所示。

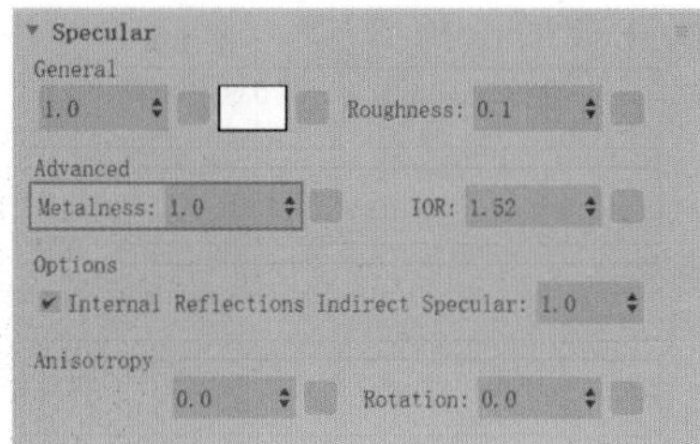

图14-73

04 设置完成后，材质球的显示效果如图14-74所示。

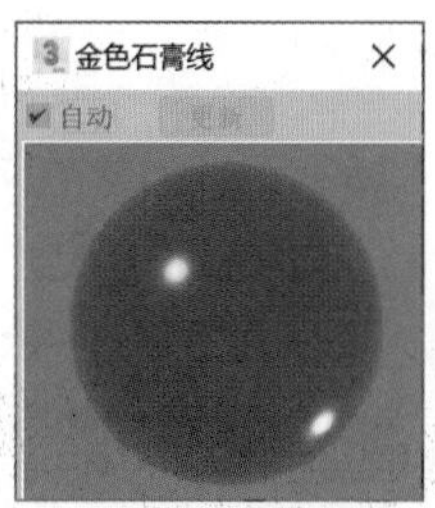

图14-74

14.5.3 制作木桌材质

木桌材质渲染结果如图14-75所示。

图14-75

01 打开“材质编辑器”，选择一个空白的材质球，将其设置为Standard Surface材质，并重命名为“木纹”，如图14-76所示。

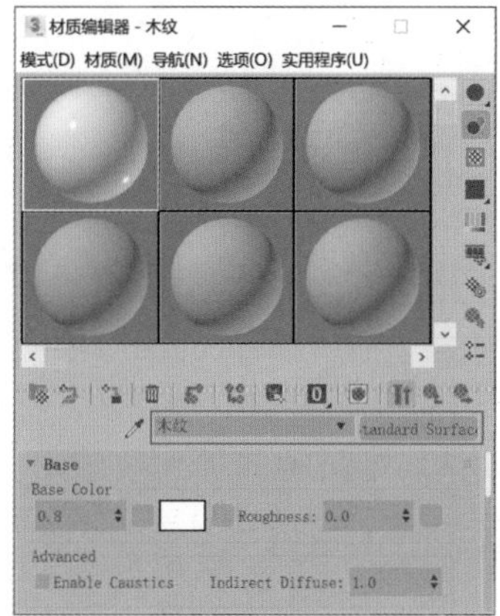

图14-76

02 在Base卷展栏中，为Base Color属性添加“木纹.png”贴图文件，如图14-77所示。

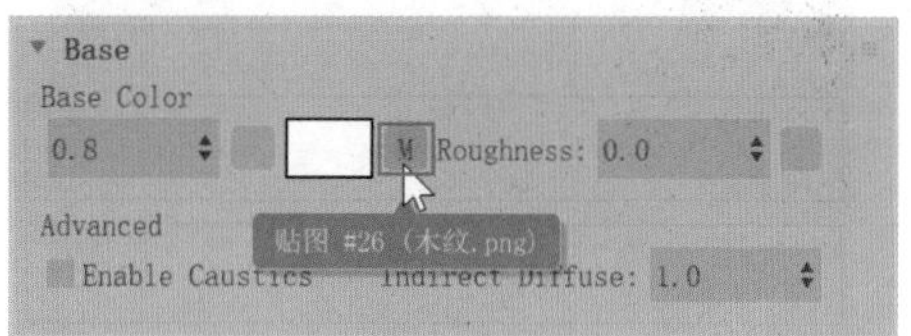

图14-77

03 展开“坐标”卷展栏，将角度的W值设置为90，如图14-78所示。

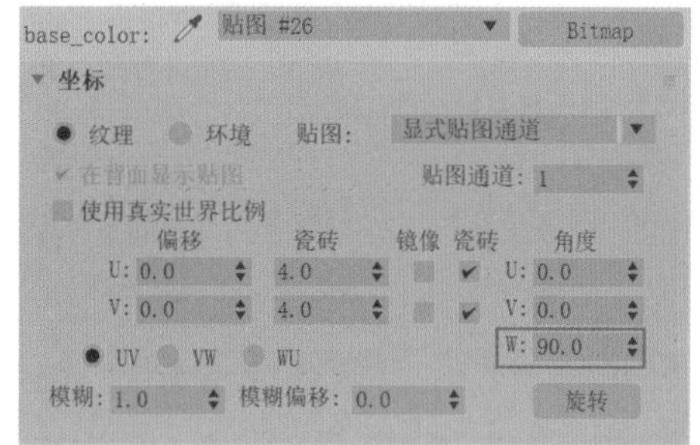

图14-78

04 在Specular卷展栏中，设置Roughness的值为0.4，降低木纹材质的镜面反射强度，如图14-79所示。

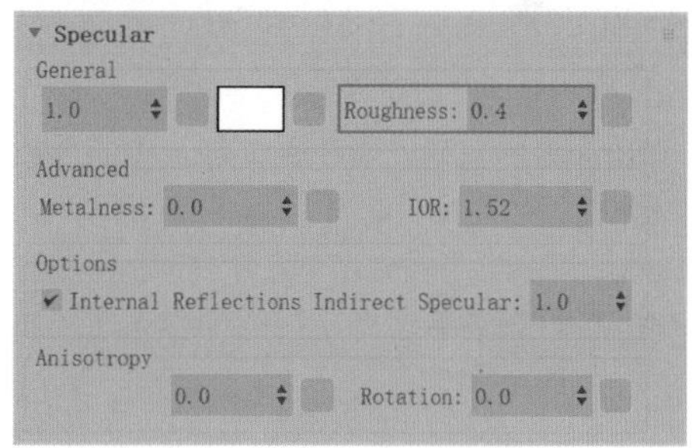

图14-79

05 设置完成后，材质球的显示效果如图14-80所示。

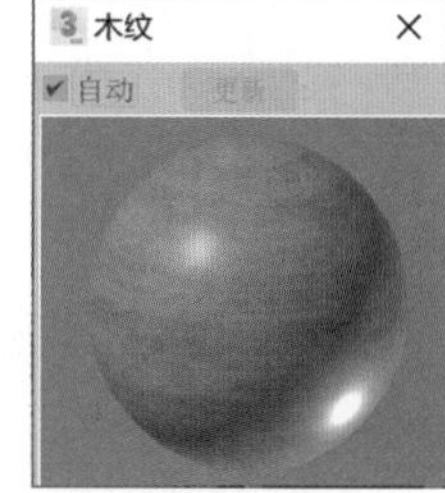

图14-80

14.5.4 制作地板材质

地板材质渲染结果如图14-81所示。

01 打开“材质编辑器”，选择一个空白的材质球，将其设置为Standard Surface材质，并重命名为“地板”，如图14-82所示。

图14-81

图14-82

02 在Base卷展栏中，为Base Color属性添加“地板.png”贴图文件，如图14-83所示。

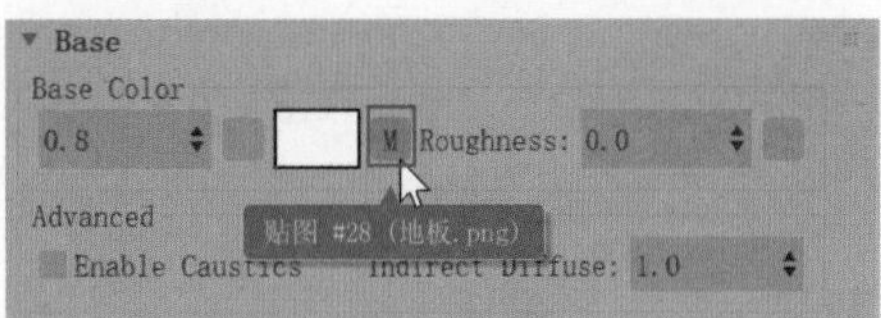

图14-83

03 在Specular卷展栏中，设置Roughness的值为0.3，降低地板材质的镜面反射强度，如图14-84所示。

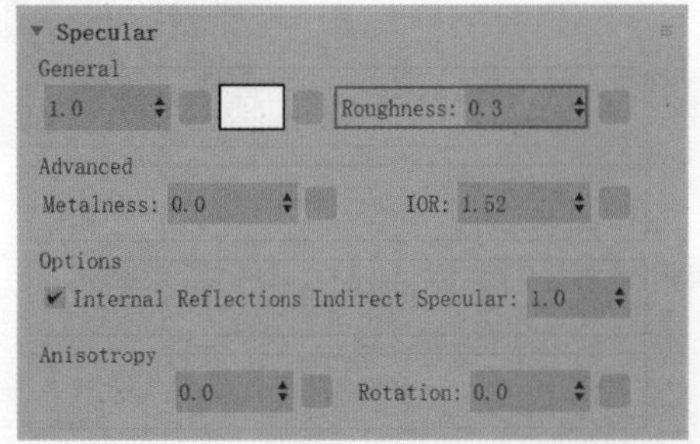

图14-84

04 设置完成后，材质球的显示效果如图14-85所示。

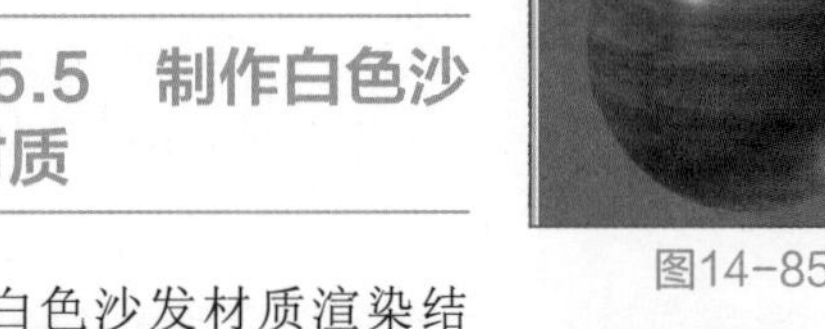

图14-85

14.5.5 制作白色沙发材质

白色沙发材质渲染结果如图14-86所示。

图14-86

01 打开“材质编辑器”，选择一个空白的材质球，将其设置为Standard Surface材质，并重命名为“沙发”，如图14-87所示。

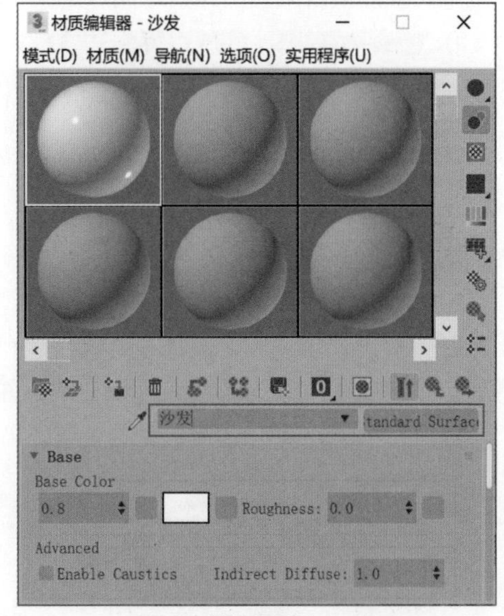

图14-87

02 本实例的沙发为白色的布料质感，几乎没有反射效果，所以在Specular卷展栏中，设置General的权重值为0，取消沙发材质的镜面反射计算，如图14-88所示。

03 设置完成后，材质球的显示效果如图14-89所示。

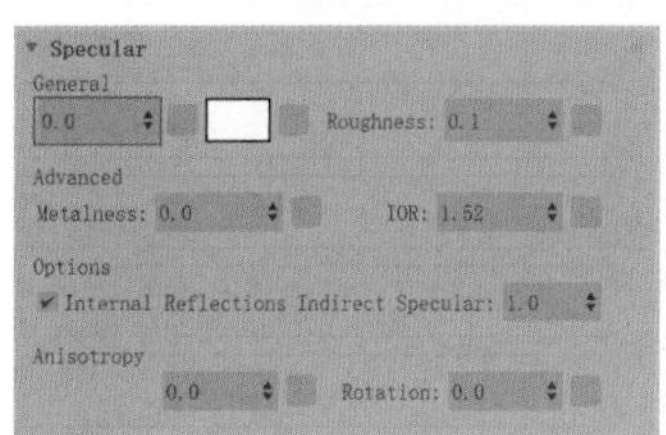

图14-88

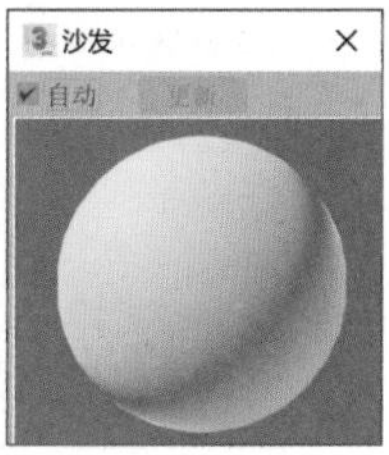

图14-89

14.5.6 制作龟背竹叶片材质

龟背竹材质渲染结果如图14-90所示。

图14-90

01 打开“材质编辑器”，选择一个空白的材质球，将其设置为Standard Surface材质，并重命名为“龟背竹叶片”，如图14-91所示。

图14-91

02 在Base卷展栏中，为Base Color属性添加“龟背竹叶片.jpg”贴图文件，如图14-92所示。

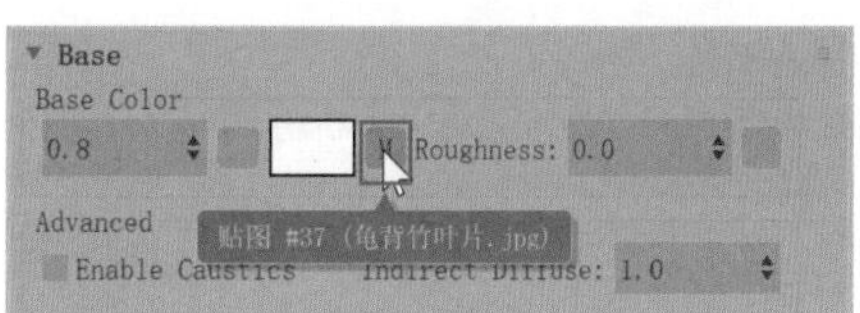

图14-92

03 在Specular卷展栏中，设置Roughness的值为0.35，降低龟背竹叶片材质的镜面反射强度，如图14-93所示。

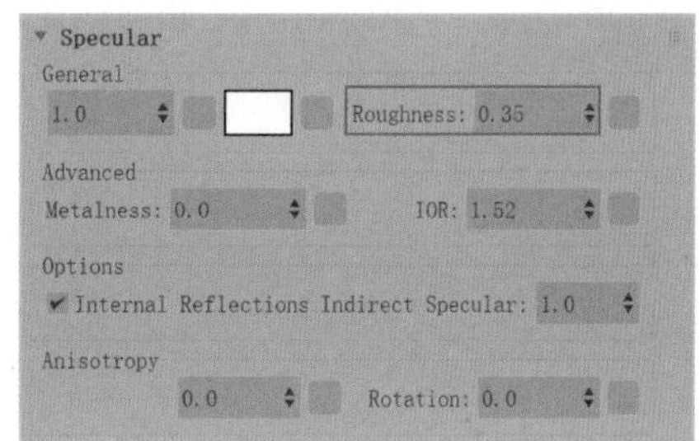

图14-93

04 设置完成后，材质球的显示效果如图14-94所示。

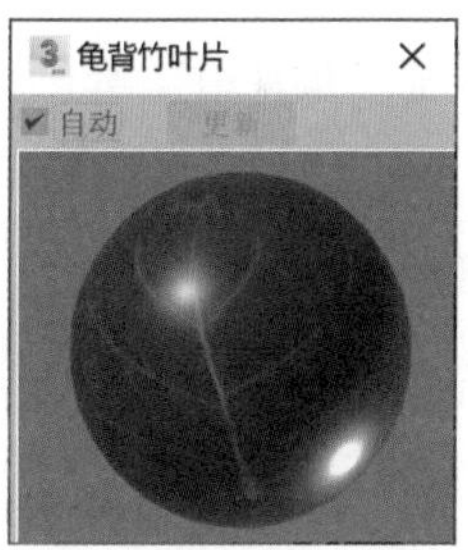

图14-94

14.5.7 制作黄色玻璃花瓶材质

黄色玻璃花瓶材质渲染结果如图14-95所示。

图14-95

01 打开“材质编辑器”，选择一个空白的材质球，将其设置为Standard Surface材质，并重命名为“玻璃瓶子”，如图14-96所示。

图14-96

02 展开Transmission卷展栏，设置General选项组的权重值为1，将材质设置为透明；设置General选项组的颜色为橙色（红：0.91，绿：0.49，蓝：0.043），如图14-97和图14-98所示。

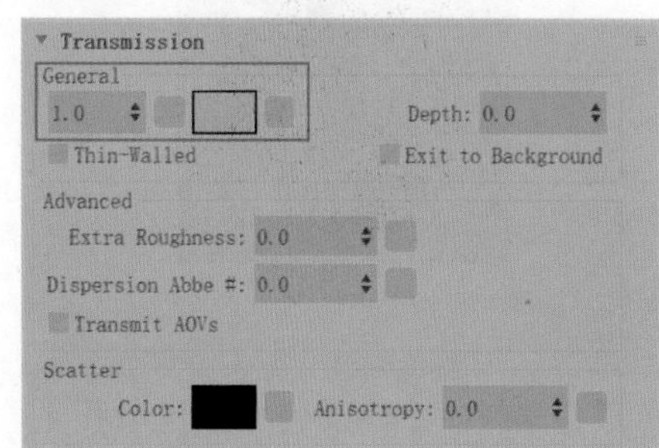
图14-97

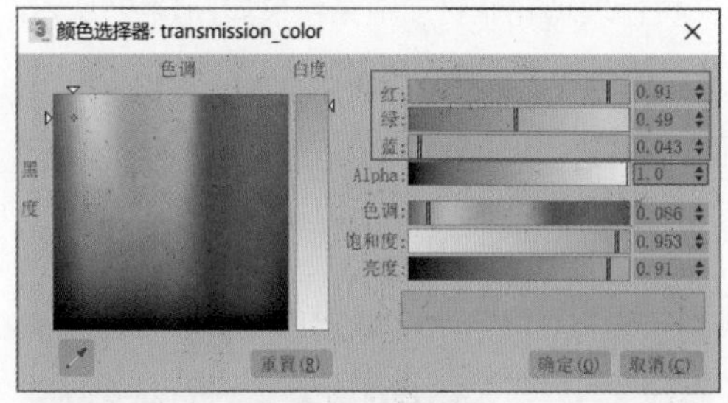
图14-98

03 展开Special Features卷展栏，设置Opacity（Cutout）的颜色为灰色（亮度：0.4），调整材质的不透明度，如图14-99所示。

04 设置完成后，材质球的显示效果如图14-100所示。

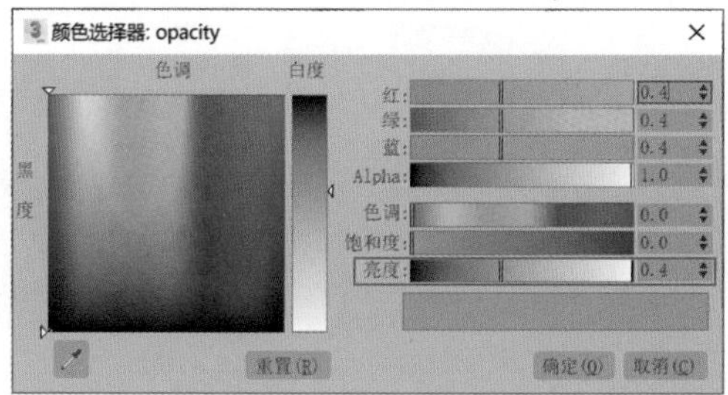
图14-99

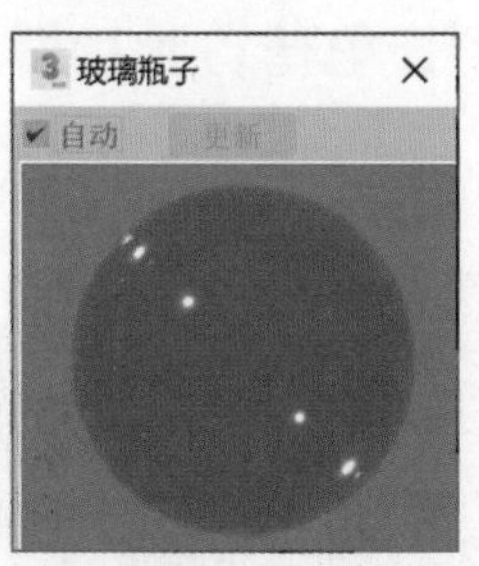
图14-100

14.5.8 制作天光照明效果

01 在“创建”面板中，单击Arnold Light按钮，在“前”视图中窗户处创建一个Arnold Light，如图14-101所示。

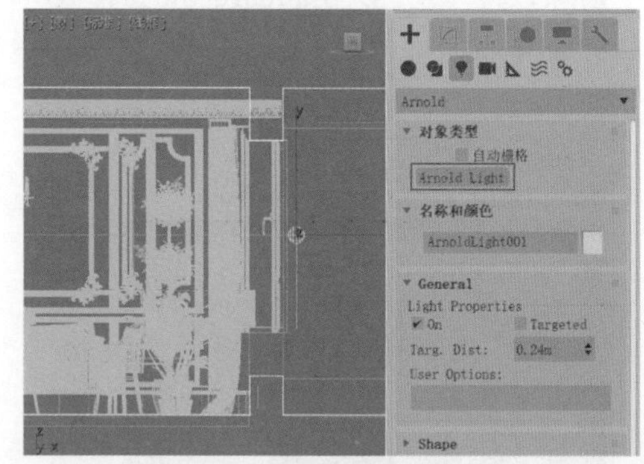
图14-101

02 在“修改”面板中，展开Shape卷展栏，设置Quad X的值为2.4，Quad Y的值为1.6，调整灯光的大小，如图14-102所示。

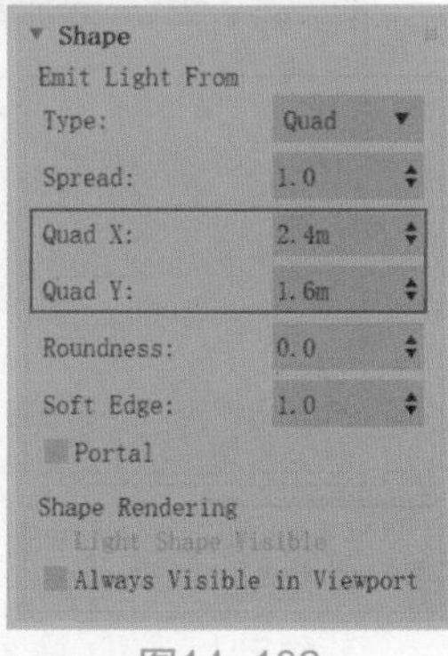
图14-102

03 展开Color/Intensity卷展栏，设置灯光的Color为淡蓝色（红：215，绿：248，蓝：253），设置Intensity的值为1200，Exposure的值为12，如图14-103和图14-104所示。

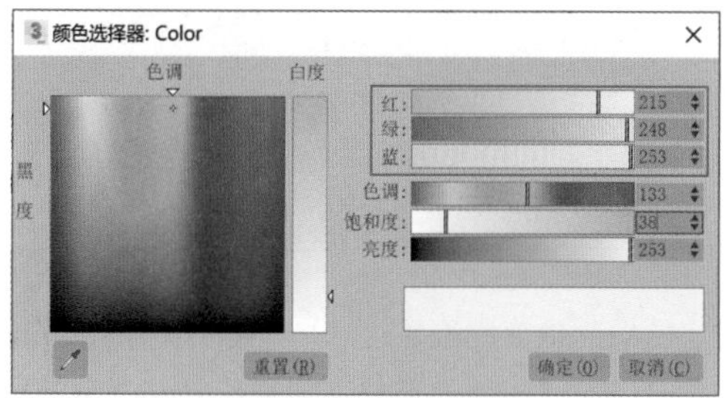

图14-103

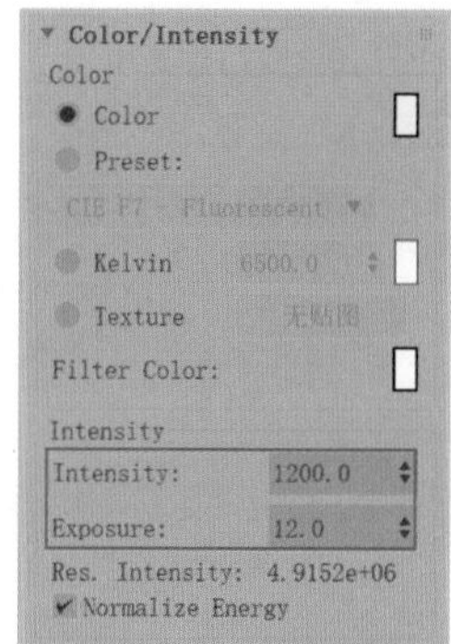

图14-104

04 在“创建”面板中，单击Arnold Light按钮，在“顶”视图中窗户处创建一个Arnold Light，作为场景中的辅助光源，如图14-105所示。

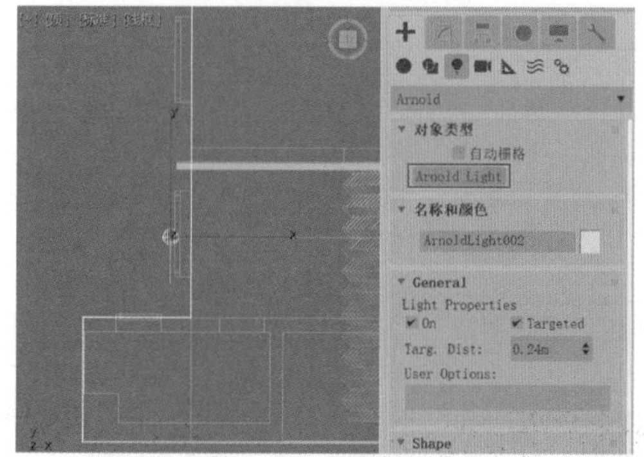

图14-105

05 在“修改”面板中，展开Shape卷展栏，设置Quad X的值为1.6，Quad Y的值为1.6，调整灯光的大小，如图14-106所示。

06 展开Color/Intensity卷展栏，设置Intensity的值为500，Exposure的值为12，如图14-107所示。

07 为场景中的吊灯设置一点微弱的灯光效果。在“创建”面板中，单击Arnold Light按钮，在“顶”视图中任意位置创建一个Arnold Light，如图14-108所示。

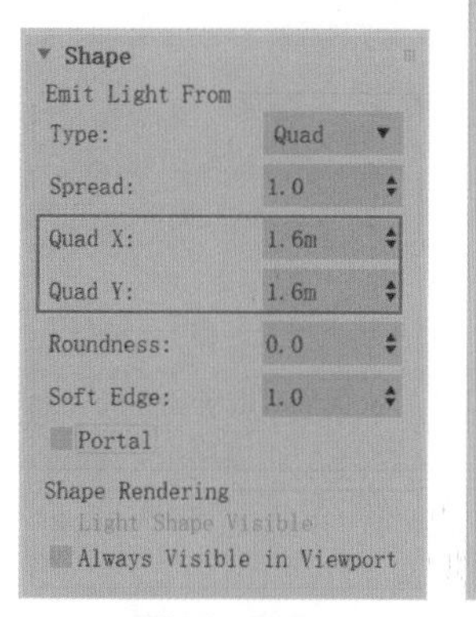

图14-106

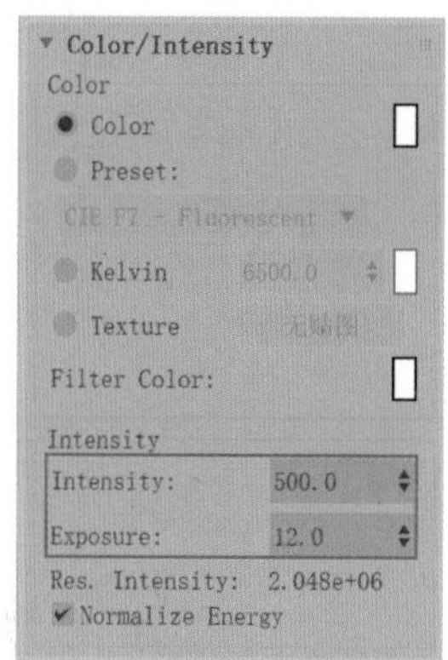

图14-107

图14-108

08 在“修改”面板中，展开Shape卷展栏，设置灯光的Type为Mesh，设置Mesh为场景中名称为“灯泡”的模型，如图14-109所示。这样，该灯光则以场景中名称为“灯泡”的模型为发光源进行照明。

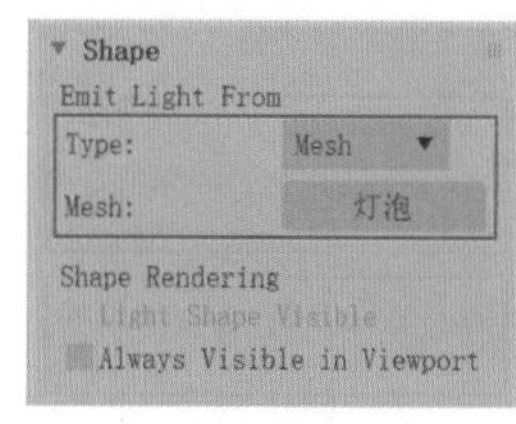

图14-109

09 展开Color/Intensity卷展栏，设置灯光的Color为淡黄色（红：249，绿：230，蓝：201），设置Intensity的值为100，Exposure的值为12，如图14-110和图14-111所示。

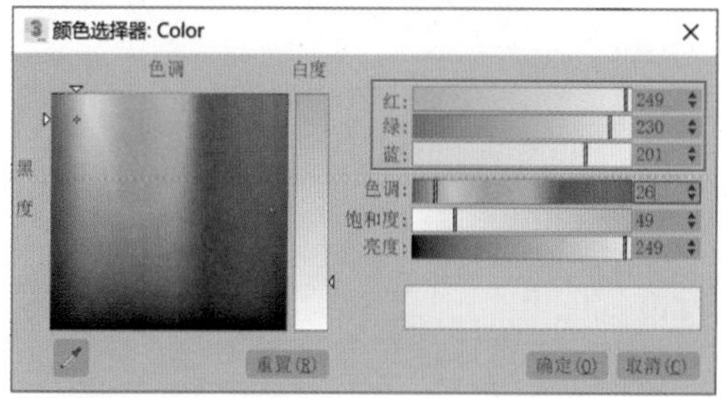

图14-110

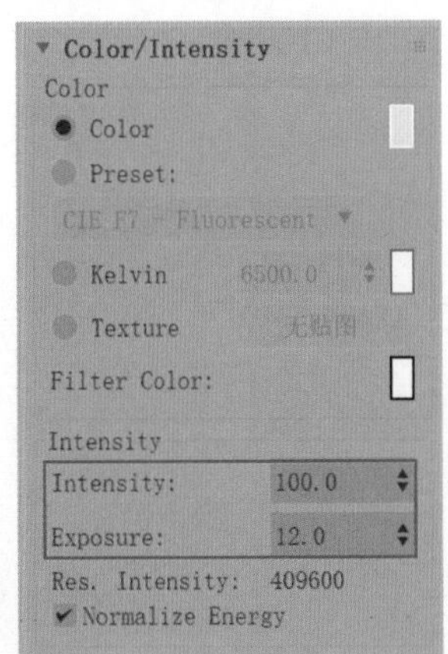
图14-111

10 设置完成后，本场景的灯光布置如图14-112所示。

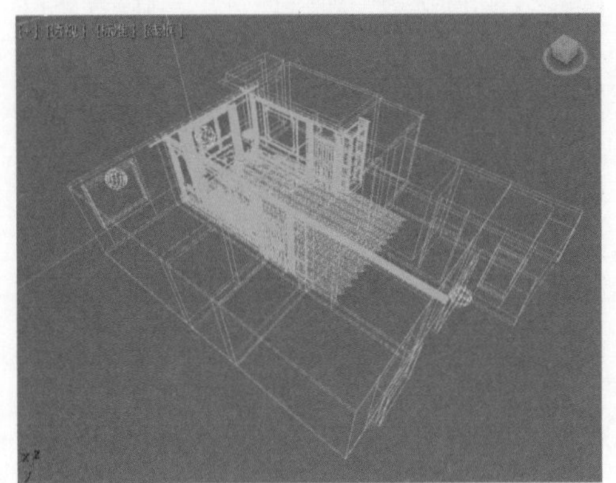
图14-112

14.5.9 渲染设置

01 打开“渲染设置”面板，可以看到本场景已经设置为使用Arnold渲染器渲染场景，如图14-113所示。

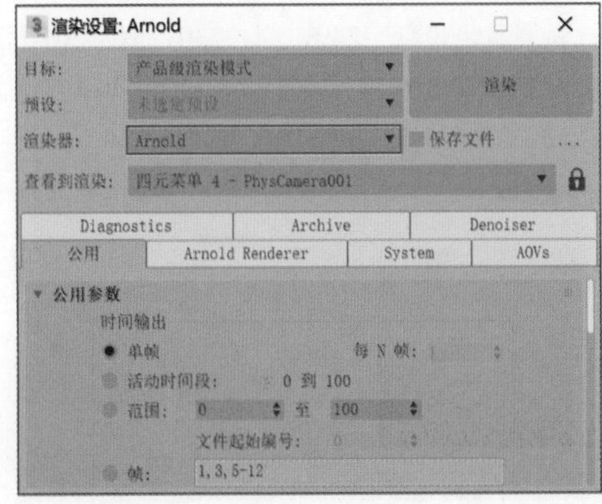
图14-113

02 在“公用”选项卡中，设置渲染输出图像的“宽度”为1500，“高度”为938，如图14-114所示。

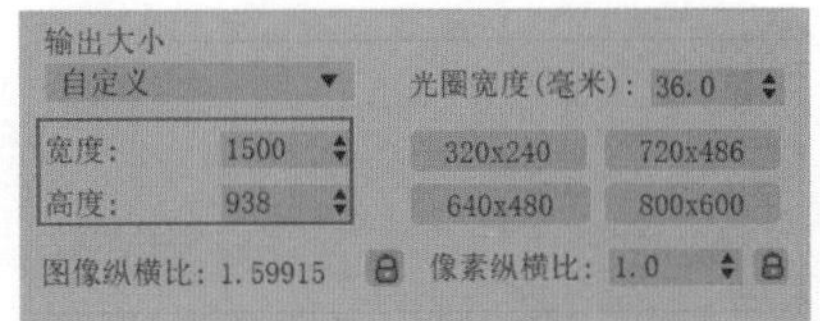
图14-114

03 在Arnold Renderer选项卡中，展开Sampling and Ray Depth卷展栏，设置Camera（AA）的值为10，降低渲染图像的噪点，提高图像的渲染质量，如图14-115所示。

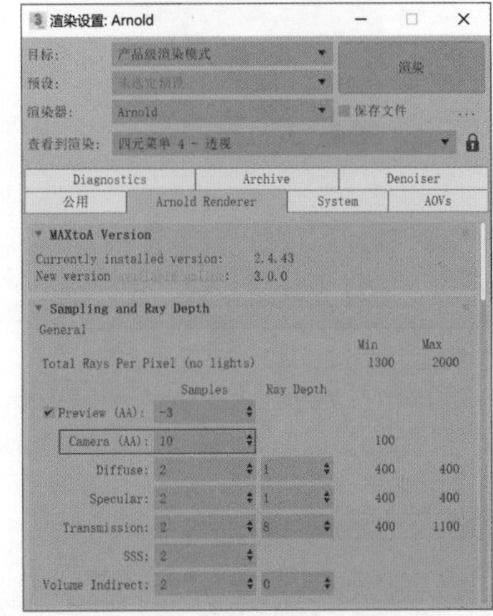
图14-115

04 设置完成后，渲染场景，本场景的最终渲染效果如图14-116所示。

图14-116

15.1 VRay渲染器概述

VRay渲染器是Chaos Group公司开发的一款高质量的渲染引擎，作为3ds Max、Maya、SketchUp等三维软件的插件，提供了高质量的图片和动画渲染解决方案。无论是室内外空间表现、游戏场景表现、工业产品表现，还是角色造型，VRay渲染器都有着不俗的表现，其易于掌握使用的渲染设置方式赢得了国内外广大设计师及艺术家的高度认可。如图15-1和图15-2所示为使用VRay渲染器渲染的高品质图像。

图15-1

图15-2

在3ds Max 2020软件中，按F10键，可以打开“渲染设置”面板。在“渲染器”下拉列表中选择“V-Ray Next，update 1.2”选项，即可完成VRay渲染器的指定，如图15-3所示。

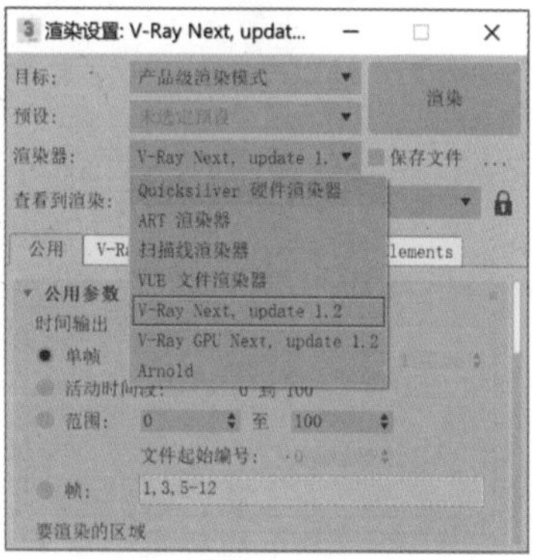

图15-3

VRay渲染器提供了一些专门应用于该渲染器的材质、程序贴图、灯光、摄影机及渲染设置功能，但不需要花大量的时间来重新学习这些基础知识。下面对VRay渲染器中较为常用的操作进行详细讲解。

15.2 VRay材质

VRay渲染器提供了多种专业的材质球，如图15-4所示。熟练使用这些材质球，可以得到更加逼真的材质渲染效果。

15.2.1 VRayMtl材质

VRayMtl材质是使用最为频繁的一种材质球，几乎可以用来制作日常生活中的各种材质，基本参数如图15-5所示。

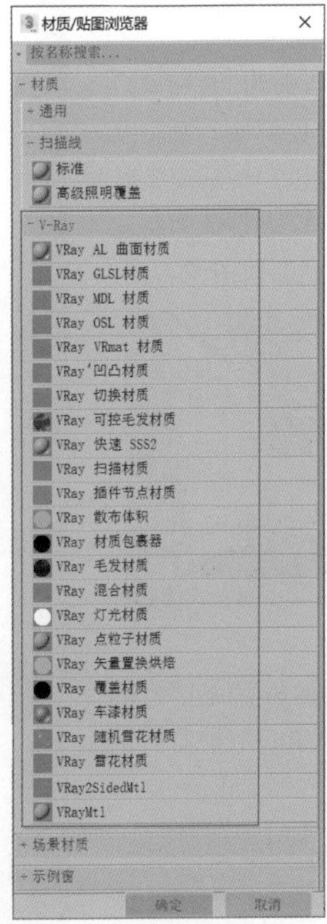

图15-4

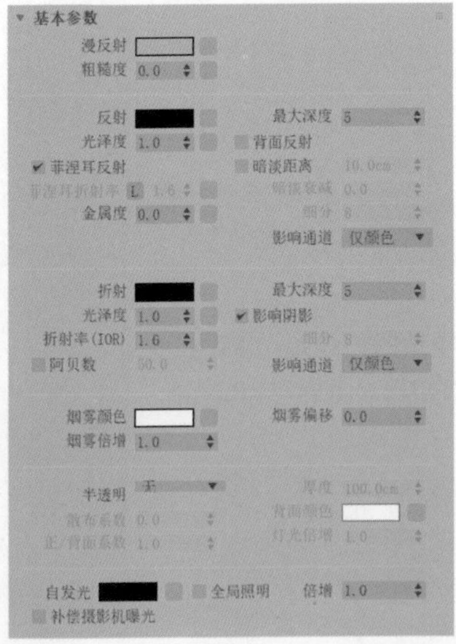

图15-5

解析

- 漫反射：决定物体的表面颜色，通过“漫反射”右侧的方块按钮可以为物体表面指定贴图。如果未指定贴图，则可以通过漫反射的色块为物体指定表面色彩。
- 粗糙度：数值越大，粗糙程度越明显。
- 反射：控制材质的反射程度，根据色彩的灰度来计算。颜色越白，反射越强；颜色越黑，反射越弱。当反射的颜色是其他颜色时，则控制物体表面的反射颜色，如图15-6所示为默认选中了“菲涅耳反射”复选框后，“反射”颜色分别为黑色和白色的材质渲染结果对比。

图15-6

- 光泽度：控制材质反射的模糊程度，真实世界中的物体大多有或多或少的反射光泽度，当“光泽度”为1时，代表该材质无反射模糊，“光泽度”的值越小，反射模糊的现象越明显，计算也越慢。如图15-7所示为该值分别是0.9和0.7的材质渲染结果。

图15-7

图15-7（续）

- 细分：控制“光泽度”的计算品质。
- 菲涅耳反射：选中该复选框后，反射强度会与物体的入射角度有关系，入射角度越小，反射越强烈。如图15-8所示为该复选框处于选中状态和未选中状态的材质渲染结果对比。

图15-8

- 菲涅耳折射率：调节菲涅耳现象的强弱衰减。
- 最大深度：控制反射的次数，数值越高，反射的计算耗时越长。
- 金属度：控制材质的金属模拟效果，如图15-9所示为该值分别是0和1的渲染结果。
- 折射：和反射的控制方法一样。颜色越白，物体越透明，折射程度越高，如图15-10所示分别为“折射”设置成灰色和白色的渲染结果。

图15-9

图15-10

- 光泽度：控制物体的折射模糊程度，如图15-11所示为该值设置为1和0.8的渲染结果。
- 细分：控制折射模糊的品质。值越高，品质越好，渲染时间越长。

图15-11

- 影响阴影：控制透明物体产生的通透的阴影效果。
- 折射率：控制透明物体的折射率，如图15-12所示为该值设置为1.3（水）和2.4（钻石）的渲染结果。

图15-12

- 最大深度：控制计算折射的次数。
- 烟雾颜色：让光线通过透明物体后减少，用来控制透明物体的颜色，如图15-13所示为设置了不同烟雾颜色的渲染结果。

图15-13

- 烟雾倍增：控制透明物体颜色的强弱，如图15-14所示分别为该值是0.5和0.1的渲染结果。

图15-14

- 半透明：有4种半透明效果，分别为无、硬（蜡）模型、软（水）模型、混合模型。
- 背面颜色：控制半透明效果的颜色。
- 厚度：控制光线在物体内部被追踪的深度，也可以理解为光线的最大穿透能力。
- 散布系数：物体内部的散射总量。
- 正/背面系数：控制光线在物体内部的散射方向。
- 灯光倍增：设置光线穿透能力的倍增值，值越大，散射效果越强。
- 自发光：控制材质的发光属性，通过色块可以控制发光的颜色。
- 全局照明：设置该材质是否应用于全局照明。

15.2.2　VRay2SideMtl材质

使用VRay2SideMtl材质可以对对象的外侧面和内侧面分别添加材质，参数如图15-15所示。

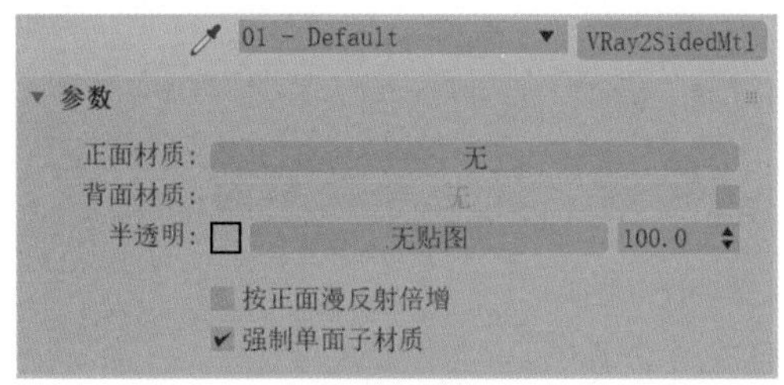

图15-15

解析

- 正面材质：设置物体外表面的材质。
- 背面材质：设置物体内表面的材质。
- 半透明：右侧的色块用来控制双面材质的透明度，白色表示全透明，黑色表示不透明。当不透明时，背面的受光和影子投影将不可见，贴图通道则是以贴图的灰度值控制透明的程度。

15.2.3　VRay灯光材质

VRay灯光材质用来制作灯光照明及室外环境的光线，参数如图15-16所示。

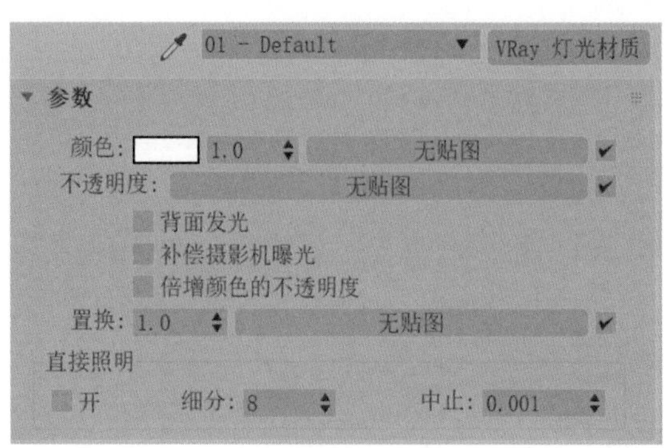

图15-16

解析

- 颜色：设置发光的颜色，并可以通过右侧的微调按钮设置发光的强度。
- 不透明度：用贴图控制发光材质的透明度。
- 背面发光：选中此复选框后，材质可以双面发光。

15.2.4　VRay凹凸材质

VRay凹凸材质用于表现物体表面的凹凸，参数如图15-17所示。

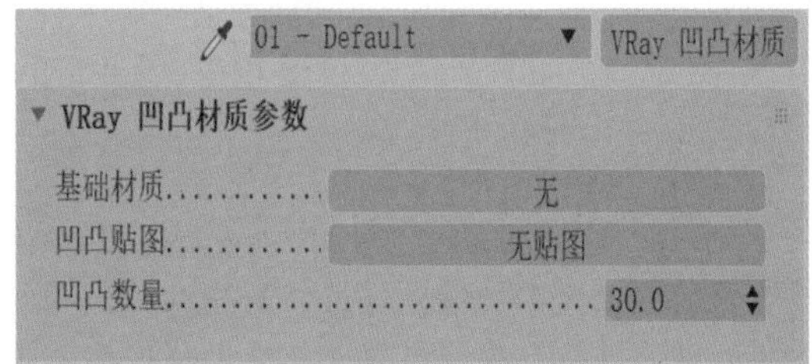

图15-17

解析

- 基础材质：指定VRay凹凸材质的基本材质。
- 凹凸贴图：为当前材质指定一张控制凹凸纹理的贴图。
- 凹凸量：设置凹凸的强度值。

15.2.5　VRay混合材质

使用VRay混合材质可以通过对多个材质的混合模拟自然界中的复杂材质，参数如图15-18所示。

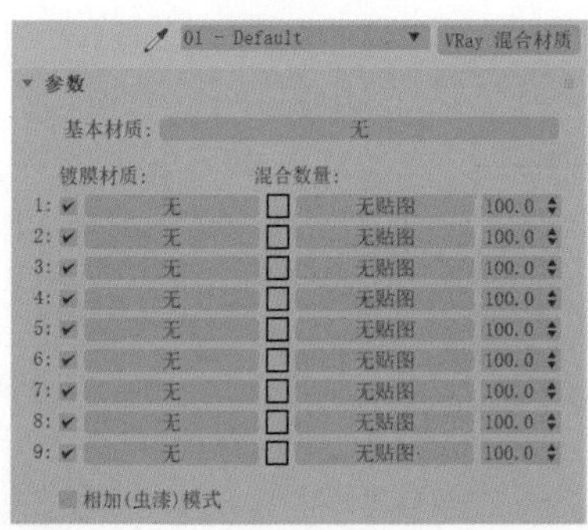

图15-18

解析

- 基本材质：作为混合材质的基础材质。
- 镀膜材质：添加于基础材质上的镀膜材质。
- 混合数量：控制镀膜材质影响基本材质的程度。

15.3 VRay灯光及摄影机

VRay提供了独立的灯光系统和更加专业的摄影机系统，同时，VRay提供的灯光及摄影机与3ds Max提供的灯光及摄影机也可相互配合使用。

15.3.1 （VR）灯光

（VR）灯光是室内空间表现中使用频率最高的灯光，可以模拟灯泡、灯带、面光源等光源的照明效果，其自身的网格属性还允许拾取任何形状的几何体模型来作为（VR）灯光的光源。

（VR）灯光的“修改”面板中包括常规、矩形/圆形灯光、选项、采样、视口和高级选项这6个卷展栏，如图15-19所示。

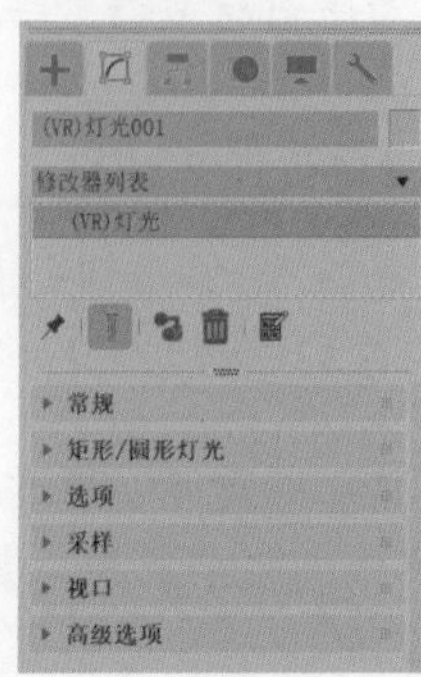

图15-19

1. “常规”卷展栏

“常规”卷展栏如图15-20所示。

图15-20

解析

- 开：控制（VR）灯光的开启与关闭。
- 类型：设置（VR）灯光的类型，分别为平面、穹顶、球体、网格和圆形，如图15-21所示。

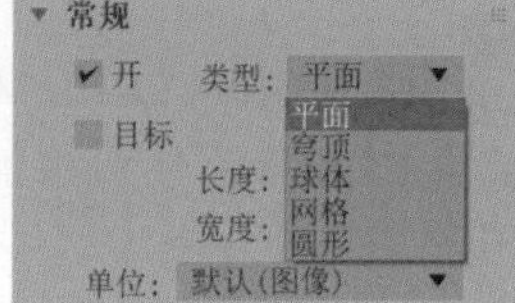

图15-21

（1）平面：默认的（VR）灯光类型。其中包括“1/2长”和“1/2宽”属性，是一个平面形状的光源。

（2）穹顶：将（VR）灯光设置为穹顶形状，类似于3ds Max的“天光”灯光的照明效果。

（3）球体：将（VR）灯光设置为球体，通常可以用来模拟灯泡类的泛光效果。

（4）网格：将（VR）灯光设置为网格，可以通过拾取场景内任意几何体并根据其自身形状创建灯光，同时（VR）灯光的图标消失，所选几何体的“修改”面板中会添加“（VR）灯光”修改器，如图15-22所示。

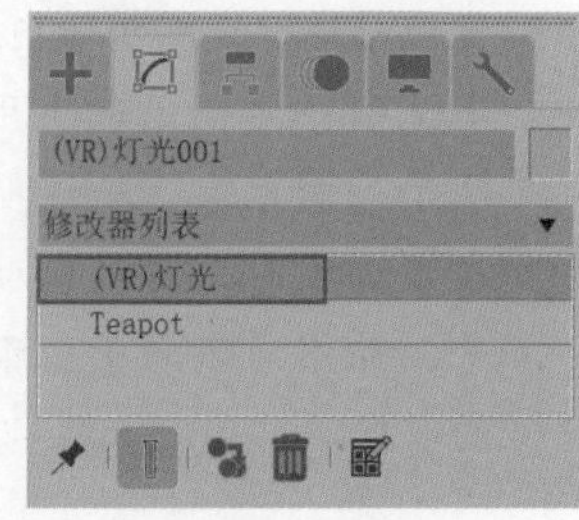

图15-22

（5）圆形：可以将（VR）灯光设置为一个圆形的光源。

- 目标：选中该复选框，（VR）灯光将会产生一个目标点。
- 长度/宽度：设置（VR）灯光的大小。
- 单位：设置（VR）灯光的发光单位，分别为默认（图像）、发光率（lm）、亮度（lm/m2/sr）、辐射率（w）和辐射（W/m2/sr）。

（1）默认（图像）：（VR）灯光的默认单位。依靠灯光的颜色和亮度控制灯光的强弱，如果忽略曝光类型等因素，那么灯光颜色为对象表面受光的最终色彩。

（2）发光率（lm）：当选择此单位时，灯光的亮度将和灯光的大小无关（100W的亮度大约等于1500lm）。

（3）亮度（lm/m2/sr）：当选择此单位时，灯光的亮度将和灯光的大小有关系。

（4）辐射率（w）：当选择此单位时，灯光的亮度将和灯光的大小无关，同时此瓦特与物理上的瓦特有显著差别。

（5）辐射（W/m2/sr）：当选择此单位时，灯光的亮度将和灯光的大小有关系。

- 倍增：控制（VR）灯光的照明强度。
- 模式：设置（VR）灯光的颜色模式，有“颜色”和“温度”两种可选，如图15-23所示。当选择“颜色”时，“温度”为不可用状态；当选择“温度”时，可激活“温度”参数并通过设置“温度”数值控制“颜色”的色彩。

图15-23

2. “选项”卷展栏

“选项”卷展栏如图15-24所示。

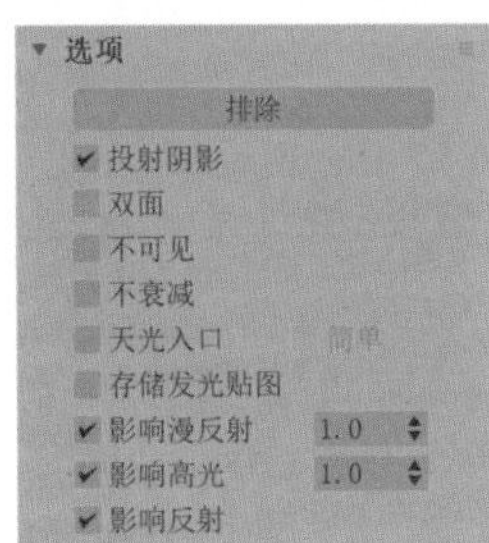

图15-24

- “排除”按钮：排除灯光对物体的影响。
- 投射阴影：控制是否对物体产生投影。
- 双面：选中此复选框后，当（VR）灯光为“平面”类型时，可以向两个方向发射光线，如图15-25所示为选中前后的渲染结果对比。

图15-25

- 不可见：控制是否渲染出（VR）灯光的形状，如图15-26所示为该选项选中前后的渲染结果对比。

图15-26

- 不衰减：选中此复选框后，（VR）灯光将不计算灯光的衰减程度。
- 天光入口：将（VR）灯光转换为“天光”，当选中“天光入口”复选框时，投射阴影、双面、不可见和不衰减这4个复选框将不可用。
- 存储发光贴图：选中此复选框，同时将“全局照明（GI）”的“首次引擎”设置为“发光图”，（VR）灯光的光照信息将保存在“发光图”中。在渲染光子的时候，渲染速度将变得更慢，但是在渲染出图时，渲染速度可以提高很多。光子图渲染完成后，即可取消选中，渲染效果不会对结果产生影响。
- 影响漫反射：决定（VR）灯光是否影响物体材质属性的漫反射。
- 影响高光反射：决定（VR）灯光是否影响物体材质属性的高光。
- 影响反射：选中此复选框后，灯光将对物体的反射区进行光照，物体可以将光源进行反射。

3. “采样”卷展栏

“采样”卷展栏如图15-27所示。

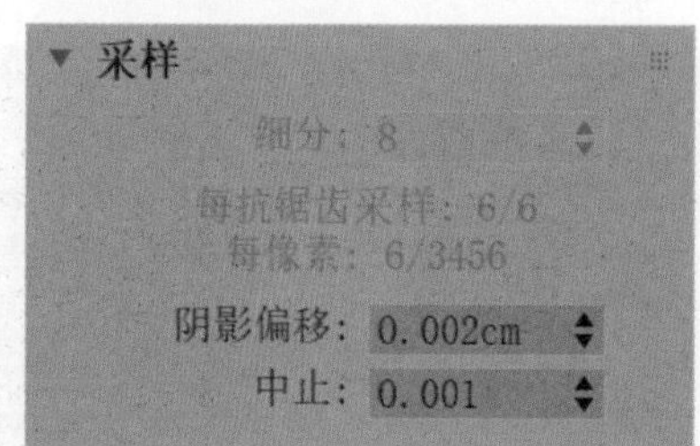

图15-27

- 细分：控制VR-灯光光源的采样细分。值较低时，虽然渲染速度快，但是图像会产生很多杂点；值较高时，虽然渲染速度慢，但是图像质量会有显著提升。
- 阴影偏移：控制物体与投影之间的偏移距离。

15.3.2 （VR）光域网

（VR）光域网可以用来模拟射灯、筒灯等光照，与3ds Max的“光度学”类型中的“目标灯光”很接近。

（VR）光域网的参数如图15-28所示。

图15-28

解析

- 启用：控制是否开启（VR）光域网灯光。
- 启用视口着色：控制是否在视口中显示灯光对物体的影响。
- 目标：控制（VR）光域网灯光是否具有目标点。
- IES文件：可以通过“IES文件”右侧的按钮选择硬盘中的IES文件，以设置灯光所产生的光照投影。
- X/Y/Z轴旋转：分别控制（VR）光域网灯光沿着各个轴向的旋转照射方向。
- 阴影偏移：控制物体与投影之间的偏移距离。
- 投影阴影：控制灯光对物体是否产生投影。
- 影响漫反射：决定（VR）光域网灯光是否影响物体材质属性的漫反射。

- 影响高光：决定（VR）光域网灯光是否影响物体材质属性的高光。
- 颜色：设置（VR）光域网灯光的颜色。
- 色温：当“颜色模式”为“温度”时，可以使用“色温”控制灯光的颜色。
- 强度值：设置（VR）光域网灯光的照明强度。
- 图标文本：选中后，将在视口中显示（VR）光域网的名称。
- “排除”按钮：设置排除（VR）光域网灯光对物体的影响。

15.3.3 （VR）太阳

（VR）太阳主要用来模拟真实的室内外阳光照明，参数如图15-29所示。

图15-29

解析

- 启用：开启（VR）太阳灯光的照明效果。
- 不可见：选中此复选框后，将不会渲染出太阳的形态。
- 影响漫反射：决定（VR）太阳灯光是否影响物体材质属性的漫反射，默认为开启状态。
- 影响高光：决定（VR）太阳灯光是否影响物体材质属性的高光，默认为开启状态。
- 投射大气阴影：选中此复选框后，可以投射大气的阴影，得到更加自然的光照效果。
- 浊度：控制大气的混浊度，影响（VR）太阳以及天空的颜色。
- 臭氧：控制大气中臭氧的含量。
- 强度倍增：设置（VR）太阳光照的强度。
- 大小倍增：设置天空中太阳的大小，“大小倍增”的值越小，渲染出的太阳半径越小，同时地面上的阴影越实；“大小倍增”的值越大，渲染出的太阳半径越大，同时地面上的阴影越虚。
- 阴影细分：控制渲染图像的阴影质量。
- 阴影偏移：控制阴影和物体之间的偏移距离。
- 天空模型：控制渲染的天空环境。

15.3.4 （VR）物理摄影机

（VR）物理摄影机是基于现实中真正的摄像机功能而研发的。使用（VR）物理摄影机不仅可以渲染出写实风格的效果，还可以直接制作出类似于用后期处理软件校正色彩后的画面以及拍摄时出现的暗角效果。

（VR）物理摄影机的参数与真实相机的参数非常接近，如胶片规格、曝光、白平衡、快门速度等参数。在“修改”面板中，包括基本和显示、传感器和镜头、光圈、景深和运动模糊、颜色和曝光、倾斜和移动、散景特效、失真、“剪切与环境”和“滚动快门”这10个卷展栏，如图15-30所示。

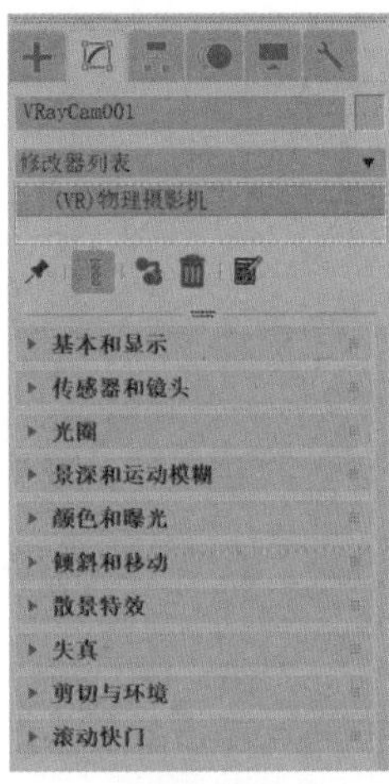

图15-30

1. “基本和显示”卷展栏

“基本和显示”卷展栏如图15-31所示。

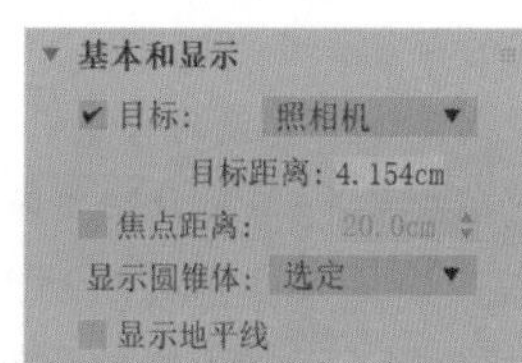

图15-31

解析

- 目标：选中即为有目标点的摄影机，取消选中则目标点消失。
- 下拉列表：选择摄影机的类型，有照相机、摄影机（电影）和摄像机（DV）3种可选。其中，“照相机”用来模拟常规快门的静态画面照相机；“摄影机（电影）”用来模拟圆形快门的电影摄影机；而“摄像机（DV）”用来模拟带CCD矩阵的快门摄像机。
- 目标距离：显示（VR）物理摄影机和目标点之间的距离。
- 焦点距离：选中该复选框后，可以设置（VR）物理摄影机的焦点位置。
- 显示圆锥体：设置（VR）物理摄影机是否显示其圆锥体位置。

2. “传感器和镜头”卷展栏

“传感器和镜头”卷展栏如图15-32所示。

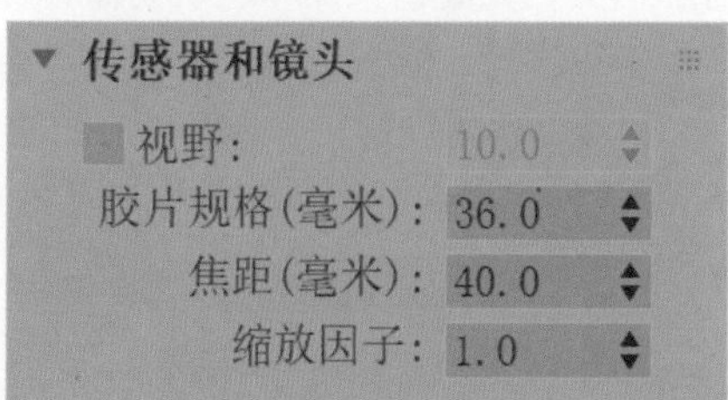

图15-32

解析

- 视野：选中该复选框后，可以调整摄影机的视野范围。
- 胶片规格（mm）/焦距（mm）：与“视野”参数类似，可以调整（VR）物理摄影机的拍摄范围。
- 缩放因子：控制摄影机视图的缩放，值越大，摄影机视图拉得越近。

3. “光圈”卷展栏

“光圈”卷展栏如图15-33所示。

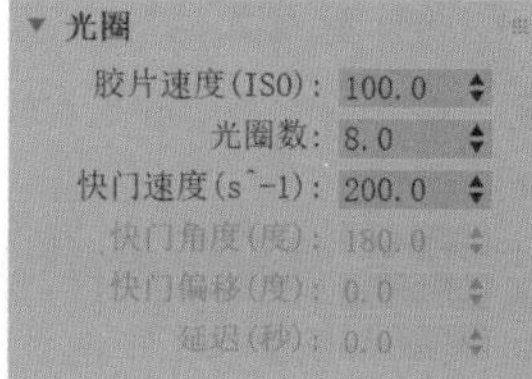

图15-33

解析

- 胶片速度（ISO）：控制渲染图像的明暗程度。值越大，图像越亮；值越小，图像越暗。
- 光圈数：摄制摄影机的光圈大小，以此控制摄影机渲染图像的最终亮度。值越小，图像越亮。如图15-34和图15-35所示分别是“光圈数”值是7和10的渲染图像结果。

图15-34

图15-35

- 快门速度（s^-1）：控制进光的时间。值越小，进光时间长，图像越亮；值越大，进光时间短，图像越暗。
- 快门角度（°）：当（VR）物理摄影机的类型更换为摄影机（电影）时，可激活该参数，用于调整渲染画面的明暗度。
- 快门偏移度（°）：当（VR）物理摄影机的类型更换为摄影机（电影）时，可激活该参数，用于控制快门角度的偏移。
- 延迟（s）：当（VR）物理摄影机的类型更换

为摄像机（DV）时，可激活该参数，用于调整渲染画面的明暗度。

4．"景深和运动模糊"卷展栏

"景深和运动模糊"卷展栏如图15-36所示。

图15-36

解析

- 景深：选中该复选框，可以开启景深效果计算。
- 运动模糊：选中该复选框，可以开启运动模糊效果计算。

5．"颜色和曝光"卷展栏

"颜色和曝光"卷展栏如图15-37所示。

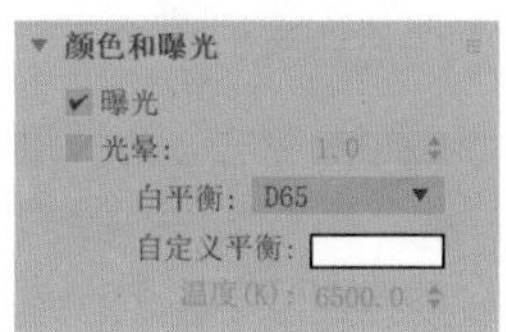

图15-37

解析

- 曝光：默认为选中状态，能有效防止渲染出来的画面出现曝光效果。
- 光晕：选中后，渲染的图像上四个角会变暗，用来模拟相机拍摄的暗角效果。"光晕"右侧的微调按钮可以控制暗角的程度。如果取消选中，则渲染图像无暗角效果，如图15-38和图15-39所示分别是开启"光晕"复选框前后的图像渲染结果对比。
- 白平衡：与真实的相机一样，用来控制图像的颜色。

图15-38

图15-39

- 自定义平衡：通过设置色彩改变渲染图像的偏色。将"自定义平衡"设置为天蓝色，可以模拟黄昏的室外效果，如图15-40所示。将"自定义平衡"设置为橙黄色，可以模拟清晨的室外效果，如图15-41所示。

图15-40

图15-41

15.4　VRay综合实例：客厅日光照明表现

本实例介绍客厅的常用材质、灯光及渲染，最终的渲染结果如图15-42所示，线框渲染图如图15-43所示。

图15-42

图15-43

15.4.1 场景分析

打开本书配套资源“客厅场景.max”文件，本场景为一个简约风格的客厅，并且设置好了摄影机的位置及角度，如图15-44所示。

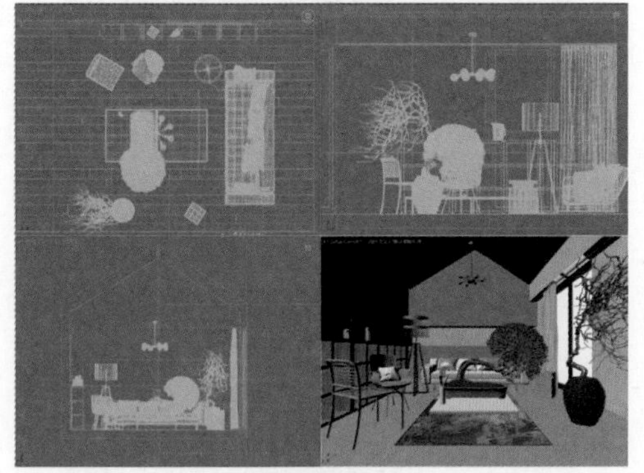

图15-44

15.4.2 制作地板材质

地板材质渲染结果如图15-45所示。

图15-45

01 打开“材质编辑器”，选择一个空白的材质球，将其设置为VRayMtl材质，并重命名为“地板”，如图15-46所示。

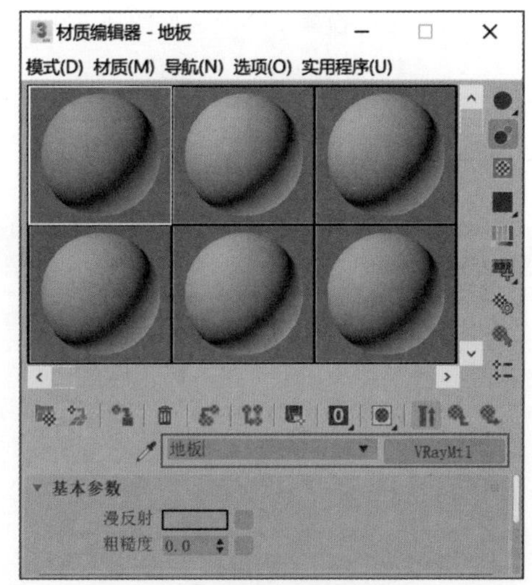

图15-46

02 在“基本参数”卷展栏，为“漫反射”属性添加“地板.png”贴图文件，制作出地板材质的表面纹理。设置“反射”的颜色为白色，设置“光泽度”为0.6，制作出地板材质的高光属性，如图15-47所示。

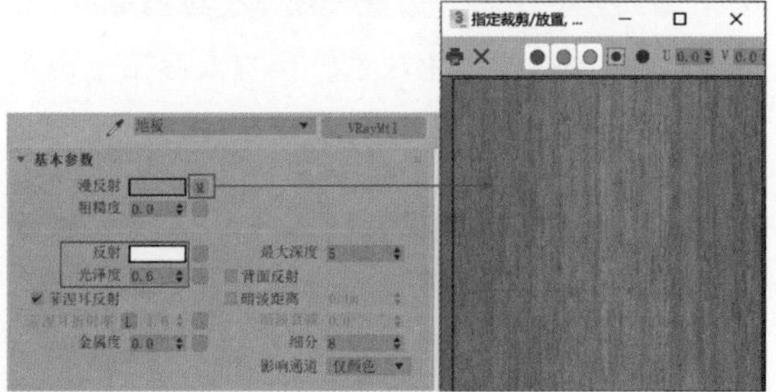

图15-47

03 设置完成后，地板材质球的显示效果如图15-48所示。

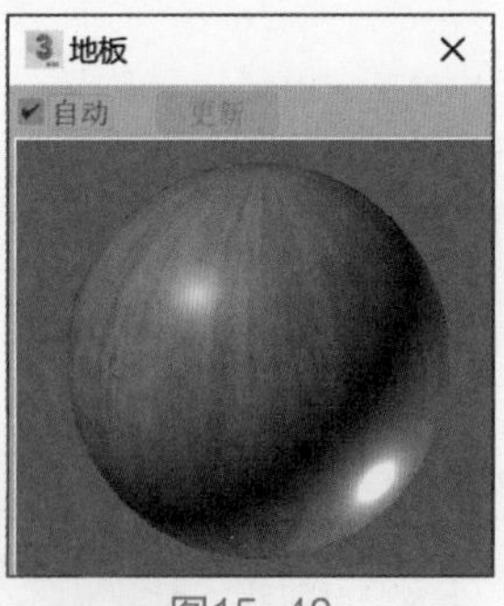

图15-48

15.4.3　制作白色沙发材质

沙发材质渲染结果如图15-49所示。

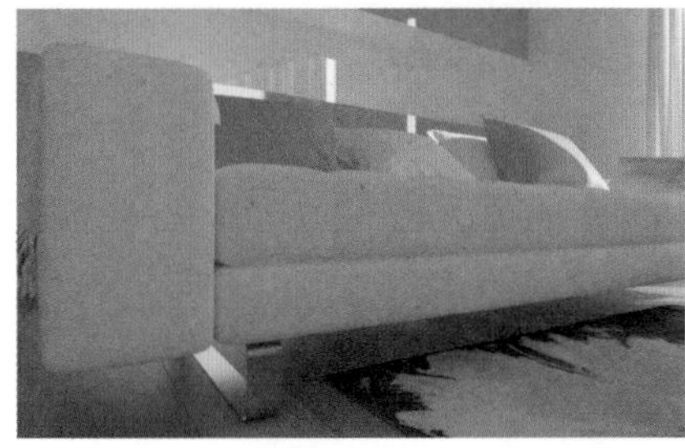

图15-49

01 打开“材质编辑器”，选择一个空白的材质球，将其设置为VRayMtl材质，并重命名为“白色沙发”，如图15-50所示。

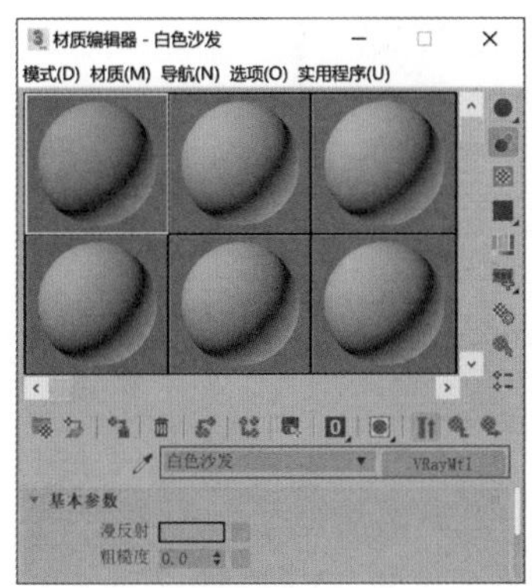

图15-50

02 本实例模拟的沙发为白色的布纹材质，不需要高光效果，所以在“基本参数”卷展栏中，只需要将“漫反射”的颜色设置为白色即可，如图15-51所示。另外，由于沙发距离摄影机较远，故也不需要设置贴图纹理。

图15-51

03 设置完成后，白色沙发材质球的显示效果如图15-52所示。

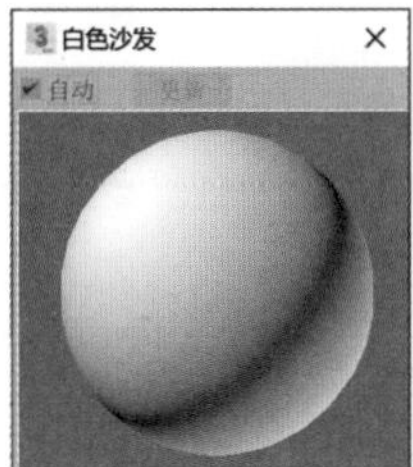

图15-52

15.4.4　制作陶瓷花盆材质

陶瓷花盆材质渲染结果如图15-53所示。

图15-53

01 打开“材质编辑器”，选择一个空白的材质球，将其设置为VRayMtl材质，并重命名为“黑色陶盆”，如图15-54所示。

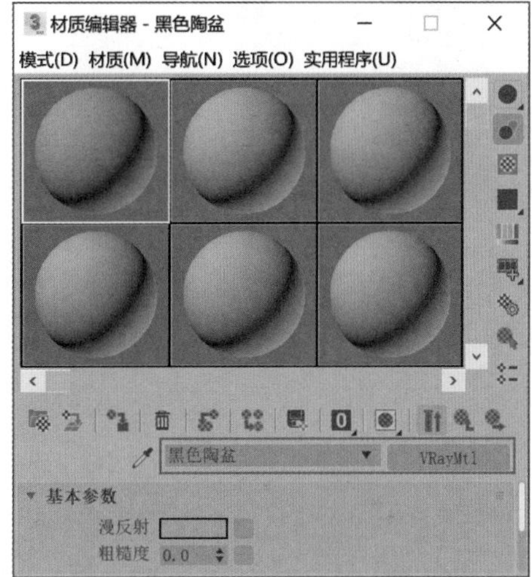

图15-54

02 在“基本参数”卷展栏中，设置“漫反射”的颜色为深灰色（红：11，绿：11，蓝：11），设置“反射”的颜色为灰色（红：62，绿：62，蓝：62），设置“光泽度”的值为0.8，如图15-55所示。

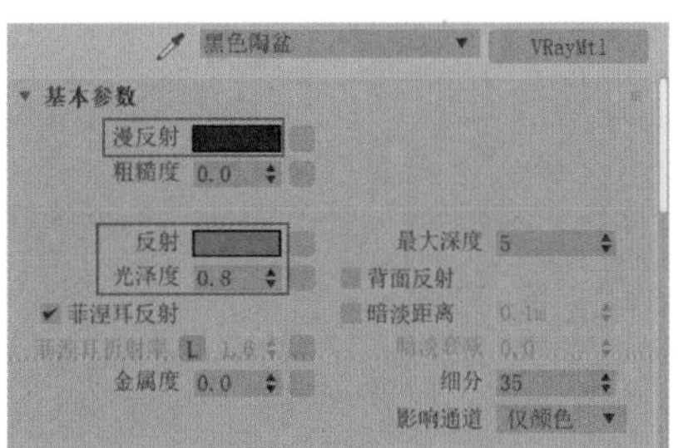

图15-55

03 设置完成后，陶瓷花盆材质球的显示效果如图15-56所示。

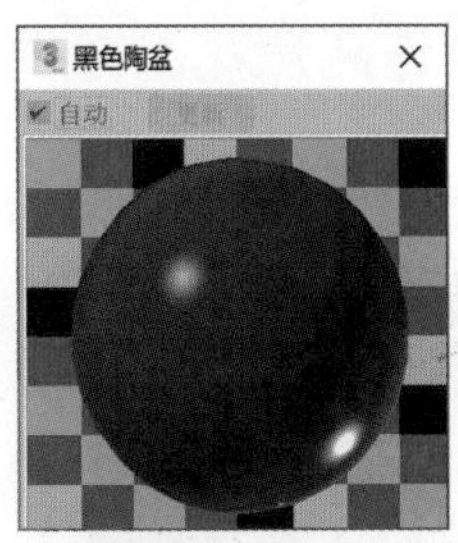

图15-56

15.4.5 制作金属材质

金属材质渲染结果如图15-57所示。

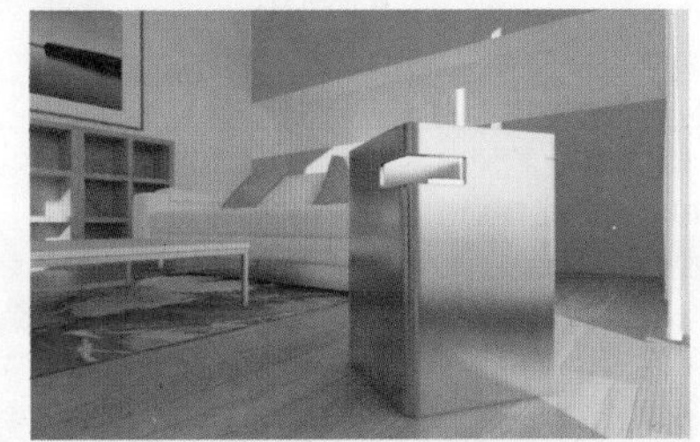
图15-57

01 打开“材质编辑器”，选择一个空白的材质球，将其设置为VRayMtl材质，并重命名为“金属”，如图15-58所示。

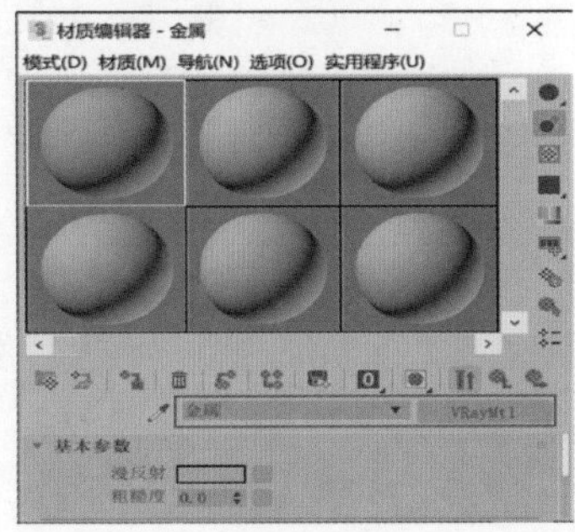

图15-58

02 在“基本参数”卷展栏中，设置“反射”的颜色为白色，调整“光泽度”的值为0.8，调整“金属度”的值为1，如图15-59所示。

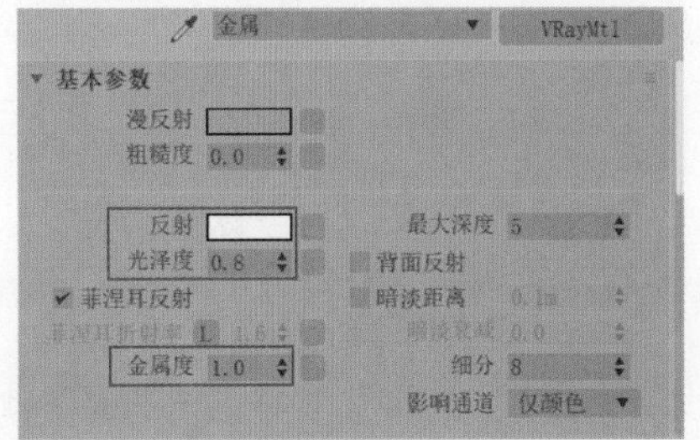

图15-59

03 设置完成后，金属材质球的显示效果如图15-60所示。

图15-60

15.4.6 制作窗户玻璃材质

窗户玻璃材质渲染结果如图15-61所示。

图15-61

01 打开“材质编辑器”，选择一个空白的材质球，将其设置为VRayMtl材质，并重命名为“玻璃”，如图15-62所示。

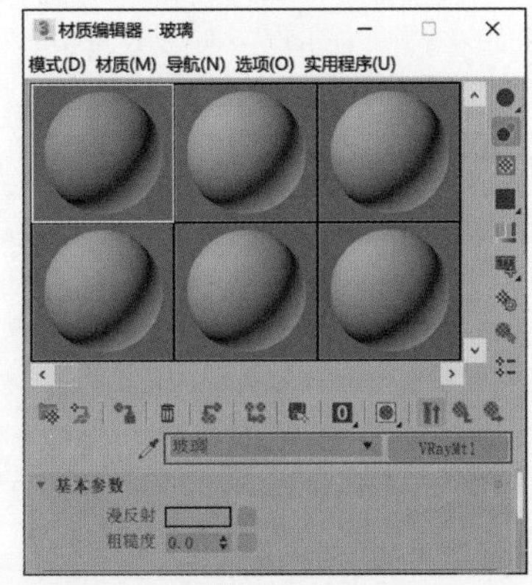

图15-62

02 在“基本参数”卷展栏中，设置“漫反射”的颜色为白色（红：255，绿：255，蓝：255），设置“反射”的颜色为灰色（红：70，绿：70，蓝：70），取消选中“菲涅耳反射”复选框，设置“折射”的颜色为白色（红：255，绿：255，蓝：255），如图15-63所示。

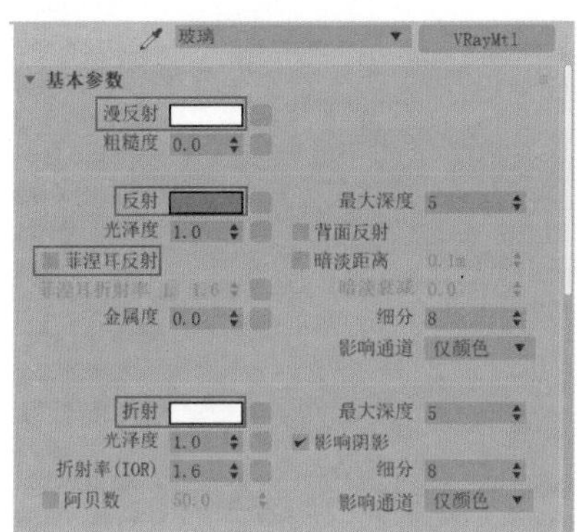
图15-63

03 设置完成后，玻璃材质球的显示效果如图15-64所示。

图15-64

15.4.7　制作书柜材质

书柜材质渲染结果如图15-65所示。

图15-65

01 打开“材质编辑器”，选择一个空白的材质球，将其设置为VRayMtl材质，并重命名为“书柜”，如图15-66所示。

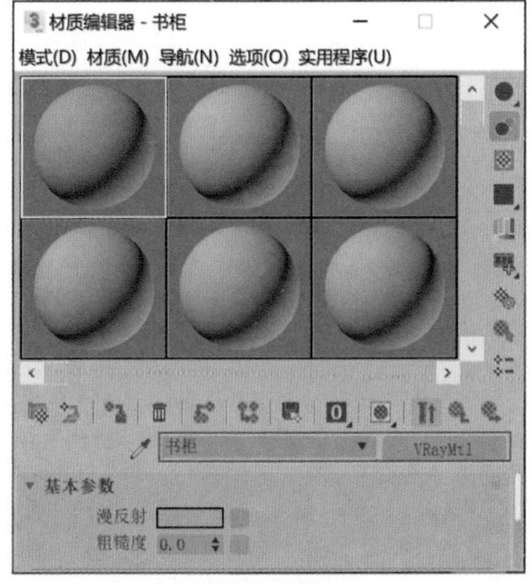
图15-66

02 在“基本参数”卷展栏中，为“漫反射”属性添加“书柜纹理.png”贴图文件，设置“反射”的颜色为白色（红：255，绿：255，蓝：255），设置“光泽度”的值为0.7，如图15-67所示。

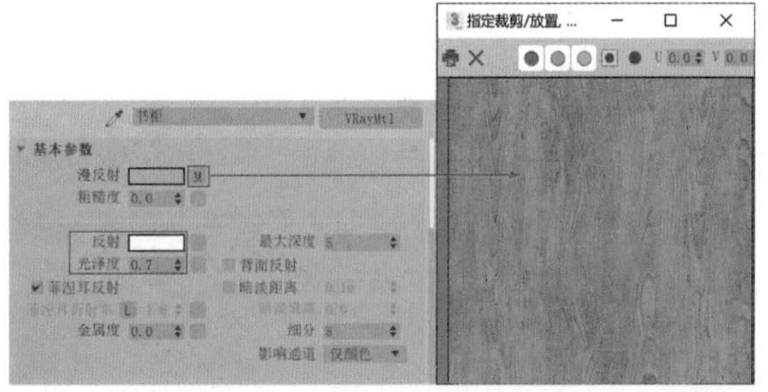
图15-67

03 设置完成后，书柜材质球的显示效果如图15-68所示。

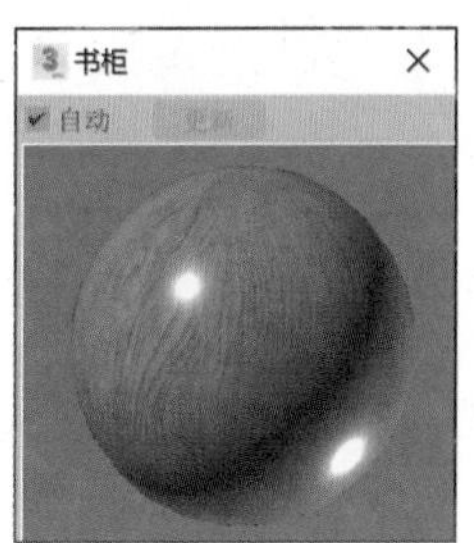
图15-68

15.4.8　制作日光照明效果

01 在“创建”面板中，单击“（VR）太阳”按钮，在“顶”视图中创建一个（VR）太阳，如图15-69所示。同时，在系统自动弹出的“V-Ray太阳”对话框中，单击“是”按钮，为当前场景自动添加“VRay天空”环境贴图，如图15-70所示。

图15-69

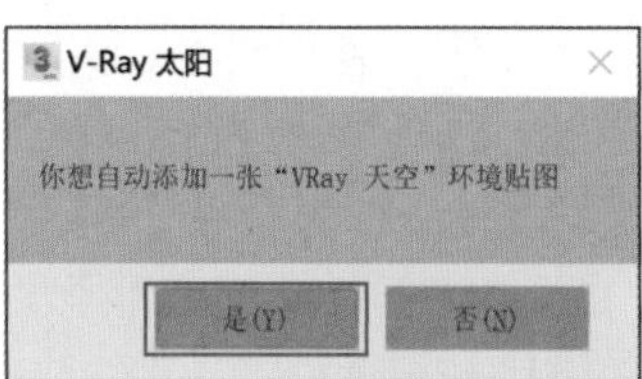

图15-70

02 在"前"视图中，调整（VR）太阳的位置，如图15-71所示，使灯光从房间模型外面斜上方的角度照射进室内空间。

图15-71

03 选择场景中的（VR）物理摄影机，在"修改"面板中，将"胶片速度（ISO）"的值设置为700，提高渲染图像的亮度，如图15-72所示。

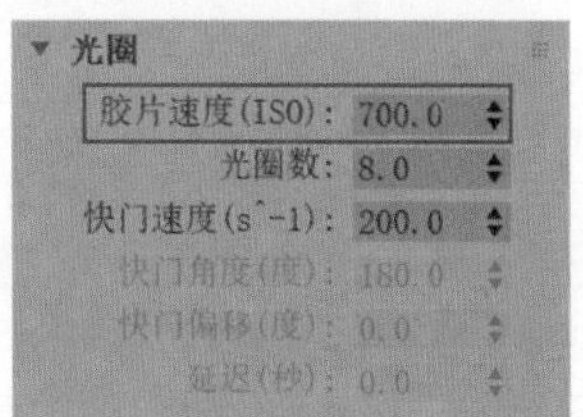

图15-72

15.4.9 渲染设置

01 打开"渲染设置"面板，可以看到本场景已经设置为使用VRay渲染器渲染场景，如图15-73所示。

02 在"公用"选项卡中，设置渲染输出图像的"宽度"为1500，"高度"为938，如图15-74所示。

03 在V-Ray选项卡中，展开"图像采样器（抗锯齿）"卷展栏，设置渲染的"类型"为"渲染块"，如图15-75所示。

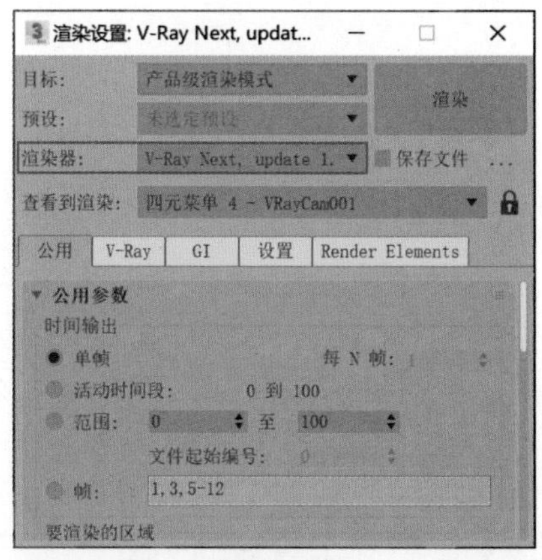

图15-73

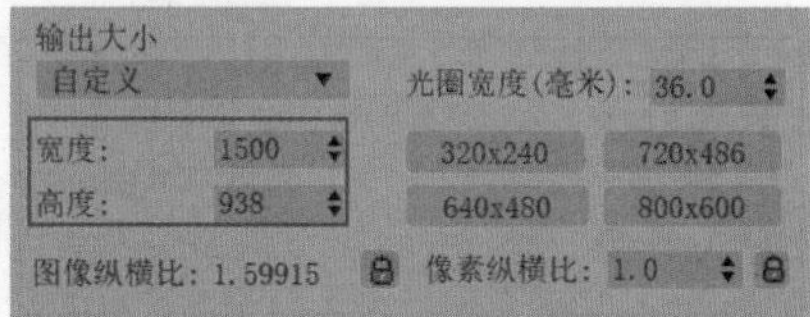

图15-74

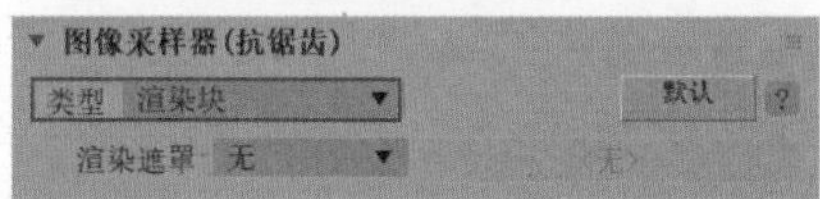

图15-75

04 展开"全局确定性蒙特卡洛"卷展栏，选中"使用局部细分"复选框，设置"细分倍增"的值为5，如图15-76所示。

图15-76

05 在GI选项卡中，展开"全局照明"卷展栏，设置"首次引擎"为"发光贴图"，设置"饱和度"的值为0.6，如图15-77所示。

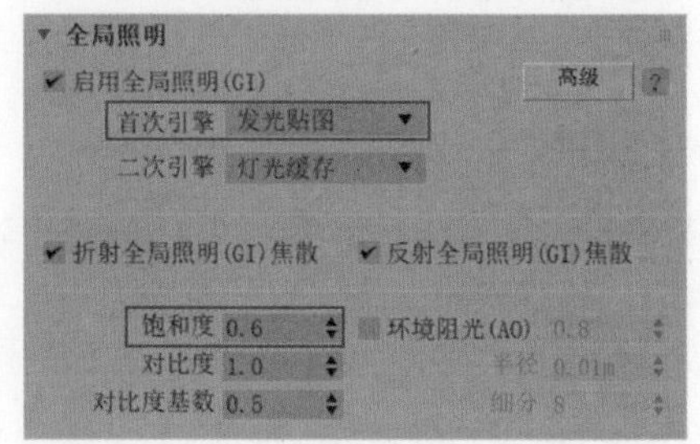

图15-77

06 在"发光贴图"卷展栏中，将"当前预设"设置为"自定义"，并设置"最小比率"和"最大比率"的值均为-1，如图15-78所示。

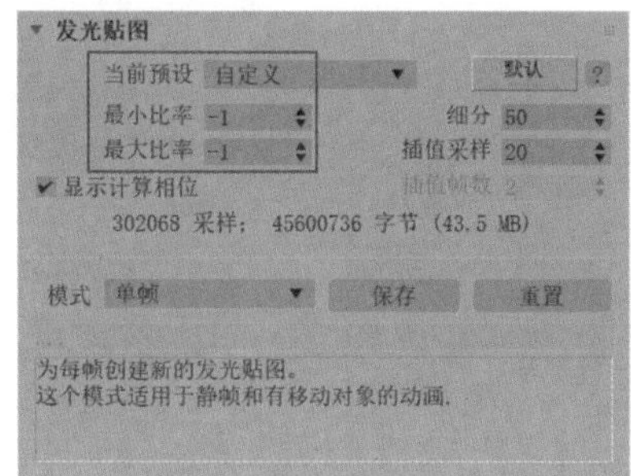

图15-78

07 设置完成后，渲染场景结果如图15-79所示。

图15-79

08 在“显示校正控制”面板中，展开“曲线”卷展栏，调整曲线的形态至如图15-80所示的状态，提高图像的亮度。

图15-80

09 展开“曝光”卷展栏，设置“对比度”的值为0.05，增加图像的层次感，如图15-81所示。

图15-81

10 本实例的最终渲染结果如图15-82所示。

图15-82

15.5 VRay综合实例：餐厅夜景照明表现

本实例介绍餐厅的常用材质、灯光及渲染，最终渲染结果如图15-83所示，线框渲染图如图15-84所示。

图15-83

图15-84

15.5.1 场景分析

打开本书配套资源“餐厅场景.max”文件，本场景为一个简约风格的餐厅，并且设置好了摄影机的位置及角度，如图15-85所示。

图15-85

15.5.2　制作地板材质

地板材质渲染结果如图15-86所示。

01 打开“材质编辑器”，选择一个空白的材质球，将其设置为VRayMtl材质，并重命名为“地板”，如图15-87所示。

图15-86

图15-87

02 在“基本参数”卷展栏，为“漫反射”属性添加“地板.png”贴图文件，制作出地板材质的表面纹理。设置“反射”的颜色为白色，设置“光泽度”的值为0.6，制作出地板材质的高光属性，如图15-88所示。

03 设置完成后，地板材质球的显示效果如图15-89所示。

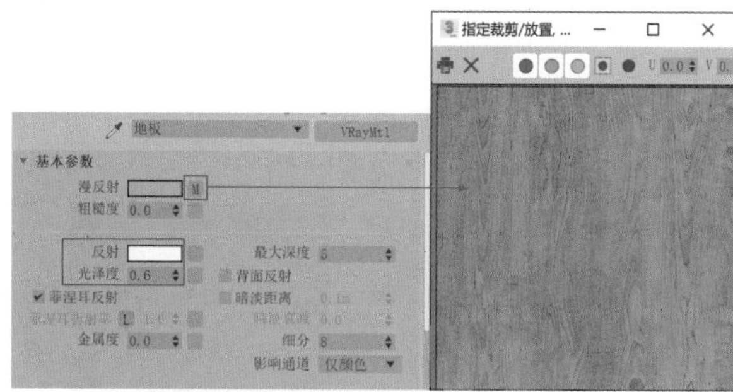

图15-88

图15-89

15.5.3　制作水龙头材质

水龙头材质渲染结果如图15-90所示。

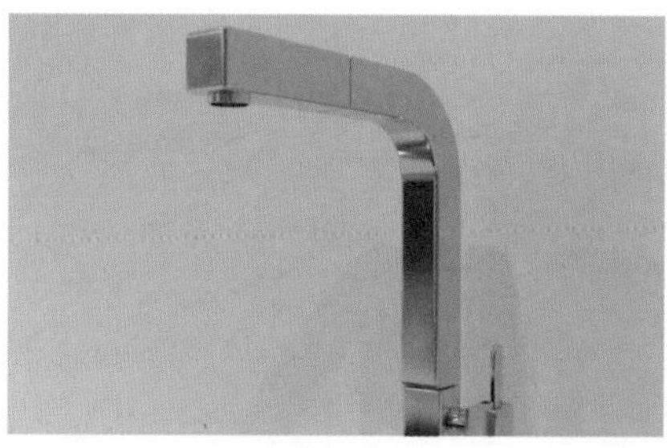

图15-90

01 打开“材质编辑器”，选择一个空白的材质球，将其设置为VRayMtl材质，并重命名为“水龙头”，如图15-91所示。

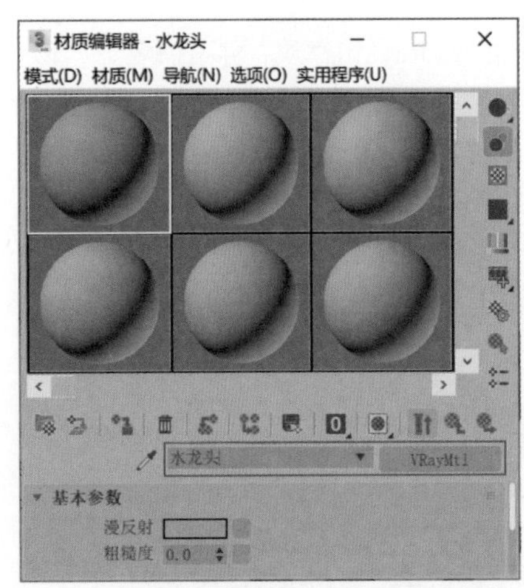

图15-91

02 在“基本参数”卷展栏中，设置“反射”的颜色为白色，调整“光泽度”的值为0.9，调整“金属度”的值为1，如图15-92所示。

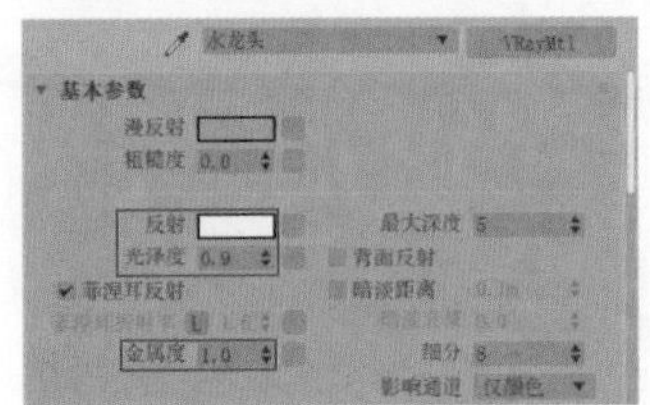

图15-92

03 设置完成后，水龙头材质球的显示效果如图15-93所示。

图15-93

15.5.4 制作木板墙材质

木板墙材质渲染结果如图15-94所示。

01 打开“材质编辑器”，选择一个空白的材质球，将其设置为VRayMtl材质，并重命名为“木板墙”，如图15-95所示。

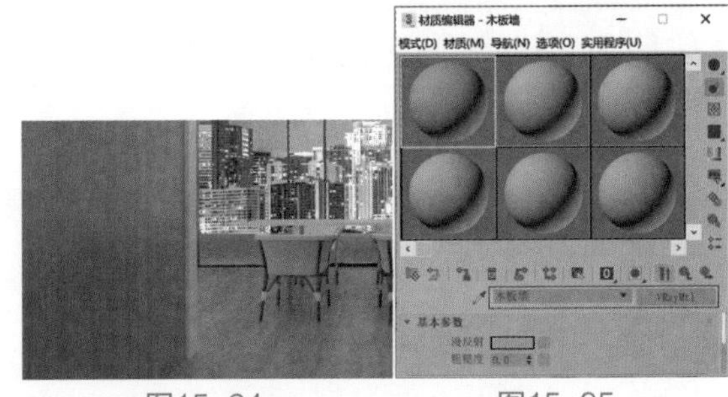

图15-94　　图15-95

02 在“基本参数”卷展栏，为“漫反射”属性添加“墙板.png”贴图文件，制作出木板墙材质的表面纹理。设置“反射”的颜色为白色，设置“光泽度”的值为0.75，制作出木板墙材质的高光属性，如图15-96所示。

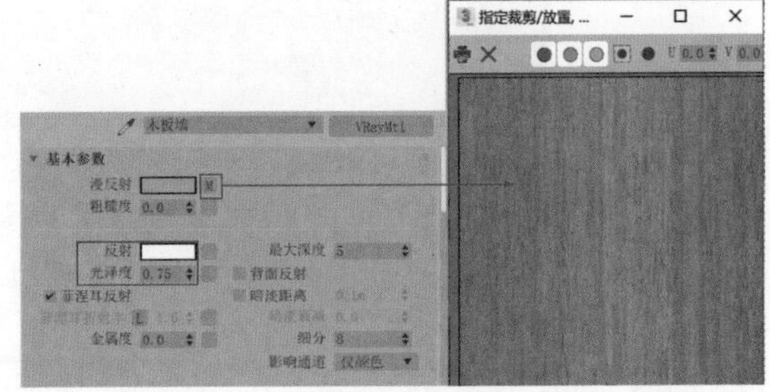

图15-96

03 设置完成后，木板墙材质球的显示效果如图15-97所示。

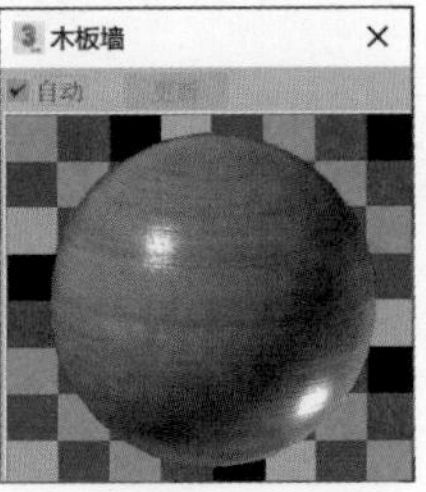

图15-97

15.5.5 制作窗外环境材质

窗外环境材质渲染结果如图15-98所示。

01 打开“材质编辑器”面板，选择一个空白的材质球，将其设置为“VRay灯光材质”，并重命名为“环境”，如图15-99所示。

02 在“参数”卷展栏中，为“颜色”的贴图通道添加“环境.jpg”贴图，并调整“颜色”的值为0.3，降低VRay灯光材质的发光强度，如图15-100所示。

图15-98

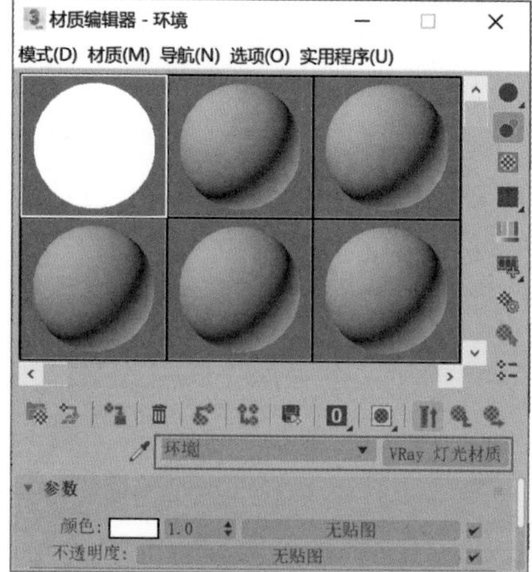
图15-99

图15-100

03 设置完成后，环境材质球的显示效果如图15-101所示。

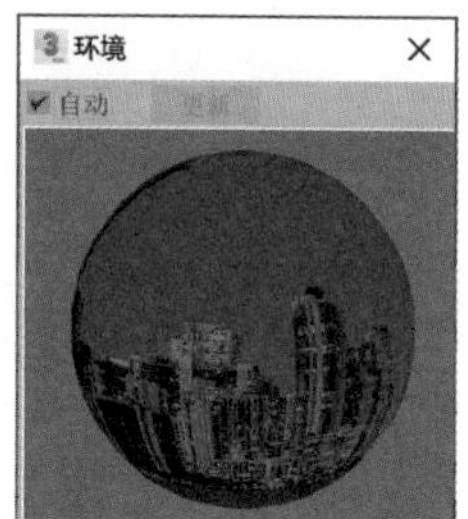
图15-101

15.5.6 制作室内灯光照明

01 在“创建”面板中，单击“（VR）灯光”按钮，并将该灯光的“类型”设置为“圆形”，在“顶”视图中灯光模型处创建一个（VR）灯光，如图15-102所示。

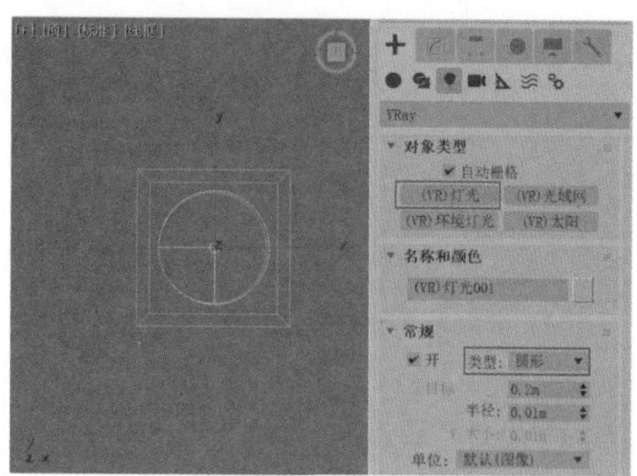
图15-102

02 在“修改”面板中，展开“常规”卷展栏，设置灯光的“半径”为0.044，设置“倍增”值为30，如图15-103所示。

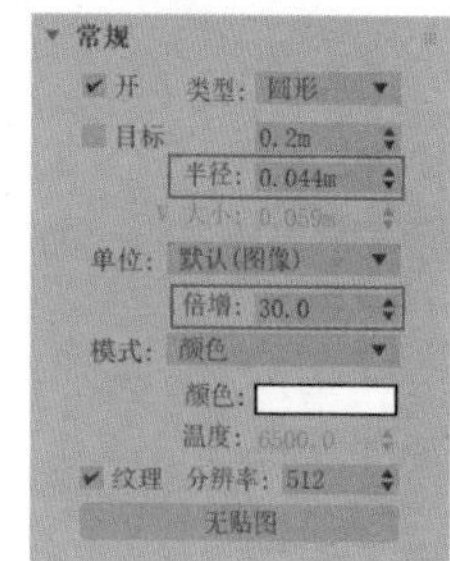
图15-103

03 设置完成后，按住Shift键，在“顶”视图中，根据场景中筒灯模型的数量及位置复制得到对应的灯光，如图15-104所示。

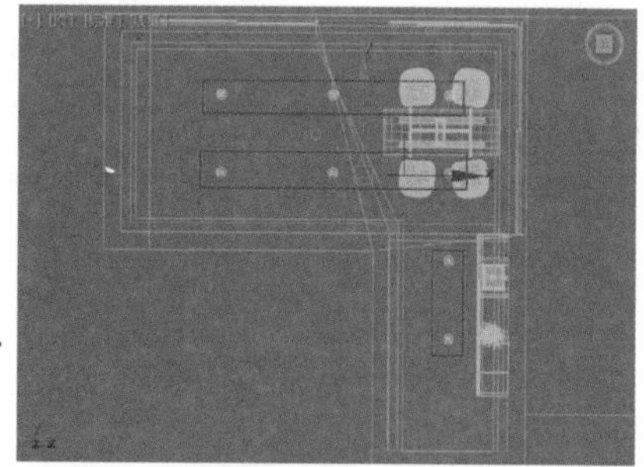
图15-104

04 在“左”视图中，调整（VR）灯光的位置，如图15-105所示。

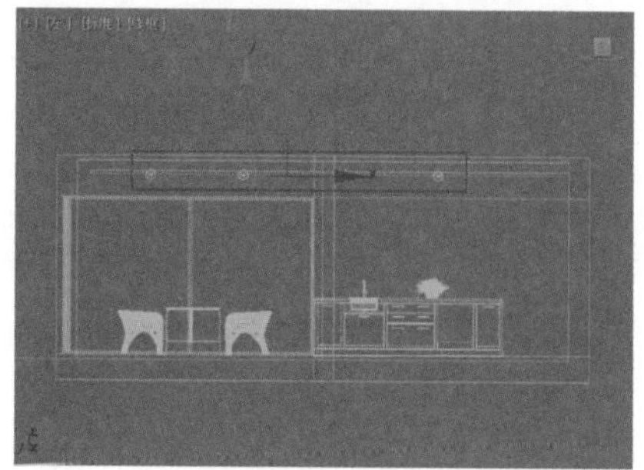
图15-105

05 在“创建”面板中，单击“（VR）灯光”按钮，并将该灯光的“类型”设置为“网格”，在“顶”视图中任意位置创建一个

（VR）灯光，如图15-106所示。

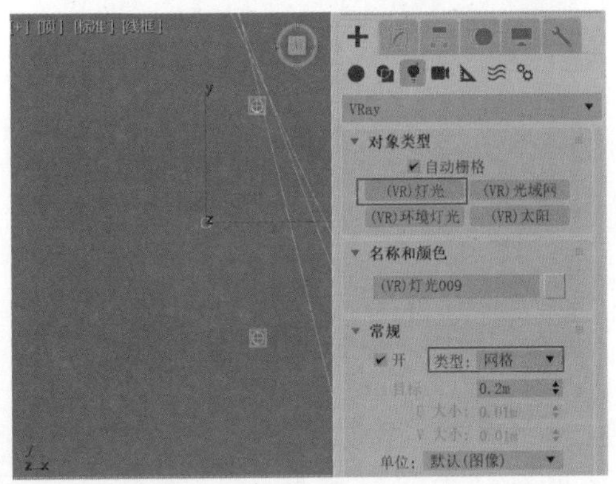

图15-106

06 在“修改”面板中，展开“网格灯光”卷展栏，单击“拾取网格”按钮，将场景中的灯带模型拾取进来，如图15-107所示。

07 在“常规”卷展栏中，设置灯光的“倍增”值为0.5，“颜色”为黄色（红：255，绿：214，蓝：117），如图15-108所示。

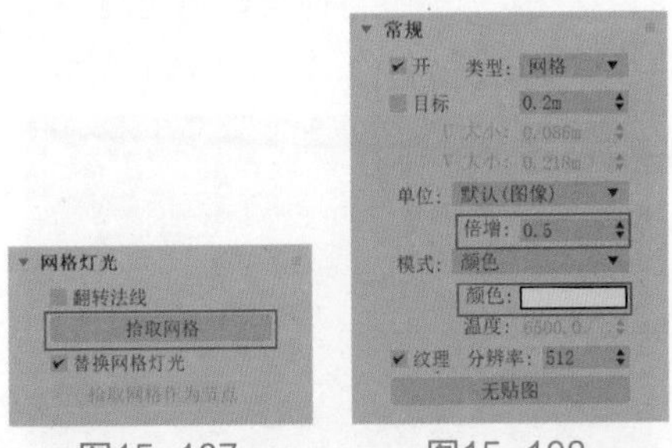

图15-107　　图15-108

08 设置完成后的场景灯光如图15-109所示。

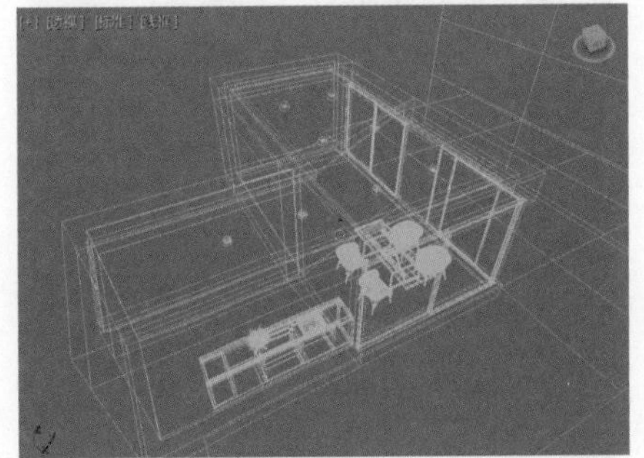

图15-109

15.5.7 渲染设置

01 打开“渲染设置”面板，可以看到本场景已经设置为使用VRay渲染器渲染场景，如图15-110所示。

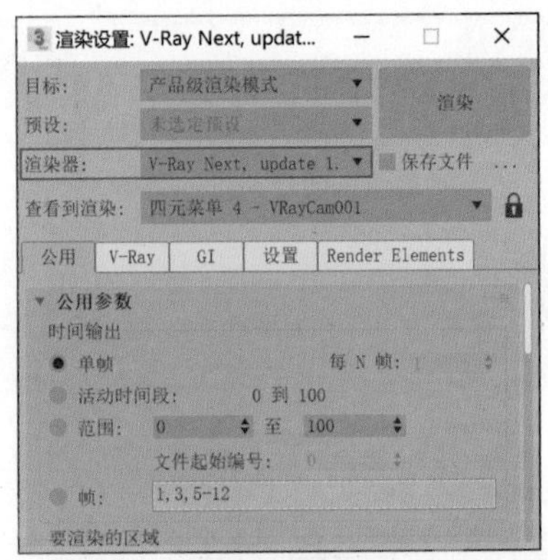

图15-110

02 在“公用”选项卡中，设置渲染输出图像的“宽度”为1500，“高度”为938，如图15-111所示。

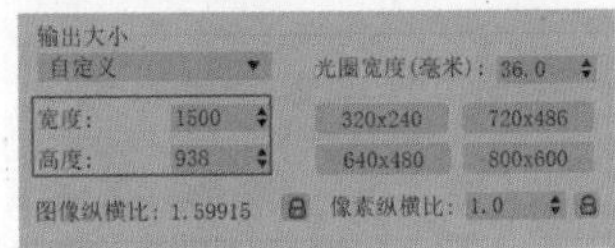

图15-111

03 在V-Ray选项卡中，展开“图像采样器（抗锯齿）”卷展栏，设置渲染的“类型”为“渲染块”，如图15-112所示。

图15-112

04 展开“全局确定性蒙特卡洛”卷展栏，选中“使用局部细分”复选框，设置“细分倍增”的值为3，如图15-113所示。

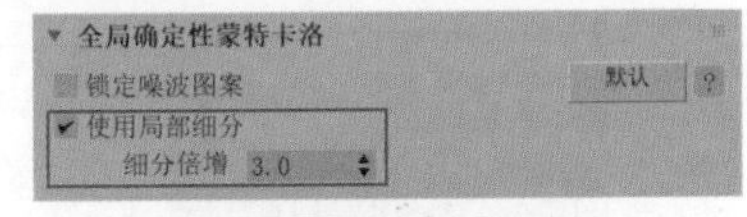

图15-113

05 在GI选项卡中，展开“全局照明”卷展栏，设置“首次引擎”为“发光贴图”，如图15-114所示。

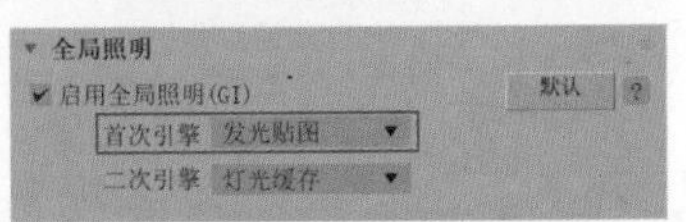

图15-114

06 在“发光贴图”卷展栏中，将“当前预设”设置为“自定义”，并设置“最小比率”和“最大比率”的值均为-1，如图15-115所示。

07 设置完成后，渲染场景的结果如图15-116所示。

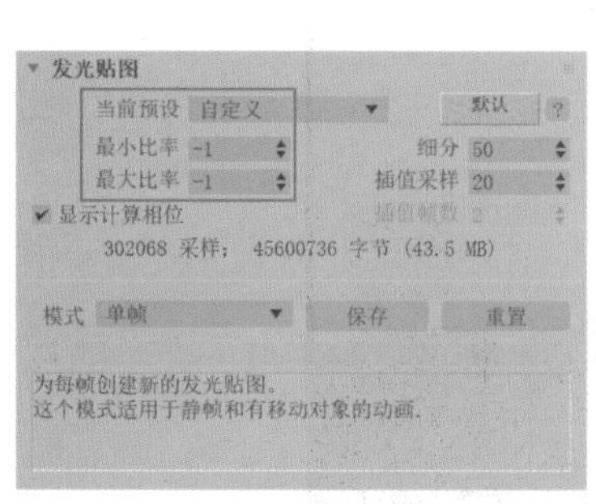

图15-115

图15-116

08 在“显示校正控制”面板中，展开“曲线”卷展栏，调整曲线的形态至如图15-117所示的状态，提高图像的亮度。

图15-117

09 展开“曝光”卷展栏，设置“对比度”的值为0.06，增加图像的层次感，如图15-118所示。

图15-118

10 本实例的最终渲染结果如图15-119所示。

图15-119

15.6 VRay综合实例：客厅天光照明表现

本实例介绍客厅的材质、灯光及渲染，最终的渲染结果如图15-120所示，线框渲染图如图15-121所示。

图15-120

图15-121

15.6.1 场景分析

打开本书配套资源“客厅场景.max”文件，本场景为一个简约风格的客厅，并且设置好了摄影机的位置及角度，如图15-122所示。

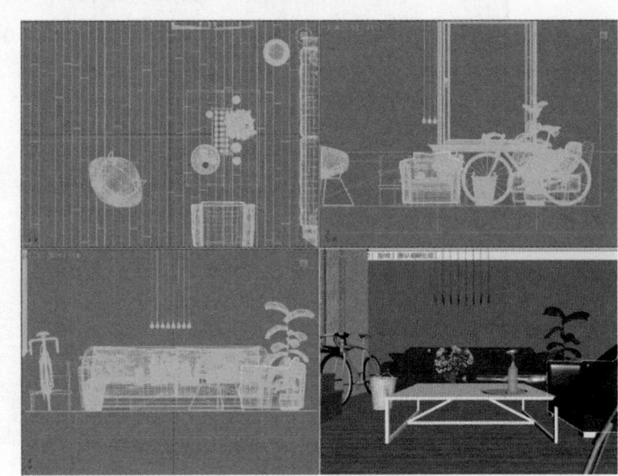

图15-122

15.6.2 制作桌子材质

桌子材质渲染结果如图15-123所示。

图15-123

01 打开“材质编辑器”，选择一个空白的材质球，将其设置为VRayMtl材质，并重命名为

"桌子"，如图15-124所示。

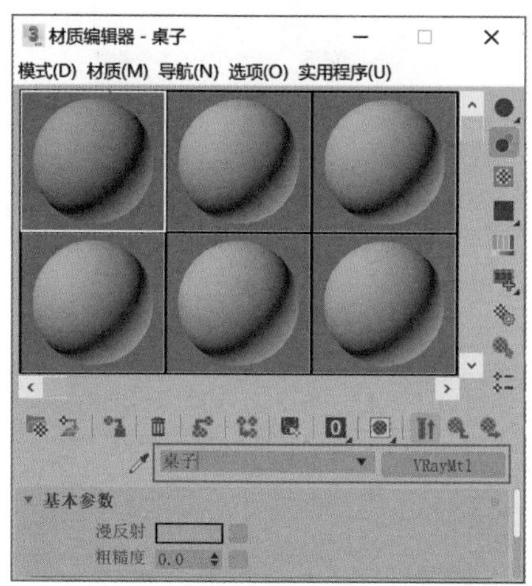

图15-124

02 在"基本参数"卷展栏中，设置"漫反射"的颜色为白色，设置"反射"的颜色为白色，设置"光泽度"的值为0.6，如图15-125所示。

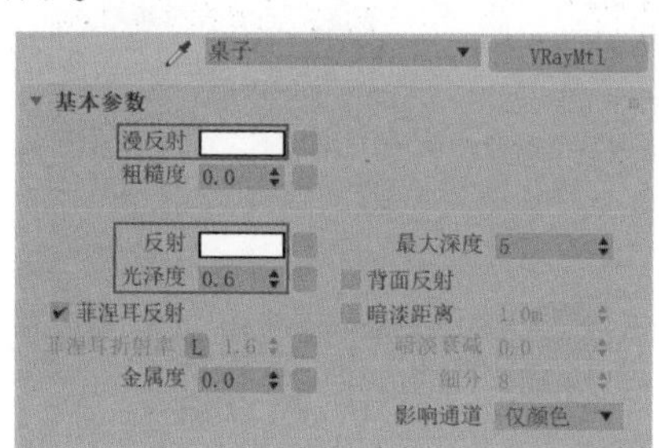

图15-125

03 设置完成后，桌子材质球的显示效果如图15-126所示。

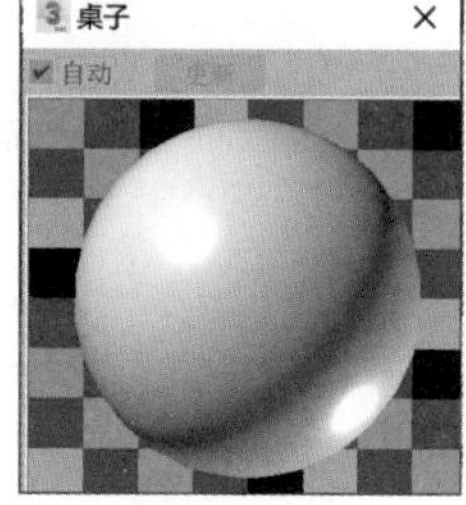

图15-126

15.6.3 制作地板材质

地板材质渲染结果如图15-127所示。

01 打开"材质编辑器"，选择一个空白的材质球，将其设置为VRayMtl材质，并重命名为"地板"，如图15-128所示。

02 在"基本参数"卷展栏，为"漫反射"属性添加"地板.png"贴图文件，制作出地板材质的表面纹理。设置"反射"的颜色为白色，设置"光泽度"的值为0.65，制作出地板材质的高光属性，如图15-129所示。

图15-127

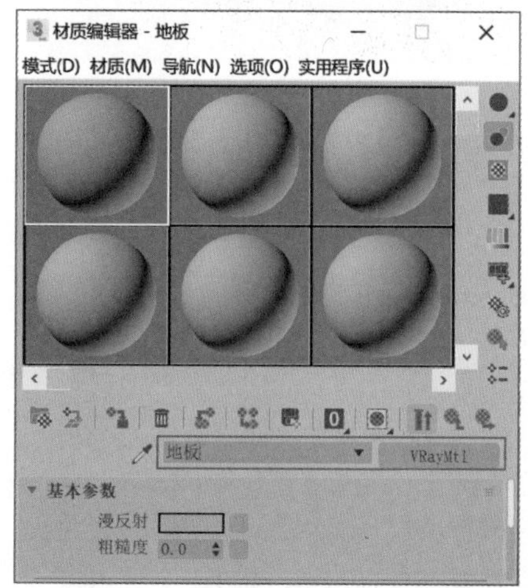

图15-128

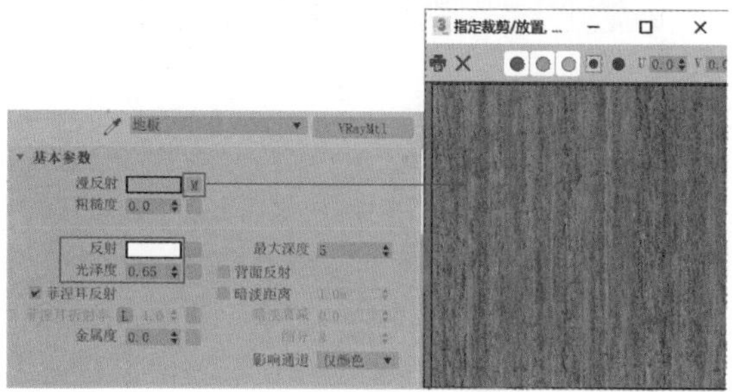

图15-129

03 设置完成后，地板材质球的显示效果如图15-130所示。

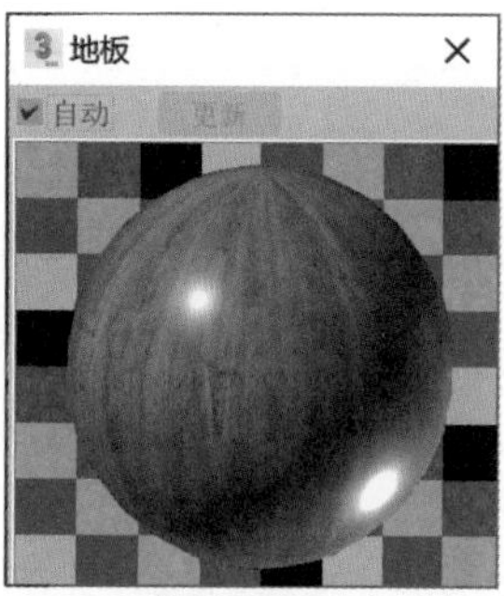

图15-130

15.6.4 制作沙发材质

沙发材质渲染结果如图15-131所示。

图15-131

01 打开“材质编辑器”，选择一个空白的材质球，将其设置为VRayMtl材质，并重命名为“沙发”，如图15-132所示。

图15-132

02 在“基本参数”卷展栏中，设置“漫反射”的颜色为棕色（红：19，绿：7，蓝：2），设置“反射”的颜色为白色，设置“光泽度”的值为0.6，如图15-133所示。

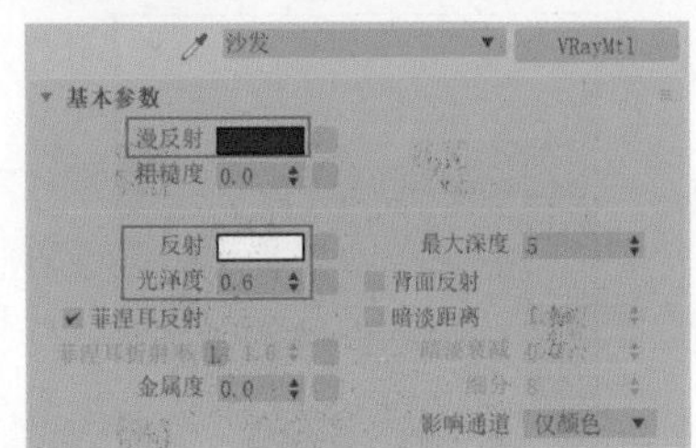

图15-133

03 设置完成后，沙发材质球的显示效果如图15-134所示。

图15-134

15.6.5 制作垃圾桶材质

垃圾桶材质渲染结果如图15-135所示。

图15-135

01 打开“材质编辑器”，选择一个空白的材质球，将其设置为VRayMtl材质，并重命名为“垃圾桶”，如图15-136所示。

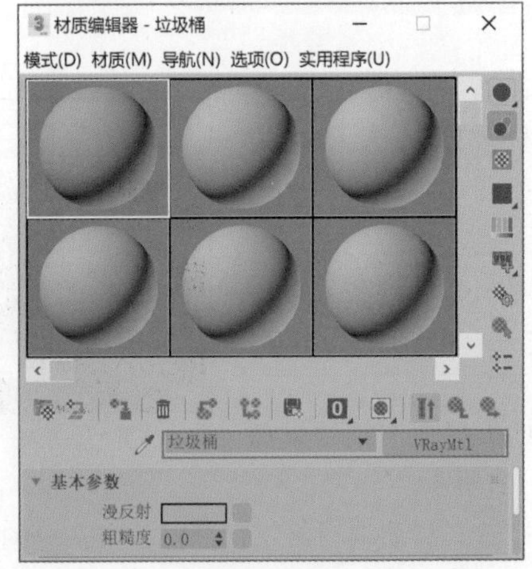

图15-136

02 在“基本参数”卷展栏中，设置“漫反射”的颜色为白色，设置“反射”的颜色为白色，设置“光泽度”的值为0.8，设置“金属度”的值为1，如图15-137所示。

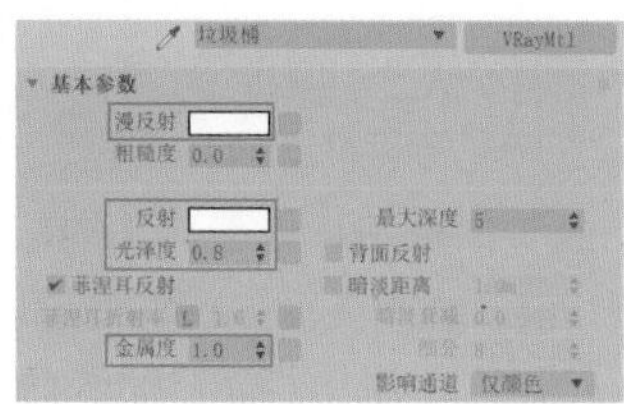

图15-137

03 设置完成后，垃圾桶材质球的显示效果如图15-138所示。

图15-138

15.6.6　制作玻璃杯材质

玻璃杯材质的渲染结果如图15-139所示。

图15-139

01 打开“材质编辑器”，选择一个空白的材质球，将其设置为VRayMtl材质，并重命名为“玻璃杯子”，如图15-140所示。

图15-140

02 在“基本参数”卷展栏中，设置“漫反射”的颜色为白色（红：255，绿：255，蓝：255），设置“反射”的颜色为白色（红：255，绿：255，蓝：255），设置“光泽度”的值为0.9，设置“折射”的颜色为白色（红：255，绿：255，蓝：255），如图15-141所示。

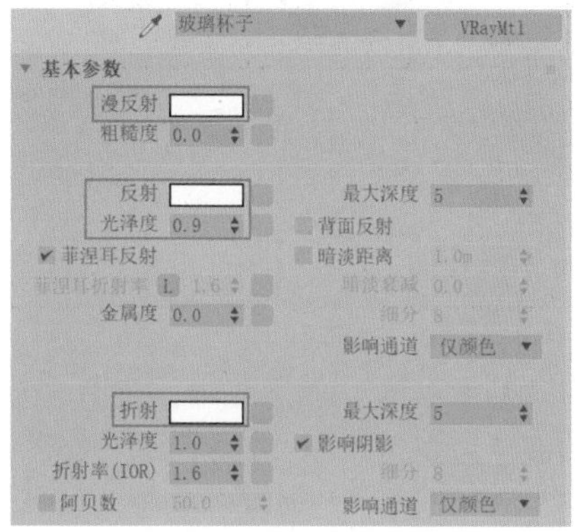

图15-141

03 设置完成后，玻璃杯材质球的显示效果如图15-142所示。

图15-142

15.6.7　制作玻璃酒瓶材质

玻璃酒瓶材质的渲染结果如图15-143所示。

图15-143

01 打开“材质编辑器”，选择一个空白的材质球，将其设置为VRayMtl材质，并重命名为“酒瓶”，如图15-144所示。

图15-144

02 在“基本参数”卷展栏中，设置“反射”的颜色为白色（红：255，绿：255，蓝：255），设置“光泽度”的值为0.9，设置“折射”的颜色为白色（红：255，绿：255，蓝：255），设置“烟雾颜色”的颜色为绿色（红：16，绿：122，蓝：33），如图15-145所示。

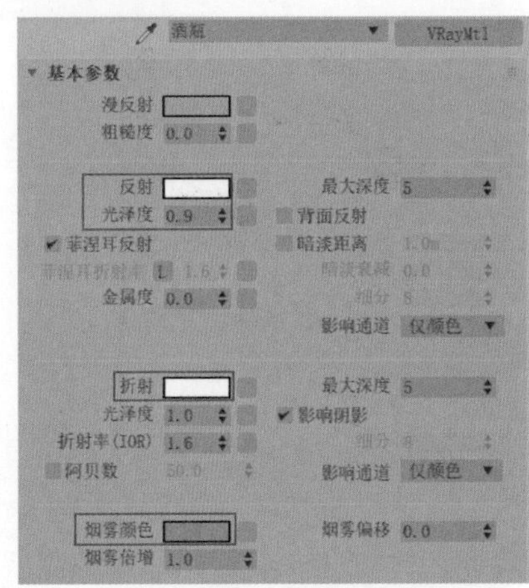

图15-145

03 设置完成后，玻璃酒瓶材质球的显示效果如图15-146所示。

图15-146

15.6.8 制作天光照明效果

01 在“创建”面板中，单击“（VR）灯光”按钮，在“前”视图中窗户模型处创建一个与窗户大小近似的（VR）灯光，如图15-147所示。

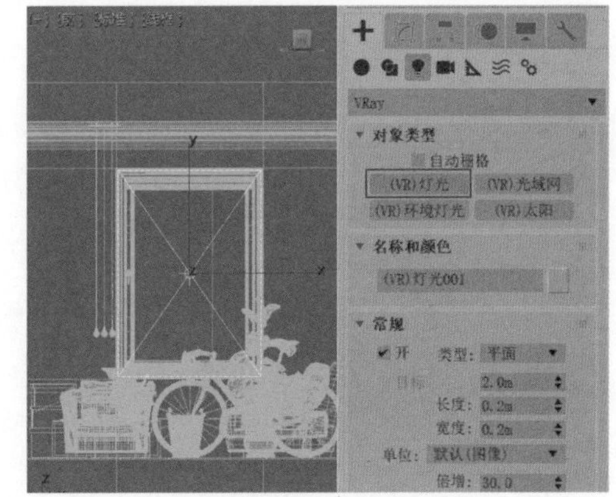

图15-147

02 在“顶”视图中，调整灯光的位置，如图15-148所示。

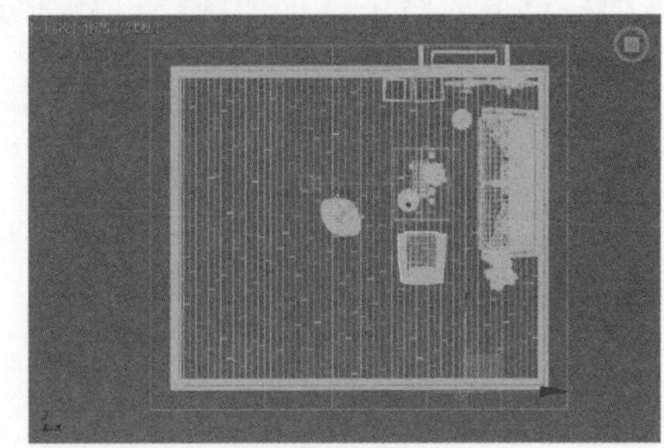

图15-148

03 在“修改”面板中，设置灯光的“倍增”值为25，如图15-149所示。

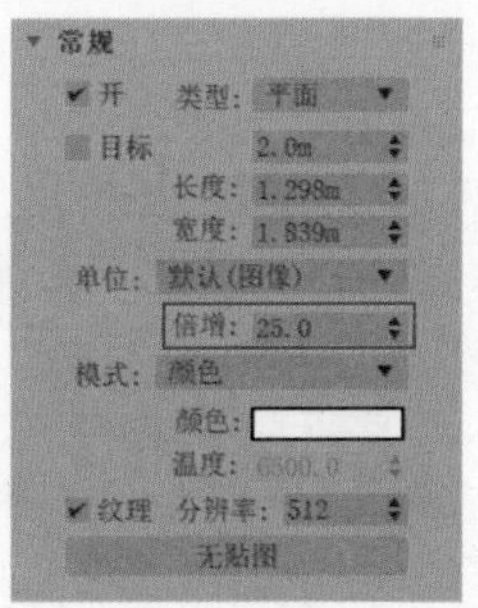

图15-149

04 按住Shift键，在“顶”视图中，复制得到两个（VR）灯光，并调整其位置，如图15-150所示，用来模拟房间模型中从其他窗户投射进来的天光效果。

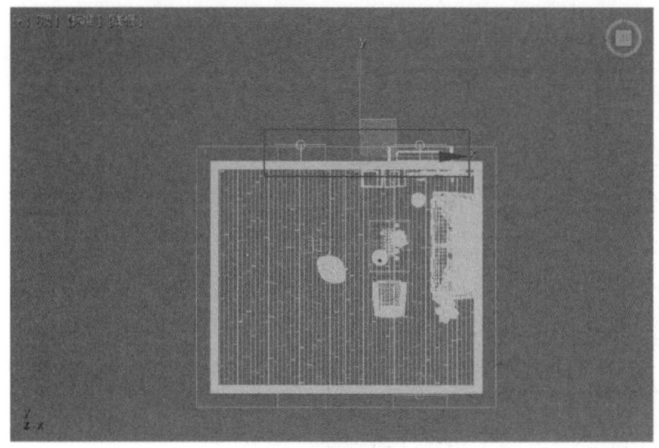
图15-150

15.6.9 制作景深效果

01 选择场景中的（VR）物理摄影机，在“修改”面板中，选中“景深和运动模糊”卷展栏内的“景深”复选框，如图15-151所示。

02 在“光圈”卷展栏内，设置“光圈数”的值为3，如图15-152所示。

图15-151

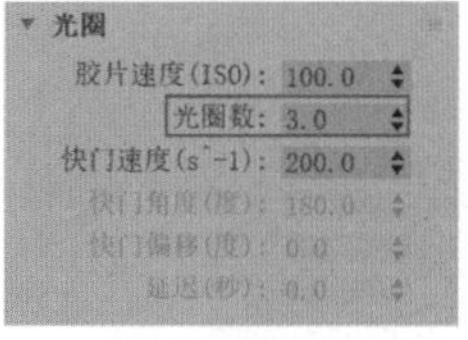

图15-152

开启“景深”复选框后，“光圈数”的值越小，景深的效果越明显。需要注意的是，该值还会对场景中的照明亮度有显著影响，如果希望得到景深效果更明显一点的图像，要适当降低场景中的灯光“倍增”值，以防止渲染得到的图像出现曝光效果。

15.6.10 渲染设置

01 打开“渲染设置”面板，可以看到本场景已经设置为使用VRay渲染器渲染场景，如图15-153所示。

02 在“公用”选项卡中，设置渲染输出图像的“宽度”为1500，“高度”为938，如图15-154所示。

03 在V-Ray选项卡中，展开“图像采样器（抗锯齿）”卷展栏，设置渲染的“类型”为“渲染块”，如图15-155所示。

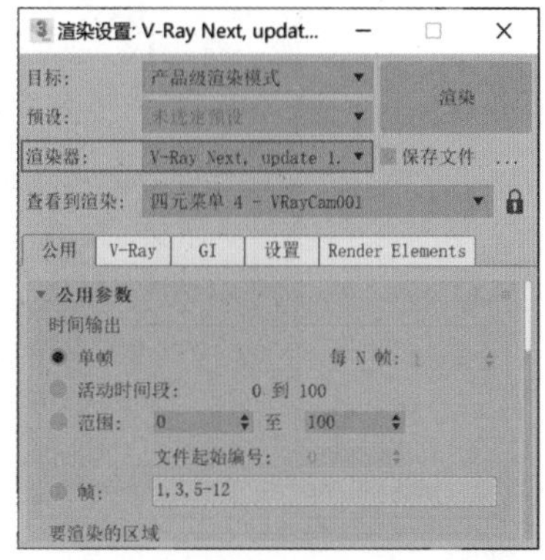

图15-153

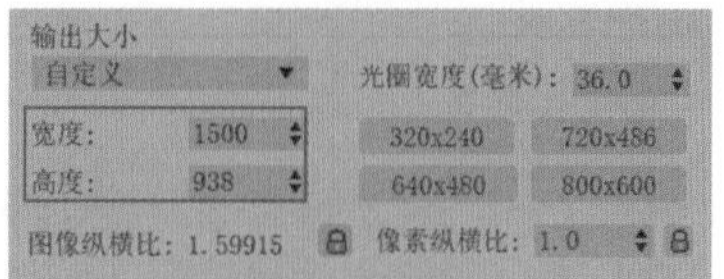

图15-154

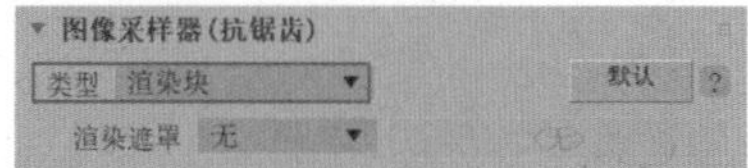

图15-155

04 在GI选项卡中，展开“全局照明”卷展栏，设置“首次引擎”为“发光贴图”，如图15-156所示。

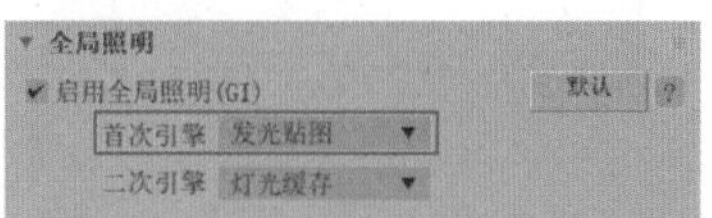

图15-156

05 在“发光贴图”卷展栏中，将“当前预设”设置为“自定义”，并设置“最小比率”和“最大比率”的值均为-1，如图15-157所示。

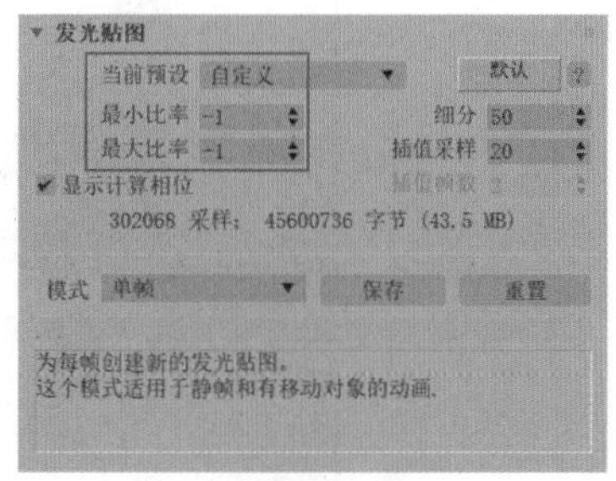

图15-157

06 设置完成后，渲染场景的结果如图15-158所示。

图15-158

07 在“显示校正控制”面板中，展开“曲线”卷展栏，调整曲线的形态至如图15-159所示的形状，提高图像的亮度。

图15-159

08 本实例的最终渲染结果如图15-160所示。

图15-160

15.7 VRay综合实例：建筑日景照明表现

本实例介绍建筑外观的建筑材质、灯光及渲染，最终的渲染结果如图15-161所示，线框渲染图如图15-162所示。

图15-161

图15-162

15.7.1 场景分析

打开本书配套资源“楼房场景.max”文件，本场景为一栋三层小楼的模型，并且设置好了摄影机的位置及角度，如图15-163所示。

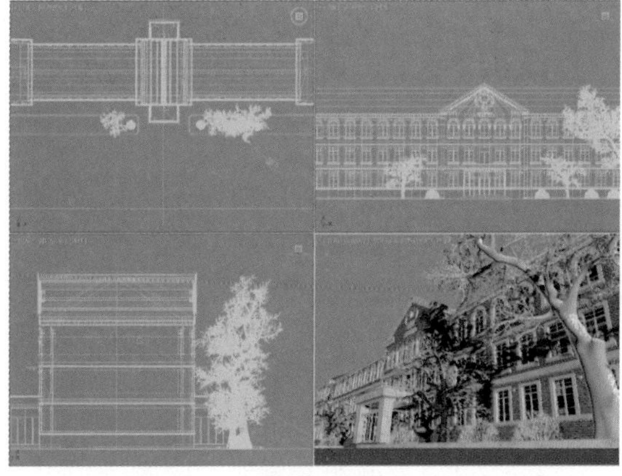
图15-163

15.7.2 制作砖墙材质

砖墙材质的渲染结果如图15-164所示。

图15-164

01 打开“材质编辑器”，选择一个空白的材质球，将其设置为VRayMtl材质，并重命名为“红色砖墙”，如图15-165所示。

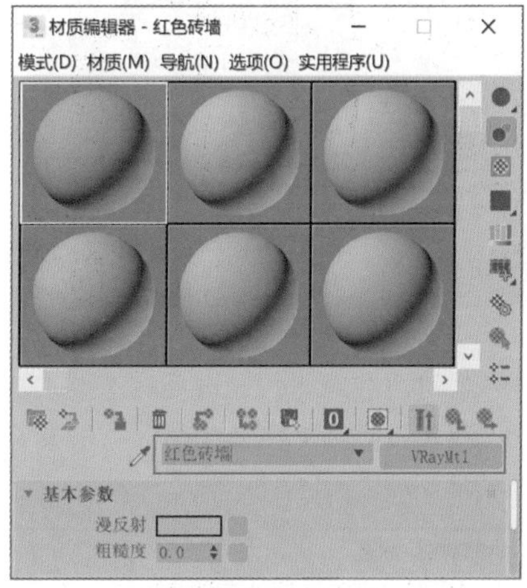

图15-165

02 在“基本参数”卷展栏，为“漫反射”属性添加“红色砖墙.jpg”贴图文件，制作出砖墙材质的表面纹理。设置“反射”的颜色为灰色（红：100，绿：100，蓝：100），设置“光泽度”的值为0.5，制作出砖墙材质的高光属性，如图15-166所示。

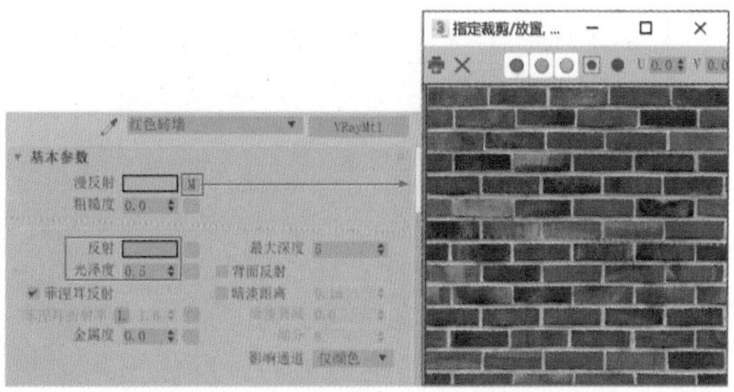

图15-166

03 设置完成后，砖墙材质球的显示效果如图15-167所示。

图15-167

15.7.3 制作水泥材质

水泥材质的渲染结果如图15-168所示。

图15-168

01 打开“材质编辑器”，选择一个空白的材质球，将其设置为VRayMtl材质，并重命名为“水泥”，如图15-169所示。

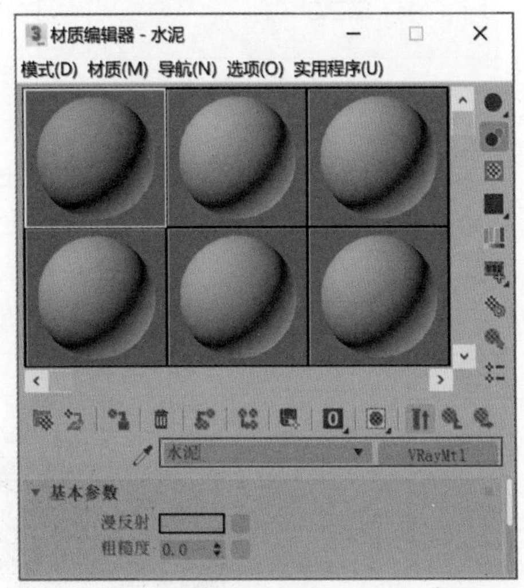

图15-169

02 在“基本参数”卷展栏，为“漫反射”属性添加“水泥.jpg”贴图文件，制作出水泥材质的表面纹理。设置“反射”的颜色为灰色（红：50，绿：50，蓝：50），设置“光泽度”的值为0.6，制作出水泥材质的高光属性，如图15-170所示。

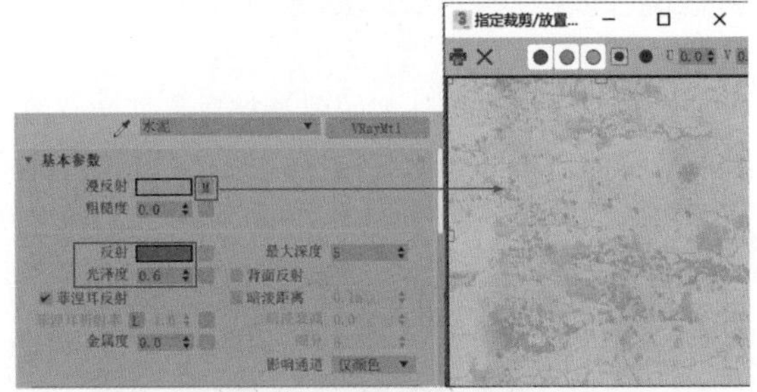

图15-170

03 设置完成后，水泥材质球的显示效果如图15-171所示。

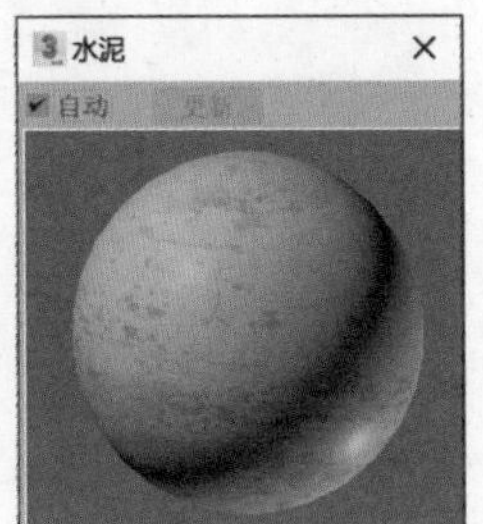

图15-171

15.7.4 制作玻璃材质

玻璃材质的渲染结果如图15-172所示。

图15-172

01 打开“材质编辑器”，选择一个空白的材质球，将其设置为VRayMtl材质，并重命名为“玻璃”，如图15-173所示。

02 为了体现室外玻璃较强的反射属性，所以在“基本参数”卷展栏中，设置“反射”的颜色为灰色（红：150，绿：150，蓝：150），设置“光泽度”的值为0.9，并取消选中“菲涅耳反射”复选框。同时，设置“折射”

的颜色为白色（红：255，绿：255，蓝：255），如图15-174所示。

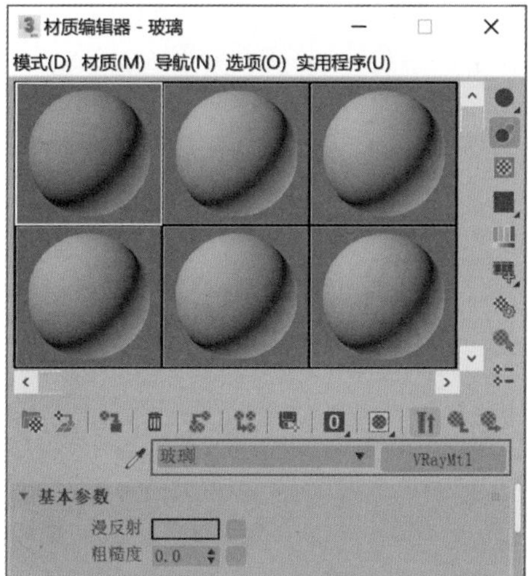

图15-173

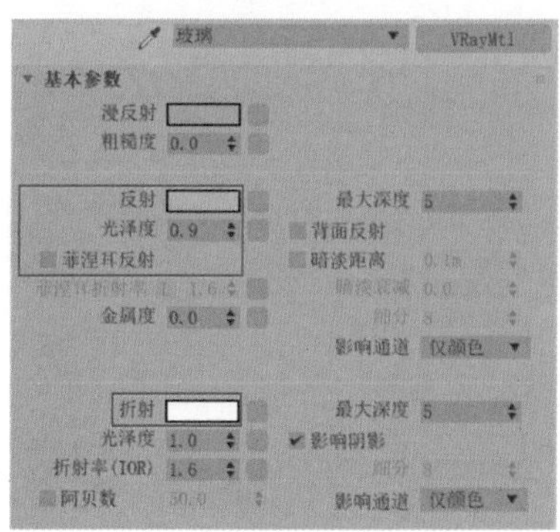

图15-174

03 设置完成后，玻璃材质球的显示效果如图15-175所示。

图15-175

15.7.5 制作雪材质

雪材质的渲染结果如图15-176所示。

图15-176

01 打开“材质编辑器”，选择一个空白的材质球，将其设置为VRayMtl材质，并重命名为“雪”，如图15-177所示。

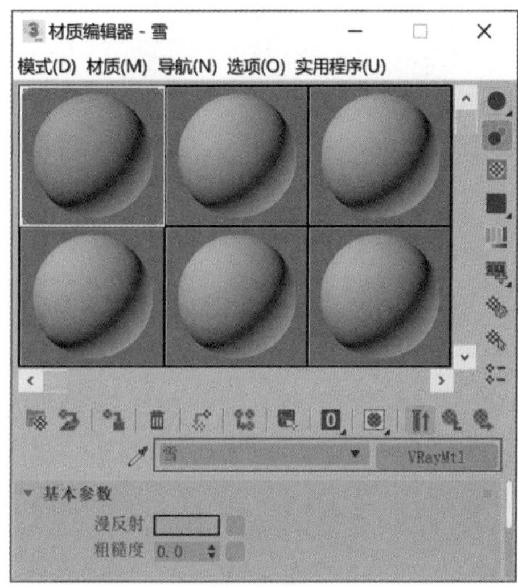

图15-177

02 在“基本参数”卷展栏中，设置“漫反射”的颜色为淡蓝色（红：237，绿：247，蓝：254），如图15-178所示。

图15-178

03 设置完成后，玻璃材质球的显示效果如图15-179所示。

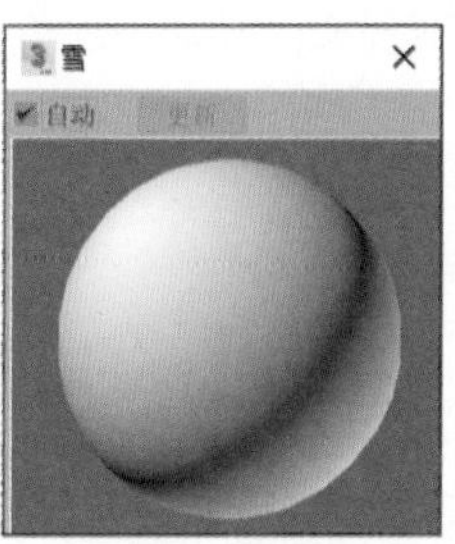

图15-179

15.7.6 制作日光照明效果

01 在“创建”面板中，单击“（VR）太阳”按钮，在“顶”视图中创建一个（VR）太阳，如图15-180所示。同时，在系统自动弹出的“V-Ray太阳”对话框中，单击“是”按钮，为当前场景自动添加“VRay天空”环境贴图，如图15-181所示。

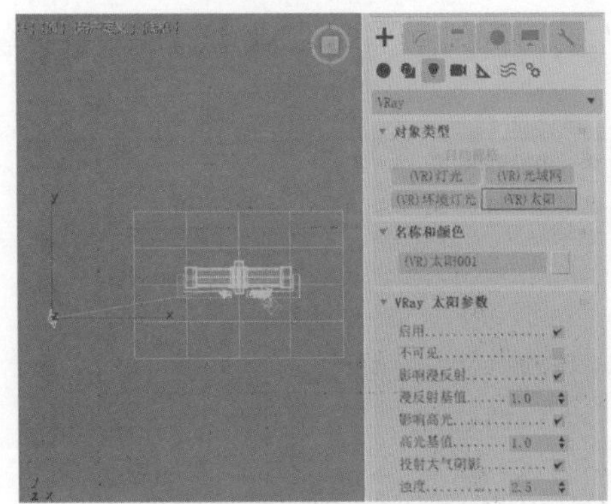

图15-180

图15-181

02 在“前”视图中，调整（VR）太阳的位置，如图15-182所示，使得灯光从楼房模型的斜上方角度进行照射。

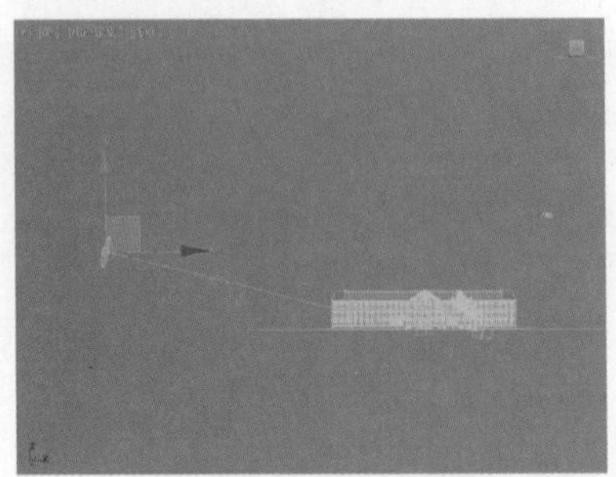

图15-182

15.7.7 渲染设置

01 打开“渲染设置”面板，可以看到本场景已经设置为使用VRay渲染器渲染场景，如图15-183所示。

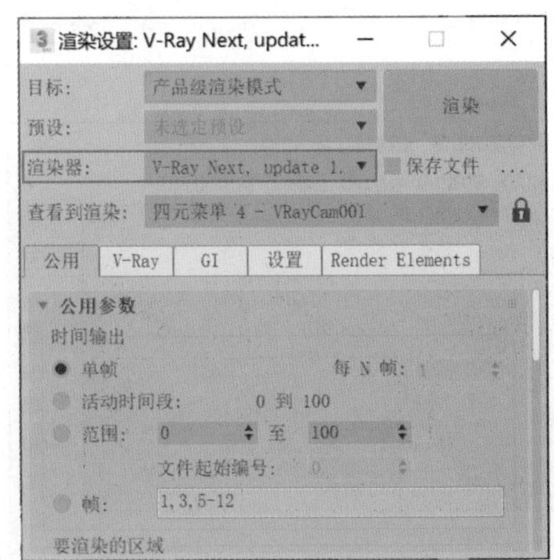

图15-183

02 在“公用”选项卡中，设置渲染输出图像的“宽度”为1500，“高度”为938，如图15-184所示。

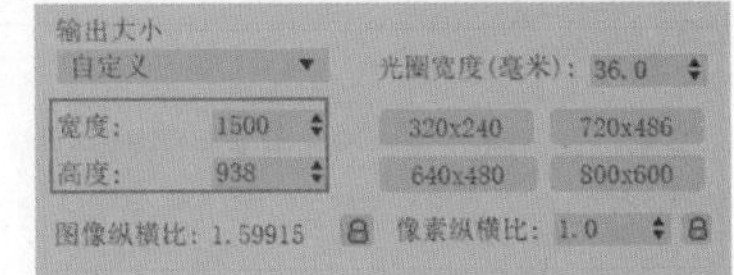

图15-184

03 在V-Ray选项卡中，展开“图像采样器（抗锯齿）”卷展栏，设置渲染的“类型”为“渲染块”，如图15-185所示。

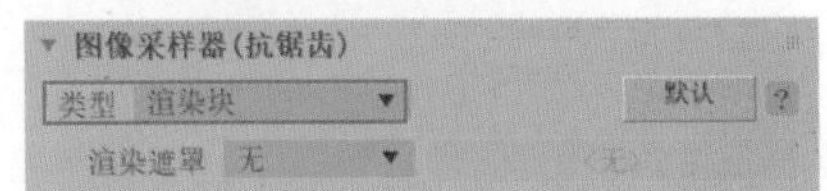

图15-185

04 在GI选项卡中，展开“全局照明”卷展栏，设置“首次引擎”为“发光贴图”，如图15-186所示。

图15-186

05 在“发光贴图”卷展栏中，将“当前预设”设置为“自定义”，并设置“最小比率”和“最大比率”的值均为-1，如图15-187所示。

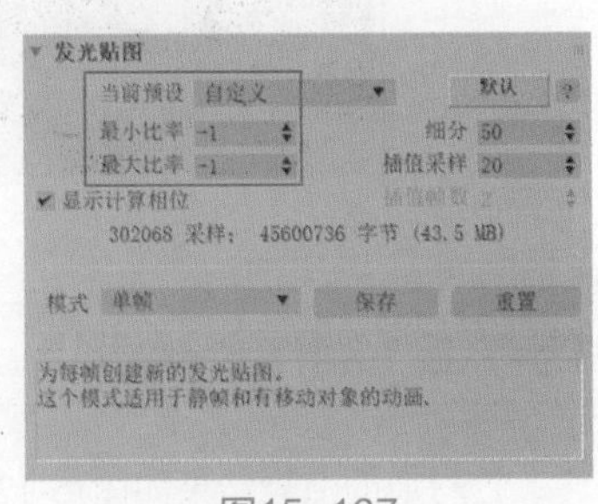

图15-187

06 设置完成后，渲染场景的结果如图15-188所示。

图15-188

07 在“显示校正控制”面板中，展开“曲线”卷展栏，调整曲线的形态至如图15-189所示的状态，提高图像的亮度。

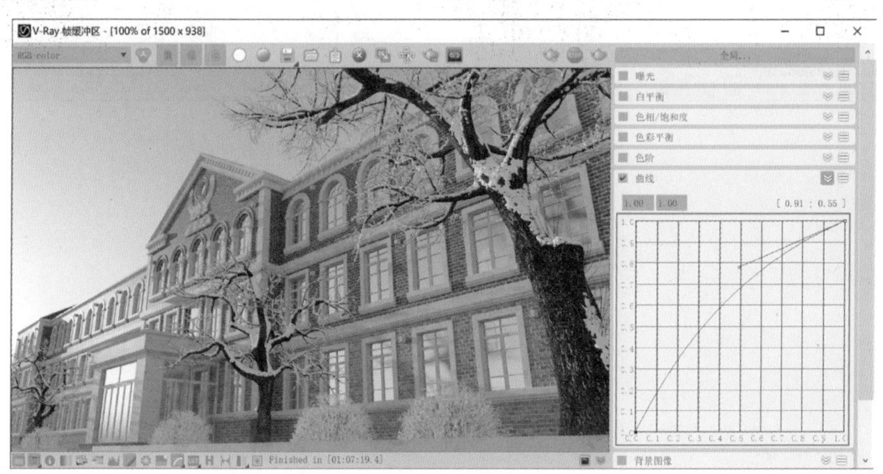

图15-189

08 展开“曝光”卷展栏，设置“对比度”的值为0.1，增加图像的层次感，如图15-190所示。

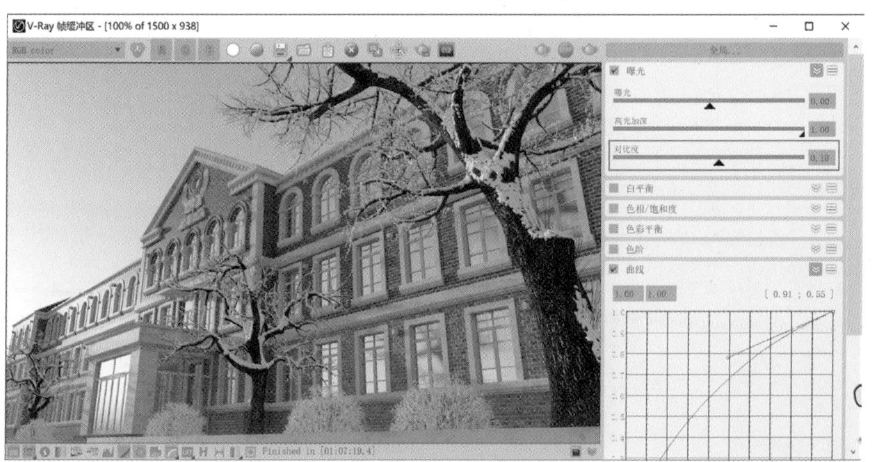

图15-190

09 本实例的最终渲染结果如图15-191所示。

图15-191